WPS Office高效办公

文秘与行政办公

凤凰高新教育◎编著

内 容 提 要

本书以WPS Office为操作平台，从文秘与行政工作中的实际需求出发，系统地讲解了WPS文字、WPS表格、WPS演示以及金山海报、流程图等相关办公组件的应用，向读者介绍了文秘与行政工作中，较为常用、实用的WPS Office商务办公实战技能。

全书共12章，分别讲解了文秘与行政工作中常见工作文档的制作方法，包括行政办公与日程安排、员工招聘与录用管理、员工资料管理、员工培训管理、员工考勤与休假管理、员工薪资管理、客户管理、办公室管理、市场营销管理、会议管理、宣传与活动策划以及工作总结与报告等相关方面的实战应用，深入讲解了如何综合运用WPS Office高效地完成文秘与行政工作的具体方法和技巧。

本书内容循序渐进，章节安排合理，案例丰富翔实，既适合零基础又想快速掌握WPS Office的读者学习，也适合希望提高WPS Office操作技能水平、丰富实操经验的文秘与行政从业人员参考，还适合作为各大、中专职业院校，以及计算机培训班相关专业的教学参考用书。

图书在版编目(CIP)数据

WPS Office高效办公 : 文秘与行政办公 / 凤凰高新教育编著. — 北京 : 北京大学出版社，2022.8

ISBN 978-7-301-33200-9

Ⅰ. ①W… Ⅱ. ①凤… Ⅲ. ①办公自动化—应用软件 Ⅳ. ①TP317.1

中国版本图书馆CIP数据核字（2022）第139181号

书　　名 WPS Office高效办公：文秘与行政办公

WPS OFFICE GAOXIAO BANGONG: WENMI YU XINGZHENG BANGONG

著作责任者 凤凰高新教育　编著

责 任 编 辑 王继伟　吴秀川

标 准 书 号 ISBN 978-7-301-33200-9

出 版 发 行 北京大学出版社

地　　址 北京市海淀区成府路205 号　100871

网　　址 http://www. pup. cn　　新浪微博: @ 北京大学出版社

电 子 信 箱 pup7@ pup. cn

电　　话 邮购部 010-62752015　发行部 010-62750672　编辑部 010-62570390

印 刷 者 天津中印联印务有限公司

经 销 者 新华书店

787毫米×1092毫米　16开本　24印张　438千字

2022年8月第1版　2022年9月第1次印刷

印　　数 1—4000册

定　　价 89.00元

序

Foreword

WPS Office 是一款历经 30 多年研发、具有完全自主知识产权的国产办公软件。它具有强大的办公功能，包含文字、表格、演示文稿、PDF、流程图、脑图、海报、表单等多个办公组件，被广泛应用于日常办公。

近几年来，随着全社会的数字化转型持续深化，WPS Office 作为国内办公软件的龙头之一，持续优化各项功能体验，实现了用户数持续稳健增长，截至 2022 年 6 月，WPS Office 主产品的月活跃设备数量为 5.72 亿。

从工具到服务，从单机到协作，现在的 WPS Office 不仅仅是一款传统的办公软件，它还致力于提供以“云服务为基础，多屏、内容为辅助，AI 赋能所有产品”为代表的未来办公新方式，不仅针对不同的办公场景做了多屏适配，还针对不同的操作系统（包括 Windows、Android、iOS、Linux、MacOS 等主流操系统）实现了全覆盖。无论是手机端，还是 PC 端，WPS 都可以帮助我们实现办公场景的无缝链接，从而享受不受场所和设备限制的办公新体验。

简单来说，WPS Office 已经成为现代化数字办公的首要生产力工具，无论是政府机构、企业用户，还是校园师生，各类场景的办公需求都可以通过 WPS Office 系列办公套件去管理和解决。在这个高速的信息化时代，WPS Office 系列办公套件已经成为职场人士的必备必会软件之一。

为了让更多的初学用户和专业领域人士快速掌握 WPS Office 办公软件的使用，金山办公协同国内优秀的办公领域专家——金山办公 KVP，共同策划并编写了这套“WPS Office 高效办公”图书，以服务于不同办公需求的人群。

经验技巧、职场案例，都在这套书中有所体现和讲解。本套书最大的特点是不仅仅教你如何学会和掌握 WPS Office 软件的基础与进阶使用，更重要的是教你如何在职场中更高效地运用 WPS Office 解决实际问题。无论你是一线的普通白领、高级管理的金领，还是从事数据分析、行政文秘、人力资源、财务会计、市场销售、教育培训等行业的人士，相信都将从此套书中获益。

本套书内容均由获得 KVP 认证（金山办公最有价值专家）的老师们贡献，他们具有丰富的办公软件实战应用经验和 WPS 应用知识教学授课经验。每本书均经过金山办公官方编委会的审读与修改。这几本书从选题策划到内容创作，从官方审读到编校出版，历经一年多时间，凝聚了参与编撰的专家、老师们的辛勤付出和智慧结晶。在此，对参与内容创作的 KVP、金山办公内部专家道一声“感谢”！

一部实用的 WPS 技巧指导书，能够帮助你轻松实现从零基础到职场高手的蜕变，你值得拥有！

金山办公生态合作高级总监

苟薇华

前言

WPS

INTRODUCTION

为什么编写并出版这本书?

要做好文秘与行政工作，自己就必须是制作各种文档的多面手。例如，企业需要引进新人才时，你需要制作招聘启事；新员工入职时，你需要制作员工培训文稿；企业邀请客户参加活动时，你需要制作邀请函；月度、季度、半年度以及年度工作汇报时，你需要编写和制作一份有吸引力和说服力的工作报告，除此之外，还包括每月月初统计员工的考勤数据……由此可见，熟练掌握办公软件的应用技能是必备条件之一。

在众多办公软件当中，较为实用、好用，同时适合文秘与行政工作的当属 WPS Office。其中，WPS 文字可用于编辑办公文档，WPS 表格具有强大的数据分析与处理功能，WPS 演示能用于制作出彩的幻灯片，金山海报可以让图文合理搭配……

然而，实际工作中很多人都认为自己已经可以熟练操作 WPS Office，但是由于没有扎实的基础，同时又缺乏实战经验，因此始终无法“用好”WPS Office，也就无法真正提高工作效率。

为此，我们编写了本书。我们从行业的各个应用需求出发，通过实例全面地介绍了 WPS Office 的相关功能和实战技能，旨在帮助文秘与行政工作人员快速掌握 WPS Office 的应用技能，使相关工作人员不仅“会用”，而且能“用好”WPS Office，能够游刃有余地处理工作中的各种文档问题，真正实现“高效办公”。

本书的特色有哪些？

◆ 案例翔实，引导学习

本书列举了大量日常工作实例，系统讲解 WPS Office 在文秘与行政管理中的应用。书中示例都是通过调研后精心挑选出的文秘与行政工作中的实际案例，不仅切合实际，而且极具代表性、实用性和参考价值，能够充分发挥引导作用，让读者置身于真实的工作场景中学习和操作，力求达到最佳学习效果。

◆ 图文并茂，内容详尽

本书内容丰富详尽，讲解了文秘与行政工作中各类文档的制作方法，包括行政办公与日程安排、招聘与录用管理、资料管理、培训管理、考勤与休假管理、薪资管理、客户管理、办公室管理、市场营销管理、会议管理、宣传与活动策划，以及工作总结与报告等相关方面的实战应用。同时，在每个操作步骤后面还配备了操作示图，通过图文讲解，让读者能够更轻松、更快速地掌握相关知识和实际操作技能。

◆ 实战技巧，高手支招

本书在每章末尾都设置了“大神支招”专栏，全书共安排了 36 个“大神支招”技巧。“大神支招”紧密围绕每章主题，补充介绍正文示例中未涉及的知识点、实用技巧等，旨在帮助读者巩固学习成果，更进一步提高实操技能，从而做到真正的“高效办公”。

◆ 双栏排版，内容充实

本书采用了 N 字形的双栏排版方式进行编写，其信息容量是传统单栏图书的两倍，力求在有限的篇幅内将 WPS Office 的相关内容讲全、讲透。

◆ 同步视频，易学易会

本书提供了案例同步学习文件和教学视频，并赠送相关学习资源，旨在帮助读者学习并掌握更多相关技能，让读者快速提升自己在职场中的核心竞争力。

资源及下载说明

本书配套并赠送丰富的学习资源，读者可以参考以下说明进行下载。

1. 同步学习文件

（1）素材文件：本书中所有实例的素材文件。读者在学习时，可以参考图书讲解内容，打开对应的素材文件进行同步操作练习。

（2）结果文件：本书中所有实例的最终效果文件。读者在学习时，可以打开结果文件，查看其实例效果，为自己在学习中的练习操作提供帮助。

2. 同步教学视频

本书为读者提供了与书同步的视频教程，读者可以通过相关的视频播放软件打开每章的视频文件进行学习。并且每个视频都有语音讲解，非常适合无基础的读者学习。

3. PPT课件

本书为教师们提供了非常方便的 PPT 教学课件，方便教师教学使用。

4. 赠送职场高效办公相关资源

（1）赠送高效办公电子书：《微信高手技巧手册随身查》《QQ 高手技巧手册随身查》《手机办公 10 招就够》，教授读者移动办公诀窍。

（2）赠送《10 招精通超级时间整理术》和《5 分钟学会番茄工作法》讲解视频，专家教你如何整理时间、管理时间，以及如何有效利用时间。

温馨提示

以上资源，读者可用手机微信扫描下方任意二维码关注公众号，输入代码 Me6422，获取下载地址及密码。

博雅读书社

新精英充电站

创作者说

本书由凤凰高新教育策划并组织编写。参与编写的老师都是 WPS Office KVP（金山办公最有价值专家），他们对 WPS Office 软件的应用具有丰富的经验。在本书的编写过程中，还得到了金山官方相关老师的协助和指正，在此表示由衷的感谢！我们竭尽所能地为读者呈现最好、最全的实用功能，但仍难免有疏漏和不妥之处，敬请广大读者不吝指正。

第1章 行政办公与日程安排

第 2 章 员工招聘与录用管理

第 3 章 员工资料管理

第 4 章 员工培训管理

第 5 章 员工考勤与休假管理

第 6 章 员工薪资管理

第 7 章 公司客户管理

第 8 章 办公室管理

第 9 章 市场营销管理

第10章 会议管理

第11章 公司宣传与活动策划

第12章 工作总结与报告

WPS

第1章

行政办公与日程安排

本章导读

行政办公与日程安排文档是文秘与行政工作中的基础文档，本章将通过制作放假通知、办公来电登记表、行程安排表和公司组织结构图等，介绍 WPS Office 的基本使用方法，以方便文秘和行政工作人员安排通知事务和办公事务。

知识要点

- 创建文档
- 文本的基本操作
- 设置段落样式
- 插入超链接
- 美化表格
- 设置单元格格式
- 保护工作簿
- 制作流程图

1.1 使用 WPS 文字制作放假通知

通知是行政办公中最常用的公文之一，是上级对下级、组织对成员或平行单位之间部署工作、传达事情或召开会议时所使用的应用文。本例将制作一份放假通知，并规范通知的格式，然后通过共享等方法将通知传达到各部门。

本例将使用 WPS 文字制作放假通知，并通过共享功能传达通知。完成后的效果如下图所示，实例最终效果见“结果文件 \ 第 1 章 \ 国庆放假通知 .docx”文件。

创 X 科技国庆节放假通知

公司全体员工：

2021年国庆假期将至，首先向全体员工致以节日的问候，为了度过欢乐、祥和、平安的节日，特提醒全体人员注意以下几点：

各部门在节前要组织一次安全检查，进行全面的安全自查，杜绝一切安全隐患。包括：不留人的房间锁好门窗、不用的设备应切断电源；连续使用的设备应安排专人值班，确保使用安全；重要物品妥善保管，注意防火防盗。

对值班人员开会进行一次安全教育，教育值班人员遵守公司制度，提高安全意识。

各部门在节前要加强对仓库物品的管理，严格执行出入库管理规定。

做好车辆安全管理工作，节日用车严格审批。驾驶员应遵守交通规则、注意行车安全。严禁酒后驾车、疲劳驾车、超速超载开车行为。

所有员工国庆期间手机必须保持开机，到外地的必须开通漫游，以便保持联络；外出回家探亲的员工，注意路途安全，及时购买返程票，防止由于车票紧张而延误节后上班。

国庆期间，大家要注意安全。

2021 年国庆放假安排时间表：

10 月 1 日至 7 日放假调休，共 7 天。9 月 26 日（星期日）、10 月 9 日（星期六）上班。

祝全体员工：节日愉快，身体健康！

创 X 科技有限公司行政部

2021 年 9 月 15 日

1.1.1 注册并登录 WPS 账号

在安装了 WPS Office 之后，可以先注册并登录 WPS 账号，以便可以上传和使用云文档。下面介绍注册并登录 WPS Office 账号的方法。

第1步 启动 WPS Office 主程序，第一次使用时系统会自动弹出“WPS 账号登录”窗口，在该窗口中可以选择登录的方式，这里以微信登录方式为例进行说明。使用手机微信的扫一扫功能扫描窗口中的二维码，如下图所示。

第2步 扫描完成后，手机微信会收到账号安全提醒，提示账户已经登录，如下图所示。

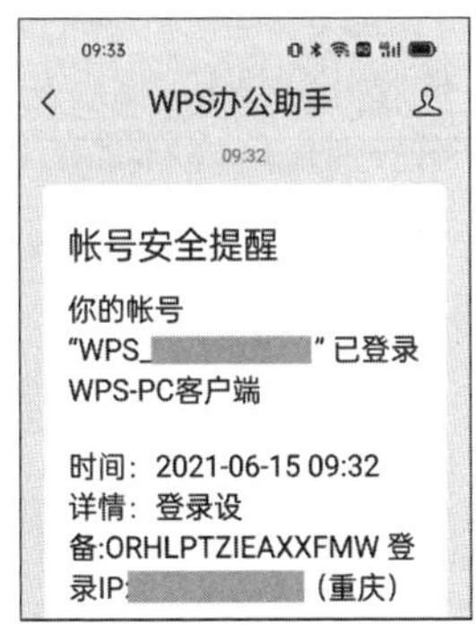

> **温馨提示**
> 如果没有关注“WPS 办公助手”公众号，那么，在首次扫描二维码时，微信会提醒用户关注公众号。

第3步 电脑客户端成功登录 WPS 账号，将鼠标指针移到右上角的账户头像上，即可查看账户信息，如下图所示。

> **温馨提示**
> 如果要退出 WPS 账号，那么可以将鼠标指针移动到右上角的账户头像上，在弹出的窗口中单击【退出登录】按钮。

1.1.2 新建 WPS 文字文档

在制作放假通知之前，我们需要先新建 WPS 文字文档，操作方法如下。

第1步 启动 WPS Office 主程序，单击标签栏中的【新建】按钮+，如下图所示。

第2步 ❶ 在打开的【新建】页面中选择【文字】选项卡，❷ 选择【新建空白文档】选项，如下图所示。

第3步 新建的空白文档名为“文字文稿1”，如下图所示。

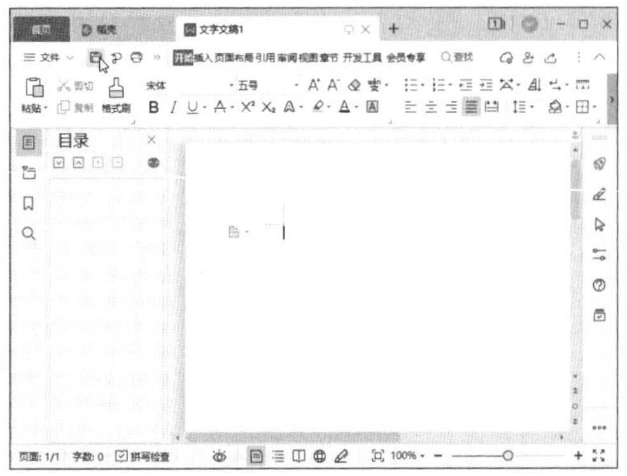

1.1.3 制作通知标题

一个完整的通知包括标题、正文、落款与日期。WPS 文档建成后，我们就可以开始制作放假通知的标题了，操作方法如下。

第1步 ❶ 切换到需要的输入法，❷ 在文档中输入放假通知的标题，如下图所示。

第2步 ❶ 选中标题，❷ 单击【开始】选项卡中的【字体】下拉按钮 ▾，❸ 然后在弹出的下拉菜单中选择一种合适的字体，如下图所示。

第3步 保持标题的选中状态，❶ 单击【开始】选项卡中的【字号】下拉按钮 ▾，❷ 然后在弹出的下拉菜单中选择字号，如下图所示。

第4步 单击【开始】选项卡中的【加粗】按钮 **B**，如下图所示。

第5步 单击【开始】选项卡中的【居中对齐】按钮 ≡，如下图所示。

1.1.4 制作通知内容

放假通知的标题制作完之后，我们就可以制作通知内容了，操作方法如下。

第1步 ❶ 将光标定位到标题的末尾，按【Enter】键换行；❷ 选中标题下方的段落标记，然后单击【开始】选项卡中的【清除格式】按钮 ◇，如下图所示。

> **温馨提示**
>
> 在 WPS 文字中，按下【Enter】键后，下一段默认会保持上一个段落的段落格式，所以此处需要清除格式。

第2步 ❶ 输入放假通知的正文，然后选中放假通知除了称呼和落款以外的段落，❷ 单击【开始】选项卡中的【段落】对话框按钮 ┘，如下图所示。

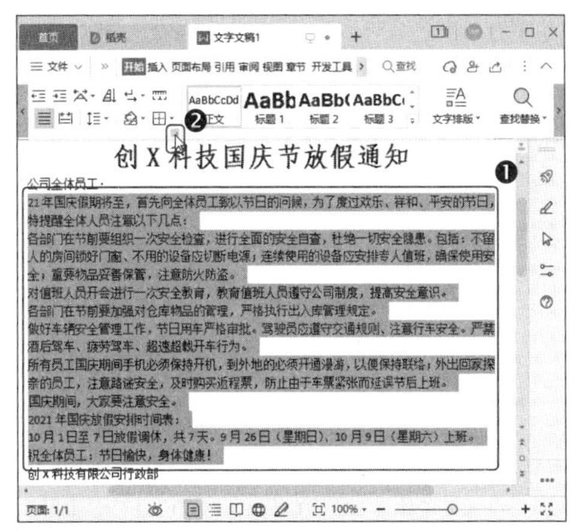

第3步 打开【段落】对话框，❶ 在【缩进和间距】选项卡中设置【特殊格式】为【首行缩进，2 字符】，❷ 设置【行距】为【1.5 倍行距】，❸ 完成后单击【确定】按钮，如下图所示。

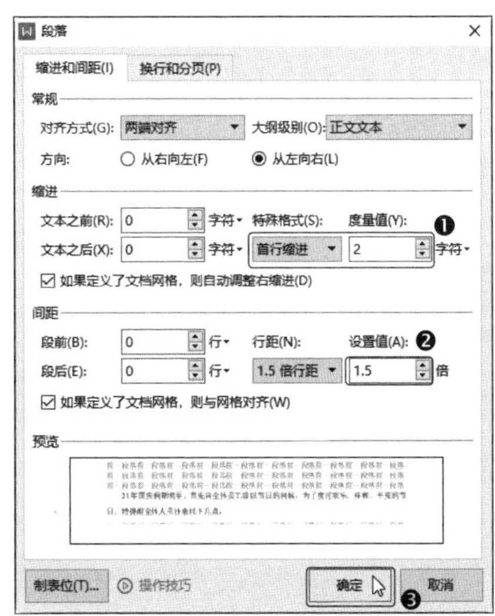

第4步 ❶将光标定位到称谓文本段落中，❷单击【开始】选项卡中的【行距】下拉按钮，❸然后在弹出的下拉菜单中选择【1.5】，如下图所示。

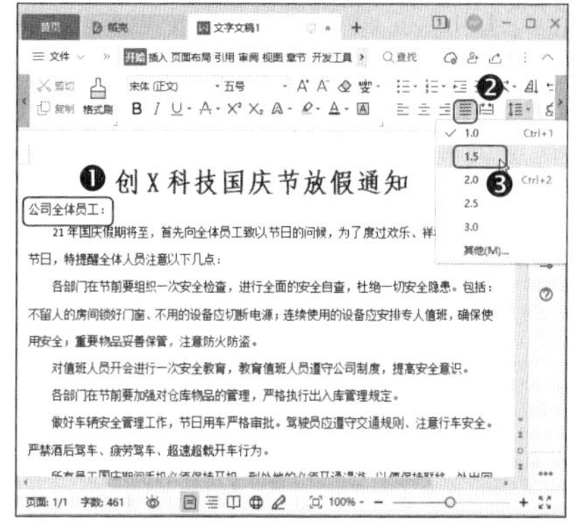

1.1.5 制作通知的落款与日期

落款和日期是通知中必不可少的一部分，格式上需要靠右对齐。在录入日期时，除了可以手动录入外，还可以插入当前日期，操作方法如下。

第1步 ❶将光标定位到落款文本段落，❷单击【开始】选项卡中的【右对齐】按钮，如下图所示。

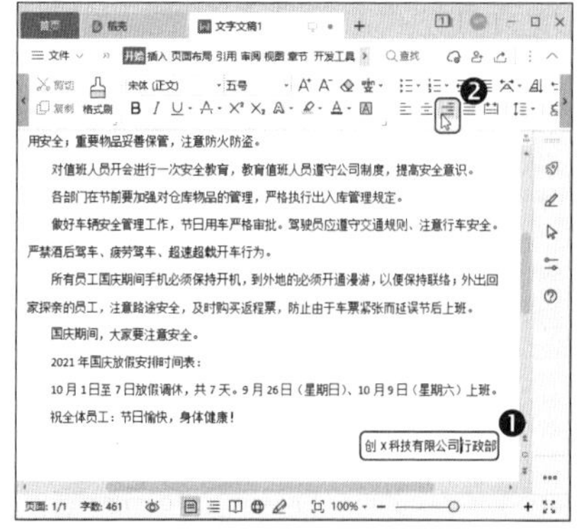

第2步 ❶将光标定位到落款文本的末尾处，按【Enter】键将光标定位到下一行，❷然后单击【插入】选项卡中的【日期】按钮，如下图所示。

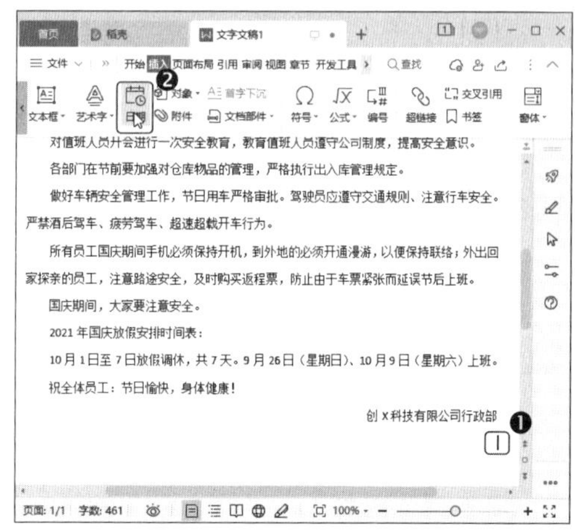

第3步 打开【日期和时间】对话框，❶在【可用格式】列表框中选择一种日期格式，❷然后单击【确定】按钮，如下图所示。

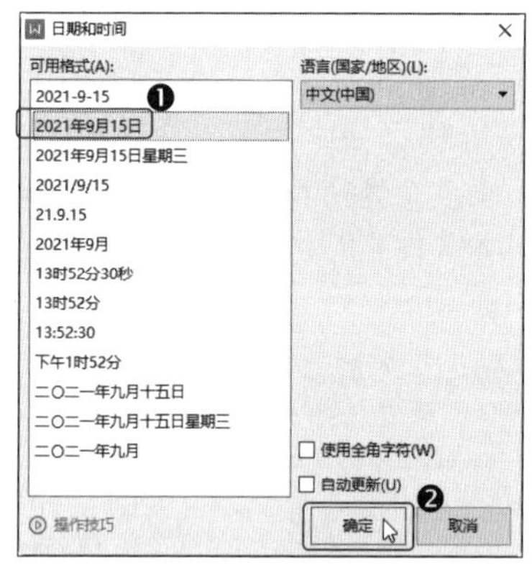

教您一招：插入可以自动更新的日期

在【日期和时间】对话框中勾选【自动更新】复选框，每次打开WPS文字时日期即可自动更新。

第4步 返回文档中即可查看到已经插入了当前日期。如下图所示。

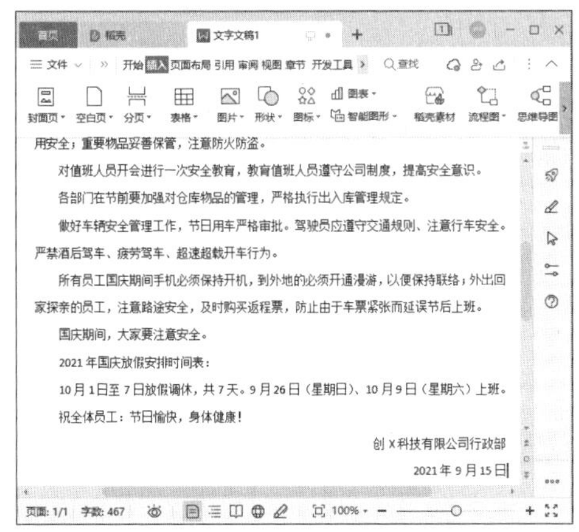

1.1.6 将通知保存到云文档

文档编辑完成后，可以将文档保存到本地电脑，也可以将其保存到 WPS 云文档中。本例需要将其保存到 WPS 云文档，以方便随时查看，操作方法如下。

第1步 ❶ 在文档标签上单击鼠标右键，❷ 然后在弹出的快捷菜单中选择【保存到 WPS 云文档】命令，如下图所示。

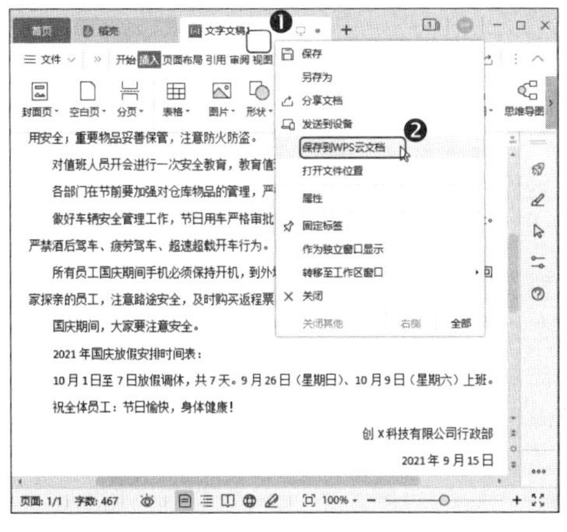

第2步 打开【另存文件】对话框，系统自动定位于【我的云文档】选项卡，❶ 在【文件名】文本框中输入文件名，❷ 然后单击【保存】按钮，如下图所示。

第3步 将文档保存到云文档之后，如果要查看云文档，那么可以启动 WPS Office 主程序，❶ 在窗口左侧选择【文档】选项，❷ 然后在中间窗格选择【我的云文档】选项，❸ 右侧窗口中即可显示保存的云文档，双击对应文档即可打开，如下图所示。

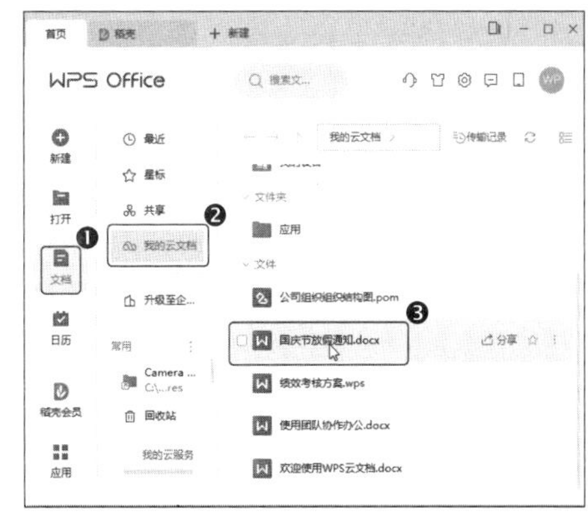

1.1.7 分享通知文档

通知制作完成后，可以将通知分享到公司群中，以供大家浏览并知晓通知内容，操作方法如下。

第1步 启动 WPS Office 主程序，❶ 在左侧选择【文档】选项，❷ 在中间窗格中选择【我的云文档】选项，❸ 然后在右侧窗格中将鼠标指针移动到要分享的文档上，文档右侧将出现命令按钮，单击【分享】按钮即可，如下图所示。

第2步 ❶ 在打开的对话框中选择公开分享的模式，如【任何人可查看】，❷ 完成后单击【创建并分享】按钮，如下图所示。

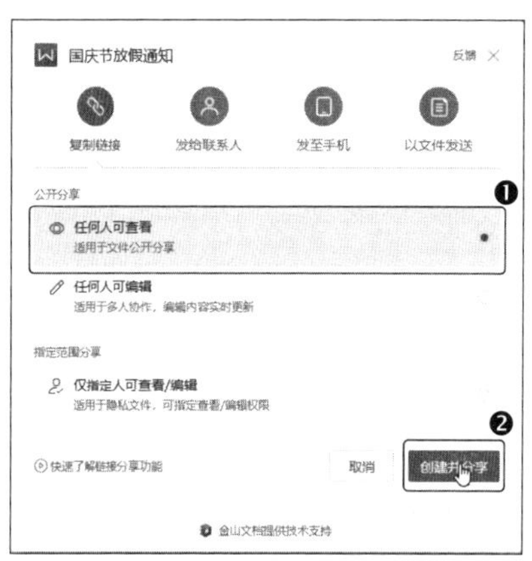

第3步 WPS 将自动生成链接，单击【复制链接】按钮，将链接复制到剪贴板，如下图所示。

第4步 将链接通过通信软件发送给他人，他人点击链接后即可查看通知内容，如下图所示。

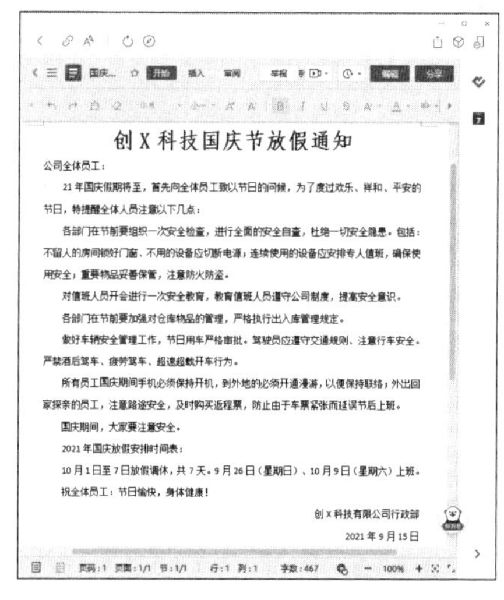

创 X 科技国庆节放假通知

公司全体员工：

21 年国庆假期将至，首先向全体员工致以节日的问候，为了度过欢乐、祥和、平安的节日，特提醒全体人员注意以下几点：

各部门在节前要组织一次安全检查，进行全面的安全自查，杜绝一切安全隐患。包括：不留人的房间锁好门窗、不用的设备应切断电源；连续使用的设备应安排专人值班，确保使用安全；重要物品妥善保管，注意防火防盗。

对值班人员开会进行一次安全教育，教育值班人员遵守公司制度，提高安全意识。

各部门在节前要加强对仓库物品的管理，严格执行出入库管理规定。

做好车辆安全管理工作，节日用车严格审批。驾驶员应遵守交通规则、注意行车安全。严禁酒后驾车、疲劳驾车、超速超载开车行为。

所有员工国庆期间手机必须保持开机，到外地的必须开通漫游，以便保持联络；外出回家探亲的员工，注意路途安全，及时购买返程票，防止由于车票紧张而延误节后上班。

国庆期间，大家要注意安全。

2021 年国庆放假安排时间表：

10 月 1 日至 7 日放假调休，共 7 天。9 月 26 日（星期日）、10 月 9 日（星期六）上班。

祝全体员工：节日愉快，身体健康！

创 X 科技有限公司行政部

2021 年 9 月 15 日

教您一招：编辑只读文档

如果将公开分享的模式设置为【任何人可查看】，那么文档便为只读模式，他人在查看时不能对其进行编辑。如果要编辑文档，就需要单击【编辑】按钮，将文档保存在本地电脑中再进行编辑。

1.2 使用 WPS 表格制作办公来电登记表

来电记录属于事务文书的一种，没有规范的格式要求。办公来电记录表主要用于记录日常办公中接听电话或传真的情况，通过该表可以查看电话号码、来电日期、来电人姓名和是否转达等信息。

本例将制作一份电话接听记录表，在记录电话信息和传真信息的同时，对需要备注的内容添加批注。完成后的效果如下图所示，实例最终效果见“结果文件 \ 第 1 章 \ 办公来电登记表 .xlsx”文件。

	B	C	D	E	F
1	10月电话、传真发听记录表				
2	电话号码	来电人姓名	需要转达部门	是否转达	接听人
3	1888888XXXX	周波	财务部	是	覃军
4	023644XXXX	王定用	财务部	是	覃军
5	0108789XXXX	马明宇	采购部	否	覃军
6	0286587XXXX	周光明	技术支持部	是	覃军
7	0295898XXXX	马明宇	设计部	否	覃军
8	1589998XXXX	陈明莉	设计部	是	覃军
9	1589999XXXX	刘伟	设计部	是	覃军
10	0238789XXXX	刘明敏	设计部	是	李彤
11	08747894XXXX	周国强	设计部	是	李彤
12	02589632XXXX	马军	售后部	是	李彤
13	02369874XXXX	崔明明	销售部	是	李彤
14	02945878XXXX	王思琼	销售部	否	李彤
15	0102589XXXX	周光宇	销售部	是	李彤
16	0272584XXXX	李建兴	销售部	是	李彤
17	08519874XXXX	白小花	质检部	否	李彤
18	1358745XXXX	李永华	质检部	是	周围
19	1258745XXXX	张维	总经理办公室	是	周围
20	0272584XXXX	李建兴	设计部	是	周围

1.2.1 新建与保存工作簿

制作办公来电登记表的第一步，就是新建一个工作簿，然后将工作簿保存到目标位置，操作方法如下。

第1步 启动 WPS Office，单击标签栏中的【新建】按钮+，如下图所示。

第2步 ❶ 切换到【表格】选项卡，❷ 选择【新建空白表格】按钮，如下图所示。

第3步 新建的空白工作簿名为“工作簿1”，在标题栏上单击鼠标右键，在弹出的

快捷菜单中选择【另存为】命令，如下图所示。

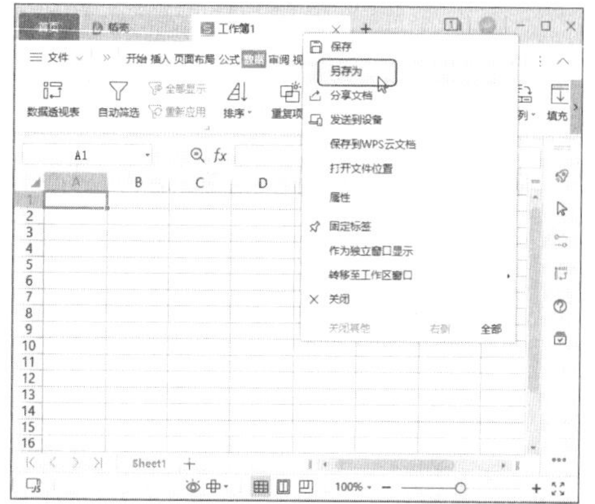

第4步 打开【另存文件】对话框，❶ 在【位置】栏设置文件的保存位置，❷ 在【文件名】组合框中输入要保存的文件名。❸ 完成后单击【保存】按钮，即可成功保存工作簿，如下图所示。

1.2.2 输入来电记录数据

工作簿创建完成后，就可以根据实际的工作情况输入需要的数据，包括来电号码、来电日期等。通过输入信息，可以掌握各种类型的数据输入方法，具体操作方法如下。

第1步 ❶ 在A1单元格中输入记录表的标题，❷ 在A2单元格输入表头文本，如“来电时间”。输入完成后将光标定位到B2单元格中或在键盘上按【→】键，输入“电话号码”，用同样的方法输入“来电人姓名”“需要转达部门”“是否转达”“接听人”等，如下图所示。

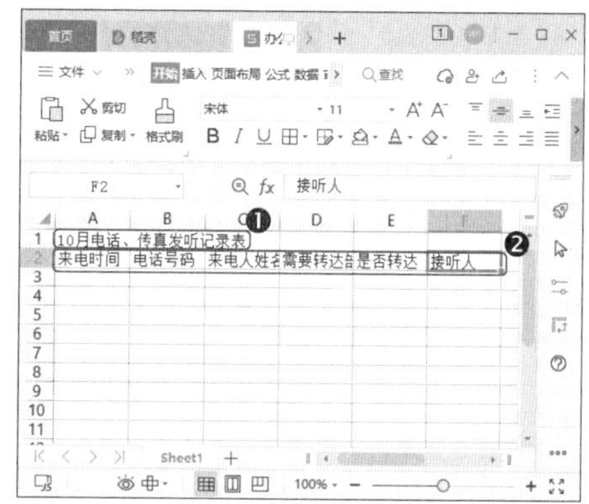

第2步 将光标定位到C列和D列的分隔线上，当光标变为✛时，按住鼠标左键向右拖动，将C列调整至合适的宽度后释放鼠标左键，然后使用相同的方法调整其他列的列宽，如下图所示。

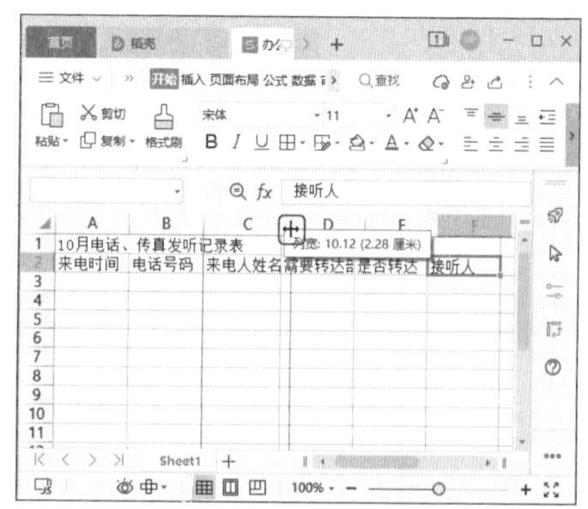

第3步 ❶ 选中 A1:F1 单元格区域，❷ 单击【开始】选项卡中的【合并居中】按钮，如下图所示。

第4步 ❶ 选中 A3: A20 单元格区域，❷ 然后单击【开始】选项卡中的【数字格式】下拉按钮，❸ 在弹出的下拉菜单中选择【长日期】选项，如下图所示。

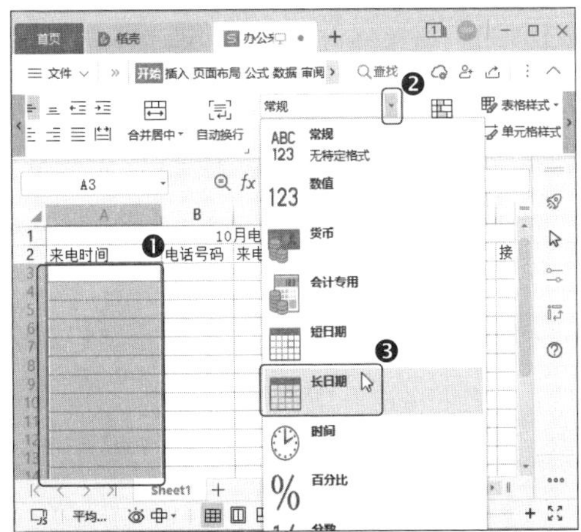

第5步 ❶ 选中 B3: B20 单元格区域，❷ 单击【数据】选项卡中的数据【有效性】按钮，如下图所示。

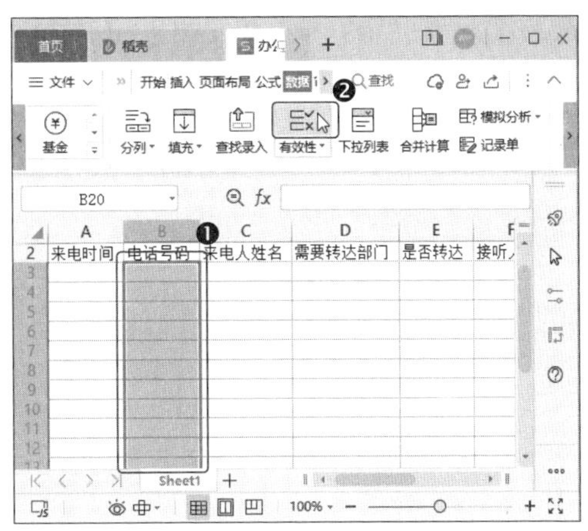

第6步 打开【数据有效性】对话框，❶ 在【允许】下拉列表中选择【文本长度】选项，在【数据】下拉列表中选择【小于或等于】选项，在【最大值】文本框中输入"12"。❷ 完成后单击【确定】按钮，如下图所示。

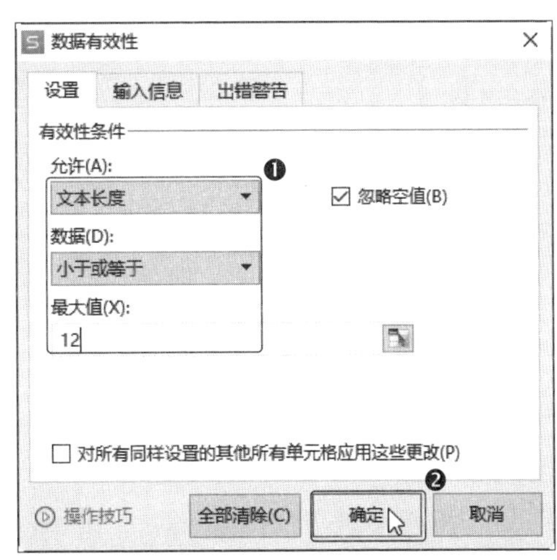

温馨提示

设置数据有效性后，当输入的电话号码大于 12 位时，WPS 将提示输入的数据为非法值，需要用户重新输入，直到输入符合条件的数据，这样可以有效地预防错误输入。

第7步 保持 B3: B20 单元格区域的选中状态，单击【开始】选项卡中的【单元格格式：数字】按钮 ⌟，如下图所示。

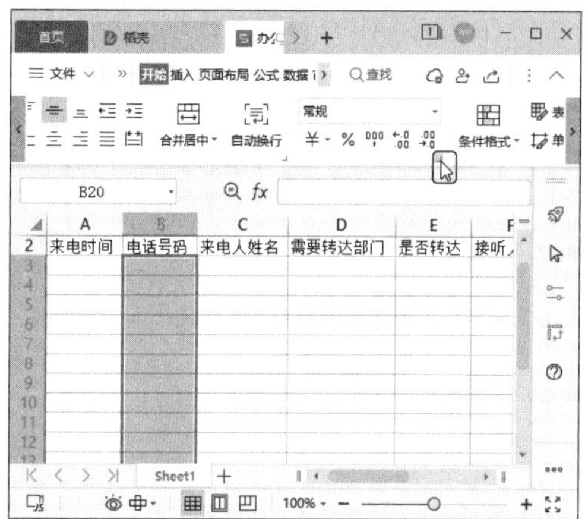

第8步 打开【单元格格式】对话框，❶ 在【分类】列表框中选择【文本】选项，❷ 然后单击【确定】按钮，如下图所示。

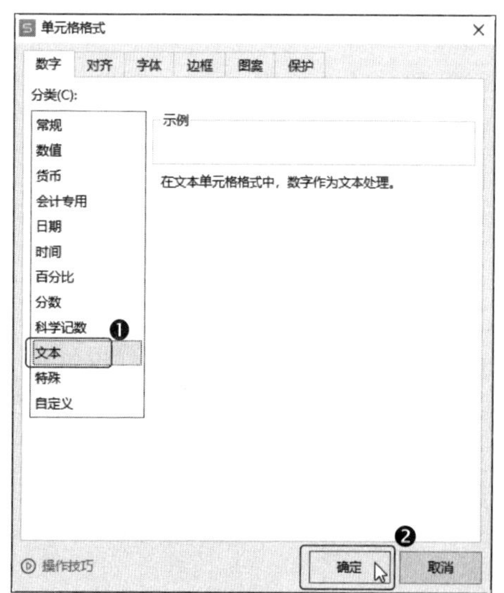

第9步 输入其他内容，完成后的效果如下图所示

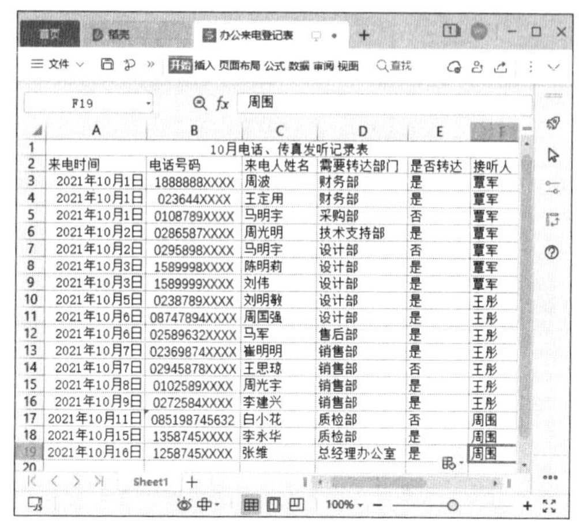

10月电话、传真发听记录表					
来电时间	电话号码	来电人姓名	需要转达部门	是否转达	接听人
2021年10月1日	1888888XXXX	周波	财务部	是	覃军
2021年10月1日	023644XXXX	王定用	财务部	是	覃军
2021年10月1日	0108789XXXX	马明宇	采购部	否	覃军
2021年10月2日	0286587XXXX	周光明	技术支持部	是	覃军
2021年10月2日	0295898XXXX	马明宇	设计部	否	覃军
2021年10月3日	1589998XXXX	陈明莉	设计部	是	覃军
2021年10月3日	1589999XXXX	刘伟	设计部	是	覃军
2021年10月5日	0238789XXXX	刘明敏	设计部	是	王彤
2021年10月6日	08747894XXXX	周国强	设计部	是	王彤
2021年10月6日	02589632XXXX	马军	售后部	是	王彤
2021年10月7日	02369874XXXX	崔明明	销售部	是	王彤
2021年10月7日	02945878XXXX	王思琼	销售部	否	王彤
2021年10月8日	0102589XXXX	周光宇	销售部	是	王彤
2021年10月9日	0272584XXXX	李建兴	销售部	是	王彤
2021年10月11日	085198745632	白小花	质检部	否	周围
2021年10月15日	1358745XXXX	李永华	质检部	是	周围
2021年10月16日	1258745XXXX	张维	总经理办公室	是	周围

1.2.3 美化登记表

表格制作完成后，为了让表格更加美观，我们设置表格的单元格字体、边框、底纹等效果。

第1步 ❶ 选择 A1 单元格，❷ 单击【开始】选项卡中的【字体】下拉按钮，❸ 在弹出的下拉菜单中选择【黑体】，如下图所示。

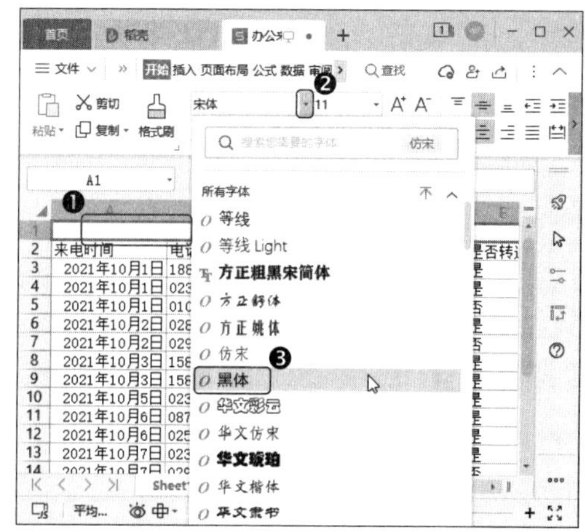

第2步 ❶ 单击【开始】选项卡中的【字号】下拉按钮，❷ 在弹出的下拉菜单中选择【18】号，如下图所示。

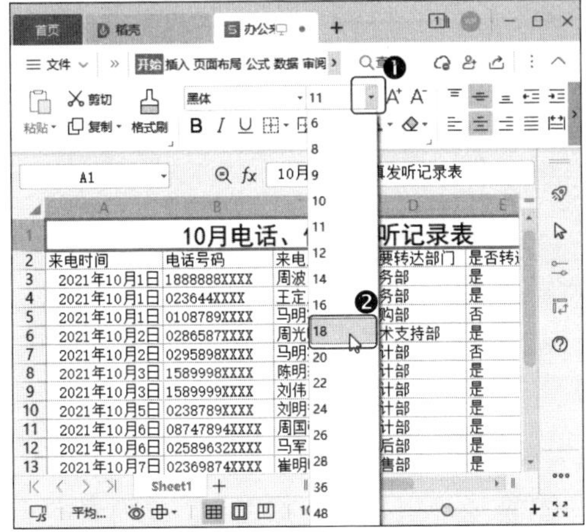

第3步 ❶ 单击【开始】选项卡中的【字体颜色】下拉按钮 A・，❷ 在弹出的下拉菜单中选择【深红】，如下图所示。

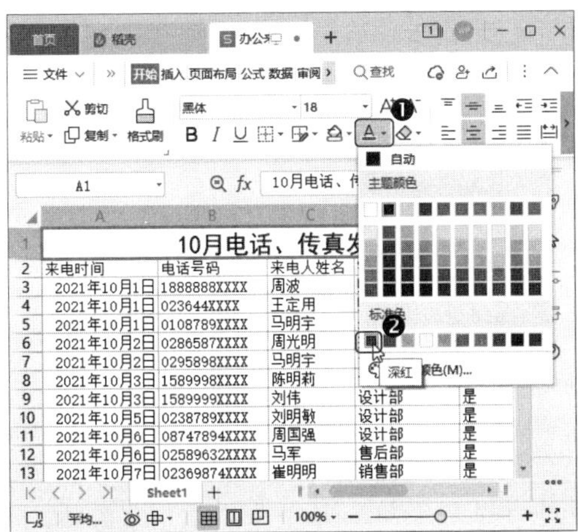

第4步 ❶ 选择 A2: F2 单元格区域，❷ 单击【开始】选项卡中的【加粗】按钮 **B**，如下图所示。

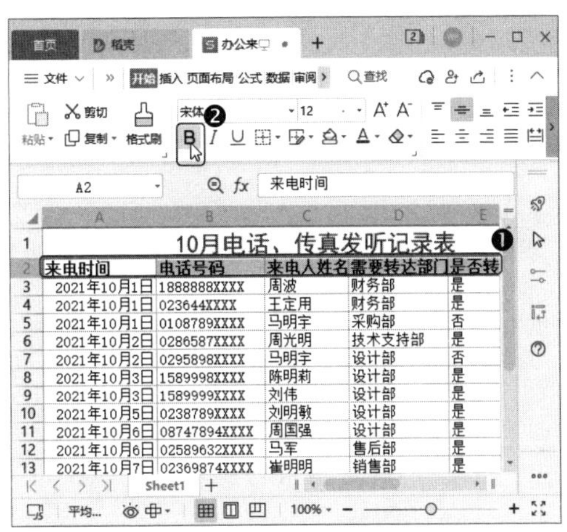

第5步 ❶ 选择 A2: F20 单元格区域，❷ 单击【开始】选项卡中的【水平居中】按钮三，如下图所示。

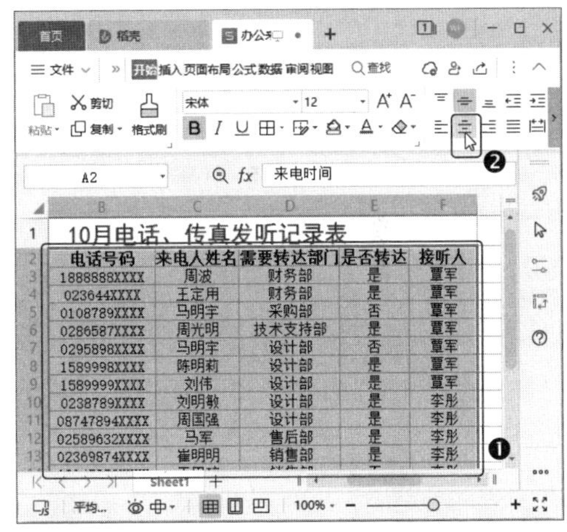

第6步 ❶ 选择 A2: F2 单元格区域，❷ 单击【开始】选项卡中的【字体颜色】下拉按钮 A・，❸ 在弹出的下拉菜单中选择【白色，背景 1】，如下图所示。

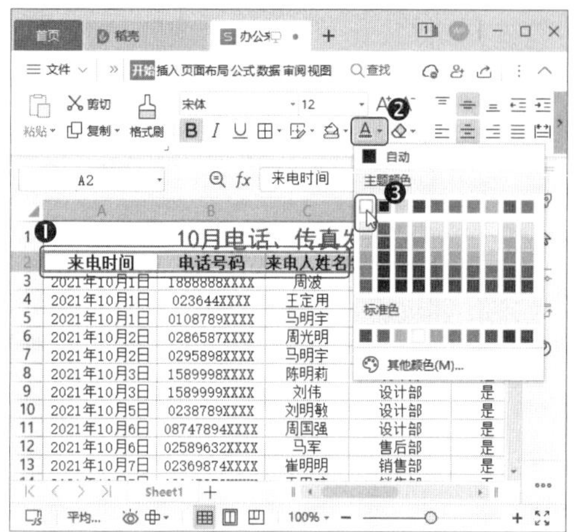

第7步 ❶ 单击【开始】选项卡中的【填充颜色】下拉按钮 ，❷ 在弹出的下拉菜单中选择【深红】，如下图所示。

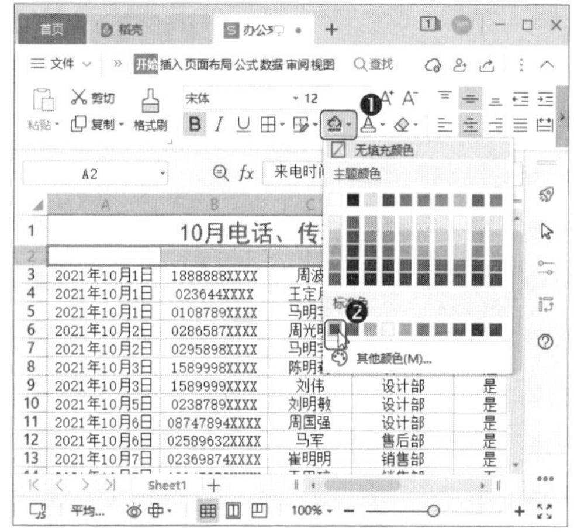

第8步 ❶ 选择 A2:F20 单元格区域，❷ 单击【开始】选项卡中的【所有框线】下拉按钮 ，❸ 在弹出的下拉菜单中选择【其他边框】选项，如下图所示。

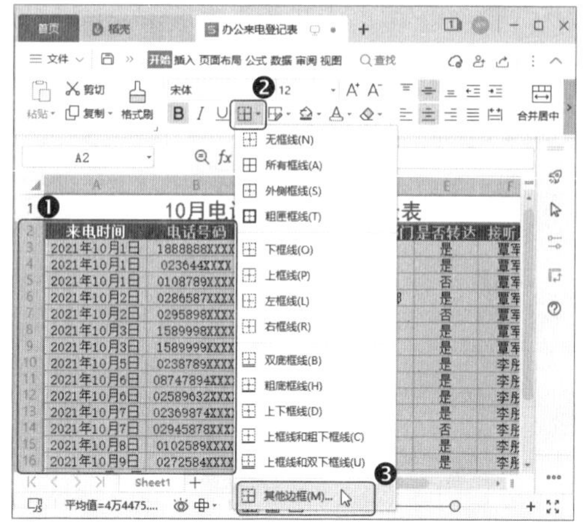

第9步 打开【单元格格式】对话框，❶ 在【边框】选项卡的【样式】列表框中选择一种线条样式，在【颜色】下拉列表中选择边框的颜色，❷ 然后在【预置】栏选择【外边框】选项，如下图所示。

第10步 ❶ 重新在【边框】选项卡的【样式】列表框中选择一种线条样式，单击【颜色】下拉按钮，在下拉菜单中选择边框的颜色，❷ 然后在【预置】栏选择【内部】选项。❸ 完成后单击【确定】按钮，如下图所示。

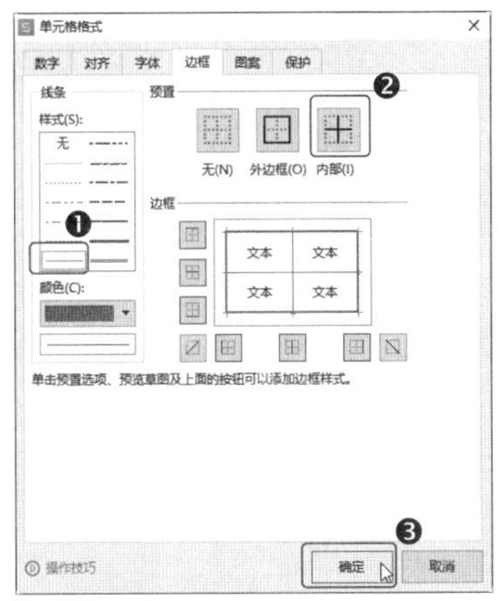

第11步 返回工作表中即可查看到设置的效果，如下图所示。

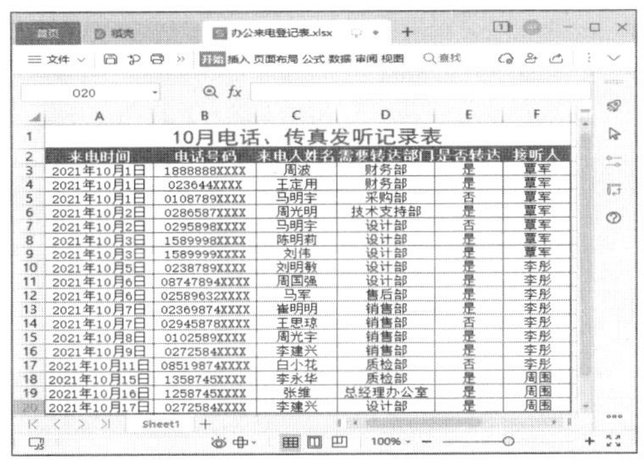

1.2.4 批注登记表

在制作完记录表之后，我们可以在记录表中对没有及时转达的电话进行批注，说明未转达的原因，操作方法如下。

第1步 ❶ 选择 E3: E20 单元格区域，❷ 单击【开始】选项卡中的【条件格式】下拉按钮，❸ 然后在弹出的下拉菜单中的【突出显示单元格规则】子菜单中 ❹ 选择【等于】选项，如下图所示。

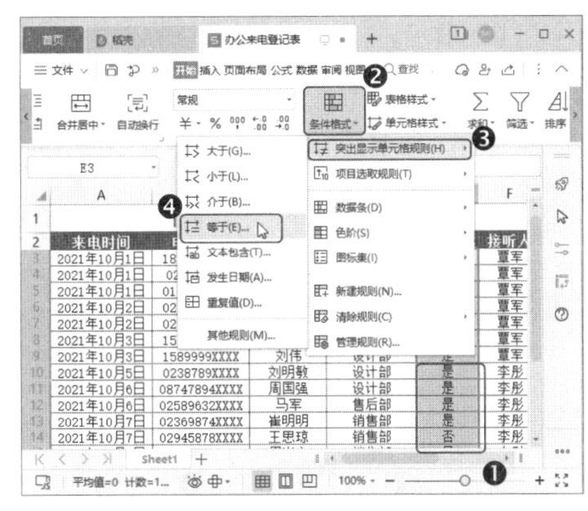

第2步 打开【等于】对话框，❶ 在【为等于以下值的单元格设置格式】组合框中输入“否”，❷ 在【设置为】下拉列表中选择想要的单元格样式；❸ 完成后单击【确定】按钮，如下图所示。

第3步 返回工作簿即可查看到符合条件的单元格已经以规定格式显示。❶ 选择第一个突出显示“否”的单元格，即 E5，❷ 单击【审阅】选项卡中的【新建批注】按钮，如下图所示。

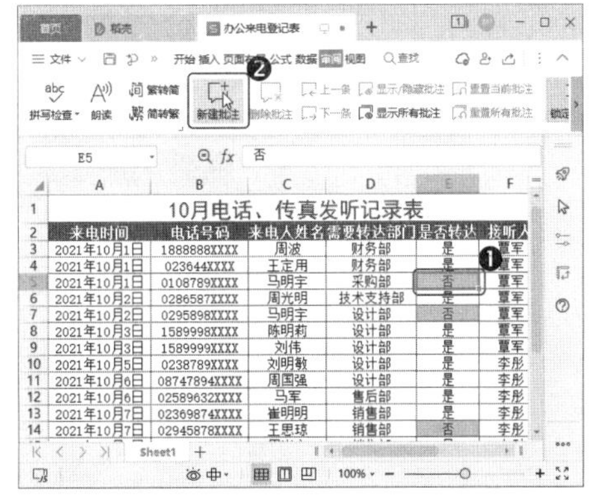

第4步 ❶ 选择的单元格右侧将出现批注文本框，在其中输入需要批注的内容即可，❷ 输入完成后单击任意其他单元格即可退出批注状态，如下图所示。

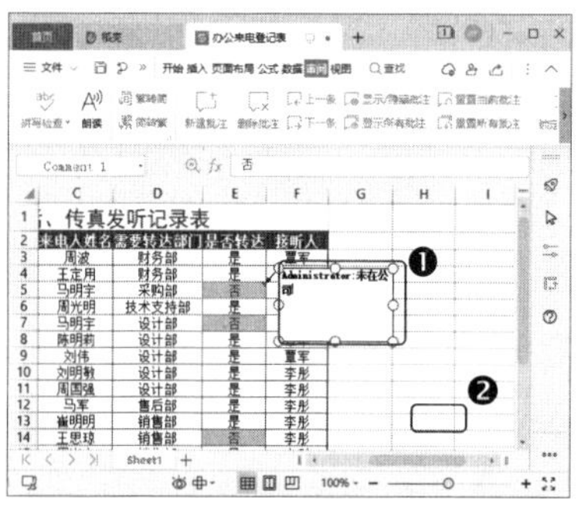

第5步 继续使用相同的方法为其他需要批注的单元格添加批注，如下图所示。

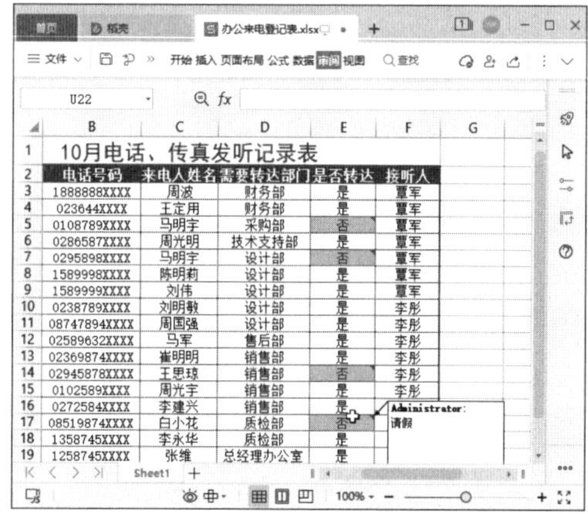

> **温馨提示**
>
> 添加了批注之后，批注默认为隐藏状态，只在单元格右上角以红色小三角标显示。如果要查看批注，可以将鼠标指针移动到红色小三角上以显示批注内容。

1.3 使用 WPS 表格制作行程安排表

在日常工作中，为了不忘记每日的行程，我们可以制作一份行程安排表，以便合理分配时间，以防因为遗忘而耽误工作。

本例将制作一份行程安排表，完成后的效果如下图所示，实例最终效果见“结果文件\第 1 章\日程安排表 .xlsx”文件。

	A	B	C	D
1	2021年10月行程安排			
2	日期	时间	地点	行程
3	2021年10月8日	9:00:00 AM	渝都大厦	开发商会议
4		11:00:00 AM	天祥科技	供应商会议
5		1:00:00 PM	二楼办公室	客户来访
6		2:00:00 PM	三楼会议室	总经理会议
7		4:00:00 PM	二楼会议室	销售部会议
8		6:00:00 PM	餐厅	商务酒会
9	2021年10月9日	9:00:00 AM	二楼会议室	客户来访
10		11:00:00 AM	三楼会议室	销售部会议
11		1:00:00 PM	天宇大楼	客户拜访
12		2:00:00 PM	重丰大厦	商务洽谈
13		4:00:00 PM	万丰大厦	商务洽谈

1.3.1 设置日期和时间格式

在 WPS 表格中，我们可以根据需要设置多种日期和时间格式，以便更好地查看数据，操作方法如下。

第1步 新建一个名为“日程安排表”的 WPS 表格文件，❶ 输入标题和表头，然后选 A1: D1 单元格区域，❷ 单击【开始】选项卡中的【合并居中】按钮，如下图所示。

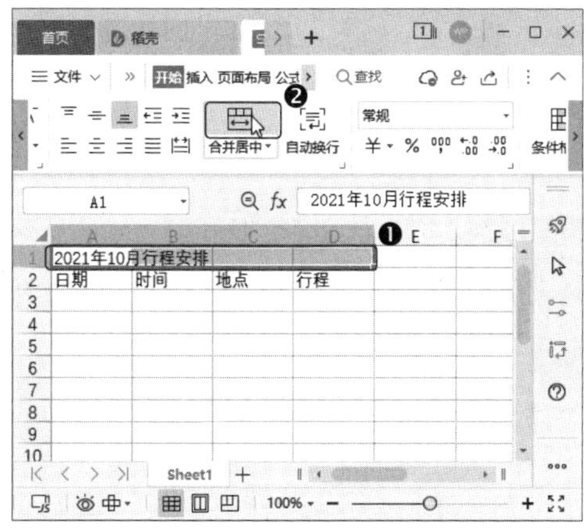

第2步 ❶ 选中 A3: A13 单元格区域，❷ 单击【开始】选项卡中的【单元格格式：数字】对话框按钮 ⌟，如下图所示。

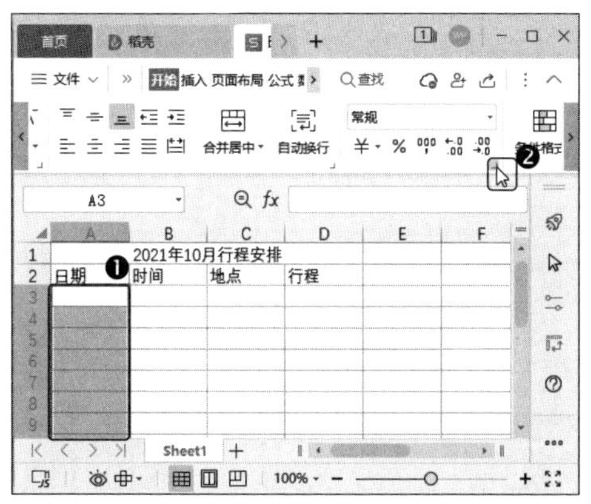

第3步 打开【单元格格式】对话框，❶ 在【分类】列表框中选择【日期】选项，❷ 然后在【类型】列表框中选择一种日期样式，❸ 完成后单击【确定】按钮，如下图所示。

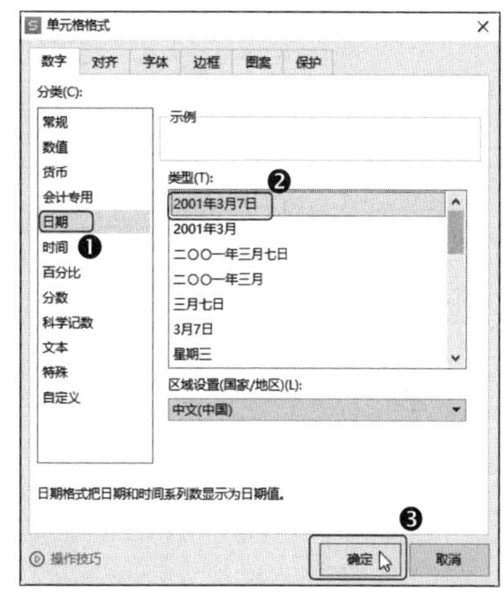

第4步 ❶ 选择 B3: B13 单元格区域，使用相同的方法打开【单元格格式】对话框，在【分类】列表框中选择【时间】选项，❷ 再在【类型】列表框中选择一种时间样式；❸ 完成后单击【确定】按钮，如下图所示。

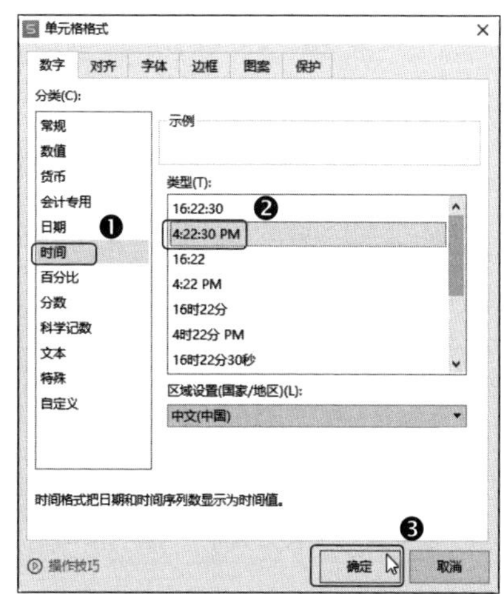

第5步 使用任意一种方法输入日期和时间，其格式将自动被调整为已经设置的日期和时间格式，如下图所示。

B3 | fx 9:00:00

	A	B	C	D
1	2021年10月行程安排			
2	日期	时间	地点	行程
3	2021年10月8日	9:00:00 AM	渝都大厦	开发商会议
4		11:00:00 AM	天祥科技	供应商会议
5		1:00:00 PM	二楼办公室	客户来访
6		2:00:00 PM	三楼会议室	总经理会议
7		4:00:00 PM	二楼会议室	销售部会议
8		6:00:00 PM	餐厅	商务酒会
9	2021年10月9日	9:00:00 AM	二楼会议室	客户来访
10		11:00:00 AM	三楼会议室	销售部会议
11		1:00:00 PM	天宇大楼	客户拜访
12		2:00:00 PM	重丰大厦	商务洽谈
13		4:00:00 PM	万丰大厦	商务洽谈

1.3.2 为表格设置单元格样式

WPS 表格中预置了多种单元格样式，用户可以通过为单元格设置单元格样式快速美化表格，操作方法如下。

第1步 ❶ 选择 A3: A8 单元区域，❷ 单击【开始】选项卡中的【合并居中】按钮合并此区域，❸ 然后使用相同的方法合并 A9: A13 单元格区域，如下图所示。

第2步 ❶ 选中第 2 行中的任意单元格，❷ 单击【开始】选项卡中的【行和列】下拉按钮，❸ 在弹出的下拉菜单中选择【行高】选项，如下图所示。

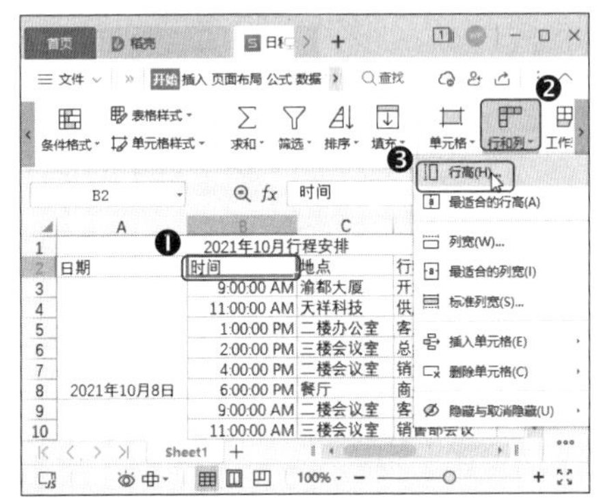

第3步 打开【行高】对话框，❶ 在【行高】组合框中输入“18”，❷ 然后单击【确定】按钮，如下图所示。

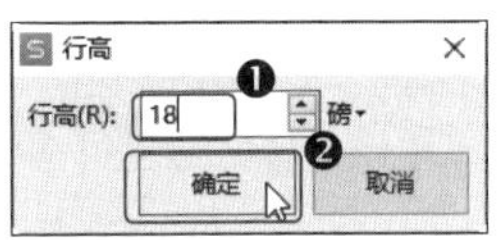

第4步 ❶ 选中 A2: D13 单元格区域，❷ 单击【开始】选项卡中的【水平居中】按钮 三，如下图所示。

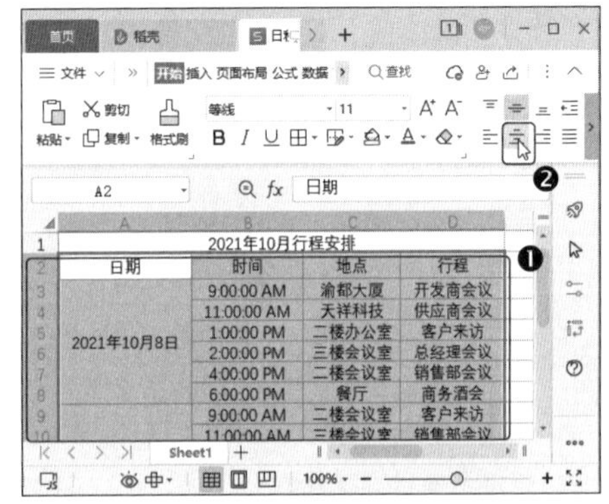

第5步 ❶ 选中合并后的 A1 单元格，❷ 单击【开始】选项卡中的【单元格样式】下拉按钮，❸ 在弹出的下拉菜单中选择一种单元格样式，如【标题 1】，如下图所示。

第6步 ❶ 选中 A2: D2 单元格区域，❷ 单击【开始】选项卡中的【单元格样式】下拉按钮，❸ 然后在弹出的下拉菜单中选择一种主题单元格样式，如下图所示。

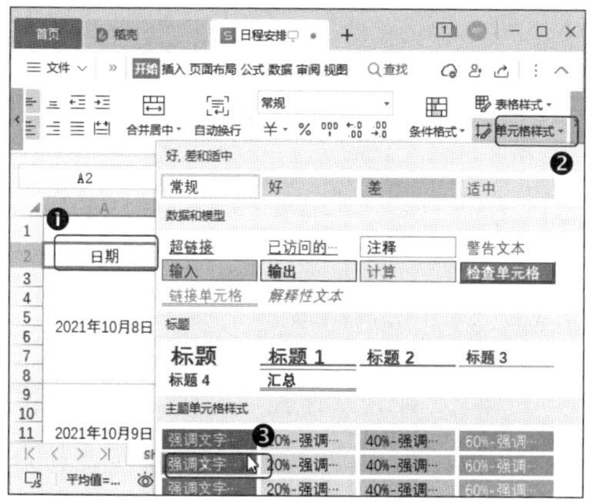

第7步 保持单元格区域的选中状态，❶ 在【开始】选项卡中设置【字号】为“12”，❷ 然后单击【开始】选项卡中的【加粗】按钮 **B**，如下图所示。

第8步 ❶ 选择 A2: D13 单元格区域，❷ 单击【开始】选项卡中的【边框】下拉按钮 ⊞ ˅，❸ 在弹出的下拉菜单中选择【所有框线】选项，如下图所示。

第9步 操作完成后即可查看设置了单元格样式后的表格效果，如下图所示。

	A	B	C	D
1	2021年10月行程安排			
2	日期	时间	地点	行程
3		9:00:00 AM	渝都大厦	开发商会议
4		11:00:00 AM	天祥科技	供应商会议
5	2021年10月8日	1:00:00 PM	二楼办公室	客户来访
6		2:00:00 PM	三楼会议室	总经理会议
7		4:00:00 PM	二楼会议室	销售部会议
8		6:00:00 PM	餐厅	商务酒会
9		9:00:00 AM	二楼会议室	客户来访
10		11:00:00 AM	三楼会议室	销售部会议
11	2021年10月9日	1:00:00 PM	天宇大楼	客户拜访
12		2:00:00 PM	重丰大厦	商务洽谈
13		4:00:00 PM	万丰大厦	商务洽谈

温馨提示●

单元格样式是基于应用于整个工作簿的文档主题的，如果文档切换到了另一主题，那么单元格样式也会随之更新，以便与新主题相匹配。

1.3.3 插入超链接

在工作簿中插入超链接后，单击该超链接，便可以打开其他文件，查看该超链接的详细信息，操作方法如下。

第1步● ❶ 选中 D3 单元格，❷ 单击【插入】选项卡中的【超链接】按钮，如下图所示。

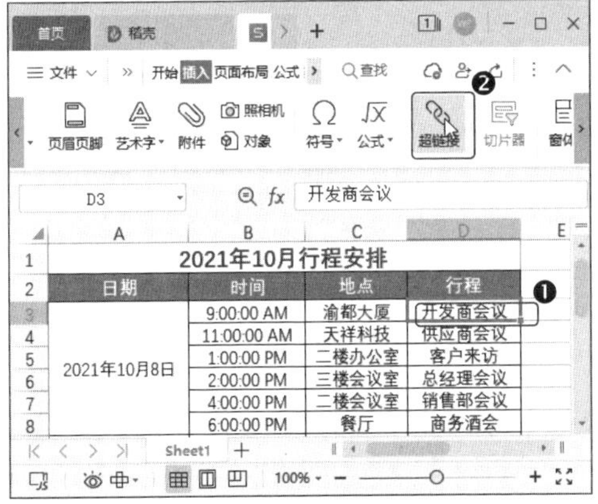

第2步● 打开【超链接】对话框，❶ 在【链接到】列表中选择【原有文件或网页】选项，❷ 然后在查找范围列表中选中“素材文件\第 2 章\新产品讨论会 .xlsx”，❸ 完成后单击【确定】按钮，如下图所示。

第3步● 插入超链接后，该单元格中的文字将以蓝色显示，并出现下划线。将鼠标指针移动到超链接上，鼠标指针会显示为👆形状。单击该超链接即可打开上一步中设置的工作簿，如下图所示。

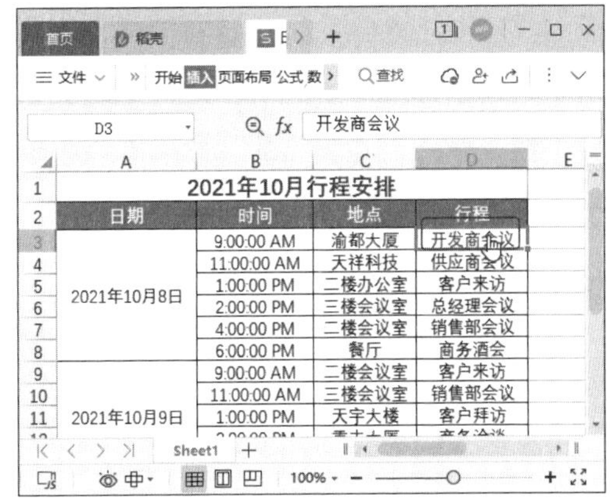

1.3.4 保护工作簿

日程安排表制作完后，为了保证工作簿不会被更改，我们可以将工作簿设置为不可编辑状态，操作方法如下。

第1步● 单击【审阅】选项卡中的【保护工作表】按钮，如下图所示。

第2步 打开【保护工作表】对话框，❶ 在取消工作表保护时使用的【密码】文本框中输入密码，如 123，❷ 其他选项保持默认设置，完成后单击【确定】按钮，如下图所示。

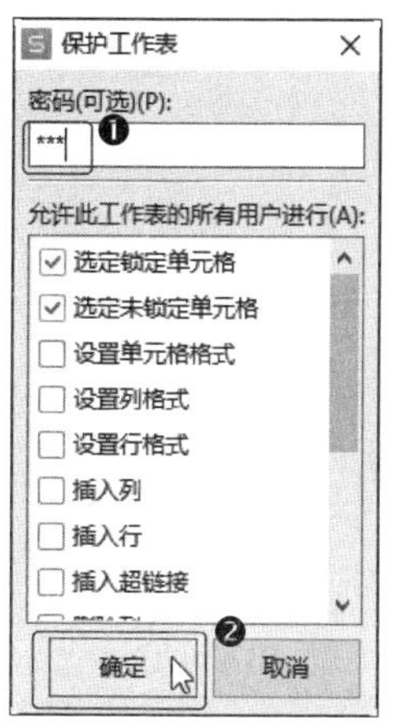

第3步 打开【确认密码】对话框，❶ 在【重新输入密码】文本框中再次输入相同密码，❷ 完成后单击【确定】按钮即可成功设置密码，如下图所示。

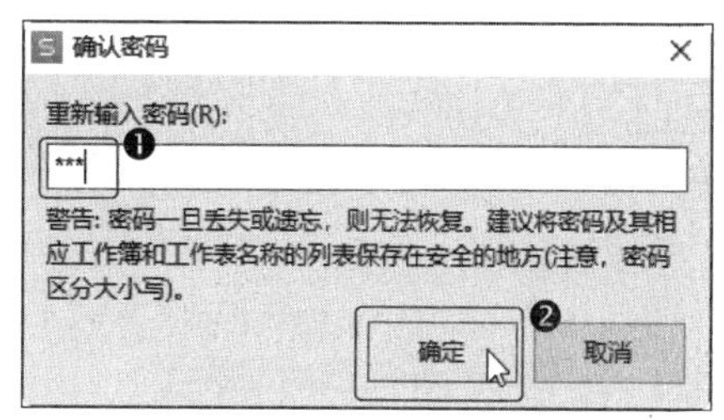

第4步 成功设置密码后，更改工作表中的数据时，会弹出提示对话框，提示该工作表已经受到保护，如下图所示。

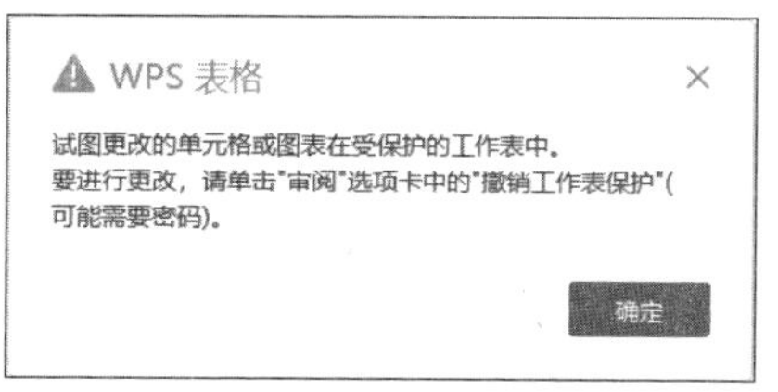

教您一招：撤销工作表保护

如果需要更改工作表，则需要执行【审阅】→【撤销工作表保护】命令，在打开的【撤销工作表保护】对话框中输入正确的密码，这样即可撤销工作表保护，从而再次编辑工作表。

1.4 使用 WPS 流程图制作公司组织结构图

公司组织结构图可以直观地反映公司各部门之间的关系，是公司的流程运转、部门设置及职能规划等最基本的结构依据。

本例将制作公司组织结构图。完成后的效果如下图所示，实例最终效果见“结果文件 \ 第 1 章 \ 流程图 .docx”文件。

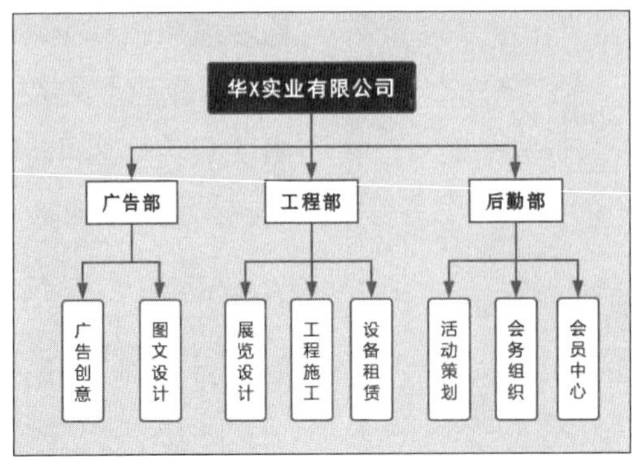

1.4.1 设置公司名称的样式

公司名称是企业形象的重要体现，需要醒目的展示方式。在制作公司组织结构图时，我们需要为公司名称设置不同的格式，操作方法如下。

第1步 启动 WPS Office，单击标签栏上的【新建】按钮+，如下图所示。

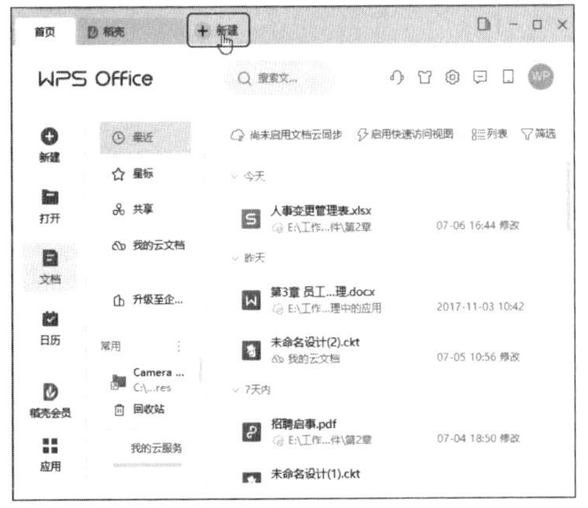

第2步 ❶ 切换到【流程图】选项卡，❷ 选择【新建空白图】选项，如下图所示。

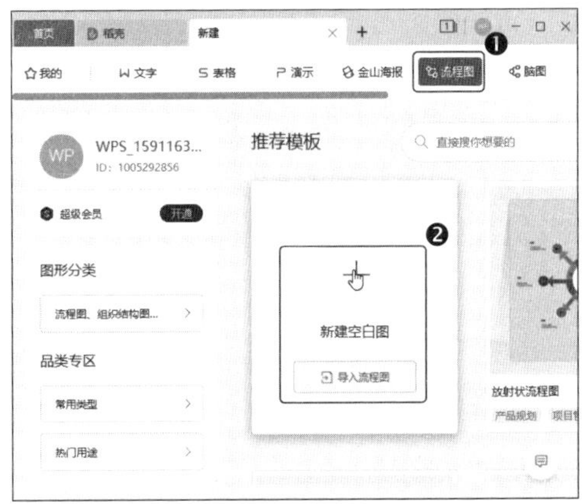

第3步 在左侧的基础图形列表中选择【圆角矩形】，如下图所示。

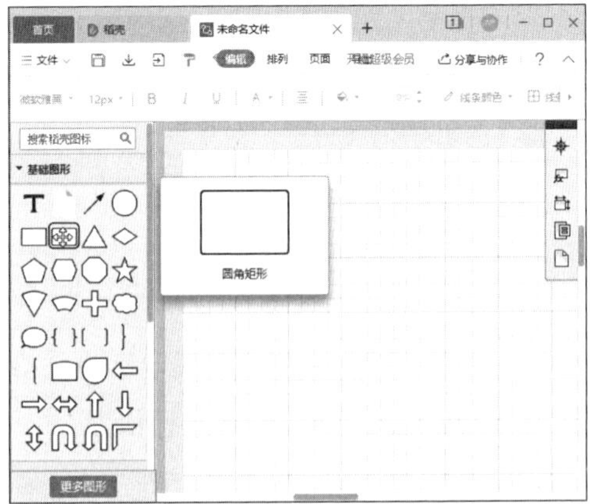

第4步 按住鼠标左键不放，将选择的圆角矩形拖动到右侧的绘图区域中，如下图所示。

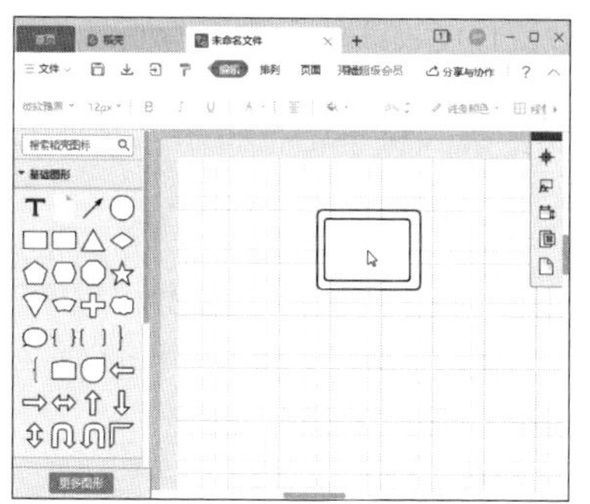

第5步 ❶ 在图形中输入公司名称，然后选中图形，❷ 在【编辑】选项卡中设置字体样式，如下图所示。

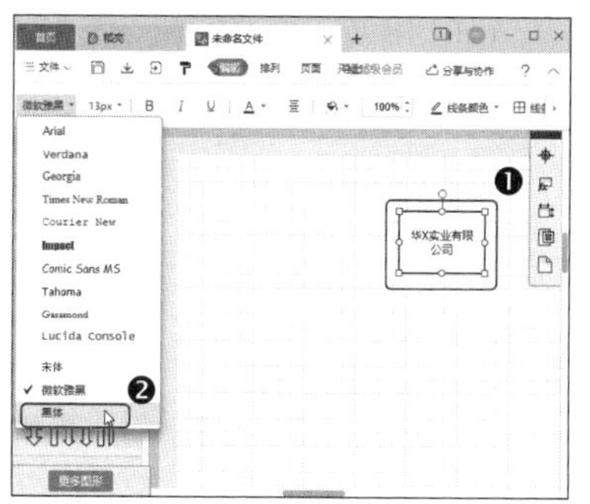

第6步 保持图形的选中状态，在【编辑】选项卡中设置字号，如下图所示。

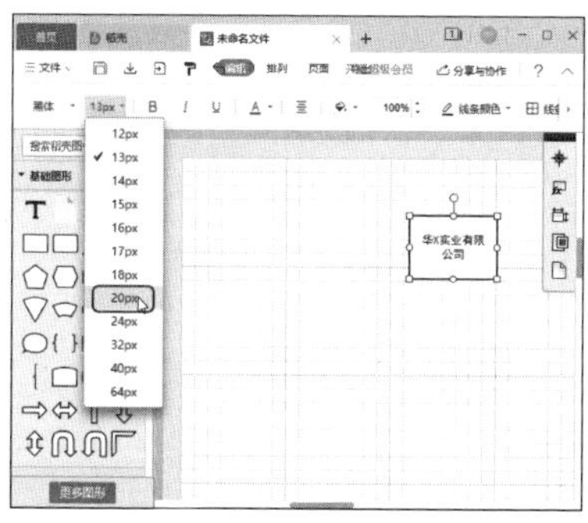

第7步 单击【编辑】选项卡中的【粗体】按钮 B，如下图所示。

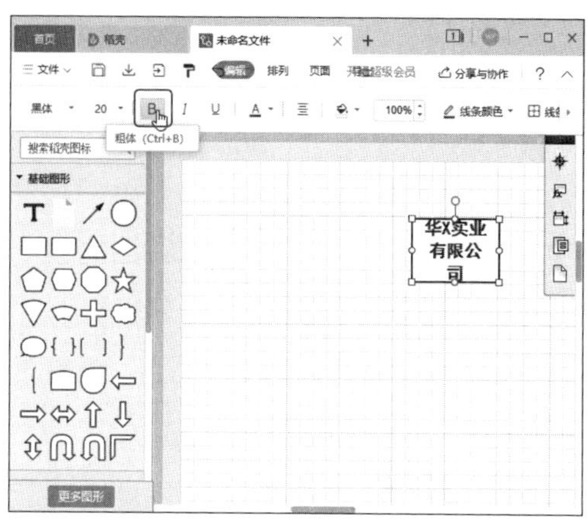

第8步 ❶ 单击【编辑】选项卡中的【字体颜色】下拉按钮 A ▾，❷ 在弹出的下拉菜单中选择白色，如下图所示。

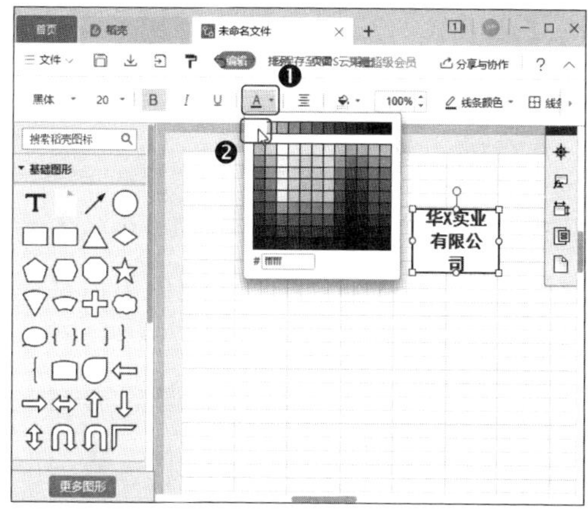

第9步 ❶ 单击【编辑】选项卡中的【填充样式】下拉按钮，❷ 在弹出的下拉菜单中选择一种颜色，如下图所示。

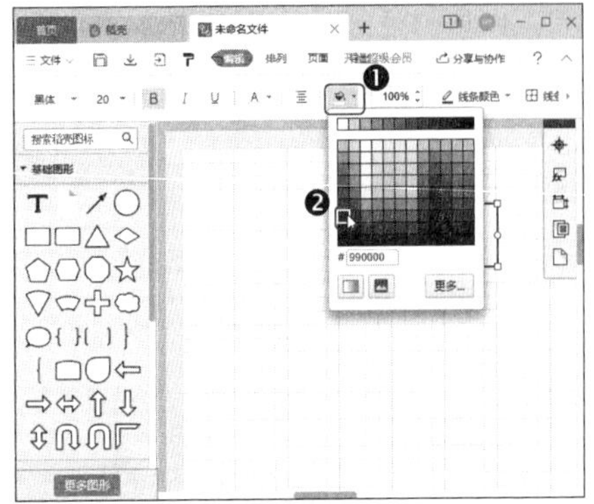

第10步 拖动矩形四周的控制点，调整图形的大小，如下图所示。

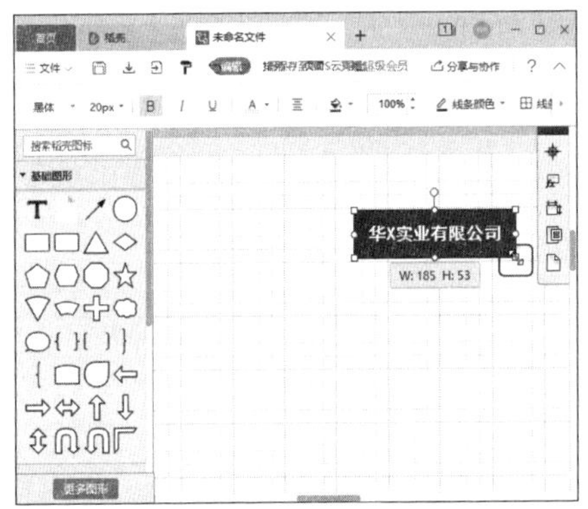

第11步 ❶ 单击【编辑】选项卡中的【线条颜色】下拉按钮，❷ 在弹出的下拉菜单中选择一种颜色，如下图所示。

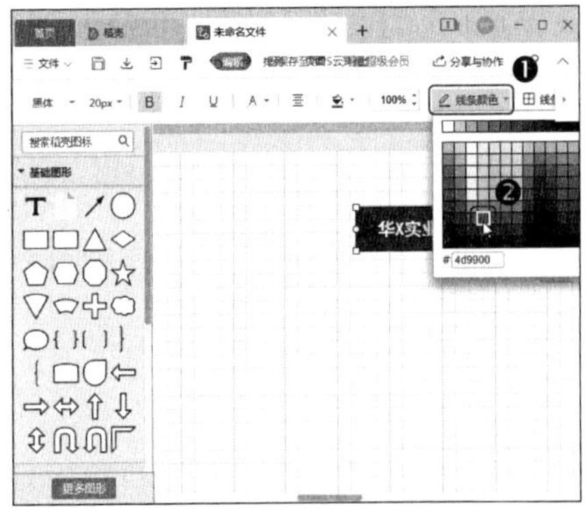

1.4.2 连接公司部门

一个公司往往包括众多部门，在制作公司组织结构图时，除了需要设置完整的公司架构之外，还需要将相关的部门连接在一起，明确组织结构关系。具体的操作方法如下。

第1步 使用上一节的方法，在组织结构图中添加代表公司不同部门的图形，并设置图形的格式，如下图所示。

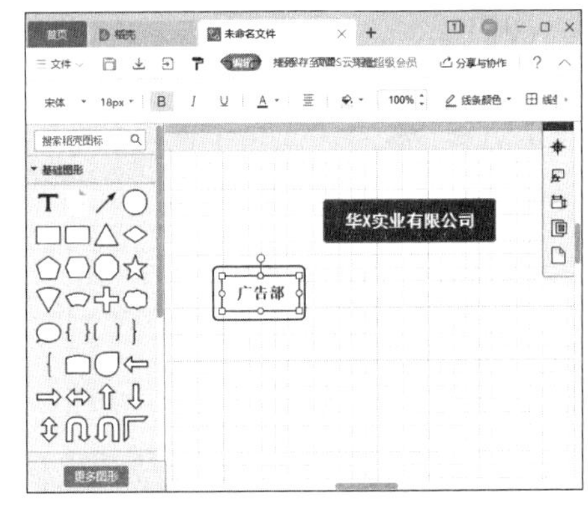

第2步 按住【Ctrl】键的同时选中图形，然后向右拖动，从而复制图形，并将其移动到合适的位置，如下图所示。

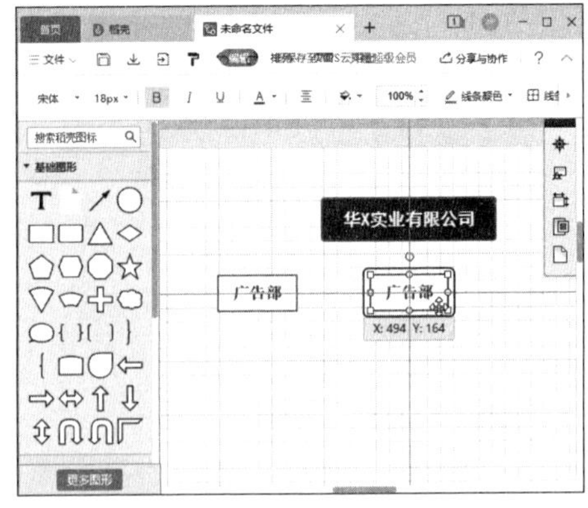

温馨提示●

在移动图形时可以通过辅助线使图形对齐。

第3步● ❶ 更改图形中的文字后，使用相同的方法添加代表其他部门的图形。❷ 选中公司名称所在的图形，将鼠标指针移动到图形下方，当鼠标指针变为+形状时，按住鼠标左键不放，拖动鼠标指针到下方的部门图形上，即可绘制连接线，如下图所示。

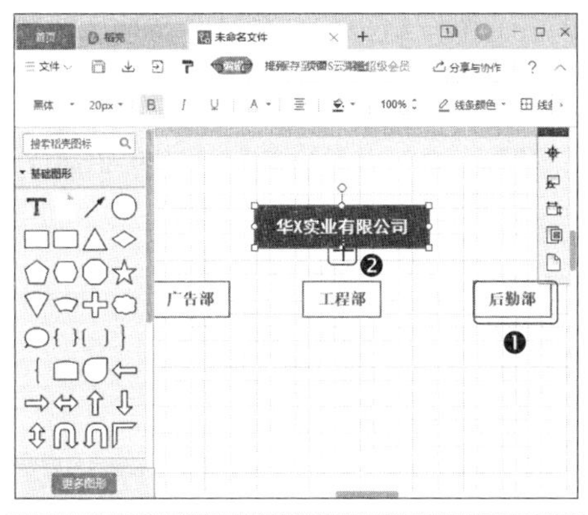

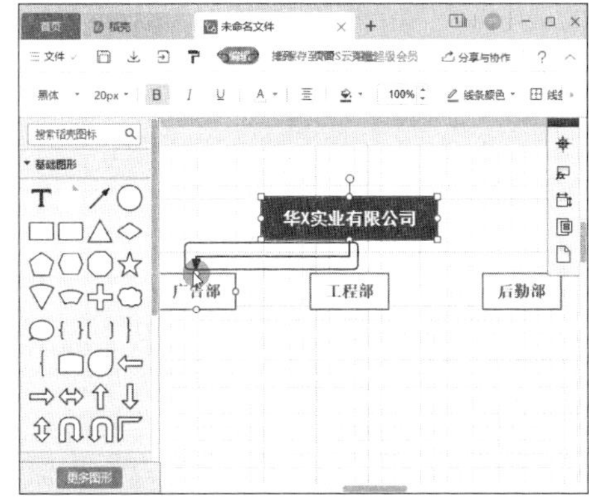

第4步● ❶ 选中连接线，❷ 单击【编辑】选项卡中的【线条颜色】下拉按钮，❸ 然后在弹出的下拉菜单中选择一种颜色，如下图所示。

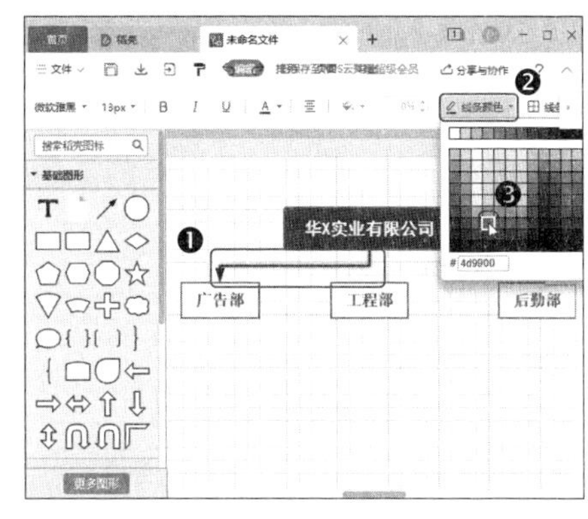

第5步● 使用相同的方法为其他图形绘制连接线，效果如下图所示。

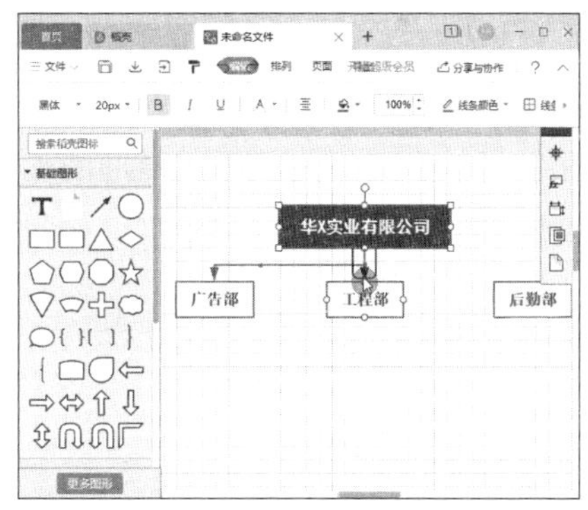

第6步● ❶ 选中已经设置了线条颜色的连接线，❷ 单击【编辑】选项卡中的【格式刷】按钮，如下图所示。

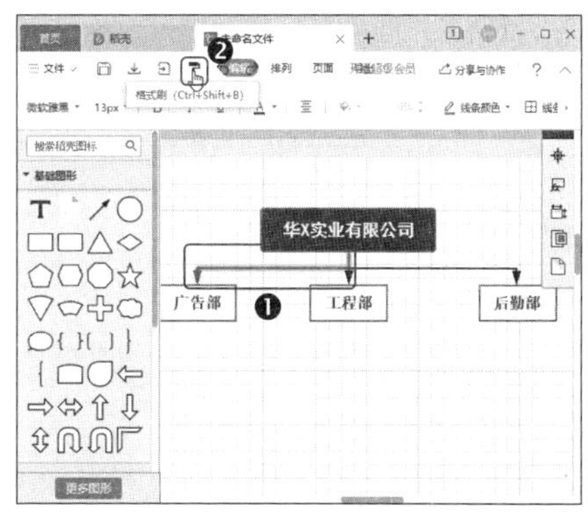

第7步 在其他连接线上单击，将格式复制到其他连接线上，如下图所示。

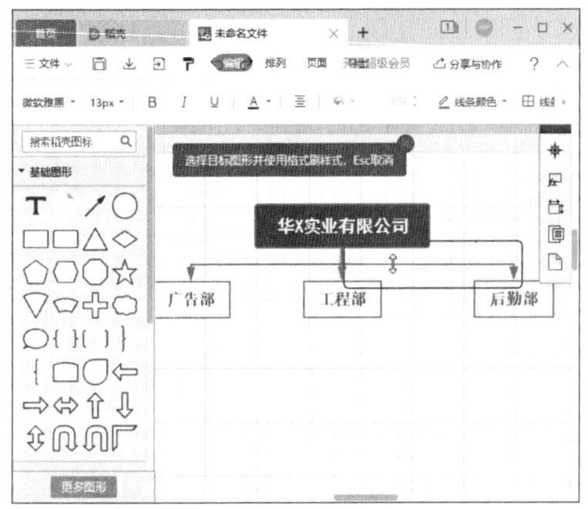

第8步 使用相同的方法制作其他图形，制作完成后再根据情况移动图形的位置，效果如下图所示。

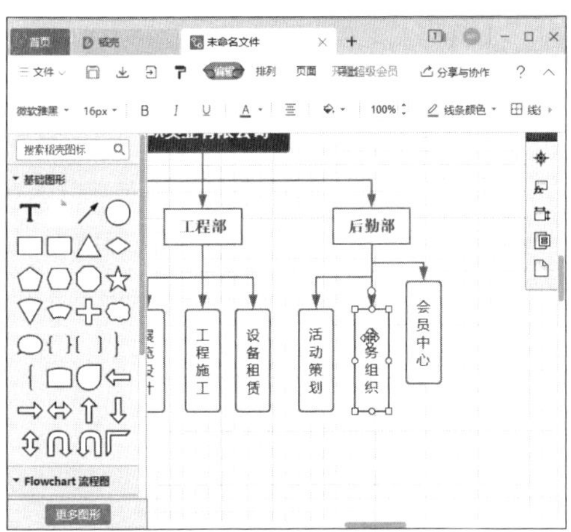

1.4.3 设置流程图背景

流程图的背景默认为白色，如果有需要，也可以设置其他颜色的背景。

第1步 ❶ 单击【页面】选项卡中的【背景颜色】下拉按钮，❷ 在弹出的下拉菜单中选择一种背景颜色，如下图所示。

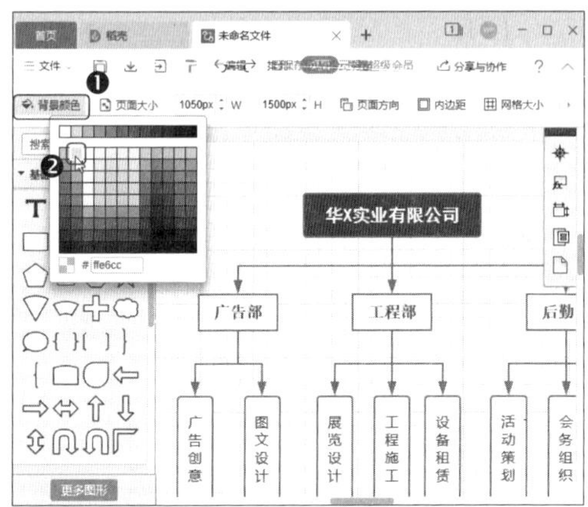

第2步 选择完成后即可查看到设置了背景颜色后的效果，如下图所示。

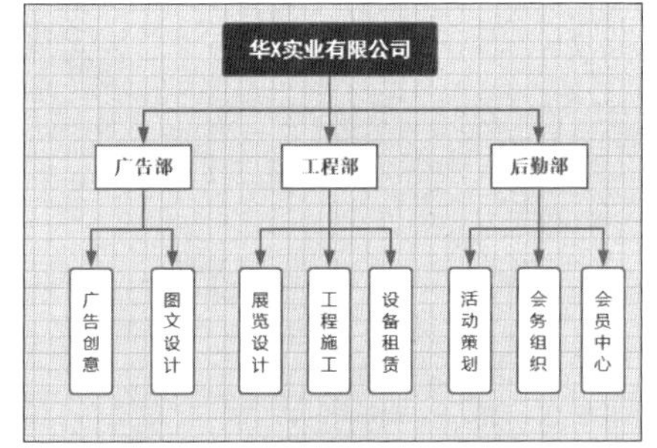

1.4.4 重命名流程图

创建流程图时，WPS 默认将其命名为“未命名文件”。流程图制作完成后，我们最好重新命名流程图，以方便查看，操作方法如下。

第1步 ❶ 单击【文件】下拉按钮，❷ 在弹出的下拉菜单中选择【重命名】命令，如下图所示。

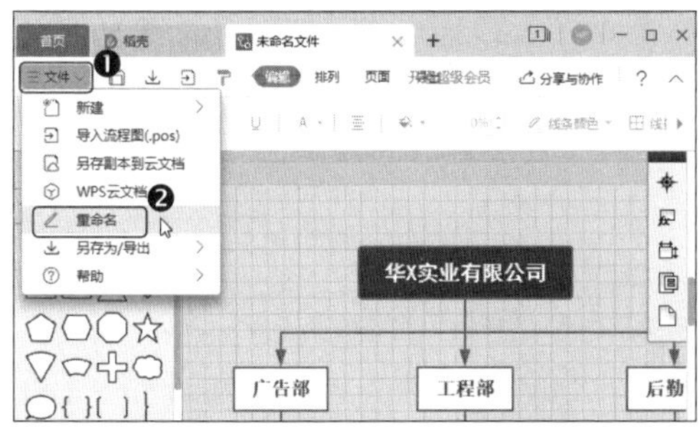

第2步 ❶ 打开【重命名】对话框，在文本框中输入流程图的名称，❷ 完成后单击【确定】按钮，如下图所示。

第3步 返回流程图即可看到文件名已经更改，如下图所示。

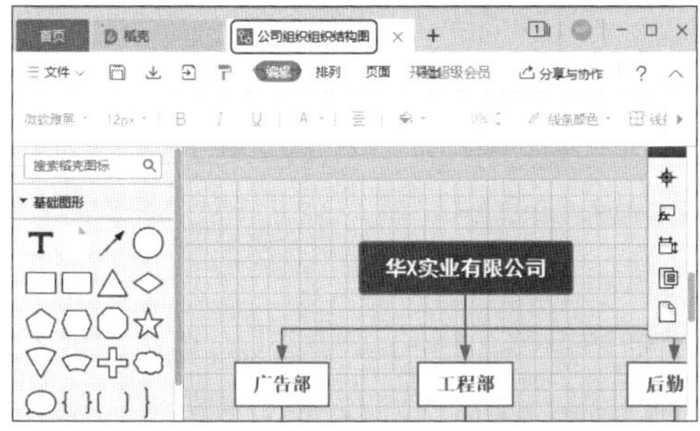

1.4.5 在 WPS 文字中插入流程图

流程图制作完成后，我们可以将其单独保存，也可以将其插入 WPS 文字文档中使用，操作方法如下。

第1步 ❶ 新建一个 WPS 文字文档，单击【插入】选项卡中的【流程图】下拉按钮，❷ 在弹出的下拉菜单中选择【插入已有流程图】选项，如下图所示。

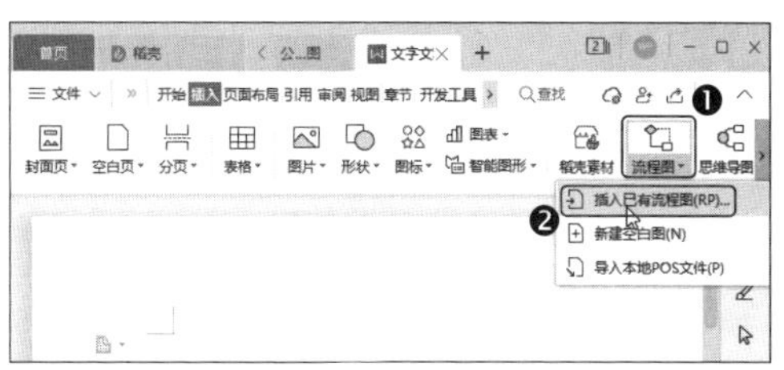

第2步 在打开的【流程图】对话框中选择要插入的流程图，然后单击【插入】按钮，如下图所示。

第3步 操作完成后返回 WPS 文字文档，即可看到流程图已经被插入了文档中，如下图所示。

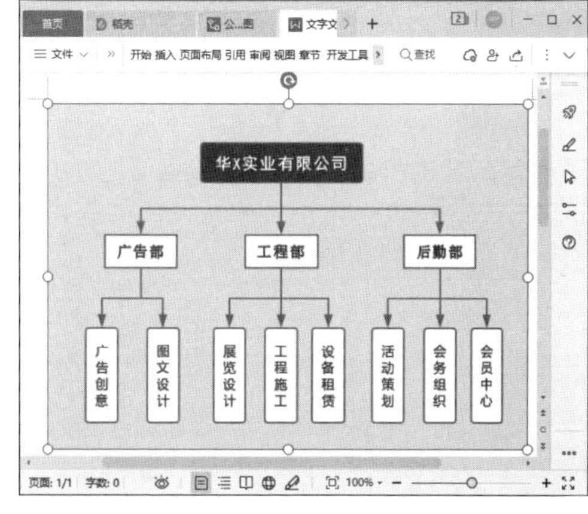

大神支招

下面结合本章内容，给读者介绍一些行政办公与日程安排工作中的实用经验与技巧，让大家可以轻松地完成行政事务。

01 如何将文件备份到云端?

如果要在多个设备上编辑文件，则可以将文件备份到云端，以方便随时查看和编辑，操作方法如下。

第1步 打开“素材文件 \ 第 1 章 \ 办公来电登记表 .xlsx” 文件，在文档标签上单击鼠标右键，然后在弹出的快捷菜单中选择【保存到 WPS 云文档】命令，如下图所示。

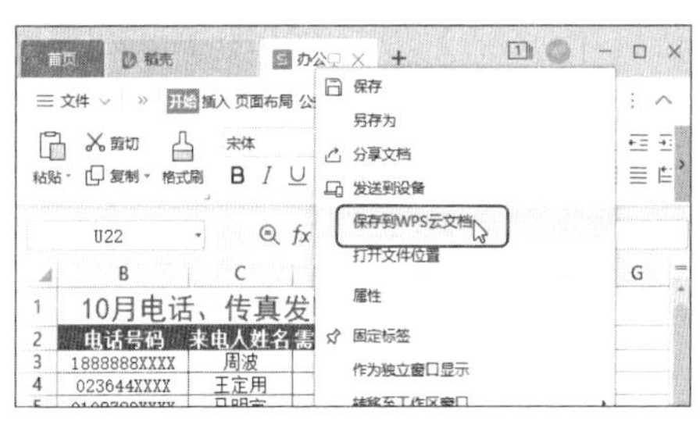

第2步 打开【另存文件】对话框，默认定位于【我的云文档】选项卡，直接单击【保存】按钮即可将文件备份到云端，如下图所示。

第3步 如果要查看云文档，就可以打开 WPS Office 主程序，选择【文档】→【我的云文档】选项，在右侧窗格中即可查看保存的文件，如下图所示。

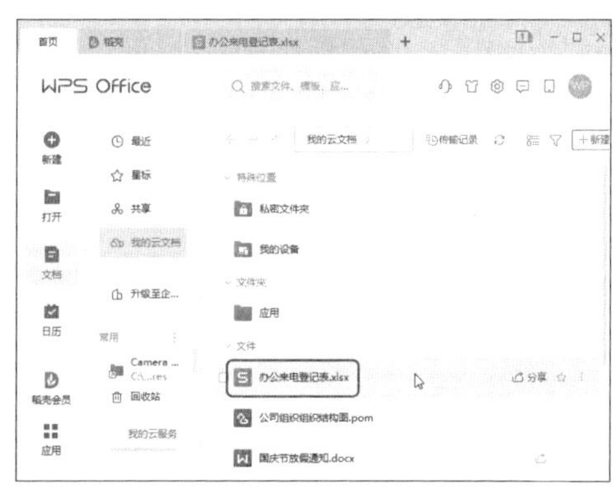

02 如何查看 WPS 视频教程?

在使用 WPS Office 时，如果对某个功能不熟悉，则可以通过查看视频教程来了解该功能，具体操作如下。

第1步 将鼠标指针移动到要查看的功能按钮上，稍等片刻，在弹出的提示框中将鼠标指针，移动到视频上，单击播放按钮▶，如下图所示。

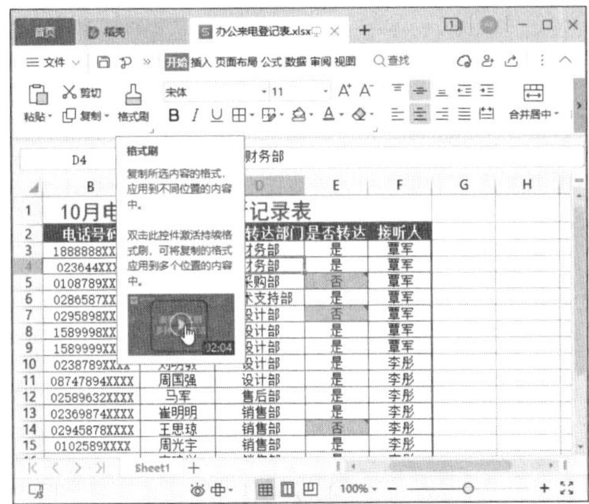

第2步 在打开的网页中即可查看视频教程，单击【播放】按钮▶即可播放教程，效果如下图所示。

03 如何自定义 WPS 的皮肤

WPS 为用户提供了多种皮肤，如果要自定义皮肤，则操作方法如下。

第1步 启动 WPS Office 主程序，在首页单击【稻壳皮肤】按钮，如下图所示。

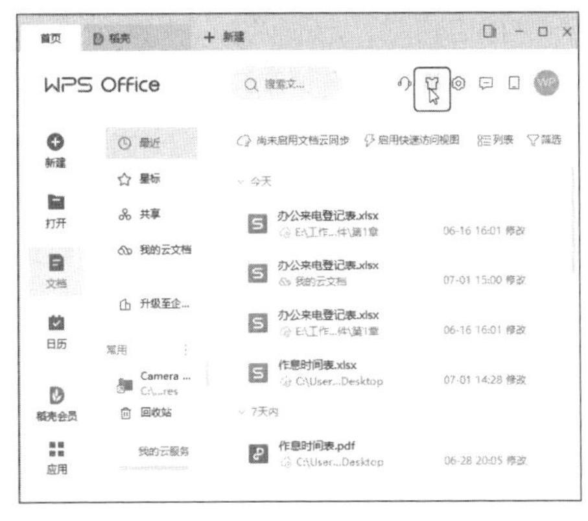

第2步 打开【皮肤中心】对话框，在皮肤列表中选择一种皮肤样式，如下图所示。

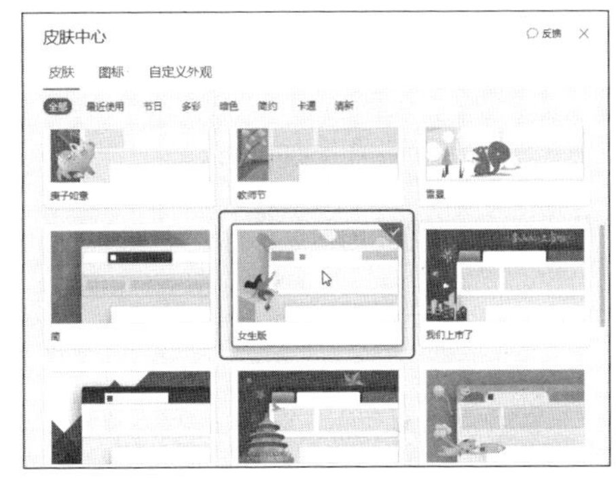

第3步 返回首页即可看到皮肤已经被更改，效果如下图所示。

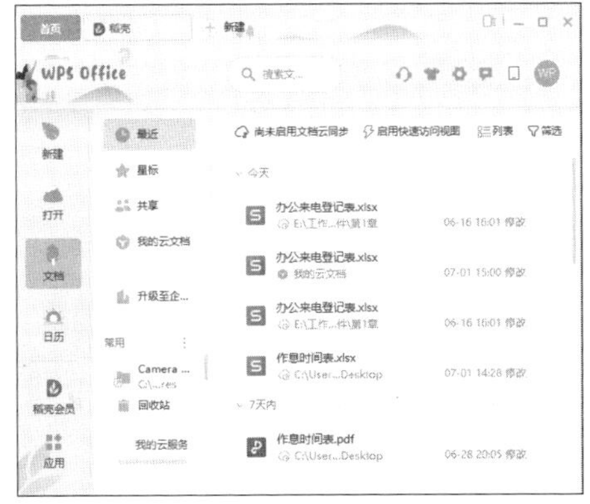

WPS

第2章

员工招聘与录用管理

本章导读

人员招聘与录用是为企业注入新鲜血液的必要途径，也是推动企业发展的重要保障。本章将通过制作招聘启事、劳动合同、人事变更管理表和企业宣传演示文稿等，介绍文秘与行政工作中与招聘和录用管理相关的文档的制作方法和技巧。

知识要点

- 使用模板创建文档
- 制作二维码
- 设置装订线
- 自定义段落样式
- 打印文档
- 分栏排版
- 在表格中导入文本数据
- 设置幻灯片母版
- 剪切图片
- 设置幻灯片的切换方式与动画

2.1 使用 WPS 金山海报制作招聘启事

招纳贤才时，制作招聘启事是有效的方式之一。本例将制作一份招聘启事，在其中将公司的招聘要求、职位、条件和联系电话等重要信息一一列出，让求职者可以有针对性地投递简历。

本例将通过金山海报制作招聘启事，并将海报保存为 PDF 文件，以便于打印。完成后的效果如下图所示，实例最终效果见“结果文件 \ 第 2 章 \ 招聘启事 .pdf”文件。

2.1.1 使用模板创建招聘启事

使用 WPS Office 的金山海报，可以方便地制作各种海报，如招聘启事、宣传单、招生简章等。在制作海报时，不仅可以创建空白海报以自行添加素材，也可以使用模板快速创建。下面介绍使用模板创建招聘启事的方法。

第1步 启动 WPS Office 主程序，单击标签栏中的【新建】按钮，然后在【新建】页面中切换到【金山海报】选项卡，在打开的金山海报界面选择一种模板，如下图所示。

第2步 选择完成后即可通过模板创建一个新的海报文件，如下图所示。

2.1.2 删除与添加模板中的文字

金山海报的模板中包含了较多的素材，但不是每一个素材都适合。此时我们可以删除模板中不需要的素材，然后添加需要的素材和文字，操作方法如下。

第1步 ❶ 在海报中选择不需要的素材，❷ 然后单击【删除】按钮，如下图所示。

第2步 ❶ 在左侧选择【素材】选项，❷ 在【推荐素材】选项卡中选择【文字容器】选项，如下图所示。

第3步 在打开的【文字容器】组中选择一种文字容器，如下图所示。

第4步 该素材将添加到海报中后，选中素材，然后按住鼠标左键不放，将其拖动到合适的位置，如下图所示。

第5步 将鼠标指针移动到素材的右下角，当指针变为↘时，按住鼠标左键调整素材的大小，如下图所示。

第6步 ❶ 选择【文字】选项，❷ 然后在右侧选择【点击添加副标题文字】选项，如下图所示。

第7步 将添加的文字素材移动到文字容器上，并在工具栏中设置文字的字体、字号等，如下图所示。

第8步 按住文字素材下方的⟳按钮拖动，将文字稍微倾斜，使其与文字容器平行，如下图所示。

2.1.3 修改文字并设置文字格式

利用模板创建的海报已经包含了文字，在制作招聘启事时，需要更改文字与文字格式，操作方法如下。

第1步 双击文本框，选中所有文字，然后按【Delete】键或【Backspace】键删除原有文字，如下图所示。

第2步 ❶ 重新在文本框中输入文字，并选中文本框，❷ 然后单击工具栏中的【对齐】按钮 ☰，❸ 在弹出的下拉列表中单击【左对齐】按钮 ☰，如下图所示。

第3步 使用相同的方法更改其他文本框中的文字，效果如下图所示。

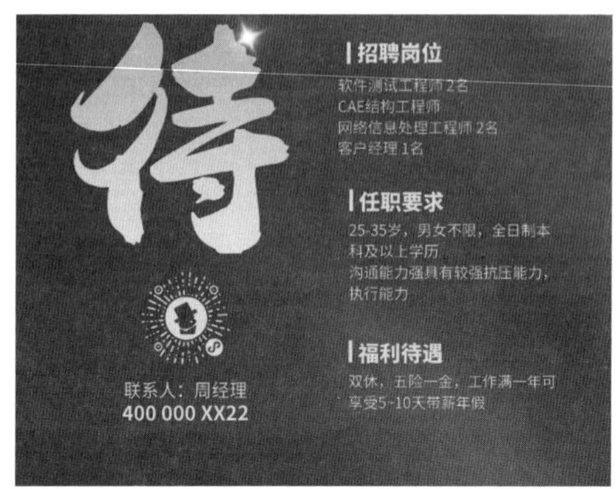

2.1.4 制作二维码

在制作招聘启事时，可以在其中插入二维码，应聘者通过扫描二维码，就可以查看公司信息。制作二维码的方法很多，本例将介绍使用WPS文字制作二维码，操作方法如下。

第1步 单击标签栏中的【新建标签】按钮＋，如下图所示。

第2步 ❶ 切换到【文字】选项卡，❷ 单击【新建空白文字】按钮，新建一个文字文档，如下图所示。

第3步 ❶ 单击【插入】选项卡中的【更多】下拉按钮，❷ 在弹出的下拉菜单中选择【二维码】选项，如下图所示。

第4步 打开【输入二维码】对话框，❶ 切换到名片选项卡，❷ 然后在相应的文本框中输入联系人信息，❸ 在右侧单击【颜色设置】选项卡中的【前景色】按钮，❹ 在弹出的颜色列表中选择一种颜色作为二维码的前景色，如下图所示。

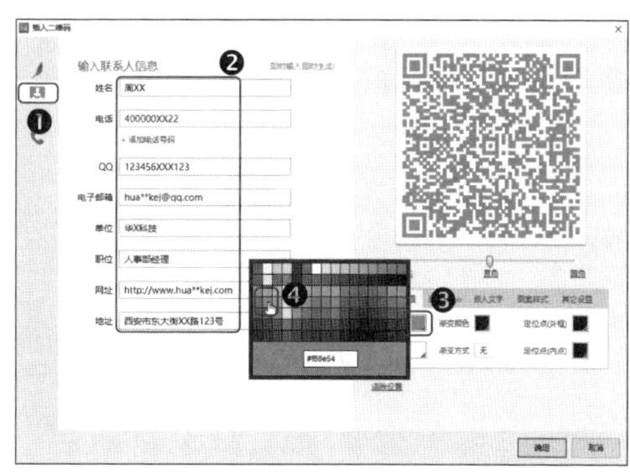

第5步 ❶ 单击【定位点（外框）】按钮，❷ 在弹出的颜色列表中选择一种颜色作为二维码的定位点颜色，如下图所示。

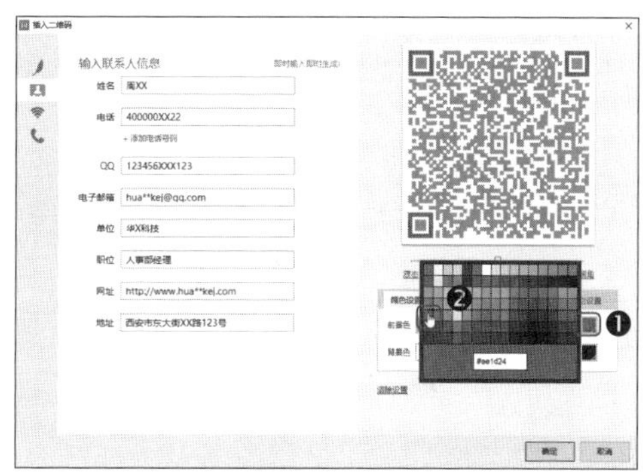

第6步 ❶ 切换到【嵌入 Logo】选项卡，❷ 单击【点击添加图片】按钮，如下图所示。

第7步 打开【打开文件】对话框，❶ 选择“素材文件\第2章\公司图标”素材文件，❷ 单击【打开】按钮，如下图所示。

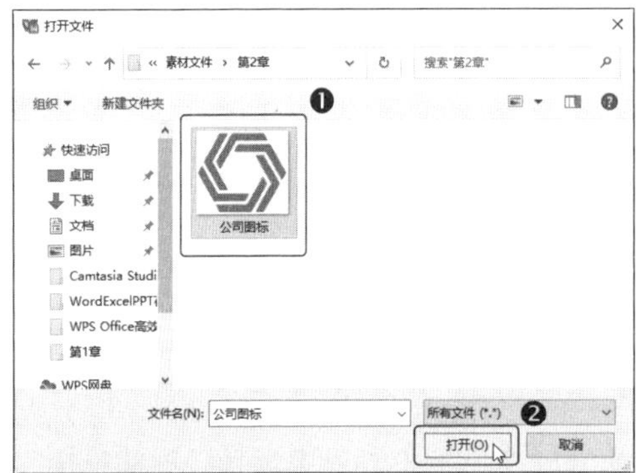

第8步 返回【插入二维码】对话框，可以看到公司 Logo 已经嵌入二维码中，单击【确定】按钮，如下图所示。

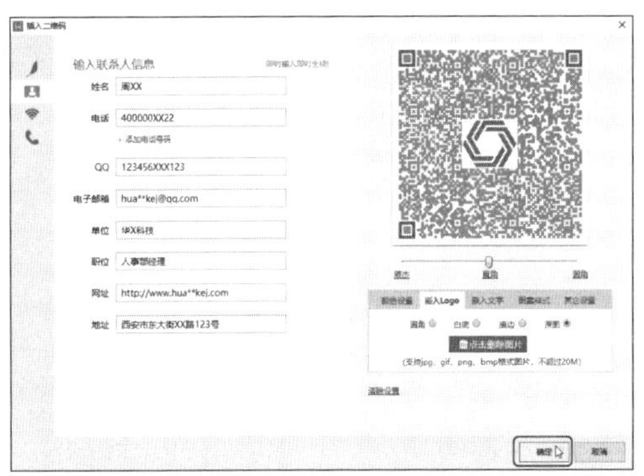

第9步 返回文字文档，可以看到二维码已经以图片的形式插入，❶ 在二维码上单击鼠标右键，❷ 然后在弹出的快捷菜单中选择【另存为图片】→ ❸【另存选中的图片】命令，如下图所示。

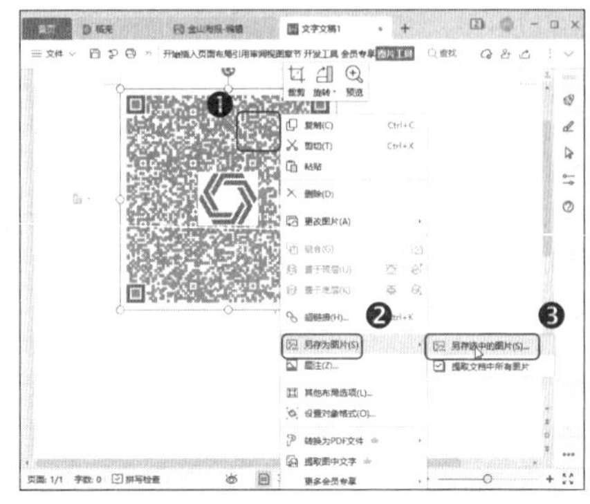

温馨提示

在日常工作中，我们可以根据需要设置二维码的颜色、嵌入的 Logo、图案样式等。就算不进行任何的样式设置也不会影响二维码的使用。

第10步 打开【另存为图片】对话框，❶ 设置图片的保存路径和文件名，❷ 完成后单击【保存】按钮，如下图所示。

2.1.5 更改海报中的图片

二维码制作完成后，我们即可将海报模板中的二维码图片更改为自己公司的二维码图片，操作方法如下。

第1步 ❶ 选中海报中的二维码图片，❷ 单击工具栏中的【换图】按钮，如下图所示。

第2步 打开【打开文件】对话框，❶ 选择“素材文件 \ 第 2 章 \ 二维码”素材文件，❷ 完成后单击【打开】按钮，如下图所示。

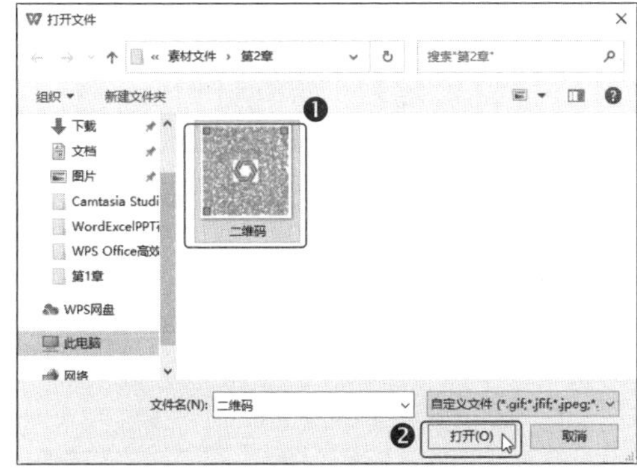

第3步 操作完成后即可看到模板中的二维码图片已经更改，如下图所示。

2.1.6 为海报重命名

创建招聘启事时并没有为其命名，为了便于管理，可以为其重命名，操作方法如下。

第1步 ❶ 选择【文件】→ ❷【查看我的设计】命令，如下图所示。

> **温馨提示**
>
> 直接选择【文件】→【未命名】命令也可以为海报重新命名。

第2步 打开【我的设计】页面，❶ 单击海报右上角的 ··· 按钮，❷ 在弹出的下拉列表中选择【重命名】选项，如下图所示。

第3步 ❶ 在海报下方的文本框中输入海报名称，❷ 完成后单击空白区域即可成功更改海报名称，如下图所示。

> **教您一招：删除海报**
>
> 打开【我的设计】页面，单击海报右上角的 ··· 按钮，在弹出的下拉列表中选择【删除】选项，可以删除不需要的海报。

2.1.7 保存并下载海报图片

海报制作完成后，可以将其保存为 PDF 文件，以方便查看和打印，操作方法如下。

第1步 ❶ 在海报制作页面单击【保存并下载】下拉按钮，❷ 在弹出的下拉列表中设置下载的参数，❸ 完成后单击【下载】按钮，如下图所示。

第2步 打开【另存文件】对话框，❶ 设置海报的保存路径和文件名，❷ 完成后单击【保存】按钮，如下图所示。

第3步 操作完成后，弹出提示对话框，提示已经下载成功，如下图所示。

第4步 打开保存文件的文件夹，双击保存的 PDF 文件，如下图所示。

第5步 打开后即可查看到已经保存为 PDF 格式的招聘启事的效果，如下图所示。

2.2 使用 WPS 文字制作劳动合同

人员招聘之后需要签订劳动合同，本例将使用 WPS 文字制作一份劳动用工合同，其中包括用人单位的名称、地址、法定代表人，以及劳动者的姓名、身份证号码等内容。

劳动合同制作完成后，我们还需要阅览合同，确认无误后将合同打印出来。完成后的效果如下图所示，实例最终效果见“结果文件 \ 第 2 章 \ 劳动合同 .docx”文件。

编号：________

劳 动 合 同

甲方（单位）名称：________

所有制性质：________

地址：________

法人代表：________

乙方（工人）姓名：________

性别：________

民族：________

文化程度：________

现住址：________

居民身份证号码：________

甲方因生产(工作)需要，经劳动部门批准，劳务市场介绍，同意招用乙方为临时工，根据有关国家有关规定及________人民政府有关政策，经双方协商同意自愿订立本合同，并共同遵守如下条款：

一、合同期限

自________年________月________日起至________年________月________日止。合同期满，本合同自行终止。如甲方需要继续留用，经乙方同意，双方可以续订合同，并办理签证手续。

二、生产(工作)任务

甲方根据生产(工作)需要，安排乙方在________岗位，承担________临时生产(工作)任务。乙方若同意，须服从。在合同期内甲方因调整生产(工作)任务，需要变更乙方的岗位和任务，需经乙方同意。如乙方不同意，可提出辞职，双方办理解除合同手续。

三、劳动时间与劳动报酬

(一)劳动时间：甲方实行每周________日，每日________小时工作制。严格控制加班加点，确因生产(工作)需要加班加点的，应控制每日加班不超过________小时，每月加班不超过________小时，加班要提前通知乙方，由甲乙双方商定，按规定发给加班加点费。

(二)劳动报酬：按国家有关规定和单位的实际情况，根据乙方的岗位和承担任务，甲乙双方协商定为为每日________元，每月________元。加班工资，按不低于国家规定的标准执行。奖金，根据单位效益和劳动贡献，定期发给。实行计件工资制的，月工资按计件单价结算。具体办法在本合同双方约定栏中约订。从事夜班的，应发给夜餐费________元。

(三)在合同期间，如发生停工待料情况，甲方每天发给乙方基本生活费________元。

四、劳动保护、保险福利待遇

(一)从城镇招用的临时工，实行社会养老保险制度。保险金缴纳办法与单位劳动合同制工人相同。缴纳养老保险费，每月甲方负担________元，乙方负担________元。乙方缴纳金额，先由甲方统一支付，后在其当月工资中扣除。乙方如符合招工条件，单位又有指标，可招为劳动合同制工人，所缴纳的养老保险可随同转移，合并计算缴费年限。

(二)乙方因工死亡待遇及因工负伤在医疗期内的待遇与合同制工人相同。因工负伤医疗终结，由劳动鉴定委员会确定其伤残程度。完全丧失劳动能力的，与合同制工人同等对待，部分丧失劳动能力的，企业应当安排力所能及的工作，合同期满，根据其伤残程度，由甲方按照省、自治区、直辖市人民政府确定的具体办法办理。

(三)乙方患病或非因工负伤，医疗期最长不超过________个月。医疗期内待遇应当与合同制工人同等对待，伤病假期间，由甲方酌情发给生活补助费。乙方在甲方工作半年以上，医疗期满尚未痊愈被解除劳动合同的，由企业发给一次性医疗补助费________元，乙方死亡的，甲方应发给丧葬补助费________元，一次性发给供养直系亲属救济费________元。

(四)乙方在甲方工作一年以上，重新签订合同的，甲方应按国家规定安排乙方探亲，服务每满一年假期为________天;乙方如遇婚、丧、女工怀孕、分娩、哺乳，甲方应按规定安排假期。上述假期为有薪假期，超出规定日期的，经批准按事假处理。

2.2.1 设置纸张与装订线

一般来说，劳动合同需要多页，而且需要装订成册保存，所以，在制作劳动合同之前，需要对其纸张大小、装订线位置和边距等进行设置。

第1步 新建一个名为“劳动合同 .docx”文档，❶ 在【页面布局】选项卡中单击【纸张大小】下拉按钮，❷ 在弹出的下拉菜单中选择【其他页面大小】选项，如下图所示。

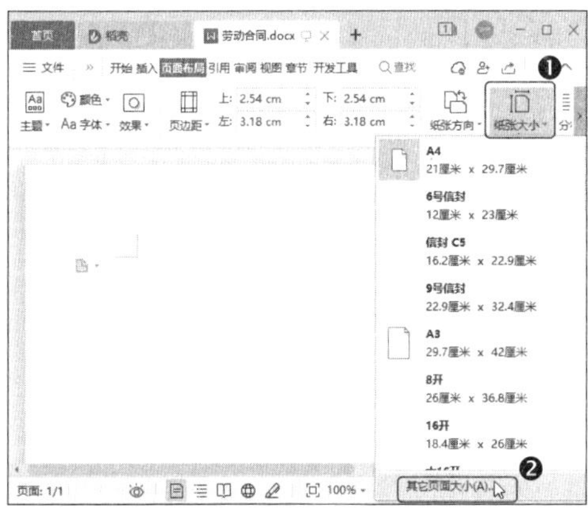

温馨提示

一般情况下，纸张默认大小为 A4，如果希望使用其他纸张大小，则可以在【页面设置】对话框的【纸张】选项卡中设置。

第2步 打开【页面设置】对话框，❶ 在【页边距】选项卡的【页边距】栏中的【装订线位置】下拉列表中选择【左】，设置【装订线宽】为【0.5】厘米，❷ 完成后单击【确定】按钮，如下图所示。

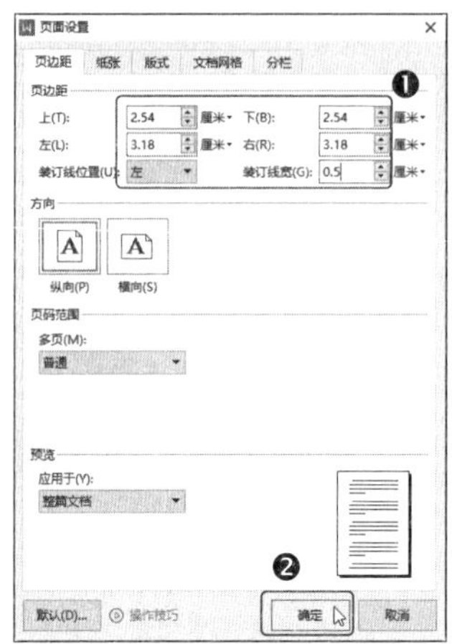

2.2.2 制作合同首页

合同的首页包含了合同编号、单位名称、地址、法人代表、聘用人姓名、身份证号码等信息，需要双方认真填写，下面将介绍制作合同首页的方法。

第1步 ❶ 在文档中输入编号、标题和合同签订人信息文本，然后选中“法人代表”段落，❷ 单击【开始】选项卡中的【文字排版】下拉按钮，❸ 在弹出的下拉菜单中选择【增加空段】选项，如下图所示。

第2步 ❶ 将光标定位到“编号”段落中，❷ 单击【开始】选项卡中的【右对齐】按钮 三，如下图所示。

第3步 ❶ 将光标定位到“编号”段落的右侧，单击【开始】选项卡中的【下划线】按钮 U -，❷ 然后多次按空格键，在段落右侧绘制下划线，如下图所示。

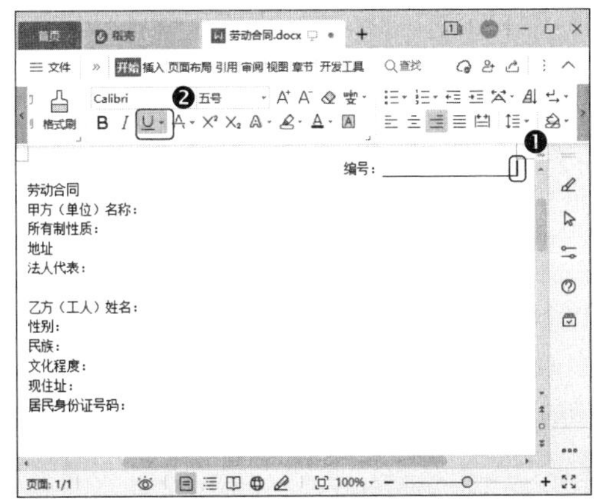

第4步 ❶ 选中“劳动合同”文本，❷ 在【开始】选项卡中设置字体和字号，如下图所示。

第5步 保持文本的选中状态，单击【开始】选项卡中的【字体】对话框按钮 ⌟，如下图所示。

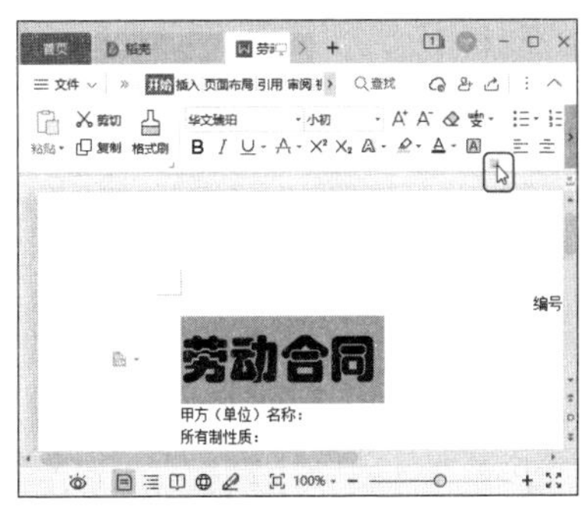

第6步 打开【字体】对话框，❶ 在【字符间距】选项卡中设置【间距】为【加宽】，【值】为【0.8】厘米，❷ 完成后单击【确定】按钮，如下图所示。

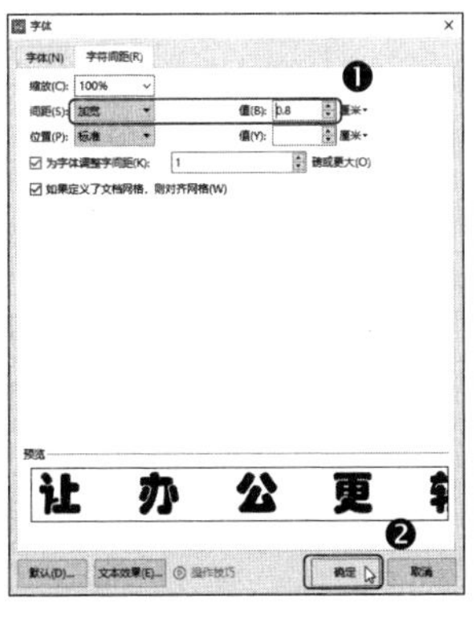

第7步 保持文本的选中状态，单击【开始】选项卡中的【段落】对话框按钮 ⌟，如下图所示。

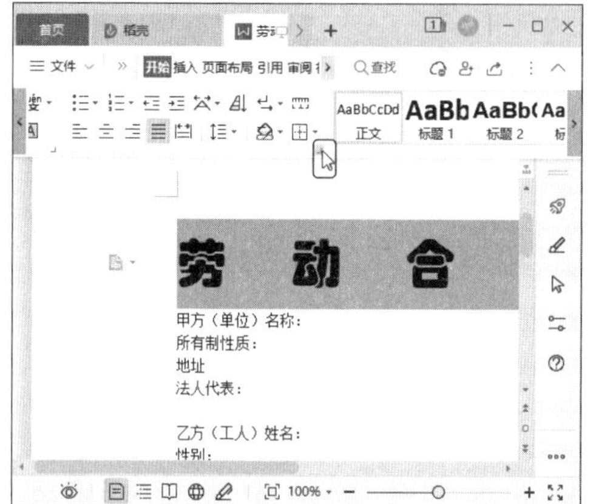

第8步 打开【段落】对话框，❶ 在【缩进和间距】选项卡的【常规】栏中设置【对齐方式】为【居中对齐】，❷ 在【间距】栏中设置【段前】为【1 行】，【段后】为【2 行】，❸ 完成后单击【确定】按钮，如下图所示。

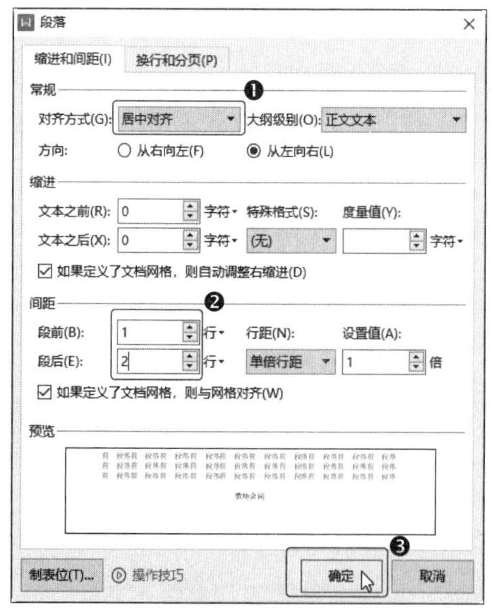

第9步 选中标题下方的所有文本，在【开始】选项卡中设置字体格式，如下图所示。

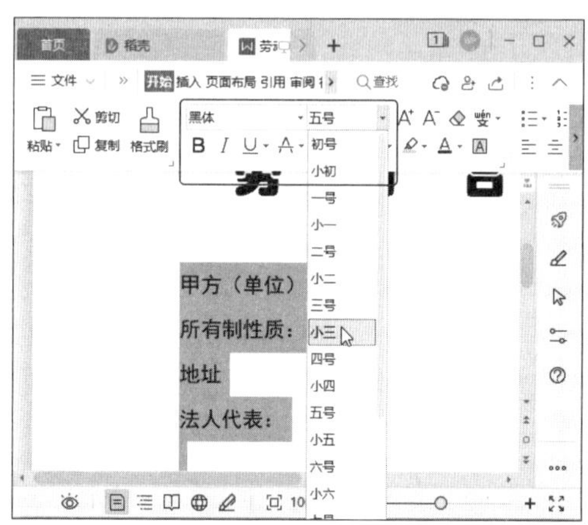

第10步 ❶ 将光标定位到甲方（单位）名称段落右侧，单击【开始】选项卡中的【下划线】按钮 U ▾，❷ 然后多次按空格键绘制下划线，如下图所示。

第11步 使用相同的方法在其他需要填写的项目后方添加下划线，完成后的效果如下图所示。

编号：

劳　动　合　同

甲方（单位）名称：

所有制性质：

地址：

法人代表：

乙方（工人）姓名：

性别：

民族：

文化程度：

现住址：

居民身份证号码：

2.2.3 设置正文段落

合同的首页制作完成后，我们就可以制作正文了。正文的段落较多，为了便于设置每一级的标题，我们可以为正文段落创建样式，操作方法如下。

第1步 ❶ 将光标定位到合同首页的末尾处，❷ 然后单击【插入】选项卡中的【分页】按钮，如下图所示。

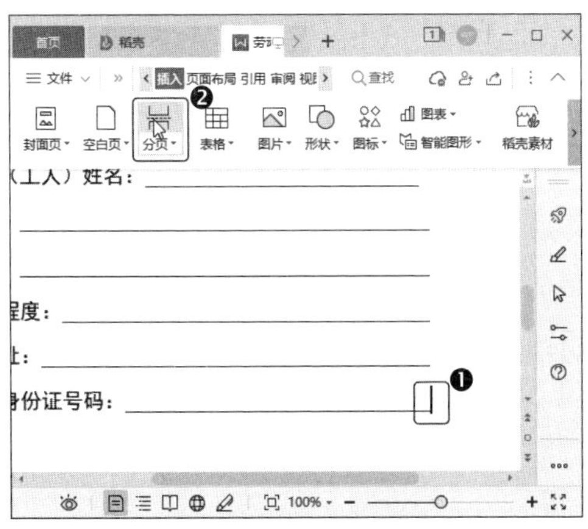

第2步 单击【开始】选项卡中的【清除格式】按钮，如下图所示。

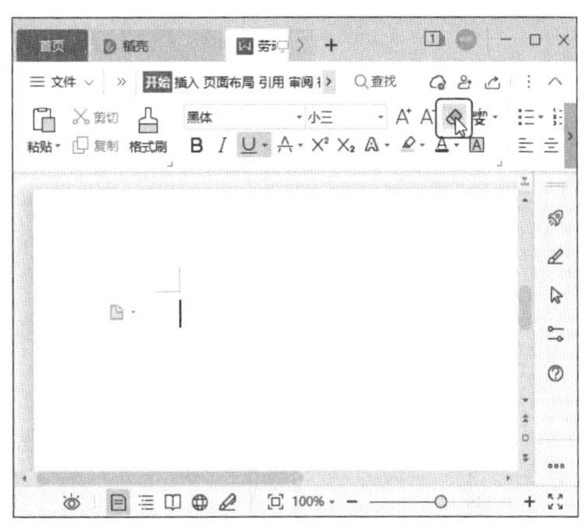

第3步 ❶ 打开“素材文件\第 2 章\劳动合同.txt”素材文件，按【Ctrl】+【A】组合键选中所有文本，然后单击鼠标右键，❷ 在弹出的快捷菜单中执行【复制】命令，如下图所示。

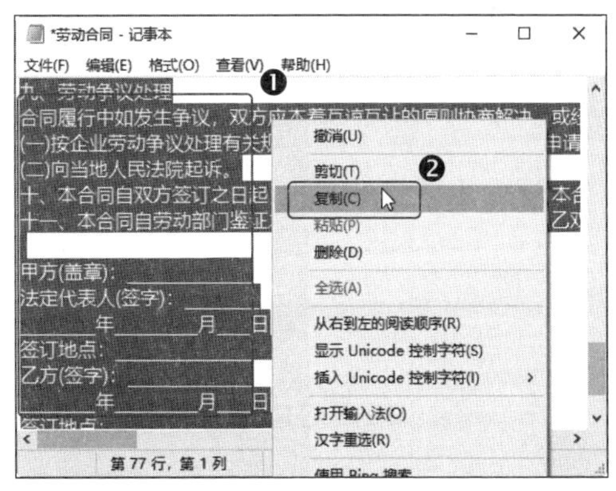

第4步 返回“劳动合同”文档，单击【开始】选项卡中的【粘贴】按钮，如下图所示。

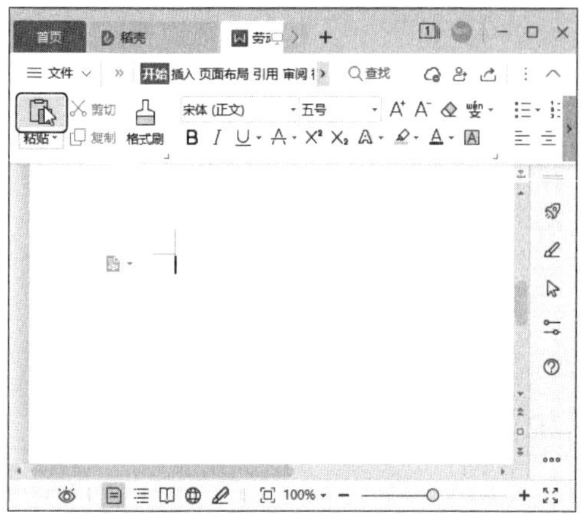

教您一招：快速复制与粘贴文本

选中文本之后，按【Ctrl】+【C】组合键可以快速复制文本；将光标定位到目标位置后，按【Ctrl】+【V】组合键可以快速粘贴文本。

第5步 单击【开始】选项卡中样式组中的 ₌ 按钮，如下图所示。

第6步 在弹出的下拉菜单中选择【新建样式】选项，如下图所示。

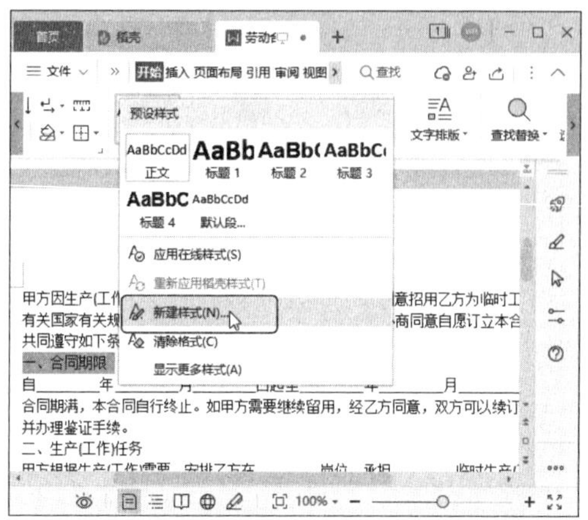

第7步 打开【新建样式】对话框，❶ 在【属性】栏的【名称】文本框中输入新建样式的名称，❷ 然后在【格式】栏设置新建样式的文本格式，如下图所示。

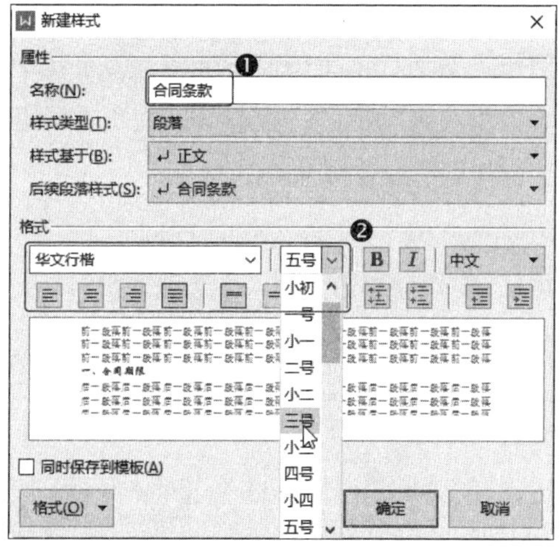

第8步 ❶ 单击【格式】按钮，❷ 在弹出的下拉列表中选择【快捷键】选项，如下图所示。

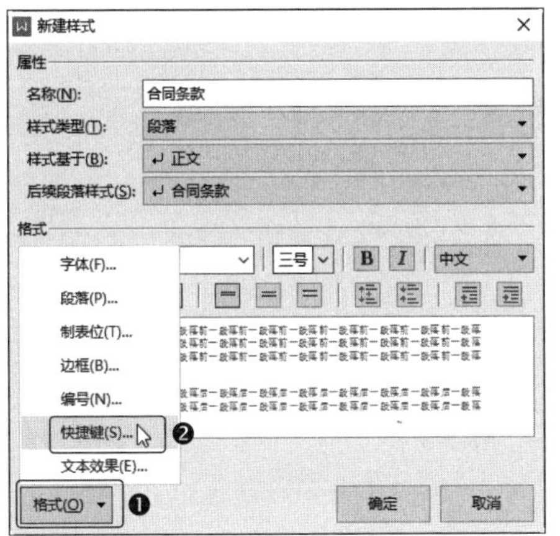

第9步 打开【快捷键绑定】对话框，❶将光标定位到【快捷键】文本框中，在键盘上按要设置的快捷键，文本框中即可显示录入的快捷键。❷完成后单击【指定】按钮，如下图所示。

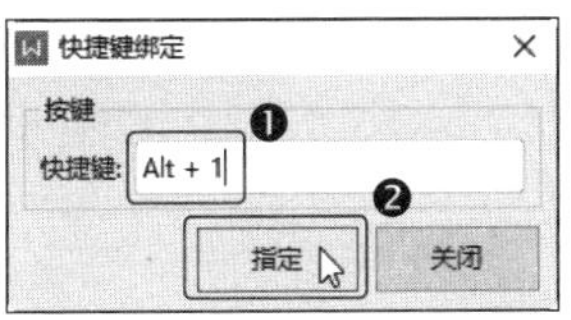

第10步 返回【新建样式】对话框，单击【确定】按钮，如下图所示。

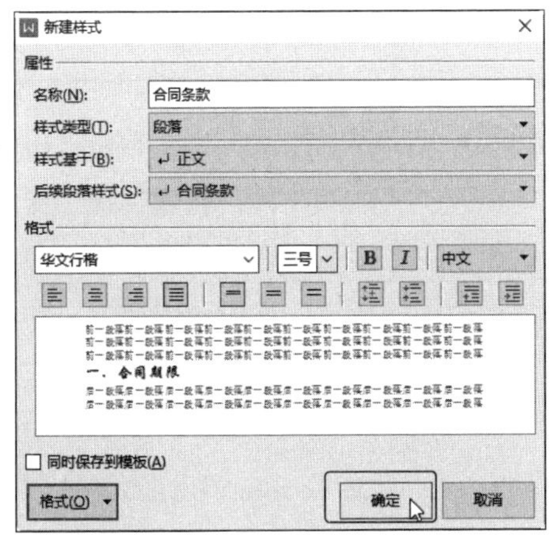

第11步 返回文档，再次选择【新建样式】选项，如下图所示。

第12步 打开【新建样式】对话框，❶单击【格式】按钮，❷在弹出的下拉列表中选择【段落】选项，如下图所示。

第13步 打开【段落】对话框，❶在【缩进和间距】选项卡的【缩进】栏设置【特殊格式】为【首行缩进，2 字符】。❷完成后单击【确定】按钮，如下图所示。

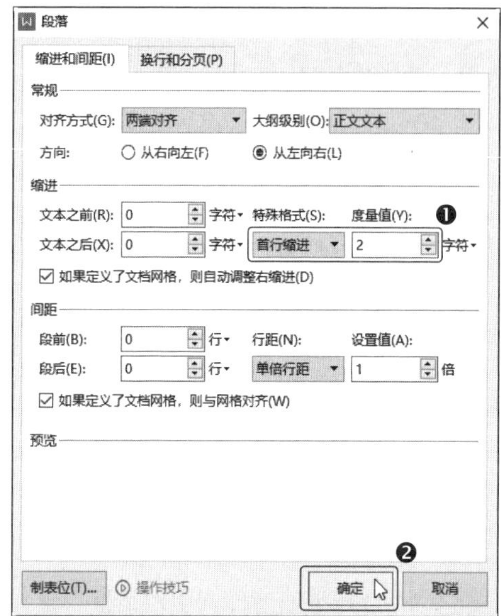

第14步 返回【新建样式】对话框，❶ 在【属性】栏设置新建样式的名称，❷ 在【格式】栏设置字体格式，❸ 完成后单击【确定】按钮，如下图所示。

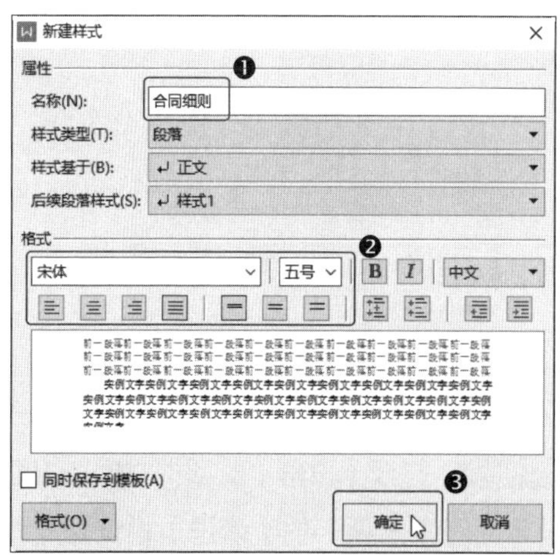

第15步 返回工作表，将光标定位到“一、合同期限段落”中，然后按第 9 步中设置的快捷键【Alt】+【1】，即可为该段落应用自定义的字体样式，如下图所示。

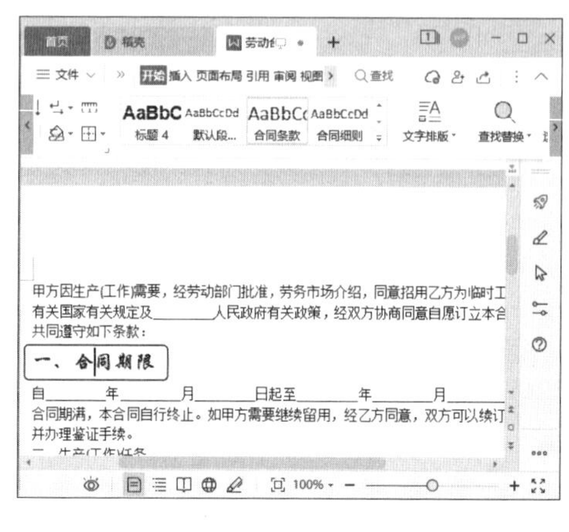

第16步 单击【开始】选项卡中样式组中的 按钮，在弹出的下拉菜单中选择【显示更多样式】选项，如下图所示。

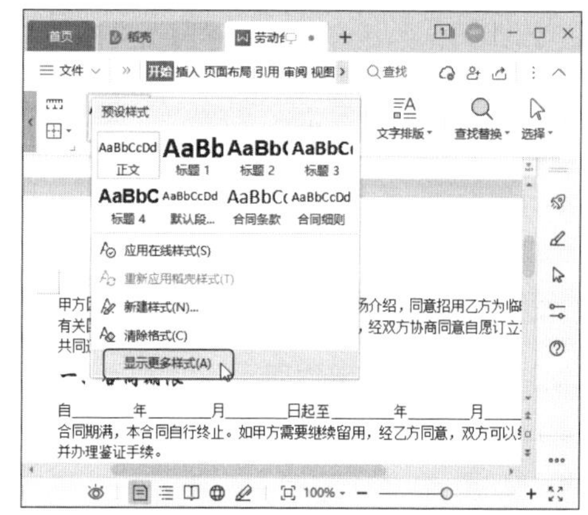

第17步 打开【样式和格式】窗格，将光标定位到正文的第 1 段，然后选择【样式和格式】窗格中的【合同细则】选项即可为正文应用该样式。使用相同的方法即可为其他文本应用文本样式，如下图所示。

2.2.4 设置段落分栏排版

在文档的末尾为签字的位置，大多为两栏排版，如果要将其设置为两栏，操作方法如下。

第1步 ❶ 选中所有需要签字的文本段落，❷ 单击【页面布局】选项卡中的【分栏】下拉按钮，❸ 在弹出的下拉菜单中选择【两栏】选项，如下图所示。

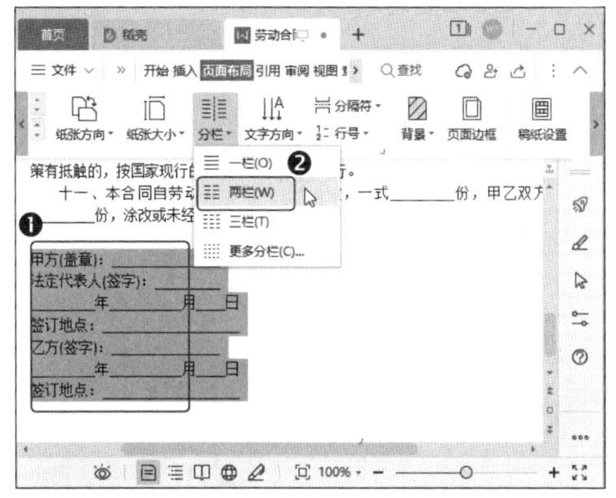

第2步 操作完成后即可看到签字文本段落已经被设置为两栏，如下图所示。

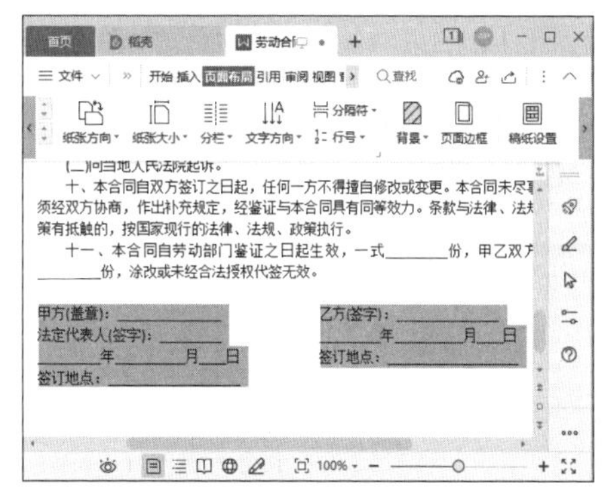

教您一招：为多栏排版设置分隔线

在【分栏】下拉菜单中选择【更多分栏】选项，在打开的【分栏】对话框中设置需要的分栏数，然后勾选【分隔线】复选框，完成后单击【确定】按钮，即可为多栏排版的文本添加分隔线。

2.2.5 使用阅读版式查看文档

劳动合同制作完成后，我们可以通过阅读版式查看文档，操作方法如下。

第1步 单击【视图】选项卡中的【阅读版式】按钮，如下图所示。

第2步 进入阅读版式，单击 ▷ 按钮，可以浏览下一页，如下图所示。

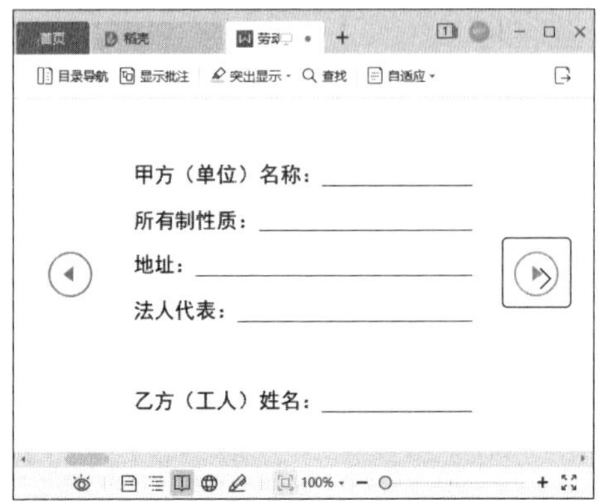

第3步 单击◀按钮，可以返回上一页浏览，如下图所示。

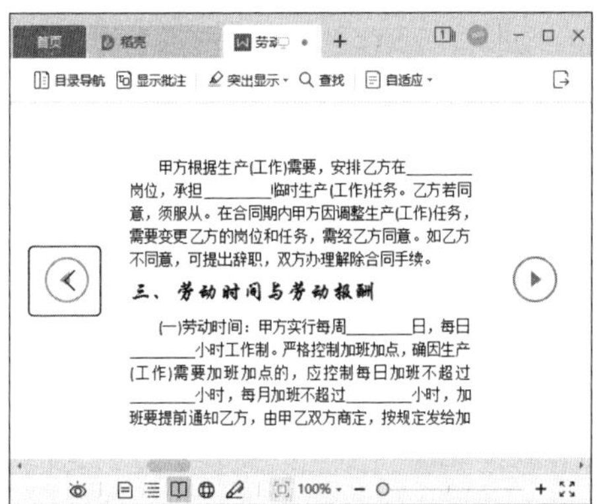

第4步 浏览完成后，单击退出阅读版式按钮即可退出阅读版式，如下图所示。

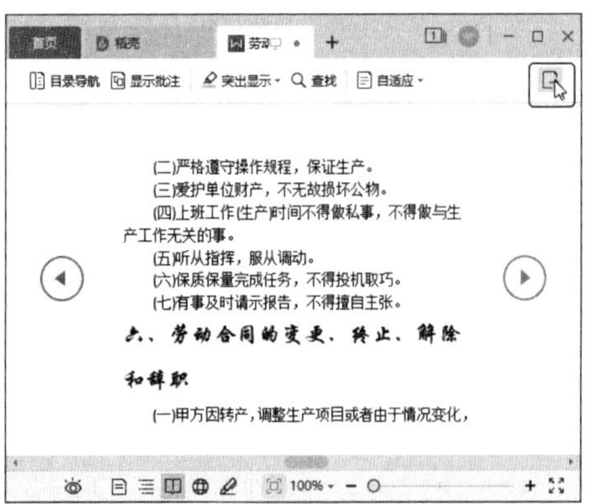

2.2.6 打印劳动合同

在与员工签订劳动合同时，需要先将劳动合同打印出来，操作方法如下。

第1步 单击快速访问工具栏中的【打印】按钮，如下图所示。

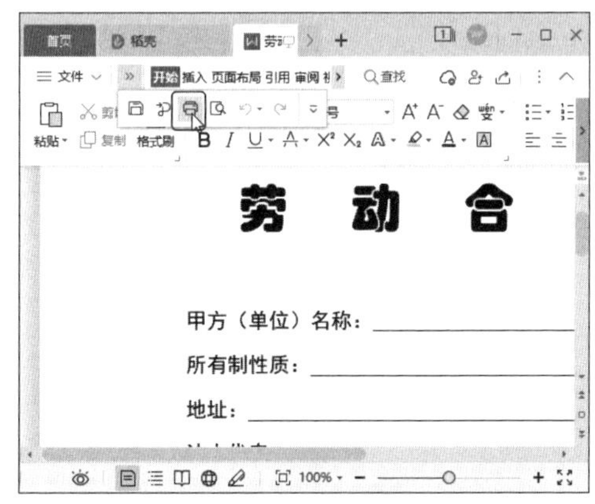

第2步 打开【打印】对话框，❶ 保持【页码范围】栏默认的打印全部页码的设置，❷ 然后在【副本】栏设置打印的份数，❸ 完成后单击【确定】按钮，如下图所示。

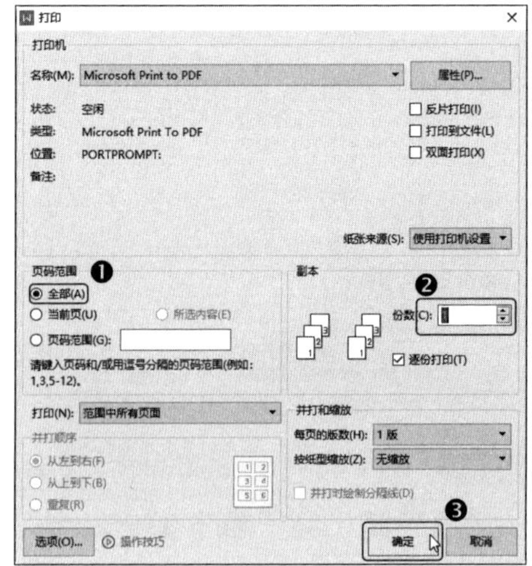

2.3 使用 WPS 表格制作人事变更管理表

在人事工作中，为了方便对公司员工的变更状况做深入分析，我们可以制作简单的人事动态管理表，将员工的变更信息录入其中。

本例将制作一份人事变更管理表。我们首先导入文本文档中的数据，然后通过对格式的调整来完成制作。完成后的效果如下图所示，实例最终效果见“结果文件 \ 第 2 章 \ 人事变更管理表 .xlsx”文件。

	A	B	C	D	E	F	G
1	人事变更管理表						
2							第1页
3	序号	人员编号	姓名	变动说明	资料变更	变更日期	备注
4	001	FJ1001	周明	升职	由销售代表升为销售主管	2021/4/25	
5	002	FJ1093	王强	调职	由前台调至公关部	2021/4/27	
6	003	FJ1524	陈敏	升职	由销售主管转主销售经理	2021/5/20	
7	004	FJ1365	陈菲	升职	由技术员升为技术主管	2021/7/16	
8	005	FJ1204	刘佳	试用期满	由试用转为正式	2021/8/5	
9	006	FJ2031	刘远	升职	由销售代表升为销售主管	2021/8/15	
10	007	FJ1025	陈虹	调职	由行政助理调至后勤主管	2021/8/16	
11	008	FJ3023	张艳	调职	由后勤部调至技术部	2021/8/20	
12	009	FJ1032	黄欣	试用期满	由试用转为正式	2021/9/4	
13	010	FJ1420	刘伟	开除	开除	2021/9/4	
14	011	FJ2015	陈莉	薪金调整	由2500元调至3000元	2021/9/15	
15	012	FJ0210	刘强	调职	由技术部调至后勤部	2021/10/15	
16	013	FJ2102	李鹏	薪资调整	由2200元调至2600元	2021/11/15	

2.3.1 导入文本数据

有时我们得到的数据并不是以表格的形式呈现的，而是文本文件。当需要记录和处理这些数据时，我们并不需要将它们逐一录入表格中，只需导入文本数据即可。本节将新建一个名为“人事变更管理表”的空白工作簿，然后将文本文件中的数据导入其中，操作方法如下。

第1步 新建一个名为“人事变更管理表”的空白工作簿，❶ 在【数据】选项卡中单击【导入数据】下拉按钮，❷ 在弹出的下拉菜单中选择【导入数据】选项，如下图所示。

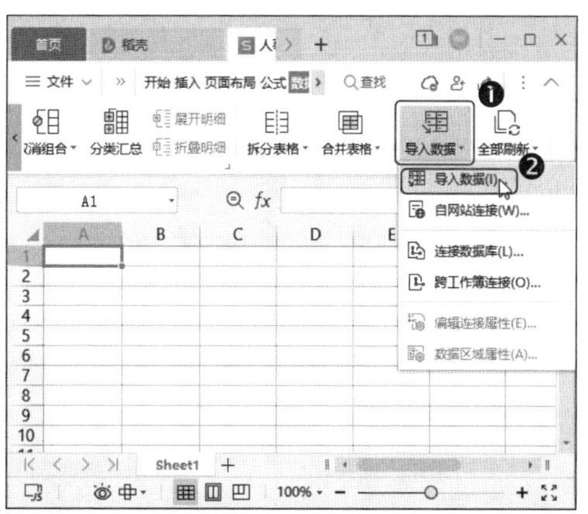

第2步 【WPS 表格】对话框中提示此操作连接到外部数据源，直接单击【确定】按钮，如下图所示。

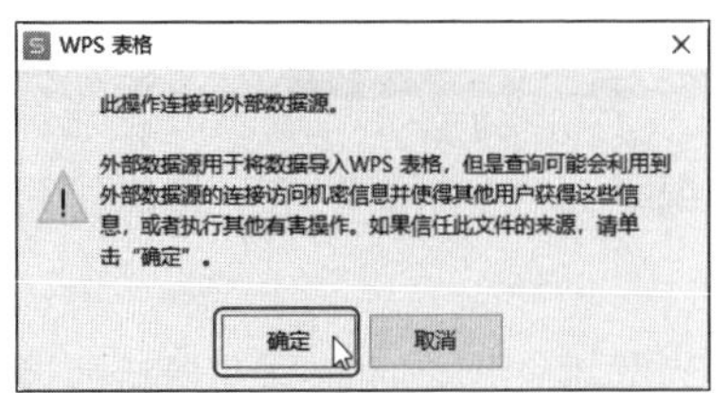

第3步 打开【第一步，选择数据源】对话框，单击【选择数据源】按钮，如下图所示。

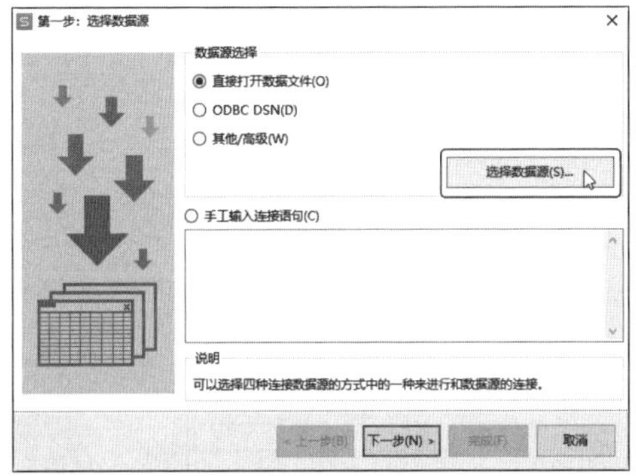

第4步 打开【打开】对话框，❶ 选择“素材文件\第2章\人事变更管理表”素材文件，❷ 单击【打开】按钮，如下图所示。

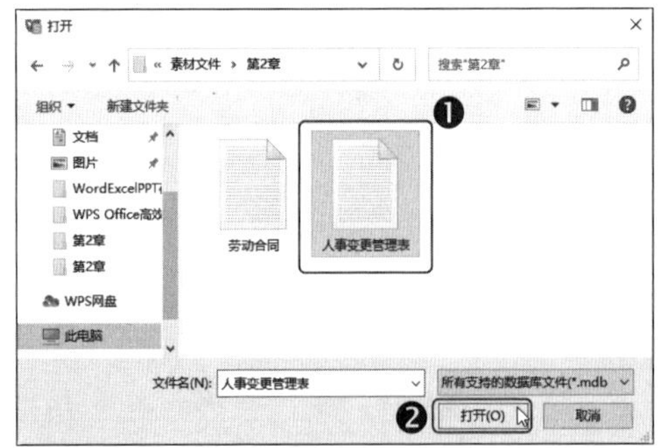

第5步 打开【文件转换】对话框，❶ 在【文本编码】栏中选择【其他编码】单选项，❷ 然后单击【下一步】按钮，如下图所示。

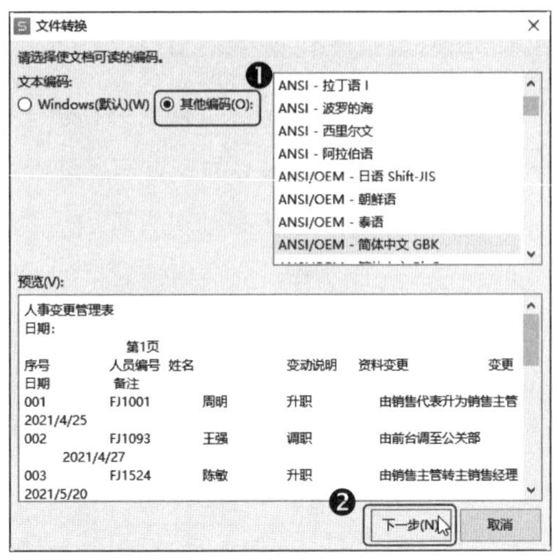

第6步 进入【文本导入向导-3步骤之1】对话框，❶ 在【请选择最合适的文件类型】中选择【固定宽度】单选项，❷ 完成后单击【下一步】按钮，如下图所示。

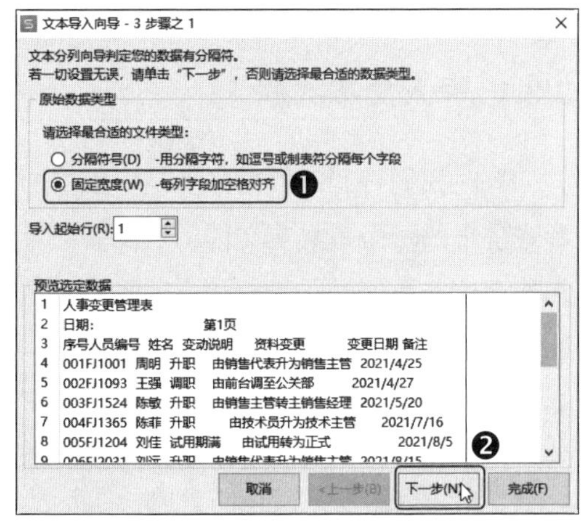

第7步 进入【文本导入向导-3步骤之2】对话框，❶ 在【数据预览】栏的标尺中单击，在合适的位置添加分列线，❷ 完成后单击【下一步】按钮，如下图所示。

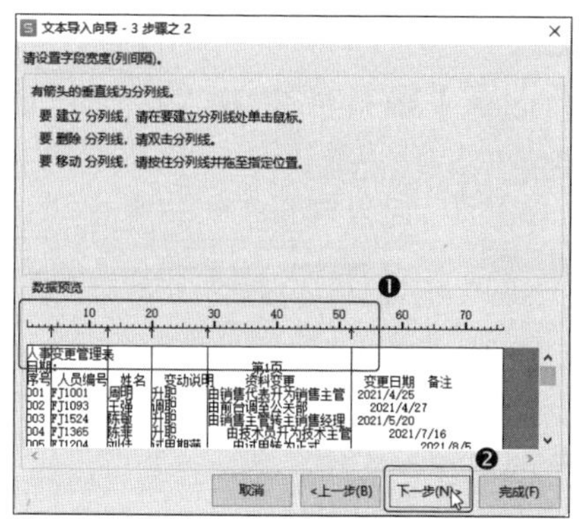

第8步 进入【文本导入向导-3步骤之3】对话框，❶在【目标区域】文本框选择文本导入后的保存位置，❷完成后单击【完成】按钮，如下图所示。

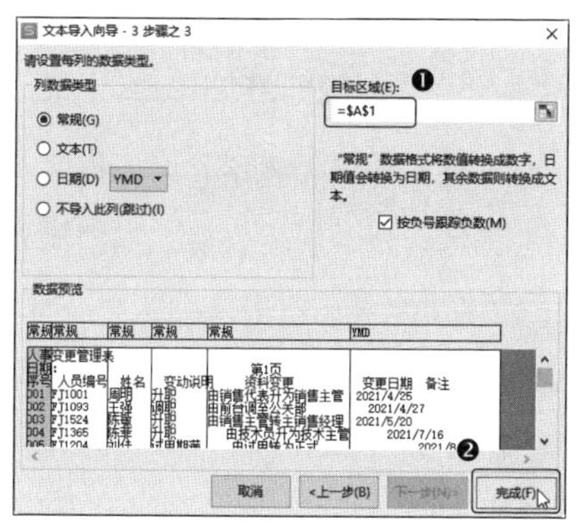

第9步 返回WPS表格即可看到数据已经导入，如下图所示。

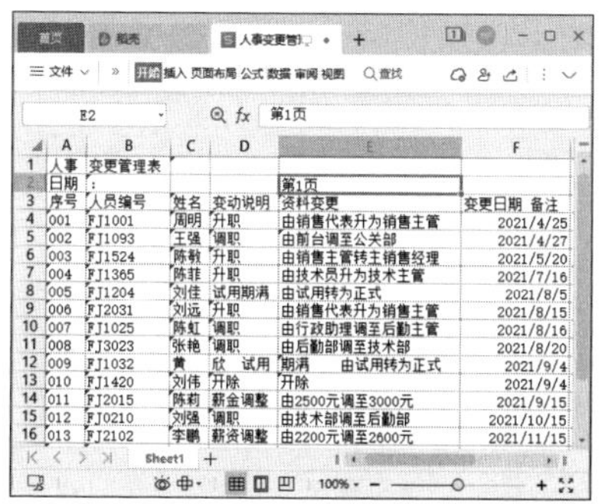

2.3.2 调整表格内容

因为格式的差异，在导入文本数据时会有部分不规则数据，此时需要调整表格内容，操作方法如下。

第1步 选择D12单元格中的“欣”字，单击鼠标右键，在弹出的快捷菜单中执行【剪切】命令，如下图所示。

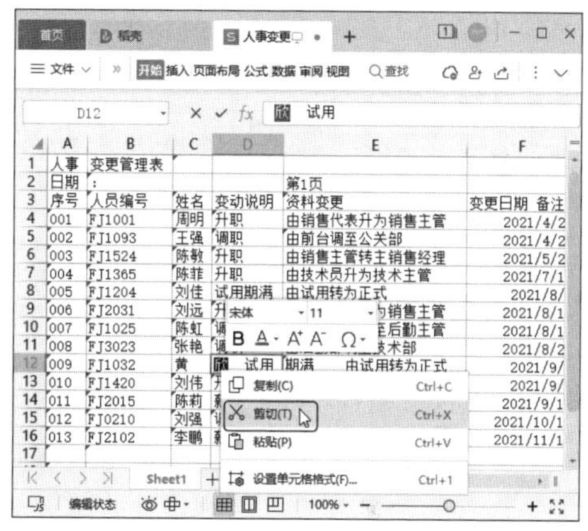

第2步 ❶选择C12单元格，❷将光标定位到“黄”字之后，然后单击鼠标右键，❸在弹出的快捷菜单中选择【粘贴】命令，如下图所示。

第3步 ❶选择 E2 单元格，❷单击【开始】选项卡中的【剪切】按钮，如下图所示。

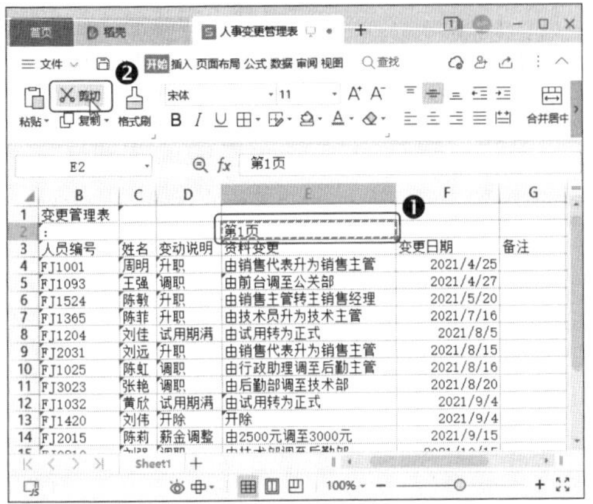

第4步 ❶ 选择 G2 单元格，❷ 单击【开始】选项卡中的【粘贴】按钮，如下图所示。

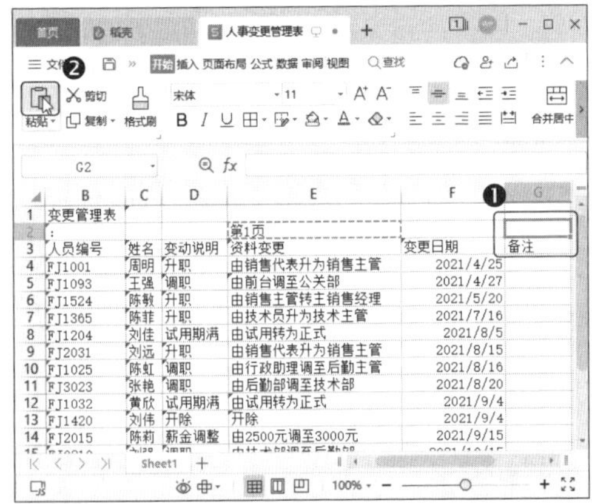

温馨提示

如果需要移动单元格中的部分内容，则需要先将光标定位到单元格中，再选中需要移动的内容，然后执行剪切和粘贴的操作。如果需要移动的是整个单元格中的内容，则只需要选择单元格，然后执行剪切和粘贴操作。

第5步 选中 A2: B2 单元格区域，然后按【Delete】键删除不需要的内容，如下图所示。

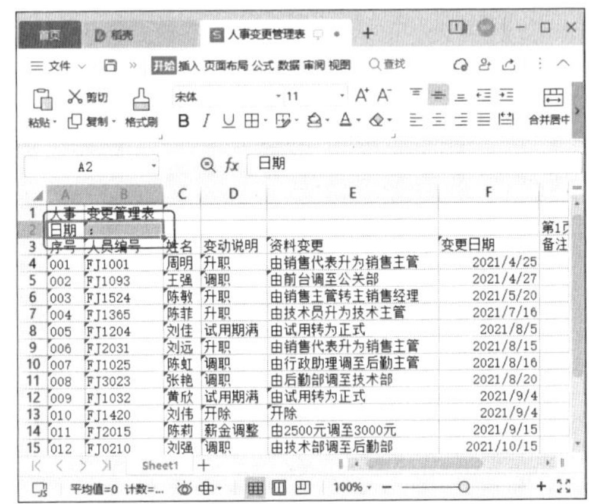

2.3.3 设置单元格格式

文本数据被导入表格之后，格式会发生一些变化。为了规范表格，我们需要设置单元格格式，操作方法如下。

第1步 ❶ 选择 A1: G1 单元格区域，❷ 单击【开始】选项卡中的【合并居中】按钮⊟，如下图所示。

第2步 打开【WPS 表格】对话框，❶ 选择【合并内容】选项，❷ 然后单击【确定】按钮，如下图所示。

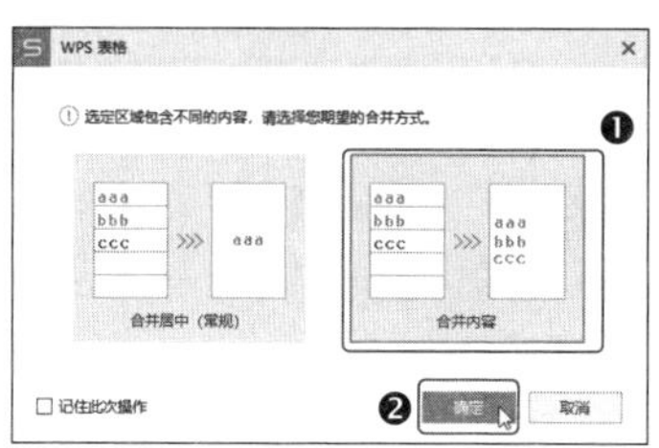

第3步 将光标定位到“人事”后，按【Delete】键，如下图所示。

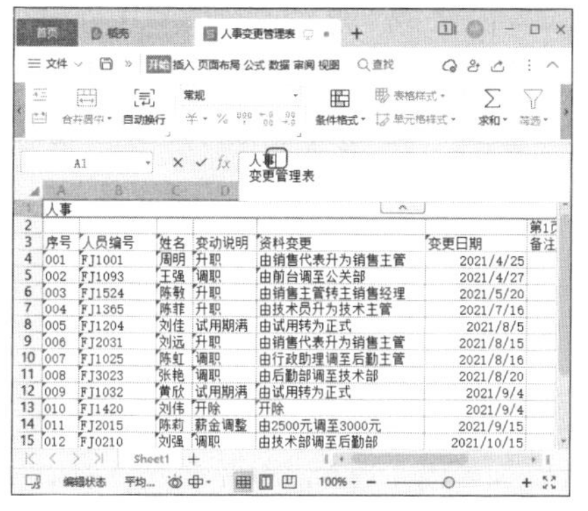

第4步 ❶ 选中 A1 单元格，❷ 单击【开始】选项卡中的【水平居中】按钮 ☰，如下图所示。

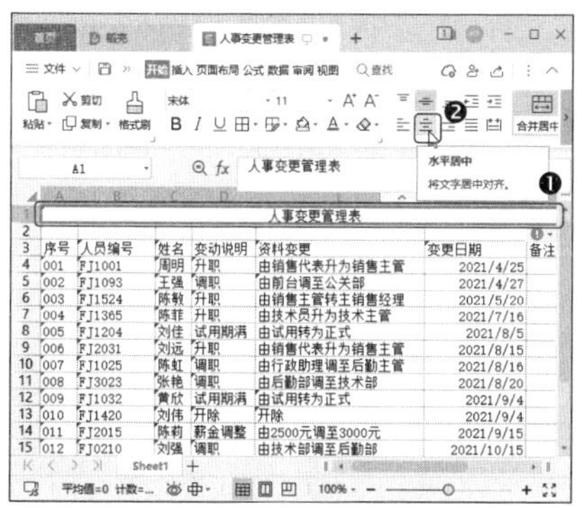

2.3.4 美化表格

单元格调整完成后，表格的内容虽然已经规范，但默认的样式略显单调。此时我们可以为其设置边框和底纹，以美化表格，操作方法如下。

第1步 ❶ 选中 A1 单元格，❷ 在【开始】选项卡中设置字体和字号，如下图所示。

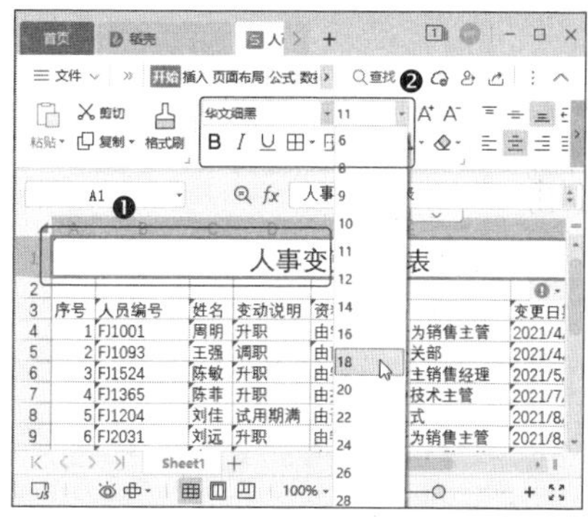

温馨提示

在调整字体时，会自动调整该行的行高，以容纳变大的文本。

第2步 ❶ 单击【开始】选项卡中的【填充颜色】下拉按钮，❷ 在弹出的下拉菜单中选择一种填充颜色，如下图所示。

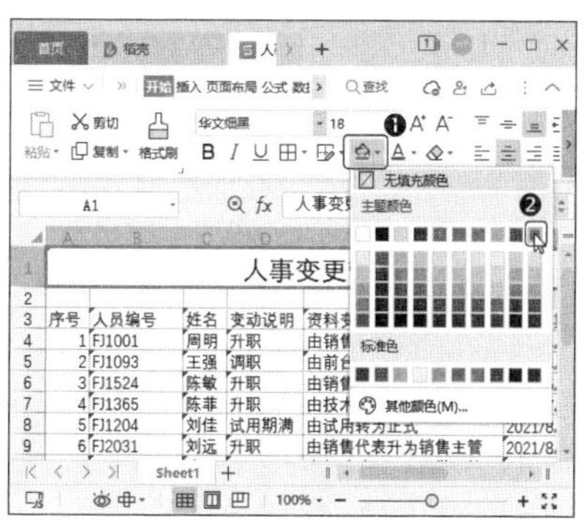

第3步 ❶ 单击【开始】选项卡中的【字体颜色】下拉按钮 A·，❷ 在弹出的下拉菜单中选择文字的颜色，如下图所示。

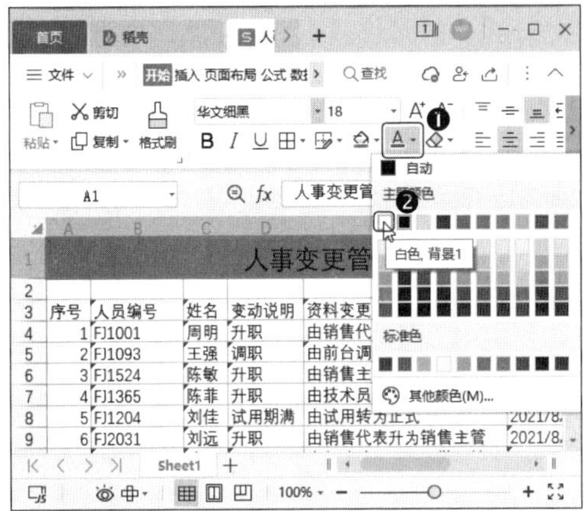

第4步 将鼠标指针移动到第 2 行和第 3 行的行号之间，当指针变为✛形时，按住鼠标左键的同时向下拖动，以调整行高，如下图所示。

第5步 ❶ 选中 A3: G3 单元格区域，❷ 单击【开始】选项卡中的【填充颜色】下拉按钮，❸ 在弹出的下拉菜单中选择一种填充颜色，如下图所示。

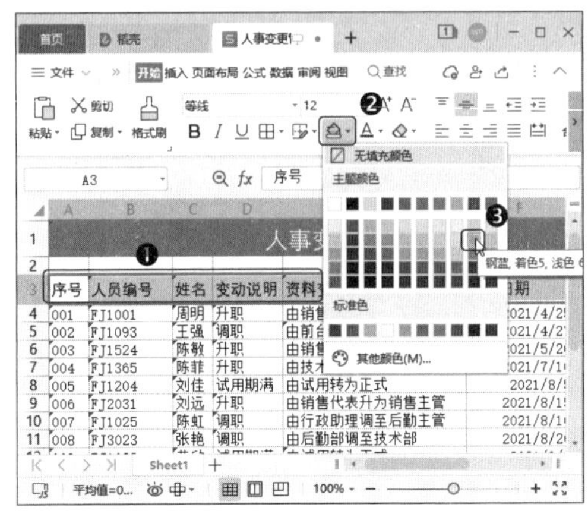

第6步 单击【开始】选项卡中的【水平居中】按钮三，如下图所示。

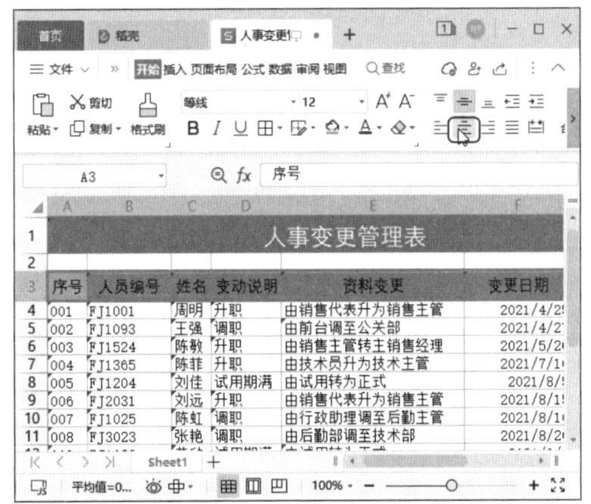

第7步 ❶ 选中 A3: G16 单元格区域，❷ 单击【开始】选项卡中的边框下拉按钮田·，❸ 在弹出的下拉菜单中选择【所有框线】选项，如下图所示。

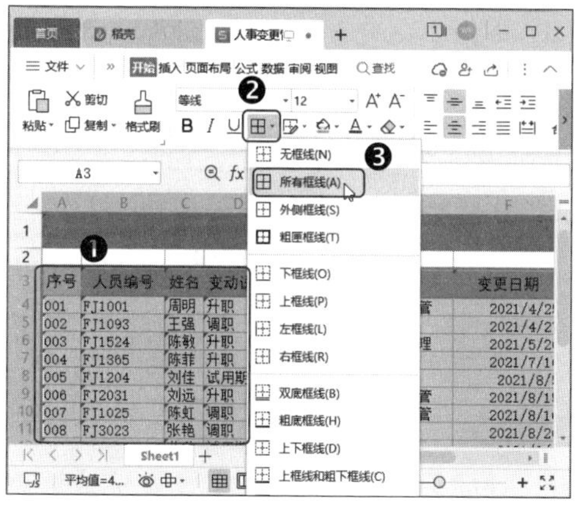

操作完成后即可看到完成的人事变更管理表的最终效果，如下图所示。

人事变更管理表

序号	人员编号	姓名	变动说明	资料变更	变更日期	备注
001	FJ1001	周明	升职	由销售代表升为销售主管	2021/4/25	
002	FJ1093	王强	调职	由前台调至公关部	2021/4/27	
003	FJ1524	陈敏	升职	由销售主管转主销售经理	2021/5/20	
004	FJ1365	陈菲	升职	由技术员升为技术主管	2021/7/16	
005	FJ1204	刘佳	试用期满	由试用转为正式	2021/8/5	
006	FJ2031	刘远	升职	由销售代表升为销售主管	2021/8/15	
007	FJ1025	陈虹	调职	由行政助理调至后勤主管	2021/8/16	
008	FJ3023	张艳	调职	由后勤部调至技术部	2021/8/20	
009	FJ1032	黄欣	试用期满	由试用转为正式	2021/9/4	
010	FJ1420	刘伟	开除	开除	2021/9/4	
011	FJ2015	陈莉	薪金调整	由2500元调至3000元	2021/9/15	
012	FJ0210	刘强	调职	由技术部调至后勤部	2021/10/15	
013	FJ2102	李鹏	薪资调整	由2200元调至2600元	2021/11/15	

2.4 使用 WPS 演示【制作企业宣传演示文稿】

为了招聘到优秀的人才，企业需要制作宣传演示文稿，从而更好地展示品牌及形象，提高自身的知名度。企业宣传演示文稿用于介绍企业的业务、产品、企业规模及人文历史，是他人了解企业的重要途径。

本节将制作企业宣传演示文稿，完成后的效果如下图所示，实例最终效果见“结果文件\第 2 章\企业宣传演示文稿 .pptx”文件。

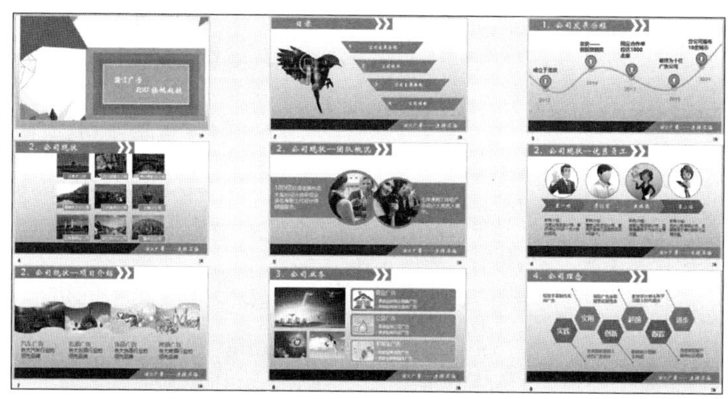

2.4.1 创建演示文稿文件

在制作企业宣传演示文稿之前，首先需要创建演示文稿，操作方法如下。

第1步 启动 WPS Office，单击标签栏中的【新建】按钮+，如下图所示。

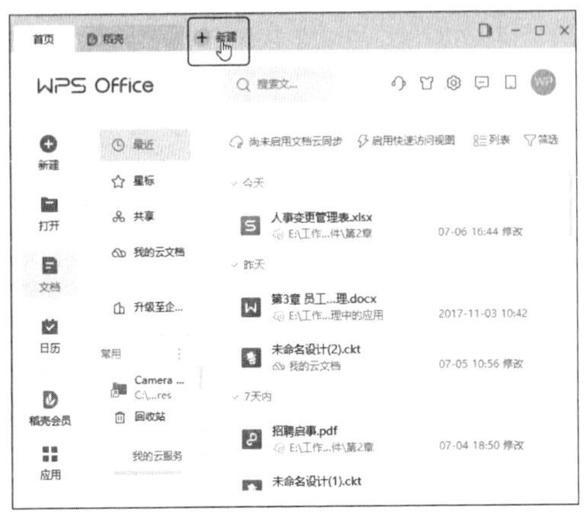

第2步 ❶ 切换到【演示】选项卡，❷ 选择【新建空白演示】选项，如下图所示。

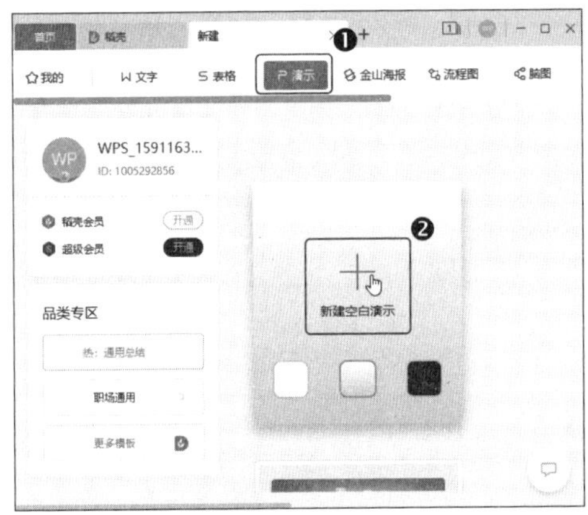

> **教您一招：新建演示文稿时设置背景色**
>
> 在【新建演示文稿】选项中有三个颜色选项，我们可以选择任意颜色设置演示文稿的背景色。

第3步 新建空白演示文稿后，❶ 单击【文件】命令右侧的下拉按钮，❷ 在弹出的下拉菜单中选择【文件】选项，❸ 在弹出的子菜单中执行【保存】命令，如下图所示。

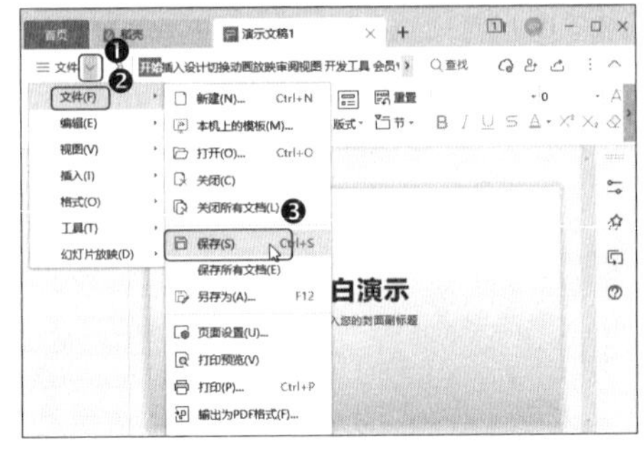

第4步 打开【另存文件】对话框，❶ 设置文件的保存路径和文件名，❷ 完成后单击【保存】按钮即可保存工作簿，如下图所示。

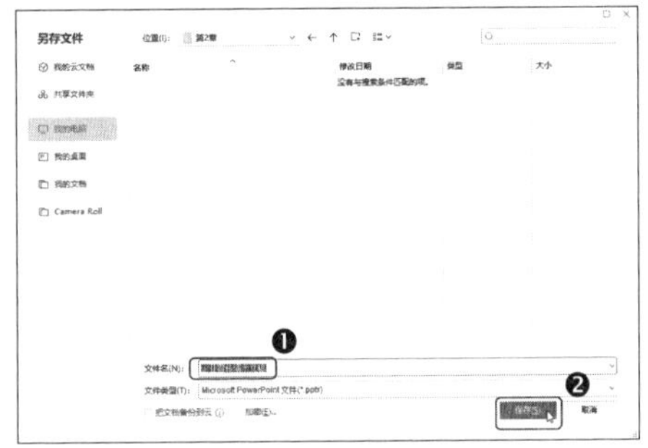

2.4.2 设置幻灯片母版

设置幻灯片母版可以统一演示文稿的风格，设置幻灯片母版的方法如下。

第1步 单击【视图】选项卡中的【幻灯片母版】按钮，如下图所示。

第2步 ❶ 在左侧选择【Office 主题 母版】选项，❷ 然后单击【幻灯片母版】选项卡中的【背景】按钮，如下图所示。

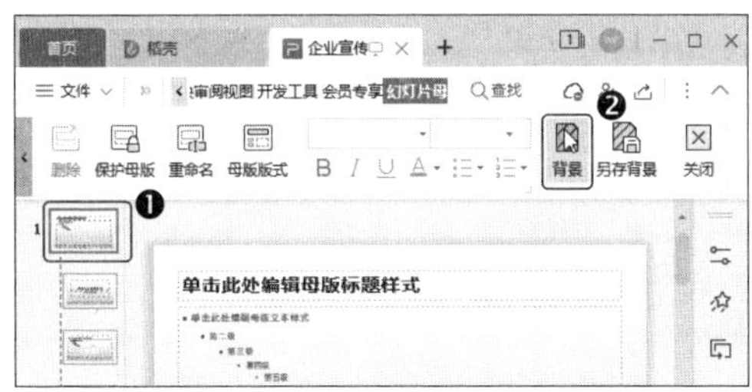

第3步 ❶ 在打开的【对象属性】窗格中选中第二个色标，❷ 在【色标颜色】下拉列表中选择【矢车菊蓝，着色 2，浅色 40%】，❸ 完成后单击【关闭】按钮关闭窗格，如下图所示。

第4步 ❶ 在左侧幻灯片列表中选择【空白版式】选项，❷ 单击【插入】选项卡中的【形状】下拉按钮，❸ 在弹出的下拉菜单中选择【矩形】，如下图所示。

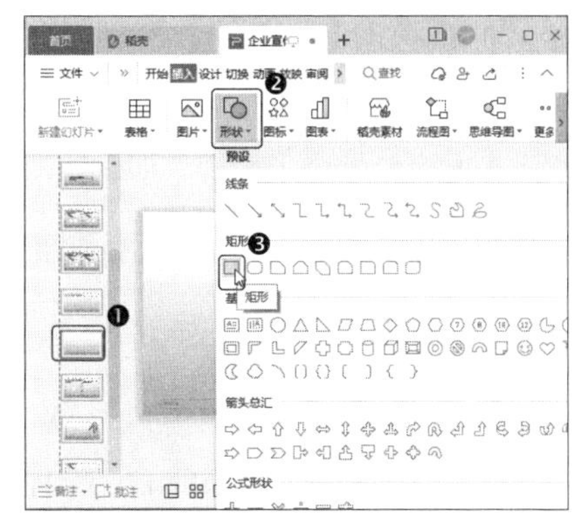

第5步 按住鼠标左键的同时拖动，在幻灯片左上角绘制一个矩形，如下图所示。

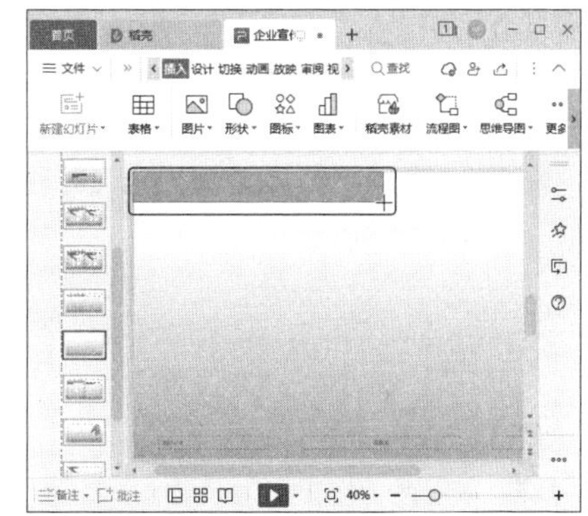

第6步 ❶ 选中矩形，❷ 单击【绘图工具】选项卡中的【填充】下拉按钮，❸ 在弹出的下拉菜单中选择【珊瑚红，着色 5】选项，如下图所示。

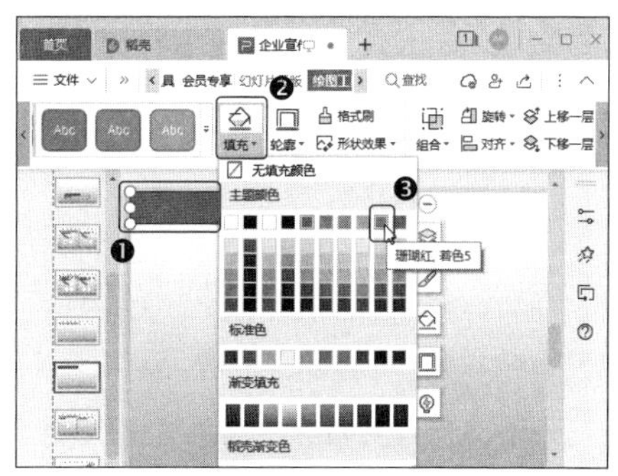

第7步 ❶ 单击【绘图工具】选项卡中的【轮廓】下拉按钮，❷ 在弹出的下拉菜单中选择【无边框颜色】选项，如下图所示。

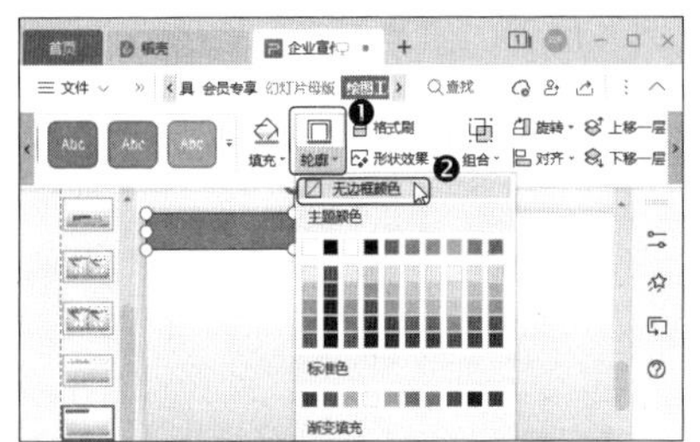

第8步 选择页面下方的页脚文本框，然后按下【Delete】键删除，如下图所示。

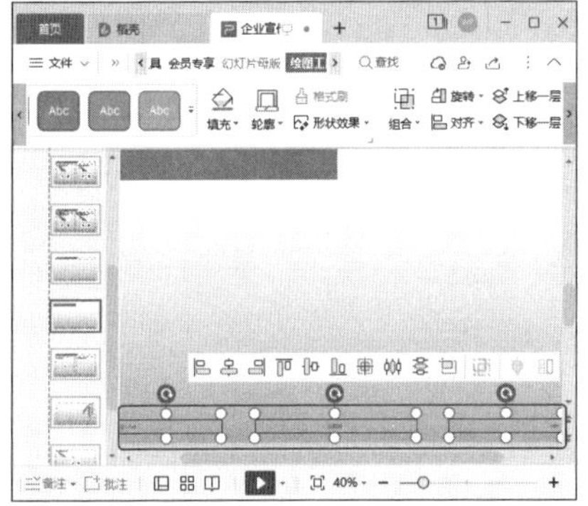

第9步 在页面下方绘制一个矩形，然后设置形状填充和形状轮廓，如下图所示。

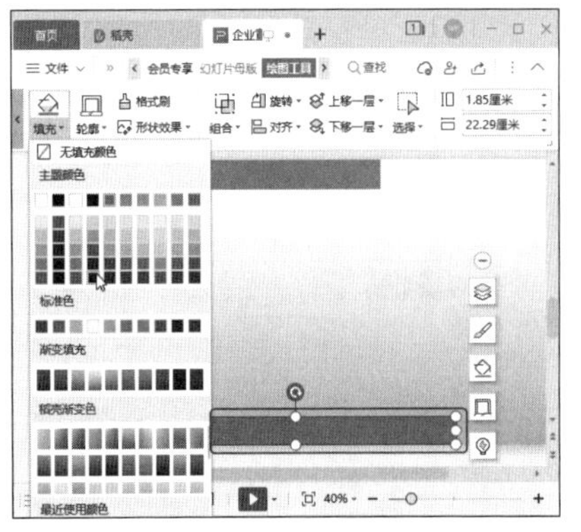

第10步 ❶ 单击【插入】选项卡中的【形状】下拉按钮，❷ 在弹出的下拉菜单中选择【任意多边形】，如下图所示。

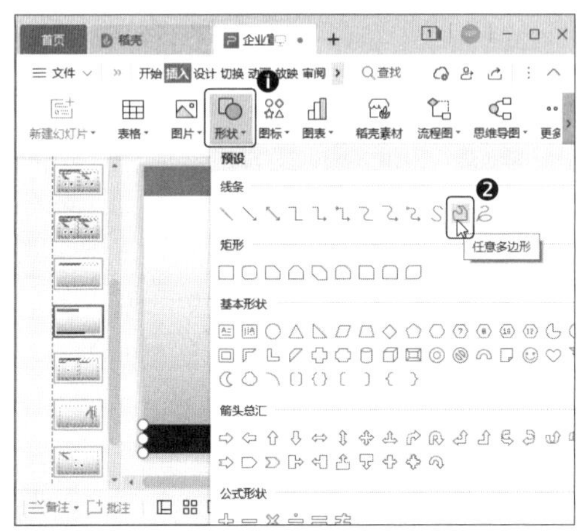

第11步 在页面下方的右侧绘制如下图所示的多边形。

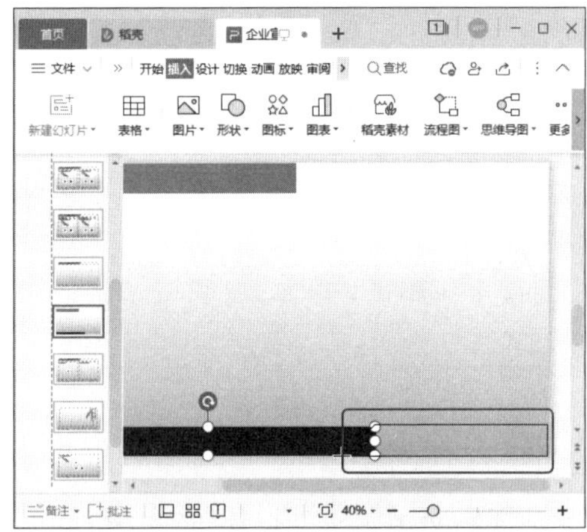

第12步 在【绘图工具】选项卡中设置形状填充和形状轮廓，如下图所示。

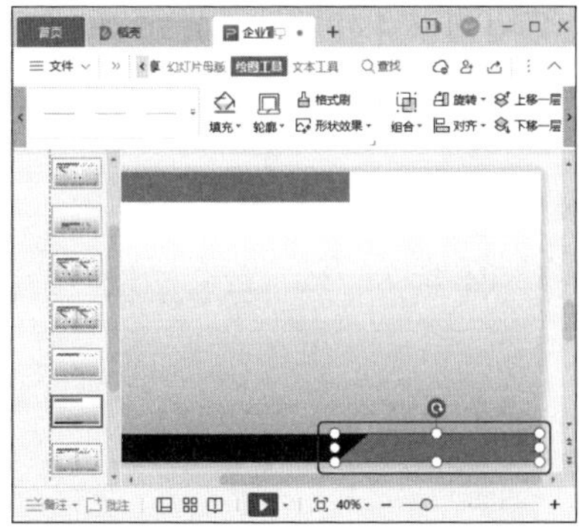

第13步 使用【燕尾形】绘图工具▷在左侧的矩形上方绘制两个燕尾形，并设置形状样式，如下图所示。

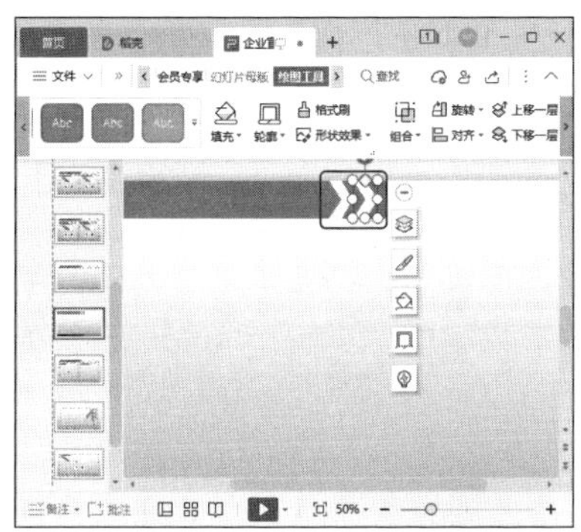

第14步 ❶ 单击【插入】选项卡中的【文本框】下拉按钮，❷ 在弹出的下拉菜单中选择【横向文本框】选项，如下图所示。

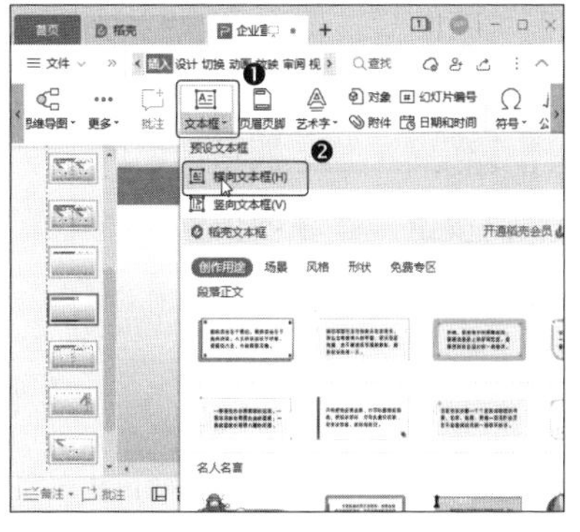

第15步 在多边形上拖动，从而绘制一个文本框，如下图所示。

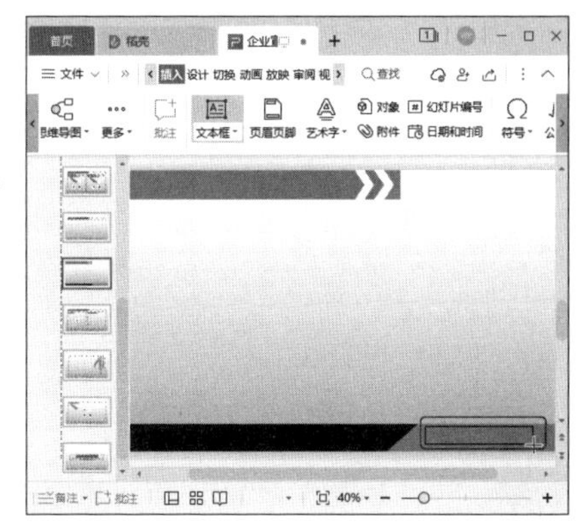

第16步 ❶ 在文本框中输入文字，❷ 在【幻灯片母版】选项卡中设置文字格式，❸ 完成后单击【关闭】按钮退出母版视图，如下图所示。

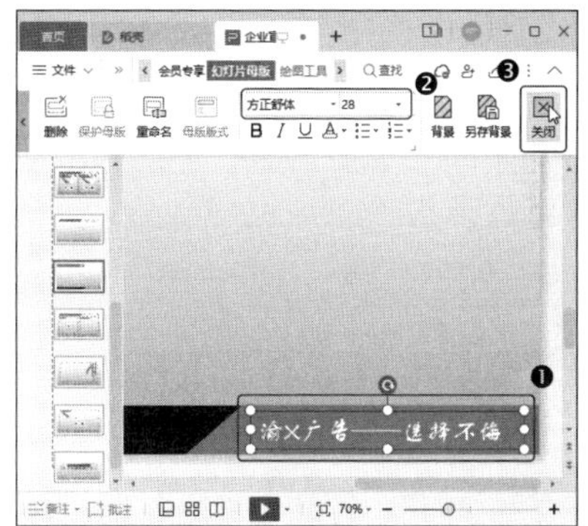

2.4.3 制作幻灯片封面

制作了幻灯片，并统一了幻灯片的风格之后，我们就可以制作幻灯片的封面了。

第1步 按住【Ctrl】键的同时，依次选中第一张幻灯片中的占位符，然后按【Delete】键删除占位符，如下图所示。

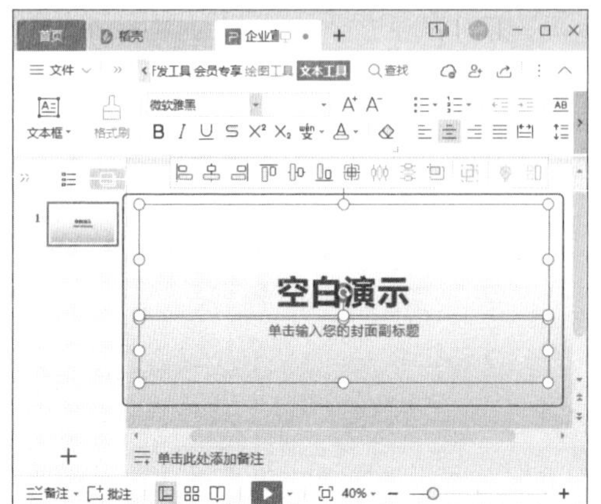

第2步 单击【插入】选项卡中的【图片】按钮，如下图所示。

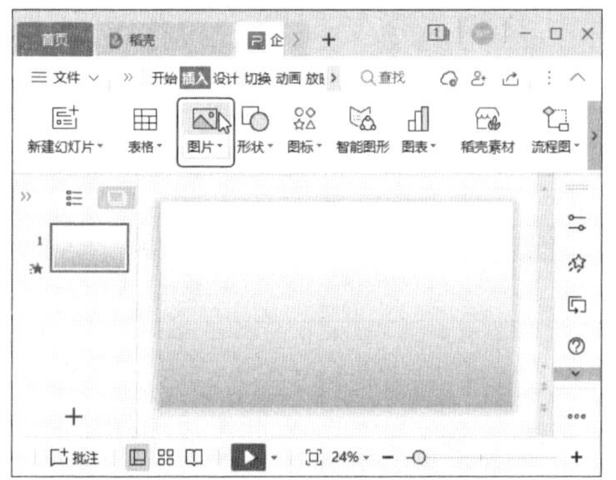

第3步 打开【插入图片】对话框，❶ 选择“素材文件\第 2 章\背景 .jpg”图片文件，❷ 然后单击【打开】按钮，如下图所示。

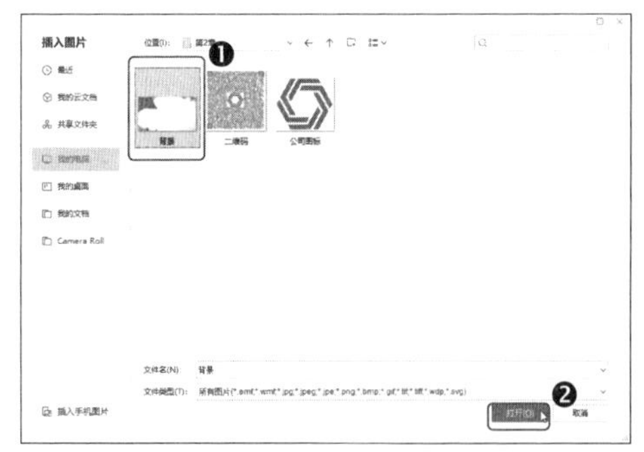

第4步 拖动图片四周的控制点，使图片的大小与页面大小相同，如下图所示。

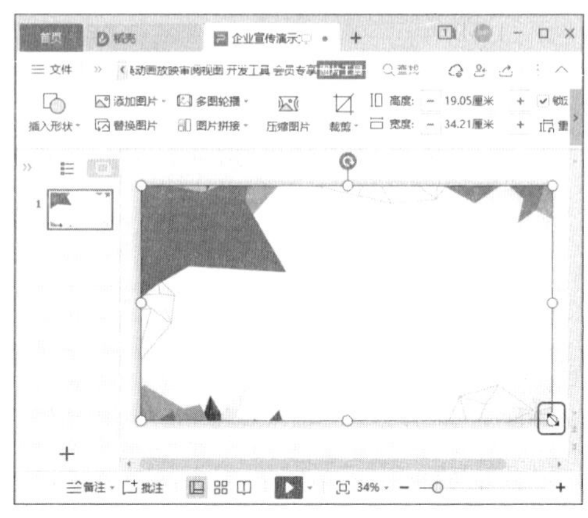

第5步 ❶ 单击【插入】选项卡中的【形状】下拉按钮，❷ 在弹出的下拉菜单中选择【矩形】，如下图所示。

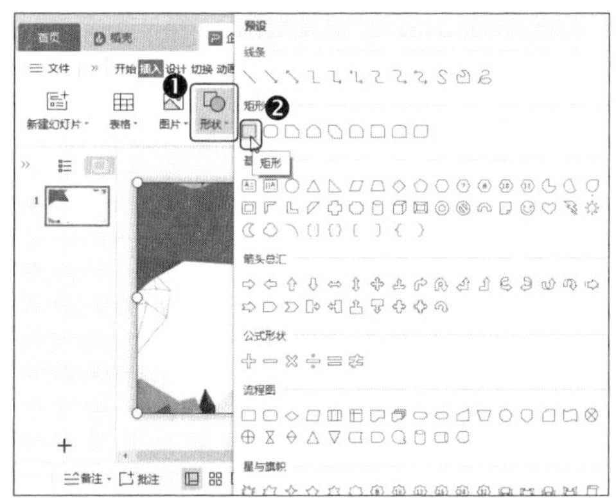

第6步 ❶ 绘制矩形，然后选中矩形。❷ 单击【绘图工具】选项卡中的【形状效果】下拉按钮，❸ 在弹出的下拉菜单中选择【更多设置】选项，如下图所示。

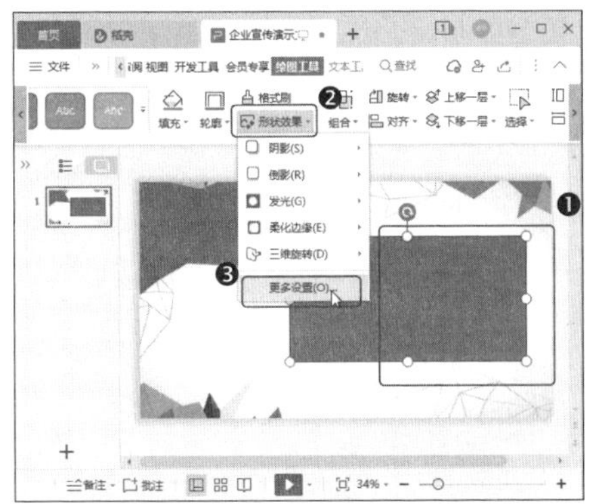

第7步 打开【对象属性】窗格，❶ 在【填充与线条】选项卡的【填充】栏设置颜色为【热情的粉红，着色 6】，设置透明度为【50%】，❷ 然后单击【线条】下拉列表框右侧的下拉按钮，如下图所示。

第8步 在弹出的下拉列表中选择【无线条】选项，如下图所示。

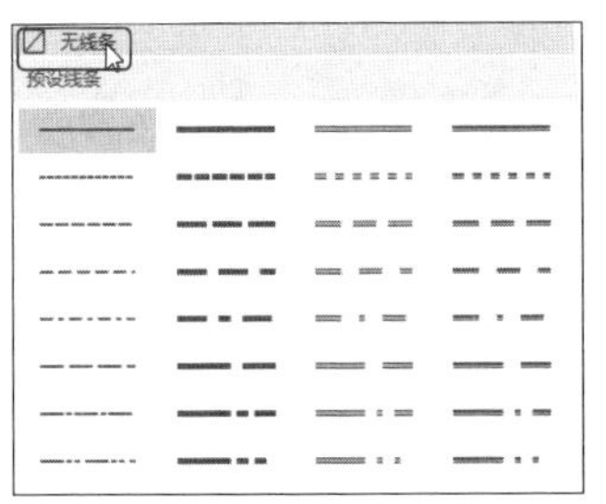

第9步 使用相同的方法再次绘制两个矩形，并设置相同的形状样式，大小和位置如下图所示。

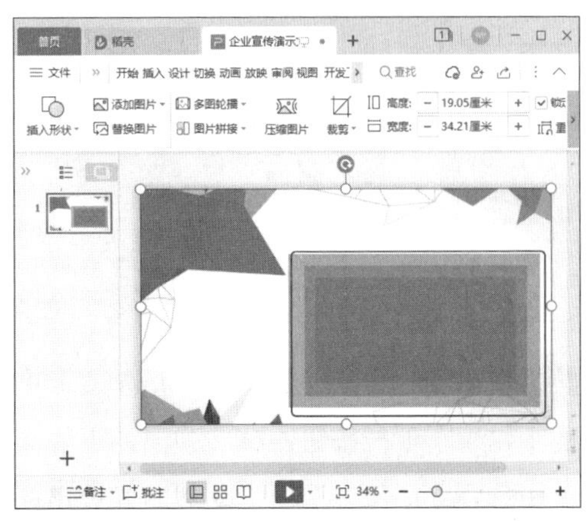

第10步 ❶ 再次绘制一个较小的矩形，并令其位于其他矩形的中间，❷ 单击【绘图工具】选项卡中的【填充】下拉按钮，❸ 在弹出的下拉菜单中选择【矢车菊蓝，着色 2，浅色 40%】，如下图所示。

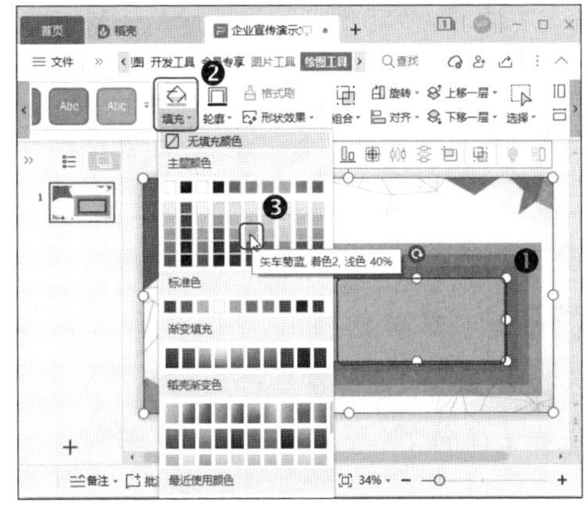

第11步 ❶ 单击【绘图工具】选项卡中的【轮廓】下拉按钮，❷ 在弹出的下拉菜单中选择【白色，背景 1】，如下图所示。

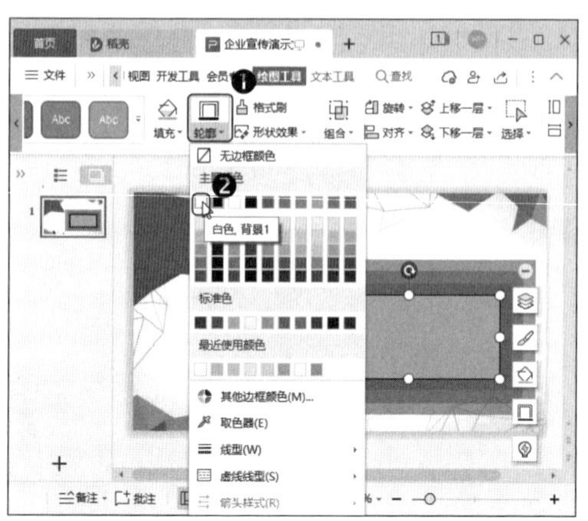

第12步 ❶ 单击【绘图工具】选项卡中的【轮廓】下拉按钮，❷ 在弹出的下拉菜单中选择【线型】选项，❸ 然后在弹出的子菜单中选择【3 磅】，如下图所示。

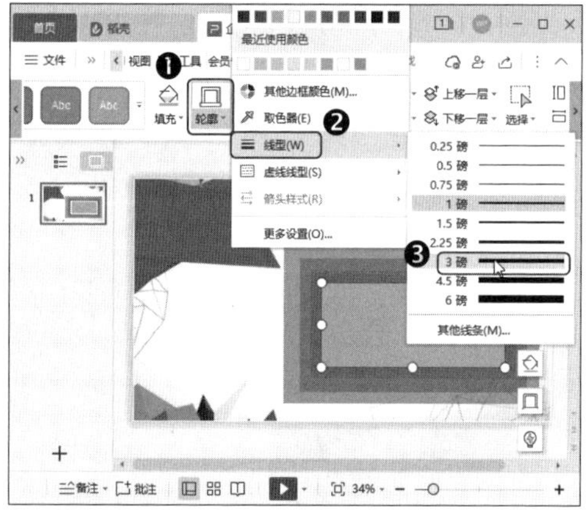

第13步 ❶ 单击【插入】选项卡中的【文本框】下拉按钮，❷ 在弹出的下拉菜单中选择【横向文本框】选项，如下图所示。

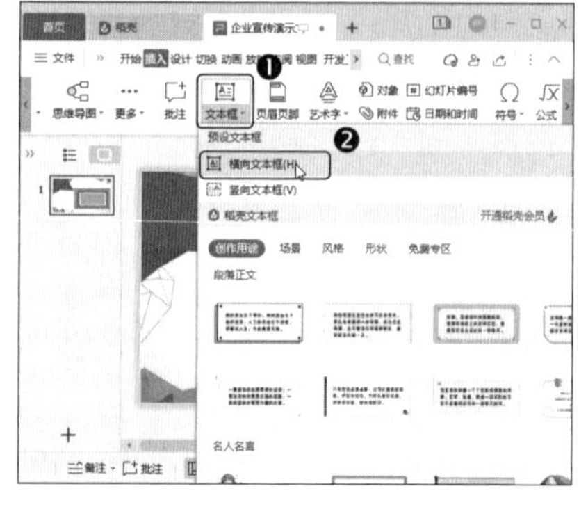

第14步 在矩形中间绘制文本框，然后输入标题文本，并设置文本格式，如下图所示。

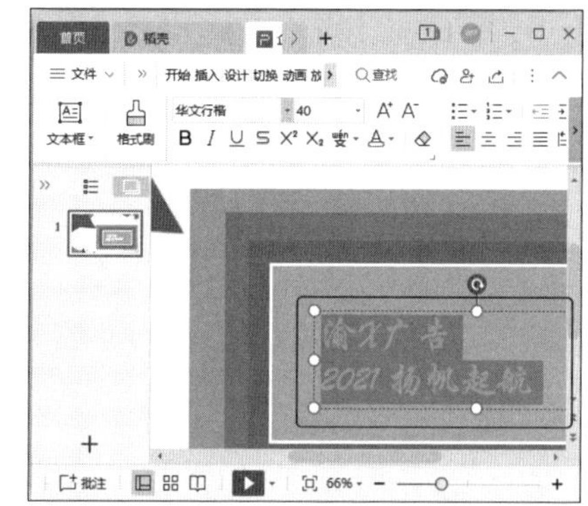

第15步 ❶ 将光标定位到第二行文本段落中，❷ 然后单击【开始】选项卡中的【右对齐】按钮三，如下图所示。

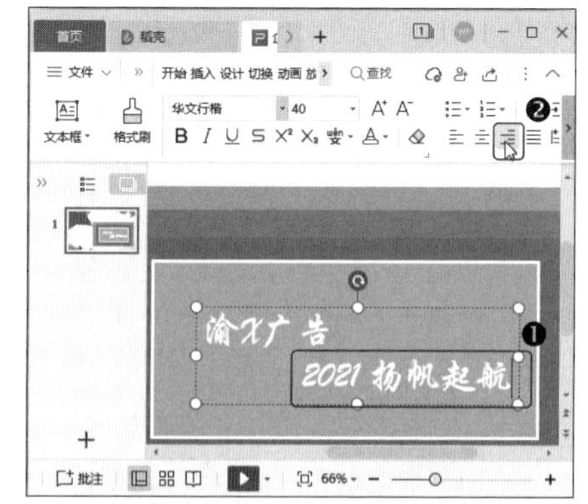

2.4.4 制作目录页

使用图形可以组合出变化多端的目录，下面我们来为企业宣传演示文稿制作目录。

第1步 单击【开始】选项卡中的【新建幻灯片】下拉按钮，如下图所示。

第2步 ❶ 在弹出的下拉菜单中切换到【母版】选项卡，❷ 然后在要应用的幻灯片母版上单击，如下图所示。

第3步 幻灯片在上方的矩形中插入文本框并输入目录文本，然后设置文本格式，如下图所示。

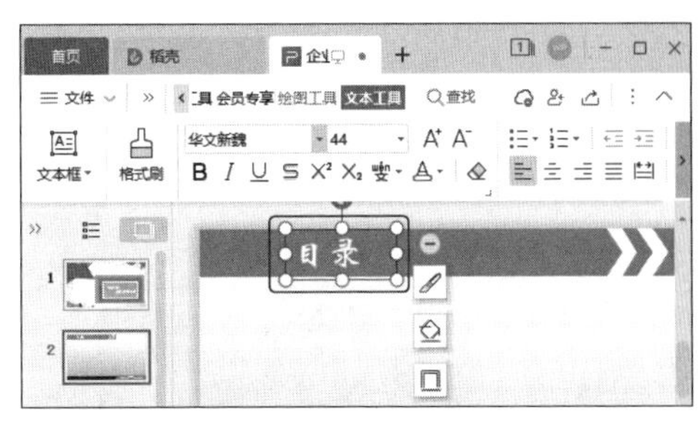

第4步 ❶ 单击【插入】选项卡中的【图片】下拉按钮，❷ 在弹出的下拉菜单中选择【本地图片】选项，如下图所示。

第5步 ❶ 打开【插入图片】对话框，选择"素材文件\第 2 章\企业宣传\目录.jpg"图片文件，❷ 完成后单击【打开】按钮，如下图所示。

第6步 拖动图片，将其移动到幻灯片的左半部分，如下图所示。

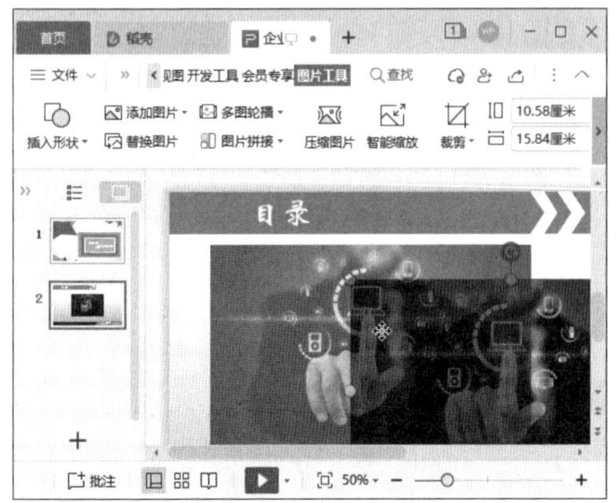

第7步 选中图片，❶ 单击【图片工具】选项卡中的【裁剪】下拉按钮，❷ 在弹出的下拉菜单中选择【创意裁剪】选项，❸ 再在弹出的子菜单中选择一种创意裁剪的样式，如下图所示。

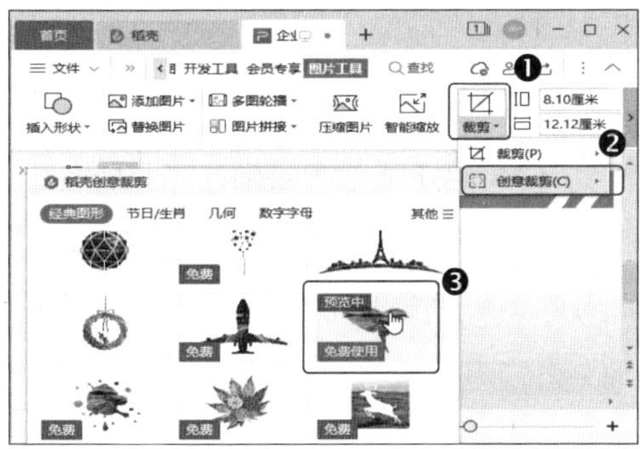

第8步 ❶ 在【插入】选项卡的【形状】下拉菜单中选择【等腰三角形】工具，然后绘制一个等腰三角形。选中三角形，❷ 单击【绘图工具】选项卡中的【旋转】下拉按钮；❸ 在弹出的下拉菜单中选择【垂直翻转】选项，如下图所示。

第9步 保持三角形的选中状态，❶ 单击【绘图工具】选项卡中的【填充】下拉按钮，❷ 在弹出的下拉菜单中选择一种填充颜色，如下图所示。

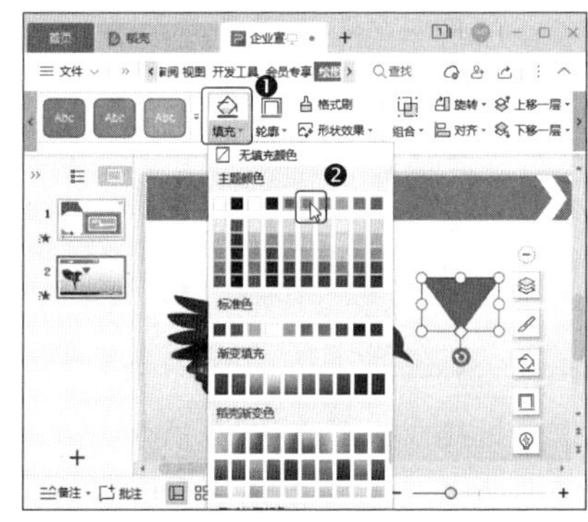

第10步 ❶ 单击【绘图工具】选项卡中的【轮廓】下拉按钮，❷ 在弹出的下拉菜单中选择【无边框颜色】选项，如下图所示。

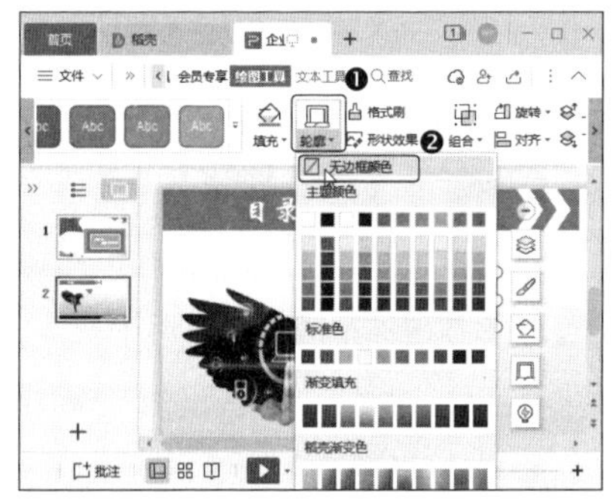

第11步 使用【平行四边形】工具绘制一个平行四边形，然后通过黄色控制点调整平行四边形的角度，使其与三角形相契合，如下图所示。

第12步 在【绘图工具】选项卡中根据需要设置平行四边形的填充颜色和轮廓颜色。本例使用了【巧克力黄,着色 2】填充，无边框颜色，如下图所示。

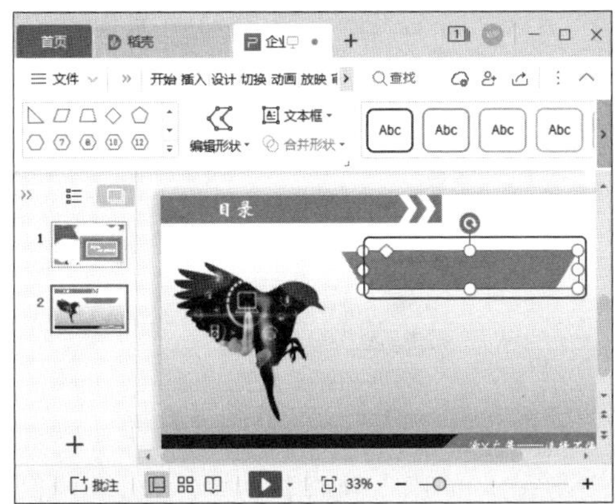

第13步 插入两个文本框，然后输入目录编号与文字，如下图所示。

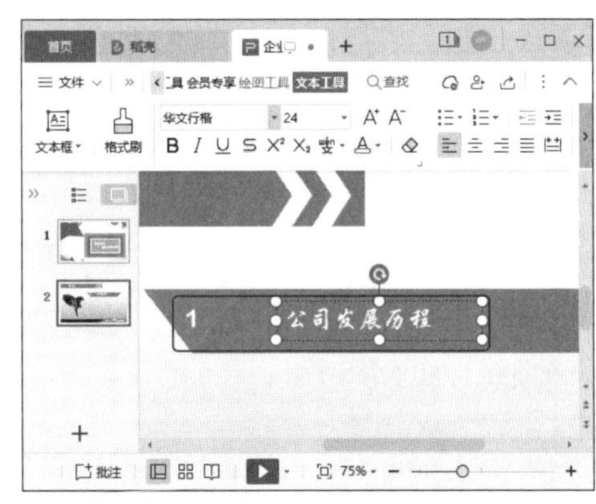

第14步 复制第一条目录的文本和形状，并将复制的文本和图形拖动到合适的位置，如下图所示。

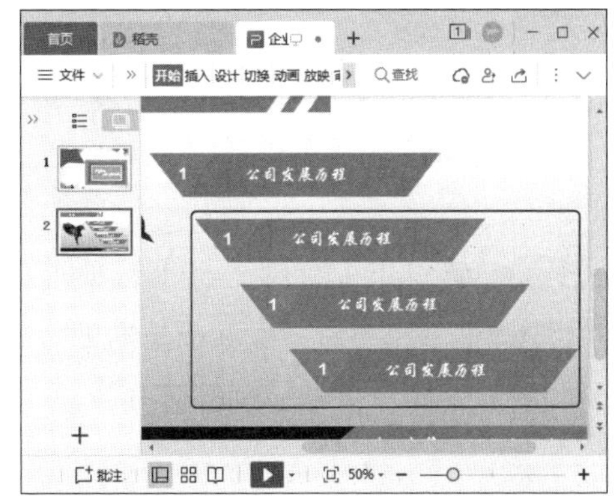

第15步 更改图形中的文本，如下图所示。

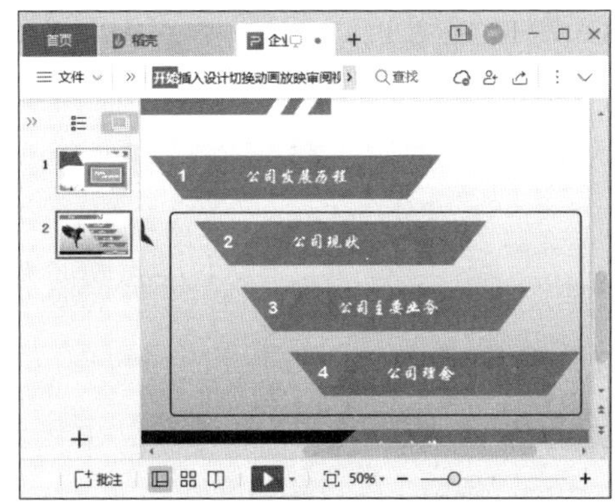

2.4.5 制作“发展历程”幻灯片

制作“发展历程”幻灯片时可以使用曲线工具绘制发展曲线，操作方法如下。

第1步 插入一张空白幻灯片，❶ 输入目录文本，❷ 然后使用【曲线】工具绘制一条曲线，如下图所示。

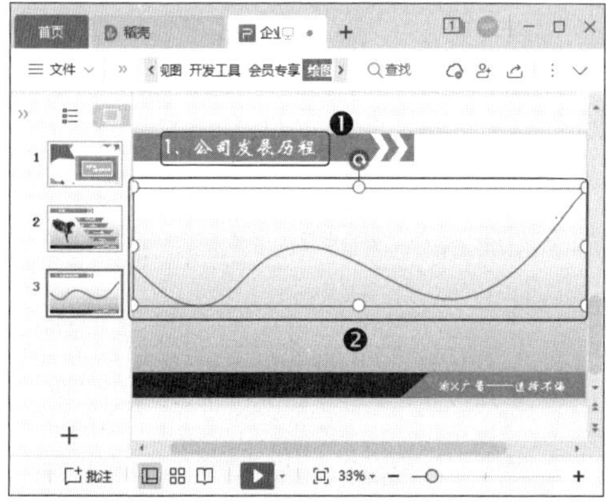

第2步 ❶ 单击【绘图工具】选项卡中的【轮廓】下拉按钮，❷ 在弹出的下拉菜单中选择一种线条颜色，如下图所示。

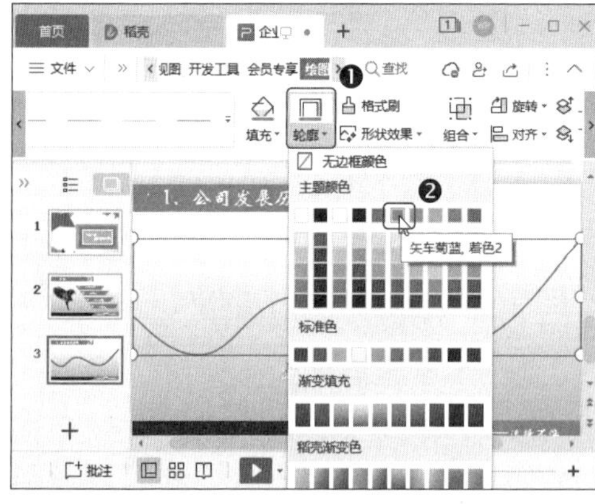

第3步 ❶ 再次单击【绘图工具】选项卡中的【轮廓】下拉按钮，❷ 在弹出的下拉菜单中选择【线型】选项，❸ 再在弹出的子菜单中选择磅值，如下图所示。

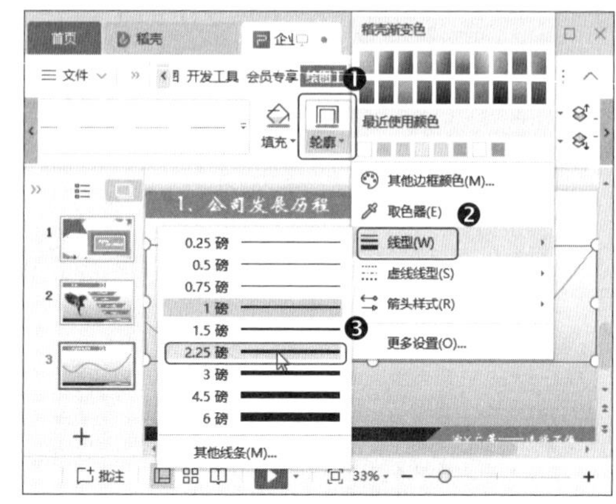

第4步 ❶ 单击【绘图工具】选项卡中的【形状效果】下拉按钮，❷ 在弹出的下拉菜单中选择【发光】选项，❸ 再在弹出的子菜单中选择一种发光变体，如下图所示。

第5步 使用【椭圆】工具在曲线上绘制一个正圆形，并设置形状填充与形状轮廓，如下图所示。

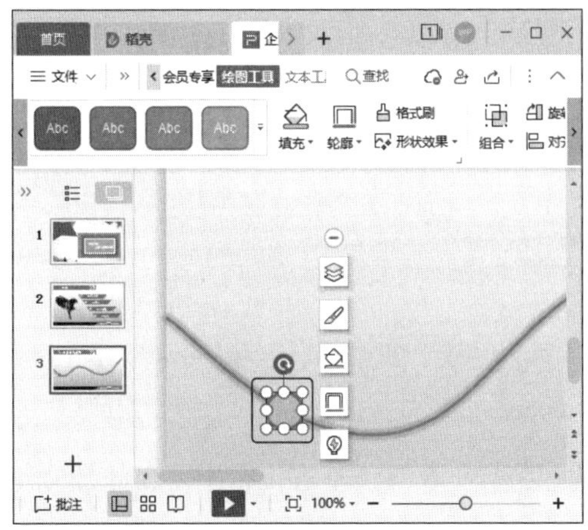

教您一招：如何绘制正圆形

选择【椭圆】工具后，按住【Shift】键绘制，就可以绘制出正圆形。

第6步 使用【泪滴形】工具绘制一个泪滴形状，并设置形状填充与形状轮廓，然后拖动旋转按钮旋转泪滴形，如下图所示。

第7步 使用【椭圆】工具在泪滴上绘制一个正圆形，并设置形状填充与形状轮廓，如下图所示。

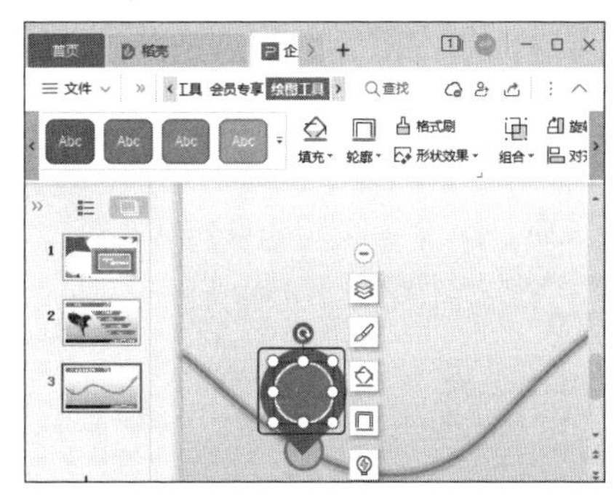

第8步 使用【箭头：上】工具在圆形中绘制一个箭头，然后拖动旋转按钮将其旋转至合适的位置，并设置形状样式，如下图所示。

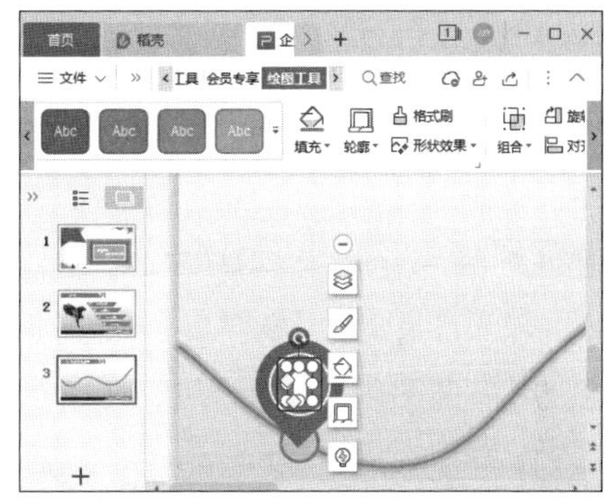

第9步 在图形的上方和下方添加文本框，输入文字并设置文本格式，如图所示。

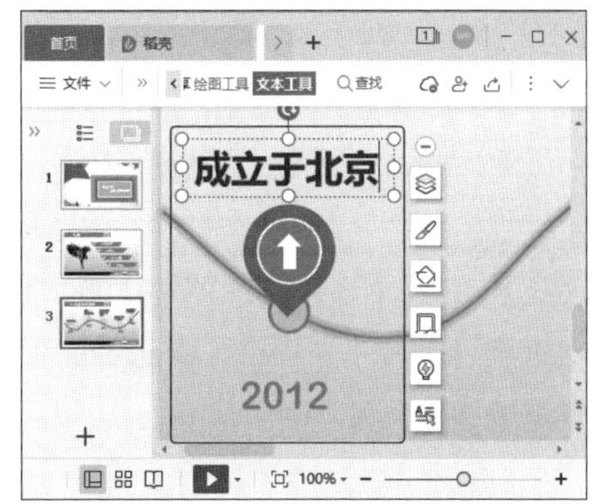

第10步 使用相同的方法绘制其他图形和文本框，如下图所示。

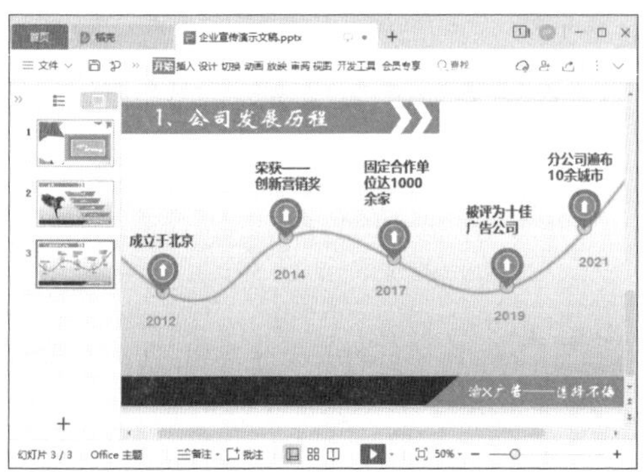

2.4.6 制作“公司现状”幻灯片

下面我们将使用智能图形制作“公司现状”幻灯片，并插入代表各地区的图片，操作方法如下。

第1步 插入一张空白幻灯片，❶ 插入文本框并输入目录文本。❷ 单击【插入】选项卡中的【智能图形】按钮，如下图所示。

第2步 打开【选择智能图形】对话框，❶ 切换到【图片】选项卡，❷ 选择一种适合的智能图形，如下图所示。

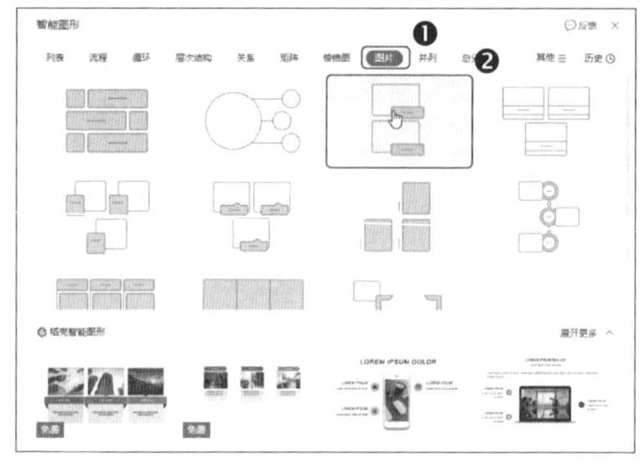

第3步 ❶ 在文本占位符中输入分公司名称，❷ 单击插入图片图标，如下图所示。

第4步 打开【插入图片】对话框，❶ 选择“素材文件\第2章\企业宣传\北京.jpg”图片，❷ 然后单击【打开】按钮，如下图所示。

第5步 ❶ 使用相同的方法添加其他图片，❷ 然后在针对智能图形的【设计】选项卡中单击【添加项目】下拉按钮，❸ 在弹出的下拉菜单中选择【在后面添加项目】选项，如下图所示。

第6步 在右侧将添加一个文本图形和一个图片图形，使用前文的方法添加文本和图片，如下图所示。

第7步 使用相同的方法制作其他地区的文本和图片，如下图所示。

第8步 ❶ 选中图形，❷ 单击【设计】选项卡中的【更改颜色】下拉按钮，❸ 在弹出下拉菜单中选择一种配色方案，如下图所示。

第9步 ❶ 选中文本为“北京总公司”图形，❷ 单击【格式】选项卡中的【填充】下拉按钮，❸ 在弹出的下拉菜单中选择一种颜色，如下图所示。

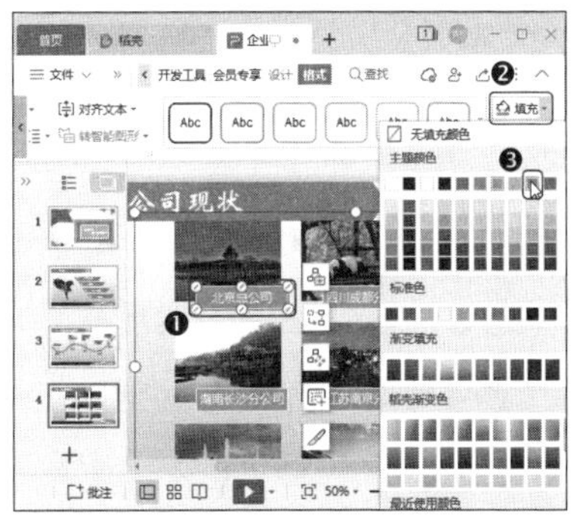

2.4.7 制作“团队概况”幻灯片

制作“团队概况”幻灯片，有利于大家了解公司团队，制作方法如下。

第1步 ❶ 插入一张空白幻灯片后 ❶ 插入横排文本框并输入标题文本。❷ 使用【矩形】工具和【椭圆】工具绘制形状，并设置形状样式，如下图所示。

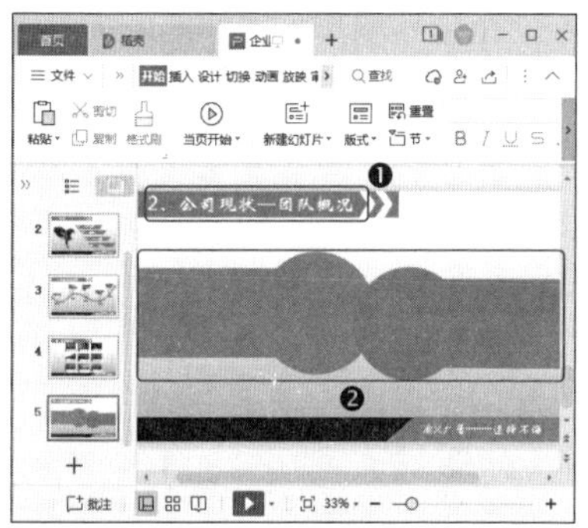

第2步 在矩形中插入文本框，并输入文本，如下图所示。

第3步 ❶ 插入“素材文件\第 2 章\企业宣传\人才.jpg”图片，然后选中图片，❷ 单击【图片工具】选项卡中的【裁剪】下拉按钮，❸ 在弹出的下拉菜单中选择【裁剪】选项，❹ 再在弹出的子菜单中选择【椭圆】工具，如下图所示。

第4步 ❶ 单击图片右侧出现的【展开 / 收起裁剪面板】 ⊡；❷ 在弹出的裁剪面板中单击【按比例裁剪】列表中的【1∶1】选项，如下图所示。

第5步 拖动图片，将其调整到圆形的中间，如下图所示。

第6步 使用相同的方法制作另一半幻灯片，如下图所示。

2.4.8 制作“优秀员工”幻灯片

在“优秀员工”幻灯片中，我们需要插入优秀设计师的照片和人物介绍，操作方法如下。

第1步 插入一张空白幻灯片，❶ 插入横排文本框并输入标题文本。❷ 使用【燕尾形】工具绘制图形，并设置形状样式，如下图所示。

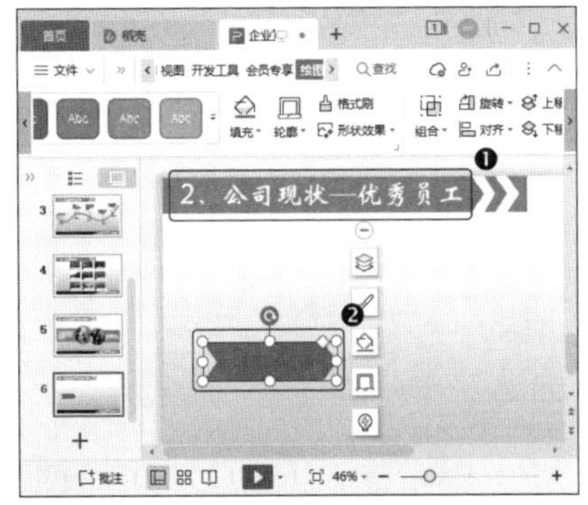

第2步 插入“素材文件 \ 第 2 章 \ 企业宣传 \ 团队 1.jpg”图片，并将其裁剪为圆形，如下图所示。

第3步 ❶ 选中图片，❷ 单击【图片工具】选项卡中的【边框】下拉按钮，❸ 在弹出的下拉菜单中选择一种边框颜色，如下图所示。

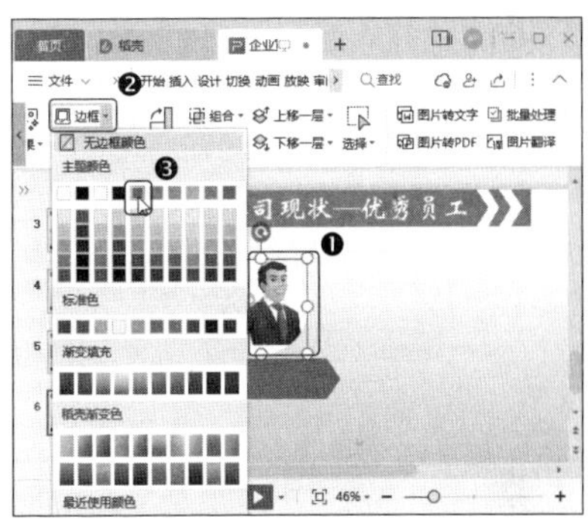

第4步 ❶ 再次单击【图片工具】选项卡中的【边框】下拉按钮，❷ 在弹出的下拉菜单中选择【线型】选项，❸ 再在弹出的子菜单中选择需要的磅值，如下图所示。

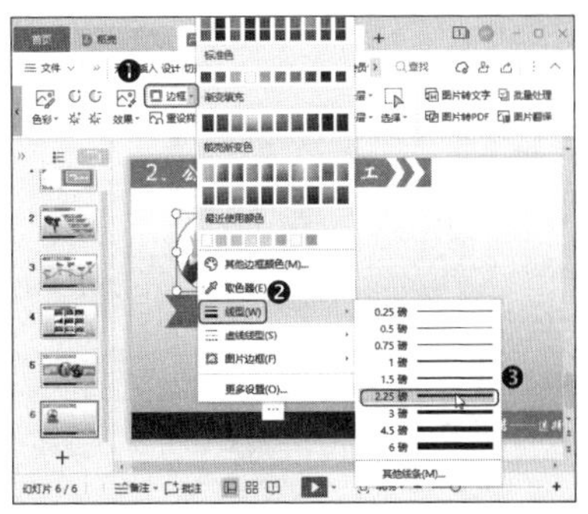

第5步 在图片下方的图形和空白区域插入横排文本框，输入介绍文本，如下图所示。

第6步 复制图形，并更改形状填充颜色，如下图所示。

第7步 使用相同的方法添加其他设计师的介绍，如下图所示。

2.4.9 制作“项目介绍”幻灯片

我们需要在“项目介绍”幻灯片中插入项目图片，然后对项目进行简单的介绍，操作方法如下。

第1步 插入横排文本框并输入标题文本，然后插入“素材文件\第2章\企业宣传\广告1.jpg”图片，并将其裁剪为【流程图：资料带】样式▭，如下图所示。

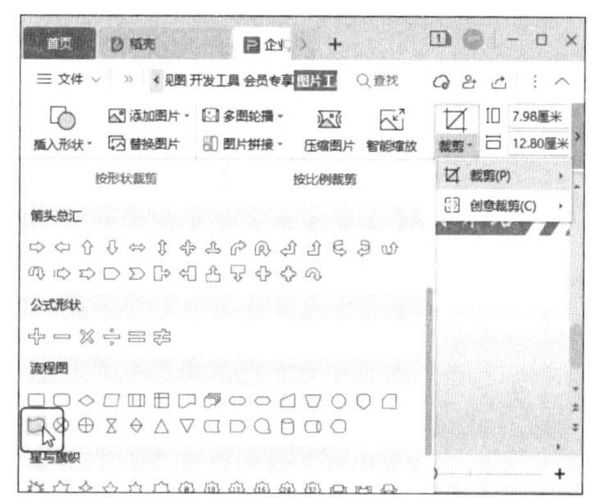

第2步 在图片下方插入文本框，输入文字并设置文本样式，如下图所示。

第3步 插入“素材文件\第2章\企业宣传\广告2.jpg”图片，将其裁剪为【流

程图：资料带】样式，然后将图片移动到前一张图片的后方。如下图所示。

第4步 使用相同的方法插入文本框和其他图片，效果如下图所示。

2.4.10 制作“公司业务”幻灯片

在“公司业务”幻灯片中，我们需要插入图片并配合使用智能图形，操作方法如下。

第1步 插入横排文本框并输入标题文本，❶ 然后分别插入“素材文件\第 2 章\企业宣传\业务 1.jpg”“素材文件\第 2 章\企业宣传\业务 2.jpg”“素材文件\第 2 章\企业宣传\业务 3.jpg”图片，并调整图片的大小和位置。❷ 完成后单击【插入】选项卡中的【智能图形】按钮，如下图所示。

第2步 打开【智能图形】对话框，选择【垂直图片列表】图形，如下图所示。

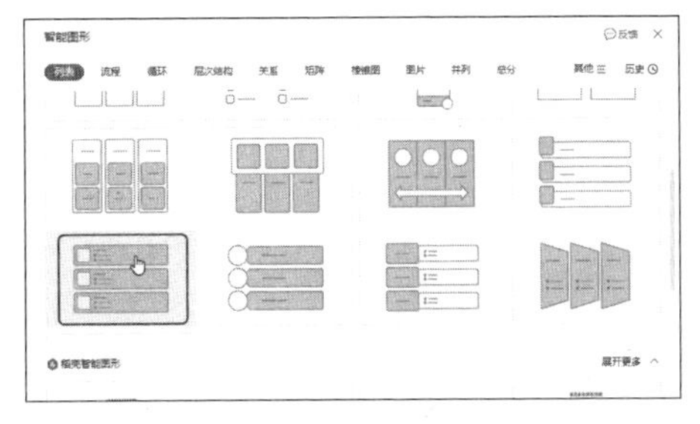

第3步 拖动智能图形四周的控制点，调整图形的大小，并移动其位置，如下图所示。

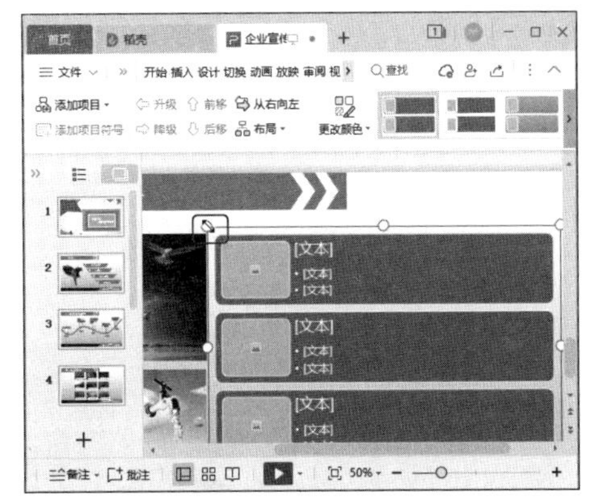

第4步 单击智能图形中的图标，如下图所示。

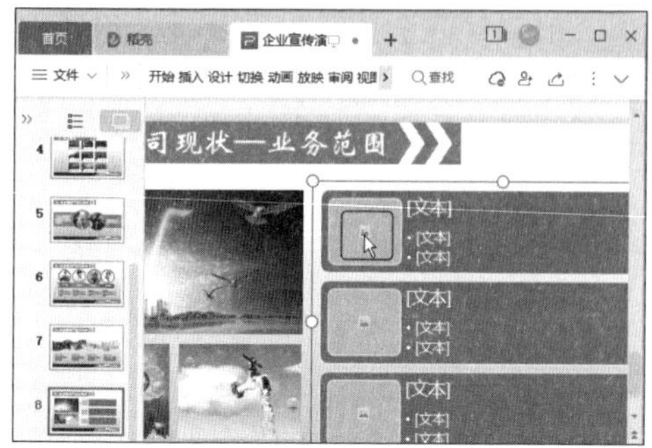

第5步 打开【插入图片】对话框，❶ 插入“素材文件\第2章\企业宣传\图标3.jpg”图片，❷ 然后在右侧的文本占位符中输入文本介绍，如下图所示。

第6步 使用相同的方法插入其他图片和文本，如下图所示。

第7步 ❶ 单击【设计】选项卡中的【更改颜色】下拉按钮，❷ 在弹出的下拉菜单中选择一种配色方案，如下图所示。

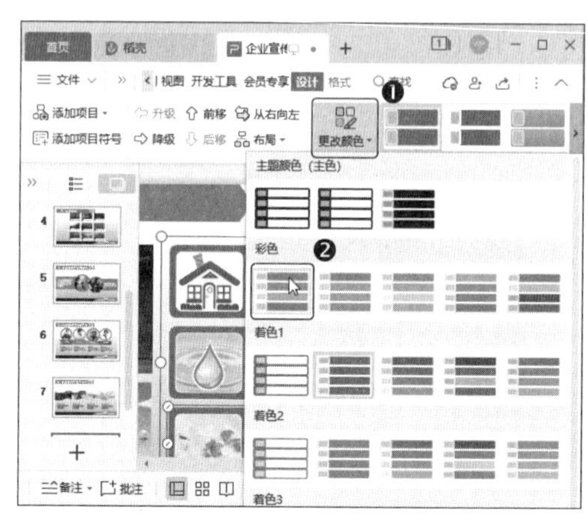

2.4.11 制作“公司理念”幻灯片

在“公司理念”幻灯片中，我们需要利用形状和文本框输入文本，操作方法如下。

第1步 插入横排文本框并输入标题文本，然后使用【六边形】形状工具⬡绘制一个六边形，并设置形状样式，再在形状中插入文本，如下图所示。

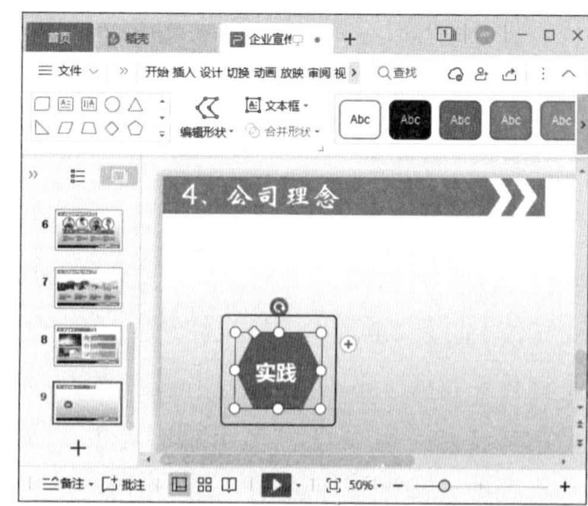

第2步 ❶ 使用【直线】工具╲绘制直线，然后在直线上单击鼠标右键，❷ 在弹出的快捷菜单中选择【设置对象格式】命令，如下图所示。

第3步 在打开的【对象属性】窗格中 ❶ 切换到【填充与线条】选项卡，设置颜色和宽度；❷ 然后单击【末端箭头】下拉按钮，❸ 在弹出的下拉列表中设置末端样式为【圆形箭头】，如下图所示。

第4步 插入文本框并输入文本，然后设置文本样式，如下图所示。

第5步 使用相同的方法绘制其他图形，并插入文本框，输入文本，如下图所示。

2.4.12 制作封底幻灯片

封底幻灯片作为演示文稿的完结幻灯片，多以图片和简单的文字为主，操作方法如下。

第1步 插入任意一张不包含自定义母版的幻灯片，然后删除幻灯片中的所有项目，接着插入“素材文件\第 2 章\企业宣传\封底 .jpg” 图片，并将其裁剪为平行四边形，如下图所示。

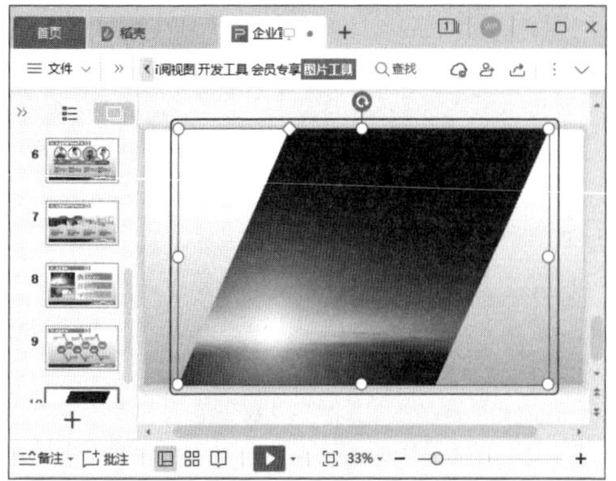

第2步 插入两个矩形，并分别为其设置形状样式，如下图所示。

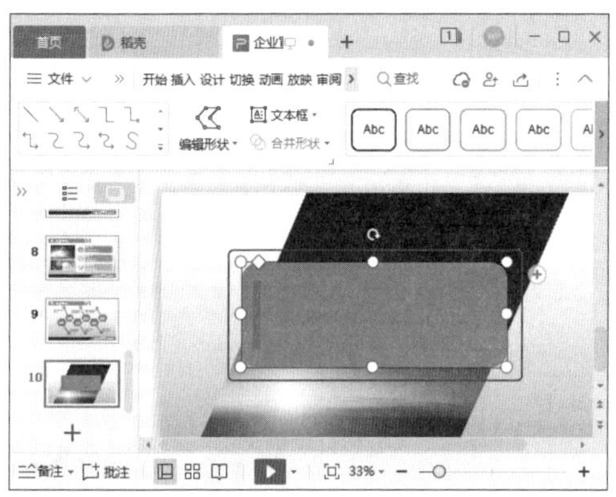

第3步 插入文本框并输入封底文本，然后设置字体样式，如下图所示。

2.4.13 设置幻灯片的播放方式

幻灯片制作完成后，我们需要为其设置切换方式，操作方法如下。

第1步 单击【切换】选项卡中的 ⩧ 下拉按钮，如下图所示。

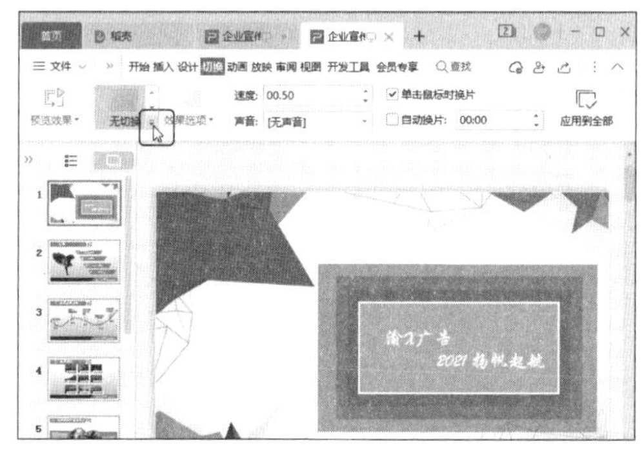

第2步 在打开的下拉菜单中选择一种切换效果，如下图所示。

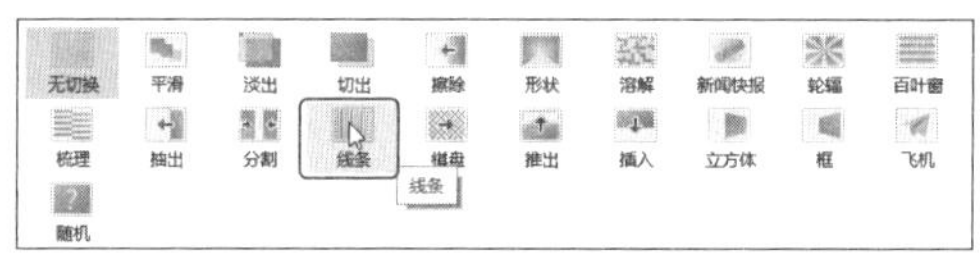

第3步 ❶ 单击【切换】选项卡中的【效果选项】下拉按钮，❷ 在弹出的下拉菜单中选择一种效果，如下图所示。

第4步 ❶ 单击【声音】下拉按钮，❷ 在弹出的下拉菜单中选择一种切换声音，如下图所示。

第5步 单击【切换】选项卡中的【应用到全部】按钮，将设置的切换效果和声音应用到所有幻灯片中，如下图所示。

第6步 ❶ 选择标题幻灯片中的文本框，❷ 在【动画】选项卡中选择一种动画效果，如下图所示。

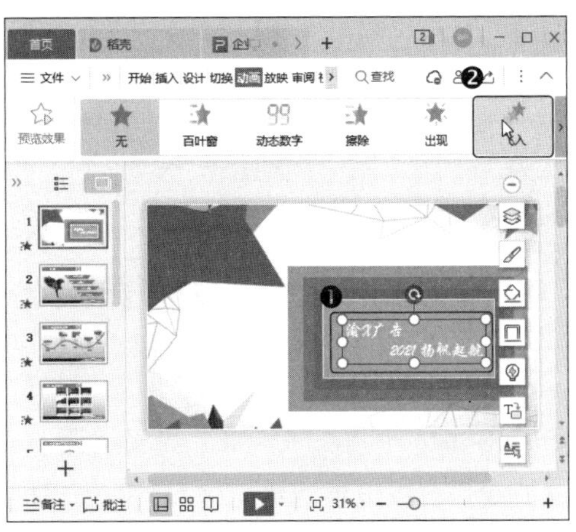

第7步 使用相同的方法为其他幻灯片的对象设置动画效果，❶ 完成后单击状态栏【从当前幻灯片开始播放】按钮右侧的下拉按钮，❷ 在弹出的下拉列表中选择【从头开始】选项，从而浏览幻灯片效果，如下图所示。

教您一招：快速播放幻灯片

按【F5】键，可以从头开始播放幻灯片；按【Shift】+【F5】组合键，可以从当页开始浏览幻灯片。

资源下载码：Me6422

大神支招

下面结合本章内容，介绍一些工作中的实用技巧，让大家在招聘和管理员工时可以更轻松。

01 让单元格大小随内容增减变化

当单元格中输入较多内容时，内容会超出单元格列宽，导致整个表格不美观。这时我们可以设置让单元格大小随表格内容的增减而变化，操作方法如下。

第1步 打开“素材文件\第 2 章\公会活动采购表.wps”文档，❶ 选中整个表格，❷ 单击【表格工具】选项卡中的【自动调整】下拉按钮，❸ 在弹出的下拉菜单中选择【根据内容自动调整表格】选项，如下图所示。

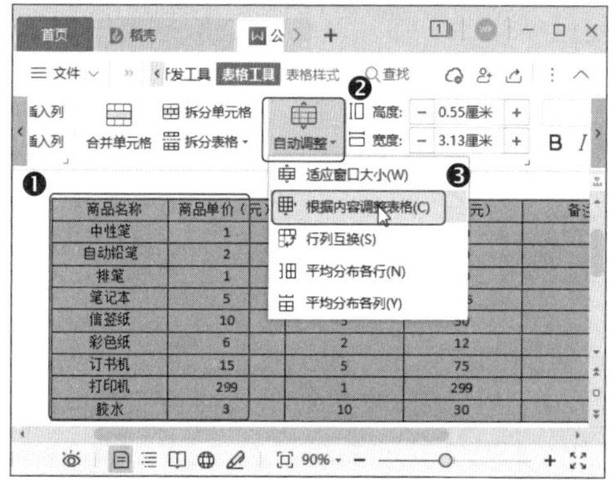

第2步 操作完成后，单元格的大小即可按照内容的增减自动调整，如下图所示。

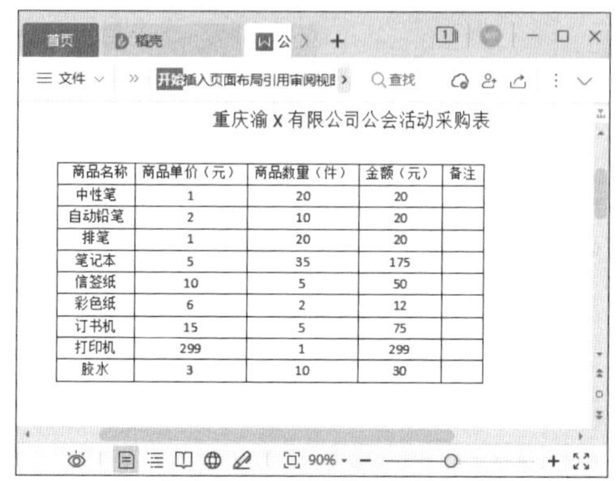

重庆渝 X 有限公司公会活动采购表

商品名称	商品单价（元）	商品数量（件）	金额（元）	备注
中性笔	1	20	20	
自动铅笔	2	10	20	
排笔	1	20	20	
笔记本	5	35	175	
信签纸	10	5	50	
彩色纸	6	2	12	
订书机	15	5	75	
打印机	299	1	299	
胶水	3	10	30	

02 如何让每页表格自动重复表格标题行？

在 WPS 文字中创建了表格之后，如果表格行数较多，表格就会以跨页的形式出现，但是跨页的内容是紧接上一页的，并不包含标题，这样会对阅读后一页的表格内容造成一定的麻烦。针对这种情况，我们可以通过重复表格标题的方法在跨页后的表格中自动添加标题，操作方法如下。打开“素材文件\第 2 章\西门话机促销活动.docx”文件，❶ 选中标题行，❷ 单击【表格工具】选项卡中的【标题行重复】按钮，即可让每页表格自动重复标题行，如下图所示。

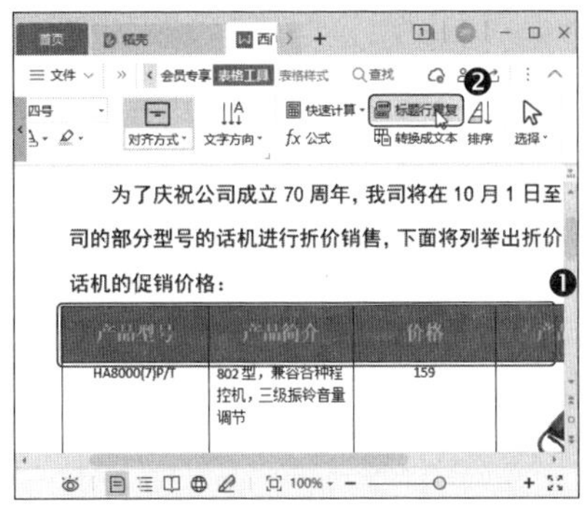

03 如何在 WPS 表格中快速创建下拉列表?

在使用 WPS 表格时，我们可以通过【下拉列表】功能，快速创建下拉列表，操作方法如下。

第1步 打开“素材文件\第 2 章\办公来电登记表 .xlsx”文件，❶ 选中 E3: E20 单元格区域，❷ 然后单击【数据】选项卡中的【下拉列表】按钮，如下图所示。

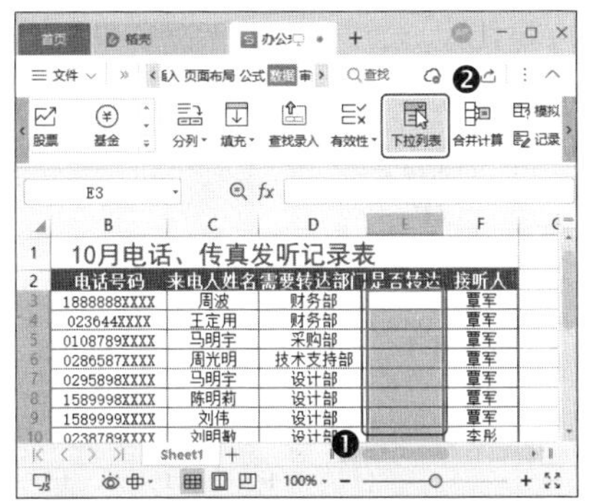

第2步 打开【插入下拉列表】对话框，❶ 在【手动添加下拉选项】列表框的文本框中输入“是”，❷ 然后单击 按钮，如下图所示。

第3步 ❶ 继续输入下拉列表的内容，❷ 完成后单击【确定】按钮，如下图所示。

第4步 返回工作表，选中设置了下拉列表的单元格，单元格右侧便会显示下拉按钮，❶ 单击下拉按钮，❷ 在弹出的下拉列表中选择需要的选项即可，如下图所示。

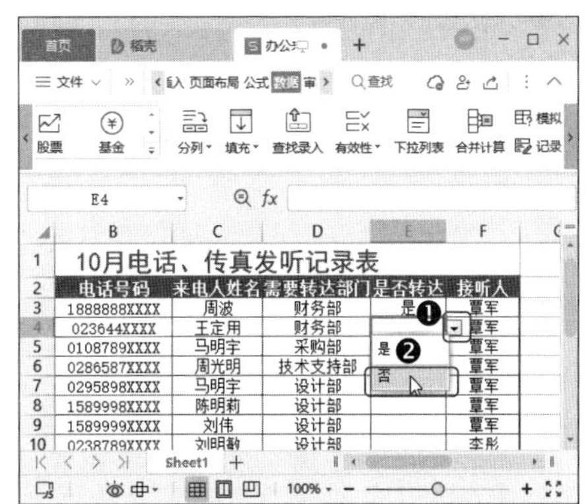

WPS

第3章

员工资料管理

本章导读

员工是企业的生产基础，也是企业的重点管理对象。本章将通过制作员工工作证、员工信息登记表、员工名片等，讲解使用 WPS Office 软件管理员工资料的相关技巧。

知识要点

- 设置页面大小
- 设置允许用户编辑区域
- 插入图片
- 分享文档
- 使用邮件功能
- 制作名片

3.1 使用 WPS 文字制作工作证

员工工作证是公司或单位正式成员的证件，它既是表明某人在某企业内工作的一种凭证，也是企业形象和认证的一种标志。不同的公司，其员工工作证的大小和内容是有所区别的，但大多包括公司名称、员工姓名、职位、编号和照片等。

本例将批量制作员工工作证。完成后的效果如下图所示，实例最终效果见“结果文件\第 3 章\员工工作证 .docx”文件。

3.1.1 设置员工工作证的页面效果

员工工作证对页面大小是有要求的，所以，要想制作员工工作证，首先需要对文档页面大小进行设置，然后通过插入图片来设置员工工作证的页面效果。

1. 自定义文档页面大小

为了让页面适应员工工作证的大小，我们可以通过【页面设置】对话框自定义员工工作证的页面大小。

第1步 新建一个名为“员工工作证”的文字文档，然后单击【页面布局】选项卡中的【页面设置】对话框按钮 ⌟，如下图所示。

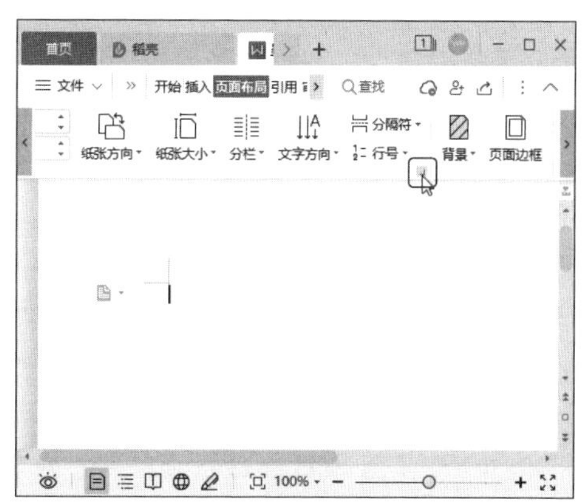

第2步 打开【页面设置】对话框，❶ 在【纸张】选项卡的【纸张大小】下拉列表中选择【自定义大小】选项，在【宽度】数值框中输入“26.5”，在【高度】数值框

中输入“18”。❷ 完成后单击【确定】按钮，如下图所示。

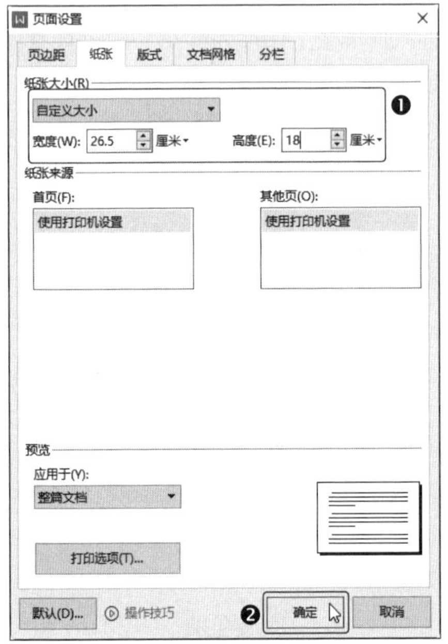

2. 插入图片美化页面

接下来我们在文档中插入图片，并对图片进行编辑，以图片来美化页面效果。

第1步 单击【插入】选项卡中的【图片】按钮，如下图所示。

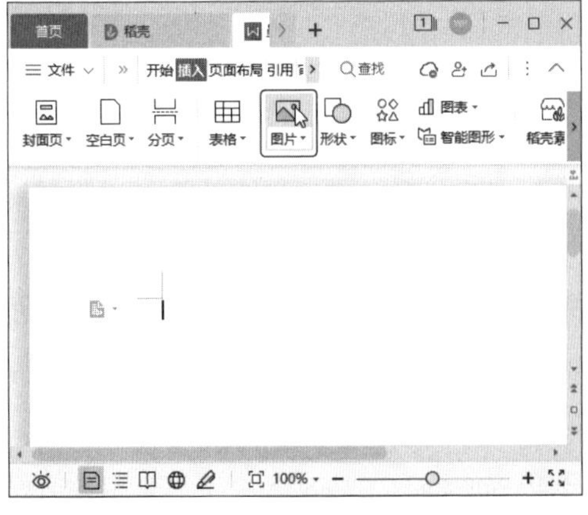

第2步 打开【插入图片】对话框，❶ 选中“素材文件 \ 第 3 章 \ 背景 .jpg”图片文件，❷ 然后单击【打开】按钮，如下图所示。

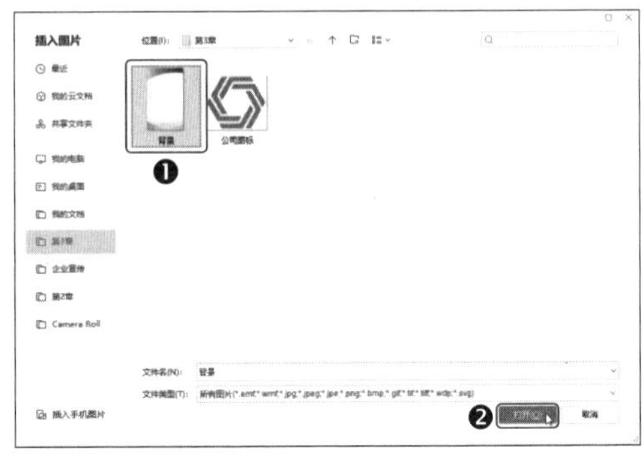

教您一招：快速插入图片

在【插入图片】对话框中双击需要插入的图片，可以快速将双击的图片插入到文档中。

第3步 ❶ 选择插入的图片，❷ 单击【图片工具】选项卡中的【环绕】下拉按钮，❸ 在弹出的下拉菜单中选择【衬于文字下方】选项，如下图所示。

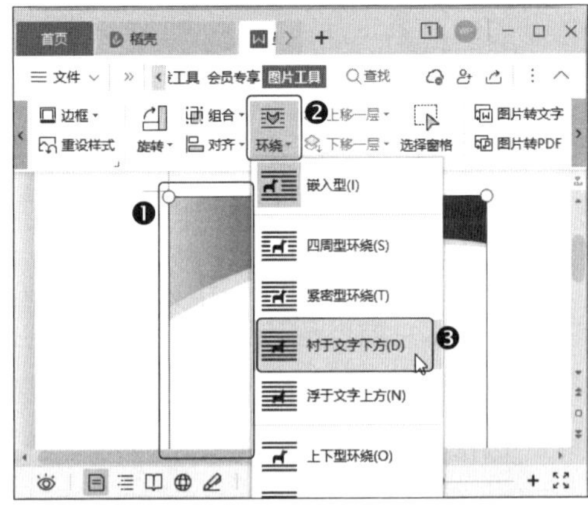

第4步 保持图片的选中状态，单击【开始】选项卡中的【复制】按钮，如下图所示。

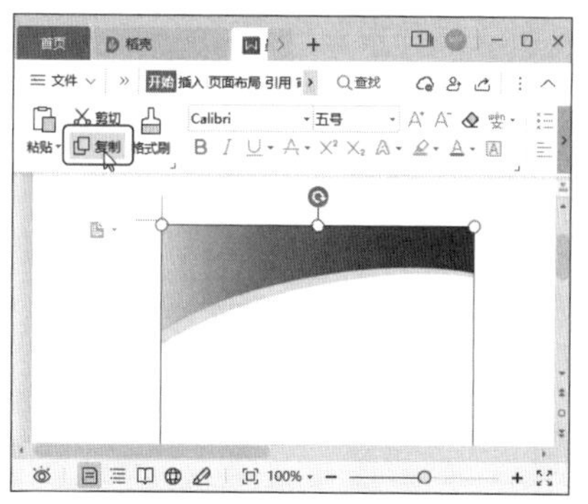

第5步 ❶ 单击【开始】选项卡中的【粘贴】按钮，粘贴图片，❷ 然后将图片移动到页面右侧，如下图所示。

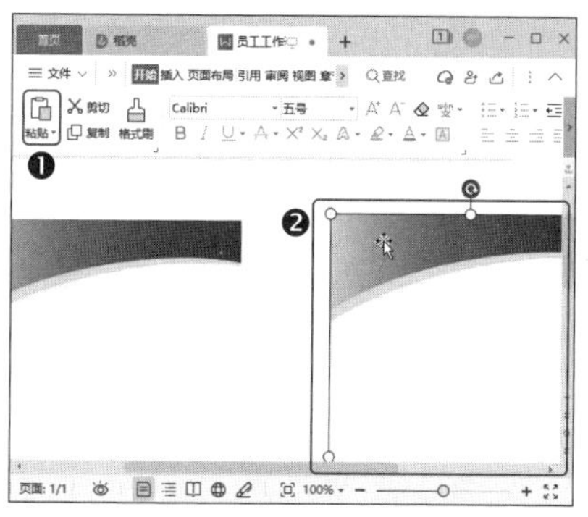

第6步 ❶ 选择复制的图片，❷ 单击【图片工具】选项卡中的【旋转】下拉按钮，❸ 在弹出的下拉菜单中选择【水平翻转】选项，如下图所示。

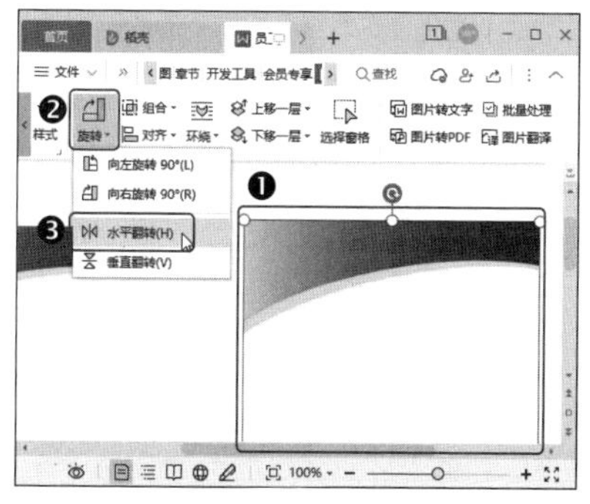

3.1.2 添加员工工作证的内容

制作好员工工作证的背景后，就可以添加员工工作证需要的内容了。

1. 为员工工作证正面添加内容

员工工作证一般都有正面和背面，正面显示工作证主要的内容，如公司名称、员工照片、姓名和编号等。下面将为员工工作证正面添加需要的内容，并对其进行相应的编辑。

第1步 在页面中插入“素材文件\第 3 章\公司图标”图片文件，❶ 调整图片大小，然后选择图片。❷ 单击【图片工具】选项卡中的【环绕】下拉按钮，❸ 在弹出的下拉菜单中选择【浮于文字上方】选项，如下图所示。

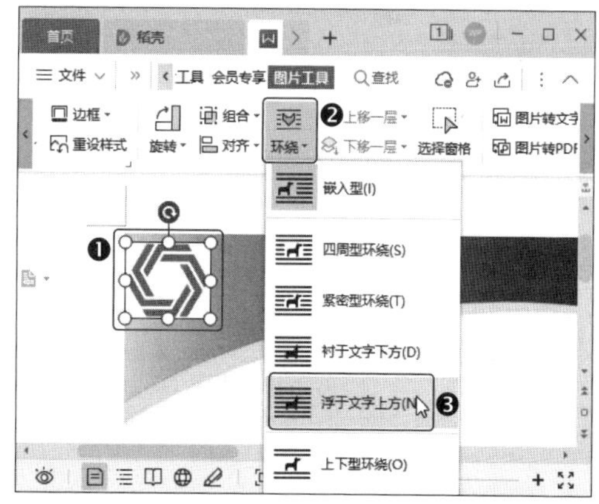

第2步 保持图片的选中状态，❶ 单击【图片工具】选项卡中的【裁剪】下拉按钮，❷ 在弹出的下拉菜单中选择【椭圆】形状，如下图所示。

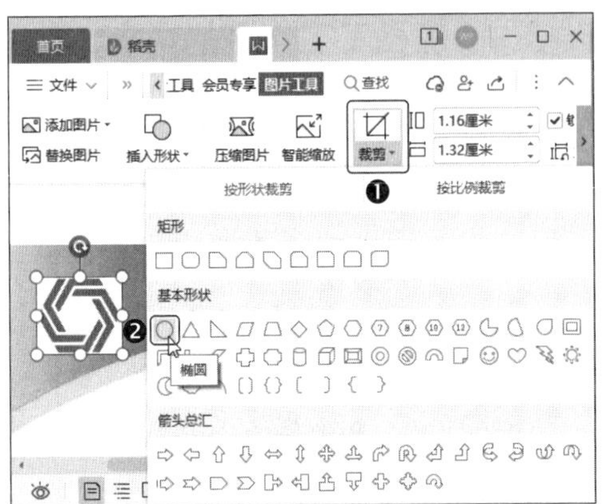

温馨提示

在按形状裁剪时，可以通过四周的控制点，调整裁剪的位置和具体的形状效果。

第3步 ❶ 单击【图片工具】选项卡中的【效果】下拉按钮，❷ 在弹出的下拉菜单中选择【阴影】选项，❸ 再在弹出的子菜单中选择一种阴影效果，如下图所示。

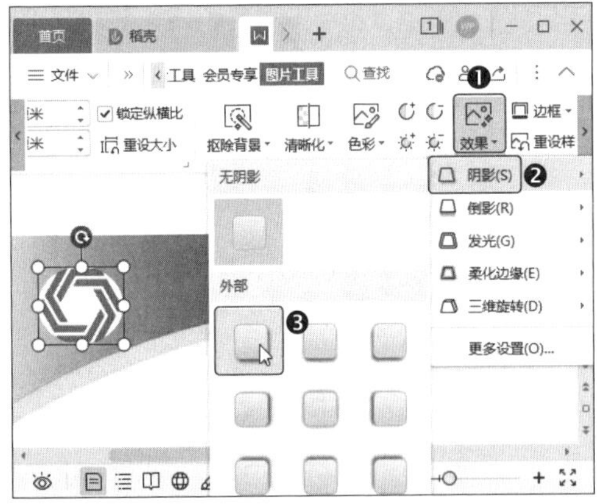

第4步 ❶ 单击【插入】选项卡中的【艺术字】下拉按钮，❷ 在弹出的下拉菜单中选择需要的艺术字样式，如下图所示。

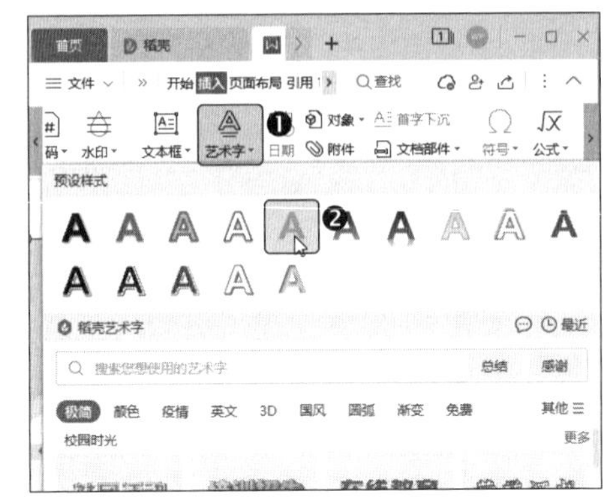

第5步 ❶ 在艺术字文本框中输入公司名称，❷ 再在【文本工具】选项卡中设置字体和字号，如下图所示。

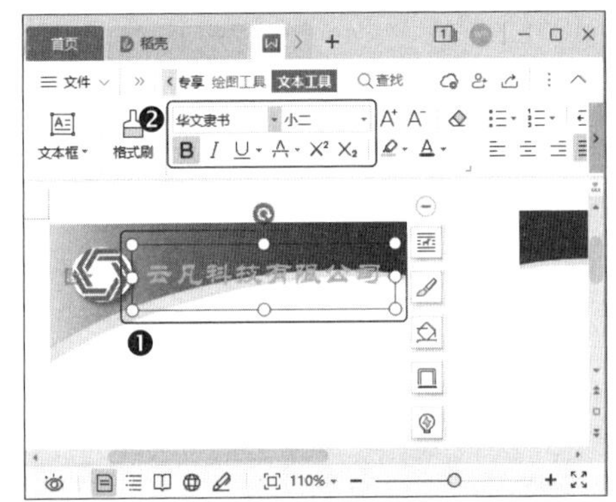

第6步 选中艺术字文本框，将其拖动到上方合适的位置，如下图所示。

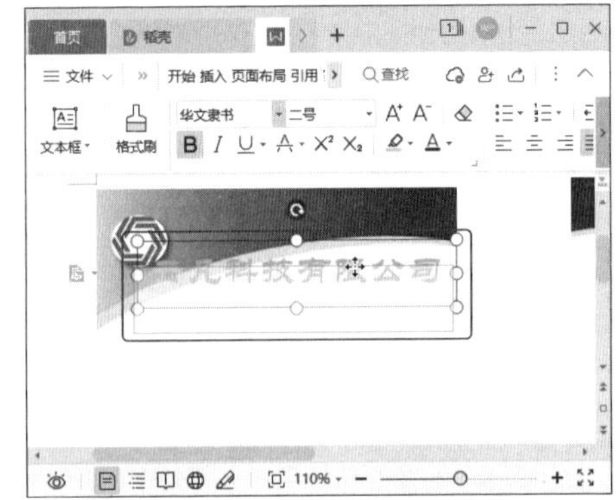

第7步 ❶ 使用相同的方法在下方插入艺术字，❷ 然后在【文本工具】选项卡中设置字体和字号，如下图所示。

第8步 ❶ 单击【插入】选项卡中的【文本框】下拉按钮，❷ 在弹出的下拉菜单中选择【横向文本框】选项，如下图所示。

温馨提示

竖排文本框中的文字默认是以垂直方式显示的，而横向文本框中的文字则是以水平方式显示的。

第9步 此时鼠标指针将变为十字形状+时，在“工作证”文本下方按住鼠标左键拖动，从而绘制一个文本框，如下图所示。

第10步 ❶ 在文本框中输入“照片”二字，❷ 然后单击【文本工具】选项卡中的【居中对齐】按钮☰，如下图所示。

第11步 将光标定位到“照片”二字中间，然后按【Enter】键换行，如下图所示。

第12步 ❶ 单击【文本工具】选项卡中的【行距】下拉按钮 ，❷ 在弹出的下拉菜单中选择【3.0】选项，如下图所示。

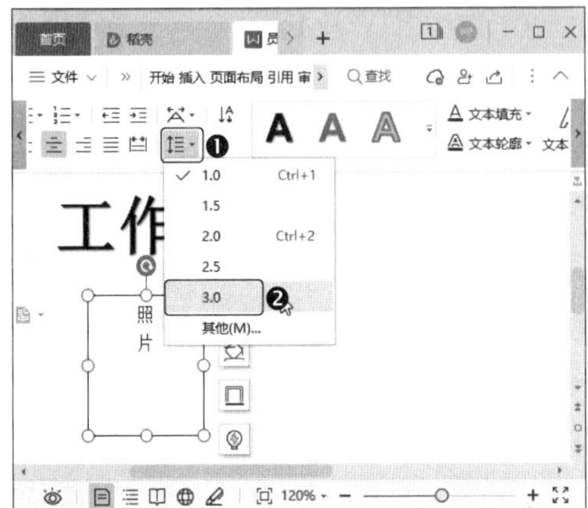

第13步 ❶ 在“照片”文本框下方再次绘制一个横向文本框；❷ 然后单击【绘图工具】选项卡中的【填充】下拉按钮，❸ 在弹出的下拉菜单中选择【无填充颜色】选项，如下图所示。

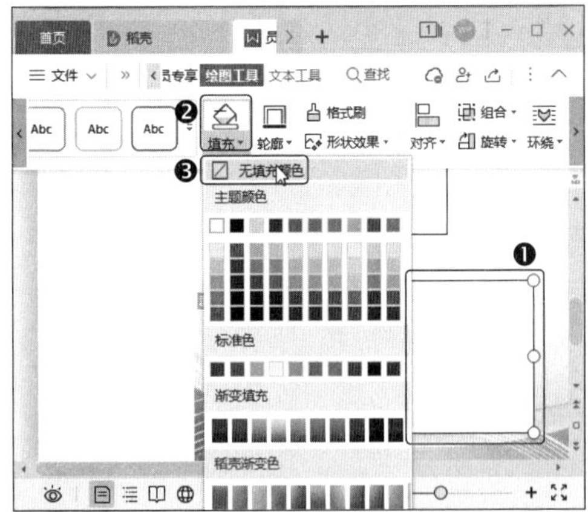

第14步 ❶ 在文本框中输入“姓名(Name)”，❷ 然后单击【开始】选项卡中的【下划线】按钮 ，如下图所示。

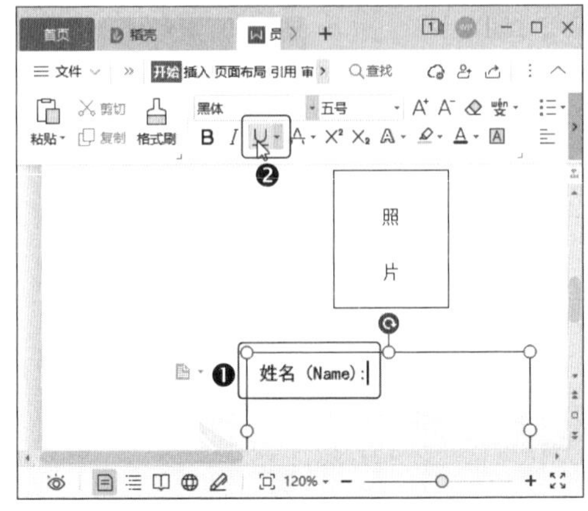

第15步 ❶ 多次按空格键，绘出下划横线，并使用相同的方法添加其他内容。选中文本框，❷ 单击【文本工具】选项卡中的【行距】下拉按钮 ，❸ 在弹出的下拉菜单中选择【1.5】选项，如下图所示。

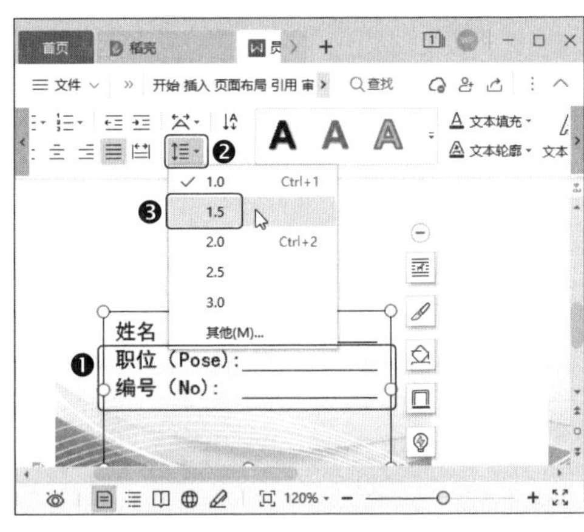

2. 为员工工作证背面添加内容

员工证正面内容添加完后，就可以为员工证背面添加相应的内容了。

第1步 复制“工作证”文本到员工工作证背面，并将其字号设置为“48”，如下图所示。

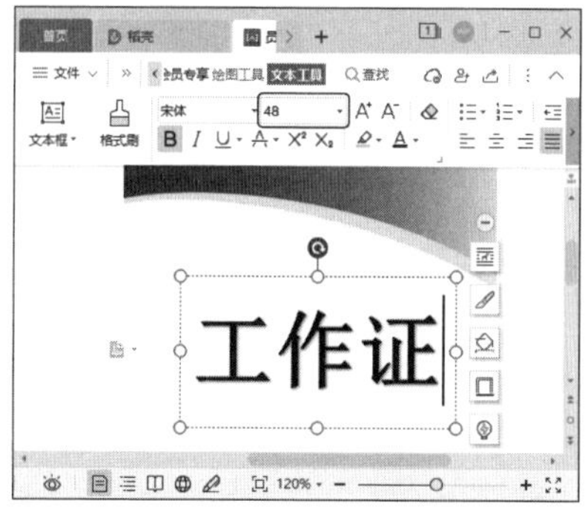

第2步 ❶ 在下方绘制横排文本框，并输入相应的内容。❷ 单击【绘图工具】选项卡中的【填充】下拉按钮，❸ 在弹出的下拉菜单中选择【无填充颜色】选项，如下图所示。

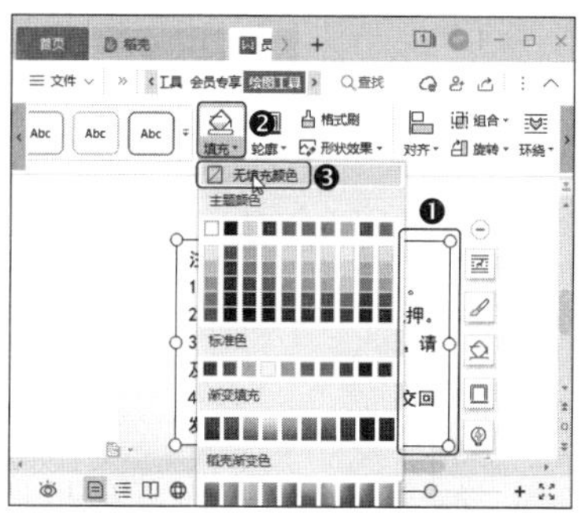

3.1.3 使用邮件功能导入员工信息

员工工作证的框架制作完之后，就可以导入数据源，通过插入域将特定的类别信息在特定的位置显示，然后执行邮件合并，将文档和数据源关联起来，完成员工信息的录入。

第1步 单击【引用】选项卡【邮件】按钮，打开【邮件合并】选项卡，单击【邮件合并】选项卡中的【打开数据源】按钮，如下图所示。

第2步 打开【选取数据源】对话框，❶ 选择“素材文件 \ 第 3 章 \ 员工名单 .et”文件，❷ 然后单击【打开】按钮，如下图所示。

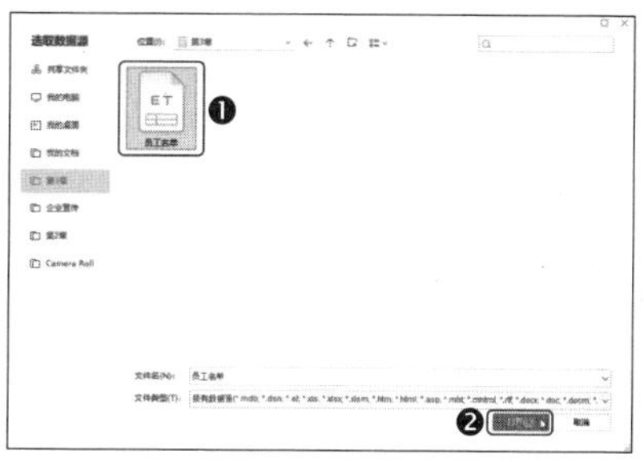

第3步 ❶ 将光标定位到【姓名】文本后的横线上，❷ 单击【邮件合并】选项卡中的【插入合并域】按钮，如下图所示。

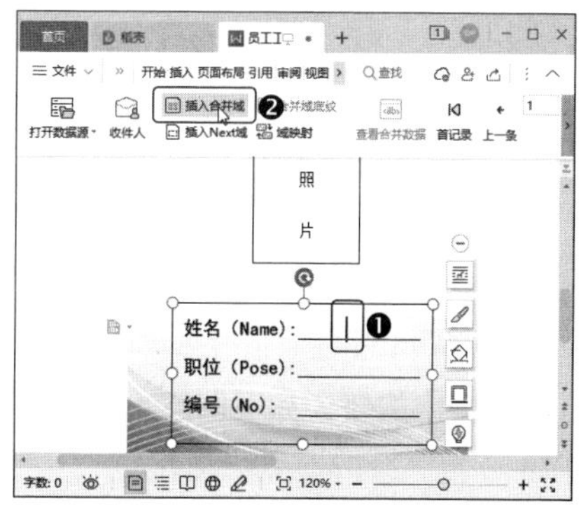

第4步 打开【插入域】对话框，❶ 在域列表框中选择【姓名】选项，❷ 然后单击【插入】按钮。如下图所示。

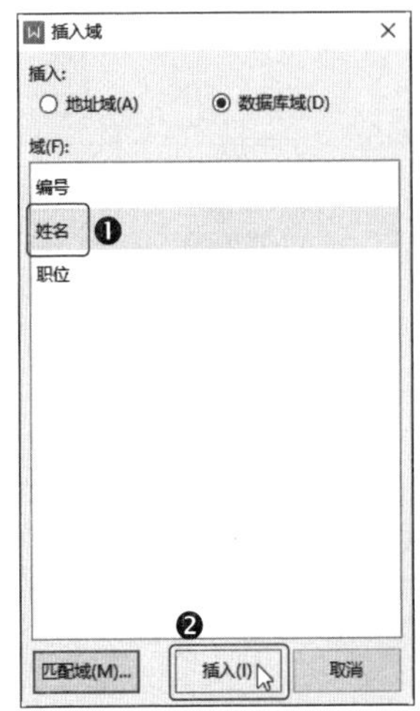

第5步 【姓名】域被插入到了光标处，单击【关闭】按钮返回文档，如下图所示。

第6步 ❶ 使用相同的方法插入其他域，❷ 完成后单击【邮件合并】选项卡中的【查看合并数据】按钮，如下图所示。

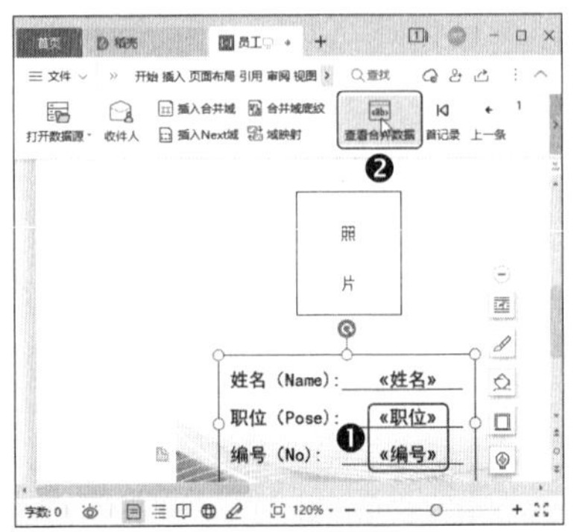

第7步 这样即可预览插入域后的效果。单击【邮件合并】选项卡中的【下一条】按钮，可以查看其他，如下图所示。

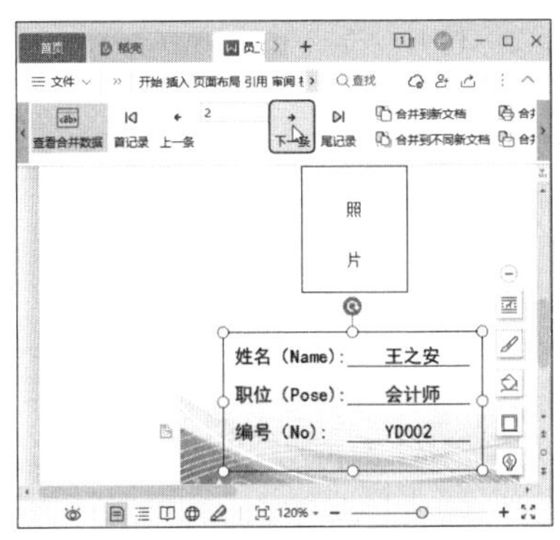

第8步 预览完成后，单击【邮件合并】选项卡中的【合并到新文档】按钮，如下图所示。

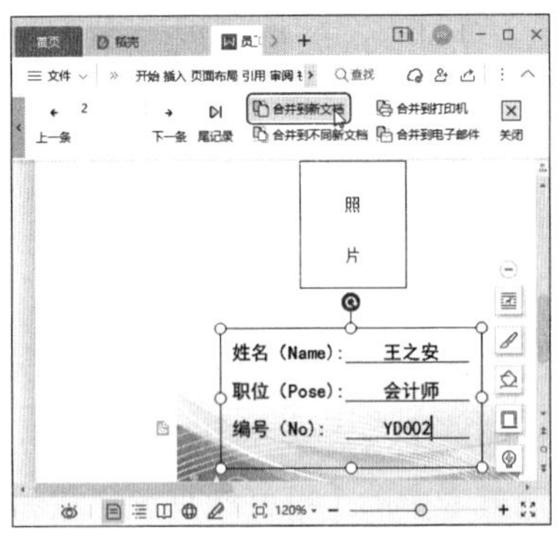

第9步 打开【合并到新文档】对话框，保持默认设置，单击【确定】按钮，如下图所示。

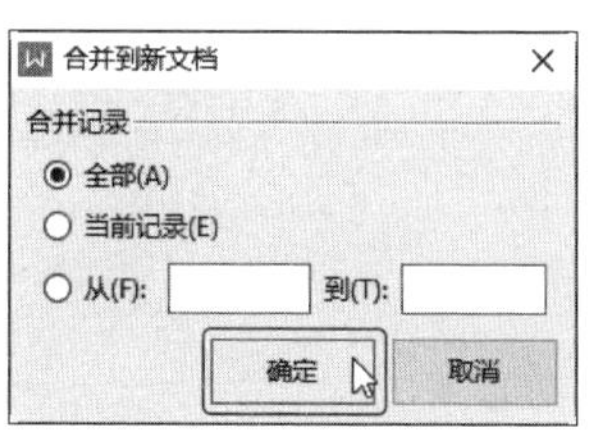

第10步 系统将新建一个文档，并将每一个员工的工作证单独存放在文档中，完成后保存文档即可，如下图所示。

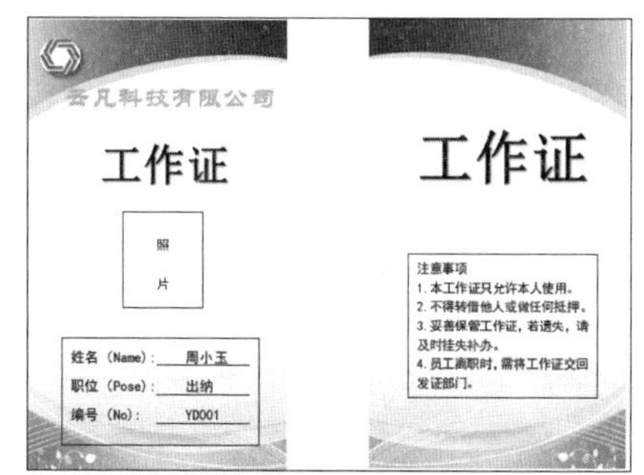

3.2 使用 WPS 表格制作员工信息登记表

员工信息表是企业必备的表格，通过员工信息表，我们可以了解员工的大致情况，以方便业务的展开。员工信息表包含的信息不必太多，通常包括姓名、性别、籍贯、身份证号码、学历、职位、电话等基本信息。

本例将制作员工信息表。完成后的效果如下图所示，实例最终效果见“结果文件\第 3 章\员工信息登记表 .xlsx”文件。

	A	B	C	D	E	F	G	H	I
1	员工信息登记表								
2	序号	姓名	性别	籍贯	身份证号	学历	入职时间	职位	联系电话
3	001	周小玉	女	四川绵阳	500105********0365	本科	2019/8/15	出纳	1389****576
4	002	王之安	男	山东青岛	510151********4759	本科	2019/8/15	会计师	1359****587
5	003	刘明敏	女	山东烟台	510151********8738	本科	2019/8/15	销售主管	1358****457
6	004	张明	男	山东 临沂	430202********3579	大专	2020/2/14	行政助理	1385****457
7	005	刘远东	男	云南昆明	511023********4875	大专	2020/2/14	销售主管	1359****478
8	006	陈明蓝	男	黑龙江 哈尔滨	511027********8975	大专	2020/2/14	销售代表	1359****247
9	007	刘伟	男	山东泰安	330327********5897	大专	2020/5/21	销售代表	1379****012
10	008	孙莉	女	江西 赣州	142430********5748	硕士	2020/5/21	销售代表	1367****048
11	009	李丽娜	女	山东 青岛	142430********5887	本科	2020/7/1	销售主管	1395****026
12	010	马莹莹	女	辽宁 沈阳	511027********2789	本科	2020/7/1	销售主管	137****2568
13	011	陈志远	男	山东 潍坊	510304********5748	本科	2020/8/22	出纳	158****1256
14	012	蒋清扬	男	山东 淄博	510630********2557	本科	2020/8/22	会计师	137****5896
15	013	周波	男	山东 烟台	430202********5668	本科	2021/1/16	销售主管	131****2548
16	014	马小美	女	四川 广汉	510630********5879	大专	2021/3/15	行政助理	132****1485
17	015	李小菲	女	湖南 株洲	420101********2479	大专	2021/3/15	销售主管	134****5846
18	016	周一凡	男	四川 广汉	360700********7898	硕士	2021/3/15	销售代表	135****7352
19	017	杨林	男	湖北 武汉	360700********4755	本科	2021/3/25	销售代表	136****8543
20	018	刘佳	女	江西 赣州	430202********4789	大专	2021/3/28	销售主管	138****8952

3.2.1 新建员工信息表

本小节将新建一个空白工作簿，然后将其保存，并设置文件名为“员工信息登记表”，操作方法如下。

第1步 启动 WPS Office，单击标签栏中的【新建】按钮，如下图所示。

第2步 ❶ 在【新建】页面中切换到【表格】选项卡，❷ 选择【新建空白表格】选项，如下图所示。

第3步 在新建的“工作簿 1”中单击快速访问工具栏中的【保存】按钮，如下图所示。

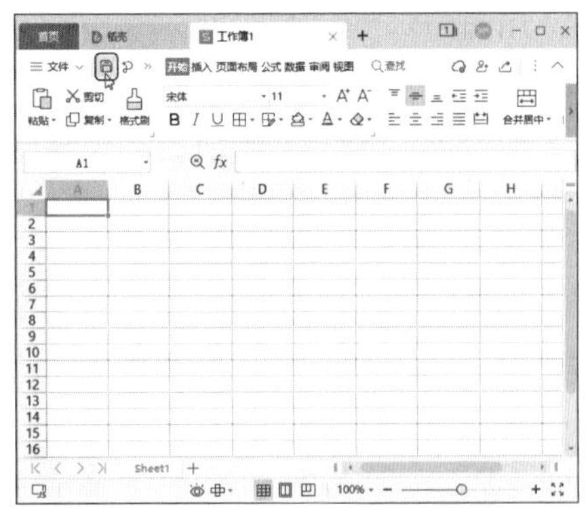

第4步 打开【另存文件】对话框，❶ 设置保存路径和文件名，❷ 完成后单击【保存】按钮。如下图所示。

3.2.2 录入表格基本信息

按照上述操作新建工作簿并保存之后，我们就可以手动输入和填充相应的内容了，具体操作方法如下。

第1步 ❶ 在新建的“员工信息登记表”中录入标题和表头信息，❷ 然后选中 A3:A20 单元格区域，❸ 单击【开始】选项卡中的【数字格式】下拉按钮，❹ 在弹出的下拉菜单中选择【文本】选项，如下图所示。

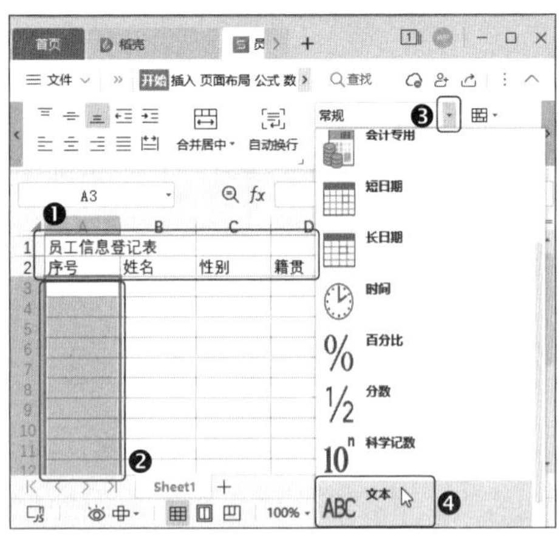

温馨提示●

在表格中输入以“0”开头的数据，如“001”，默认会自动删除“1”前面的两个“0”，直接显示“1”。若要显示“001”，则需要先将单元格区域的数字格式设置为文本格式再进行输入。

第2步● 选中 A3 单元格，输入第 1 个员工的序号“001”，如下图所示。

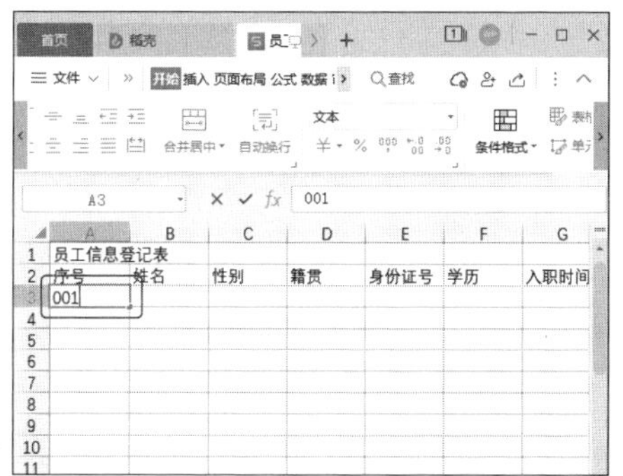

第3步● 选中 A3 单元格，将鼠标指针指向 A3 单元格右下角，当鼠标指针呈十字形+时，按住鼠标左键向下拖动，拖动到适当位置后释放鼠标左键，这一单元格区域将以步长为“1”的等差序列填充数据，如下图所示。

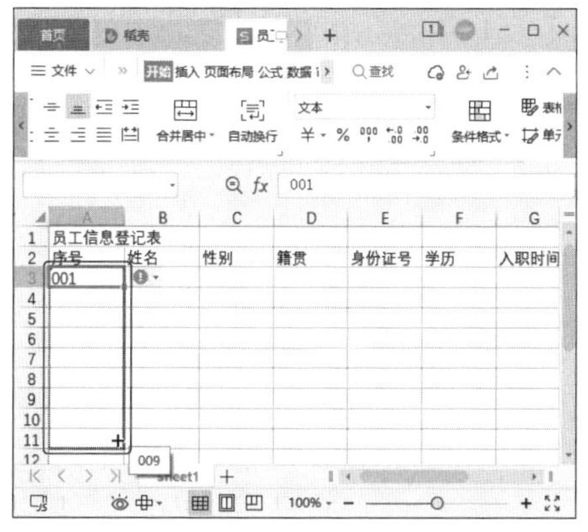

第4步● ❶ 选中 C3:C20 单元格区域，❷ 单击【数据】选项卡中的【下拉列表】按钮，如下图所示。

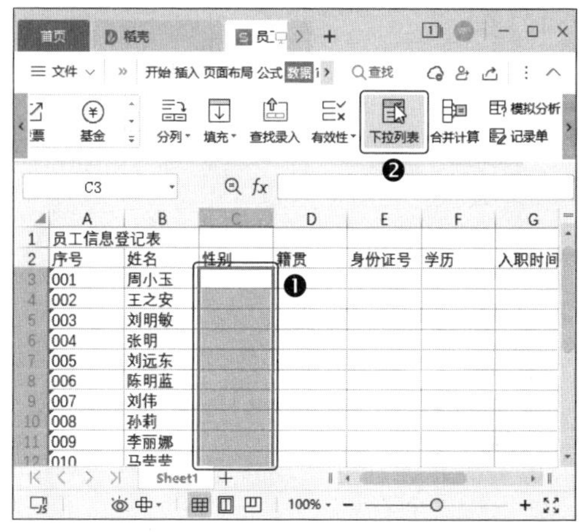

第5步● 打开【插入下拉列表】对话框，❶ 默认选中【手动添加下拉选项】单选项，在下方的文本框中输入“男”，❷ 然后单击按钮，如下图所示。

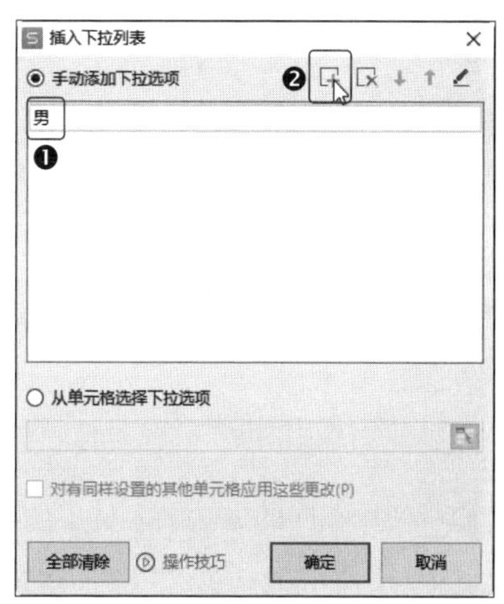

第6步● ❶ 继续在文本框中输入“女”，❷ 然后单击【确定】按钮，如下图所示。

第7步 ❶返回工作表并选中C3单元格，即可看到单元格右侧出现了下拉按钮，单击该下拉按钮▼；❷在弹出的下拉列表中选择需要的选项即可将其录入单元格中，如下图所示。

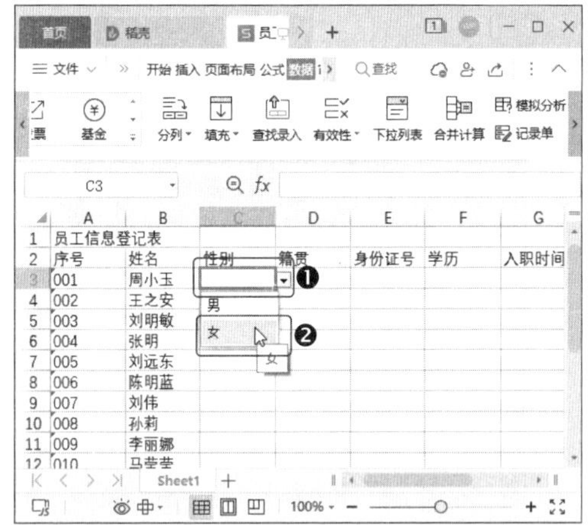

第8步 使用相同的方法录入员工的其他信息，如下图所示。

温馨提示

在本例中，身份证号和联系电话两列留白，由员工自行填写。

3.2.3 编辑单元格和单元格区域

在表格中输入内容后，可以根据需要合并单元格、调整行高和列宽等，具体操作方法如下。

第1步 ❶选中A1:I1单元格区域，❷在【开始】选项卡中单击【合并居中】按钮⊟，将单元格区域合并为一个单元格，如下图所示。

第2步 将鼠标指针移动到第1行和第2行之间，当鼠标指针呈✛形状时，按住鼠

标左键拖动，从而调整标题行的行高。调整到适当高度时释放鼠标左键即可，如下图所示。

第3步 将鼠标指针移动到 D 列和 E 列之间，当鼠标指针呈✛形状时，按住鼠标左键不放，D 列拖动到合适的宽度后释放鼠标左键，如下图所示。

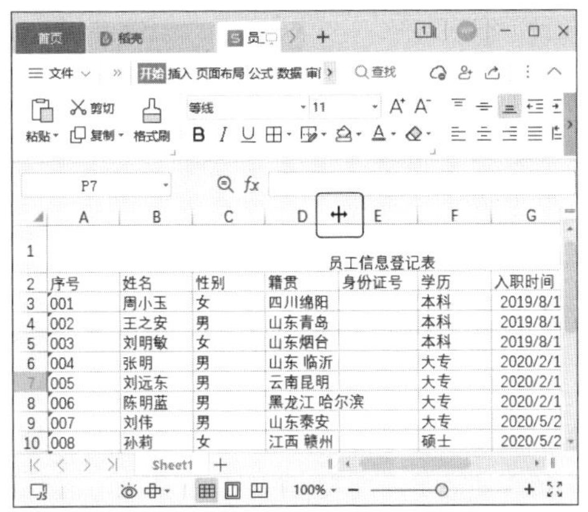

第4步 ❶ 单击 E 列的列号以选中 E 列，❷ 然后单击【开始】选项卡中的【行和列】下拉按钮，❸ 在弹出的下拉菜单中选择【列宽】选项，如下图所示。

第5步 打开【列宽】对话框，❶ 在【列宽】数值框中输入合适的宽度，❷ 然后单击【确定】按钮，如下图所示。

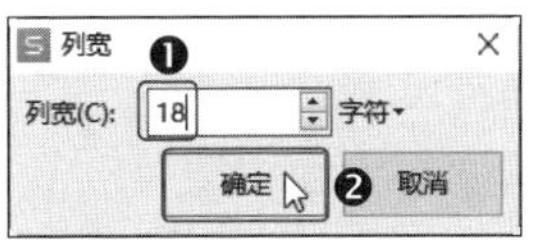

第6步 ❶ 选中 A2: I20 单元格区域，❷ 单击【开始】选项卡中的【行和列】下拉按钮，❸ 在弹出的下拉菜单中选择【行高】选项，如下图所示。

第7步 打开【行高】对话框，❶ 在【行高】数值框中输入合适的高度，❷ 然后单击【确

定】按钮，如下图所示。

第8步 ❶ 选择 A1: I20 单元格区域，❷ 然后单击【开始】选项卡中的【垂直居中】≡和【水平居中】按钮 ≡，如下图所示。

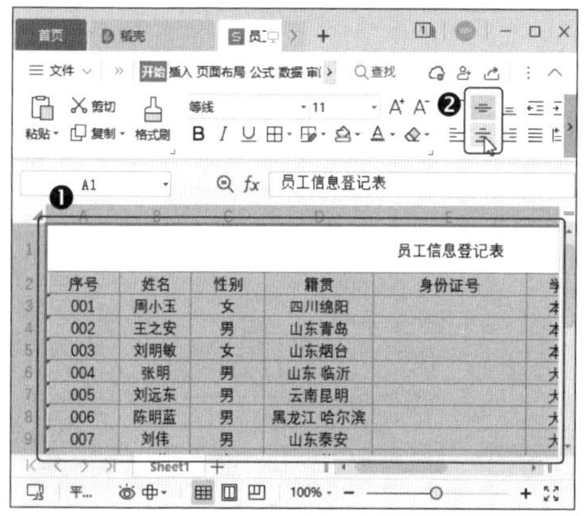

第9步 ❶ 选择 A2: I2 单元格区域，❷ 单击【开始】选项卡中的【单元格样式】下拉按钮，❸ 在弹出的下拉菜单中选择一种主题单元格样式，如下图所示。

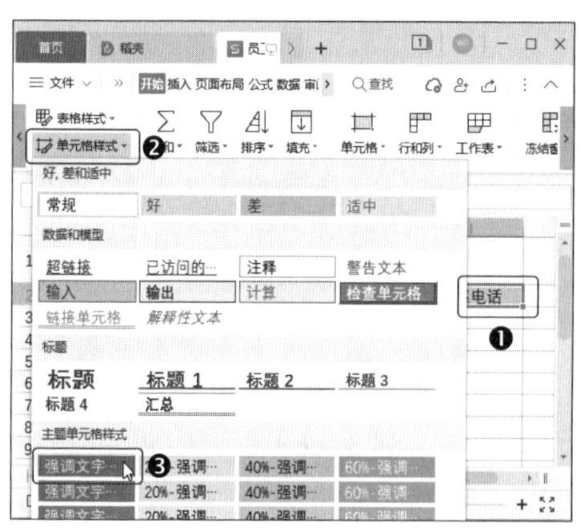

3.2.4 设置允许用户编辑区域

因为后期需要将员工信息登记表分享给大家填写，为了保护其他区域不被随意修改，我们可以设置允许用户编辑的区域，并且为不允许被编辑的区域设置密码，以保护区域内的信息，操作方法如下。

第1步 单击【审阅】选项卡中的【允许用户编辑区域】按钮，如下图所示。

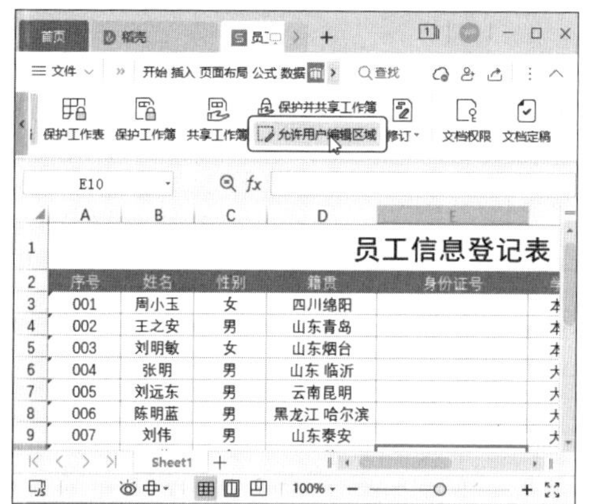

第2步 打开【允许用户编辑区域】对话框，单击【新建】按钮，如下图所示。

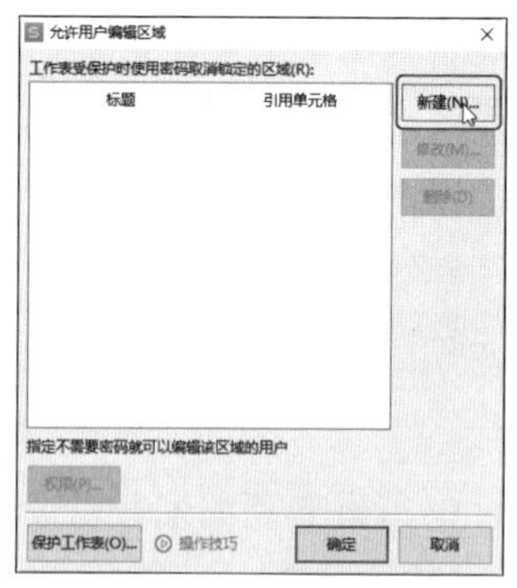

第3步 打开【新区域】对话框，单击【引用单元格】右侧的 按钮，如下图所示。

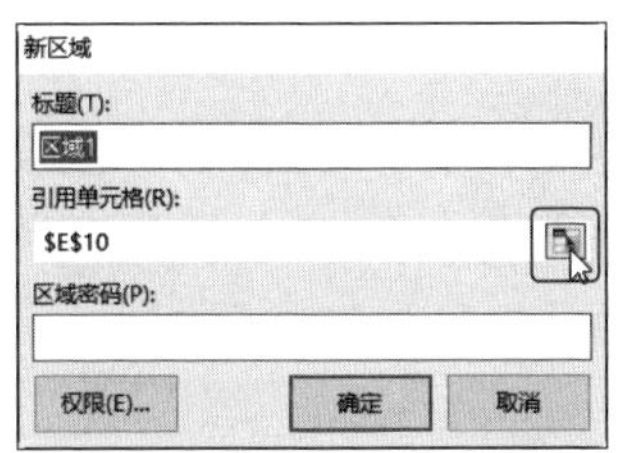

第4步 ❶ 选择 E3: E20 和 I3:I20 单元格区域，❷ 单击【新区域】对话框中的按钮，如下图所示。

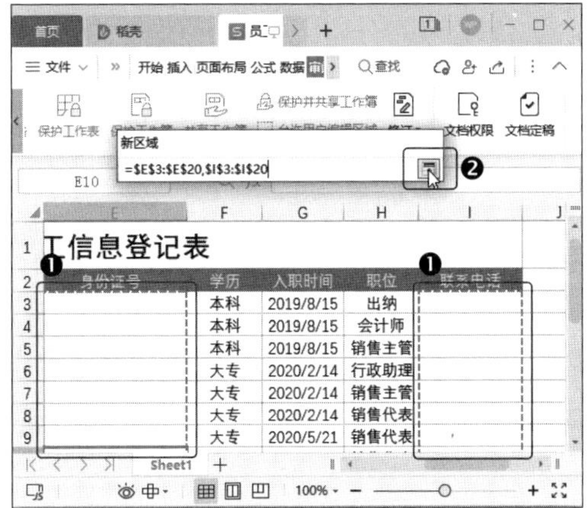

第5步 返回【新区域】对话框，单击【确定】按钮，如下图所示。

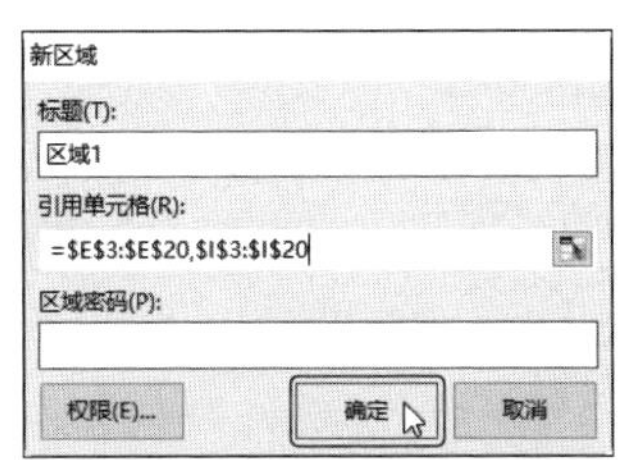

第6步 返回【允许用户编辑区域】对话框，单击【保护工作表】按钮，如下图所示。

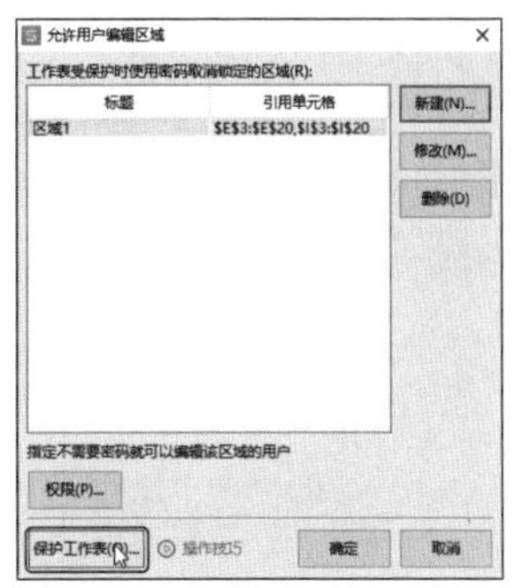

第7步 打开【保护工作表】对话框，❶ 在【密码】文本框中输入密码（本例输入的是“123”），❷ 完成后单击【确定】按钮，如下图所示。

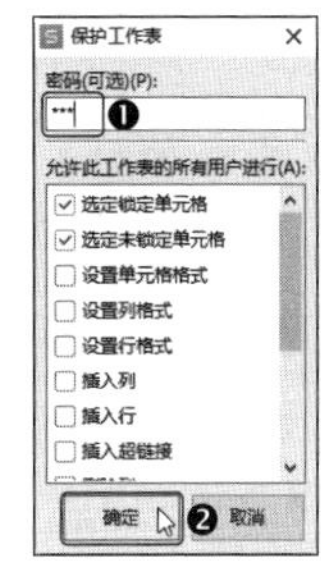

第8步 打开【确认密码】对话框，❶ 在【重新输入密码】文本框中再次输入密码，❷ 完成后单击【确定】按钮即可，如下图所示。

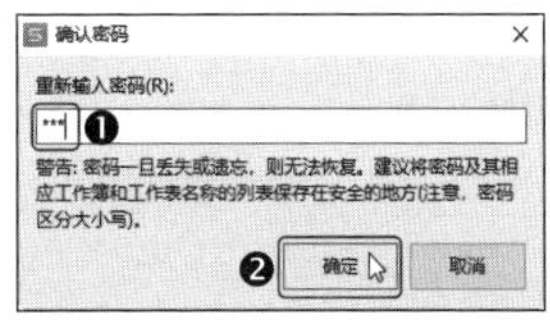

温馨提示

为工作表设置密码之后，如果要编辑允许编辑区域之外的单元格，则需要先凭密码解除工作表的保护。

3.2.5 分享文档收集信息

在制作员工信息登记表时，我们可以将工作表分享给他人，由他人将信息补充完成后再将登记表归档保存，操作方法如下。

1. 分享工作表

在分享文档之前，我们需要先将工作表上传至云端。

第1步 单击工具栏中的【分享】按钮，如下图所示。

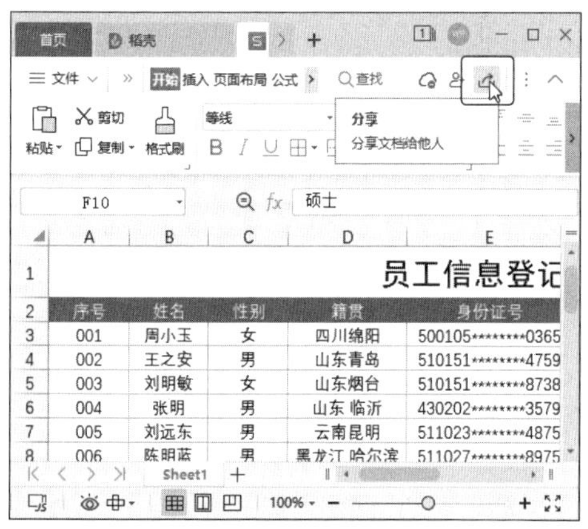

第2步 打开【另存云端开启“分享”】对话框，❶ 设置上传位置，❷ 然后单击【上传到云端】按钮，如下图所示。

第3步 ❶ 在打开的对话框中选择【公开分享】的形式，本例选择【任何人可编辑】选项。❷ 完成后单击【创建并分享】按钮，如下图所示。

第4步 在打开的对话框的【复制链接】选项卡中单击【复制链接】按钮，如下图所示。

第5步 WPS 弹出【复制成功，任何人可编辑】的提示信息，此时我们将复制的链

接发送给他人即可完成分享，如下图所示。

2. 填写共享的工作表

收到分享的链接之后，只需打开链接即可编辑文档，操作方法如下。

第1步 单击链接打开工作表，允许编辑的区域呈白色显示，而其他区域呈灰色显示，双击要编辑的单元格，如下图所示。

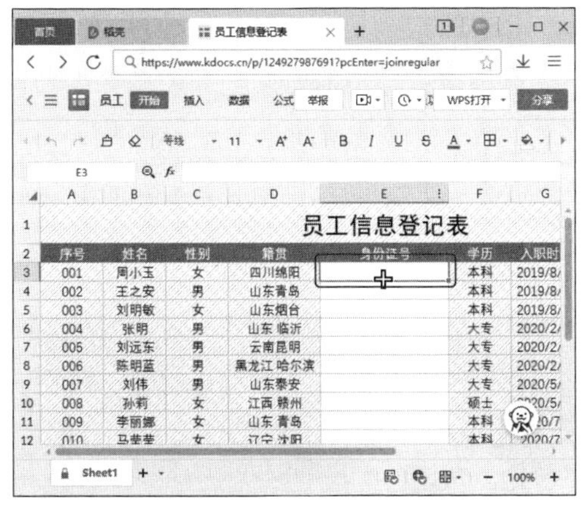

第2步 直接输入个人信息，然后关闭工作表，如下图所示。

> **温馨提示**
>
> 共享的工作表在编辑时会自动保存，所以编辑完成后，不需要再进行保存。

3. 查看分享的文档

他人填写了员工信息表后，分享者可以在云文档中查看填写的文档信息。

第1步 启动 WPS Office 主程序，❶ 在左侧选择【文档】选项，❷ 在中间窗格选择【我的云文档】选项，❸ 在右侧窗格双击“员工信息登记表.xlsx”，如下图所示。

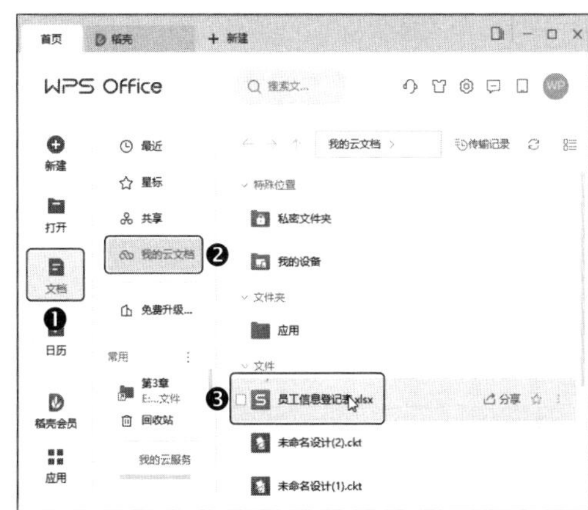

第2步 打开工作表时，电脑的右下角会弹出操作提示，提醒已经更新至新版，如下图所示。

第3步 打开员工信息登记表即可查看他人填写的信息，如下图所示。

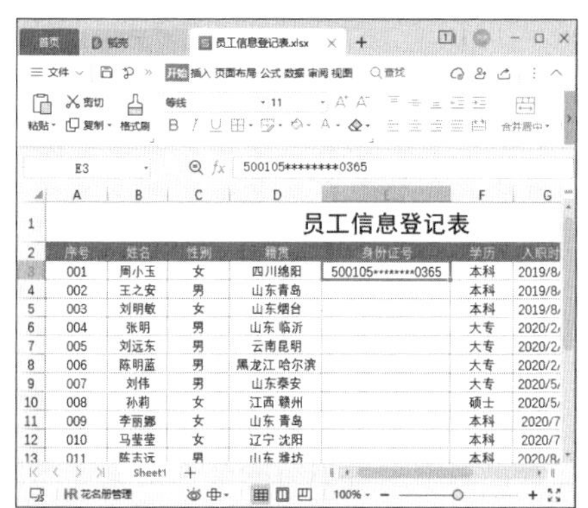

第4步 待其他人完成填写后，将文档另存到本地文件中即可，如下图所示。

3.3 使用 WPS 金山海报制作名片

名片是陌生人互相认识和自我介绍最快、最有效的方法。交换名片可以说是商业交往的第一步。名片一般包含姓名、职位、公司名称、联系方式、公司地址、公司图标等内容，我们需要将这些内容合理地放置到小小的名片上，以加深对方的印象。

本例将制作名片，完成后的效果如下图所示。实例最终效果见“结果文件\第 3 章\刘一一名片”文件夹中的图片。

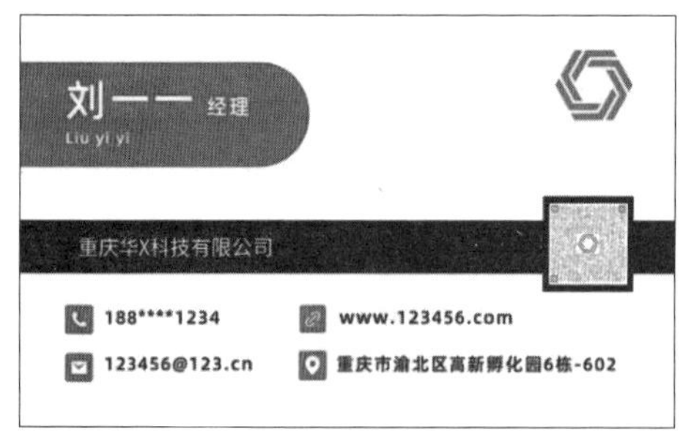

3.3.1 新建名片文档

使用 WPS 金山海报制作名片的方法非常简单，如果有设计能力，可以新建一个空白文档，自己设计；如果设计水平欠佳，也可以通过模板快速制作专业的名片。本节将介绍如何使用模板创建名片文档。

第1步 ❶ 启动 WPS Office 主程序，在标签栏单击【新建】按钮后，在【新建】页面切换到【金山海报】选项卡，❷ 在下方的【名片】栏选择一种名片模板，如下图所示。

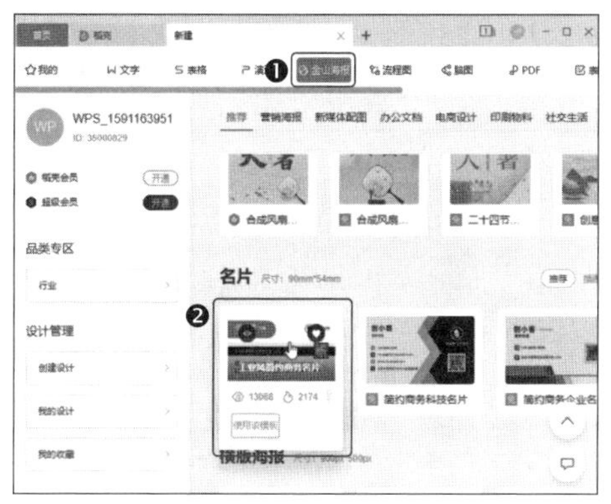

第2步 操作完成后，即可根据所选模板新建一个名片文档，如下图所示。

3.3.2 添加名片内容

名片模板中已经有固定的内容，我们只需要一一更换姓名、联系方式、公司图标等元素即可，操作方法如下。

第1步 ❶ 选中公司图标，❷ 单击工具栏中的【换图】按钮，如下图所示。

第2步 打开【打开文件】对话框，❶ 选中“素材文件\第 3 章\公司图标”图片文件，❷ 单击【打开】按钮，如下图所示。

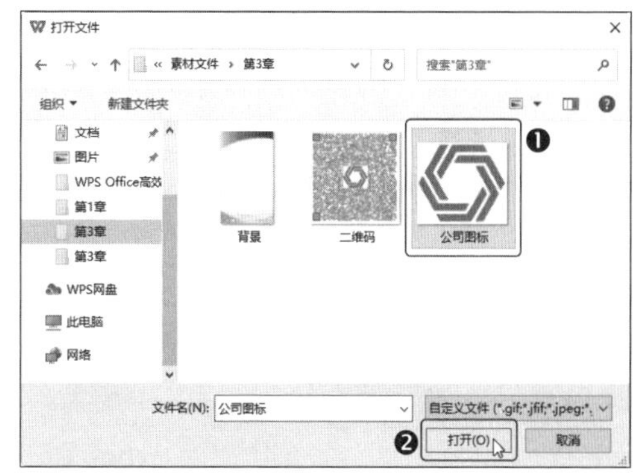

第3步 图片被更换为公司图标，然后拖动图片调整大小和位置，如下图所示。

第4步 ❶ 使用相同的方法，将右侧的二维码图片替换为“素材文件\第3章\二维码”图片文件。然后选中图片，❷ 单击工具栏中的【滤镜】按钮，如下图所示。

第5步 在打开的滤镜列表中选择一种合适的滤镜效果，如下图所示。

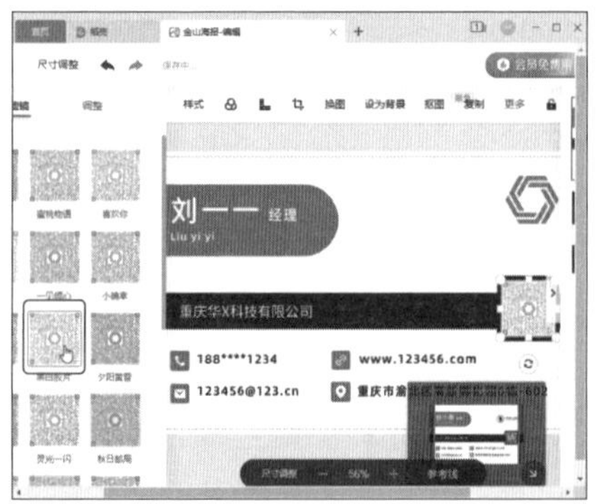

第6步 在右侧窗格选择第二张图片（名片的背面），如下图所示。

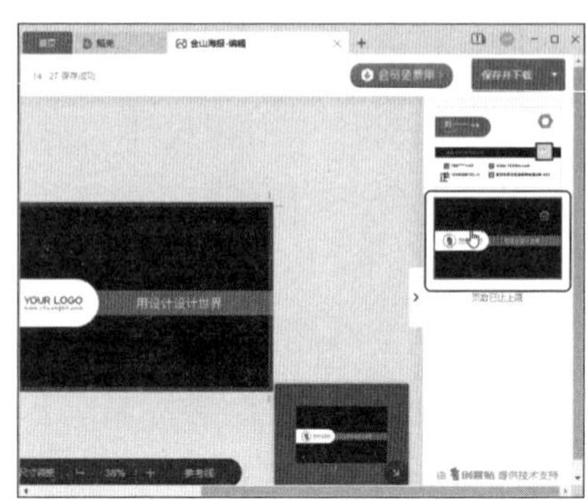

第7步 ❶ 选择图片，❷ 单击工具栏中的【换图】按钮，如下图所示。

第8步 ❶ 单击左侧的【素材】选项卡，❷ 在打开的素材列表中单击【展开更多分类】按钮，如下图所示。

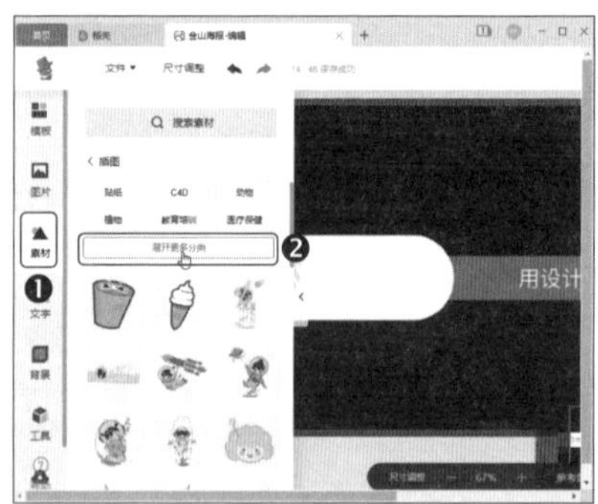

第9步 在展开的素材中选择分类，如【数码家电】，如下图所示。

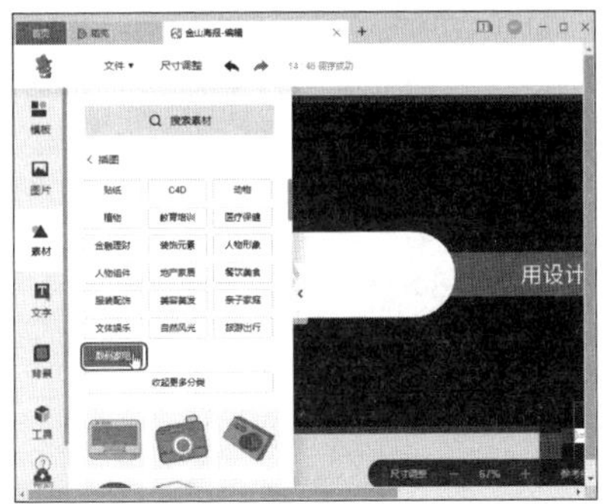

第10步 在展开的分类中选择需要的素材，即可将素材插入名片中，如下图所示。

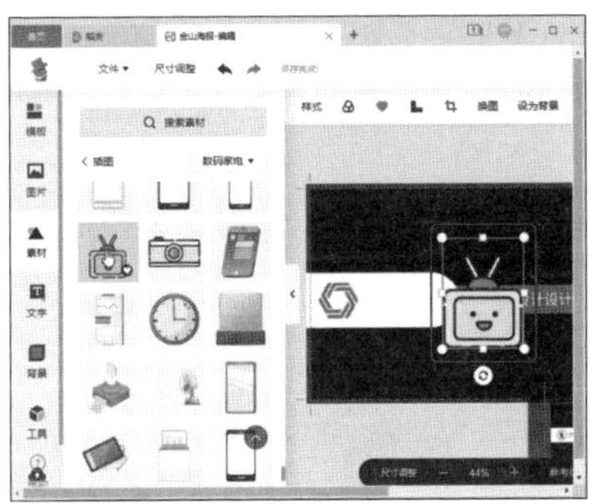

第11步 选中图片，拖动图片下方的旋转按钮 ，将图片调整到合适的角度，如下图所示。

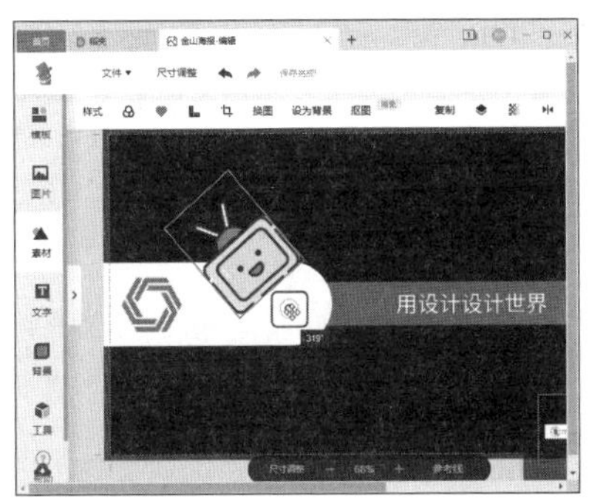

3.3.3 将名片保存到手机

名片制作完成后，可以将其保存到电脑或手机中，以便于打印。本例将介绍如何将名片保存到手机。

第1步 ❶ 单击右上角的【保存并下载】按钮，❷ 在弹出的下拉菜单中选择【下载到手机】选项，如下图所示。

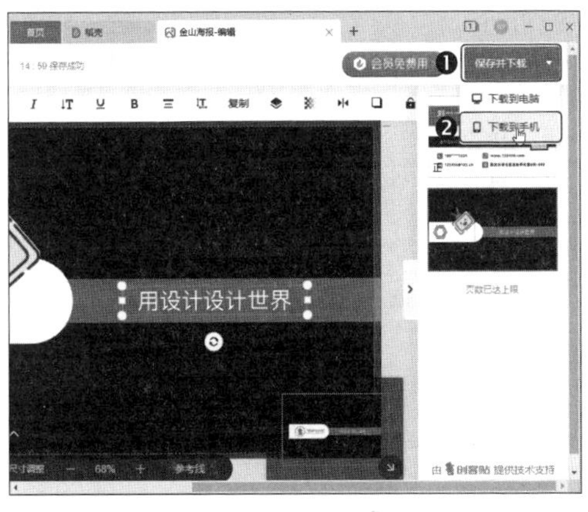

第2步 ❶ 在展开的【下载作品】栏中选择下载的参数，❷ 完成后单击【下载】按钮，如下图所示。

第3步 等待图片生成，如下图所示。

第4步 图片生成之后，会弹出二维码，使用手机的扫一扫功能扫描二维码，如下图所示。

温馨提示

使用手机微信、手机浏览器的扫一扫功能均可扫描二维码下载。

第5步 长按图片弹出菜单，然后选择【保存到手机】选项，如下图所示。

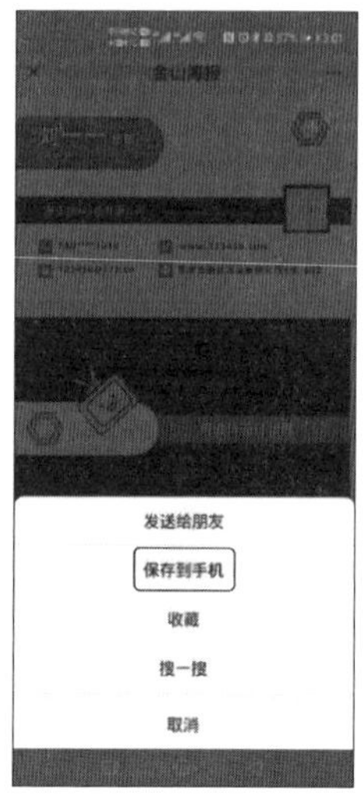

温馨提示

因为手机型号不同，保存图片的方法可能会稍有差别。

第6步 操作完成后即可在手机上查看保存的名片，如下图所示。

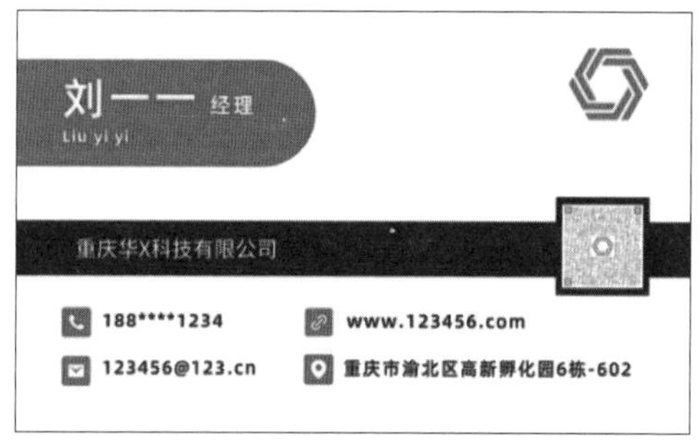

大神支招

下面结合本章内容，给读者介绍一些工作中的实用技巧，让大家不必再为烦琐的资料管理工作发愁。

01 为分享文件设置有效期

在分享文件时，默认的有效期为 30 天，如果需要其他的有效时间，可以通过以下的方法来设置。

第1步 打开本章 3.2.5 中保存的云文档，创建共享链接，❶ 然后单击有效期右侧的下拉按钮，❷ 在弹出的下拉列表中选择合适的时间，如【7 天有效】，如下图所示。

第2步 操作完成后，WPS 会弹出链接有效期设置成功的提示，如下图所示。

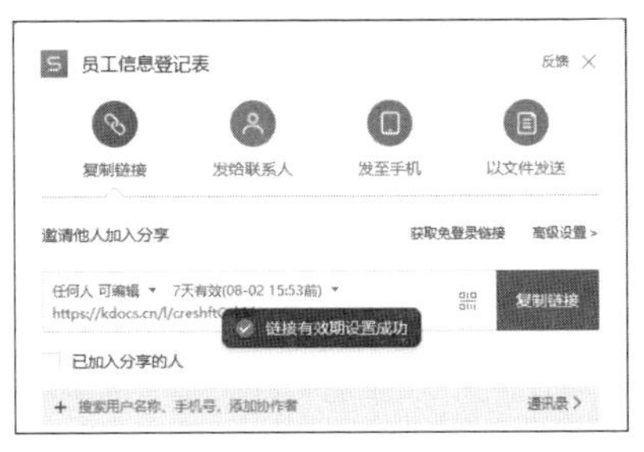

02 如何为名片自定义背景?

如果觉得名片的背景太单调，可以自定义背景，操作方法如下。

第1步 打开 WPS Office，使用金山海报任意创建一个名片文档，❶ 然后在左侧选择【图片】选项，❷ 在打开的列表中单击【文化教育】栏的【全部】链接，如下图所示。

第2步 在打开的图片列表中选择一张图片，如下图所示。

第3步 图片将被添加到名片中，拖动图片并调整图片的大小，使图片完全覆盖名片，如下图所示。

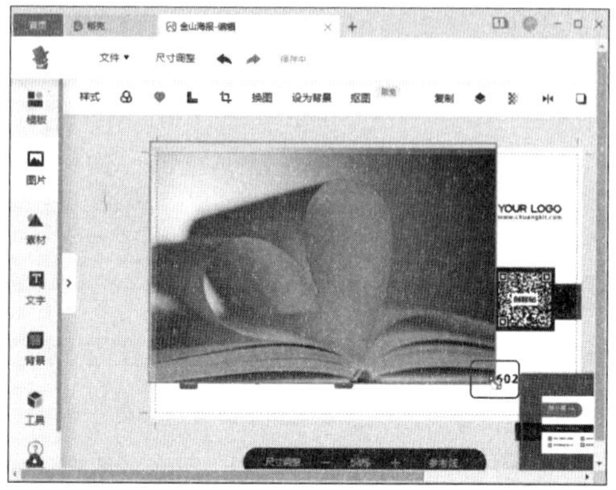

第4步 选中图片，单击工具栏中的【设为背景】按钮，如下图所示。

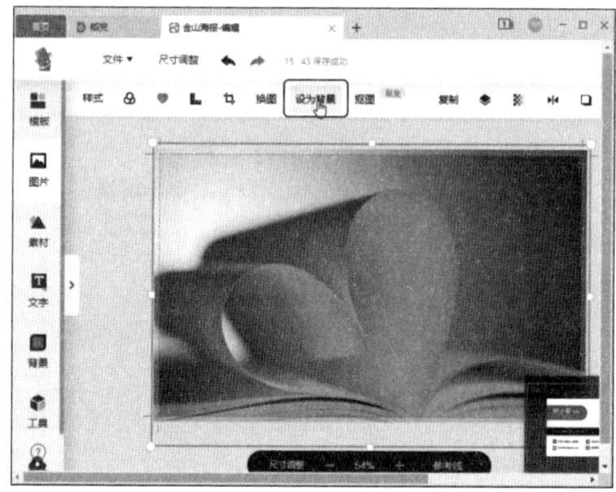

第5步 操作完成后，所选图片便已被设置为名片的背景，如下图所示。

03 如何在 WPS 首页搜索文档

使用 WPS Office 创建了多个文档之后，如果要快速找到需要的文档，可以在首页搜索文档，具体操作如下。

第1步 启动 WPS Office，❶ 在主界面的搜索框中输入关键字，WPS 将根据关键字自动搜索文档并将它们显示在搜索框下方，找到想要搜索的文档后双击，或者单击选中该文档，❷ 在右侧单击【打开】按钮，如下图所示。

WPS

第 4 章

员工培训管理

本章导读

在文秘与行政工作中，员工培训管理是必不可少的工作。本章将通过制作工作流程图、员工培训计划表和员工入职培训演示文稿等，介绍 WPS Office 软件在员工培训管理工作中的应用技巧。

知识要点

- 插入智能图形
- 插入文本框
- 设置表格页面
- 为表格添加页眉和页脚
- 打印表格
- 根据模板创建演示文稿
- 设置切换效果和动画效果

4.1 使用 WPS 文字制作工作流程图

工作流程图可以帮助员工了解实际的工作活动，避免工作中的多余环节，使工作流程更加科学合理，从而提高工作效率。工作流程图是由一个开始环节、一个结束环节以及多个中间环节构成的，每一个环节都需要员工密切配合，了解工作流程，才能更好地发挥每一个人的力量。

本例将使用 WPS 文字制作工作流程图，完成后的效果如下图所示，实例最终效果见“结果文件 \ 第 4 章 \ 工作流程图 .docx”文件。

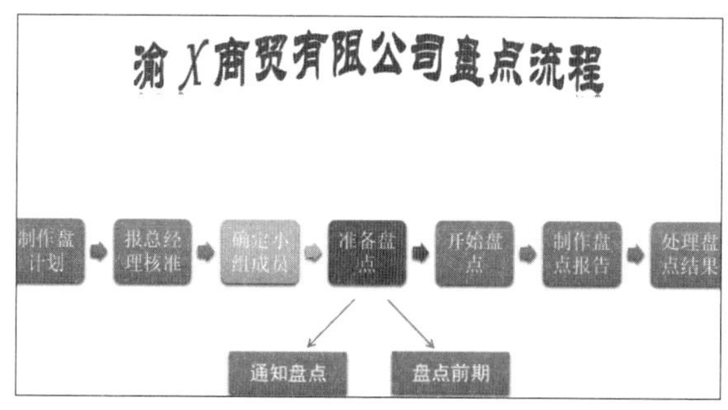

4.1.1 插入与编辑智能图形

要制作流程图，使用智能图形是最方便的方法。WPS 文字内置了多种流程图样式，用户可以根据自己的需要选择。

1. 设置纸张方向

默认的纸张方向为纵向，如果流程图为横向设计，则可以将纸张方向设置为横向，操作方法如下。

启动 WPS Office，新建一个名为“工作流程图”的空白文档，❶ 单击【页面布局】选项卡中的【纸张方向】下拉按钮，❷ 在弹出的下拉菜单中选择【横向】选项，如下图所示。

2. 插入与编辑智能图形

纸张方向设置完成后，就可以插入智能图形了。智能图形的默认样式比较普通，在插入智能图形后，我们可以对其进行编辑，操作方法如下。

第1步 ❶ 单击【插入】选项卡中的【智能图形】下拉按钮，❷ 在弹出的下拉菜单中选择【智能图形】选项，如下图所示。

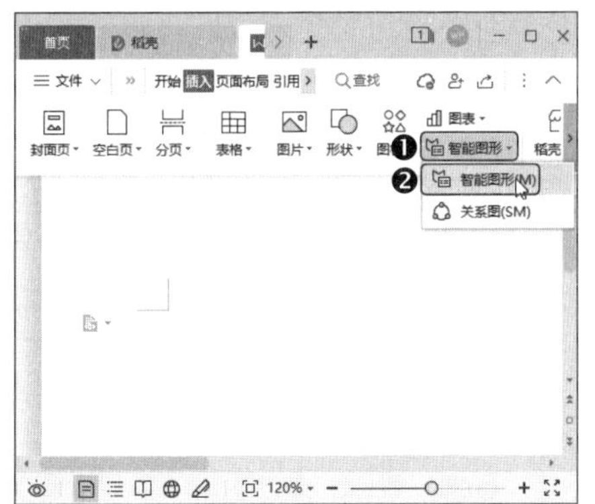

第2步 打开【选择智能图形】对话框，❶ 选择需要的智能图形样式，❷ 然后单击【确定】按钮，如下图所示。

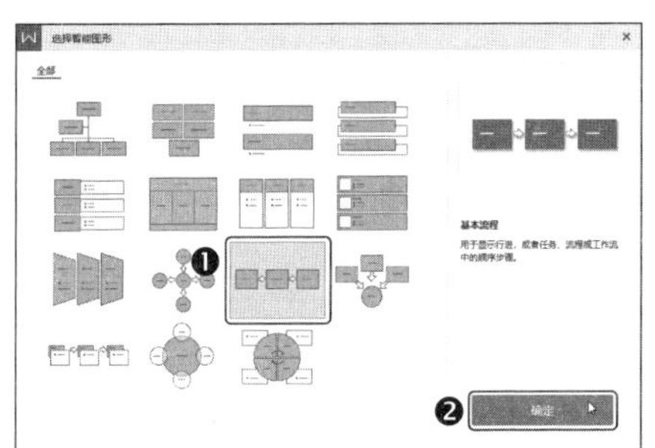

第3步 在文档中插入智能图形后，选中第一个图形，直接输入文本，如下图所示。

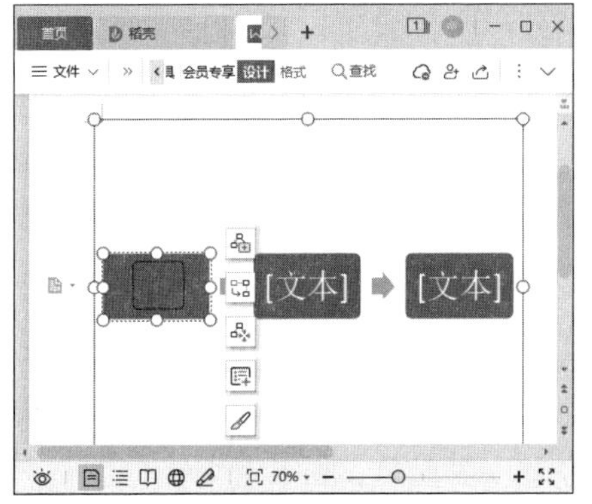

第4步 在其他形状中输入需要的内容，❶ 选中最后一个图形，❷ 单击【设计】选项卡中的【添加项目】下拉按钮，❸ 在弹出的下拉菜单中选择【在后面添加项目】选项，如下图所示。

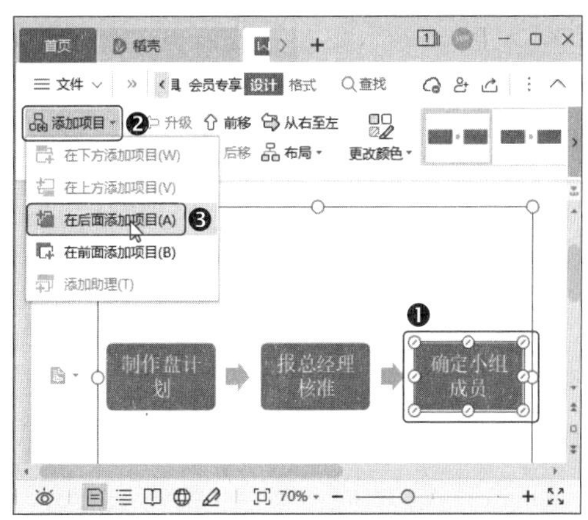

第5步 选中的图形后面将添加一个形状，输入需要的内容即可，如下图所示。

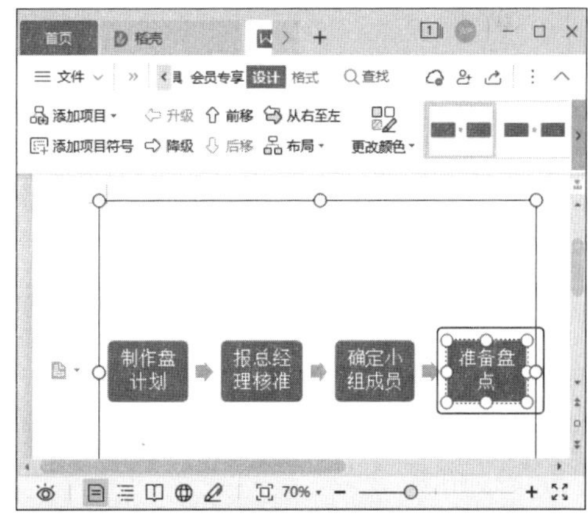

第6步 使用相同的方法添加其他形状，并输入相关内容，如下图所示。

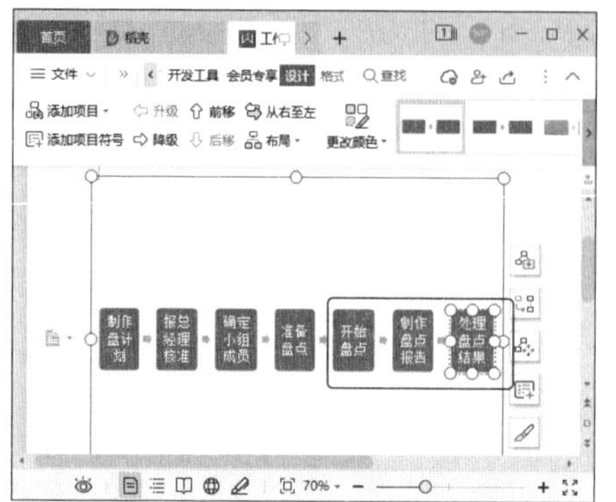

第7步 选择智能图形，然后拖动四周的控制点调整智能图形的大小，如下图所示。

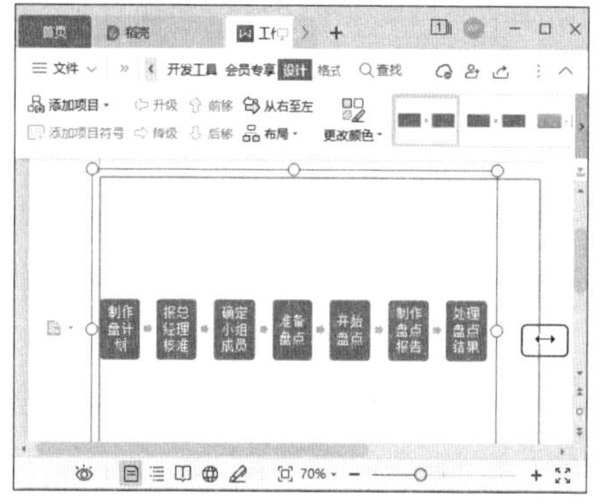

第8步 ❶ 单击【设计】选项卡中的【环绕】下拉按钮，❷ 在弹出的下拉菜单中选择【浮于文字上方】，如下图所示。

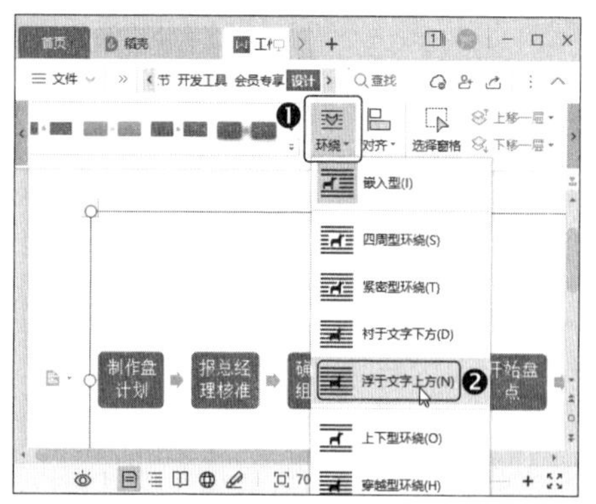

第9步 ❶ 单击【设计】选项卡中的【对齐】下拉按钮，❷ 在弹出的下拉菜单中选择【水平居中】选项，如下图所示。

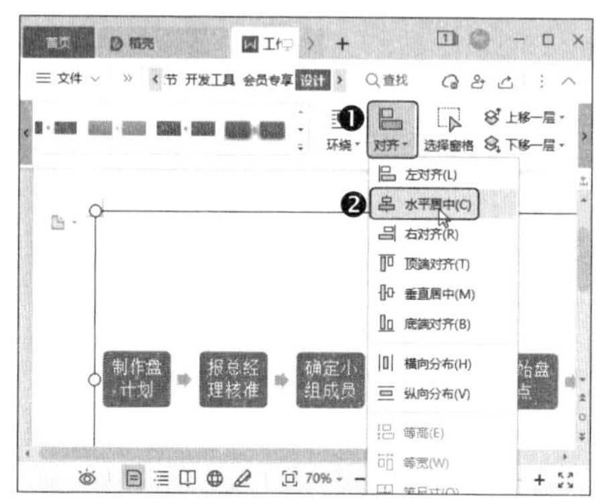

第10步 ❶ 再次单击【设计】选项卡中的【对齐】下拉按钮，❷ 在弹出的下拉菜单中选择【垂直居中】选项，如下图所示。

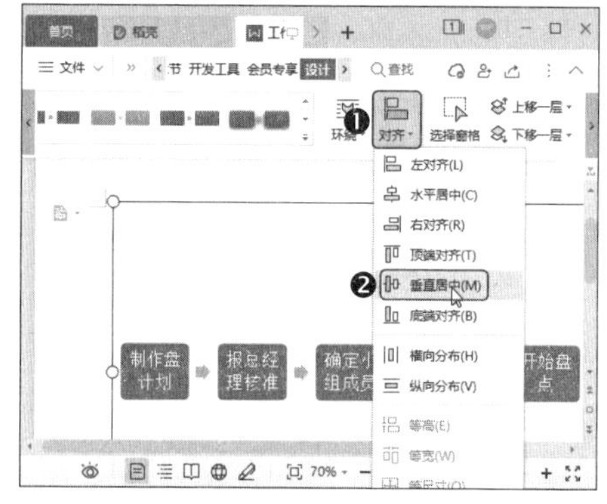

3. 美化智能图形

智能图形创建完成后，可以设置图形颜色和样式，从而美化智能图形，操作方法如下。

第1步 ❶ 单击【设计】选项卡中的【更改颜色】下拉按钮，❷ 在弹出的下拉菜单中选择一种颜色，如下图所示。

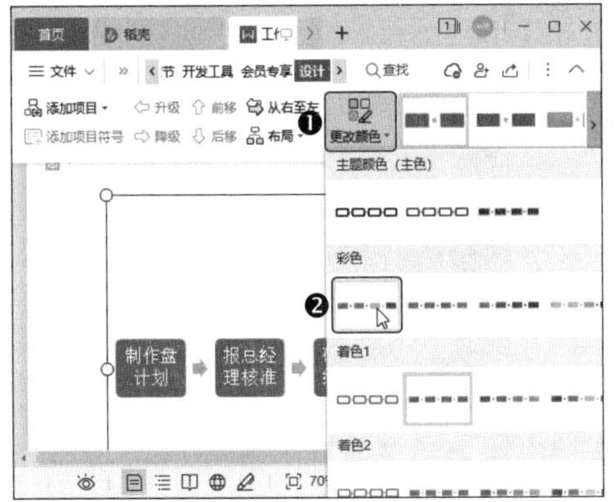

第2步 在【设计】选项卡的样式列表框中选择一种智能图形的样式，如下图所示。

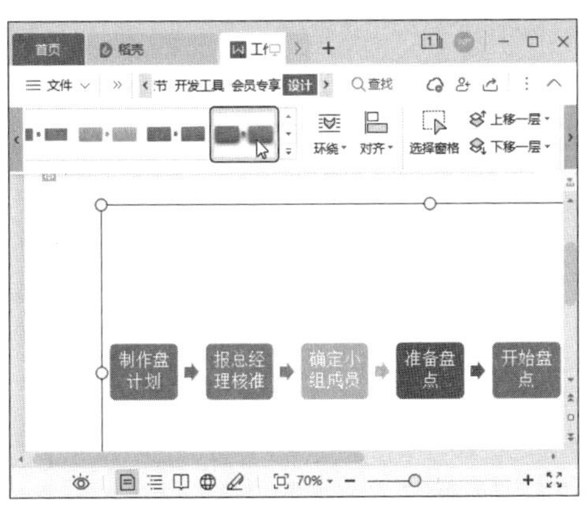

操作完成之后，智能图形的效果如下图所示。

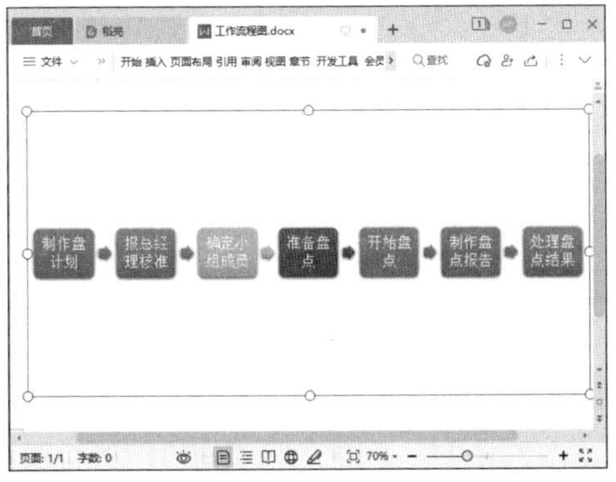

4.1.2 插入文本框完善智能图形

在编辑流程图时，有时会遇到需要单独说明的情况，此时可以插入文本框完善流程图的结构，操作方法如下。

第1步 ❶ 单击【插入】选项卡中的【形状】下拉按钮，❷ 在弹出的下拉菜单中选择【箭头】形状↘，如下图所示。

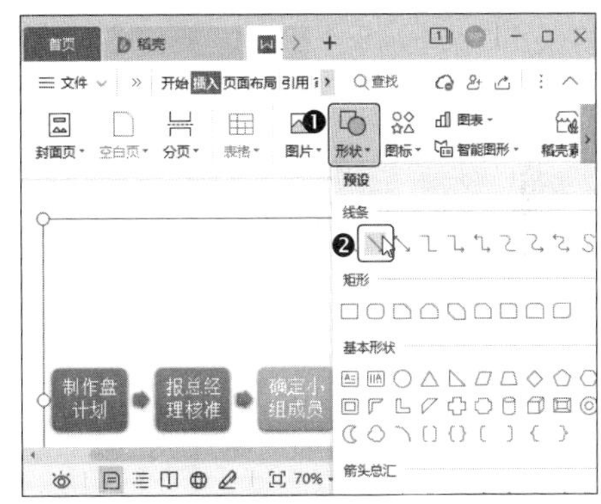

第2步 ❶ 在流程图的形状下方绘制箭头图形，❷ 然后单击【绘图工具】选项卡中的线条样式列表框右侧的▾按钮，如下图所示。

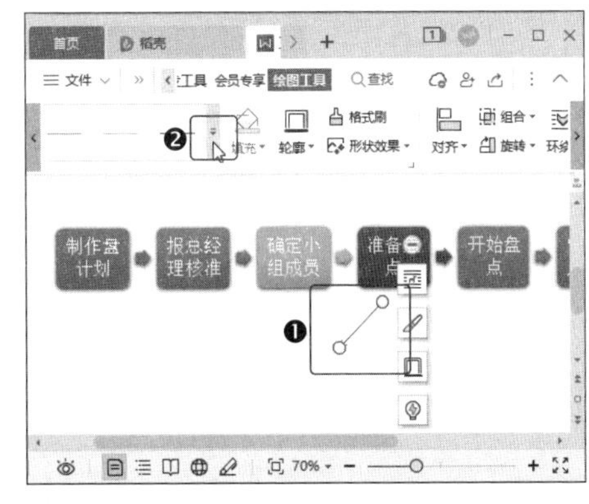

第3步 在弹出的下拉菜单中选择一种图

形样式，如下图所示。

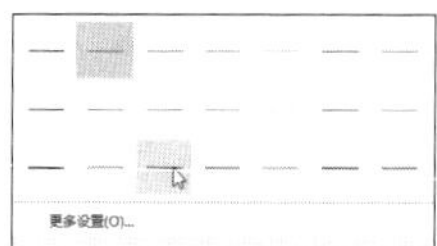

第4步 ❶ 单击【插入】选项卡中的【文本框】下拉按钮，❷ 在弹出的下拉菜单中选择【横向】选项，如下图所示。

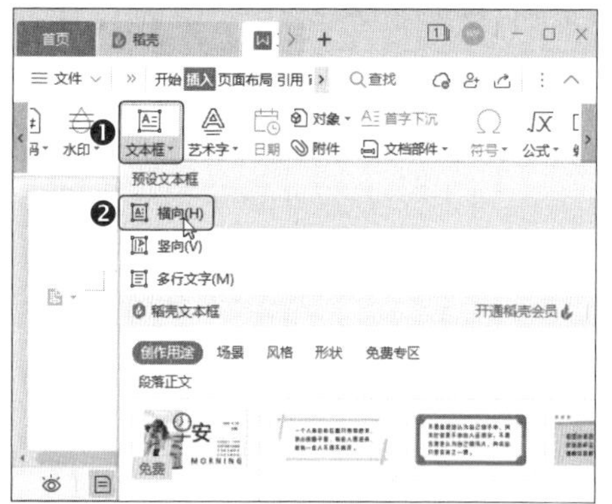

第5步 ❶ 在文档中绘制文本框，❷ 然后单击【绘图工具】选项卡中的 下拉按钮，如下图所示。

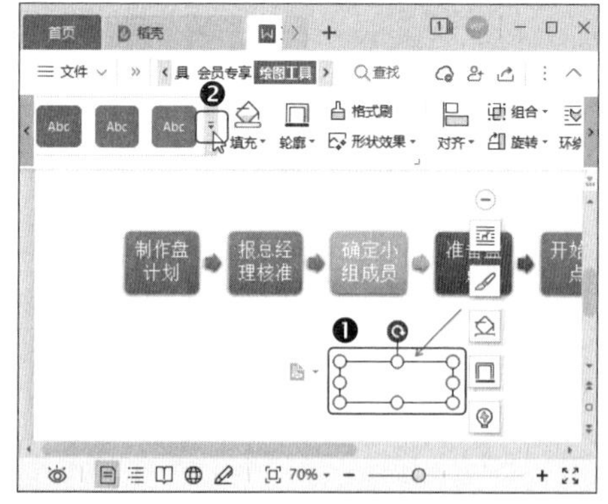

第6步 在弹出的下拉菜单中选择一种样式，如下图所示。

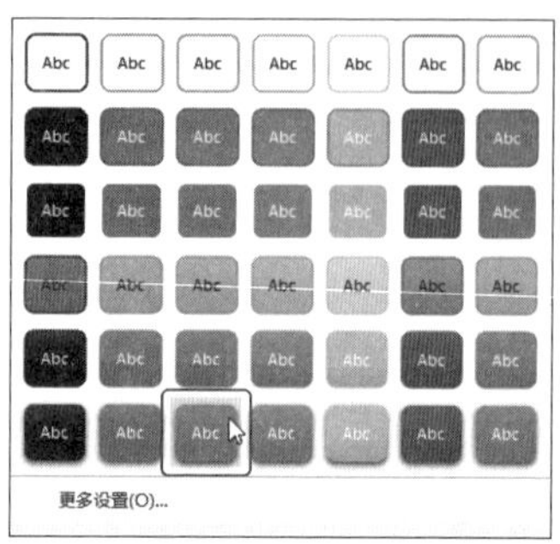

第7步 ❶ 在文本框中输入文本，然后选中文本，❷ 在【文本工具】选项卡中设置文本样式，如下图所示。

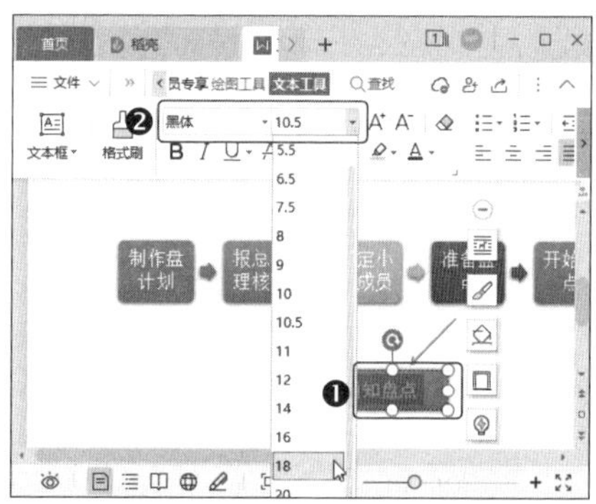

第8步 在【文本工具】选项卡中单击【居中对齐】按钮，如下图所示。

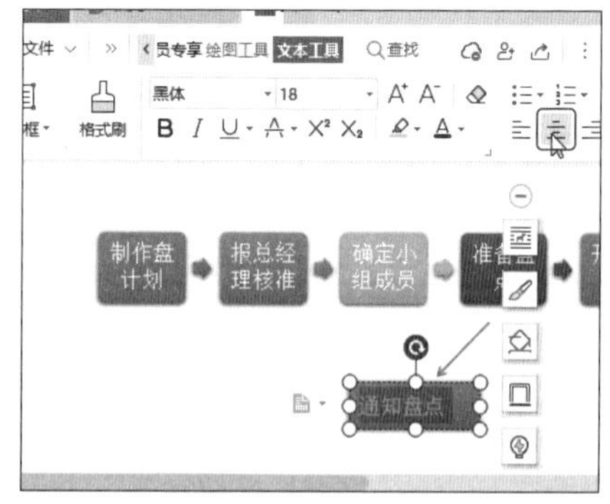

第9步 ❶ 复制箭头形状，❷ 然后单击【绘图工具】选项卡中的【旋转】下拉按钮，

❸ 在弹出的下拉菜单中选择【水平翻转】选项，如下图所示。

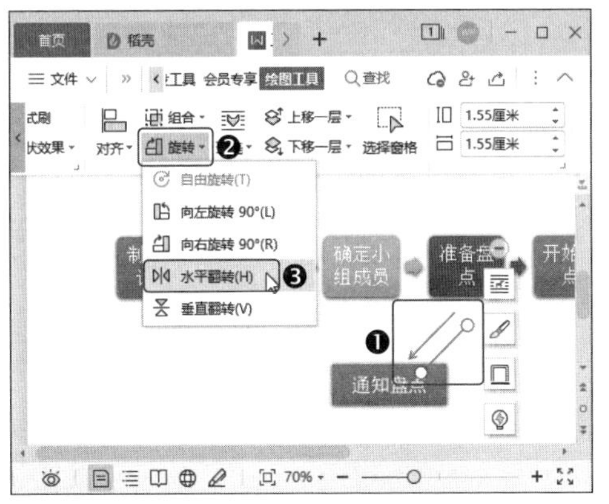

第10步 将箭头形状移动到合适的位置，然后复制文本框，并更改文本框中的文字，如下图所示。

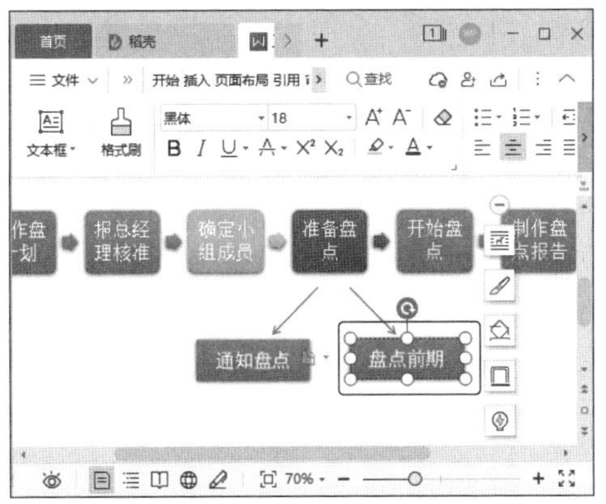

4.1.3 插入艺术字作为标题

为了美化工作流程图，我们可以为流程图插入艺术字作为标题，操作方法如下。

第1步 ❶ 单击【插入】选项卡中的【艺术字】下拉按钮，❷ 在弹出的下拉菜单中选择一种艺术字样式，如下图所示。

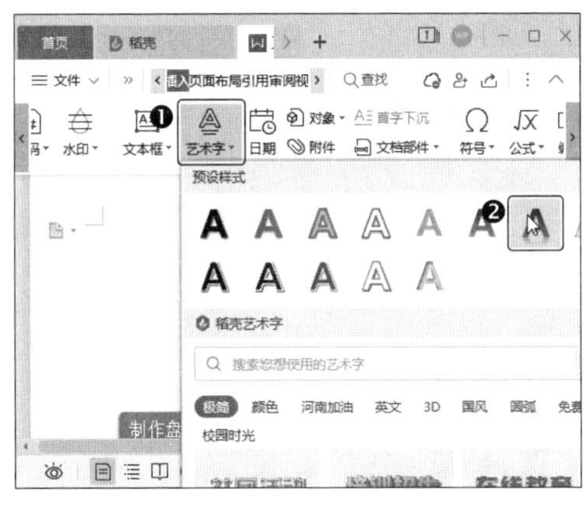

文档中将插入艺术字占位符文本框，如下图所示。

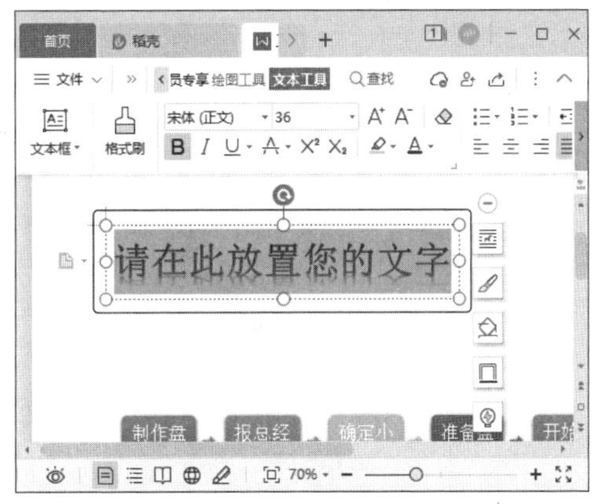

第2步 输入流程图标题文字，如下图所示。

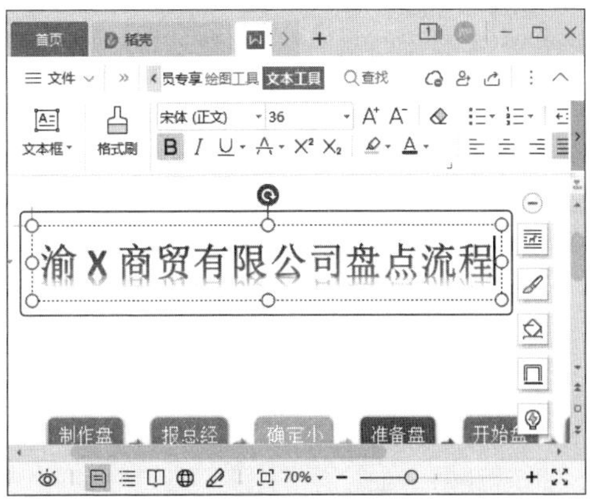

第3步 ❶ 选中艺术字文字，❷ 在【文本工具】选项卡中设置字体样式，如下图所示。

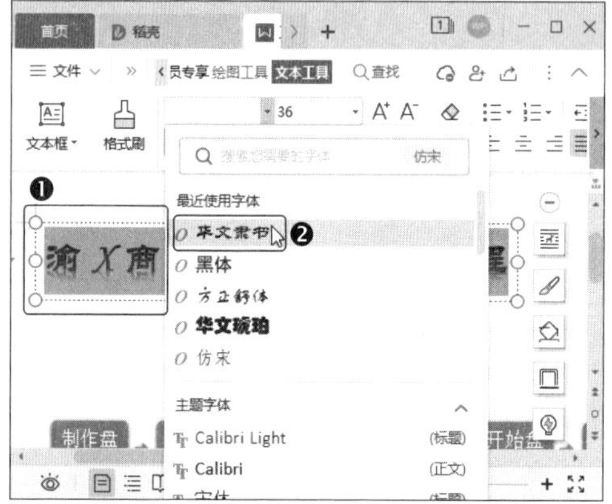

第4步 ❶ 单击【文本工具】选项卡中的【字体颜色】下拉按钮 A·，❷ 在弹出的下拉菜单中选择一种字体颜色，如下图所示。

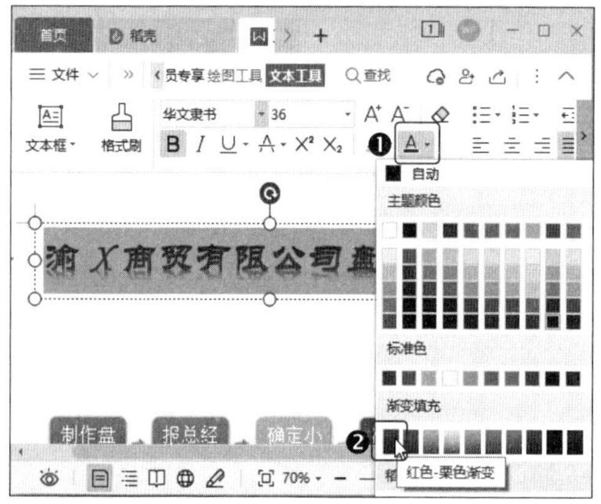

第5步 ❶ 单击【文本工具】选项卡中的【文本效果】下拉按钮，❷ 在弹出的下拉菜单中选择【转换】选项，❸ 在弹出的子菜单中选择一种弯曲样式，如下图所示。

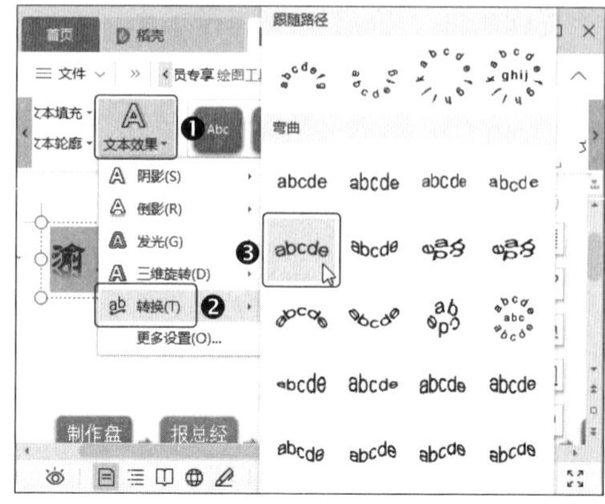

第6步 ❶ 单击【绘图工具】选项卡中的【对齐】下拉按钮，❷ 在弹出的下拉菜选择选择【水平居中】，如下图所示。

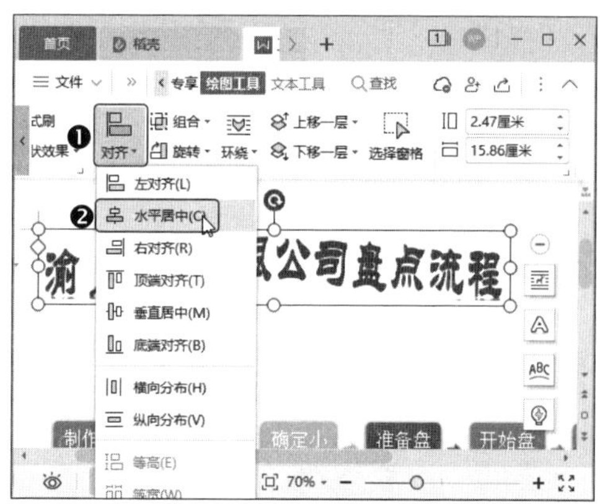

操作完成后即可查看到流程图的最终效果，如下图所示。

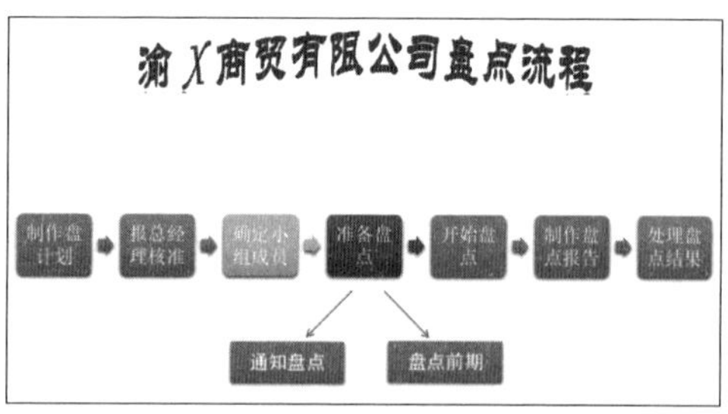

4.2 使用 WPS 表格制作员工培训计划表

计划包括规划、设想、要点、方案和安排等种类。制订计划能使工作有明确的目标和具体的实施步骤，从而协调大家的行动，提升工作的主动性，减少盲目性，使工作有条不紊地进行。培训计划表是人力资源工作中必不可少的表格之一，它可以帮助我们合理地安排每个月的员工培训工作。

本例将使用 WPS 表格制作员工培训计划表，完成后的效果如下图所示，实例最终效果见“结果文件 \ 第 4 章 \ 员工培训计划表 .xlsx”文件。

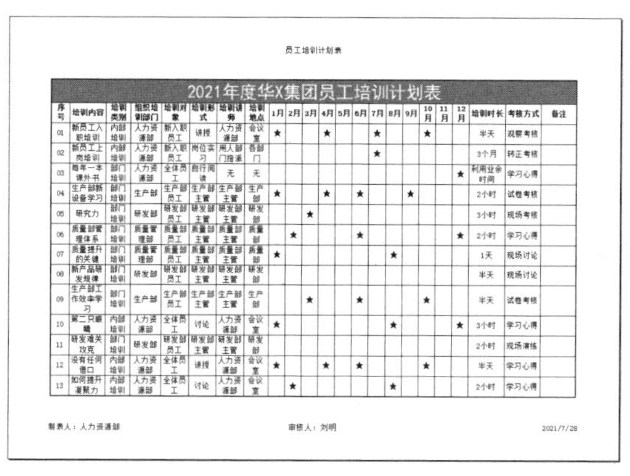

员工培训计划表

2021年度华X集团员工培训计划表																					
序号	培训内容	培训类别	组织培训部门	培训对象	培训形式	培训讲师	培训地点	1月	2月	3月	4月	5月	6月	7月	8月	9月	10月	11月	12月	培训时长	考核方式	备注
01	新员工入职培训	内部培训	人力资源部	新入职员工	讲授	人力资源部	会议室	★			★			★			★			半天	观察考核	
02	新员工上岗培训	内部培训	人力资源部	新入职员工	岗位实习	用人部门指派	各部门							★						3个月	转正考核	
03	每年一本课外书	部门培训	人力资源部	全体员工	自行阅读	无	无												★	利用业余时间	学习心得	
04	生产部新设备学习	部门培训	生产部	生产部员工	生产部主管	生产部主管	生产部	★			★		★			★				2小时	试卷考核	
05	研究力	部门培训	研发部	研发部员工	研发部主管	研发部主管	研发部			★										3小时	现场考核	
06	质量部管理体系	部门培训	质量管理部	质量部员工	质量部主管	质量部主管	质量部		★				★						★	2小时	学习心得	
07	质量提升的关键	部门培训	质量管理部	质量部员工	质量部主管	质量部主管	质量部	★							★					1天	现场讨论	
08	新产品研发规律	部门培训	研发部	研发部员工	研发部主管	研发部主管	研发部													半天	现场讨论	
09	生产部工作效率学习	部门培训	生产部	生产部员工	生产部主管	生产部主管	生产部			★			★				★			半天	试卷考核	
10	第二只眼睛	内部培训	人力资源部	全体员工	讨论	人力资源部	会议室	★							★				★	3小时	学习心得	
11	研发难关攻克	部门培训	研发部	研发部员工	研发部主管	研发部主管	研发部													2小时	现场演练	
12	没有任何借口	内部培训	人力资源部	全体员工	讲授	人力资源部	会议室	★			★		★				★			半天	学习心得	
13	如何提升凝聚力	内部培训	人力资源部	全体员工	讨论	人力资源部	会议室		★						★					2小时	学习心得	

制表人：人力资源部　　审核人：刘明　　2021/7/28

4.2.1 录入表格数据

制作计划表的第一步是新建一个空白文档，然后输入需要的表格内容。

1. 设置数据文本格式

在录入表格数据时，一些特殊的数据需要先设置才能正确显示，下面介绍设置数据文本格式的方法。

第1步 新建一个名为“员工培训计划表 .xlsx”的工作簿，输入表名和表头内容，❶ 然后选择 A3 单元格，❷ 单击【开始】选项卡中的【数字格式】下拉按钮，❸ 在弹出的下拉菜单中选择【文本】选项，如下图所示。

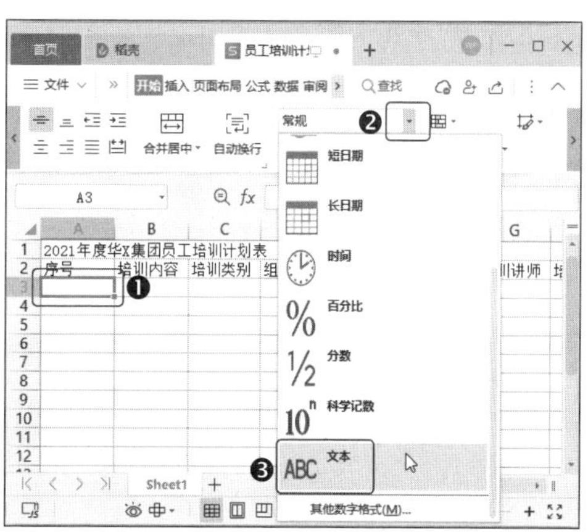

第2步 在 A3 单元格中输入“01”，将鼠标指针移动到 A3 单元格的右下角，当

鼠标指针变为+形状时，按住鼠标左键向下拖动到 A15 单元格，然后释放鼠标左键，这样即可自动填充数据，如下图所示。

2. 插入特殊符号

在录入了表格数据后，在培训日期处添加特殊符号，以标明培训的时间。操作方法如下。

第1步 输入其他数据，❶ 然后选择 I3 单元格，❷ 单击【插入】选项卡中的【符号】按钮，如下图所示。

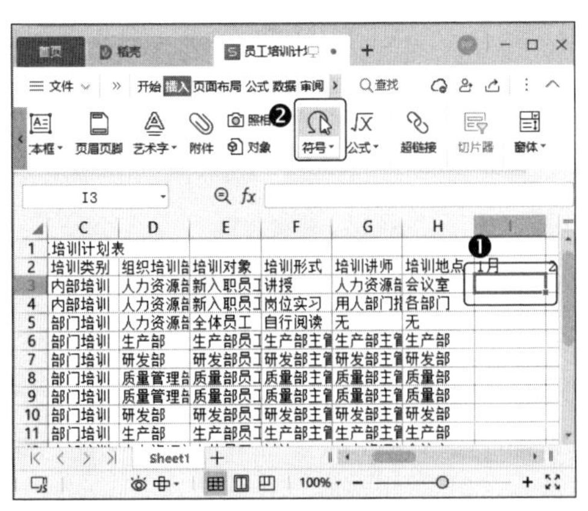

第2步 打开【符号】对话框，❶ 在【字体】下拉列表中选择【Wingdings】，❷ 然后在中间的列表框中选择【★】选项，❸ 完成后单击【插入】按钮，如下图所示。

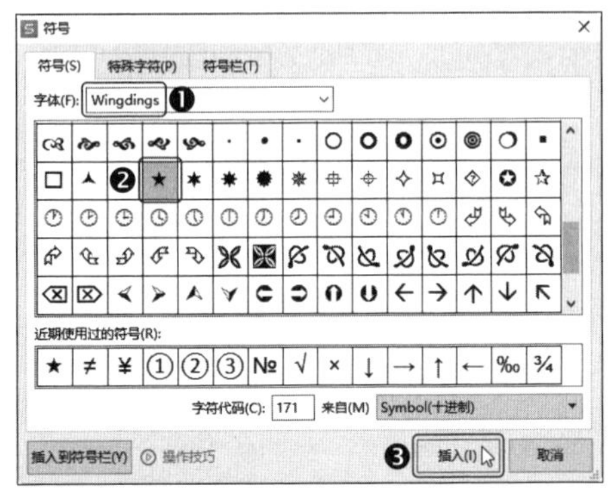

温馨提示

在【字体】下拉列表中选择的字体不同，中间列表框的符号也会有所不同。符号对话框中还会列出最近使用过的符号，方便用户选择。

第3步 单击【关闭】按钮返回工作簿，即可看到符号已经插入，如下图所示。

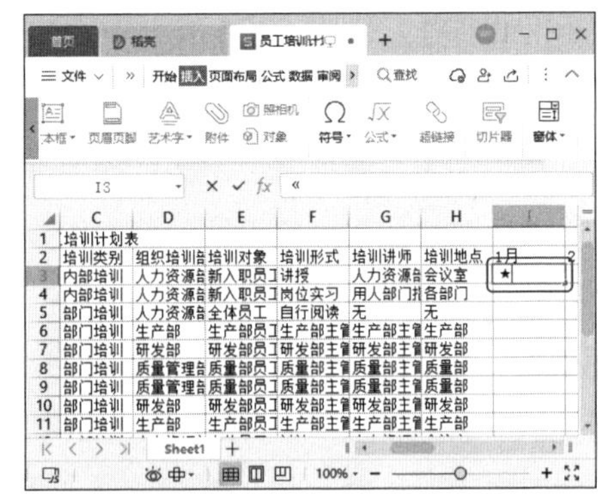

第4步 使用相同的方法在其他位置插入相同的符号，效果如下图所示。

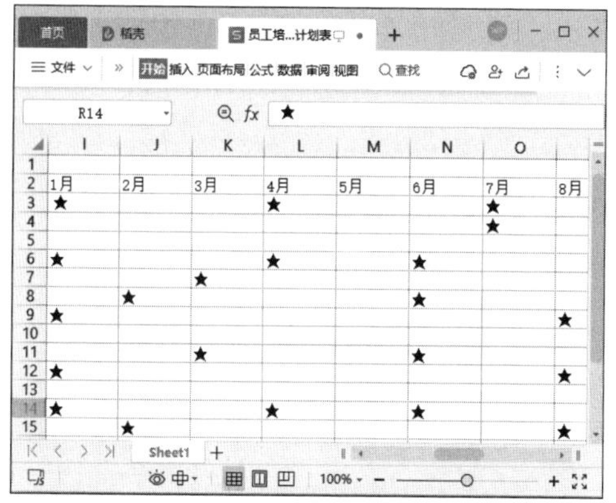

4.2.2 设置表格格式

表格数据录入完成后，我们还需要对表格的格式进行相应的设置。

第1步 ❶ 选择 A1: W1 单元格区域，❷ 单击【开始】选项卡中的【合并居中】按钮，如下图所示。

第2步 ❶ 选择合并后的 A1 单元格，❷ 单击【开始】选项卡中的【单元格样式】下拉按钮，❸ 在弹出的下拉菜单中选择一种单元格样式，如下图所示。

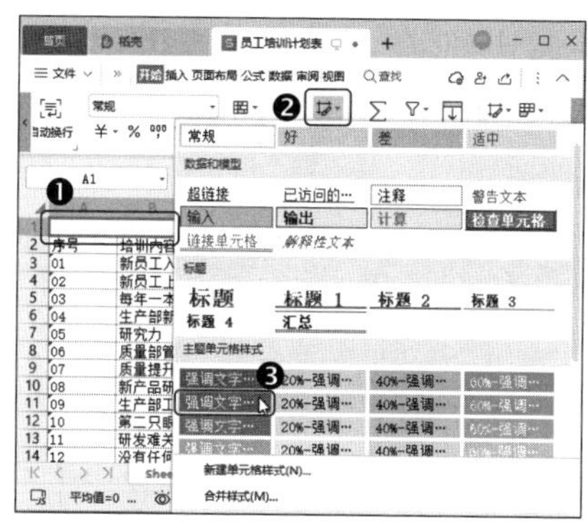

第3步 保持单元格选中状态，在【开始】选项卡中设置字体样式为黑体，24 号，如下图所示。

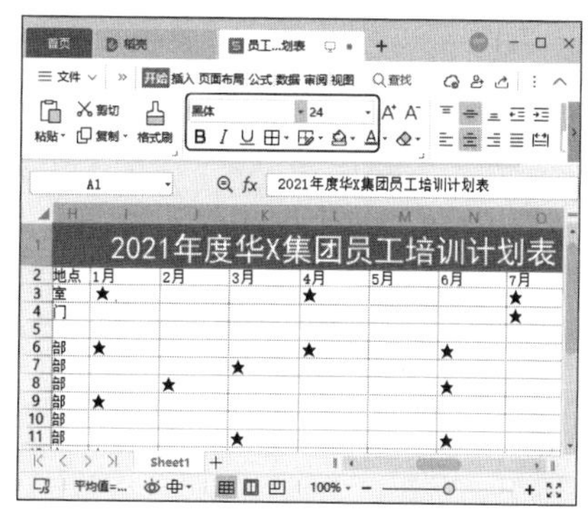

第4步 ❶ 选择 A2: W2 单元格区域，❷ 单击【开始】选项卡中的【加粗】按钮 B，如下图所示。

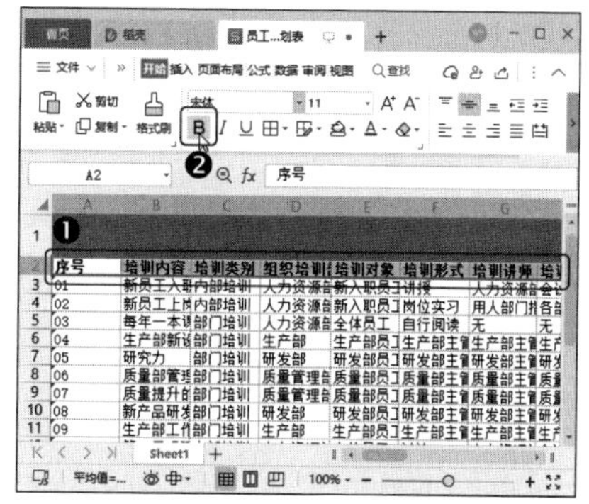

第5步 ❶ 选择 A2: W15 单元格区域，❷ 单击【开始】选项卡中的【自动换行】按钮，如下图所示。

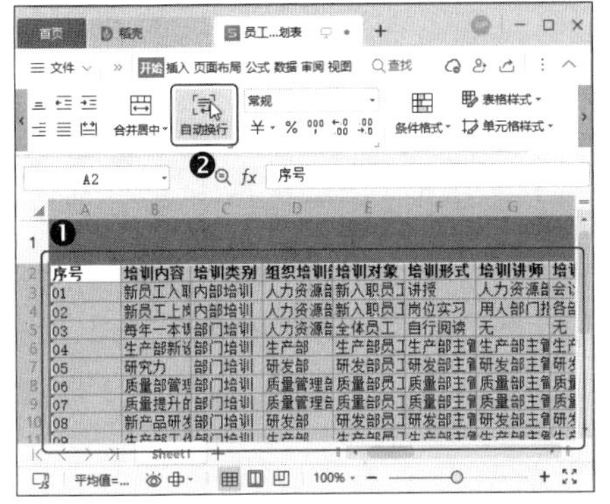

教您一招：强制换行

如果只有少数单元格需要换行，那么可以将光标定位到单元格中需要换行的位置，然后按【Alt】+【Enter】组合键强制换行。

第6步 保持表格的选中状态，单击【开始】选项卡中的【水平居中】按钮≡，如下图所示。

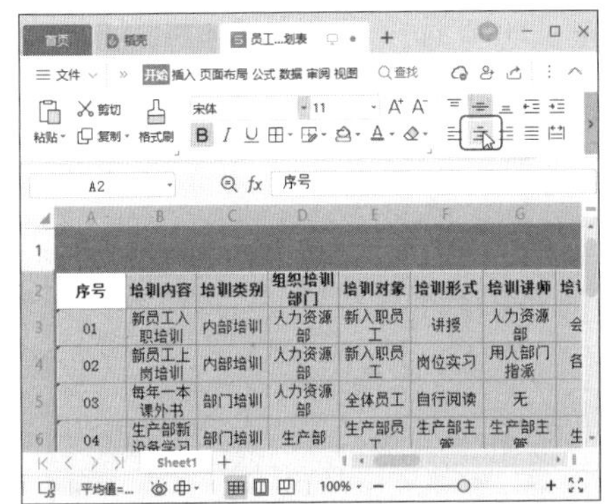

第7步 ❶ 选择 A1:W15 单元格区域，❷ 单击【开始】选项卡中的边框下拉按钮⊞·，❸ 在弹出的下拉菜单中选择【所有框线】选项，如下图所示。

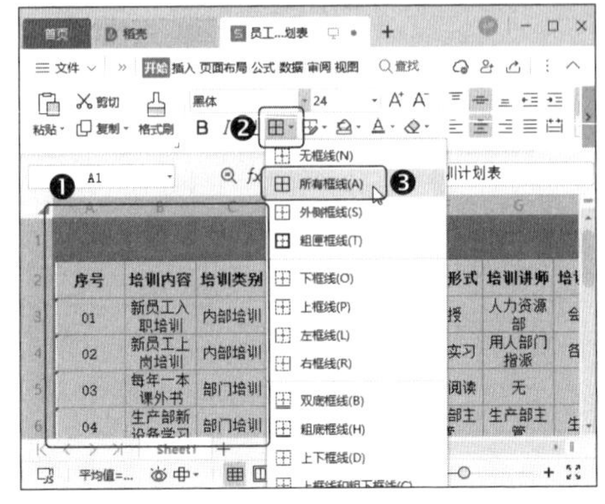

第8步 ❶ 再次单击边框下拉按钮⊞·，❷ 在弹出的下拉菜单中【粗匣框线】选项，如下图所示。

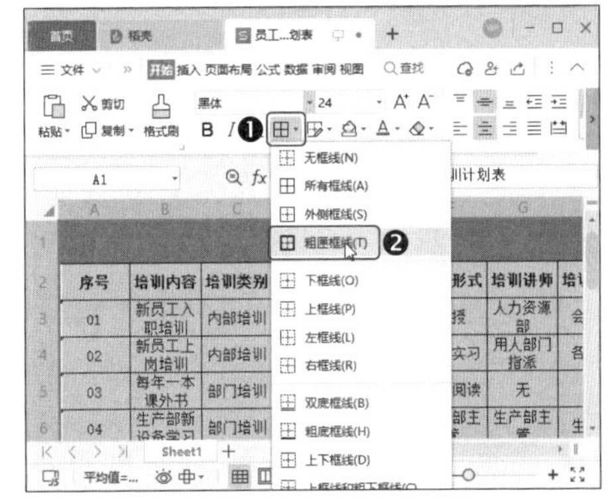

4.2.3 调整表格列宽

每个单元格中的数据长短不一，但 WPS 表格会使用默认列宽。为了使表格结构更加合理，用户需要手动调整表格的列宽，操作方法如下。

第1步 ❶ 选择 I2:T15 单元格区域，❷ 单击【开始】选项卡中的【行和列】下拉按钮，❸ 在弹出的下拉菜单中选择【列宽】选项，如下图所示。

第2步 打开【列宽】对话框，❶ 在【列宽】微调框中输入“3.5”，❷ 然后单击【确定】按钮，如下图所示。

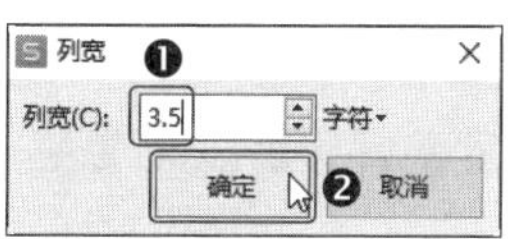

第3步 将鼠标指针移动到A列与B列之间的分隔线处，当鼠标指针变为✛形状时，按住鼠标左键向左拖动，当列宽调整至合适状态时释放鼠标左键。然后使用相同的方法调整其他列的列宽，如下图所示。

4.2.4 设置表格页面格式

在打印表格之前，我们可以为表格设置页面格式，操作方法如下。

第1步 ❶ 单击【页面布局】选项卡中的【纸张方向】下拉按钮，❷ 在弹出的下拉菜单中选择【横向】选项，如下图所示。

第2步 单击【页面布局】选项卡中的【页面设置】对话框按钮 ⌟，如下图所示。

第3步 打开【页面设置】对话框，❶ 在【页边距】选项卡中勾选【居中方式】栏中的【水平】和【垂直】复选框，❷ 完成

后单击【确定】按钮，如下图所示。

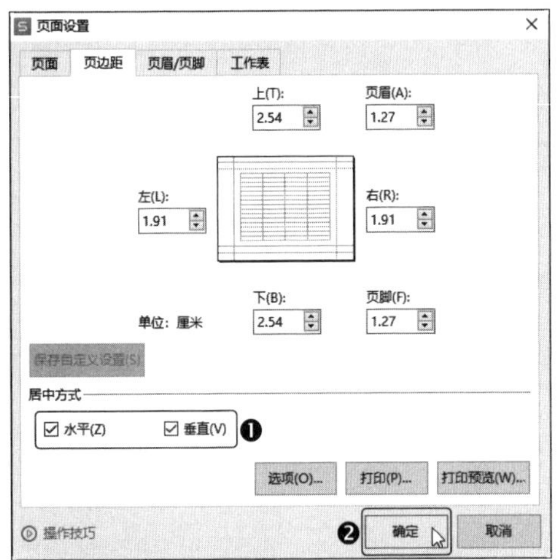

4.2.5 添加页眉与页脚

页眉和页脚可以丰富表格的内容，在WPS表格中插入页眉和页脚的方法如下。

第1步 单击【插入】选项卡中的【页眉页脚】按钮，如下图所示。

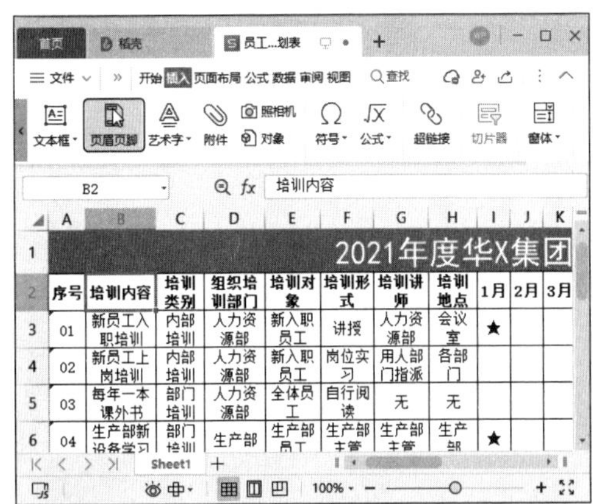

第2步 打开【页面设置】对话框，单击【自定义页眉】按钮，如下图所示。

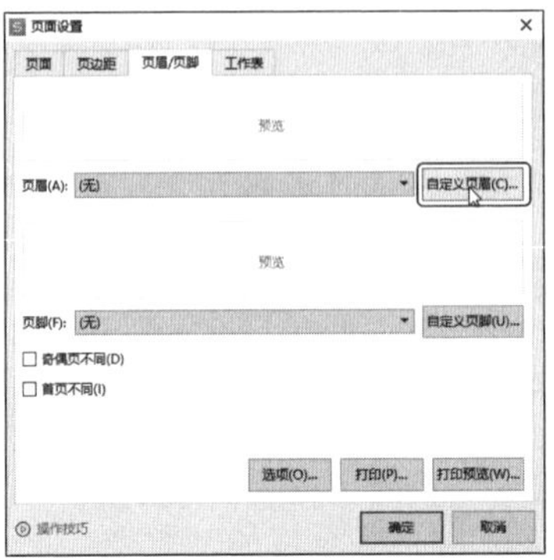

第3步 打开【页眉】对话框，❶在【中】文本框中输入页眉文字，❷完成后单击【确定】按钮，如下图所示。

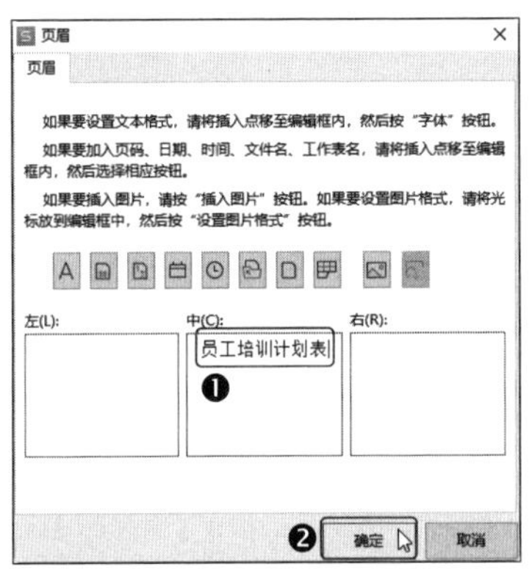

第4步 返回【页面设置】对话框，单击【自定义页脚】按钮，如下图所示。

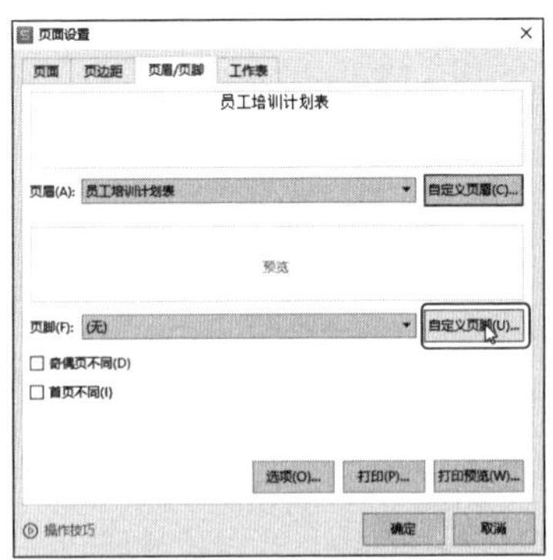

第5步 打开【页脚】对话框，❶ 在【左】文本框中输入“制表人：人力资源部”；❷ 然后单击【字体】按钮A，如下图所示。

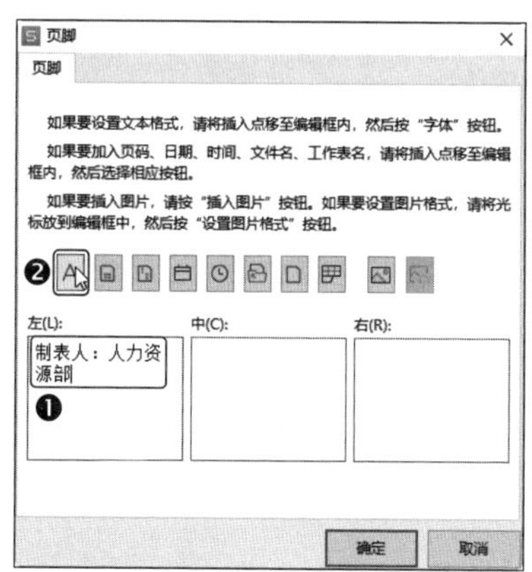

第6步 打开【字体】对话框，❶ 设置字体为【华文细黑】，❷ 然后单击【确定】按钮，如下图所示。

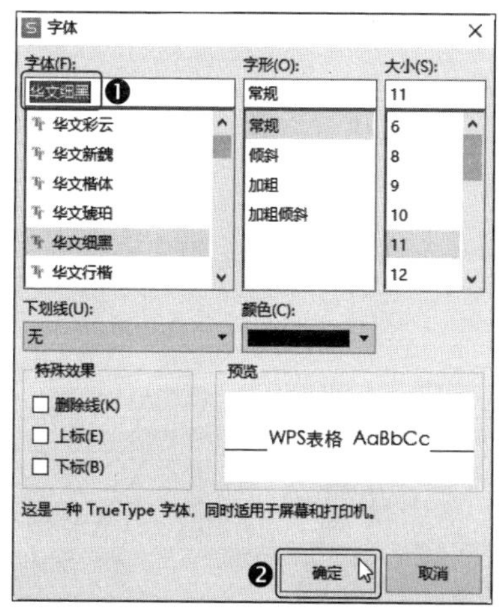

第7步 ❶ 在【页脚】对话框的【中】文本框中输入审核人，并设置字体样式。❷ 然后将光标定位到【右】文本框中，❸ 单击【日期】按钮，插入“日期”代码，❹ 完成后单击【确定】按钮，如下图所示。

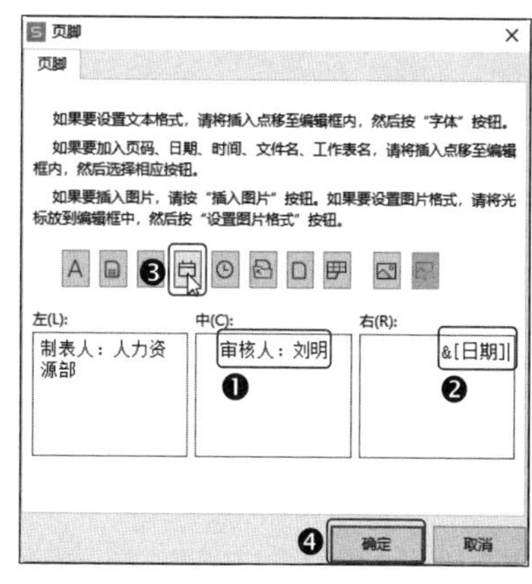

第8步 返回【页面设置】对话框预览效果，确认单击【确定】按钮，如下图所示。

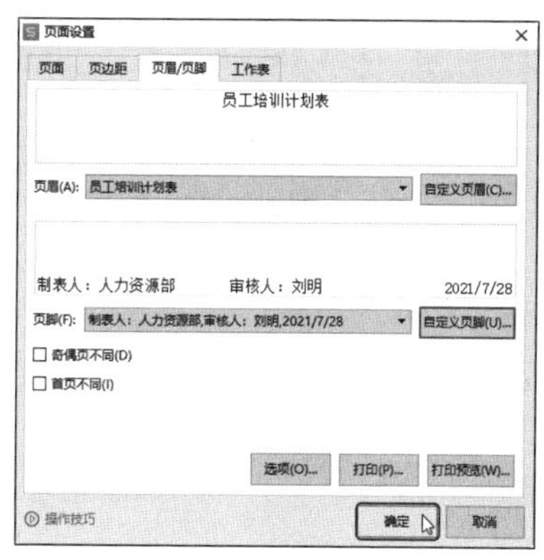

4.2.6 打印培训计划表

培训计划表制作完成后，可以将其打印张贴，操作方法如下。

第1步 ❶ 单击【文件】按钮，❷ 在弹出的下拉菜单中选择【打印】命令，❸ 在弹出的子菜单中选择【打印预览】命令，如下图所示。

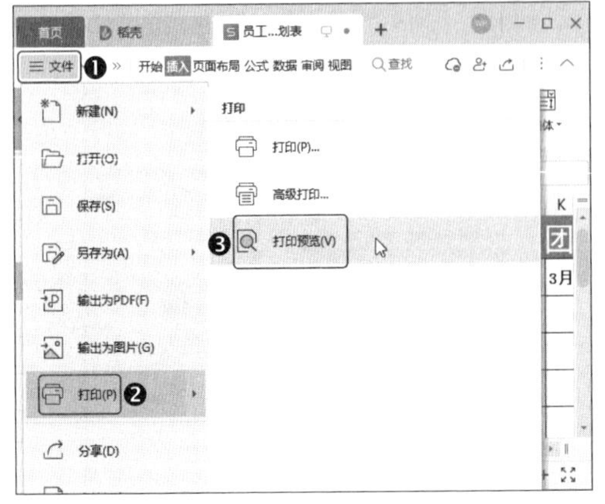

第2步 在打开的【打印预览】界面即可查看打印效果，设置打印参数后单击【直接打印】按钮即可打印计划表，如下图所示。

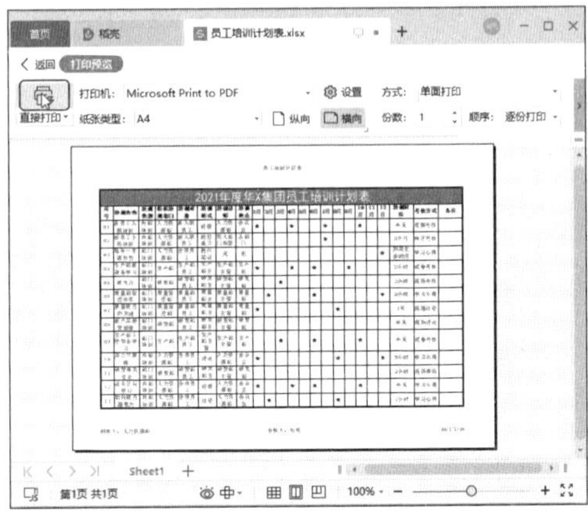

4.3 使用 WPS 演示制作员工入职培训演示文稿

在企业中，管理层与管理层、管理层与员工、员工与员工之间都是靠沟通来掌握和传递信息、交流思想的，因此，有效沟通不仅可以解决矛盾、增进了解、融洽关系，还可以为决策者提供全面、准确、可靠的信息，保证工作质量，提高工作效率。所以，新员工进入公司后，相关人员一般都会先对新员工进行入职培训，使其掌握一定的技能，这样才能促进企业的有效发展。

本例将制作员工入职培训演示文稿，完成后的效果如下图所示，实例最终效果见“结果文件 \ 第 4 章 \ 员工入职培训 .pptx”文件。

4.3.1 根据模板新建演示文稿

很多人会担心自己不能独立设计幻灯片，针对这种情况，我们可以使用 WPS 演示文稿内置的设计方案，简单地创建一个专业的演示文稿，操作方法如下。

第1步 启动 WPS Office 主程序，在主界面单击【新建】按钮，如下图所示。

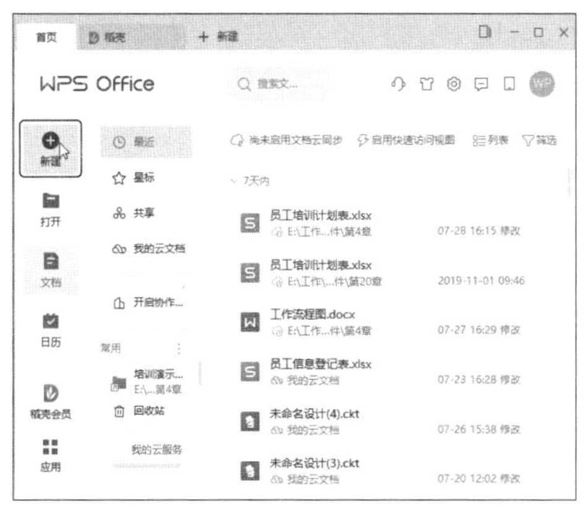

第2步 ❶ 切换到【演示】选项卡，在左侧的【品类专区】栏选择【职场通用】选项，❷ 然后在弹出的子列表中选择【企业培训】链接，如下图所示。

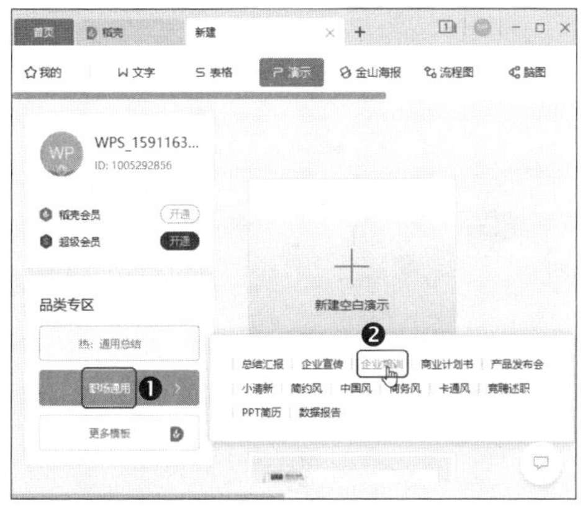

第3步 在搜索结果中选择一种演示文稿的模板，如下图所示。

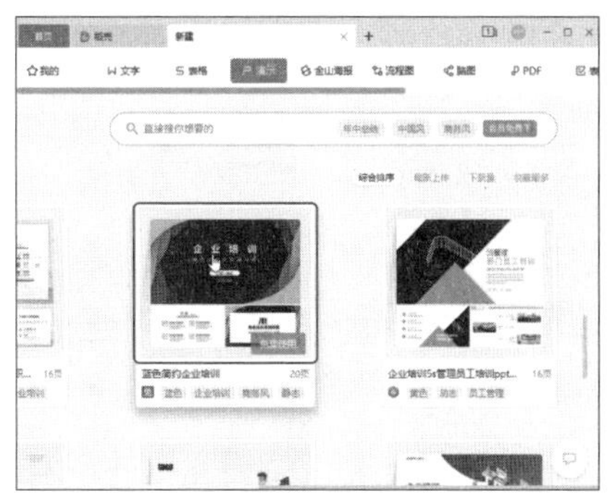

第4步 打开模板的预览图，确认使用后单击【免费下载】按钮，如下图所示。下载完成后即可使用该模板创建演示文稿了。

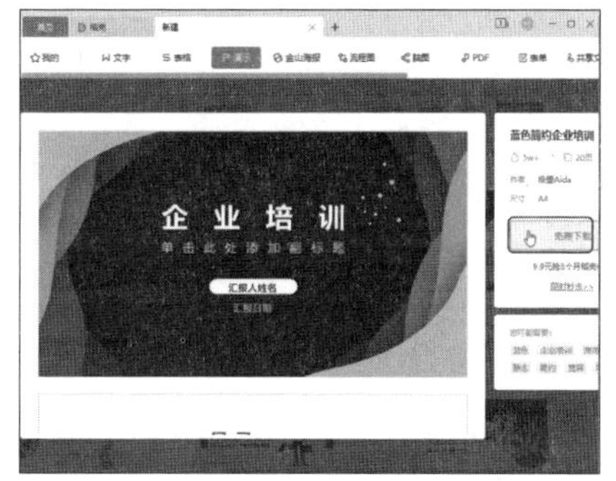

第5步 单击快速访问工具栏中的【保存】按钮🖫，如下图所示。

第6步 打开【另存文件】对话框，❶ 设置保存路径和文件名，❷ 单击【保存】按钮，如下图所示。

4.3.2 添加幻灯片内容

选定模板之后，就可以为幻灯片添加内容了，操作方法如下。

第1步 在标题占位符和副标题占位符中输入标题、副标题、日期等信息，如下图所示。

第2步 ❶ 选择第一张幻灯片，❷ 单击【开始】选项卡中的【新建幻灯片】下拉按钮，如下图所示。

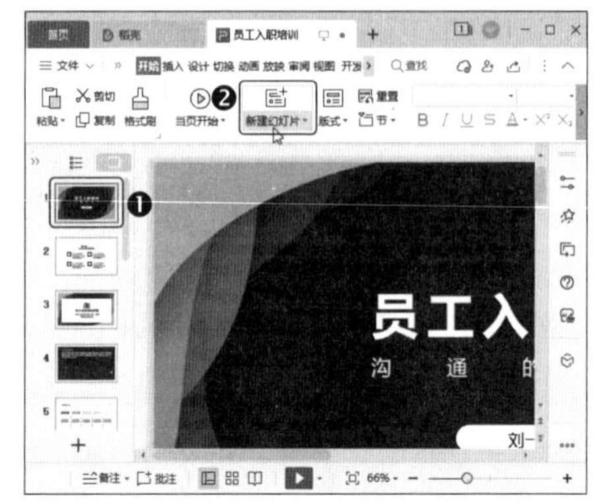

第3步 在弹出的下拉菜单中选择下图中的幻灯片模板，如下图所示。

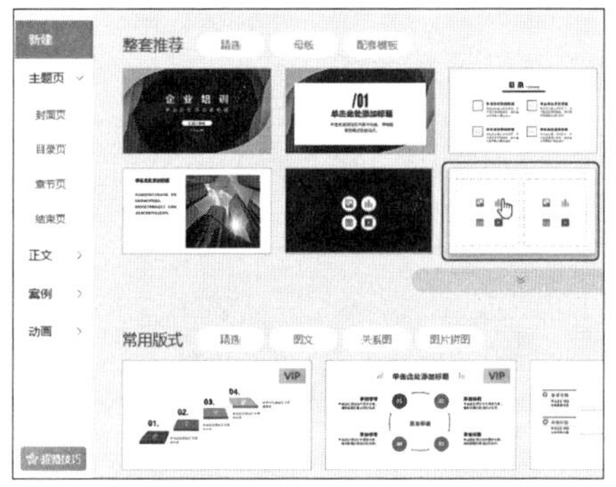

第4步 ❶ 在标题占位符中输入“目录”文本，❷ 在左下方的内容占位符中输入目录的条目，如下图所示。

第5步 ❶ 选中文本框中的文本，❷ 单击【文本工具】选项卡中的【插入项目符号】下拉按钮 ☰ ▾，❸ 在弹出的下拉菜单中选择【其他项目符号】选项，如下图所示。

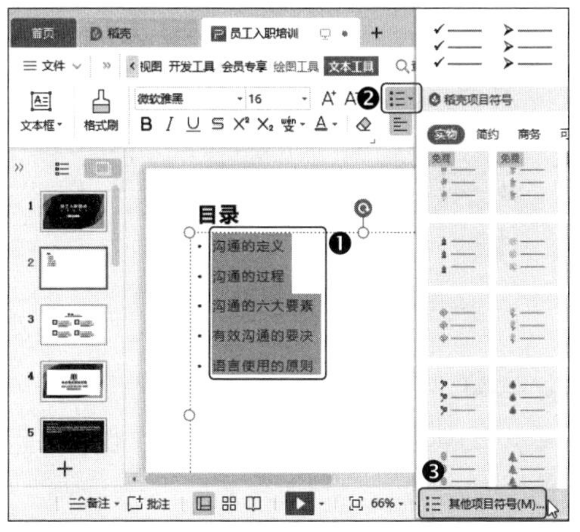

第6步 打开【项目符号与编号】对话框，❶ 选择一种项目符号，❷ 然后在【颜色】下拉列表中选择项目符号的颜色，❸ 完成后单击【确定】按钮，如下图所示。

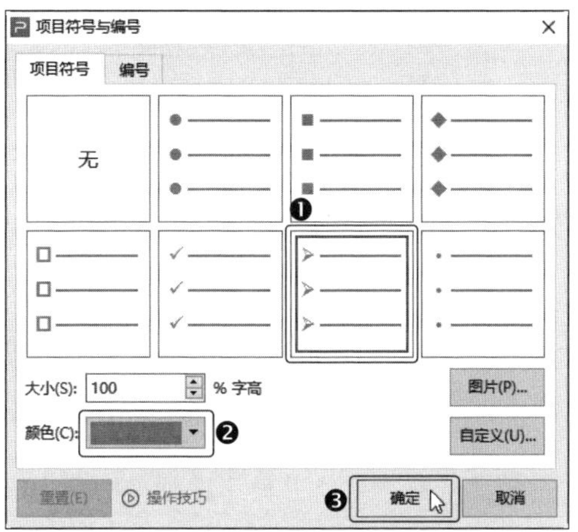

第7步 保持文本的选中状态，在【文本工具】选项卡中设置字体样式，如下图所示。

第8步 保持文本的选中状态，❶ 单击【文本工具】选项卡中的【行距】下拉按钮 ↕☰ ▾，❷ 在弹出的下拉菜单中选择【2.0】选项，如下图所示。

第9步 ❶ 选择文本框；❷ 单击【绘图工具】选项卡中的【轮廓】下拉按钮，❸ 在弹出的下拉菜单中选择蓝色，如下图所示。

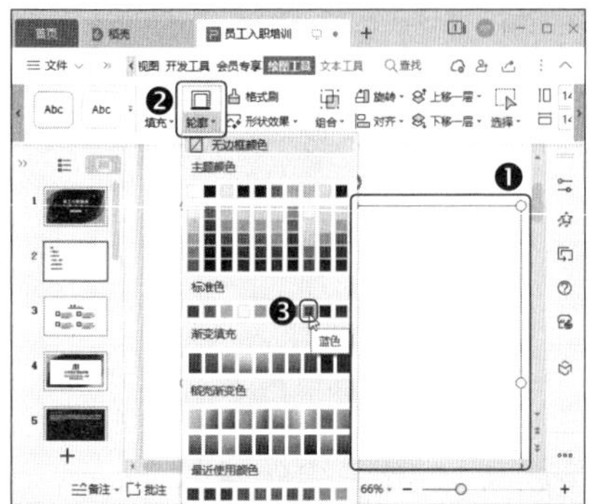

第10步 在右侧的文本框中输入剩下的目录内容，如下图所示。

第11步 ❶ 选中左侧的目录文本，❷ 单击【开始】选项卡中的【格式刷】按钮，如下图所示。

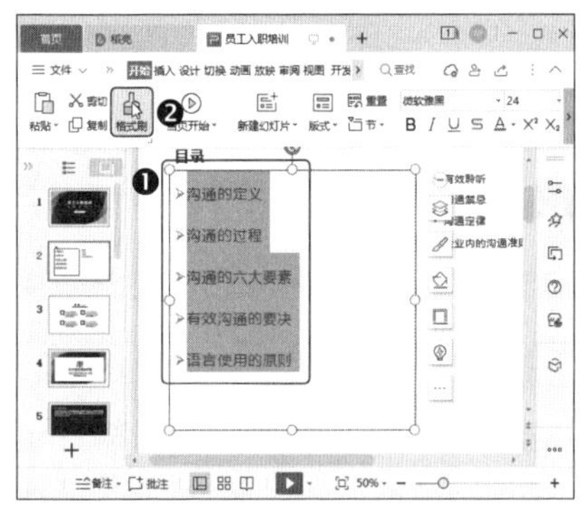

第12步 鼠标指针将变为 形状，选中右侧的文本内容，将格式复制到右侧文本上，如下图所示。

第13步 ❶ 选择右侧文本框，❷ 然后单击【绘图工具】选项卡中的【轮廓】按钮，如下图所示。

教您一招：快速应用轮廓样式

直接单击【轮廓】按钮，可以快速应用上一次使用的轮廓样式，不需要再次打开下拉菜单选择。

第14步 ❶ 单击【开始】选项卡中的【新建幻灯片】下拉按钮，❷ 在弹出的下拉菜单中选择下图中的幻灯片模板，如下图所示。

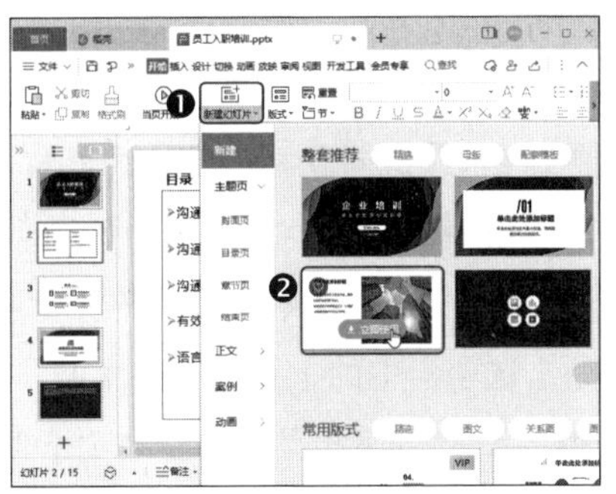

第15步 输入文本内容，并设置文本样式，如下图所示。

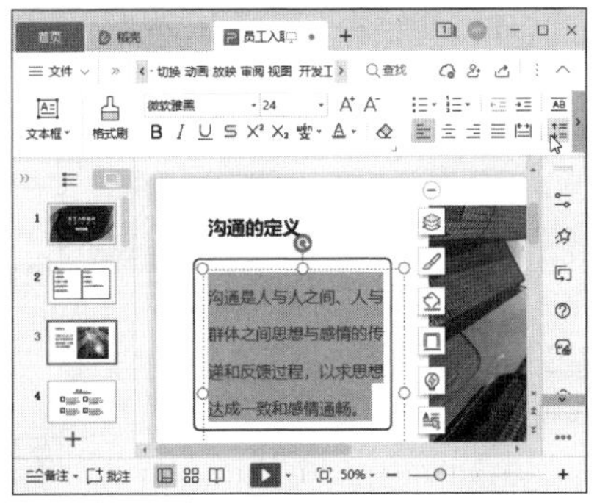

第16步 ❶ 选择右侧的图片，❷ 单击【图片工具】选项卡中的【替换图片】按钮，如下图所示。

第17步 打开【更改图片】对话框，❶ 选择“素材文件\第 4 章\图片 1”，❷ 然后单击【打开】按钮，如下图所示。

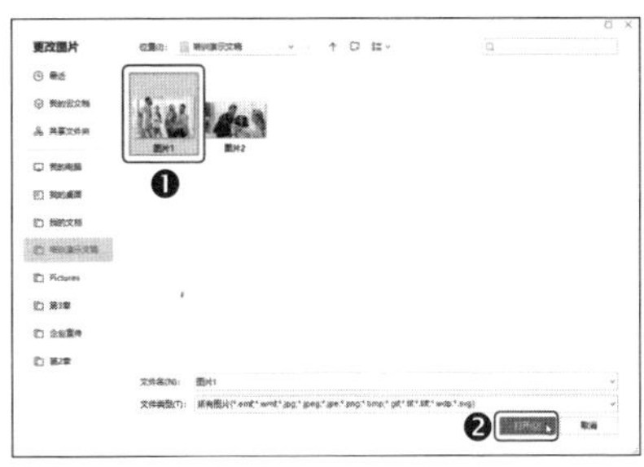

第18步 ❶ 选中替换后的图片，❷ 单击【图片工具】选项卡中的【裁剪】按钮，如下图所示。

第19步 拖动图片四周的裁剪点裁剪图片，如下图所示。

第20步 利用鼠标将图片拖动到合适的位

置，如下图所示。

第21步 使用相同的方法，制作其他文字类和图片类的幻灯片，如下图所示。

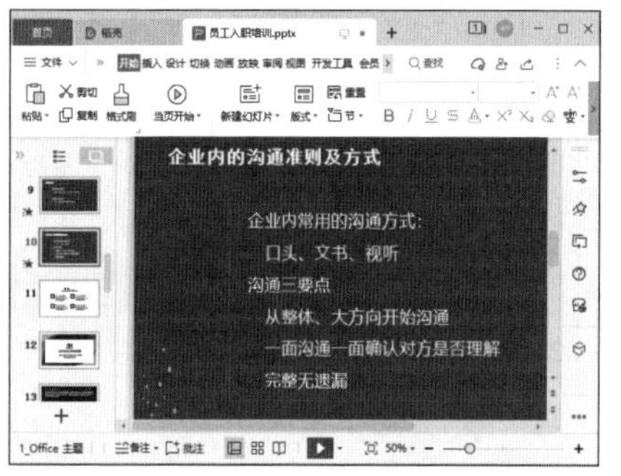

第22步 ❶ 按住【Ctrl】键的同时选中不需要的幻灯片，然后单击鼠标右键，❷ 在弹出的快捷菜单中选择【删除幻灯片】命令，如下图所示。

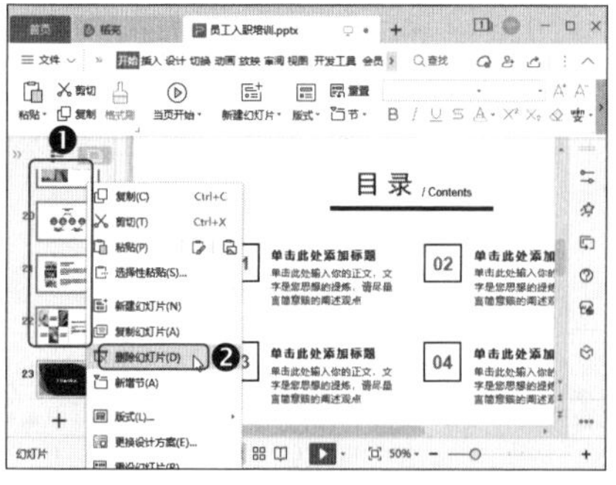

4.3.3 在幻灯片中插入智能图形

有时我们需要在幻灯片中插入智能图形，并为其设置图形样式。操作方法如下。

第1步 ❶ 选择第 4 张幻灯片，❷ 单击【开始】选项卡中的【新建幻灯片】下拉按钮，❸ 在弹出的下拉菜单中切换到【母版】选项卡，❹ 然后选择下图中的幻灯片模板，如下图所示。

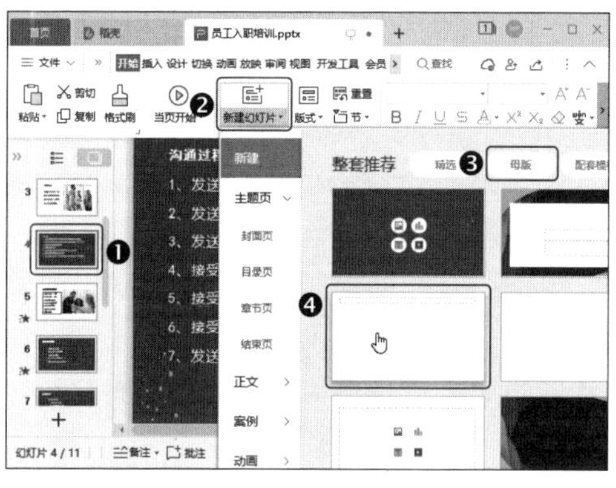

第2步 ❶ 在文本框中输入目录文本，❷ 然后单击【插入】选项卡中的【智能图形】按钮，如下图所示。

第3步 打开【智能图形】对话框，❶ 切换到【关系】选项卡，❷ 选择【射线维恩图】选项，如下图所示。

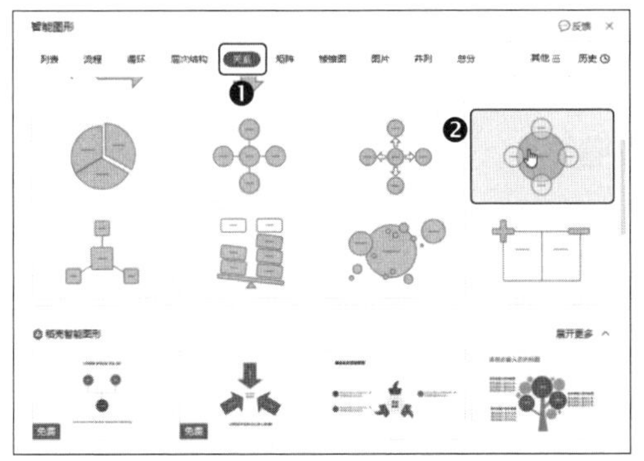

第4步 将光标定位到形状中，在文本占位符中输入文本，如下图所示。

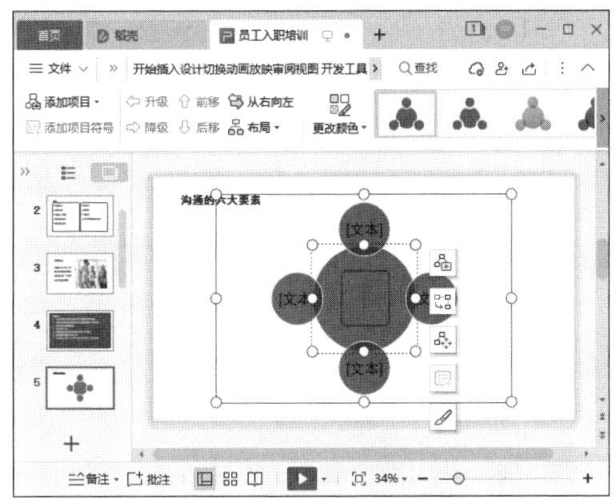

第5步 ❶ 在所有形状中输入文本后，选中最后一个形状，❷ 单击【设计】选项卡中的【添加项目】下拉按钮，❸ 在弹出的下拉菜单中选择【在后面添加项目】选项，如下图所示。

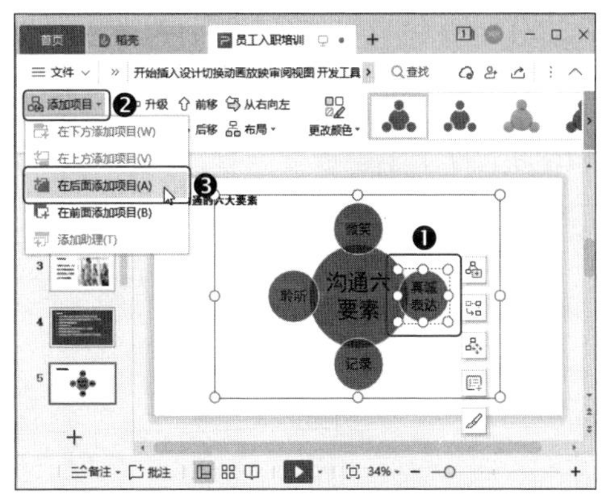

第6步 所选形状的后方将插入一个形状，直接在其中输入文本即可，如下图所示。

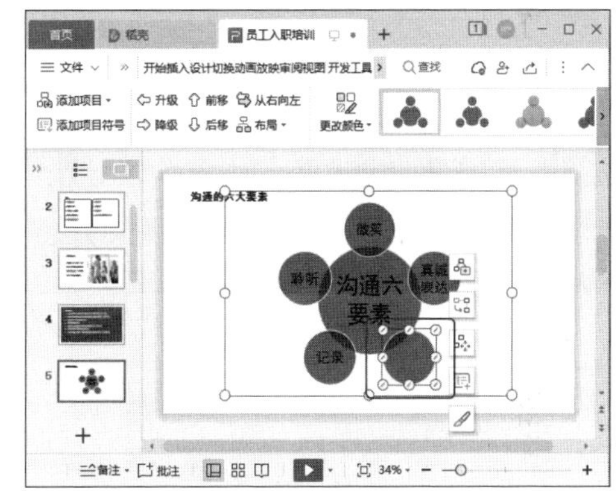

第7步 使用相同的方法再次添加一个形状并输入文本，如下图所示。

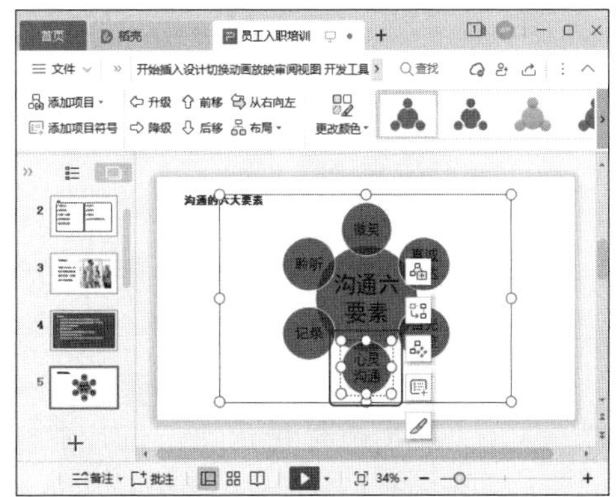

第8步 ❶ 选中图形，❷ 单击【设计】选项卡中的【更改颜色】下拉按钮，❸ 在弹出的下拉菜单中选择一种配色方案，如下图所示。

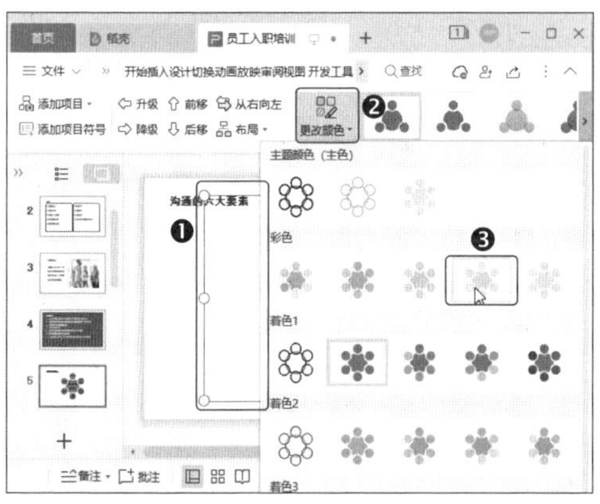

第9步 在【设计】选项卡中选择一种智能图形的样式，即可看到智能图形的最终效果，如下图所示。

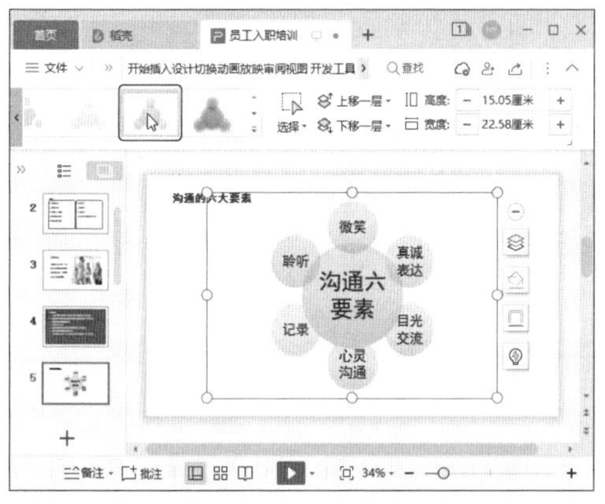

4.3.4 设置幻灯片的切换效果和动画效果

幻灯片切换效果是指在幻灯片放映时，从一张幻灯片移到下一张幻灯片时出现的动画效果；动画效果是指一张幻灯片出现和退出时的动画效果。为幻灯片添加切换效果和动画效果的具体操作如下。

第1步 在【切换】选项卡中选择一种切换样式，如下图所示。

第2步 ❶ 单击【切换】选项卡中的【效果选项】下拉按钮，❷ 在弹出的下拉菜单中选择一种效果选项，如下图所示。

第3步 ❶ 单击【切换】选项卡中的【声音】下拉按钮，❷ 在弹出的下拉菜单中选择一种声音，如下图所示。

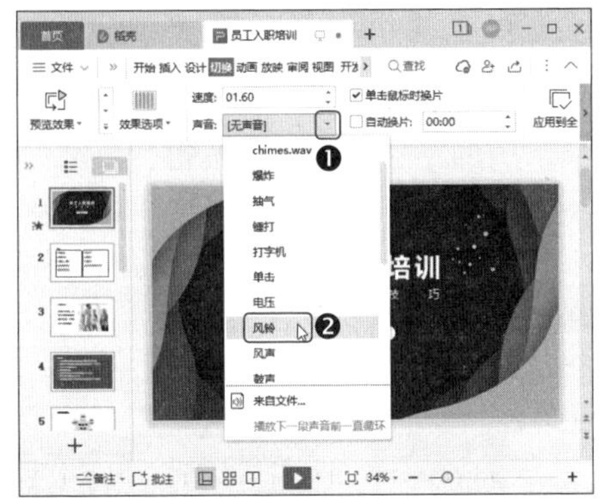

第4步 单击【切换】选项卡中的【应用到全部】按钮，如下图所示。

第5步 ❶ 选择第 2 张幻灯片中左侧的文本框，❷ 然后在【动画】选项卡中选择【飞入】选项，如下图所示。

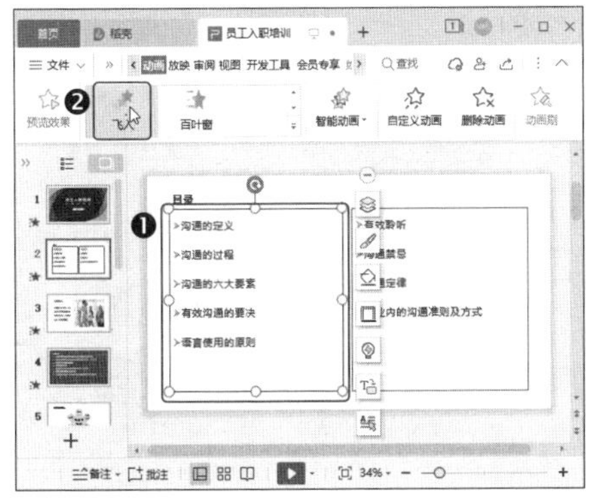

第6步 ❶ 使用相同的方法为右侧的文本框设置【飞入】动画，❷ 然后单击【动画】选项卡中的【自定义动画】按钮，如下图所示。

第7步 打开【自定义动画】窗格，❶ 单击动画 1 右侧的下拉按钮，❷ 在弹出的下拉列表中选择【效果选项】，如下图所示。

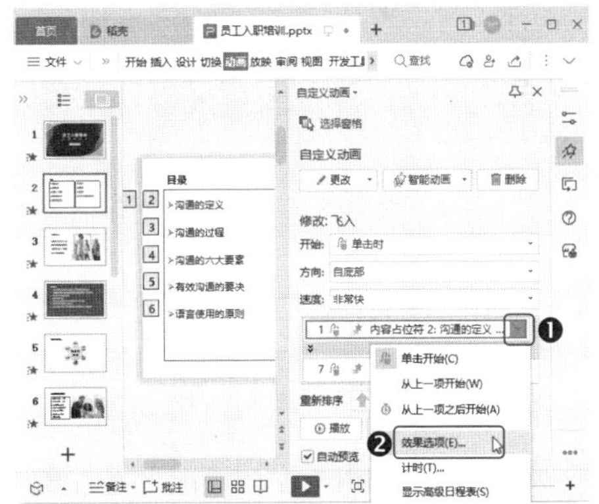

第8步 打开【飞入】对话框，❶ 在【效果】选项卡中的【设置】栏的【方向】下拉列表中选择【自左侧】选项，❷ 然后在【声音】下拉列表中选择【箭头】选项，如下图所示。

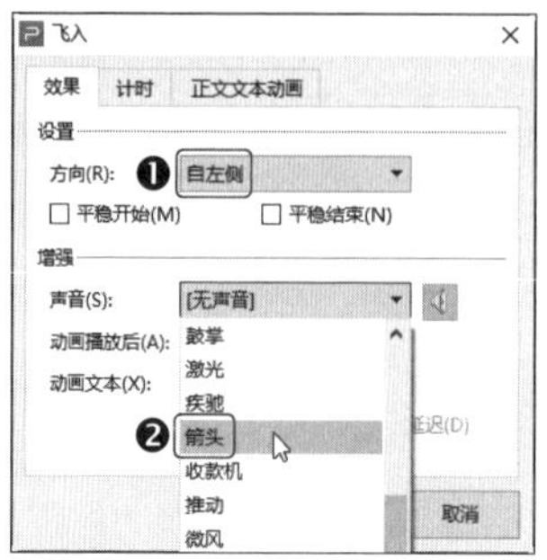

第9步 ❶ 在【计时】选项卡的【速度】下拉列表中选择【快速（1 秒）】选项，❷ 然后单击【确定】按钮，如下图所示。

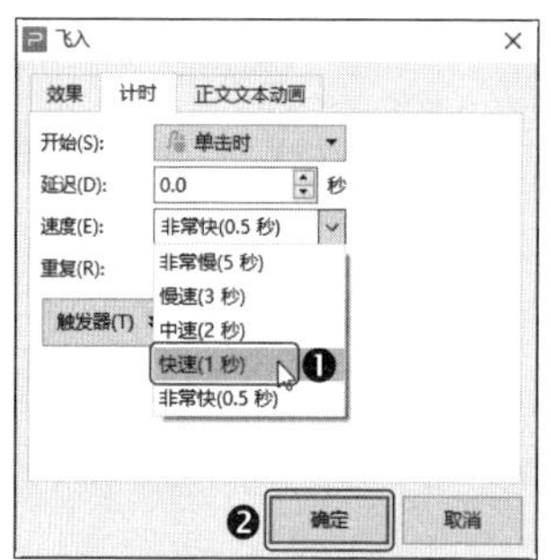

第10步 使用相同的方法为其他幻灯片中的对象设置动画效果，然后单击【放映】选项卡中的【从头开始】按钮，预览幻灯片的动画效果，如下图所示。

大神支招

下面结合本章内容，给读者介绍一些工作中的实用技巧。

01 如何使用WPS账号加密文档?

为了保护文档，我们可以为文档设置账号加密，只有登录了加密账号才可以打开文档。设置账号加密的操作方法如下。

第1步 打开“素材文件\第 4 章\员工入职培训 .pptx”文件，单击【审阅】选项卡中的【文档权限】按钮，如下图所示。

第2步 打开【文档权限】对话框，单击【私密文档保护】右侧的开关按钮，如下图所示。

第3步 打开【账号确认】对话框，确认账号后单击【开启保护】按钮，如下图所示。

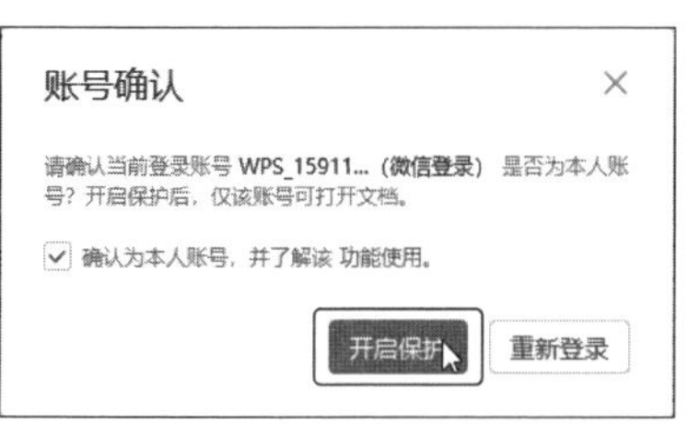

第3步 操作完成后即可看到文档已被保护，只有登录了账号才能打开文档。如下图所示。

02 如何压缩图片?

当演示文稿中的图片较多时，为了控制演示文稿的大小，我们可以压缩图片。压缩图片的操作方法如下。

第1步 打开“素材文件\第 4 章\员工入职培训 .pptx”文件，❶ 选中要压缩的图片，❷ 然后单击【图片工具】选项卡中的【压缩图片】按钮，如下图所示。

第2步 打开【压缩图片】对话框，保持默认设置，直接单击【压缩】按钮，操作如下图所示。

教您一招：压缩所有图片

在压缩图片对话框中选中【文档中所有图片】单选项，可以同时压缩文档中的所有图片。

第3步 返回演示文稿，WPS 提示已经成功减少了文件的体积，如下图所示。

03 在 WPS 演示中批量替换字体

在 WPS 演示中除了可以替换文字之外，还可以替换字体，操作方法如下。

第1步 打开“素材文件\第 4 章\员工入职培训 .pptx”文件，❶ 单击【开始】选项卡中的【替换】下拉按钮，❷ 在弹出的下拉菜单中选择【替换字体】选项，如下图所示。

第2步 打开【替换字体】对话框，❶ 在【替换】下拉列表中选择演示文稿中的字体，然后在【替换为】下拉列表中选择要替换成的字体，❷ 完成后单击【替换】按钮即可，如下图所示。

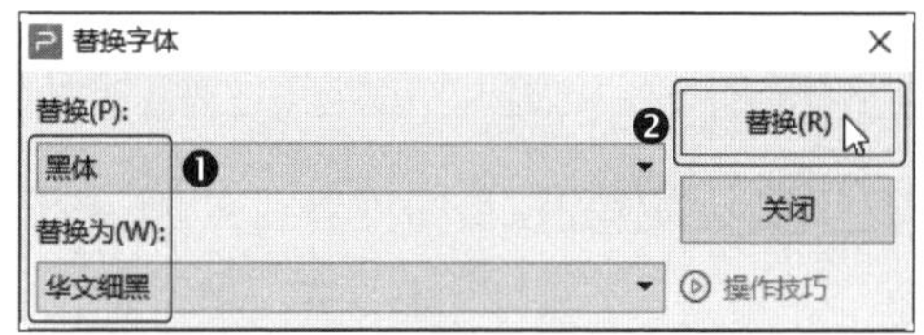

WPS

第5章

员工考勤与休假管理

本章导读

在文秘与行政工作中，经常需要制作与员工考勤和休假管理相关的文档。本章将通过制作年假意见征集表、员工考勤表、出差登记表等，介绍WPS Office软件在员工考勤与休假管理工作中的应用技巧。

知识要点

- 创建表单
- 填写与统计表单
- 创建模板
- 添加水印
- 设置数据有效性
- 添加内容控件
- 自动显示日期
- 冻结窗格

5.1 使用 WPS 表单制作年假意见征集表

征求大家的意见时，经常需要大家填写意见征集表，相关管理者最终会根据收集的意见来做决定。以前各个公司是先打印意见征集表并将它们分发到每个人手中，待大家填写完之后再进行统计。而现在，我们可以通过 WPS 的表单功能制作数据调查表，大家填写后再生成数据表，这样可以轻松统计填写的数据。

本例将使用 WPS 表单制作年假意见征集表，完成后的效果如下图所示，实例最终保存在云文档中。

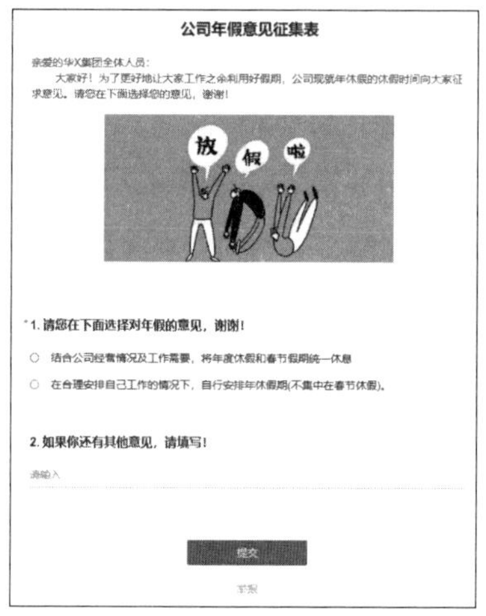
公司年假意见征集表

亲爱的华X集团全体人员：

大家好！为了更好地让大家工作之余利用好假期，公司现就年休假的休假时间向大家征求意见。请您在下面选择您的意见，谢谢！

*1. 请您在下面选择对年假的意见，谢谢！

○ 结合公司经营情况及工作需要，将年度休假和春节假期统一休息

○ 在合理安排自己工作的情况下，自行安排年休假期(不集中在春节休假)。

2. 如果你还有其他意见，请填写！

请输入

提交

5.1.1 创建表单文件

要制作意见征集表，首先需要通过表单功能创建表单文件，操作方法如下。

1. 新建表单

表单功能提供了多种表单模板，如果有合适的表单模板，可以直接使用模板生成表单。除此之外，也可以新建空白表单来创建。新建表单的操作方法如下。

❶ 打开 WPS Office 主程序，新建标签，然后切换到【表单】选项卡，❷ 选择【新建空白表单】选项，如下图所示。

2. 设置表单题目

新建表单之后就可以设置表单的题目

了，操作方法如下。

第1步 在金山表单中单击【请输入表单标题】，如下图所示。

第2步 ❶ 输入表单的标题后，❷ 在下方描述栏中输入表单的主题，并将光标定位到描述栏中，❸ 然后单击【左对齐】按钮☰，如下图所示。

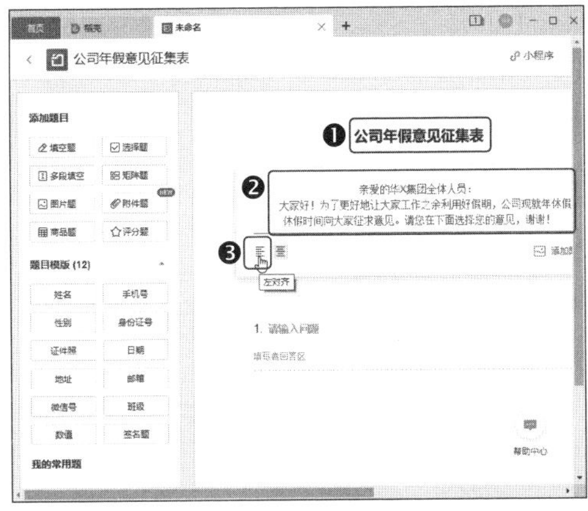

第3步 ❶ 将鼠标指针移到【添加图片】处，❷ 在弹出的下拉列表中选择【从本地添加】选项，如下图所示。

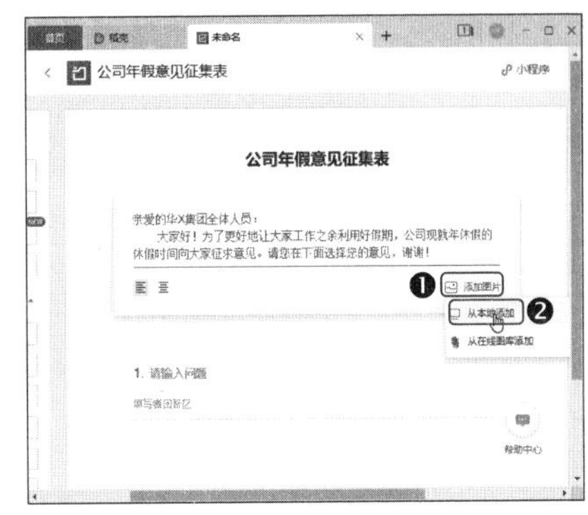

第4步 打开【打开文件】对话框，❶ 选择“素材文件 \ 第 5 章 \ 放假 .jpg”，❷ 然后单击【打开】按钮，如下图所示。

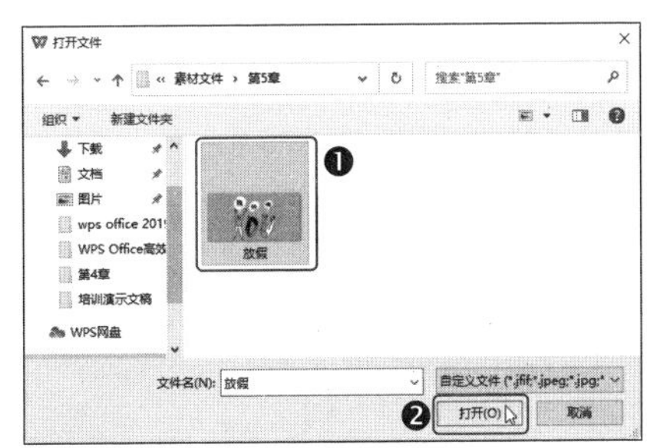

第5步 ❶ 选中系统添加的第 1 个问题，❷ 然后单击【删除】按钮，如下图所示。

第6步 在左侧窗格中选择【选择题】选项，如下图所示。

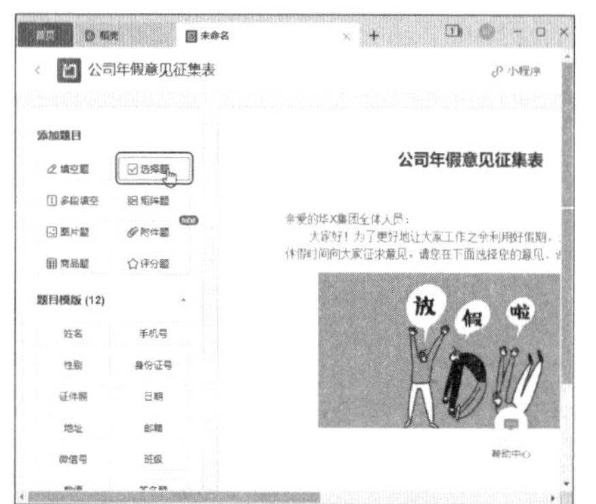

第7步 ❶输入选择题的问题和选项，❷然后勾选下方的【必填】复选框，如下图所示。

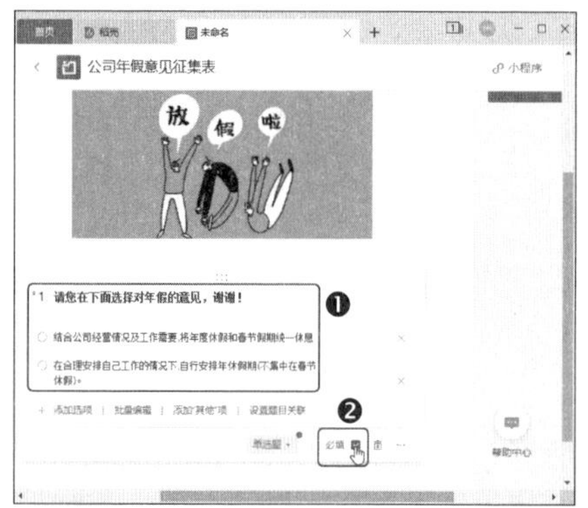

第8步 选择左侧窗格中的【填空题】选项，如下图所示。

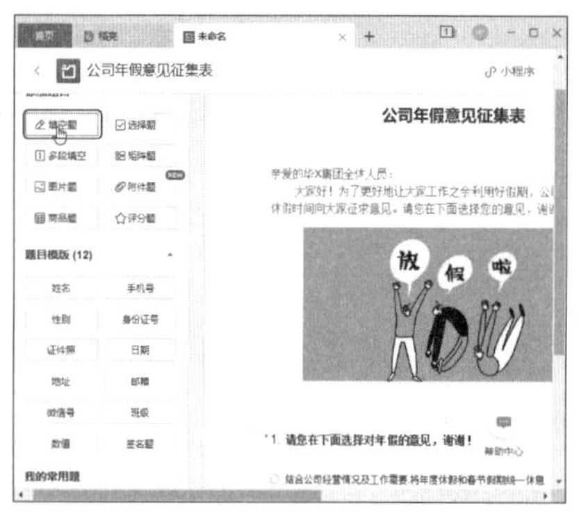

第9步 为添加的填空题设置问题，如下图所示。

第10步 设置完成后单击右侧的【预览】按钮，如下图所示。

第11步 预览完成后，如果需要修改，就单击【继续编辑】按钮进入编辑状态；如果不需要修改，则直接单击【完成创建】按钮，如下图所示。

教您一招：预览手机端的效果

单击上方的▯按钮可以预览意见征集表在手机屏幕上的显示效果。

第12步 弹出提示信息，提示已经创建成功。❶ 在【谁可以填写】栏选择填写人群，❷ 然后在【邀请方式】栏选择一种邀请方式，本例选择【链接】选项，即可将链接复制到剪贴板，然后将链接发送给需要填写的人群，如下图所示。

5.1.2 填写并提交记录表

收到表单链接后，员工需要打开链接进行填写，然后提交，操作方法如下。

第1步 收到链接后，单击链接，如下图所示。

第2步 打开表单文件，❶ 填写表单内容，❷ 完成后单击【提交】按钮，如下图所示。

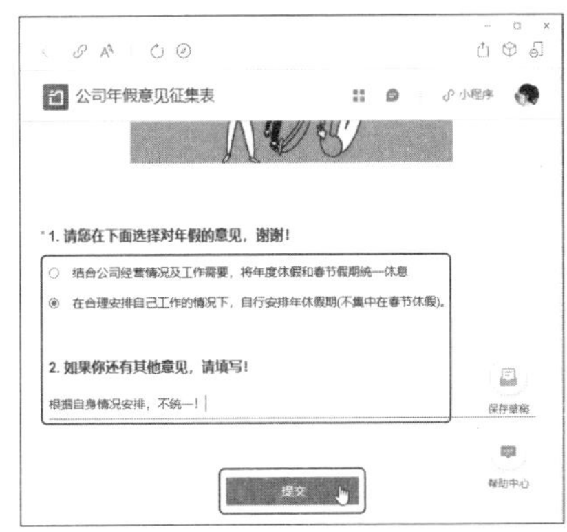

第3步 弹出【提交内容】对话框，提示提交后不可更改，单击【确定】按钮，如下图所示。

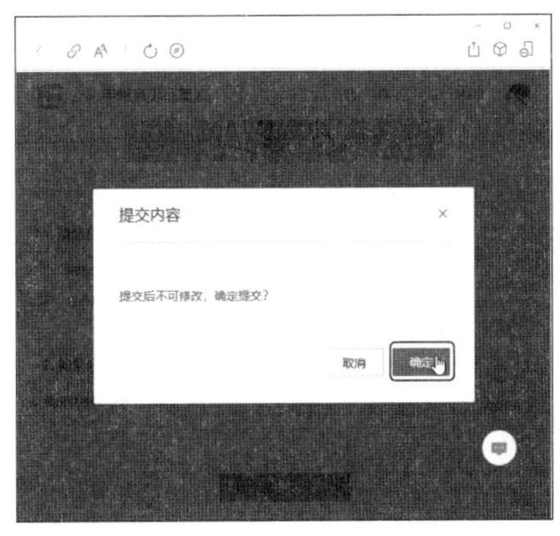

第4步 操作完成后显示提交成功。可以单击【查看详情】链接查看填写的内容，也可以直接关闭窗口。

5.1.3 查看并分享填写统计

他人填写了调查表之后，发起人需要查看填写的数据，并将数据分享给需要的人，操作方法如下。

第1步 启动 WPS Office，❶ 在主界面选择【文档】选项，❷ 再选择【我的云文档】选项，❸ 然后在右侧双击【应用】选项，如下图所示。

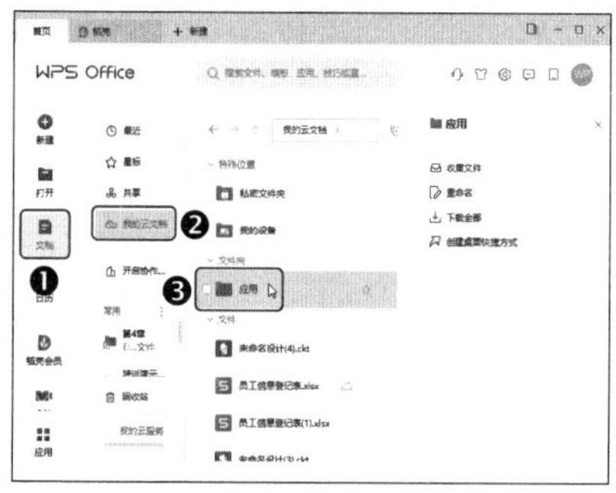

第2步 在打开的页面中双击【我的表单】文件夹，如下图所示。

第3步 在表单文件夹中双击【公司年假意见征集表】文件，如下图所示。

第4步 ❶ 在打开的页面中即可看到他人填写的数据，❷ 单击【结果分享】按钮，如下图所示。

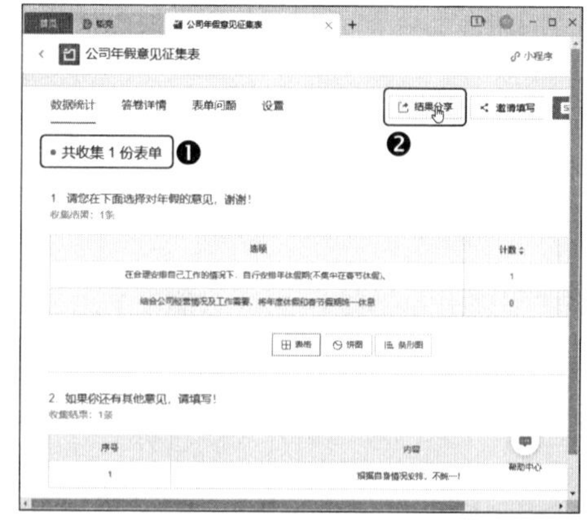

第5步 在打开的【结果分享】对话框中单击【复制链接】按钮，将链接复制到剪贴板后，再将链接发送给其他人，如下图所示。

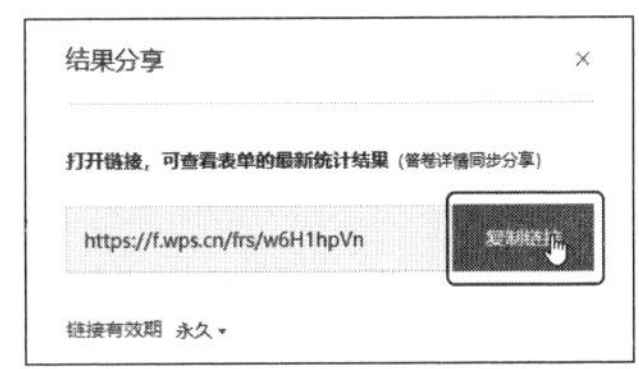

5.2 使用 WPS 文字制作放假通知

文秘与行政工作中经常需要创建通知、告示等文档，这类文档通常具有相同的格式及相应的标准，例如，有相同的页眉页脚、相同的背景、相同的字体及样式等。如果将这些相同的元素制作成一个模板文件，那么再次使用时就可以直接使用该模板创建文档，而不用花费时间另行设置。

本例先通过 WPS 文字制作一个企业模板，然后使用模板创建放假通知。完成后的效果如下图所示，实例最终效果见“\ 结果文件 \ 第 5 章 \ 国庆放假通知 .docx”文件。

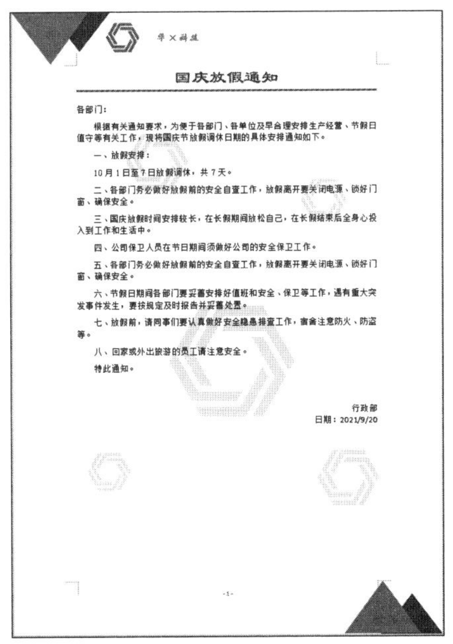

国庆放假通知

各部门：

根据有关通知要求，为便于各部门、各单位及早合理安排生产经营、节假日值守等有关工作，现将国庆节放假调休日期的具体安排通知如下。

一、放假安排：

10 月 1 日至 7 日放假调休，共 7 天。

二、各部门务必做好放假前的安全自查工作，放假离开要关闭电源、锁好门窗、确保安全。

三、国庆放假时间安排较长，在长假期间放松自己，在长假结束后全身心投入到工作和生活中。

四、公司保卫人员在节日期间须做好公司的安全保卫工作。

五、各部门务必做好放假前的安全自查工作，放假离开要关闭电源、锁好门窗、确保安全。

六、节假日期间各部门要妥善安排好值班和安全、保卫等工作，遇有重大突发事件发生，要按规定及时报告并妥善处置。

七、放假前，请同事们要认真做好安全隐患排查工作，宿舍注意防火、防盗等。

八、回家或外出旅游的员工请注意安全。

特此通知。

行政部

日期：2021/9/20

-1-

5.2.1 新建模板文件

创建模板文件最常用的方法是在 WPS 文字中将文档另存为模板文件，针对这种方法，首先需要创建一个文档，然后再进行后续操作。

第1步 新建一个文字文稿，然后单击快速访问工具栏中的【保存】按钮，如下图所示。

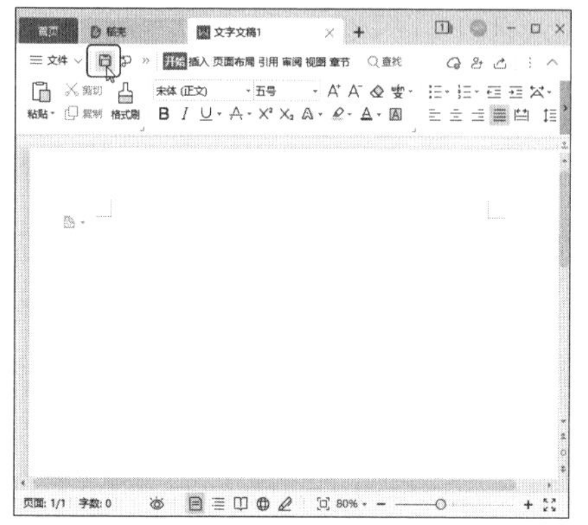

第2步 打开【另存文件】对话框，❶ 在【文件类型】下拉列表中选择【Microsoft Word 模板文件（*.dotx）】选项，❷ 然后单击【保存】按钮，如下图所示。

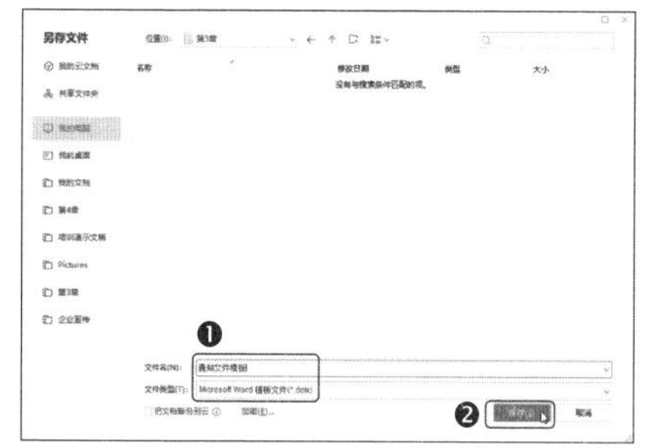

温馨提示

除上述类型外，我们也可以将文件另存为 WPS 文字模板文件，但因格式的原因，会影响某些功能的使用。

5.2.2 显示开发工具选项卡

在制作模板文档时，需要用到【开发工具】选项卡中的功能，如果【开发工具】选项卡并没有显示在工具栏中，就需要我们通过以下操作来显示。

第1步 ❶ 单击【文件】下拉按钮，❷ 在弹出的下拉菜单中单击【选项】命令，如下图所示。

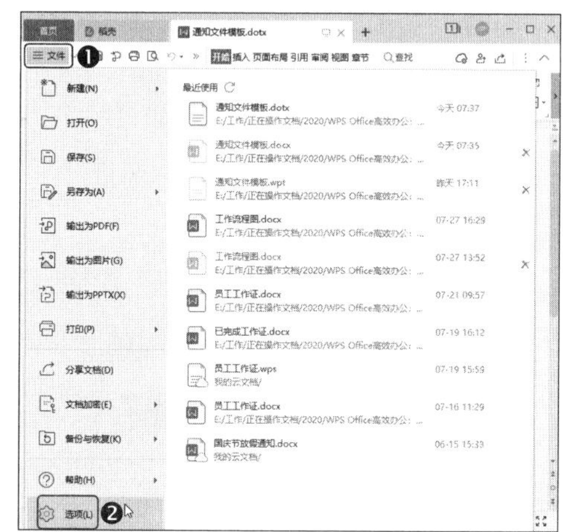

第2步 打开【选项】对话框，❶ 在【自定义功能区】选项卡的【自定义功能区】列表框中勾选【开发工具（工具选项卡）】复选框，❷ 完成后单击【确定】按钮即可，如下图所示。

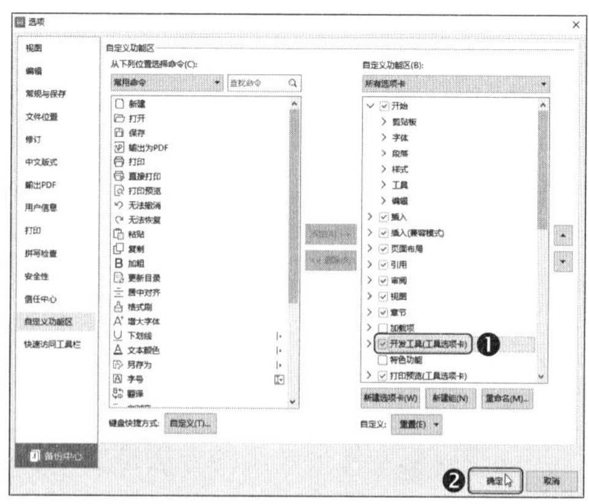

第3步 返回文档即可看到【开发工具】选项卡已经显示，如下图所示。

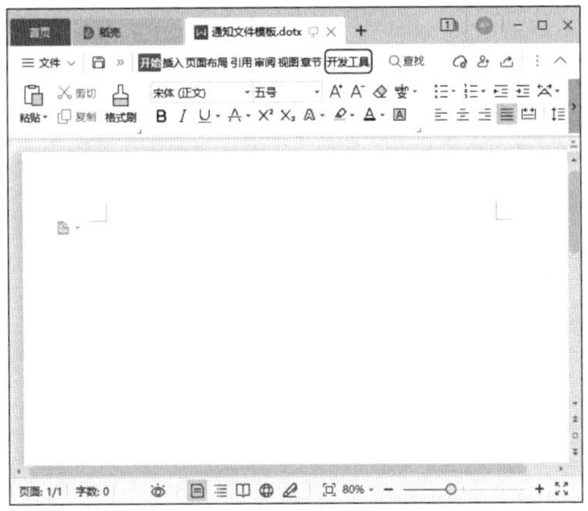

教您一招：隐藏选项卡

如果觉得选项卡中的项目过多，那么可以使用上述方法打开【选项】对话框，在【自定义功能区】选项卡中取消勾选要取消显示的选项卡对应的复选框，从而隐藏选项卡。

5.2.3 添加模板内容

创建好模板文件之后，就可以为模板添加内容，以便以后直接套用该模板创建文件了。通常模板中含有固定的成分，如固定的标题、背景、页面版式等。为模板添加内容的操作方法如下。

1. 制作页眉和页脚

页眉和页脚是每页固定的项目，在制作模板时，可以首先制作页眉和页脚，操作方法如下。

第1步 双击页眉位置，激活页眉页脚编辑模式，如下图所示。

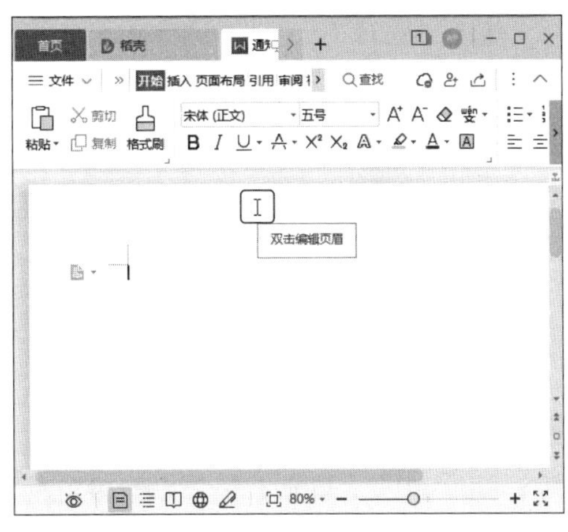

温馨提示

单击【插入】选项卡中的【页眉页脚】按钮，也可以进入页眉页脚编辑模式。

第2步 ❶ 单击【插入】选项卡中的【形状】下拉按钮，❷ 在弹出的下拉菜单中选择【等腰三角形】，如下图所示。

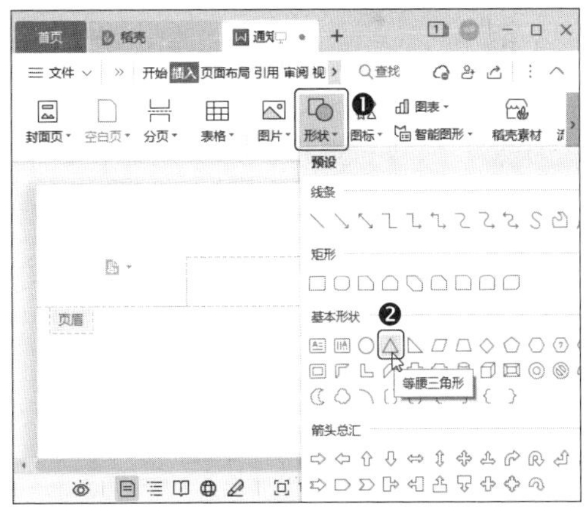

第3步 在页面的顶端拖动，从而绘制等腰三角形，如下图所示。

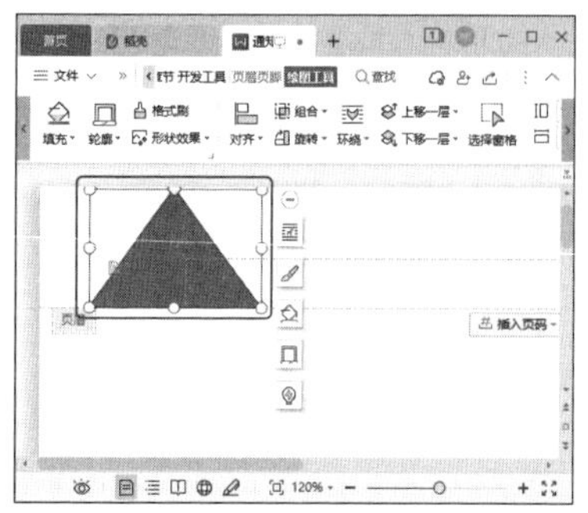

第4步 ❶ 选择三角形，❷ 单击【绘图工具】选项卡中的【填充】下拉按钮，❸ 在弹出的下拉菜单中选择一种填充颜色，如下图所示。

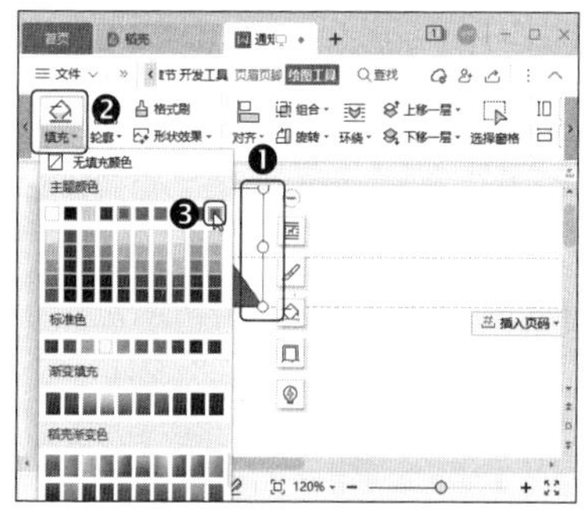

第5步 保持对图形的选中状态，❶ 单击【绘图工具】选项卡中的【轮廓】下拉按钮，❷ 在弹出的下拉菜单中选择【无边框颜色】选项，如下图所示。

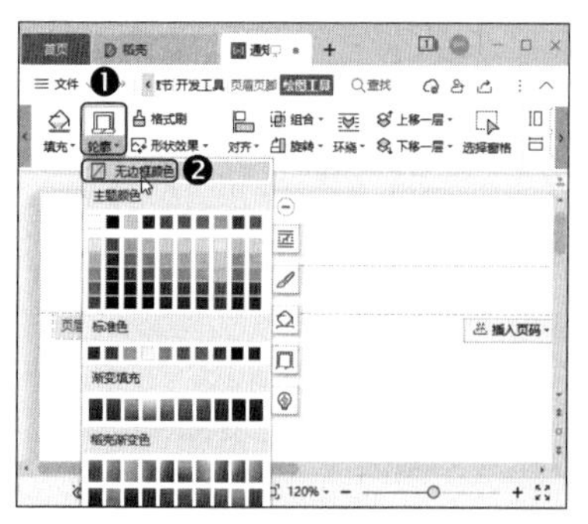

第6步 ❶ 复制一个三角形，然后选中两个图形，❷ 单击【绘图工具】选项卡中的【旋转】下拉按钮，❸ 在弹出的下拉菜单中选择【垂直翻转】选项，如下图所示。

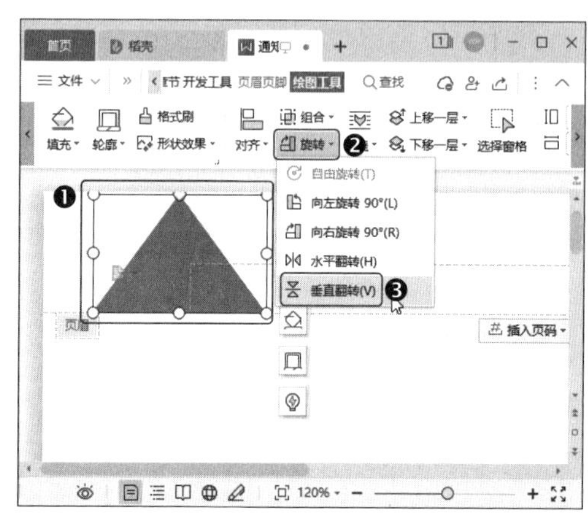

第7步 将复制的图形拖动到右侧，如下图所示。

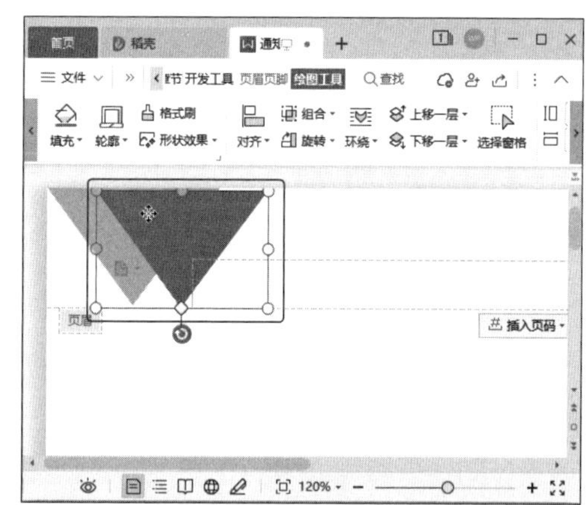

第8步 ❶ 单击【绘图工具】选项卡中的【填充】下拉按钮，❷ 在弹出的下拉菜单中选择同系的深色进行填充，如下图所示。

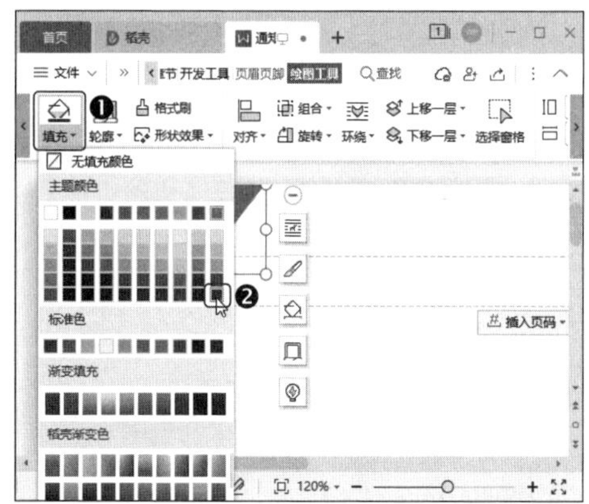

第9步 ❶ 拖动图形四周的控制点调整图形的大小，然后选中形状，❷ 单击【绘图工具】选项卡中的【下移一层】按钮，如下图所示。

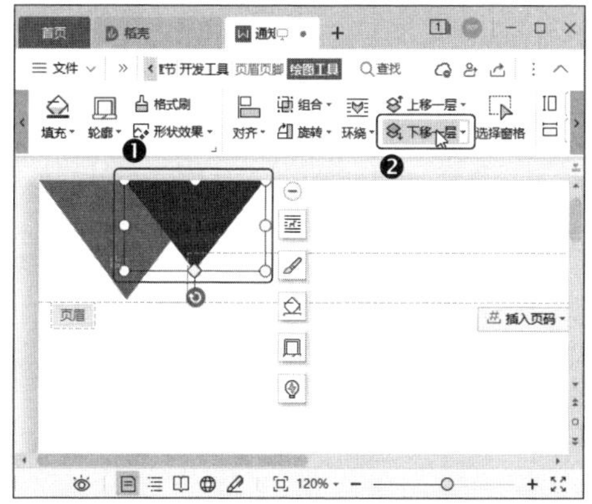

温馨提示

在设计配色时，颜色不宜过于复杂。可以使用互补色、邻近色等配色方案。

第10步 ❶ 按住【Ctrl】键的同时选中两个三角形，❷ 然后单击【绘图工具】选项卡中的【组合】下拉按钮，❸ 在弹出的下拉菜单中选择【组合】选项，如下图所示。

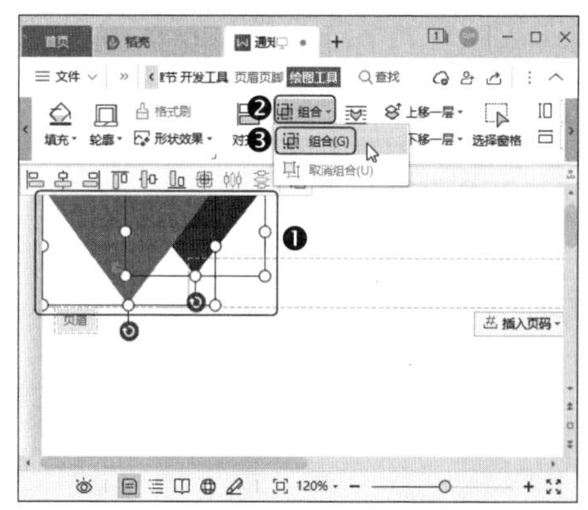

第11步 单击【插入】选项卡中的【图片】按钮，如下图所示。

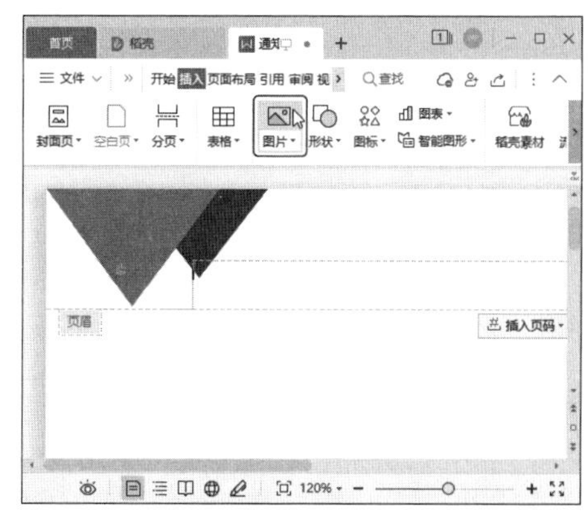

第12步 打开【插入图片】对话框，❶ 选择“素材文件\第 5 章\公司图标”文件，❷ 然后单击【打开】按钮，如下图所示。

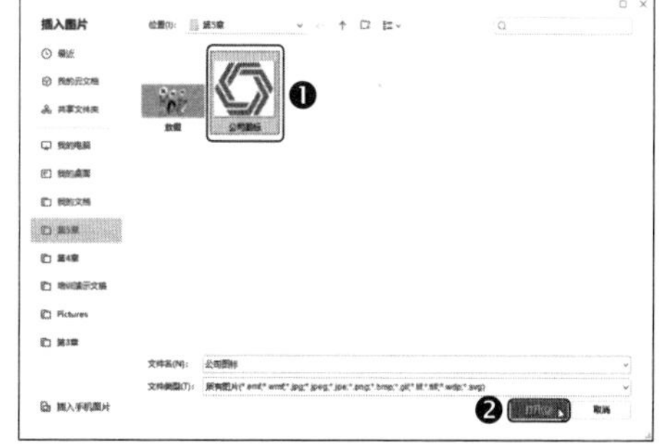

第13步 ❶ 调整图片的大小，并选中图片。❷ 然后单击【图片工具】选项卡中的【环绕】下拉按钮，❸ 在弹出的下拉菜单中选择【四周型环绕】选项，如下图所示。

第14步 ❶ 将图片拖动到合适的位置，❷ 然后单击【插入】选项卡中的【文本框】按钮，如下图所示。

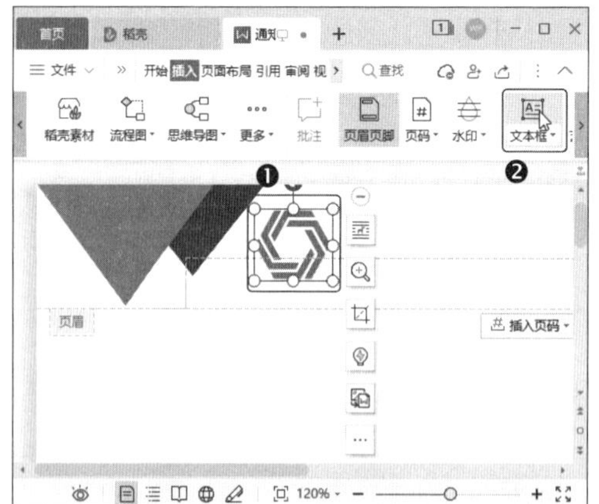

第15步 ❶ 在公司图标右侧绘制文本框并输入文本，❷ 然后在【文本工具】选项卡中设置字体样式，如下图所示。

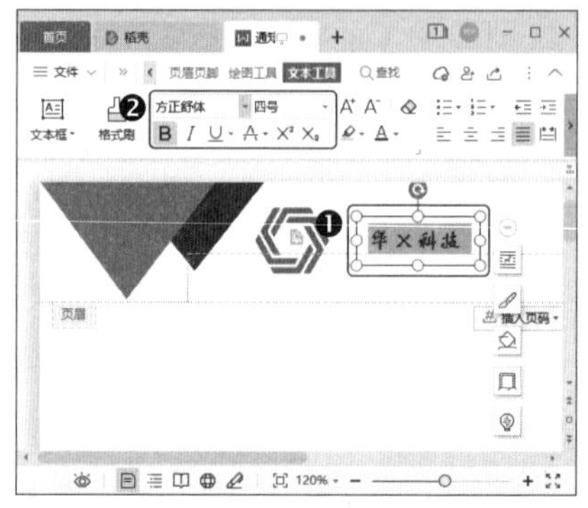

第16步 ❶ 在【绘图工具】选项卡中单击【轮廓】下拉按钮，❷ 在弹出的下拉菜单中选择【无边框颜色】选项，如下图所示。

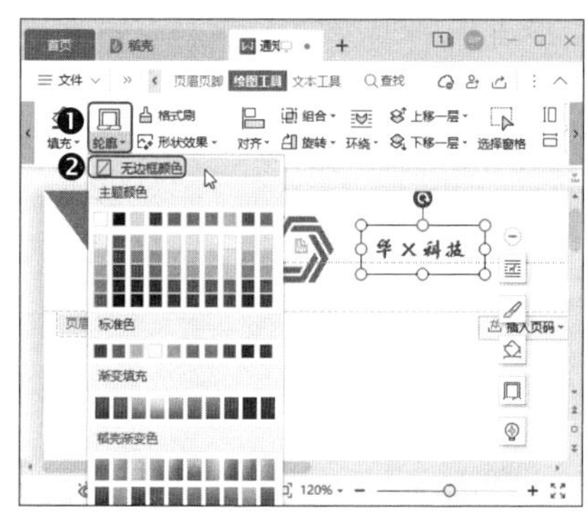

第17步 ❶ 选中组合后的三角形图形，❷ 然后单击【开始】选项卡中的【复制】按钮，如下图所示。

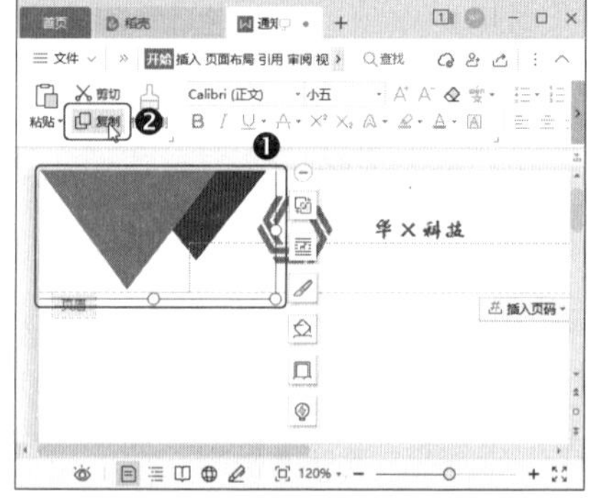

第18步 ❶将复制的图形粘贴到页脚的右侧，❷然后单击【绘图工具】选项卡中的【旋转】下拉按钮，❸在弹出的下拉菜单中选择【垂直翻转】选项，如下图所示。

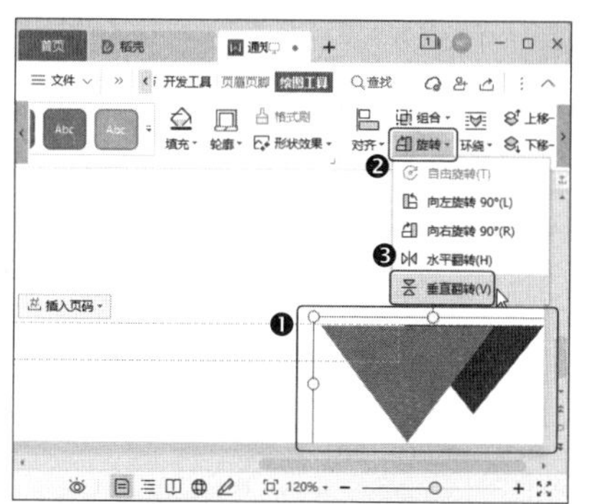

2. 添加页码

在页眉或是页脚中都可以添加页码，本例以在页脚处添加页码为例，介绍添加页码的方法。

第1步 ❶单击【页脚】处的【插入页码】按钮，❷在弹出的列表中单击【样式】下拉列表框右侧的下拉按钮，❸在弹出的下拉列表中选择一种页码样式，如下图所示。

第2步 ❶在【位置】栏选择页码的位置，❷在【应用范围】栏选中【整篇文档】单选项，❸完成后单击【确定】按钮，如下图所示。

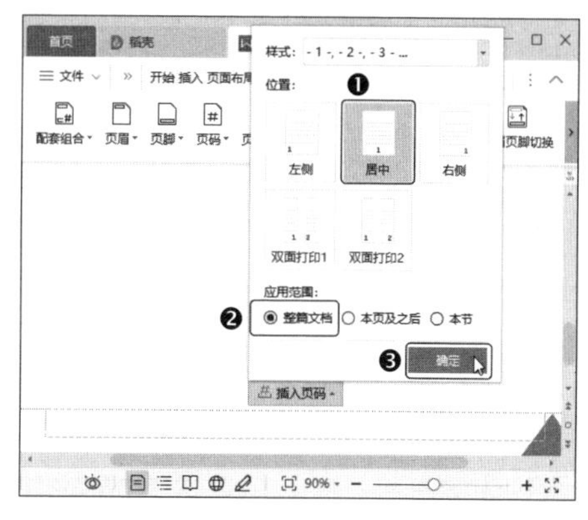

第3步 待页码添加成功后，双击页面的空白处退出页眉和页脚编辑状态，如下图所示。

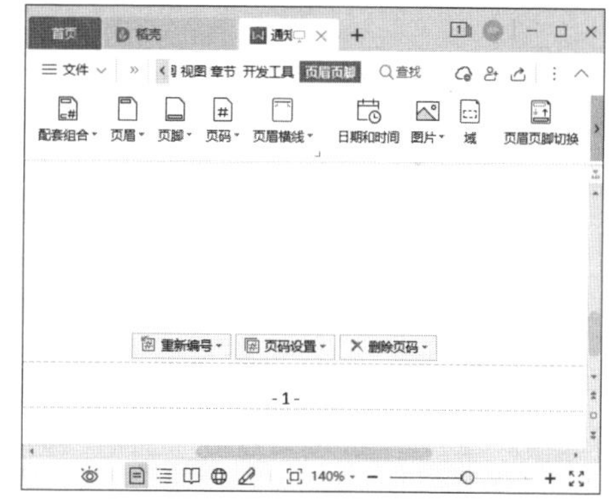

3. 添加水印

对于公司的专用模板，我们可以为其添加水印，操作方法如下。

第1步 ❶单击【插入】选项卡中的【水印】下拉按钮，❷在弹出的下拉菜单中选择【插入水印】选项，如下图所示。

第2步 打开【水印】对话框，❶ 勾选【图片水印】复选框，❷ 然后单击【选择图片】按钮，如下图所示。

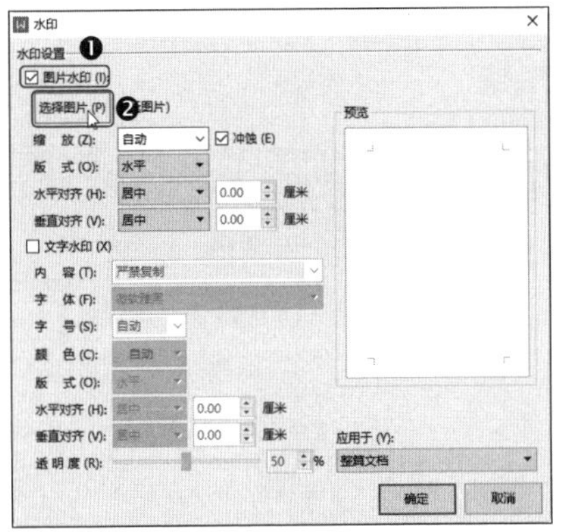

第3步 打开【选择图片】对话框，❶ 选择“素材文件\第5章\公司图标”素材文件，❷ 然后单击【打开】按钮，如下图所示。

教您一招：使用内置水印样式

除了选择自己的图片作为水印外，我们也可以在【插入】选项卡中单击【水印】下拉按钮，在弹出的下拉菜单中选择【预设水印】栏中的内置水印样式。

第4步 返回【水印】对话框，单击【确定】按钮，如下图所示。

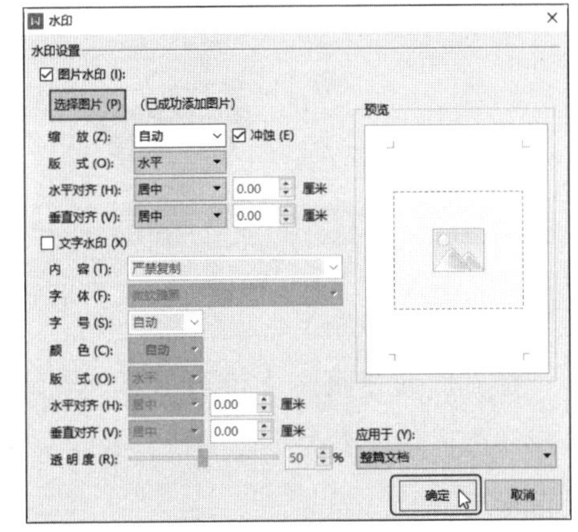

第5步 ❶ 复制多个水印图片到页面中，并调整图片大小和位置，❷ 完成后单击【页眉页脚】选项卡中的【关闭】按钮，退出页眉页脚编辑状态，如下图所示。

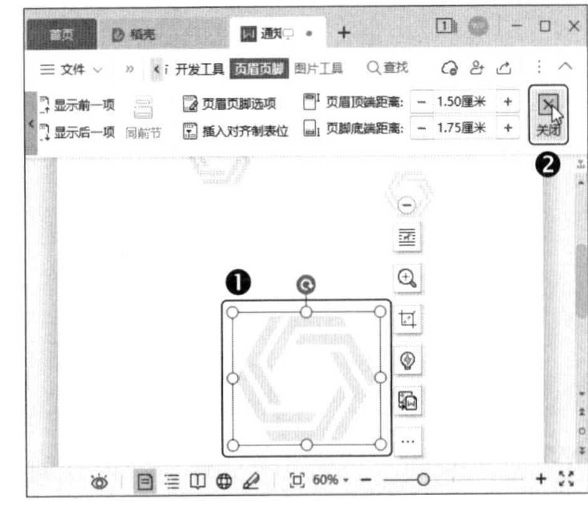

4. 添加内容控件

通常情况下，我们还需要在模板文件中设置一些固定的格式，这时就可以使用【开发工具】选项卡中的格式文本内容控件来进行设置。设置完成后，在使用模板创建新文件时，只需要修改少量的文字内容就可以制作一份版式完整的文档。添加内容控件的方法如下。

第1步 单击【开发工具】选项卡中的【格式文本内容控件】按钮，如下图所示。

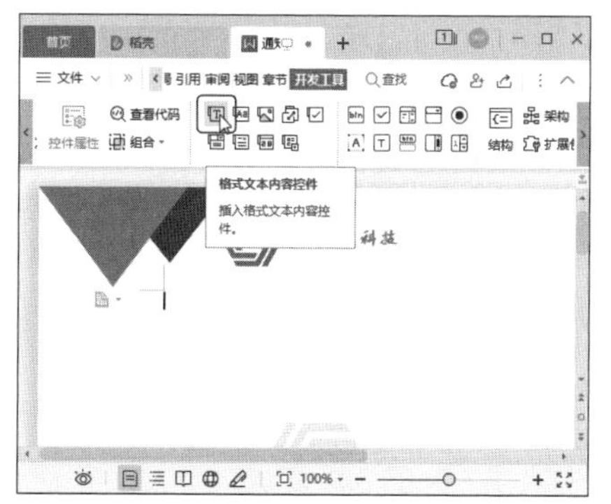

第2步 ❶在模板文档中插入内容控件后选中控件，❷在【开始】选项卡中设置字体样式，❸然后单击【居中对齐】按钮，如下图所示。

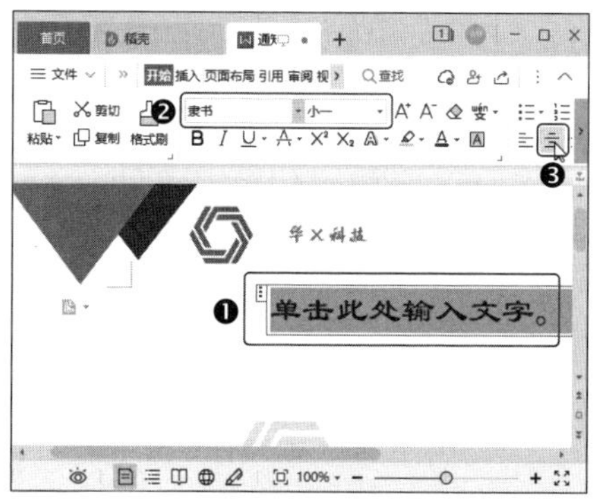

第3步 ❶单击【开始】选项卡的【边框】下拉按钮，❷在弹出的下拉菜单中选择【边框和底纹】选项，如下图所示。

第4步 打开【边框和底纹】对话框，❶在【边框】选项卡的【设置】栏选择【自定义】选项，❷然后分别设置线条的样式、颜色和宽度，❸再单击【预览】栏中的下框线按钮，❹完成后单击【确定】按钮，如下图所示。

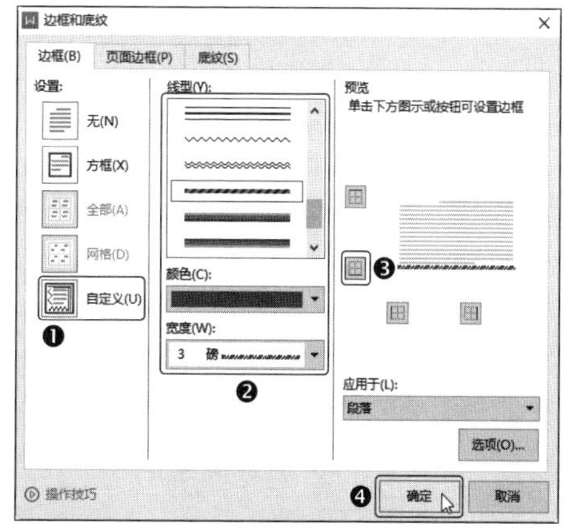

第5步 单击【开发工具】选项卡中的【控件属性】按钮，如下图所示。

第6步 打开【内容控件属性】对话框，❶ 勾选【内容被编辑后删除内容控件】复选框，❷ 然后单击【确定】按钮，如下图所示。

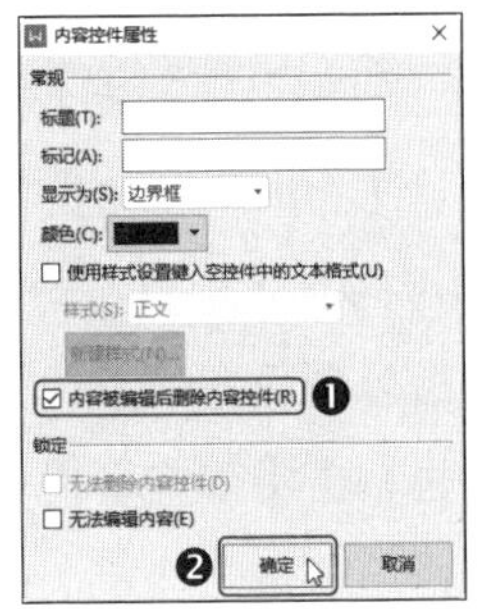

第7步 ❶ 使用相同的方法在下方插入第二个格式文本内容控件，并设置控件的字体样式，然后选中控件，❷ 单击【开始】选项卡中的【段落】对话框按钮 ⌟，如下图所示。

第8步 打开【段落】对话框，❶ 设置【特殊格式】为【首行缩进 2 字符】，❷ 设置【间距】为段后【0.5】行，❸ 完成后单击【确定】按钮，如下图所示。

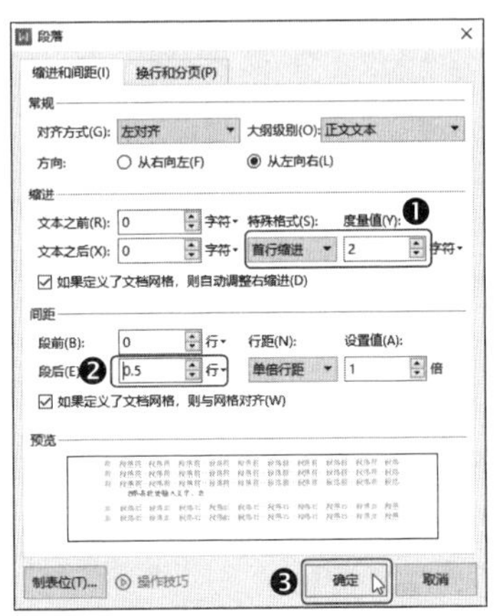

第9步 ❶ 在文档的末尾处输入落款和日期文本，❷ 单击【开始】选项卡中的【右对齐】按钮 ☰，如下图所示。

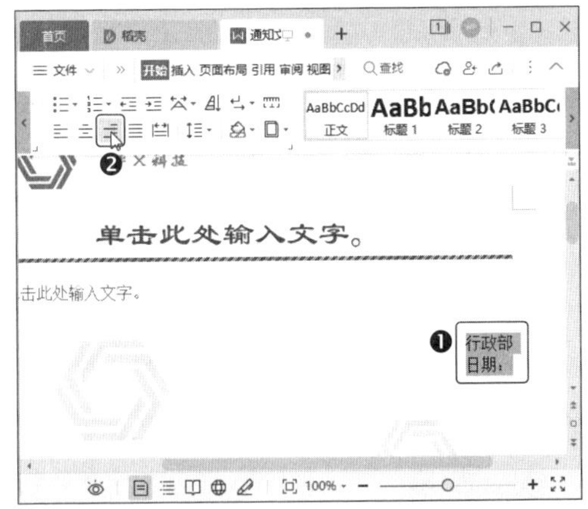

第10步 ❶ 将光标定位到日期段落的右侧，❷ 然后单击【开发工具】选项卡中的【日期选取器内容控件】按钮 ▤，如下图所示。

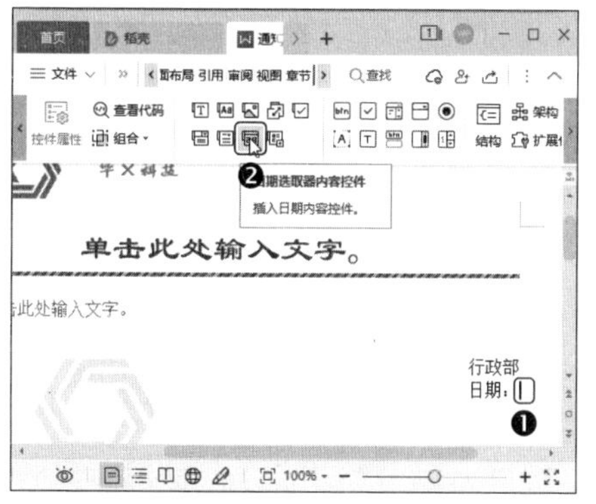

5.2.4 使用模板创建文档

模板创建完成后，就可以使用模板创建文档了，操作方法如下。

第1步 ❶ 单击【文件】下拉按钮，❷ 在弹出的下拉菜单中选择【新建】命令，❸ 再在弹出的子菜单中选择【本机上的模板】命令，如下图所示。

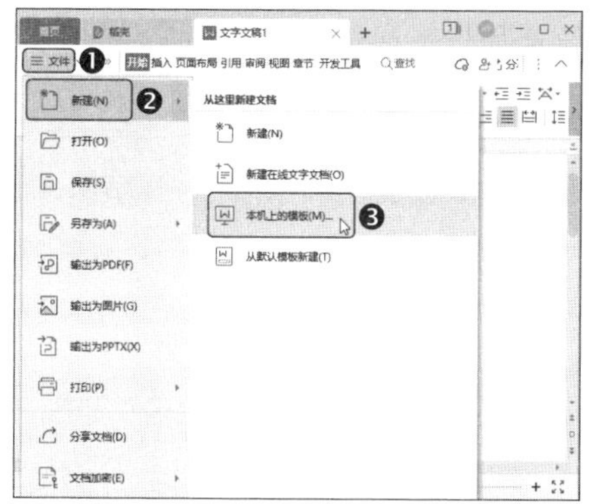

> **教您一招：快速使用模板创建文档**
>
> 在模板文件的保存目录下直接双击模板文件，即可使用该模板创建新文档。

第2步 打开【模板】对话框，❶ 在【常规】选项卡中选择【通知文件模板】选项，❷ 然后单击【确定】按钮即可创建文档，如下图所示。

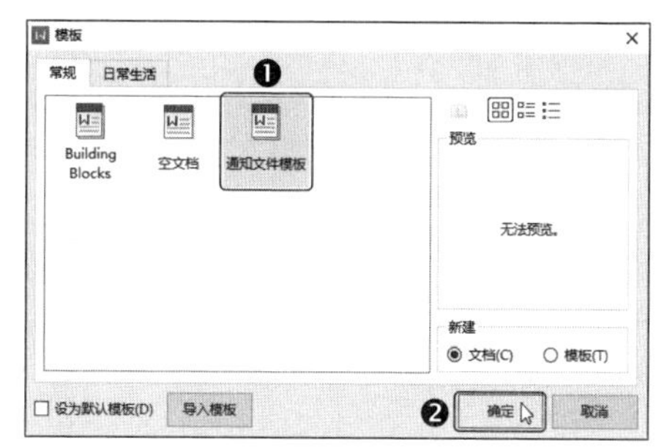

第3步 单击标题区域的格式文本内容控件，输入标题文字，如下图所示。

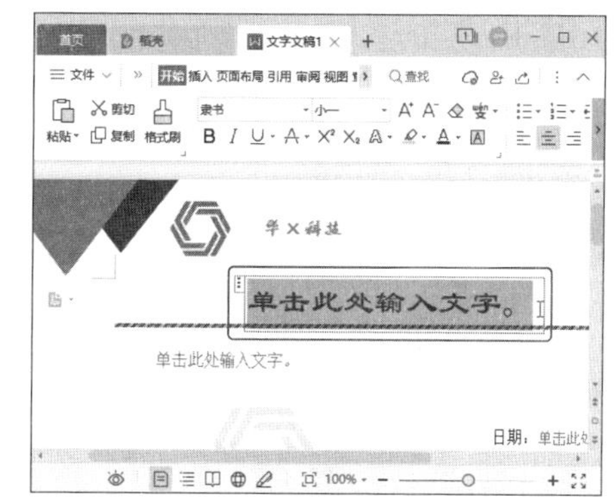

第4步 单击文本中正文的格式文本内容控件，输入正文内容，如下图所示。

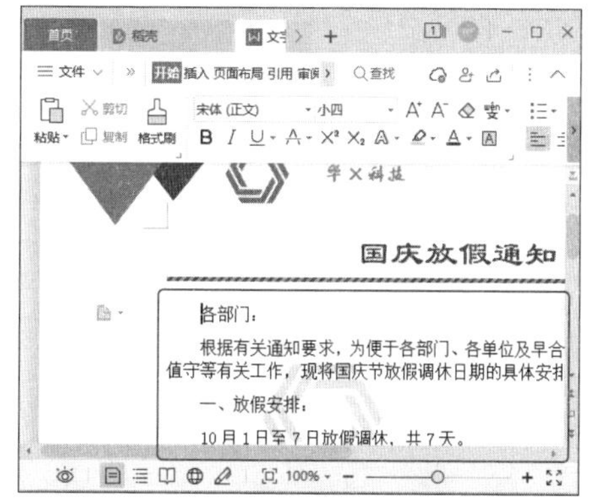

第5步 ❶ 单击文档末尾的文件发布日期右侧的日期选取器内容控件右侧的下拉按钮▾，❷ 选择发布的日期，如下图所示。

使用模板创建的文档如下图所示。

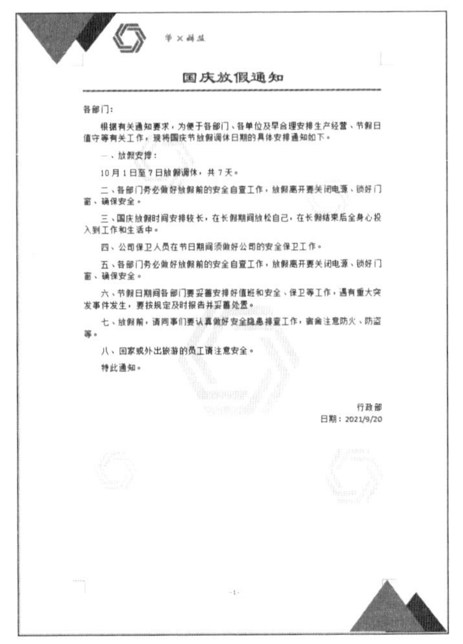

国庆放假通知

各部门：

根据有关通知要求，为便于各部门、各单位及早合理安排生产经营、节假日值守等有关工作，现将国庆节放假调休日期的具体安排通知如下。

一、放假安排：

10 月 1 日至 7 日放假调休，共 7 天。

二、各部门务必做好放假前的安全自查工作，放假离开要关闭电源、锁好门窗、确保安全。

三、国庆放假时间安排较长，在长假期间放松自己，在长假结束后全身心投入到工作和生活中。

四、公司保卫人员在节日期间须做好公司的安全保卫工作。

五、各部门务必做好放假前的安全自查工作，放假离开要关闭电源、锁好门窗、确保安全。

六、节假日期间各部门要妥善安排好值班和安全、保卫等工作，遇有重大突发事件发生，要按规定及时报告并妥善处置。

七、放假前，请同事们要认真做好安全隐患排查工作，谨慎注意防火、防盗等。

八、回家或外出旅游的员工请注意安全。

特此通知。

行政部

日期：2021/9/20

5.3 使用 WPS 表格制作员工考勤表

考勤的目的是维护工作秩序，提高办事效率，严肃企业纪律，使员工自觉遵守工作时间和劳动纪律，因此员工考勤表便成了公司必不可少的表格之一。考勤的过程中涉及的考勤项目包括出勤、迟到、早退、病假、事假等。

本例将制作员工考勤表，完成后的效果如下图所示，实例最终效果见“\结果文件\第 5 章\员工考勤表 .xlsx”文件。

10月考勤表

2021 年 10 月 部门：财务部

日期	星期	五	六	日	一	二	三	四	五	六	日	一	二	三	四	五	六	日	一	二	三	四	五	六	日	一	二	三	四	五	六	日	出勤	事假	病假	矿工	迟到
姓名	日	1	2	3	4	5	6	7	8	9	10	11	12	13	14	15	16	17	18	19	20	21	22	23	24	25	26	27	28	29	30	31	天数				次数
刘亚明	上午	√			√	√	√	√	√			√	√	√	√	⊕			√	√	√	√	√			√	√	√	√	√			20.5	0	0.5	0	0
	下午	√			√	√	√	√	√			√	√	√	√	√			√	√	√	√	√			√	√	√	√	√							
王析	上午	√			√	√	√	√	√			√	√	√	√	√			√	√	√	√	√			√	√	√	√	△			19.5	1	0	0	0.5
	下午	√			√	√	√	√	√			√	√	√	□	√			√	√	√	√	√			√	√	√	√	△							
周光群	上午	√			√	√	√	△	√			√	√	√	√	√			√	√	√	√	⊕			√	☆	√	√	√			19.5	0.5	0.5	0.5	0
	下午	√			√	√	√	√	√			√	√	√	√	√			√	√	√	√	√			√	√	√	√	√							
徐小东	上午	√			√	√	√	√	√			√	√	√	√	√			√	√	√	√	√			√	√	√	√	√			21	0	0	0	0
	下午	√			√	√	√	√	√			√	√	√	√	√			√	√	√	√	√			√	√	√	√	√							
李建华	上午	√			√	√	√	√	√			√	□	√	√	√			√	√	√	√	√			□	√	√	√	√			19	0	0.5	0	1.5
	下午	√			√	√	√	□	√			√	√	√	√	√			⊕	√	√	√	√			√	√	√	√	√							
李军	上午	√			√	√	√	√	√			√	√	√	√	√			√	√	△	√	√			√	√	√	√	√			20.5	0.5	0	0	0
	下午	√			√	√	√	√	√			√	√	√	√	√			√	√	√	√	√			√	√	√	√	√							
周航	上午	√			√	√	√	√	√			√	√	√	√	√			√	√	√	√	√			√	√	√	⊕	√			20	0	0.5	0	0.5
	下午	√			√	□	√	√	√			√	√	√	√	√			√	√	√	√	√			√	√	√	√	√							
林巧玉	上午	△			√	√	√	√	√			√	√	√	√	√			√	√	√	√	√			√	√	√	√	√			19	1.5	0	0	0.5
	下午	△			√	√	√	√	√			√	√	√	√	△			√	√	√	√	□			√	√	√	√	√							
牟伟	上午	√			√	√	√	√	√			√	⊕	√	√	√			√	√	√	√	√			√	√	√	√	√			19.5	0.5	0.5	0	0.5
	下午	√			√	√	√	□	√			√	√	√	√	√			√	√	√	√	√			√	△	√	√	√							
陈明莉	上午	√			√	√	√	√	√			√	√	√	√	√			□	√	√	√	√			√	√	√	√	√			20	0.5	0	0	0.5
	下午	√			√	√	√	√	√			√	√	√	√	√			√	√	△	√	√			√	√	√	√	√							
谭平	上午	√			√	√	√	√	☆			√	√	√	√	√			√	√	√	√	√			√	⊕	√	√	√			20	0	0.5	0.5	0
	下午	√			√	√	√	√	√			√	√	√	√	√			√	√	√	√	√			√	√	√	√	√							
白琼仙	上午	√			√	√	√	√	√			√	□	√	√	√			√	□	√	√	√			√	√	√	√	√			19.5	0	0	0.5	1
	下午	√			√	√	√	√	√			√	√	√	√	√			√	√	√	√	√			☆	√	√	√	√							

备注：出勤 √ 事假 △ 病假 ⊕ 矿工 ☆ 迟到 □

5.3.1 创建员工考勤表的框架

制作员工考勤表的第一步要制作考勤表的框架，具体的操作方法如下。

第1步 ❶ 新建一个名为“员工考勤表”的表格，在 A1 单元格中输入“10 月考勤表”。选中 A1:AL1 单元格区域，❷ 单击【开始】选项卡中的【合并居中】按钮，如下图所示。

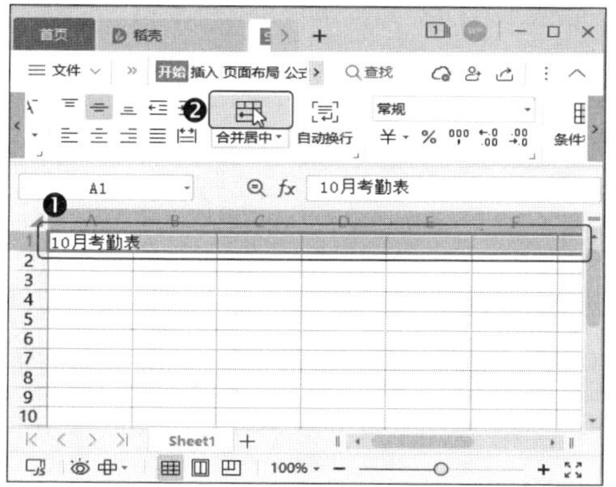

第2步 ❶ 选中合并后的 A1 单元格，❷ 在【开始】选项卡中设置字体格式为黑体、24 号，如下图所示。

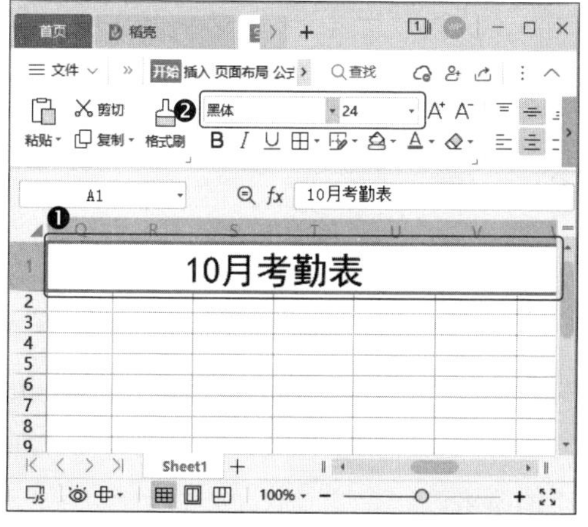

第3步 ❶ 选中 A3:AL28 单元格区域，❷ 然后单击【开始】选项卡中的边框下拉按钮田 ▾，❸ 在弹出的下拉菜单中选择【所有框线】选项，如下图所示。

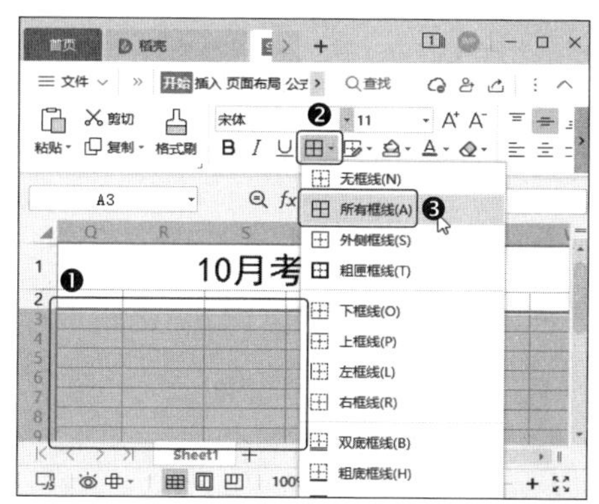

第4步 ❶ 选中 A3:A4 单元格区域，❷ 然后单击【开始】选项卡中的【合并居中】下拉按钮，❸ 在弹出的下拉菜单中选择【合并单元格】选项，如下图所示。

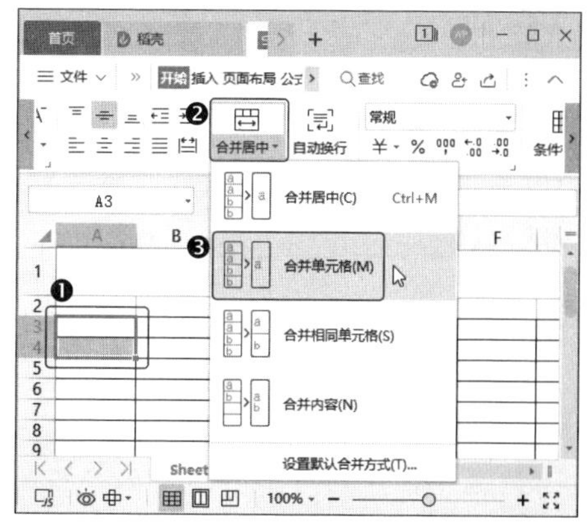

第5步 在 A3 单元格输入“日期”文本，然后将光标定位到“日期”文本后面，按【Alt】+【Enter】组合键换行，再输入“姓名”文本，如下图所示。

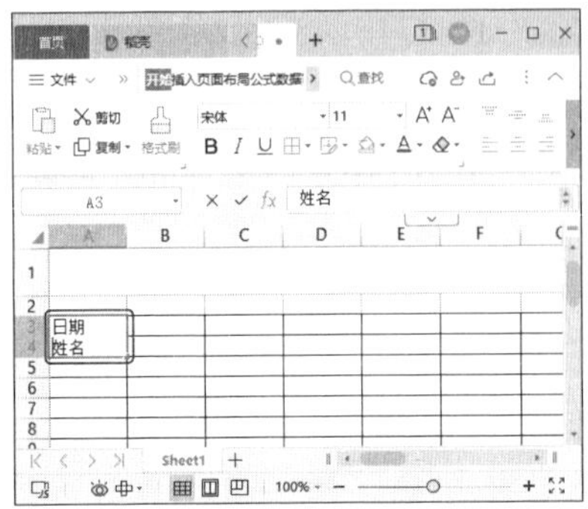

第6步 ❶ 选中合并后的 A3 单元格，❷ 在单元格上单击鼠标右键，在弹出的快捷菜单中选择【设置单元格格式】命令，如下图所示。

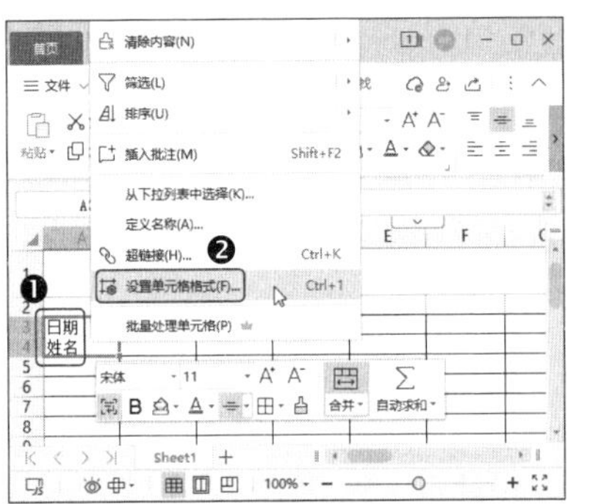

第7步 打开【单元格格式】对话框，❶ 在【边框】选项卡的【边框】栏选择右斜框线，❷ 然后单击【确定】按钮，如下图所示。

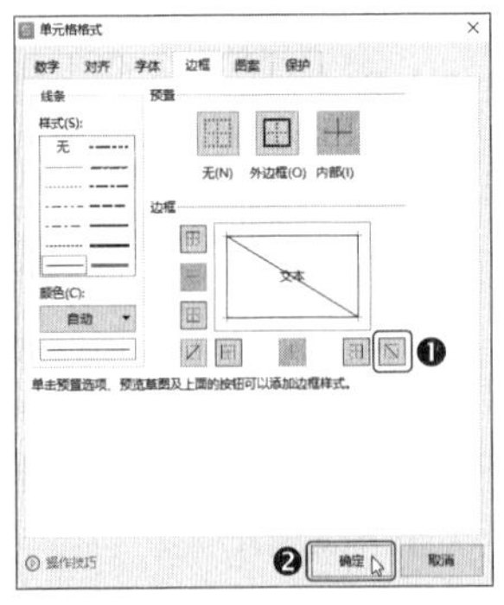

第8步 将光标定位到“日期”文本前，按空格键将“日期”文本移动到单元格右上角，如下图所示。

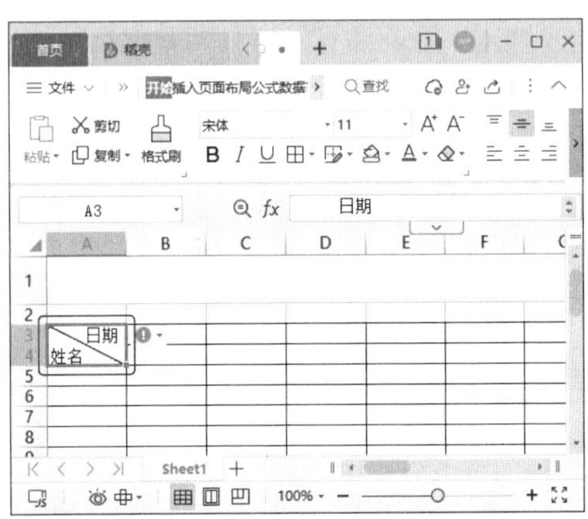

第9步 ❶ 在 B3:B6 单元格区域中输入如下图所示的文本，❷ 然后选中 B5:B6 单元格区域，将鼠标指针移动到单元格区域的右下角，当鼠标指针变为+形状时按住鼠标左键向下拖动，从而填充文本，如下图所示。

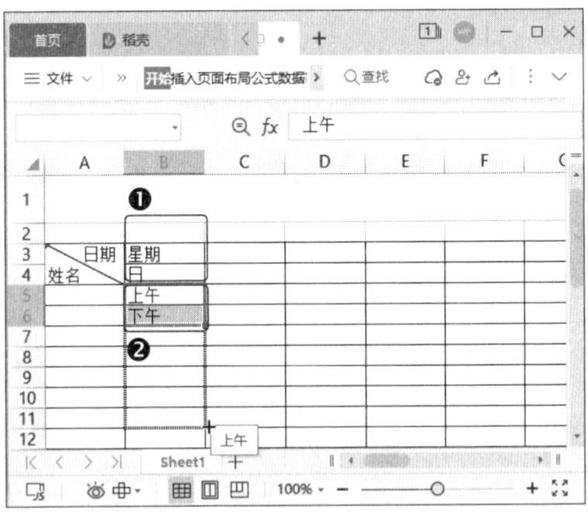

第10步 使用相同的方法合并 A5:A6 单元格区域，并向下填充复制合并命令，如下图所示。

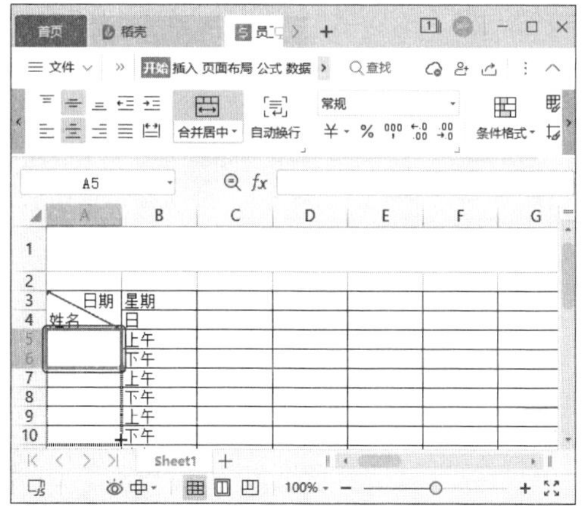

第11步 ❶ 输入员工姓名，❷ 然后选择 C3:AG28 单元格区域，❸ 单击【开始】选项卡中的【行和列】下拉按钮，❹ 在弹出的下拉菜单中选择【列宽】选项，如下图所示。

第12步 打开【列宽】对话框，❶ 在【列宽】框中输入“2”，❷ 然后单击【确定】按钮，如下图所示。

第13步 保持单元格的选中状态，单击【开始】选项卡中的【水平居中】按钮三，如下图所示。

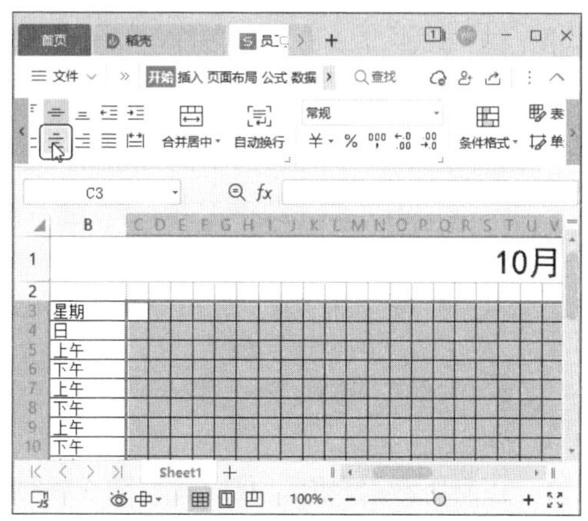

第14步 ❶ 选择 B3:AL28 单元格区域，❷ 单击【开始】选项卡中的边框下拉按钮田·，❸ 在弹出的下拉菜单中选择【粗匣框线】选项，如下图所示。

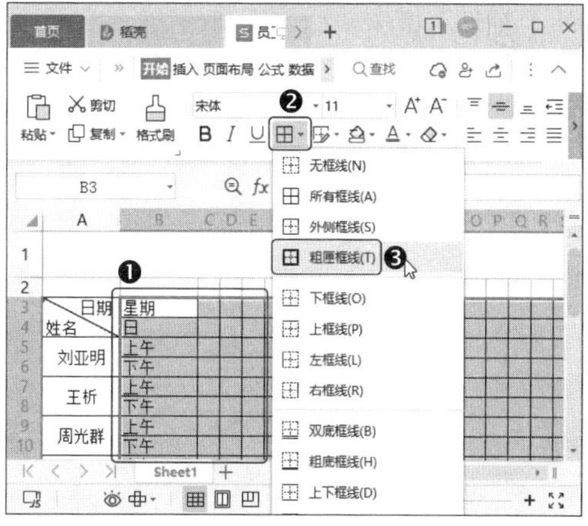

第15步 在第二行输入如下图所示的文本，并根据实际情况合并单元格、设置文本格式，如下图所示。

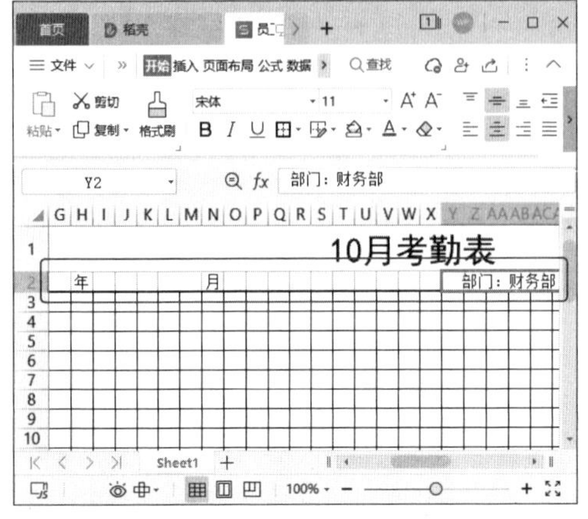

5.3.2 在单元格中插入符号

在制作考勤表时，我们需要插入各种符号以标示考勤状态。在单元格中插入考勤项目的相关符号的方法如下。

第1步 在表格下方输入如下图所示的文本，❶ 然后将光标定位到“出勤”文本右侧的单元格中，❷ 单击【插入】选项卡中的【符号】按钮，如下图所示。

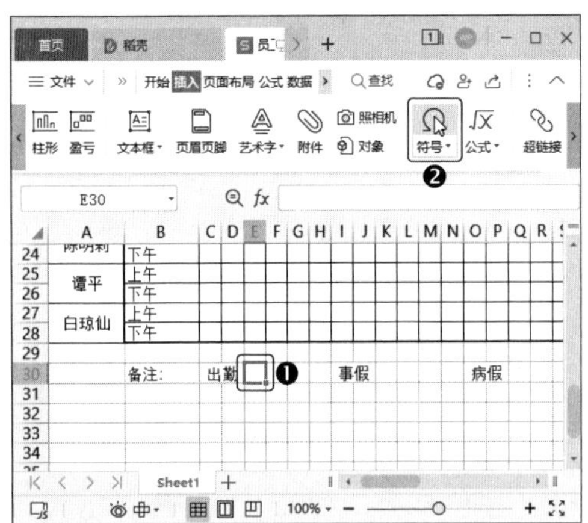

第2步 打开【符号】对话框，❶ 选择表示出勤状态的符号，❷ 然后单击【插入】按钮，如下图所示。

第3步 使用相同的方法添加其他考勤符号，如下图所示。

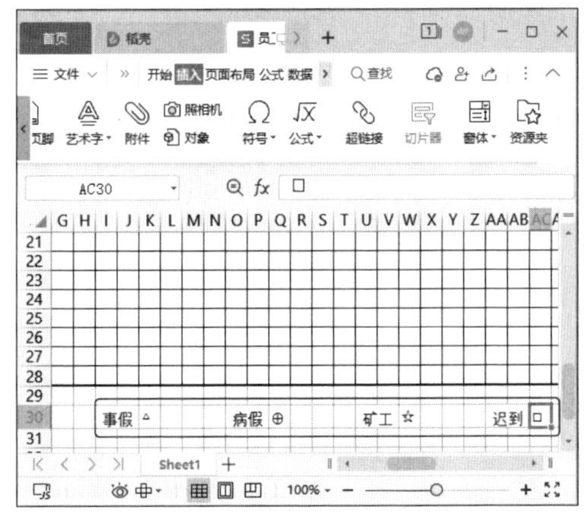

5.3.3 设置数据有效性

设置数据有效性可以帮助我们限定单元格中可输入的内容，并提供提示信息，从而减少输入错误，提高工作效率。下面将通过设置数据有效性的方法来设置制表日期和考勤状况的输入方式。

第1步 ❶ 将光标定位到第二行的“年”

文本前方的单元格中，❷ 然后单击【数据】选项卡中的【有效性】按钮，如下图所示。

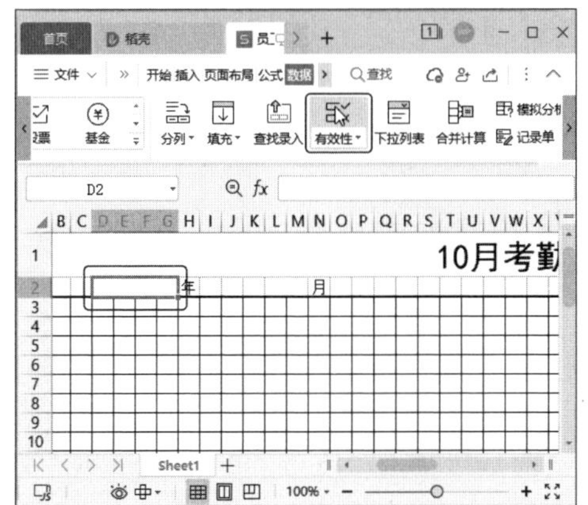

第2步 打开【数据有效性】对话框，❶ 在【设置】选项卡中的【允许】下拉列表中选择【序列】，❷ 在【来源】文本框中输入“2021,2022,2023,2024”，❸ 然后单击【确定】按钮，如下图所示。

第3步 ❶ 将光标定位到“月”文本前方的单元格中，再使用相同的方法打开【数据有效性】对话框，在【允许】下拉列表中选择【序列】，❷ 在【来源】文本框中输入“1,2,3,4,5,6,7,8,9,10,11,12”，❸ 然后单击【确定】按钮，如下图所示。

第4步 设置完成后，所选单元格的右侧将出现下拉按钮，单击该下拉按钮即可选择相应内容完成输入，如下图所示。

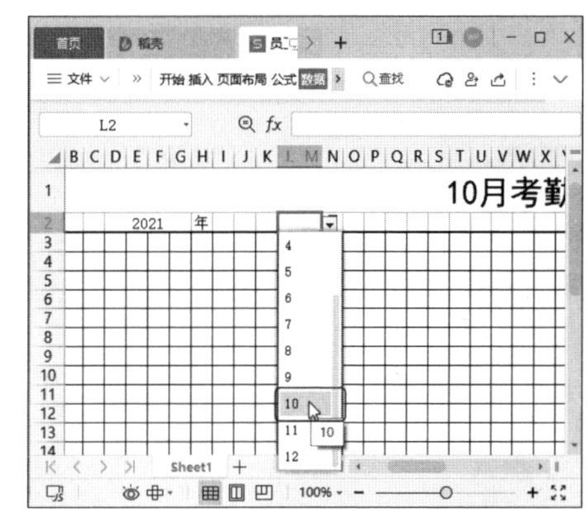

第5步 在 AO3:AO7 单元格区域中输入考勤符号，如下图所示。

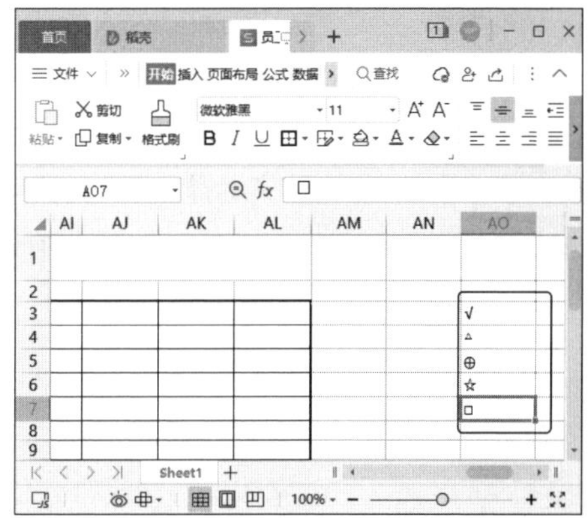

第6步 ❶ 选择 C5:AG28 单元格区域，❷ 单击【数据】选项卡中的【下拉列表】按钮，如下图所示。

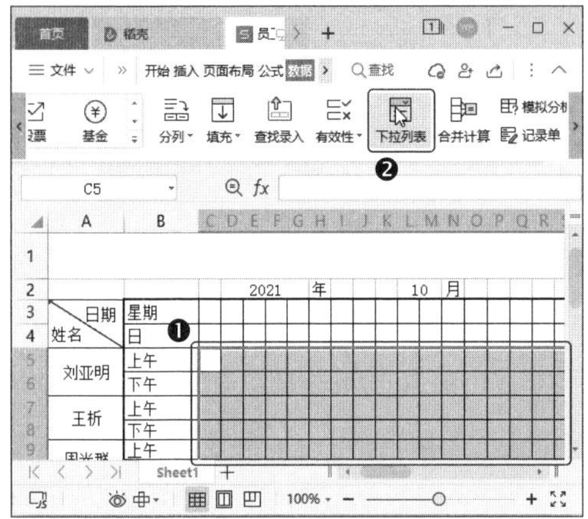

第7步 打开【插入下拉列表】对话框，❶ 选中【从单元格选择下拉选项】单选项，❷ 然后单击按钮，如下图所示。

第8步 ❶ 在工作表中选择 AO3:AO7 单元格区域，❷ 然后单击按钮，如下图所示。

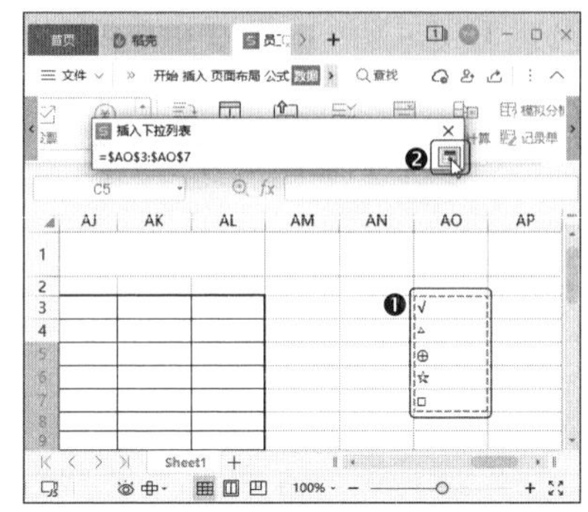

温馨提示

为单元格设置了下拉列表后，不能将选择的源数据删除，否则下拉列表将无法正常显示。

第9步 返回【插入下拉列表】对话框，单击【确定】按钮，如下图所示。

5.3.4 设置日期自动显示

通过输入函数，可以根据考勤人员选择的制表日期来自动获取该月的日期，操作方法如下。

第1步 ❶ 选择 C4:AG4 单元格区域，❷ 然后单击【开始】选项卡中的【数字格式】下拉按钮，❸ 在弹出的下拉菜单中选择【其他数字格式】选项，如下图所示。

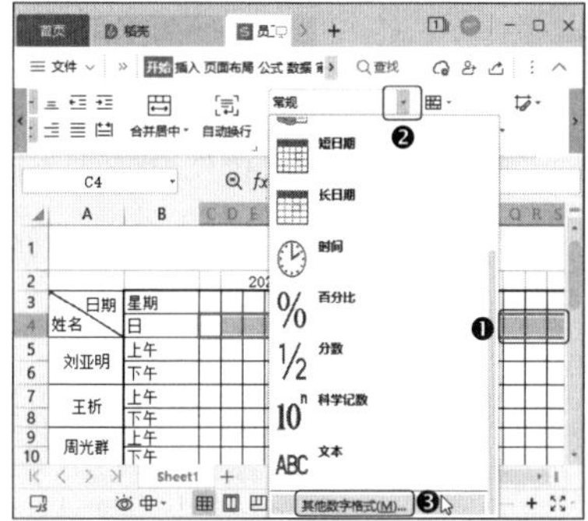

第2步 打开【单元格格式】对话框，❶ 在【数字】选项卡中的【分类】列表框中选择【自定义】选项，❷ 在【类型】文本框中输入“d”，❸ 然后单击【确定】按钮，如下图所示。

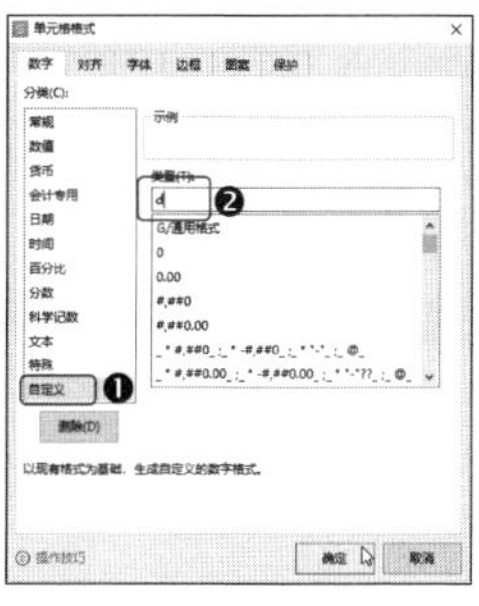

第3步 选择 C4 单元格，然后在编辑栏中输入函数“=IF(MONTH(DATE($D$2,$L$2,COLUMN(A1)))=$L$2,DATE($D$2,$L$2,COLUMN(A1)),"")”，如下图所示。

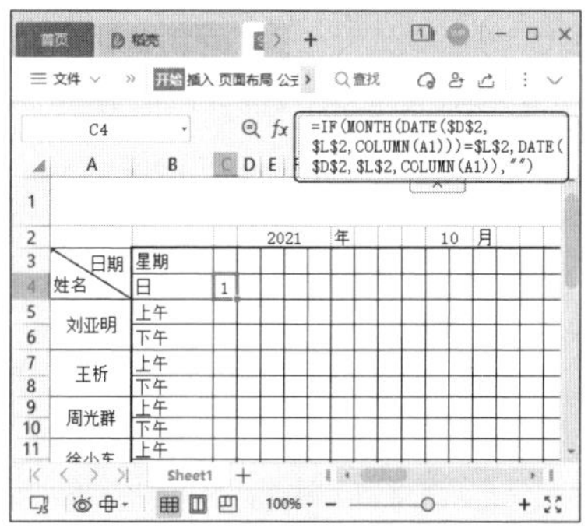

温馨提示

函数中的 D2 和 L2 分别代表年和月所在单元格，用户可根据自身情况输入。

第4步 将公式填充至 D4:AG4 单元格区域，如下图所示。

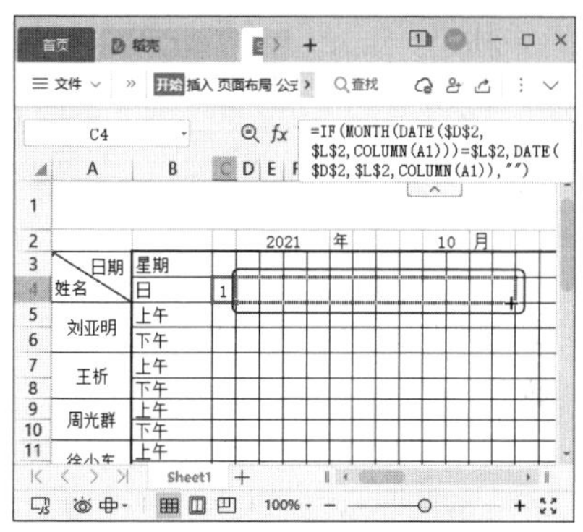

第5步 ❶ 选择 C3 单元格，在编辑栏中输入公式“=TEXT(C4,"AAA")”，❷ 然后将公式填充至 D3:AG3 单元格区域，如下图所示。

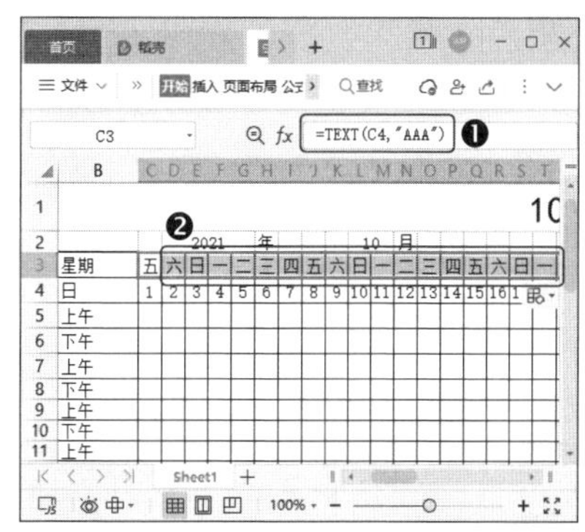

第6步 ❶ 按住【Ctrl】键的同时选中文本为“六”和“日”的单元格，❷ 然后在【开始】选项卡中设置背景色，如下图所示。

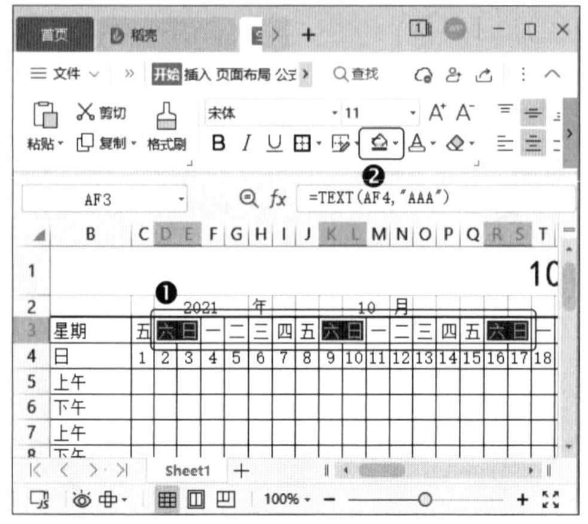

5.3.5 计算员工的考勤情况

记录了一个月的员工考勤情况之后，我们可以用公式和函数自动计算出员工当月的出勤、请假、旷工的天数和迟到的次数。

第1步 ❶ 根据员工的实际出勤情况填写员工的出勤记录，❷ 然后在 AH3:AL28 单元格区域按下图所示的效果合并单元格，如下图所示。

第2步 选中合并后的 AH5 单元格，在编辑栏中输入“=(COUNTIF(C5:AG5,"√")+COUNTIF(C6:AG6,"√"))/2”，然后按【Enter】键计算出第一位员工的出勤天数，如下图所示。

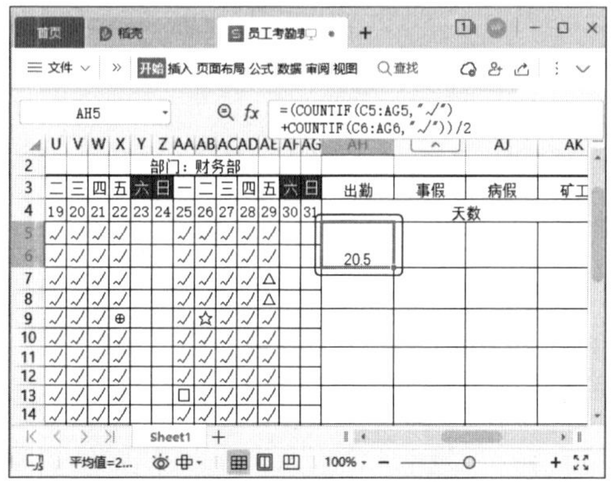

第3步 使用相同的方法计算出第一位员工的其他出勤数据，如下图所示。

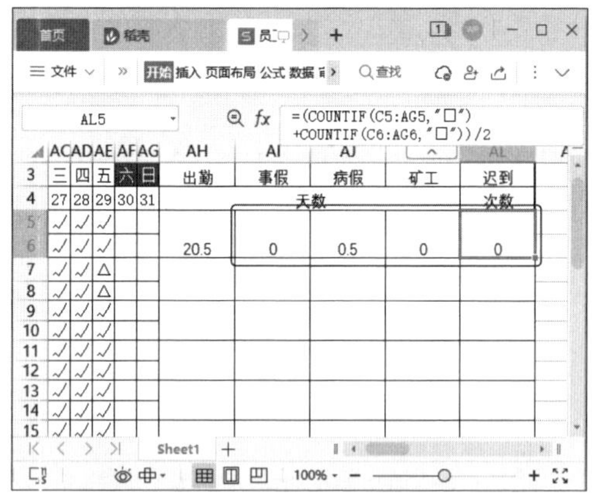

第4步 第一位员工的考勤数据统计完之后，选择 AH5:AL5 单元格区域，向下填充公式，这样即可统计其他员工的考勤情况，如下图所示。

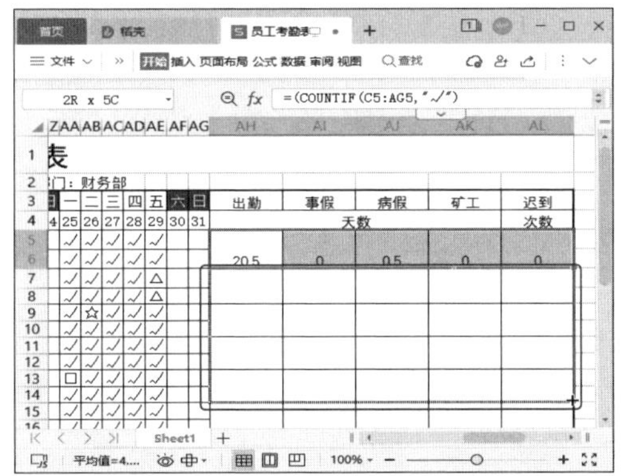

温馨提示●

输入公式时，只需要将符号更换为事假的相关符号即可。

5.3.6 冻结窗格

为了使考勤表更易查看，我们可以冻结姓名和日期列，操作方法如下。

第1步● ❶ 选中 A 列和 B 列，❷ 单击【开始】选项卡中的【冻结窗格】下拉按钮，❸ 在弹出的下拉菜单中选择【冻结至第 B 列】选项，如下图所示。

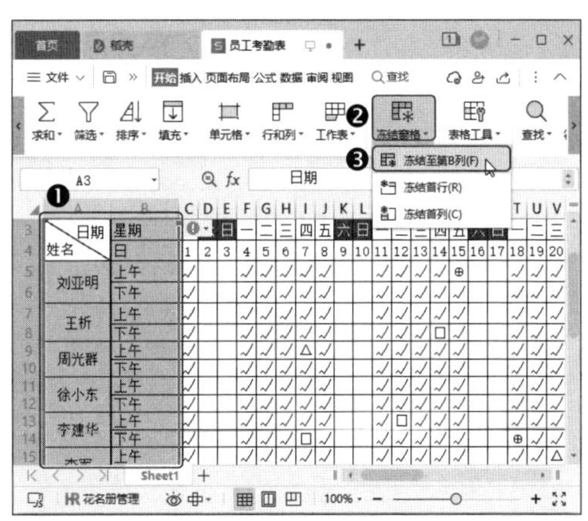

第2步● 冻结窗格后，向右查看数据时，A 列、B 列将不再移动，如下图所示。

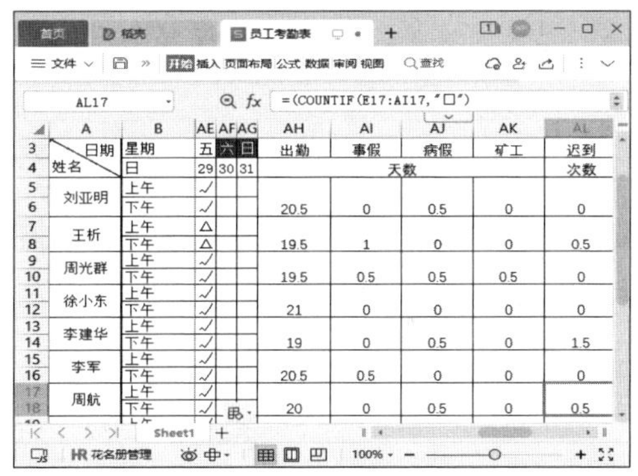

大神支招

下面结合本章的内容，给读者介绍一些工作中的实用技巧。

01 设置页眉横线的样式

页眉横线默认为一条黑色的直线，我们可以根据自己的需求，设置页眉横线的颜色和样式，操作方法如下。

第1步● 打开“素材文件\第 5 章\员工手册.docx”文件，双击页眉区域，进入页眉页脚编辑模式。❶ 然后单击【页眉页脚】选项卡中的【页眉横线】下拉按钮，❷ 在弹出的下拉菜单中选择一种页眉横线的样式，如下图所示。

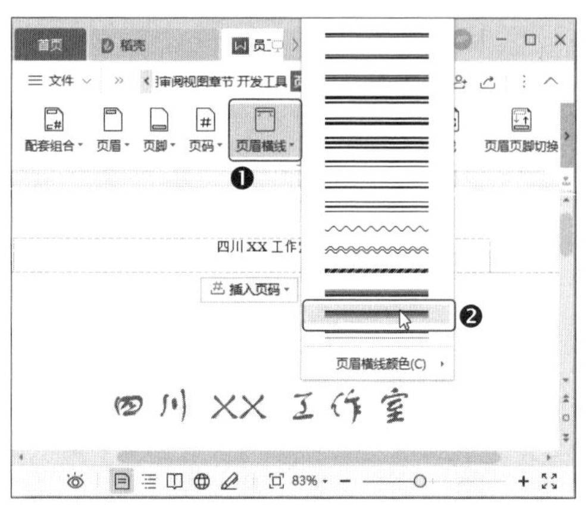

教您一招：删除页眉横线

如果要删除页眉横线，就可以进入页眉页脚编辑模式，在【页眉页脚】选项卡中单击【页眉横线】下拉按钮，在弹出的下拉菜单中选择【删除横线】选项。

第2步 ❶ 再次单击【页眉横线】下拉按钮，❷ 在弹出的下拉菜单中选择【页眉横线颜色】选项，❸ 再在弹出的子菜单中选择一种颜色，操作如下图所示。

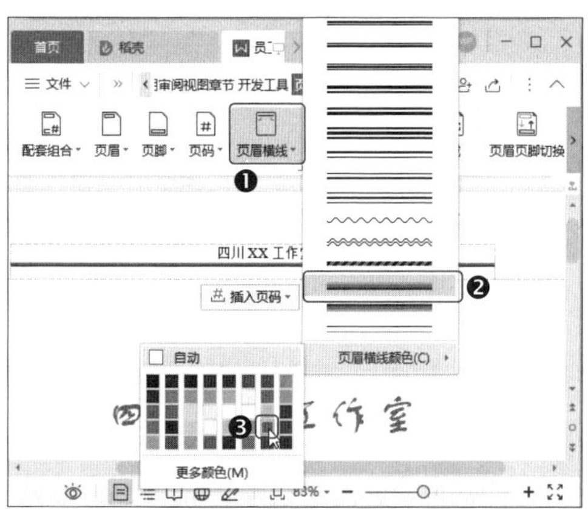

设置了样式的页眉横线如下图所示。

02 如何快速输入系统日期和系统时间？

在编辑销售订单类的工作表时，通常需要输入当时的系统日期和系统时间。除了手动输入外，我们还可以通过快捷键快速输入，具体的操作方法如下。

第1步 打开"素材文件\第5章\销售订单.xlsx"文件，选中要输入系统日期的单元格，按【Ctrl】+【;】组合键即可输入日期，如下图所示。

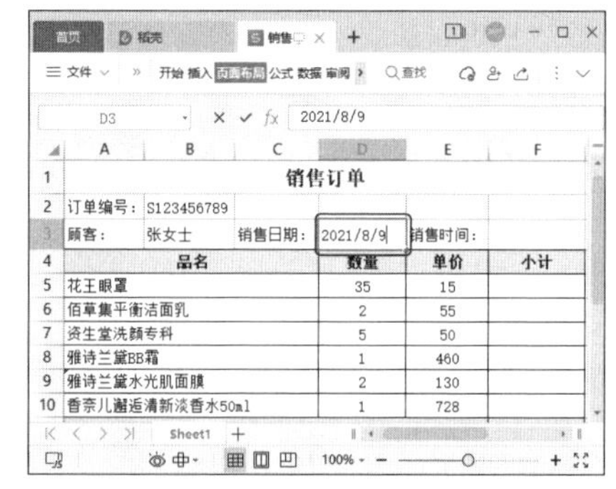

第2步 选中要输入系统时间的单元格，按【Ctrl】+【Shift】+【;】组合键即可输入时间，如下图所示。

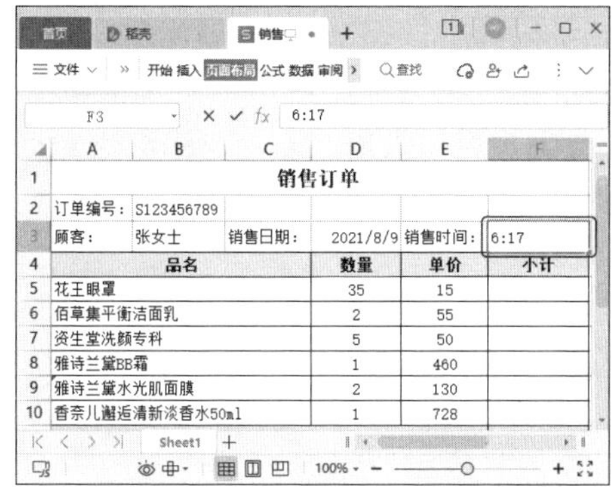

03 突出显示所有包含公式的单元格

当表格中含有公式时，为了突出显示含有公式的单元格，可以使用以下方法来操作。

第1步 打开"素材文件\第 5 章\销售清算表.xlsx"文件，❶ 单击【开始】选项卡中的【查找】下拉按钮，❷ 在弹出的下拉菜单中选择【定位】选项，如下图所示。

第2步 ❶ 在打开的【定位】对话框中勾选【公式】复选框，❷ 然后单击【定位】按钮，如下图所示。

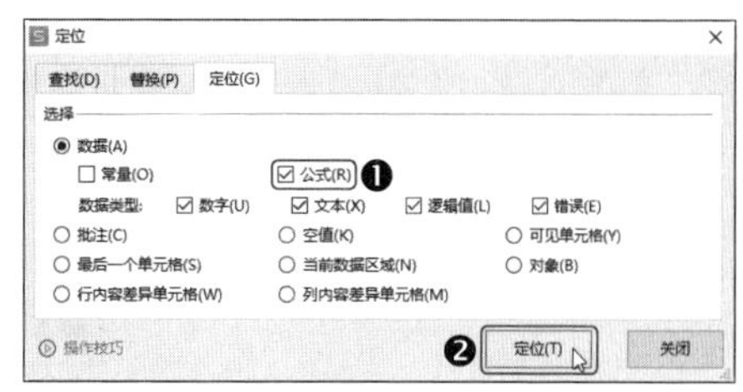

第3步 返回工作表，包含公式的单元格已全部被选定。为了突出显示公式，我们可以为公式设置背景颜色。方法为 ❶ 单击【开始】选项卡中的【填充颜色】下拉按钮，❷ 然后在弹出的下拉菜单中选择想要的颜色，如下图所示。

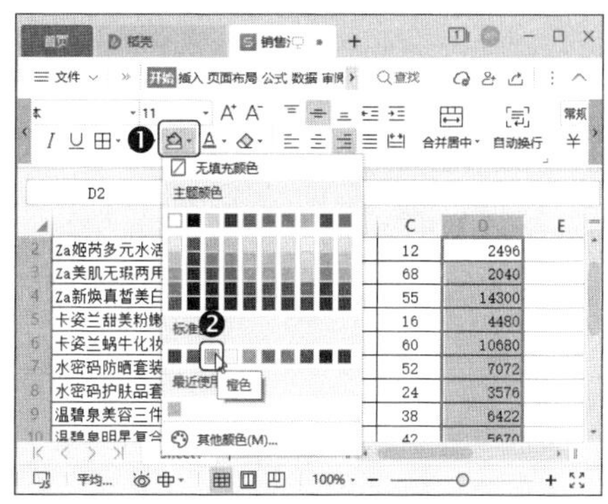

包含公式的单元格被突出显示的效果如下图所示。

WPS

第6章

员工薪资管理

本章导读

搭建规范的员工薪资管理体系，可以对员工的各个方面进行考评，并为员工的晋升、加薪或辞退提供有力凭据。本章将通过制作绩效考核方案和员工工资统计表，介绍 WPS Office 软件在员工薪资管理工作中的相关应用技巧。

知识要点

- 设置段落编号
- 插入表格
- 插入图表
- 复制工作表
- 设置数据有效性
- 引用单元格
- 输入公式进行计算
- 打印工作表

6.1 使用 WPS 文字编辑绩效考核方案

绩效考核也称为成绩或成果评测，是企业为了实现生产经营目的，运用特定的指标并采取科学的方法，对承担生产经营过程及结果的各级管理人员完成指定任务的工作业绩和由此带来的诸多效果做出价值判断的过程。要想绩效考核方案顺利实施，并得到全体员工的支持，就应该遵循许多原则。而在此之前，需要先制定绩效考核方案。

本例将通过 WPS 文字编辑绩效考核方案，完成后的效果如下图所示，实例最终效果见“结果文件 \ 第 6 章 \ 绩效考核方案 .docx”文件。

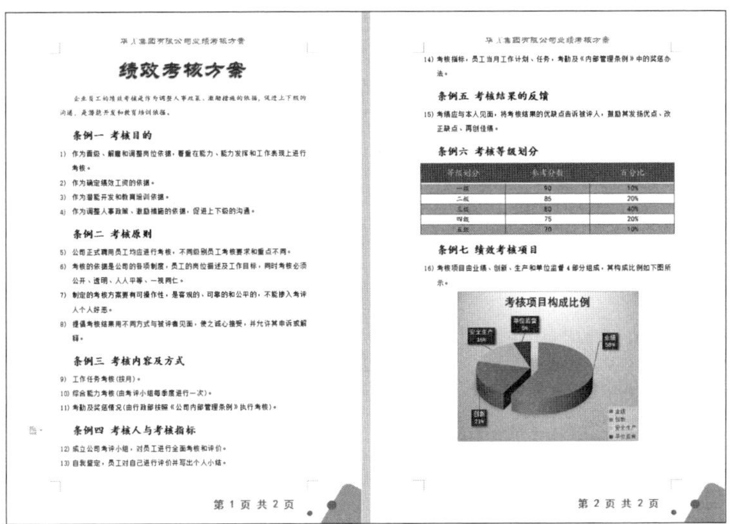

绩效考核方案

企业员工的绩效考核是作为调整人事政策、激励措施的依据，促进上下级的沟通，是潜能开发和教育培训依据。

条例一 考核目的

1) 作为晋级、解雇和调整岗位依据，着重在能力、能力发挥和工作表现上进行考核。
2) 作为确定绩效工资的依据。
3) 作为潜能开发和教育培训依据。
4) 作为调整人事政策、激励措施的依据，促进上下级的沟通。

条例二 考核原则

5) 公司正式聘用员工均应进行考核，不同级别员工考核要求和重点不同。
6) 考核的依据是公司的各项制度，员工的岗位描述及工作目标，同时考核必须公开、透明、人人平等、一视同仁。
7) 制定的考核方案要有可操作性，是客观的、可靠的和公平的，不能掺入考评人个人好恶。
8) 提倡考核结果用不同方式与被评者见面，使之诚心接受，并允许其申诉或解释。

条例三 考核内容及方式

9) 工作任务考核(按月)。
10) 综合能力考核(由考评小组每季度进行一次)。
11) 考勤及奖惩情况(由行政部按照《公司内部管理条例》执行考核)。

条例四 考核人与考核指标

12) 成立公司考评小组，对员工进行全面考核和评价。
13) 自我鉴定，员工对自己进行评价并写出个人小结。

第 1 页 共 2 页

14) 考核指标，员工当月工作计划、任务，考勤及《内部管理条例》中的奖惩办法。

条例五 考核结果的反馈

15) 考绩应与本人见面，将考核结果的优缺点告诉被评人，鼓励其发扬优点、改正缺点，再创佳绩。

条例六 考核等级划分

等级划分	参考分数	百分比
一级	90	10%
二级	85	20%
三级	80	40%
四级	75	20%
五级	70	10%

条例七 绩效考核项目

16) 考核项目由业绩、创新、生产和单位监督 4 部分组成，其构成比例如下图所示。

考核项目构成比例

第 2 页 共 2 页

6.1.1 美化绩效考核方案

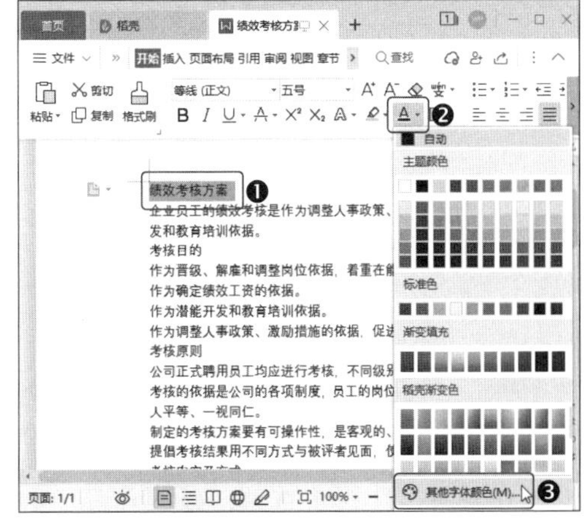

在制作绩效考核表时，我们可以对文档中的标题、各级段落和文本等对象进行设置，以增强文档的层次感和可读性，操作方法如下。

第1步 打开“素材文件 \ 第 6 章 \ 绩效考核方案 .docx”素材文档，❶ 选中标题文本，❷ 单击【开始】选项卡中的【字体颜色】下拉按钮 A ▾，❸ 在弹出的下拉菜单中选择【其他字体颜色】选项，如下图所示。

第2步 打开【颜色】对话框，❶ 在【标准】选项卡中选择一种颜色，❷ 完成后单击【确定】按钮，如下图所示。

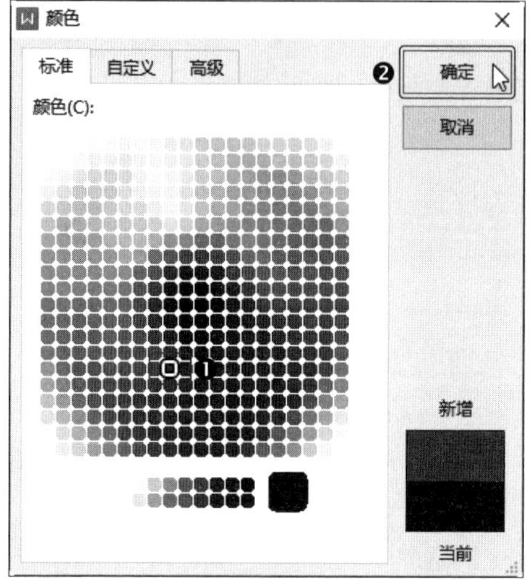

第3步 保持标题文本的选中状态，在【开始】选项卡中设置字体样式，如下图所示。

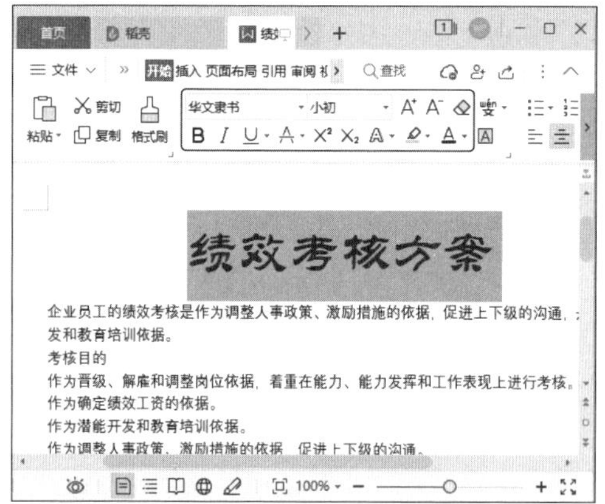

第4步 ❶ 单击【开始】选项卡中的【文字效果】下拉按钮 A ·，❷ 在弹出的下拉菜单中选择【阴影】选项，❸ 再在弹出的子菜单中选择一种阴影样式，如下图所示。

第5步 ❶ 选中标题下方的第一个段落，❷ 在【开始】选项卡中设置字体样式，如下图所示。

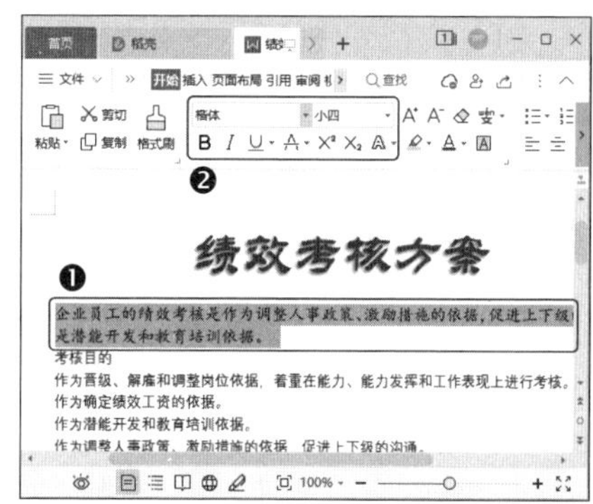

第6步 保持文本的选中状态，单击【开始】选项卡中的【段落】对话框按钮 ⌟，如下图所示。

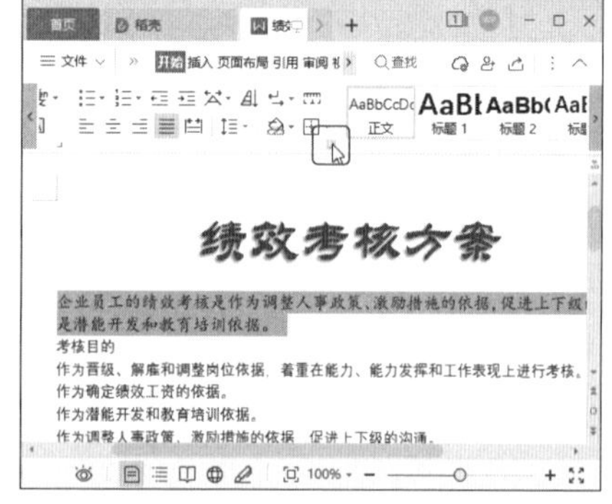

第7步 打开【段落】对话框，❶ 设置【特殊格式】为【首行缩进，2 字符】，❷ 再设置【行距】为【1.5 倍行距】，❸ 完成后单击【确定】按钮，如下图所示。

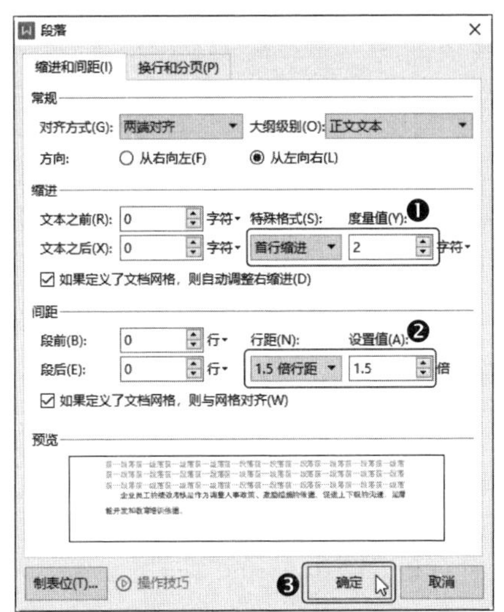

第8步 返回文档中，❶ 选中“考核目的”文本，❷ 在【开始】选项卡中设置字体样式，如下图所示。

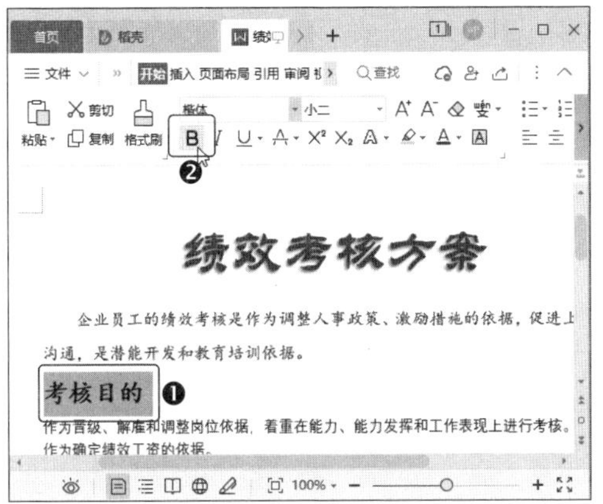

第9步 打开【段落】对话框，❶ 设置【行距】为【固定值，20 磅】，❷ 然后单击【确定】按钮，如下图所示。

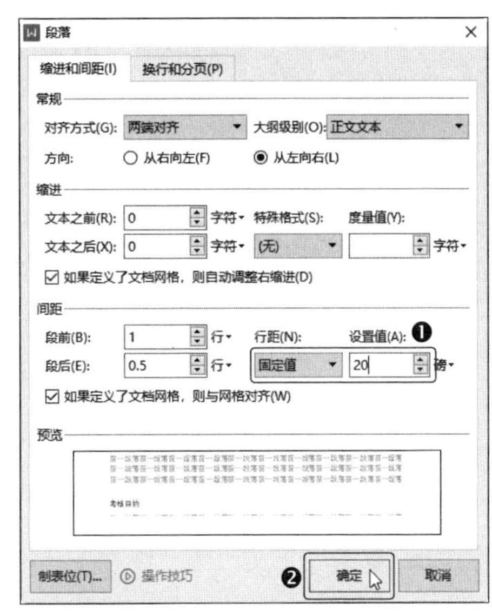

第10步 双击【开始】选项卡中的【格式刷】按钮，如下图所示。

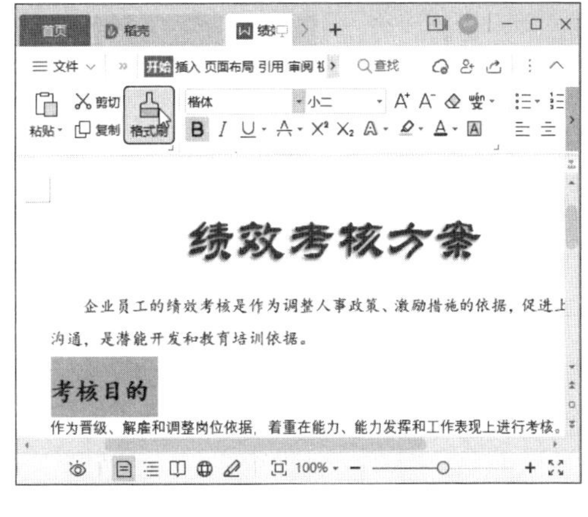

第11步 当鼠标指针变为刷子的形状后，在需要使用相同段落样式的文本上按住鼠标左键拖动，将格式应用于这些段落上。完成后按【Esc】键取消锁定格式刷，如下图所示。

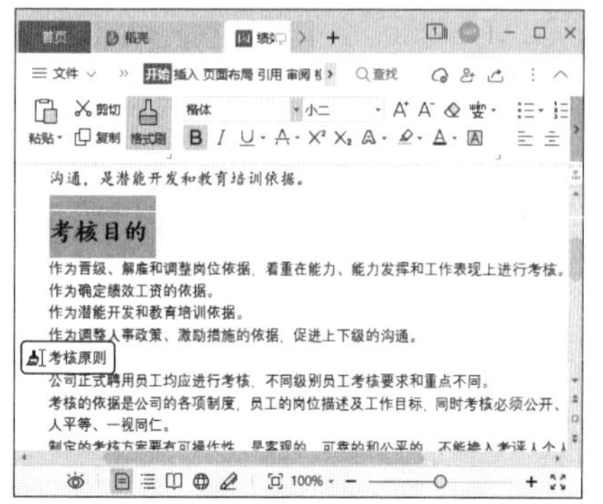

温馨提示

再次单击【开始】选项卡中的【格式刷】按钮，也可以取消锁定格式刷。

第12步 ❶ 选中正文段落，❷ 在【开始】选项卡中设置字号，如下图所示。

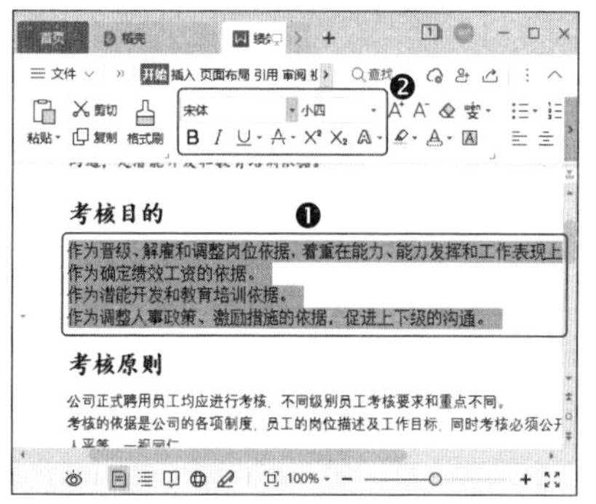

第13步 保持正文的选中状态，打开【段落】对话框，❶ 设置【特殊格式】为【首行缩进，2 字符】，❷ 设置【行距】为【1.5 倍行距】，❸ 完成后单击【确定】按钮，如下图所示。

温馨提示

其他段落样式设置方法基本相同，可以使用相同的步骤重复设置，也可以使用【格式刷】功能复制字体和段落样式。

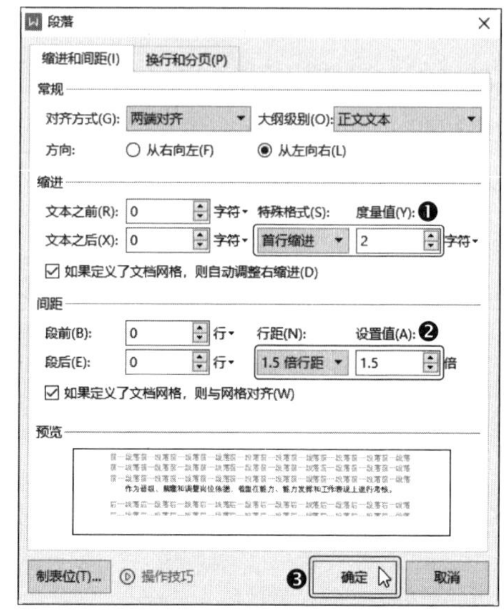

6.1.2 为段落设置编号

在段落中添加编号，可以方便我们更清楚地查看方案的内容。操作方法如下。

第1步 ❶ 按住【Ctrl】键的同时选中需要设置编号的段落，❷ 然后单击【开始】选项卡中的【编号】下拉按钮，❸ 在弹出的下拉菜单中选择【自定义编号】选项，如下图所示。

第2步 打开【项目符号和编号】对话框，❶ 选择一种编号样式，❷ 然后单击【自定义】按钮，如下图所示。

第3步 打开【自定义编号列表】对话框，❶ 在【编号格式】文本框中输入需要的文本，删除不需要的符号，并输入一个空格。❷ 完成后单击【确定】按钮，如下图所示。

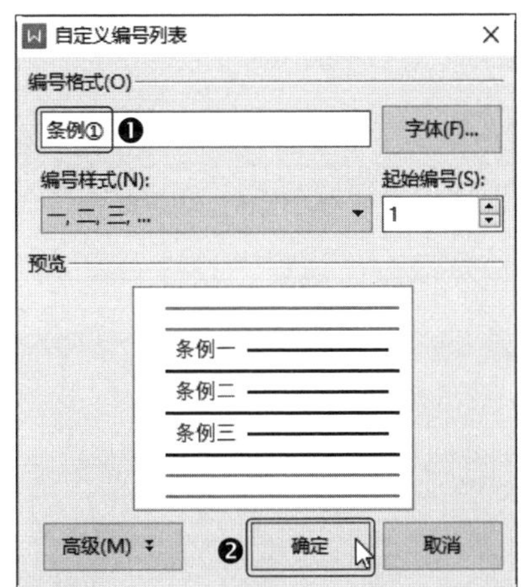

第4步 ❶ 添加编号后，选中“条例一”下方的段落，❷ 然后单击【开始】选项卡中的【编号】下拉按钮☰·，❸ 在弹出的下拉菜单中选择一种编号样式，如下图所示。

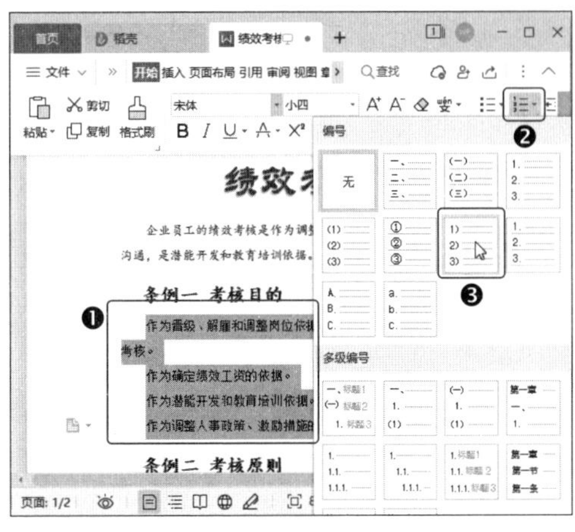

第5步 ❶ 使用相同的方法为“条例二”下方的段落添加编号，然后保持“条例二”下方段落的选中状态，❷ 单击【开始】选项卡中的【编号】下拉按钮☰·，❸ 在弹出的下拉菜单中选择【自定义编号】选项，如下图所示。

第6步 在打开的【项目符号和编号】对话框中单击【自定义】按钮，如下图所示。

第7步 打开【自定义编号列表】对话框，❶然后在【起始编号】微调框中输入起始编号“5”，❷完成后单击【确定】按钮，如下图所示。

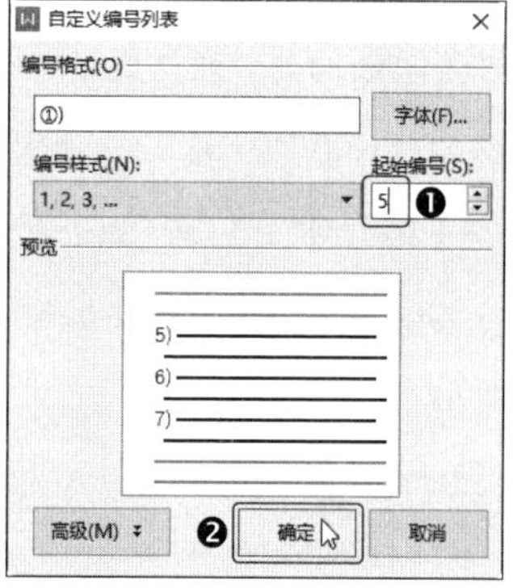

第8步 使用相同的方法为其他段落设置编号，如下图所示。

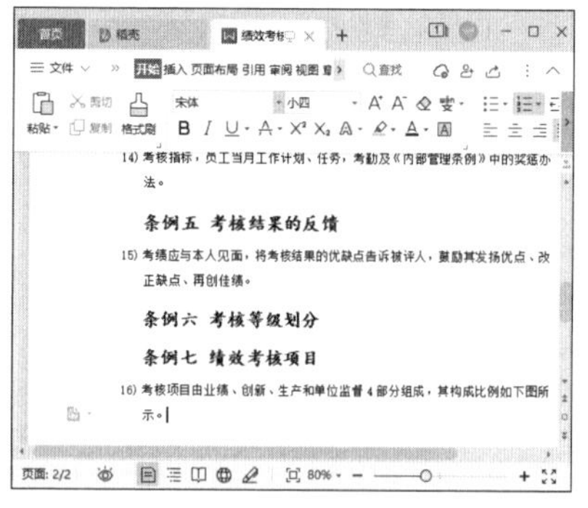

温馨提示

如果要续接编号，就可以在编号上单击鼠标右键，在弹出的快捷菜单中选择【继续编号】命令。本例中的方法适用于【继续编号】命令无效的情况。

6.1.3 设置页眉和页脚

在制作文档时，我们一般会在页眉和页脚处添加公司名称和页码，操作方法如下。

第1步 双击文档上方的页眉位置，进入页眉和页眉编辑模式，如下图所示。

第2步 输入公司名称，然后在【开始】选项卡中设置字体样式，如下图所示。

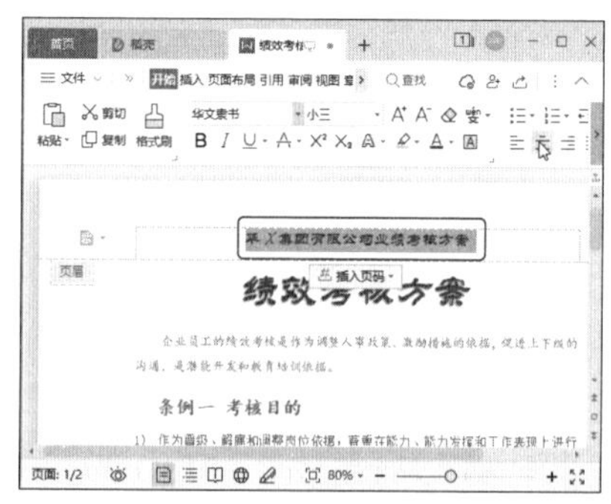

第3步 单击【页眉页脚】选项卡中的【页眉页脚切换】按钮，如下图所示。

第4步 将光标定位于页脚处，❶ 然后单击【页眉页脚】选项卡中的【页码】下拉按钮，❷ 在弹出的下拉菜单中选择一种页码样式，如下图所示。

第5步 操作完成后即可看到插入的页码样式，然后单击【页眉页脚】选项卡中的【关闭】按钮即可退出页眉页脚编辑模式，如下图所示。

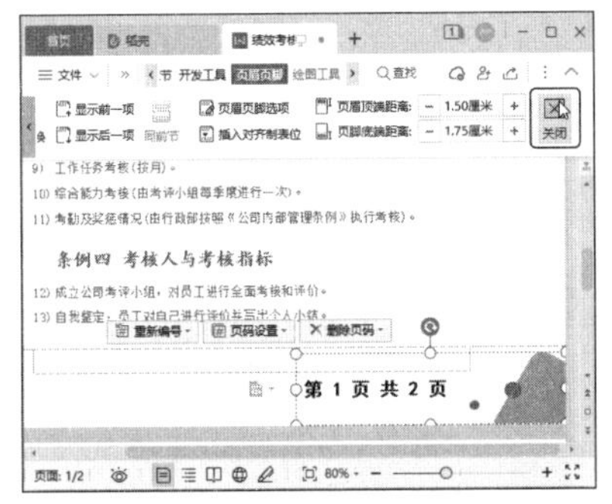

6.1.4 插入表格

利用表格来呈现数据，可以让数据更易被理解。下面我们介绍在文档中插入表格并设置表格样式的方法。

第1步 将光标定位到“条例六 考核等级划分”段落最后的段落标记处，❶ 然后单击【插入】选项卡中的【表格】下拉按钮，❷ 在弹出的下拉菜单中选择【插入表格】选项，如下图所示。

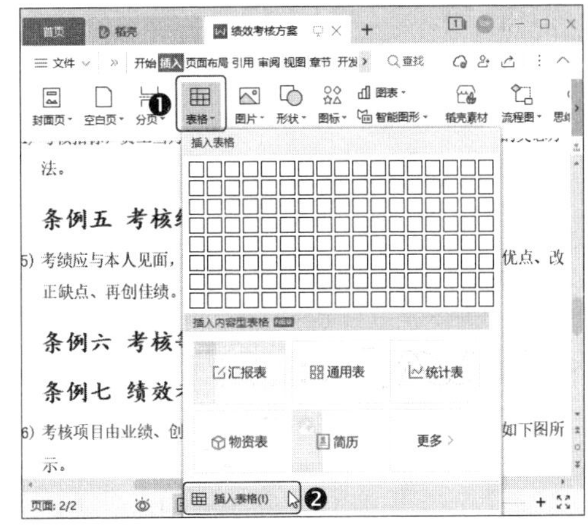

教您一招：快速插入表格

【插入】选项卡的【表格】下拉菜单中提供了一个 8×17 的虚拟表格供用户选择，用户只要移动鼠标指针选择表格的行列值即可快速插入表格。

第2步 打开【插入表格】对话框，❶ 设置表格的列数为【3】，行数为【6】，❷ 然后单击【确定】按钮，如下图所示。

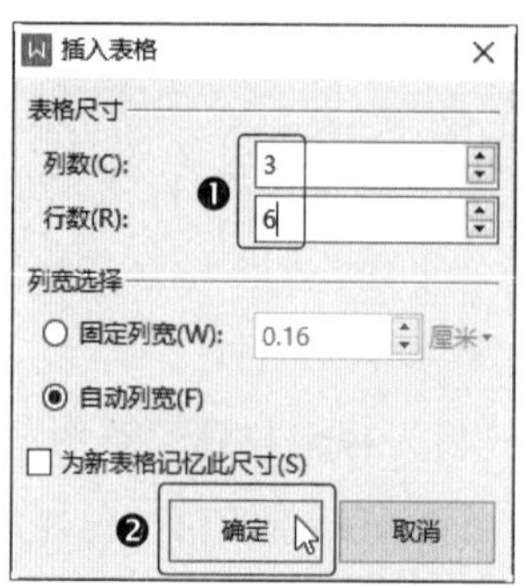

第3步 ❶ 选中表格，❷ 单击【开始】选项卡中的【清除格式】按钮，如下图所示。

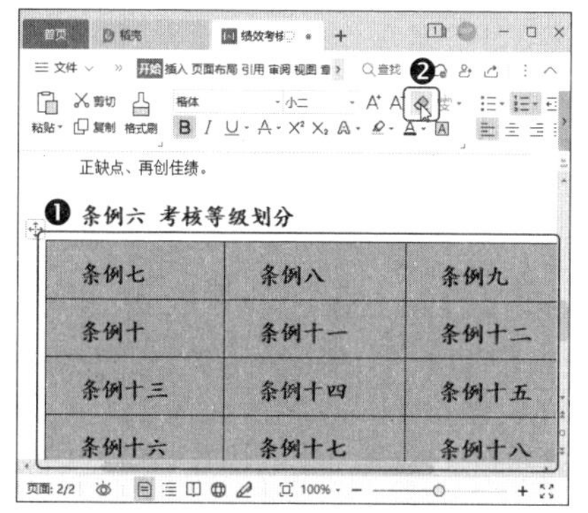

第4步 ❶ 在表格中输入数据，然后选中表格，❷ 单击【表格样式】选项卡中表格样式右侧的按钮，如下图所示。

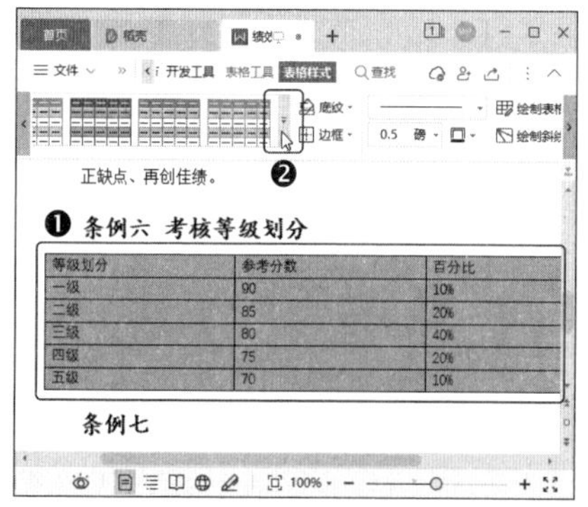

第5步 在弹出的样式列表中选择一种表格样式，如下图所示。

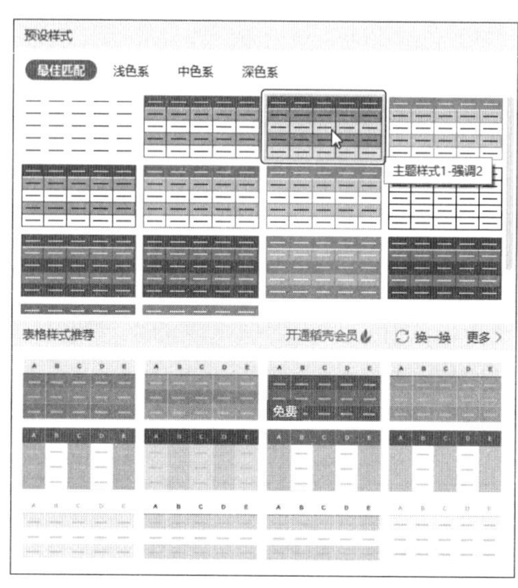

第6步 保持表格的选中状态，在【表格工具】选项卡中设置字体样式，如下图所示。

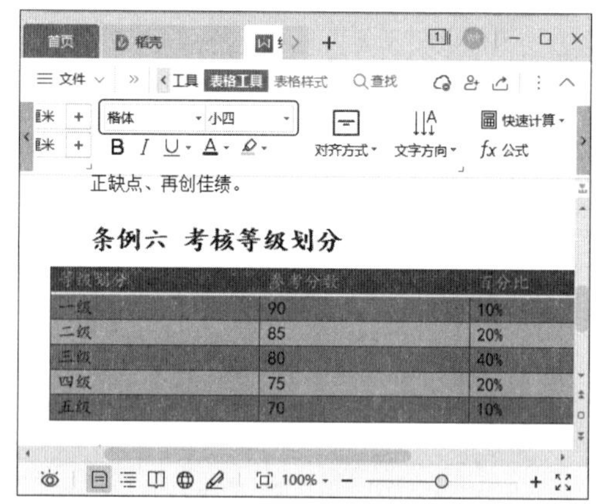

第7步 ❶ 选中表格的第一行，❷ 在【表格工具】选项卡中设置字体，如下图所示。

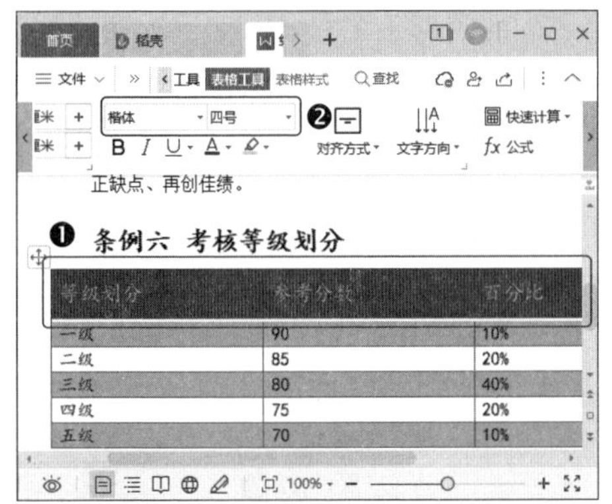

第8步 ❶ 选中表格，❷ 单击【表格工具】选项卡中的【对齐方式】下拉按钮，❸ 在弹出的下拉菜单中选择【水平居中】选项，如下图所示。

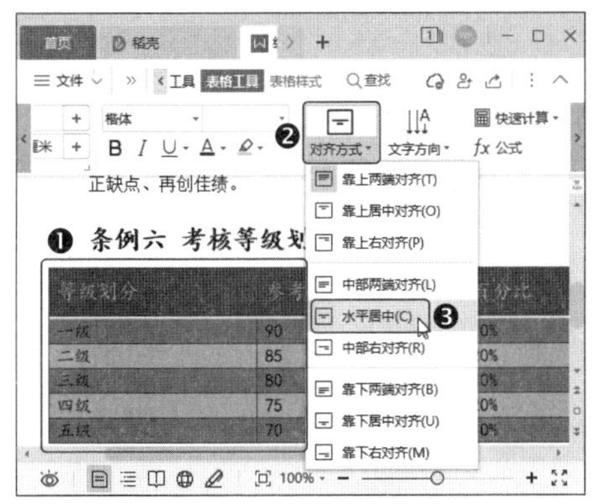

6.1.5 创建员工考核图表

图表是一种非常直观的数据工具，它不仅美观，而且对数据的体现也非常清晰，是工作中经常使用的对象。

1. 创建图表

WPS 文字中提供了多种图表样式，用户可以选择合适的图表插入到文档中，操作方法如下。

第1步 ❶ 将光标定位到文档的末尾处，❷ 然后单击【插入】选项卡【图表】下拉按钮，❸ 在弹出的下拉菜单中选择【图表】选项，如下图所示。

第2步 打开【插入图表】对话框，❶ 在左侧选择合适的图表类型，❷ 在右侧选择图表的样式，❸ 完成后单击【插入】按钮，如下图所示。

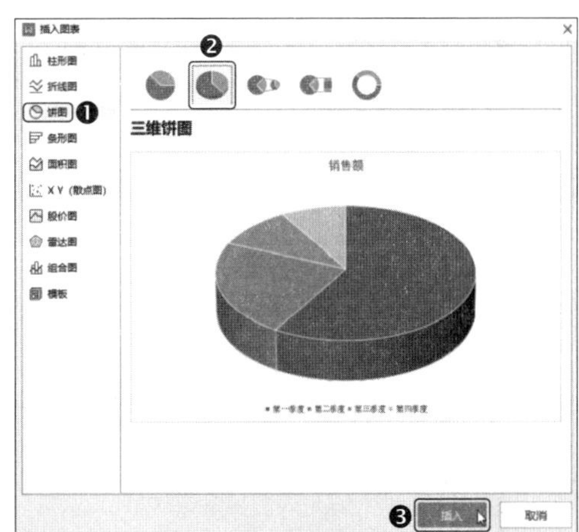

第3步 ❶ 选中图表，❷ 单击【图表工具】选项卡中的【编辑数据】按钮，如下图所示。

第4步 打开 WPS 表格，❶ 输入需要的数据，❷ 然后单击【关闭】按钮×，如下图所示。

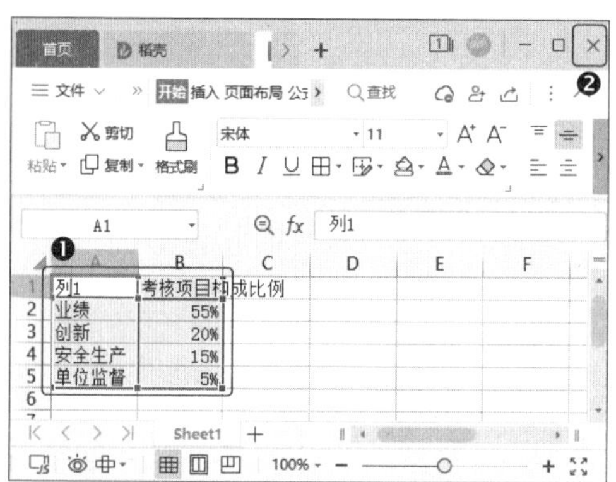

第5步 拖动图表四周的控件点，调整图表的大小，如下图所示。

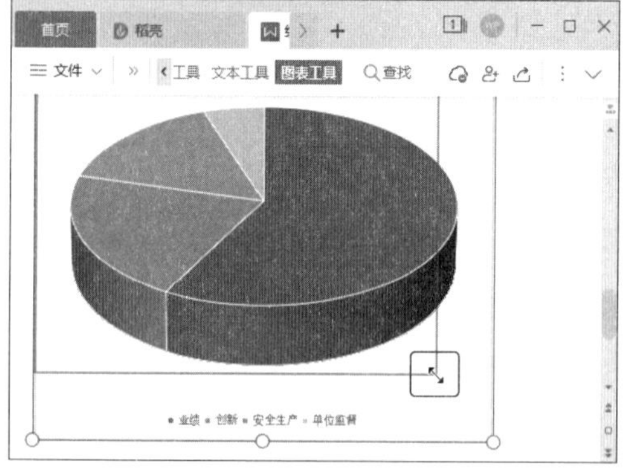

2. 编辑与美化图表

插入图表后，我们还可以对图表进行美化和编辑，操作方法如下。

第1步 ❶ 选中饼图，然后单击鼠标右键，❷ 在弹出的快捷菜单中选择【设置数据系列格式】命令，如下图所示。

第2步 打开的【属性】窗格，❶ 在【系列选项】选项卡的【系列选项】组中设置【点爆炸型】为【15%】，❷ 完成后单击【关闭】按钮，如下图所示。

第3步 ❶ 单击【图表工具】选项卡中的【更改颜色】下拉按钮，❷ 在弹出的下拉菜单中选择一种配色方案，如下图所示。

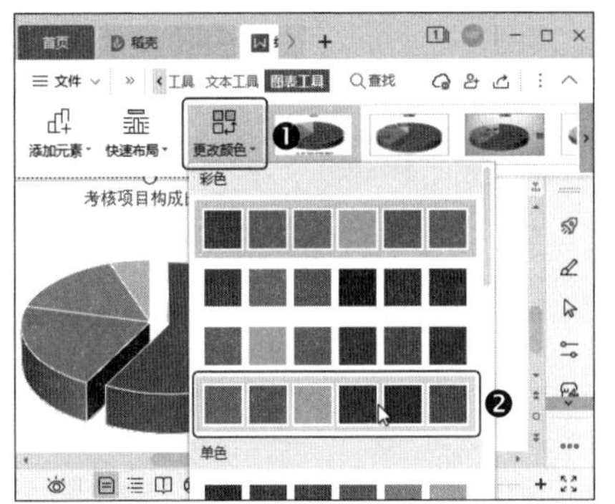

第4步 单击【图表工具】选项卡中图表样式右侧的 ▾ 按钮，如下图所示。

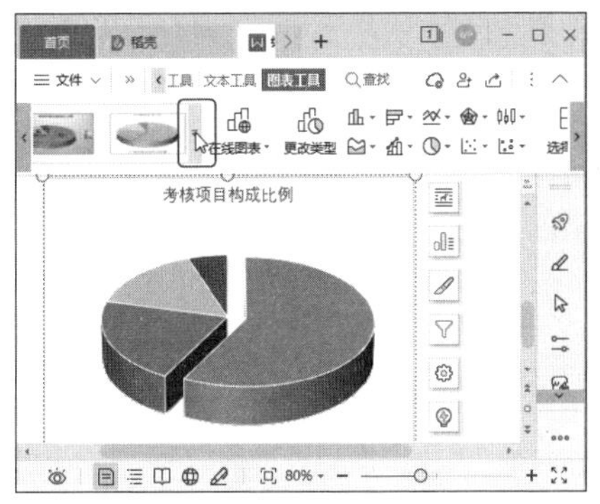

温馨提示

选中图表后，图表的右侧会出现浮动功能按钮。利用这些按钮，我们可以快速设置图表的环线方式、布局、样式等。

第5步 在弹出的下拉列表中选择一种带有数据标签的图表样式，如下图所示。

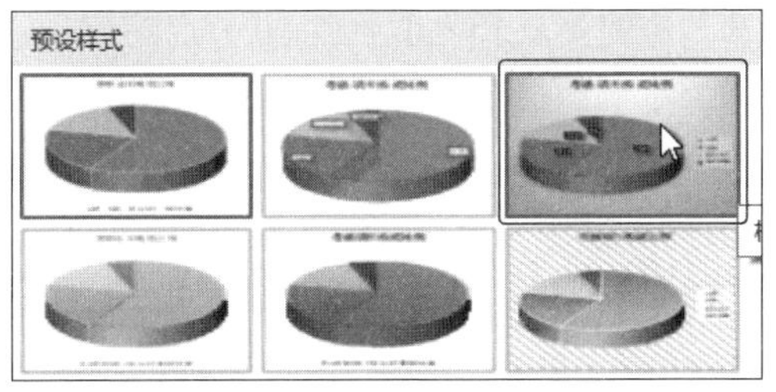

第6步 ❶ 在数据标签上单击鼠标右键，❷ 然后在弹出的快捷菜单中选择【设置数据标签格式】命令，如下图所示。

第7步 打开【属性】窗格，❶ 在【标签选项】选项卡的【标签】选项组中勾选【类别名称】复选框，❷ 然后单击【关闭】按钮×，如下图所示。

第8步 分别选中数据标签，当鼠标指针变为 ✣ 形状时，按住鼠标左键的同时将标签拖动到饼图的外侧，如下图所示。

第9步 选中图例，将其拖动到图表的右下角，如下图所示。

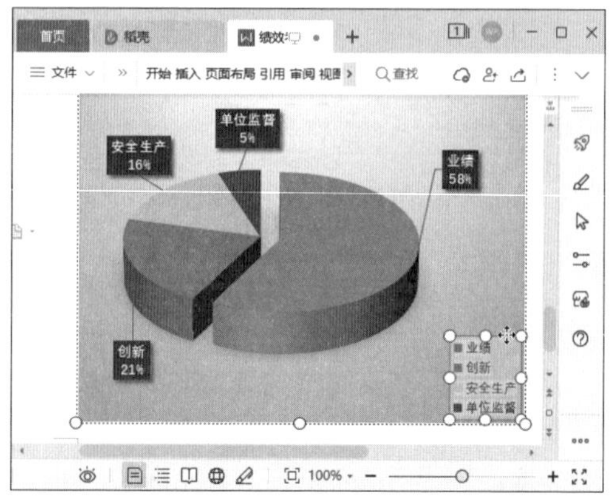

温馨提示

图例体现的是对应数据系列所反映的对象，当图表中只有一组数据系列，且图表标题或文档其他位置已指明了该图表的内容时，图例的作用便不大了，建议删除。如果图表中存在多组数据，则建议将图例显示在图表上。

6.2 使用 WPS 表格制作员工工资统计表

员工工资管理是企业日常管理的一大组成部分。企业需要对员工每个月的具体工作情况进行记录，做到奖惩有据可依，然后将这些记录统计到工资表中折算成各种奖惩金额，最终核算出员工当月的工资，并记录在工资表中存档。各个企业的工资表可能有所不同，但制作原理基本一样，其中各组成部分因公司规定而有所差异。

由于工资的最终金额来自多项数据，如基本工资、岗位工资、工龄工资、提成和奖金、加班工资、请假迟到扣款、保险和公积金扣款、个人所得税扣款等，因此对于其中的部分数据，应建立相应的表格来管理，然后汇总到工资表中。

本例在制作员工工资统计表前，首先要创建与工资核算相关的各种表格并统计出需要的数据，方便后期将这些数据引用到工资表中。本例的员工工资统计表完成后的效果如下图所示，实例最终效果见“结果文件 \ 第 6 章 \ 员工工资统计表 .docx”文件。

	A	B	C	D	E	F	G	H	I	J	K	L	M	N	O	P
1	员工编号	姓名	所在部门	基本工资	岗位工资	工龄工资	提成或奖金	加班工资	全勤奖金	应发工资	请假迟到扣款	保险/公积金扣款	个人所得税	其他扣款	应扣合计	实发工资
2	0001	陈果	总经办	5000.00	7000.00	1150.00		90.00	0.00	13240.00	100.00	2430.90	360.91		2891.81	10548.19
3	0002	欧阳娜	总经办	5000.00	6000.00	850.00		0.00	200.00	12050.00	0.00	2229.25	272.08		2501.33	9548.68
4	0004	蒋丽程	财务部	4000.00	2000.00	1550.00		120.00	0.00	7670.00	50.00	1409.70	36.31		1496.01	6173.99
5	0005	王思	销售部	3000.00	2000.00	750.00	2170.79	90.00	200.00	8210.79	0.00	1519.00	50.75	0.00	1569.75	6641.04
6	0006	胡林丽	生产部	3500.00	2000.00	1150.00	500.00	60.00	200.00	7410.00	0.00	1370.85	31.17	0.00	1402.02	6007.98
7	0007	张德芳	销售部	4000.00	2000.00	750.00	2140.10	0.00	200.00	9090.10	0.00	1681.67	72.25	0.00	1753.92	7336.18
8	0008	欧俊	技术部	8000.00	2000.00	550.00	1000.00	0.00	0.00	11550.00	50.00	2127.50	227.25	0.00	2404.75	9145.25
9	0010	陈德格	人事部	4000.00	1200.00	250.00		90.00	0.00	5540.00	10.00	1023.05	0.00		1033.05	4506.95
10	0011	李运隆	人事部	2800.00	500.00	50.00		718.57	0.00	4068.57	10.00	750.84	0.00		760.84	3307.73
11	0012	张孝骞	人事部	2500.00	300.00	100.00		533.33	0.00	3433.33	10.00	633.32	0.00		643.32	2790.01
12	0013	刘秀	人事部	2500.00	300.00	0.00		120.00	0.00	2920.00	120.00	518.00	0.00		638.00	2282.00
13	0015	胡茜茜	财务部	2500.00	500.00	550.00		585.71	0.00	4135.71	10.00	763.28	0.00		773.28	3362.45
14	0016	李春丽	财务部	3000.00	2000.00	350.00		180.00	0.00	5530.00	60.00	1011.95	0.00		1071.95	4458.05
15	0017	袁娇	行政办	3000.00	1200.00	550.00		460.00	200.00	5410.00	0.00	1000.85	0.00		1000.85	4409.15
16	0018	张伟	行政办	2500.00	500.00	150.00	300.00	300.00	0.00	3750.00	50.00	684.50	0.00	0.00	734.50	3015.50
17	0020	谢艳	行政办	3000.00	600.00	350.00		835.71	200.00	4985.71	0.00	922.36	0.00		922.36	4063.35
18	0021	章可可	市场部	4000.00	2000.00	50.00		661.43	200.00	6911.43	0.00	1278.61	18.98		1297.60	5613.83
19	0022	唐冬梅	市场部	2500.00	500.00	100.00		525.71	0.00	3625.71	150.00	643.01	0.00		793.01	2832.70
20	0024	朱笑笑	市场部	2500.00	300.00	350.00	1000.00	0.00	200.00	4350.00	0.00	804.75	0.00	0.00	804.75	3545.25
21	0025	陈晓菊	市场部	3000.00	2000.00	0.00		60.00	200.00	5260.00	0.00	973.10	0.00		973.10	4286.90
22	0026	郭旭东	市场部	4000.00	2000.00	100.00		1412.86	0.00	7512.86	10.00	1388.03	33.44		1431.47	6081.39
23	0028	蒋晓冬	市场部	4500.00	2000.00	50.00	0.00	619.05	200.00	7369.05	0.00	1363.27	30.17	300.00	1693.45	5675.60
24	0029	穆夏	市场部	3000.00	500.00	450.00		60.00	0.00	4010.00	50.00	732.60	0.00		782.60	3227.40
25	0032	唐秀	销售部	2000.00	500.00	550.00	1498.29	386.10	0.00	4934.39	100.00	894.36	0.00	0.00	994.36	3940.03
26	0034	唐琪琪	销售部	2000.00	300.00	150.00	1000.00	219.05	200.00	3869.05	0.00	715.77	0.00	0.00	715.77	3153.28
27	0035	李纯清	销售部	2000.00	300.00	100.00	1000.00	309.05	0.00	3709.05	10.00	684.32	0.00	0.00	694.32	3014.73
28	0036	张峰	销售部	2000.00	300.00	550.00	1000.00	498.10	200.00	4548.10	0.00	841.40	0.00	0.00	841.40	3706.70
29	0039	蔡依蝶	销售部	2000.00	300.00	250.00	1000.00	60.00	0.00	3610.00	300.00	612.35	0.00	0.00	912.35	2697.65
30	0040	刘允礼	销售部	2000.00	300.00	250.00	1000.00	60.00	200.00	3810.00	0.00	704.85	0.00	0.00	704.85	3105.15
31	0041	余好佳	销售部	2000.00	300.00	350.00	1556.85	219.05	0.00	4425.90	50.00	809.54	0.00	0.00	859.54	3566.35
32	0042	陈丝丝	销售部	2000.00	300.00	450.00	1336.20	1155.24	0.00	5241.44	50.00	960.42	0.00	0.00	1010.42	4231.02
33	0044	蔡骏麒	销售部	2000.00	300.00	450.00	1000.00	399.05	0.00	4149.05	120.00	745.37	0.00	0.00	865.37	3283.68
34	0045	王翠	销售部	2000.00	300.00	250.00	1000.00	120.00	0.00	3670.00	10.00	677.10	0.00	0.00	687.10	2982.90
35	0046	胡文国	销售部	2000.00	300.00	150.00	1000.00	459.05	0.00	3909.05	50.00	713.92	0.00	0.00	763.92	3145.13
36	0047	谢东飞	销售部	2000.00	300.00	150.00	1000.00	459.05	200.00	4109.05	0.00	760.17	0.00	0.00	760.17	3348.88
37	0048	陈浩然	销售部	2000.00	300.00	150.00	1000.00	459.05	0.00	3909.05	20.00	719.47	0.00	0.00	739.47	3169.58
38	0049	蒋德虹	销售部	2000.00	300.00	50.00	1000.00	459.05	0.00	3809.05	50.00	695.42	0.00	0.00	745.42	3063.63
39	0050	皮秀丽	销售部	2000.00	300.00	50.00	0.00	459.05	200.00	3009.05	0.00	556.67	0.00	0.00	556.67	2452.38

6.2.1 创建员工基本工资管理表

员工工资表中有一些基础数据需要重复应用到其他表格中，如员工编号、姓名、所属部门、工龄等，而且这些数据的可变性不大。为了方便后续制作各种表格，也为了方便统一修改某些基础数据，我们可以将这些数据输入基本工资管理表中，操作方法如下。

第1步 打开“素材文件\第 6 章\员工档案表.xlsx”素材文档，❶ 在“档案记录表”工作表的标签上单击鼠标右键，❷ 在弹出的快捷菜单中选择【移动工作表】命令，如下图所示。

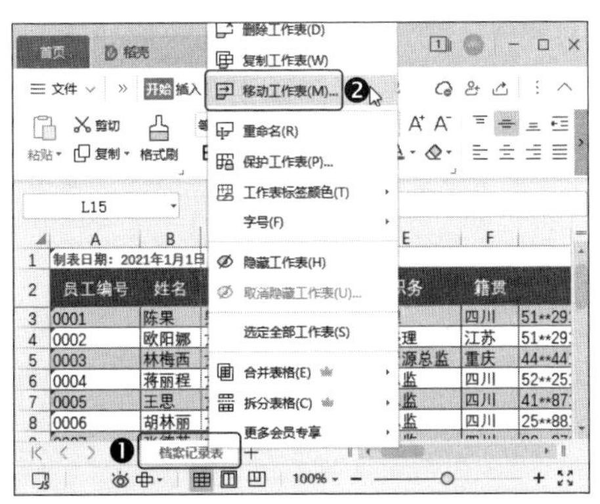

第2步 打开【移动或复制工作表】对话框，❶ 在【工作簿】下拉列表中选择【新工作簿】选项，❷ 勾选【建立副本】复选框，❸ 然后单击【确定】按钮，如下图所示。

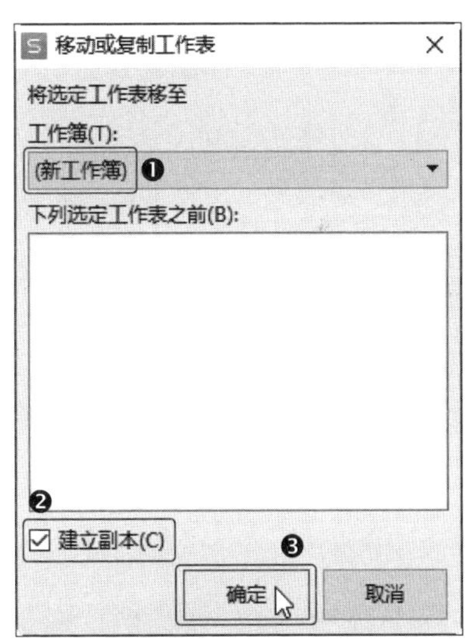

第3步 ❶ 新建一个工作簿，并将“档案记录表”工作表复制到该工作簿中。右击文档标签，❷ 在弹出的快捷菜单中选择【保存】命令，如下图所示。

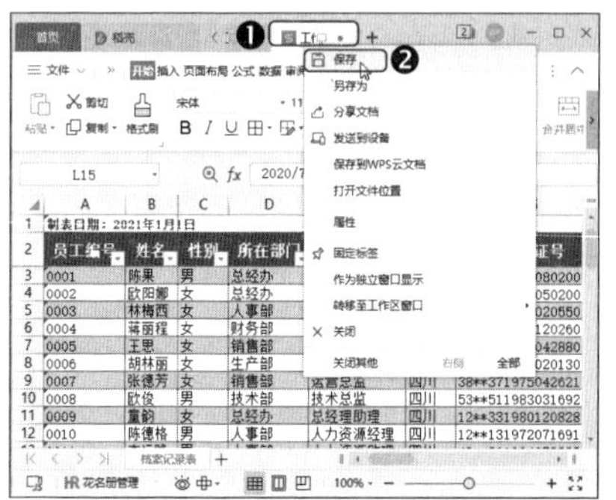

第4步 打开【另存文件】对话框，❶ 设置保存路径和文件名，❷ 然后单击【保存】按钮，如下图所示。

第5步 单击【审阅】选项卡中的【撤消工作表保护】按钮，如下图所示。

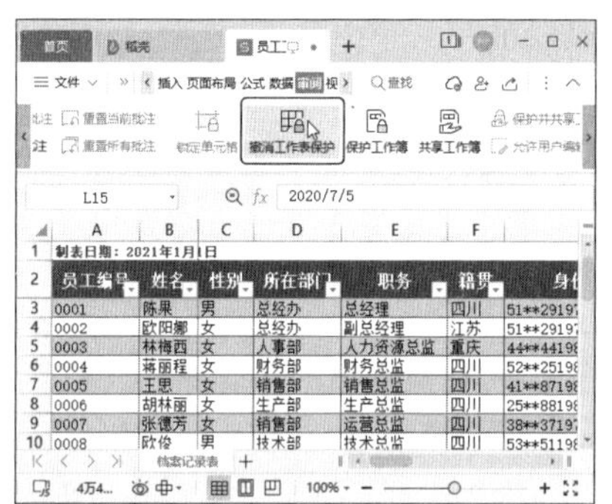

第6步 打开【撤消工作表保护】对话框，❶ 在【密码】文本框中输入密码（此处为“123”），❷ 然后单击【确定】按钮，如下图所示。

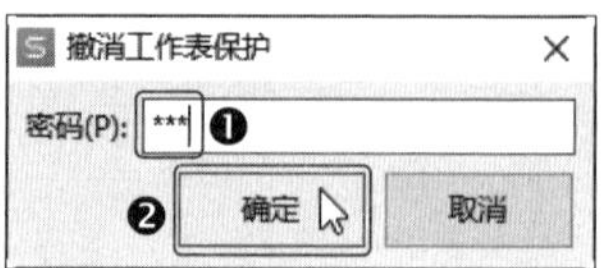

第7步 ❶ 选中第 2 行，❷ 单击【开始】选项卡中的【行和列】下拉按钮，❸ 在弹出的下拉菜单中选择【删除单元格】选项，❹ 再在弹出的子菜单中选择【删除行】选项，如下图所示。

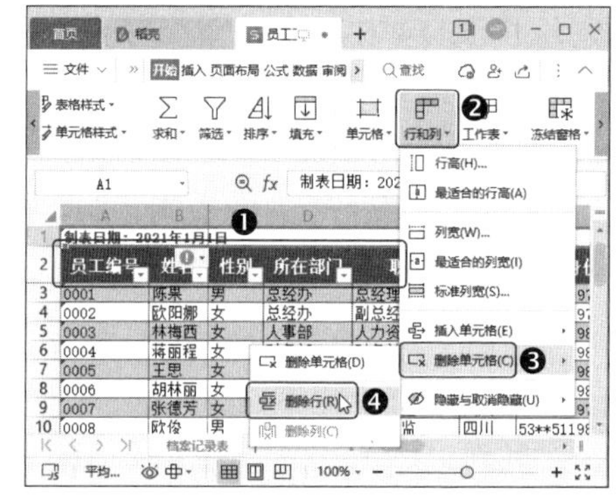

第8步 单击【数据】选项卡中的【自动筛选】按钮，取消筛选状态，如下图所示。

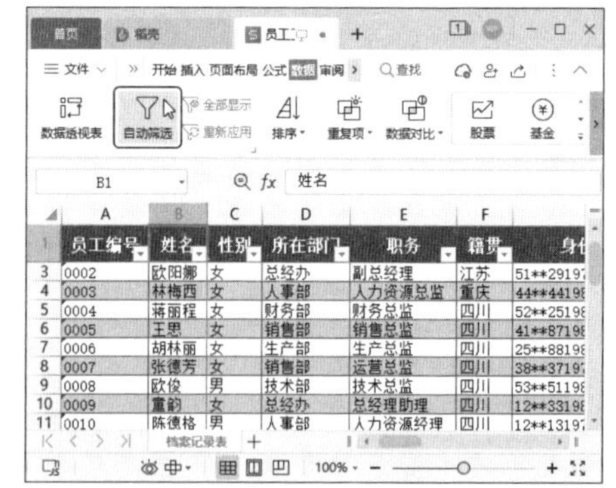

第9步 ❶ 右击工作表的名称标签，❷ 在弹出的快捷菜单中选择【重命名】命令，如下图所示。

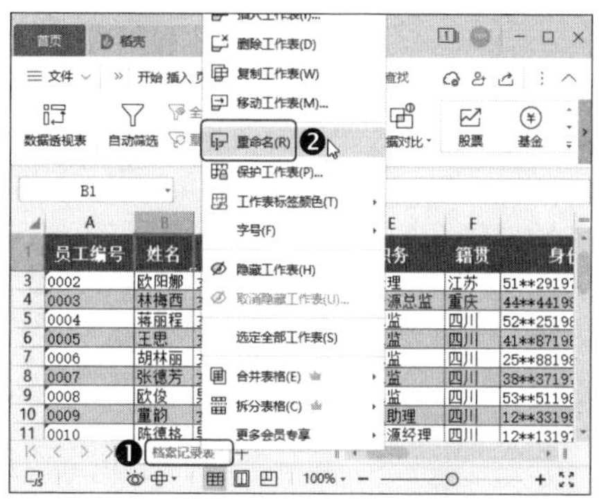

第10步 将工作表命名为“基本工资管理表”，如下图所示。

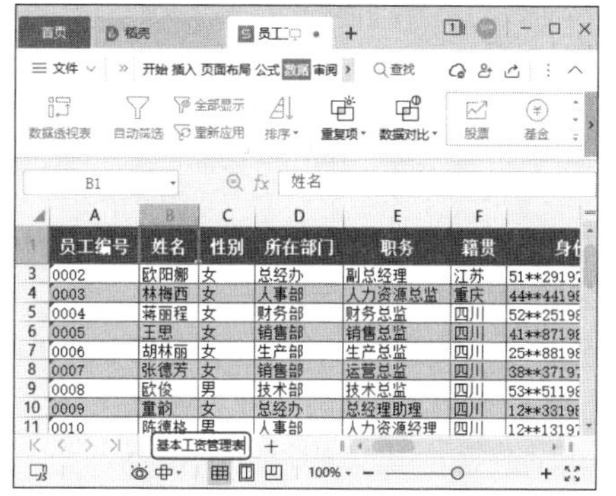

第11步 ❶ 选中F列到K列，单击鼠标右键，❷ 在弹出的快捷菜单中选择【删除】命令，然后使用相同的方法删除C列，如下图所示。

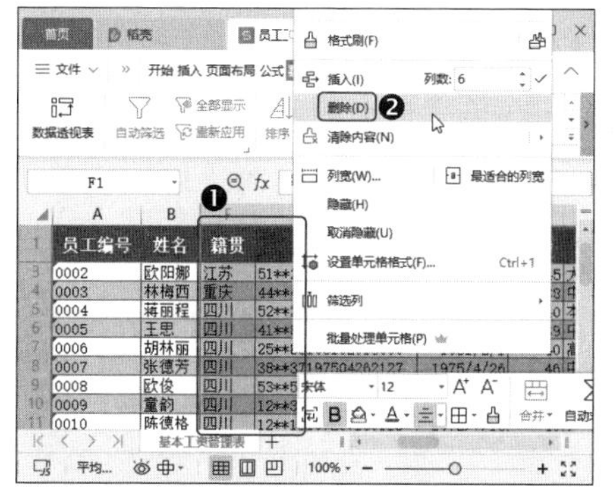

第12步 根据需要在G列后面添加相应的列标题，如下图所示。

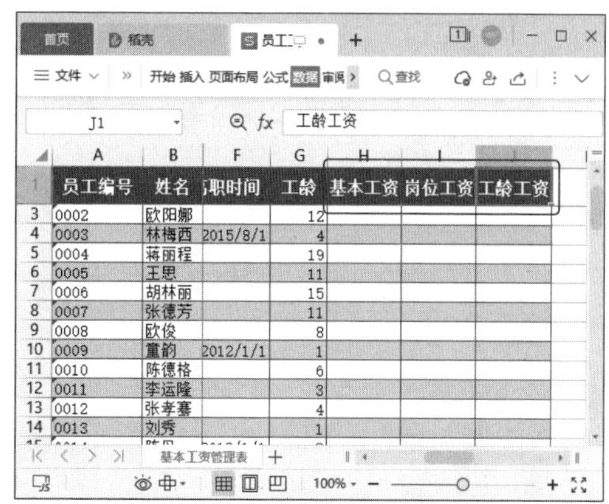

第13步 ❶ 选中第4行，❷ 单击【开始】选项卡中的【行和列】下拉按钮，❸ 在弹出的下拉菜单中选择【删除单元格】选项，❹ 再在弹出的子菜单中选择【删除行】选项，并使用相同的方法删除其他已离职员工的信息，如下图所示。

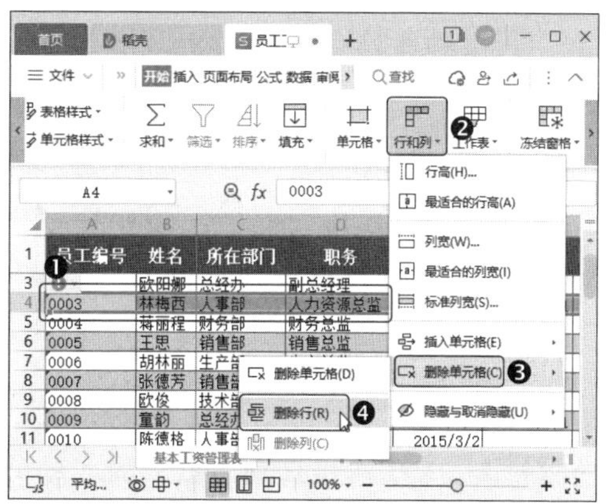

第14步 修改G2单元格中的公式为“=INT((NOW()-E2)/365)”，并将公式填充到下方单元格中，如下图所示。

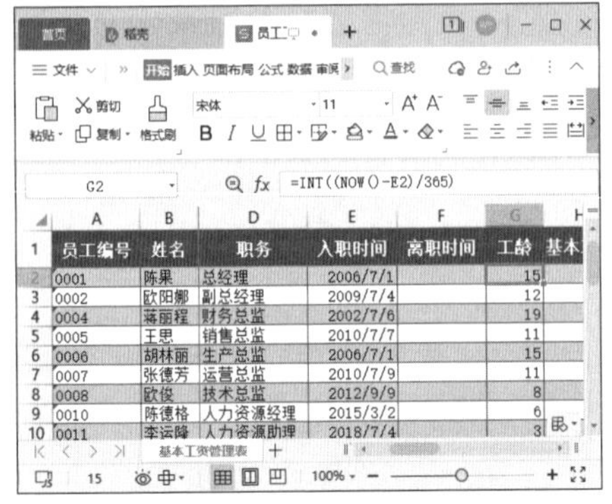

温馨提示

因为后期需要删除 F 列，所以此处需要更改 G2 单元格中的公式。

第15步 ❶ 选中 F 列，❷ 单击【开始】选项卡中的【行和列】下拉按钮，❸ 在弹出的下拉菜单中选择【删除单元格】选项，❹ 再在弹出的子菜单中选择【删除列】选项，如下图所示。

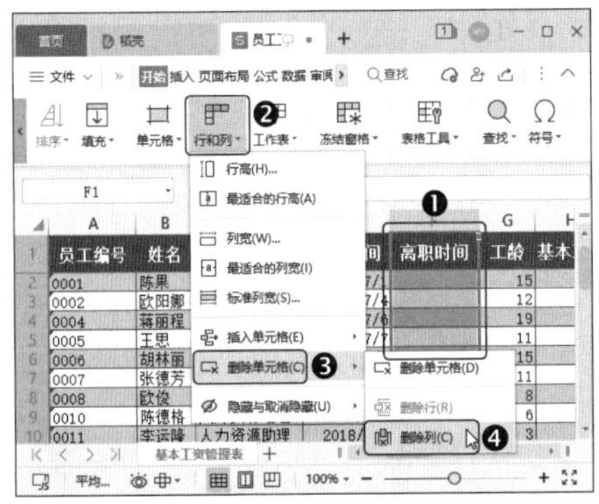

第16步 在 G 列和 H 列中依次输入每个员工的基本工资和岗位工资，然后在 I2 单元格中输入公式“=IF(F2<=2,0,IF(F2<5,(F2-2)*50,(F2-5)*100+150))”，并将公式填充到 I 列其他单元格中，如下图所示。

温馨提示

本例中规定工龄工资的计算标准：工龄小于 2 年不计工龄工资；工龄大于 2 年小于 5 年时，工龄工资按每年 50 元递增；工龄大于 5 年时，按每年 100 元递增。

6.2.2 创建奖惩管理表

企业销售人员的工资一般是由基本工资和销售业绩提成构成的，但企业又有一些奖励和惩罚的规定，会导致工资的部分金额增减。因此，我们需要创建一张工作表专门记录这些数据，操作方法如下。

第1步 新建名为“奖惩管理表”的工作表，❶ 在第 1 行和第 2 行中输入相应的表头文字，并对相关单元格进行合并。❷ 然后在 A3 单元格中输入第 1 条奖惩记录的员工编号，如“0005”，❸ 再在 B3 单元格中输入公式“=VLOOKUP(A3, 基本工资管理表 !$A$2:$I$39,2)”，按【Enter】键得到结果，如下图所示。

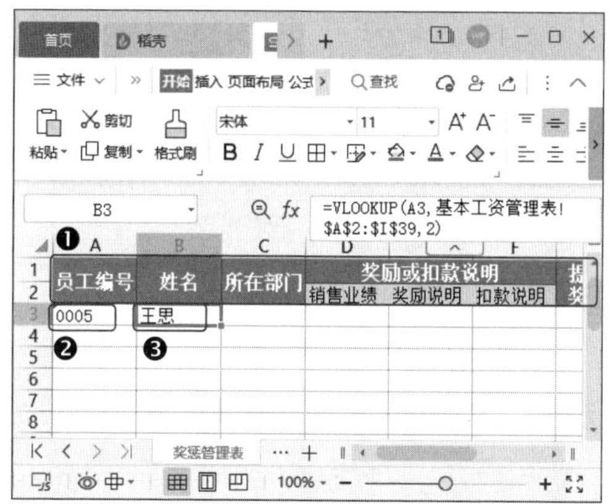

第2步 在C3单元格中输入公式“=VLOOKUP(A3,基本工资管理表!$A$2:$I$39,3)”，按【Enter】键确认，得到结果，如下图所示。

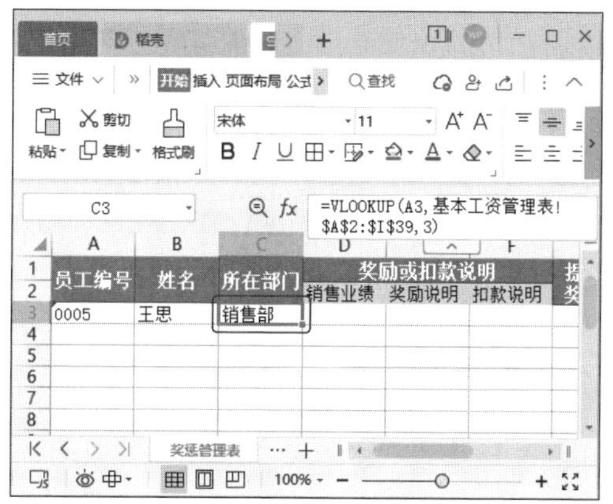

第3步 选中B3:C3单元格区域，拖动填充柄将这两个单元格中的数据公式复制到这两列的其他单元格中，如下图所示。

温馨提示

填充公式后，显示为#N/A（即错误），不必担心，在A列输入相关员工的编号后即可正确显示数据。

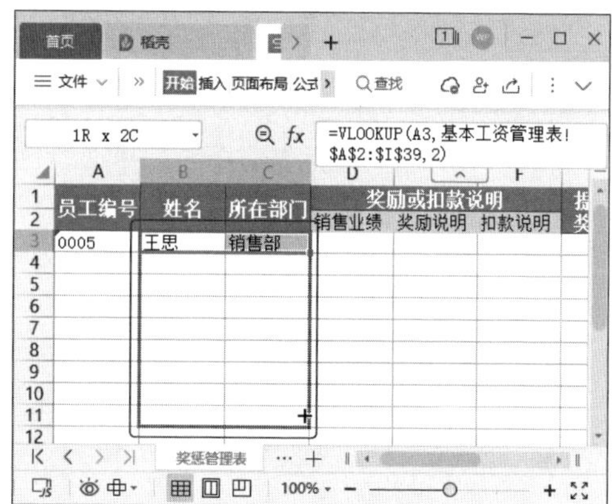

第4步 ❶ 在A列中输入其他奖惩记录的员工编号，即可根据公式得到对应的姓名和所在部门信息。❷ 完成后在D列、E列、F列中输入对应的数据，这里首先输入的是销售部的销售业绩额，所以全部输入在D列中，如下图所示。

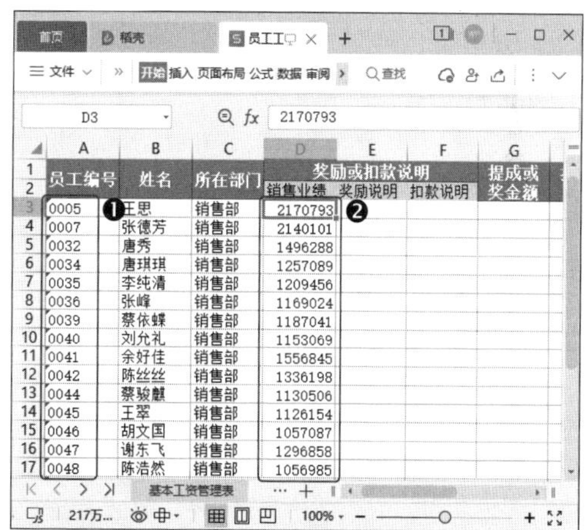

第5步 在G3单元格中输入公式“=IF(D3< 1000000,0,IF(D3<1300000,1000,D3*0.001))”，并将公式填充到G列其他单元格中，如下图所示。

> **温馨提示●**
> 本例中规定的销售提成计算方法：销售业绩不满 100 万元的，无提成奖金；超过 100 万元，低于 130 万元的，提成为 1000 元；超过 130 万元的，按销售业绩的 0.1% 计提成。

第6步● ❶ 选中 G3:G24 单元格区域，❷ 单击 3 次【开始】选项卡中的【减少小数位数】按钮，使该列数字显示为整数，如下图所示。

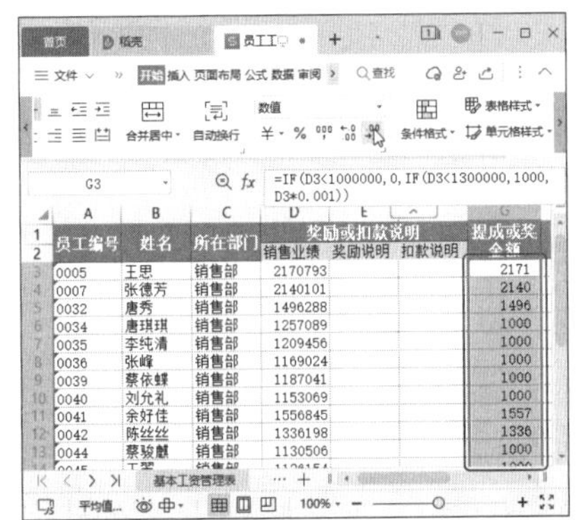

第7步● 继续在表格中输入其他的奖惩记录（实际工作中可能会先零散地输入各项奖惩，最后统计销售提成数据），完成后的效果如下图所示。

6.2.3 创建考勤统计表

企业对员工工作时间的考核主要记录在考勤表中。计算员工工资时，企业需要根据公司的规章制度，将考勤情况转化为相应的金额奖惩，例如，对迟到的进行扣款，对全勤的进行奖励等。本例中考勤记录已经准备好，只需要进行数据统计即可，操作方法如下。

第1步● 打开"素材文件 \ 第 6 章 \10 月考勤表 .xlsx"，❶ 右击"10 月考勤"工作表的名称标签，❷ 在弹出的快捷菜单中选择【移动工作表】命令，如下图所示。

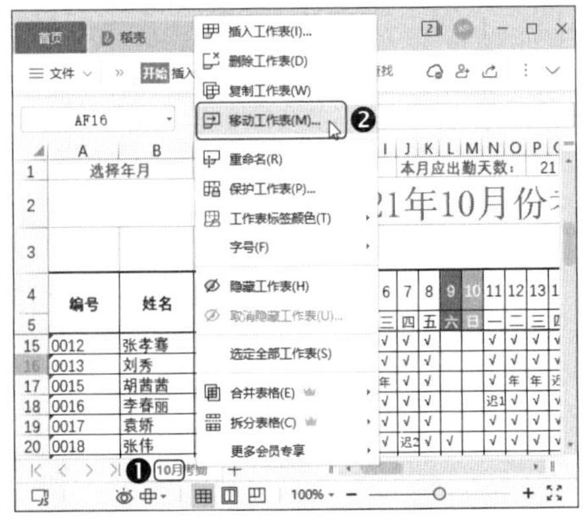

第2步 打开【移动或复制工作表】对话框，❶ 在【工作簿】下拉列表中选择【员工工资统计表】选项，❷ 在【下列选定工作表之前】列表框中选择【移至最后】选项，❸ 然后勾选【建立副本】复选框，❹ 完成后单击【确定】按钮，如下图所示。

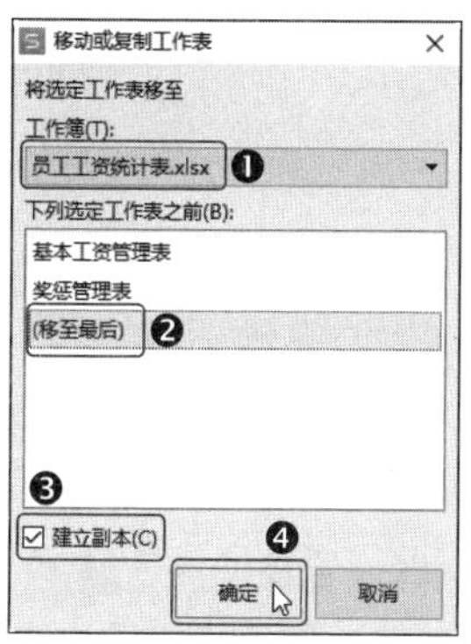

第3步 因为本例后面会单独创建一个加班统计表，所以此处需要删除周六列和周日列的数据。依次选中周六列和周日列的数据，按【Delete】键将其删除，如下图所示。

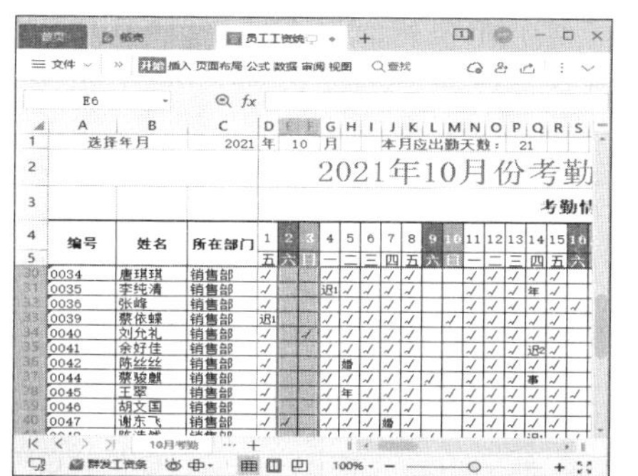

第4步 在 AX 至 BA 列单元格区域中输入奖金统计的相关表头，并对相应的单元格区域设置边框效果。完成后在 AX6 单元格中输入公式“=AN6*120+AO6*50+AP6*240”，如下图所示。

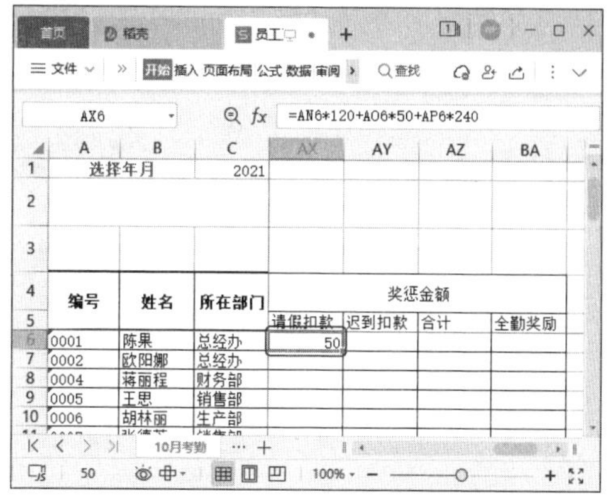

温馨提示

本例中规定：事假扣款为 120 元 / 天；旷工扣款为 240 元 / 天；病假领取最低工资标准的 80%，折算为病假日领取低于正常工资 50 元 / 天。

第5步 在 AY6 单元格中输入公式“=AQ6*10+AR6*50+AS6*100”，如下图所示。

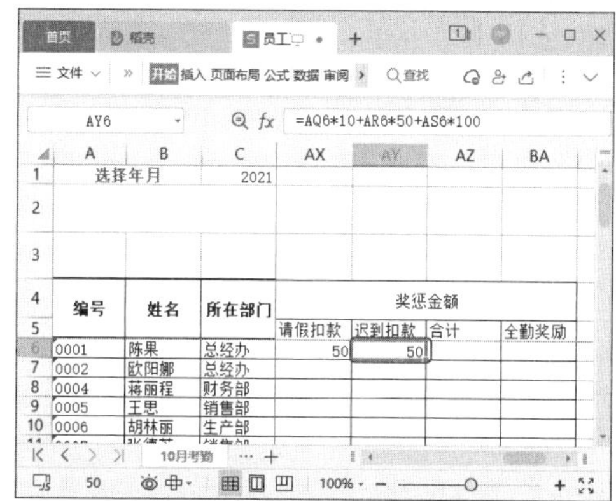

温馨提示

本例中规定：迟到 10 分钟，扣款 10 元 / 次；迟到 10 分钟 ~30 分钟，扣款 50 元 / 次；迟到 30 分钟 ~1 小时，扣款 100 元 / 次。

第6步 在AZ6单元格中输入公式"=AX6+AY6"，计算出请假和迟到的总扣款，如下图所示。

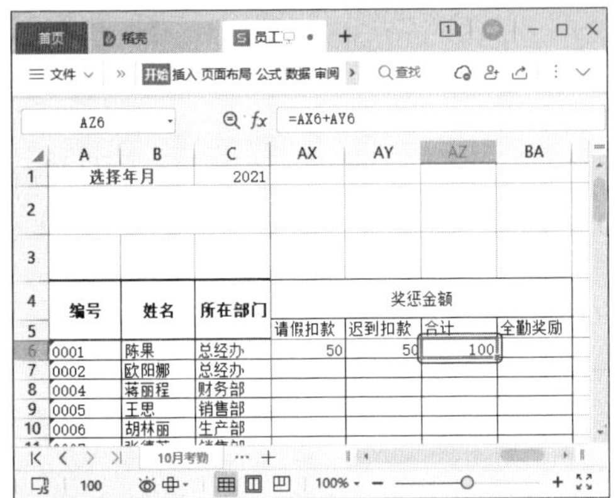

第7步 本例中规定：当月全部出勤，且无迟到、早退等情况，即视为全勤，给予200元的奖励。在BA6单元格中输入公式"=IF(SUM(AN6:AS6)=0,200,0)"，可判断出对应员工是否全勤，如下图所示。

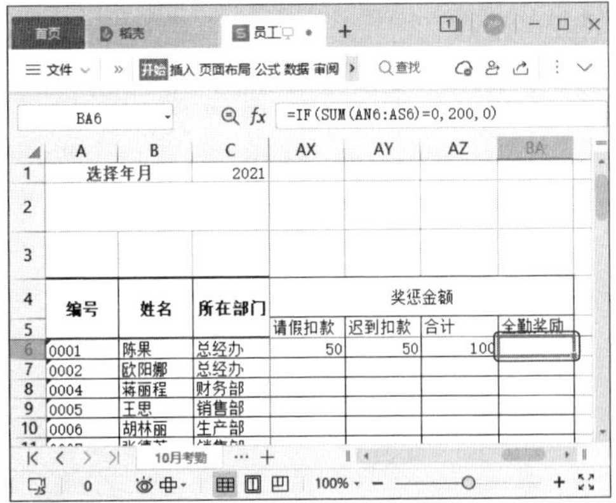

第8步 选中AX6:BA6单元格区域，拖动填充柄将这几个单元格中的公式复制到同列中的其他单元格中，如下图所示。

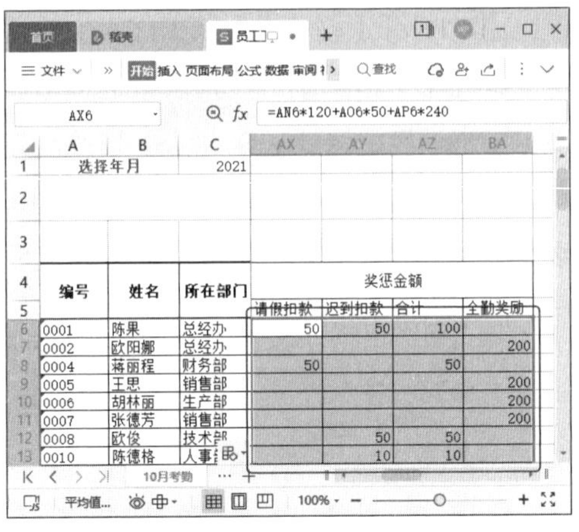

6.2.4 创建加班统计表

加班情况可能会出现在任何部门的员工身上，因此需要像记录考勤一样对当日的加班情况进行记录，方便后期计算加班工资。本例中已经制作好了当月的加班情况，只需要对加班工资进行统计即可，操作方法如下。

第1步 打开"素材文件\第6章\加班记录.xlsx"文件。❶ 右击"10月加班统计表"工作表的名称标签，❷ 在弹出的快捷菜单中选择【移动工作表】命令，如下图所示。

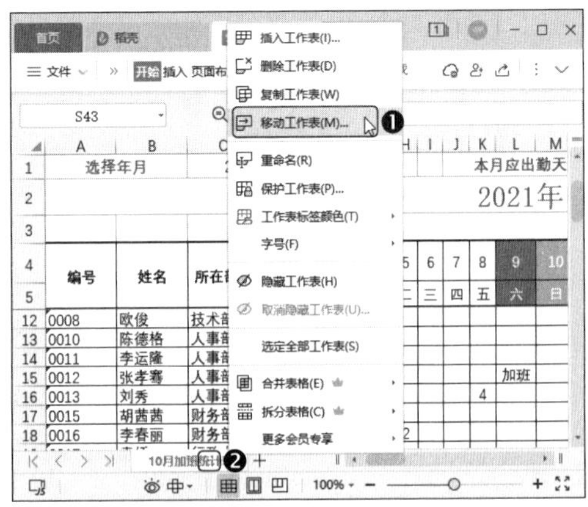

第2步 打开【移动或复制工作表】对话框，❶ 在【工作簿】下拉列表中选择【员工工资统计表】选项，❷ 在【下列选定工作表之前】列表框中选择【移至最后】选项，❸ 然后勾选【建立副本】复选框，❹ 完成后单击【确定】按钮，如下图所示。

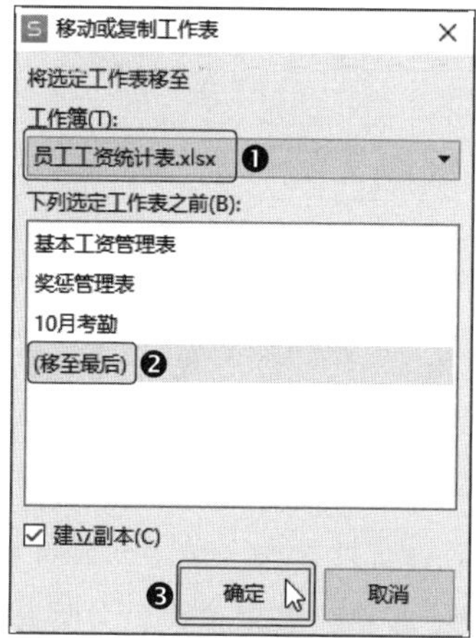

第3步 ❶ 为 AM 列至 AQ 列输入加班工资统计的相关表头，并对相应的单元格区域设置合适的边框效果。❷ 然后在 AM6 单元格中输入公式 “=SUM(D6:AH6)”，这样即可统计出该员工当月的加班总时长，如下图所示。

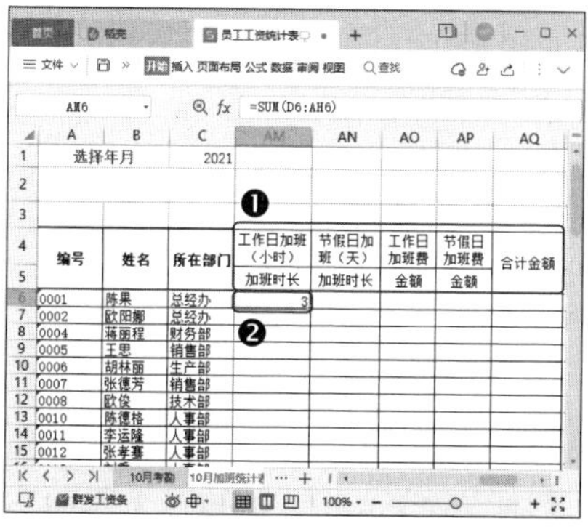

温馨提示

本例的素材文件中只对周末加班天数进行了记录。用户在进行日常统计时，可以在加班统计表中记录法定节假日或特殊情况下的加班情况，只需让这类型的加班区别于工作日的加班记录即可。例如，本例中工作日的记录用数字进行加班时间统计，节假日的加班则用文本 “加班” 进行标识。

第4步 在 AN6 单元格中输入公式“=COUNTIF(D6:AH6," 加班 ")”，即可统计出该员工当月节假日的加班天数，如下图所示。

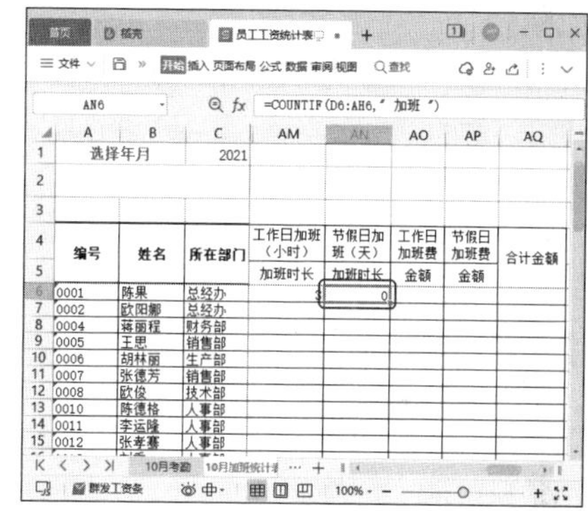

第5步 本例中规定工作加班按每小时 30 元进行补贴，因此在 AO6 单元格中输入公式 “=AM6*30”，如下图所示。

第6步 本例中规定节假日的加班按员工当天基本工资与岗位工资之和的两倍进行补贴，因此在 AP6 单元格中输入公式“=ROUND((VLOOKUP(A6, 基本工资管理表 !$A$2:$I$86,7)+VLOOKUP(A6, 基本工资管理表 !$A$2:$I$86,8))/$P$1*AN6*2,2)”，如下图所示。

第7步 在 AQ6 单元格中输入公式“=AO6+AP6”，即可计算出该员工的加班工资总额，如下图所示。

第8步 选择 AM6:AQ6 单元格区域，拖动填充柄将公式复制到同列中的其他单元格中，如下图所示。

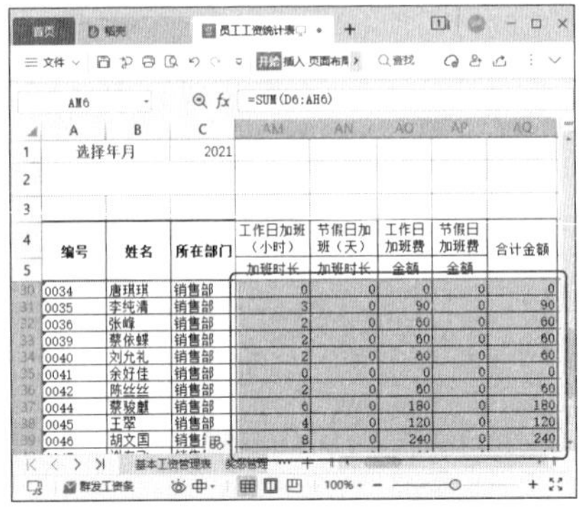

6.2.5 编制工资计算表

将核算工资需要用到的周边表格数据准备好之后，就可以创建工资管理系统中最重要的一张表格——工资计算表了。制作工资计算表时，需要引用周边表格中的数据并进行统计计算，操作方法如下。

第1步 新建一张工作表，并将其命名为“员工工资计算表”。❶ 在第 1 行中输入表头内容，❷ 在 A2 单元格中输入“=”，❸ 然后单击“基本工资管理表”工作表的名称标签，如下图所示。

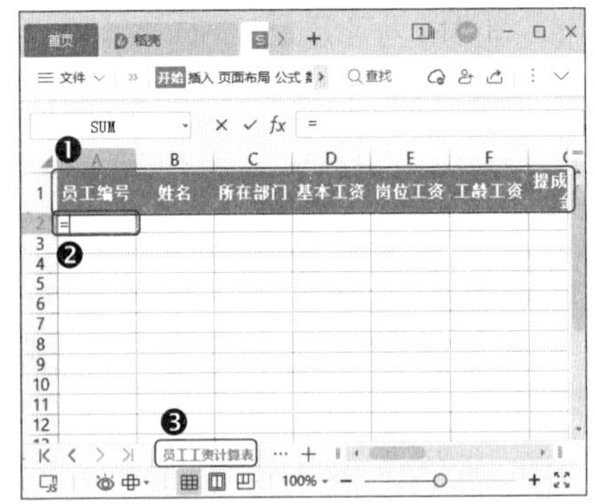

第2步 切换到“基本工资管理表”工作表，选择 A2 单元格，然后按【Enter】键，

如下图所示。

第3步 将该单元格引用到"员工工资计算表"中，然后将 A2 单元格中的公式复制到 B2、C2 单元格中，如下图所示。

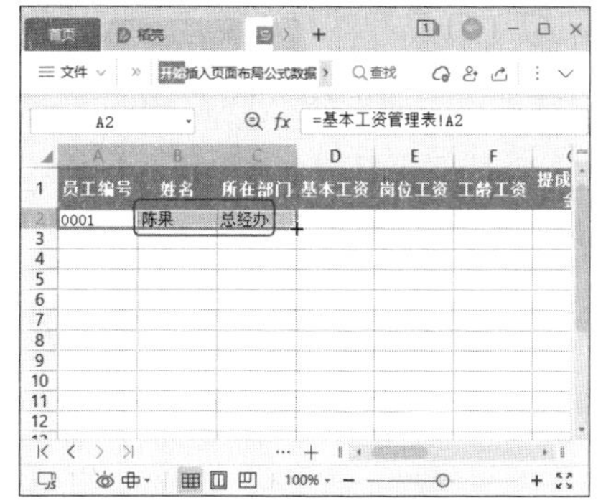

第4步 选中 A2:C2 单元格区域，使用填充柄向下填充公式，如下图所示。

温馨提示

工资计算表制作完成后，每个月都可以重复使用。为了后期能够快速使用，一般企业会制作一个"× 月工资表"工作簿，调入的工作表数据是当月的一些周边表格数据，这些工作表的名称是相同的，如"加班表""考勤表"。这样一来，当需要计算工资时，企业只需要将上个月的工作簿复制过来，再将各表格中的数据修改为当月数据即可，而工资计算表中的公式不用修改。

第5步 使用相同的方法，将"基本工资管理表"中的基本工资、岗位工资和工龄工资引用到"员工工资计算表"中，如下图所示。

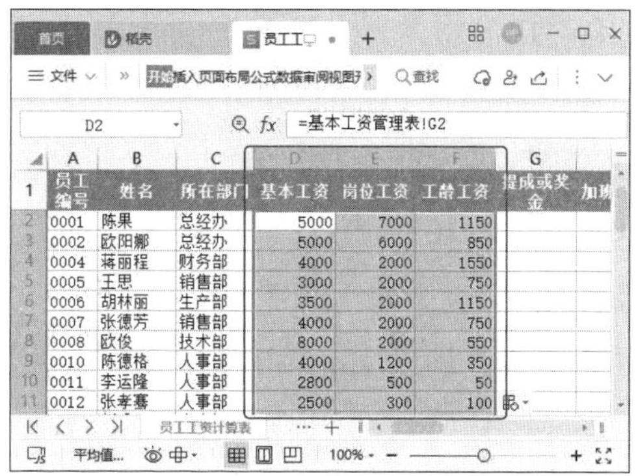

第6步 在基本工资管理表的 G2 单元格中输入公式"=IF (ISERROR(VLOOKUP(A2,奖惩管理表 !$A$3:$H$24,7,FALSE)),"", VLOOKUP (A2, 奖惩管理表 !$A$3:$H$24, 7,FALSE))"，并将公式填充到 G 列其他的单元格中，这样即可计算出员工当月的提成或奖金额，如下图所示。

温馨提示

本步骤中的公式利用 VLOOKUP 函数返回“奖惩管理表”工作表中统计出的提成和奖金金额，为防止因为某些员工的工资没有涉及提成和奖金额而返回错误值，公式中套用了 ISERROR 函数，对结果是否为错误值先进行判断，再通过 IF 函数让错误值显示为空。

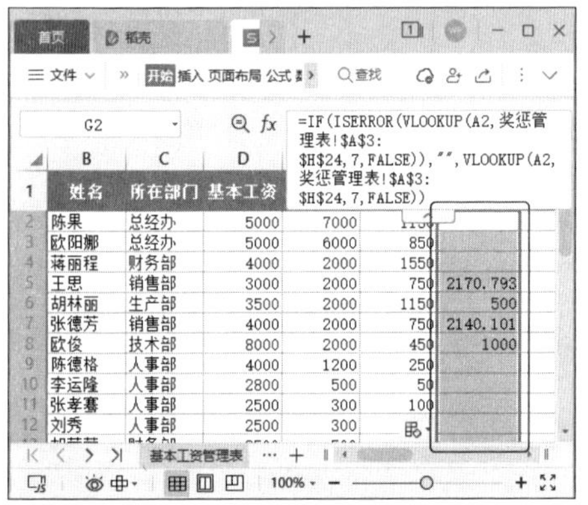

第7步 在 H2 单元格中输入公式“=VLOOKUP (A2,'10 月加班统计表'!$A$1:$AQ$39,43)”，并将公式填充到 H 列其他单元格中，这样即可计算出员工当月的加班工资，如下图所示。

第8步 在 I2 单元格中输入公式“=VLOOKUP(A2,'10 月考勤'!$A$6:$BA$43,53)”，并将公式填充到 I 列其他的单元格中，这样即可计算出员工当月是否获得全勤奖，如下图所示。

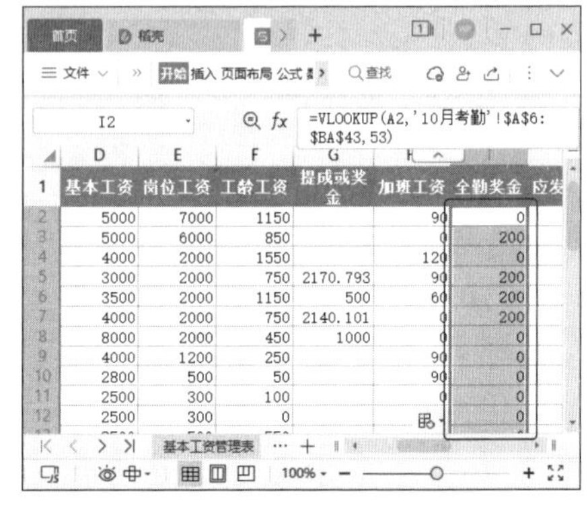

第9步 在 J2 单元格中输入公式“=SUM(D2:I2)”，并将公式填充到 J 列的其他单元格中，这样即可计算出员工当月的应发工资总和，如下图所示。

第10步 在 K2 单元格中输入公式“=VLOOKUP(A2,'10 月考勤'!$A$6:$AZ$43,52)”，并将公式填充到 K 列其他单元格中，这样即可返回员工当月的请假迟到扣款金额，如下图所示。

第11步 在 L2 单元格中输入公式"=(J2-K2)*(0.08+0.02+0.005+0.08)"，并将公式填充到 L 列其他单元格中，这样即可计算出员工当月需要缴纳的保险和公积金金额，如下图所示。

温馨提示

本例中计算的保险/公积金扣款是指员工个人需要缴纳的社保和公积金费用。本例中规定扣除医疗保险、养老保险、失业保险、住房公积金金额的比例如下：养老保险个人缴纳比例为 8%；医疗保险个人缴纳比例为 2%；失业保险个人缴纳的比例为 0.5%；住房公积金个人缴纳比例为 8%，具体缴纳比例根据各地方政策或企业规定确定。

第12步 在M2单元格中输入公式"=MAX((J2-SUM(K2 :L2)-5000)*{3,10,20,25,30,35,45}%-{0,210,1410,2660,4410,7160,15160},0)"，并填充到 M 列其他单元格中，这样即可计算出员工根据当月工资应缴纳的个人所得税金额，如下图所示。

温馨提示

本例中的个人所得税是根据 2019 年的个人所得税计算方法计算得出的。个人所得税的起征点为 5000 元，根据个人所得税税率表，将工资、薪金所得分为 7 级，税率为 3%~45%，如下表所示。

级数	全月应纳税所得额	税率（%）	速算扣除数
1	不超过 3000 元的	3	0
2	超过 3000 元至 12000 元的部分	10	210
3	超过 12000 元至 25000 元的部分	20	1410
4	超过 25000 元至 35000 元的部分	25	2660
5	超过 35000 元至 55000 元的部分	30	4410
6	超过 55000 元至 80000 的部分	35	7160
7	超过 80000 元的部分	45	15160

本表含税级距中应纳税所得额，是指每月收入金额－各项社会保险金（五险一金）－起征点 5000 元。使用超额累进税率计算的方法如下：

应纳税额＝全月应纳税所得额 × 税率－速算扣除数；

全月应纳税所得额＝应发工资－五险一金－5000。

公式"=MAX((J2-SUM(K2:L2)-5000)*{3,10,20,25,30,35,45}%-{0,210,1410,2660,4410,7160,15160},0)"，表示计算的数值是（L3-SI,(M3:P3)）后的值与相应税级百分数（3%，10%，20%，25%，30%，35%，45%）的乘积减去税率所在级距的速算扣除数 0、210、1410 等所得到的最大值。

第13步 在 N2 单元格中输入公式"=IF(ISERROR(VLOOKUP(A2,奖惩管理表!$A$3:$H$24,8,FALSE)),"",VLOOKUP(A2,奖惩管理表!$A$3:$H$24,8,FALSE))"，并将公式填充到 N 列其他单元格中，从而计算出员工当月的其他扣款金额，如下图所示。

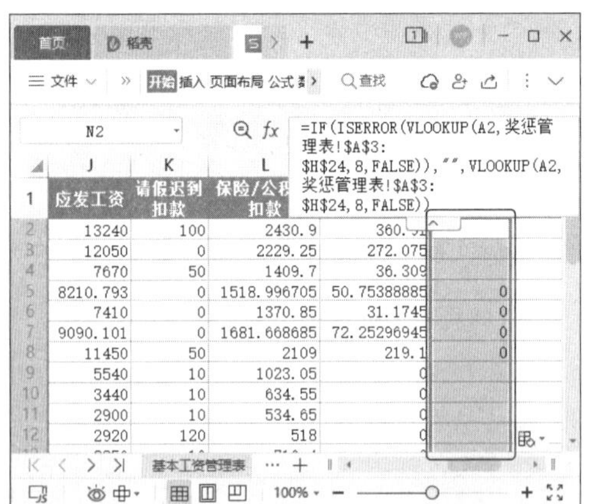

温馨提示

本步骤中的公式利用 VLOOKUP 函数返回"奖惩管理表"工作表中统计出的各种扣款金额。同样的，为了防止因为某些员工的工资没有涉及扣款项而返回错误值，所以套用了 ISERROR 函数对结果是否为错误值先进行判断，再通过 IF 函数让错误值均显示为空。

第14步 在 O2 单元格中输入公式"=SUM(K2:N2)"，并将公式填充到 O 列其他单元格中，从而计算出员工当月需要扣除金额的总和，如下图所示。

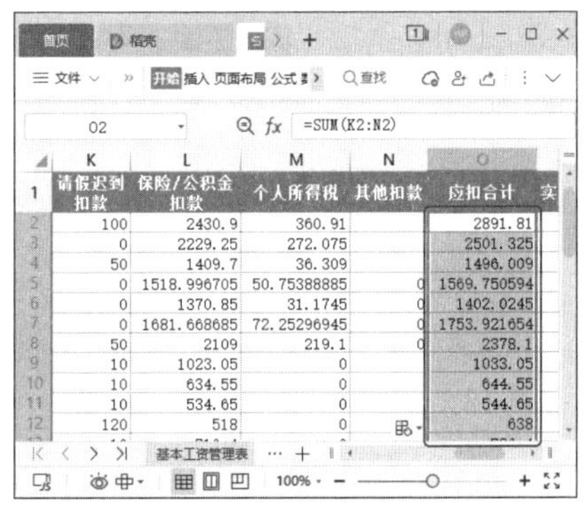

第15步 在 P2 单元格中输入公式"=J2-O2"，并将公式填充到 P 列其他单元格中，从而计算出员工当月的实发工资金额，如下图所示。

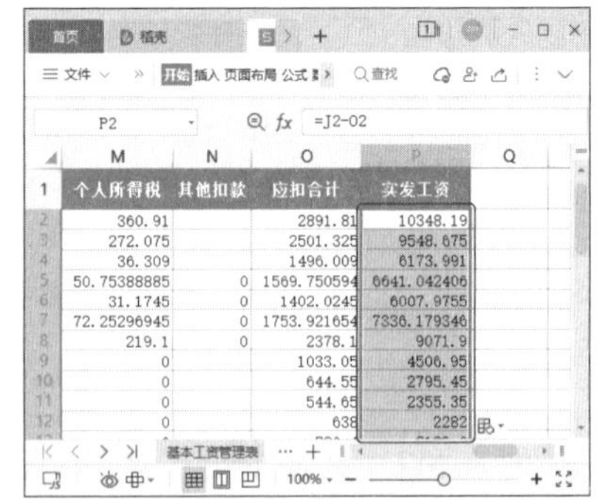

第16步 ❶ 选择 D2:P39 单元格区域，然后右击，❷ 在弹出的快捷菜单中选择【设置单元格格式】命令，如下图所示。

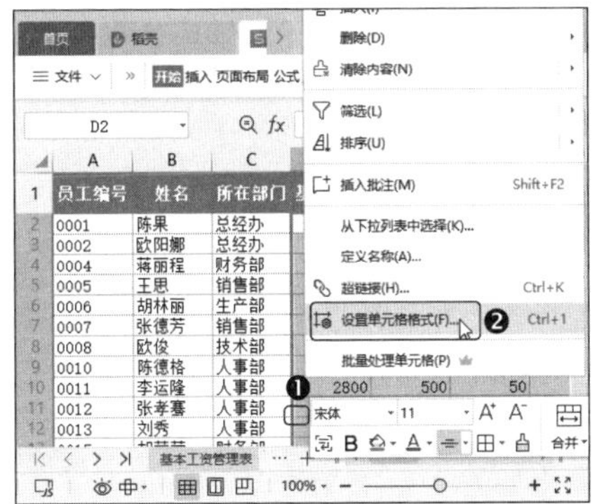

第17步 打开【单元格格式】对话框，❶ 在【数字】选项卡的【分类】列表框中选择【数值】选项，❷ 再在【小数位数】微调框中输入“2”，❸ 完成后单击【确定】按钮，如下图所示。

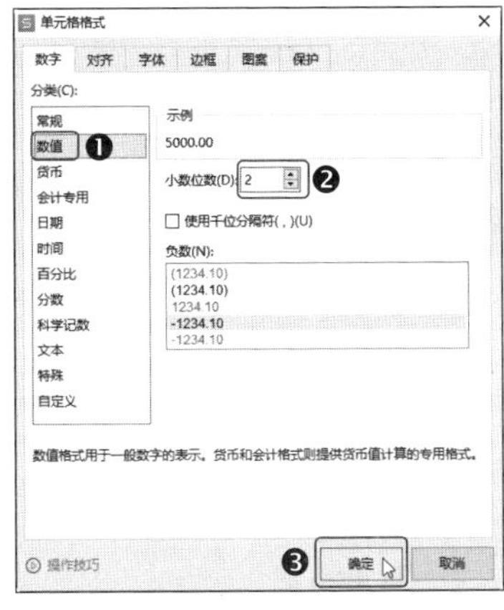

第18步 ❶ 选择 A2:P39 单元格区域，❷ 单击【开始】选项卡中的【表格样式】下拉按钮，❸ 在弹出的下拉菜单中选择一种样式，如下图所示。

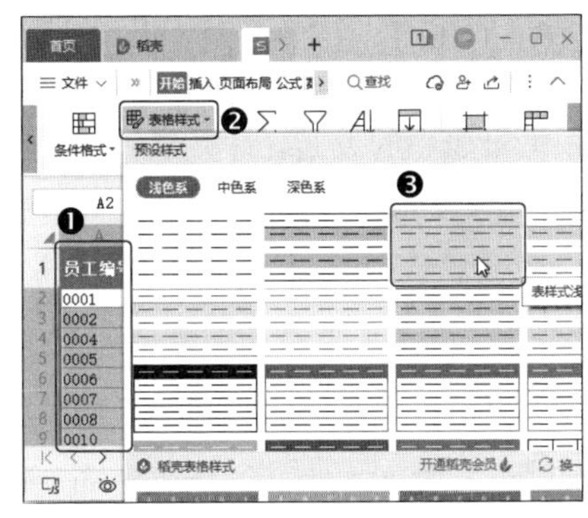

第19步 打开【套用表格样式】对话框，❶ 选中【仅套用表格样式】单选项，然后设置【标题行的行数】为【0】，❷ 完成后单击【确定】按钮，如下图所示。

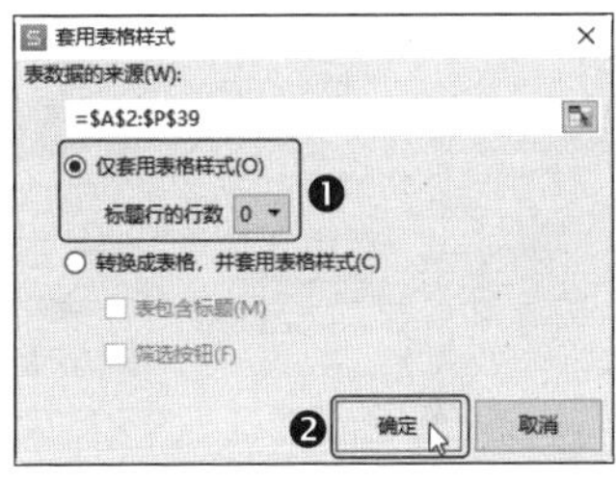

第20步 ❶ 选择 D2 单元格，❷ 单击【开始】选项卡中的【冻结窗格】下拉按钮，❸ 在弹出的下拉菜单中选择【冻结至第 1 行 C 列】选项，如下图所示。

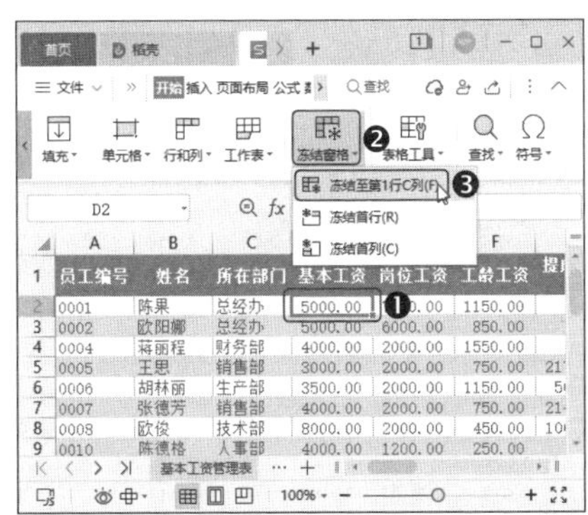

6.2.6 打印工资表

工资表中的数据统计完成后，一般需要提交给相关领导审核签字才能拨账发放工资。所以需要打印工资表，打印的方法如下。

第1步 选中要隐藏的“基本工资管理表”“奖惩管理表”“10 月考勤”“10 月加班统计表”，❶ 然后右击工作表标签，❷ 在弹出的快捷菜单中选择【隐藏工作表】命令，如下图所示。

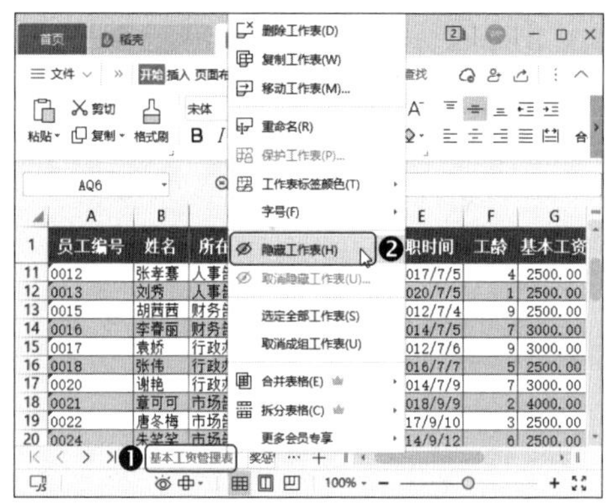

第2步 ❶ 单击【页面布局】选项卡中的【纸张方向】下拉按钮，❷ 在弹出的下拉菜单中选择【横向】选项，如下图所示。

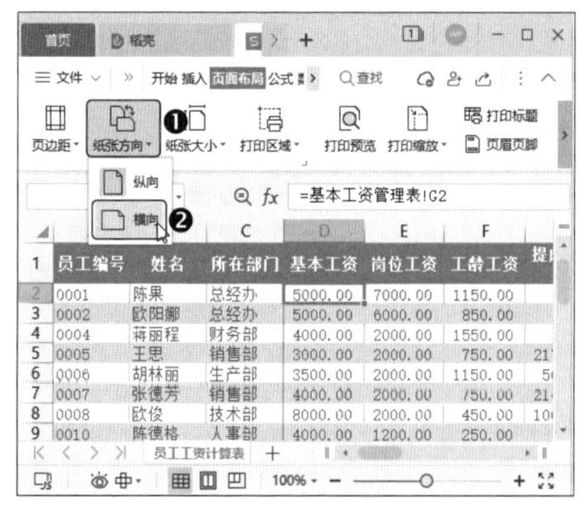

第3步 ❶ 单击【页面布局】选项卡中的【页边距】下拉按钮，❷ 在弹出的下拉菜单中选择【窄】选项，如下图所示。

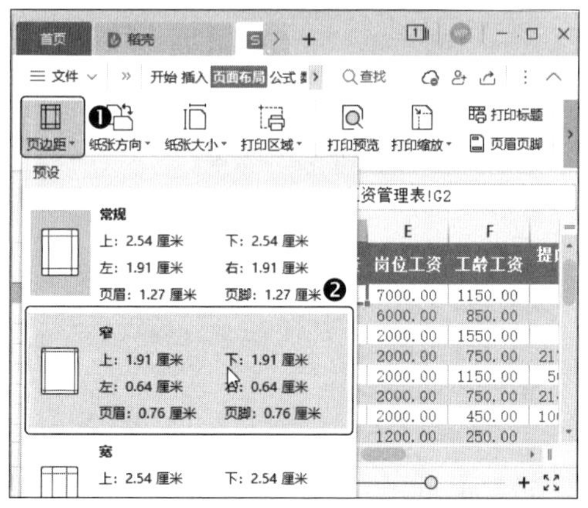

第4步 如果第 1 页的页面区域并没有包含所有列的数据，就需要调整表格的列宽，让所有数据列出现在一页纸上，如下图所示。

第5步 ❶ 选中需要打印的包含工资数据的单元格区域，❷ 单击【页面布局】选项卡中的【打印区域】按钮以设置打印区域，如下图所示。

第6步 单击【页面布局】选项卡中的【打印标题】按钮，如下图所示。

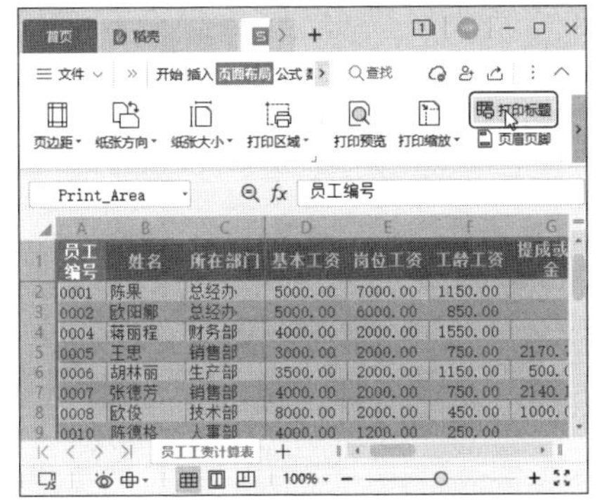

第7步 打开【页面设置】对话框，在【工作表】选项卡的【打印标题】栏设置【顶端标题行】为第 1 行，如下图所示。

第8步 切换到【页眉 / 页脚】选项卡，单击【自定义页眉】按钮，如下图所示。

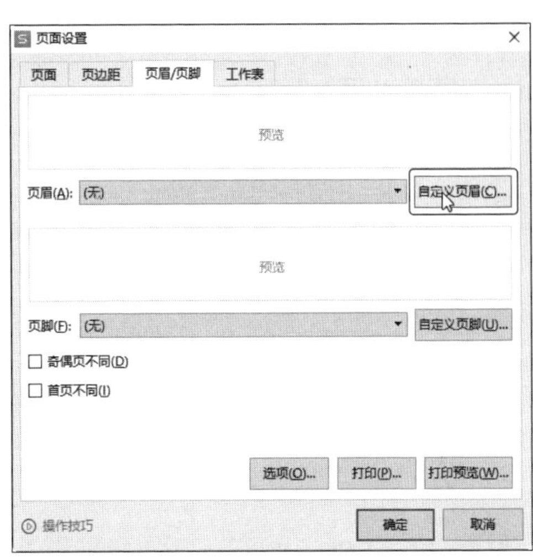

第9步 打开【页眉】对话框，❶ 将光标定位到【中】文本框中，输入页眉文字后选中文字，❷ 单击【字体】按钮，如下图所示。

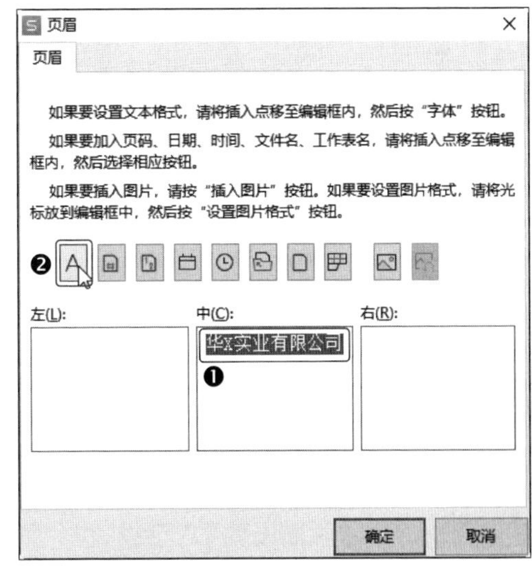

第10步 打开【字体】对话框，❶ 设置需要的字体样式，❷ 然后单击【确定】按钮，如下图所示。

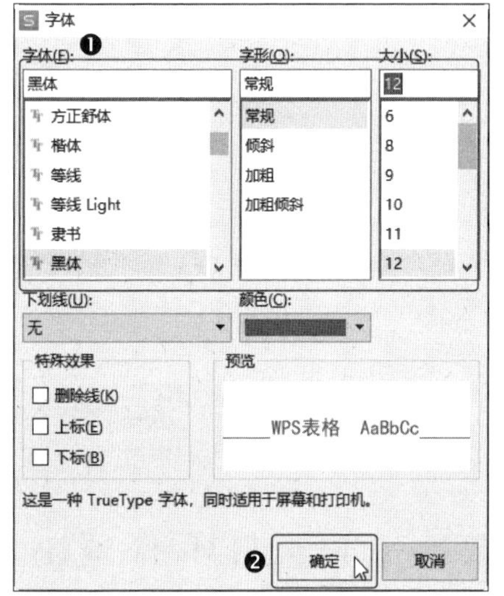

第11步 返回【页眉】对话框即可预览效果，确认后单击【确定】按钮，如下图所示。

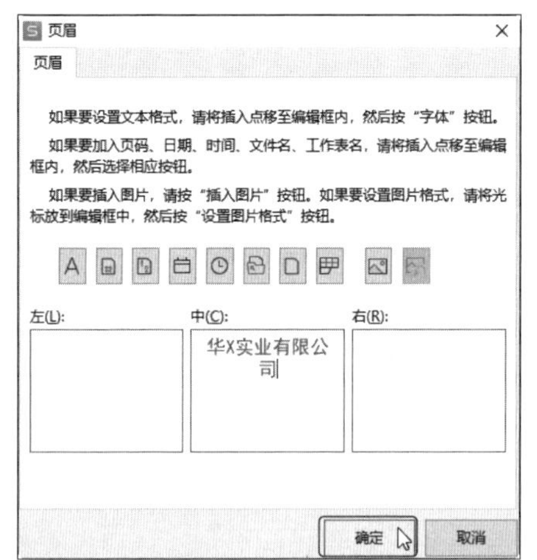

第12步 返回【页面设置】对话框，在【页脚】下拉列表中选择一种页脚样式，如下图所示。

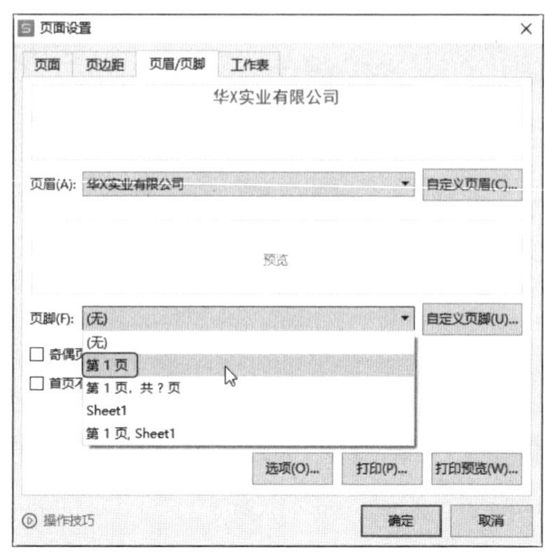

第13步 切换到【页边距】选项卡，❶ 勾选【居中方式】栏中的【水平】和【垂直】复选框，❷ 然后单击【打印预览】按钮，如下图所示。

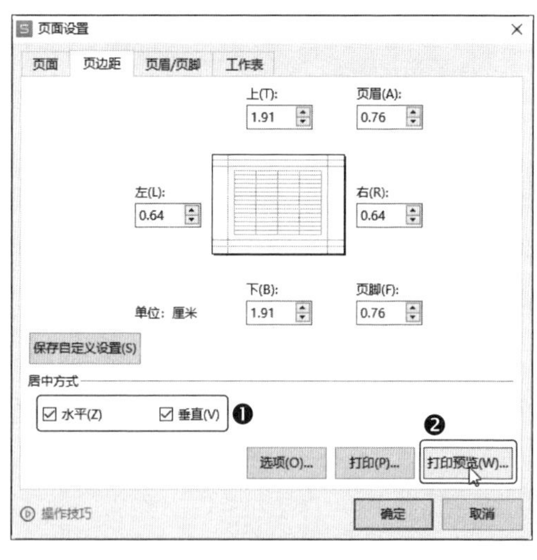

第14步 进入打印预览界面，确认无误后，单击【直接打印】按钮，如下图所示。

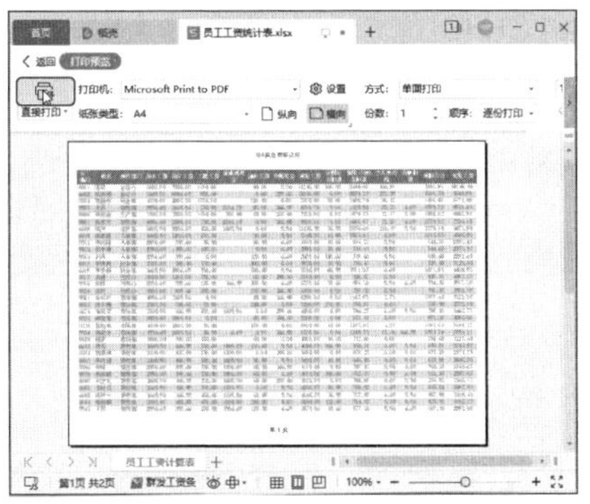

6.2.7 制作工资条

在给员工发放工资的同时通常需要发放工资条，使员工清楚自己各部分工资的金额。本例将利用已完成的工资表，快速为每个员工制作工资条，操作方法如下。

第1步 新建一个工作表，并将其命名为“工资条”。切换到“员工工资计算表”，❶ 选中第 1 行，❷ 然后单击【开始】选项卡中的【复制】按钮，如下图所示。

第2步 ❶ 将复制的单元格区域粘贴到“工资条”工作表的 A1:P1 单元格区域，❷ 然后在 A2 单元格中输入公式“=OFFSET(员工工资统计表 !$A$1,ROW()/3+1,COLUMN()-1)”，如下图所示。

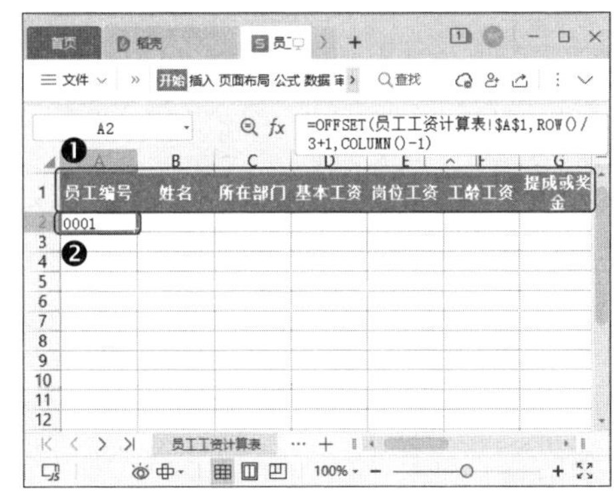

温馨提示

为了节省时间、减少工作量，我们可以在当前工资条的基本结构中添加公式，并运用单元格和公式的填充功能，快速制作工资条。

制作工资条的基本思路：应用公式，根据公式所在位置引用“员工工资统计表”中不同单元格中的数据；工资条中的数据前需要有标题，且不同员工的工资条之间需要间隔一行，故向下填充公式时要相隔 3 个单元格，所以不能通过直接引用和相对引用的方式来引用单元格，可以使用表格中的 OFFSET 函数对单元格地址进行偏移引用。

第3步 选中 A2 单元格，向右拖动填充柄将公式填充到 P2 单元格，如下图所示。

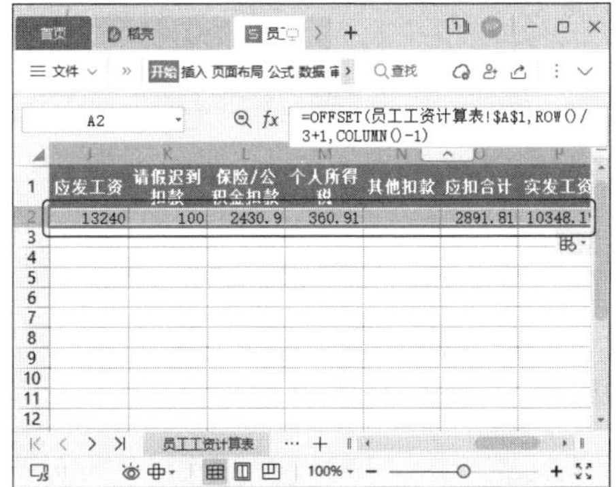

温馨提示

本例工资条中的各单元格内引用的地址将随公式所在单元格地址的变化而变化。将 OFFSEF 函数的“参数区域”设置为“员工工资统计表”中的 A1 单元格，并将单元格地址引用转换为绝对引用；“行数”参数设置为公式当前行数除以 3 后再加 1；“列数”参数设置为公式当前行数减 1。

第4步 选中 A1:P3 单元格区域，即工资条的基本结构加一行空单元格，如下图所示。

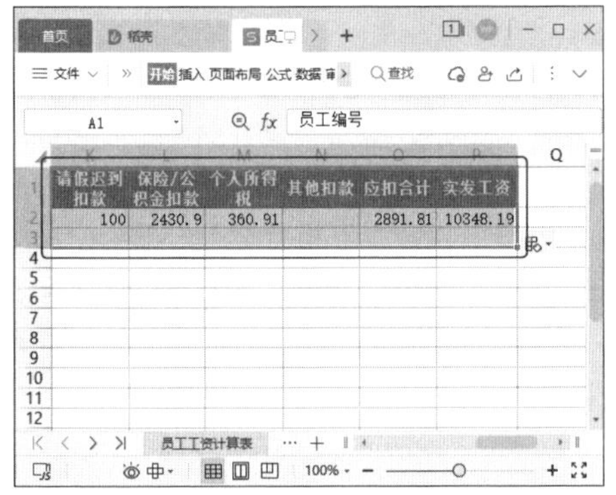

第5步 拖动单元格区域右下角的填充控制柄，向下填充至有工资数据的行，即可生成所有员工的工资条，如下图所示。

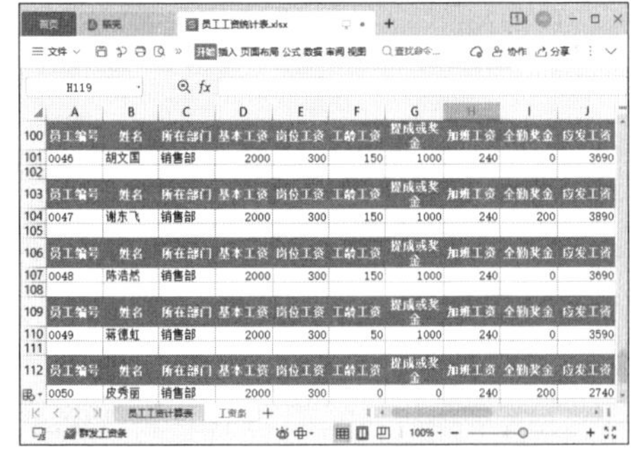

第6步 ❶ 单击【页面布局】选项卡中的【纸张方向】下拉按钮，❷ 在弹出的下拉菜单中选择【横向】选项，如下图所示。

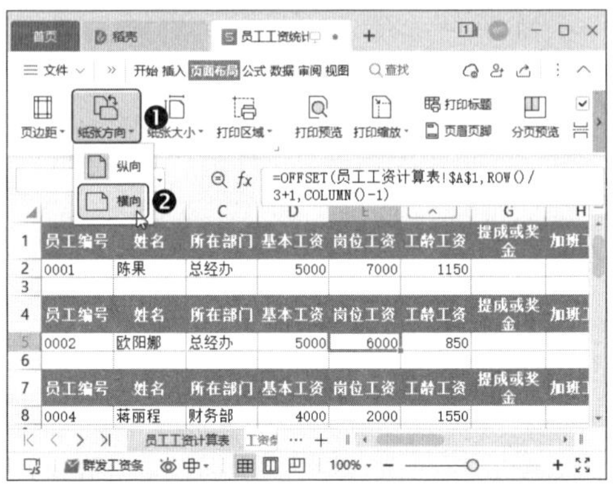

第7步 ❶ 单击【页面布局】选项卡中的【页边距】下拉按钮，❷ 在弹出的下拉菜单中选择【窄】选项，如下图所示。

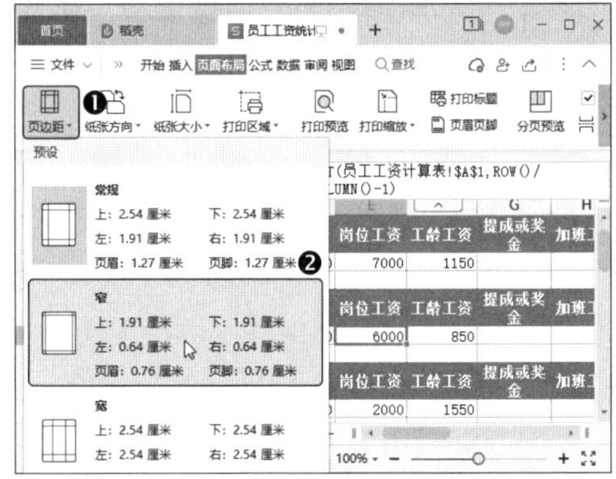

第8步 通过观察可以发现，设置后的同一个员工的工资信息并没有完整地显示在同一页面中，此时需要调整缩放比例。❶ 单击【页面布局】选项卡中的【打印缩放】下拉按钮，❷ 在弹出的下拉菜单中选择【将所有列打印在一页】选项，如下图所示。

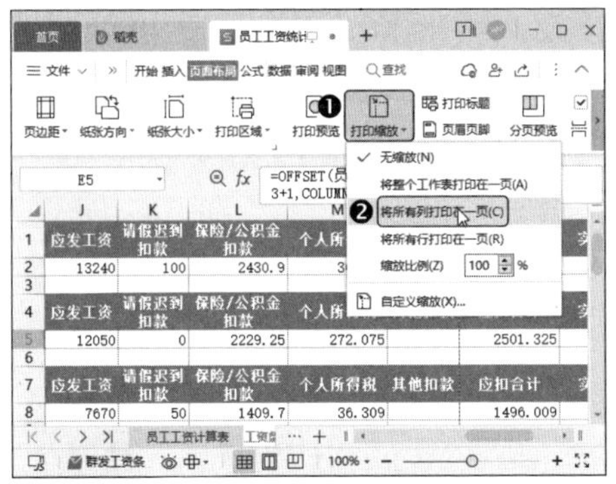

第9步 查看其他员工的工资信息时发现，在进行第 1 页分页时，页面最后一个员工的表头信息和具体的数据信息被分别放在了两页中。因为后期需要将每一个员工的信息裁剪成一个独立的纸条，所以这样的设置肯定不能满足需求。❶ 此时可以选中第 58 行单元格，❷ 然后单击【页面布局】选项卡中的【插入分页符】下拉按钮，❸ 在弹出的下拉菜单中选择【插入分页符】选项，如下图所示。

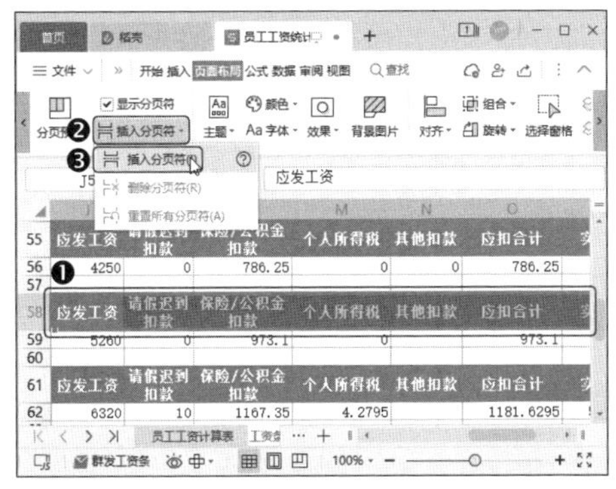

第10步 单击【页面布局】选项卡中的【打印预览】按钮，如下图所示。

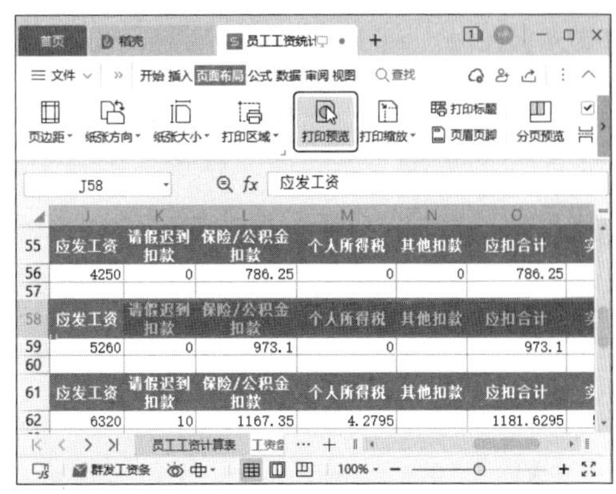

第11步 在打开的【打印预览】界面即可查看打印效果，设置打印参数后，单击【直接打印】按钮即可打印工资条，如下图所示。

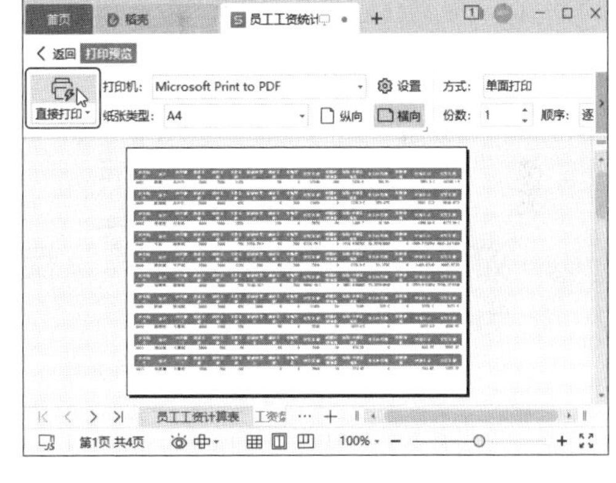

大神支招

下面结合本章内容，给读者介绍一些工作中的实用技巧。

01 如何快速删除空段?

在编辑文档时，如果发现文档中存在较多空段，那么可以通过下述方法快速删除空段。打开“素材文件\第 6 章\公司劳动合同.docx”文件，❶ 单击【开始】选项卡的【文字排版】下拉按钮，❷ 在弹出的下拉菜单中选择【删除】选项，❸ 再在弹出的子菜单中选择【删除空段】选项，如下图所示。

02 如何将阿拉伯数字快速转换为人民币大写?

制作办公文档时，有时我们需要输入大写的人民币金额，如填写收条或者收款凭证时。直接输入大写金额不仅速度较慢，还容易出错，此时我们就可以使用【域】功能快速将数字转换为人民币大写，操作方法如下。

第1步 打开“素材文件\第6章\收据.wps”文件，❶ 选中“54688 元整”文本，❷ 然后单击【插入】选项卡中的【文档部件】下拉按钮，❸ 在弹出的下拉菜单中选择【域】选项，如下图所示。

第2步 打开【域】对话框，❶ 在【域代码】文本框中输入要转换的数字，❷ 在【数字格式】下拉列表中选择【人民币大写】选项，❸ 然后单击【确定】按钮，如下图所示。

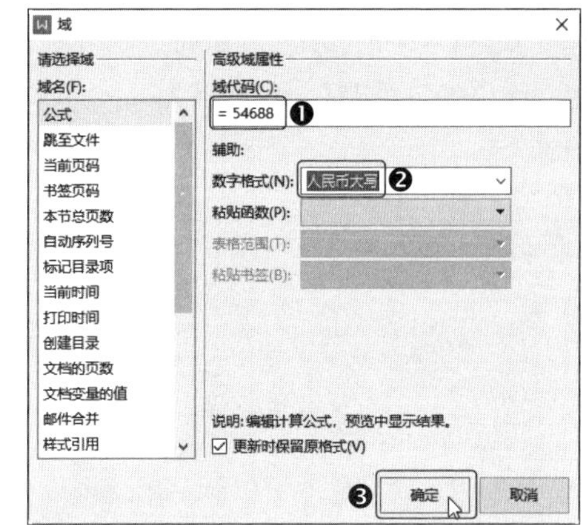

第3步 返回文档即可看到转换后的效果，如下图所示。

温馨提示

使用【编号】功能也可以将数字转换为人民币大写，但不能转换含有小数的数字，用户可酌情选择。

收据

今收到 XX 集团有限公司 2019 年 12 月份货款伍万肆仟陆佰捌拾捌元整。

JN 股份有限公司

经手人：孙晗

2021 年 12 月 28 日

03 如何使复制的数据区域图片随数据源更新？

将数据区域复制为图片后，数据源更改时，图片上的数据并不会随之更改。为了使图片上的数据保持更新状态，我们可以使用照相机功能，使复制的数据区域图片随数据源更新，操作方法如下。

第1步 打开“素材文件\第 6 章\空调销售表.et”文件，❶ 选中含有数据单元格区域，❷ 单击【插入】选项卡中的【照相机】按钮，如下图所示。

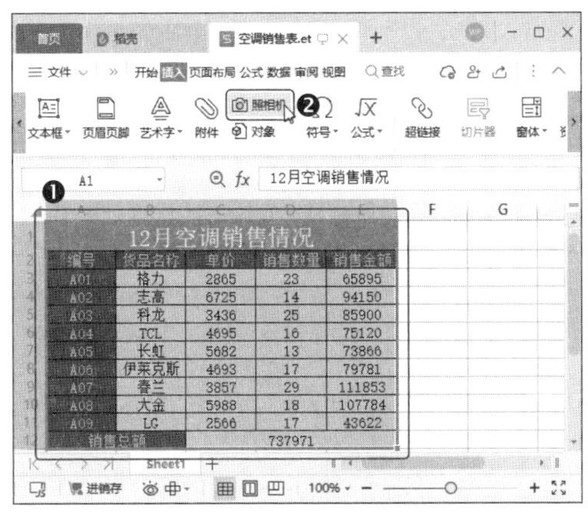

第2步 当鼠标指针将变为十字形状时，在需要粘贴的位置单击即可将数据区域粘贴到该处，如下图所示。

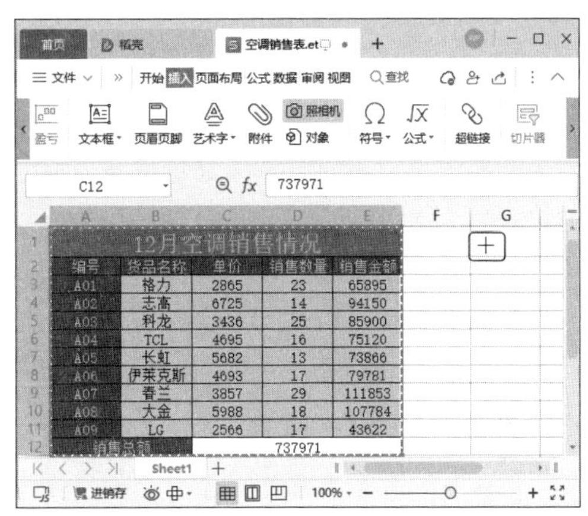

第3步 更改数据源中的数据，复制的数据区域图片也会随之更改，效果如下图所示。

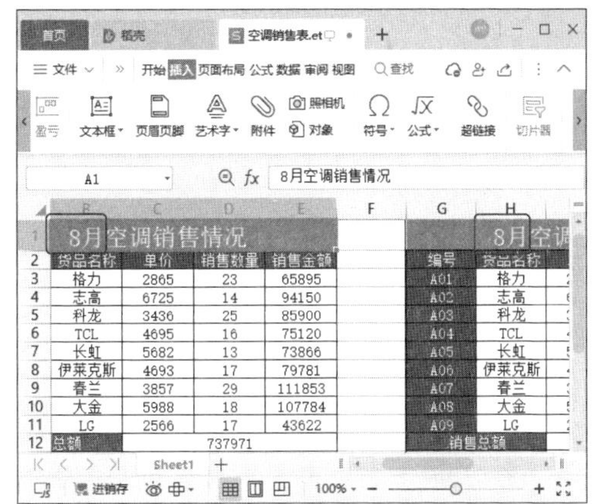

WPS

第 7 章

公司客户管理

本章导读

客户是企业发展不可或缺的元素，是企业的经济命脉，因此客户管理便成尤为重要的一个环节。本章将通过制作客户信息保密条例和客户月拜访计划表，介绍 WPS Office 软件在文秘与行政关于客户管理的工作中的相关应用技巧。

知识要点

- 在大纲视图中编辑文档
- 新建与使用编号
- 设置页眉页脚
- 插入特殊符号
- 冻结窗格
- 添加与编辑批注

7.1 使用 WPS 文字制作客户信息保密制度

客户的信息是最重要的公司信息，为了防止因客户信息泄露而导致的客户与公司的损失，公司需要制定合理的保密条例来保证客户信息的安全。客户信息保密条例应该是公司每一位员工都应该遵守的行为制度，需要制作并打印出来供员工查阅，让员工明确自己的保密义务。

本例将制作客户信息保密条例，完成后的效果如下图所示，实例最终效果见“结果文件\第 7 章\客户信息保密制度 .docx”文件。

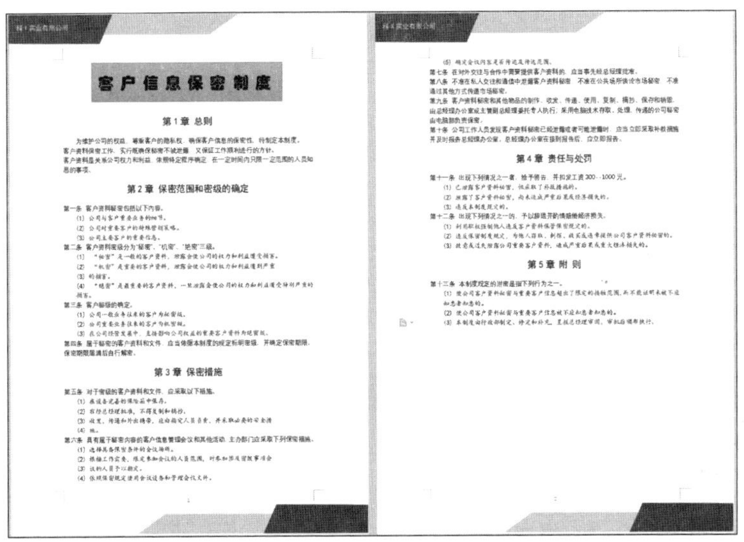

客户信息保密制度

第 1 章 总则

为维护公司的权益，尊重客户的隐私权，确保客户信息的保密性，特制定本制度。
客户资料保密工作，实行既确保秘密不被泄露，又保证工作顺利进行的方针。
客户资料是关系公司权力和利益，依照特定程序确定，在一定时间内只限一定范围的人员知悉的事项。

第 2 章 保密范围和密级的确定

第一条 客户资料秘密包括以下内容。
(1) 公司与客户重要业务的细节。
(2) 公司对重要客户的特殊营销策略。
(3) 公司主要客户的重要信息。
第二条 客户资料密级分为“秘密”、“机密”、“绝密”三级。
(1) “秘密”是一般的客户资料，泄露会使公司的权力和利益遭受损害。
(2) “机密”是重要的客户资料，泄露会使公司的权力和利益遭到严重
(3) 的损害。
(4) “绝密”是最重要的客户资料，一旦泄露会使公司的权力和利益遭受特别严重的损害。
第三条 客户秘级的确定。
(1) 公司一般业务往来的客户为秘密级。
(2) 公司重要业务往来的客户为机密级。
(3) 在公司经营发展中，直接影响公司权益的重要客户资料为绝密级。
第四条 属于秘密的客户资料和文件，应当依据本制度的规定标明密级，并确定保密期限。保密期限届满后自行解密。

第 3 章 保密措施

第五条 对于密级的客户资料和文件，应采取以下措施。
(1) 在设备完善的保险箱中保存。
(2) 非经总经理批准，不得复制和摘抄。
(3) 收发、传递和外出携带，应由指定人员负责，并采取必要的安全措
(4) 施。
第六条 具有属于秘密内容的客户信息管理会议和其他活动，主办部门应采取下列保密措施。
(1) 选择具备保密条件的会议场所。
(2) 根据工作需要，限定参加会议的人员范围，对参加涉及密级事项会
(3) 议的人员予以指定。
(4) 依照保密规定使用会议设备和管理会议文件。

(5) 确定会议内容是否传达及传达范围。
第七条 在对外交往与合作中需要提供客户资料的，应当事先经总经理批准。
第八条 不准在私人交往和通信中泄露客户资料秘密，不准在公共场所谈论市场秘密，不准通过其他方式传递市场秘密。
第九条 客户资料秘密和其他物品的制作、收发、传递、使用、复制、摘抄、保存和销毁，由总经理办公室或主管副总经理委托专人执行；采用电脑技术存取、处理、传递的公司秘密由电脑部负责保密。
第十条 公司工作人员发现客户资料秘密已经泄露或者可能泄露时，应当立即采取补救措施并及时报告总经理办公室；总经理办公室在接到报告后，应立即报告。

第 4 章 责任与处罚

第十一条 出现下列情况之一者，给予警告，并扣发工资 300~1000 元。
(1) 已泄露客户资料秘密，但采取了补救措施的。
(2) 泄露了客户资料秘密，尚未造成严重后果或经济损失的。
(3) 违反本制度规定的。
第十二条 出现下列情况之一的，予以辞退并酌情赔偿经济损失。
(1) 利用职权强制他人违反客户资料保密规定的。
(2) 违反保密制度规定，为他人窃取、刺探、收买或违章提供公司客户资料秘密的。
(3) 故意或过失泄露公司重要客户资料，造成严重后果或重大经济损失的。

第 5 章 附 则

第十三条 本制度规定的泄密是指下列行为之一。
(1) 使公司客户资料秘密与重要客户信息超出了限定的接触范围，而不能证明未被不应知悉者知悉的。
(2) 使公司客户资料秘密与重要客户信息被不应知悉者知悉的。
(3) 本制度由行政部制定、修定和补充，呈报总经理审阅，审批后颁布执行。

7.1.1 在大纲视图中编辑文档

由于客户信息保密条例的条款较多，因此我们需要在大纲视图模式下检查章程的逻辑性问题。

1. 设置大纲级别

在切换至大纲视图之前，我们首先需要为文档设置大纲级别，操作方法如下。

第1步 打开“素材文件\第 7 章\客户信息保密制度 .docx”文件，❶ 选中“第 1 章 总则”段落文本，❷ 单击【开始】选项卡中的【段落】对话框按钮 ⌟，如下图所示。

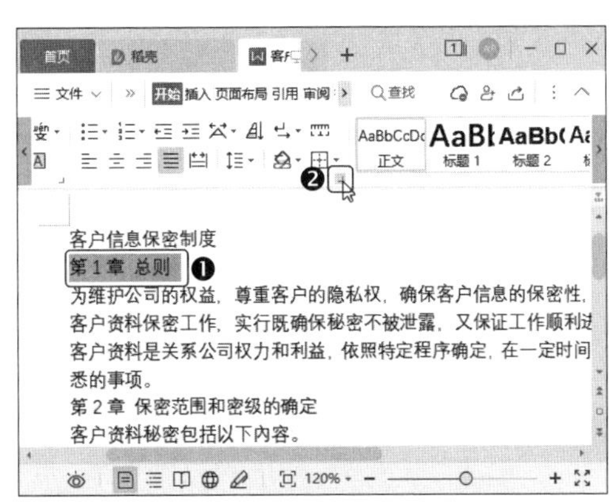

第2步 打开【段落】对话框，❶ 在【缩

进和间距】选项卡的【常规】栏中设置【大纲级别】为【1 级】，❷ 然后单击【确定】按钮，如下图所示。

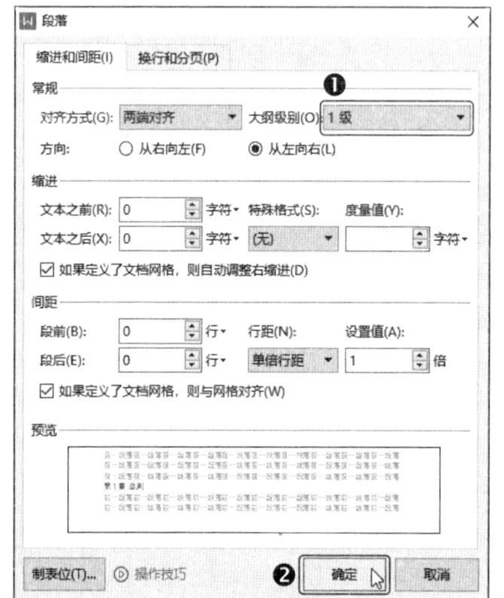

第3步 保持段落的选中状态，双击【开始】选项卡中的【格式刷】按钮，如下图所示。

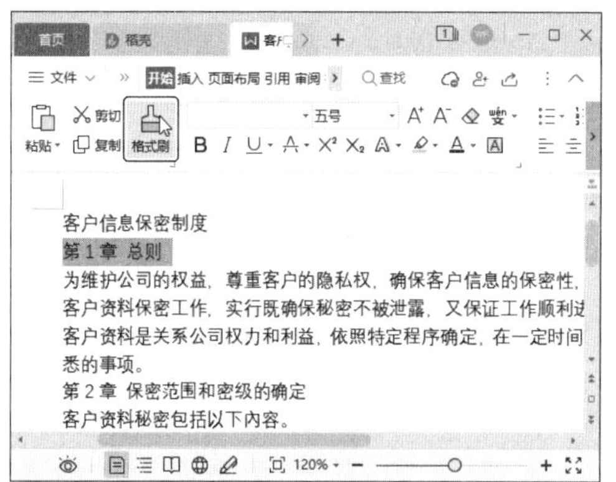

温馨提示

如果是单击【格式刷】按钮，那么在使用一次格式刷后就会自动取消对格式刷的锁定。

第4步 当鼠标指针变为刷子的形状后，在“第 2 章”“第 3 章”“第 4 章”文本段落中拖动，将大纲样式应用到标题段落中，如下图所示。

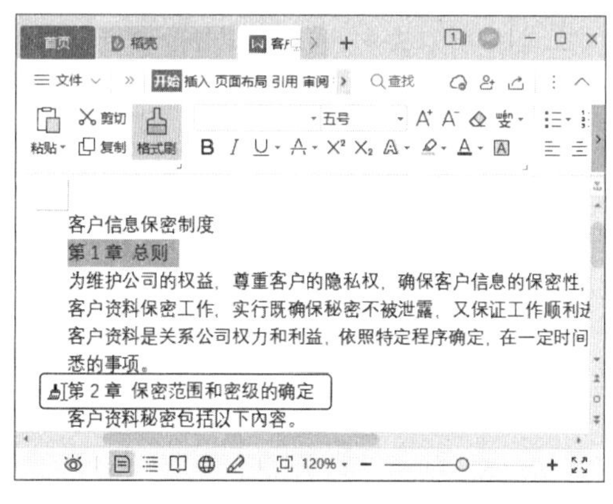

第5步 单击【视图】选项卡中的【导航窗格】按钮，在打开的窗格中可以查看设置了大纲级别的标题，如下图所示。

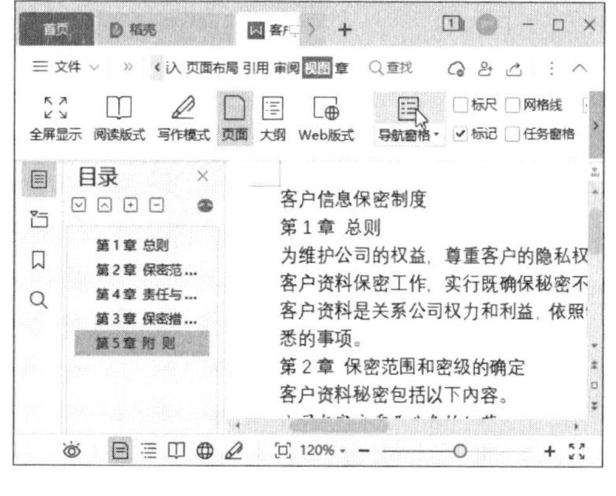

2. 在大纲视图中编辑文档结构

在大纲视图中可以清晰地查看并调整文档的结构，操作方法如下。

第1步 在【视图】选项卡中单击【大纲】按钮，如下图所示。

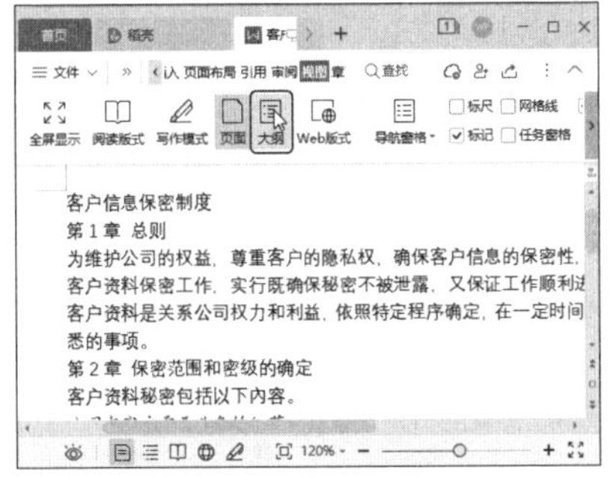

第2步 双击第 1 章左侧的✥标记，第 1 章下面的所有内容都将隐藏起来，仅显示章名，如下图所示。

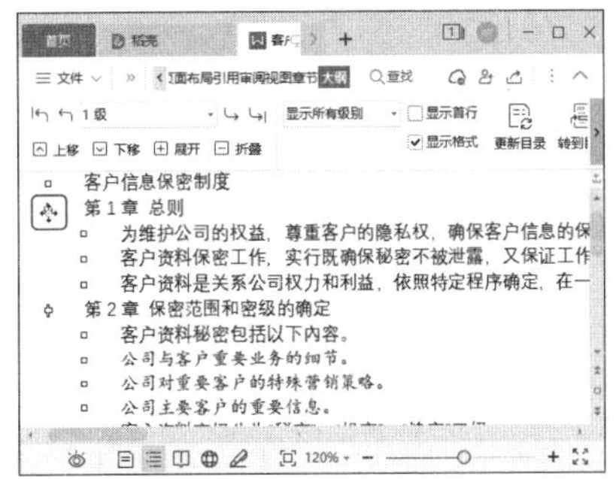

第3步 使用相同的方法隐藏其他制度内容。操作之后我们发现，“第 4 章”的位置有误，❶ 故选择“第 4 章”所在的段落，❷ 将其拖动到“第 5 章”的左侧，如下图所示。

第4步 这样一来，不仅是章名更换了位置，本章下的所有内容也一同调整了位置。确认结构正确后单击【大纲】选项卡中的【关闭】按钮退出大纲视图，如下图所示。

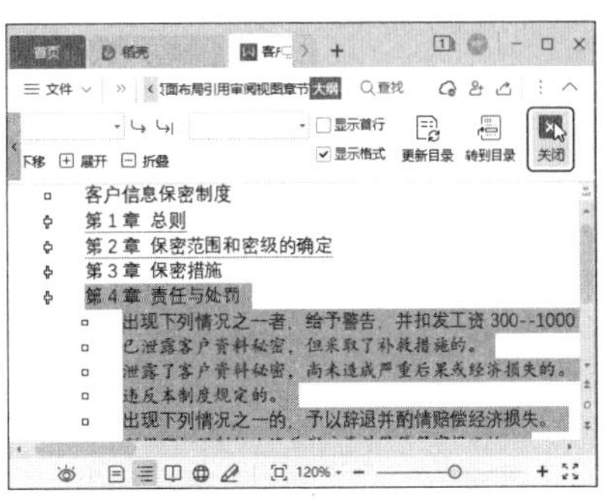

> **温馨提示**
>
> 在编制长文档时，由于内容较多，条款量较大，我们可以先在大纲视图下对文档内容进行编辑和设置。一方面可以提高编辑速度，另一方面可以避免由于信息量大而出现错误操作。

7.1.2 设置文档格式

在大纲模式下调整了文档结构之后，我们就可以设置文档格式了。

第1步 ❶ 选择保密制度的标题，❷ 在【开始】选项卡中设置合适的字体格式，❸ 然后单击【字体】对话框按钮 ⌟，如下图所示。

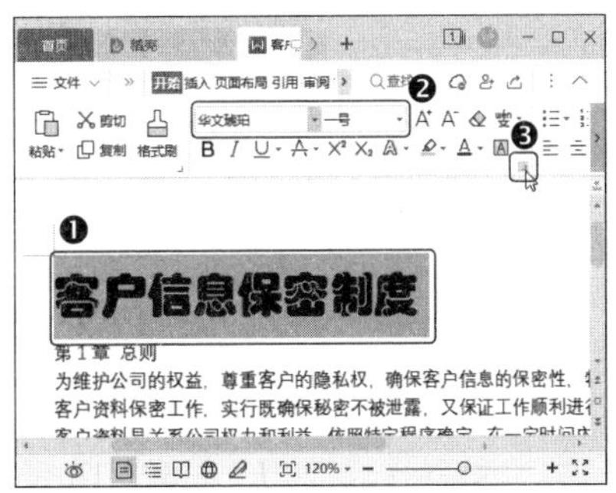

第2步 打开【字体】对话框，❶ 在【字符间距】选项卡中设置【间距】为【加宽】，【值】为【0.2】厘米，❷ 然后单击【确定】按钮，如下图所示。

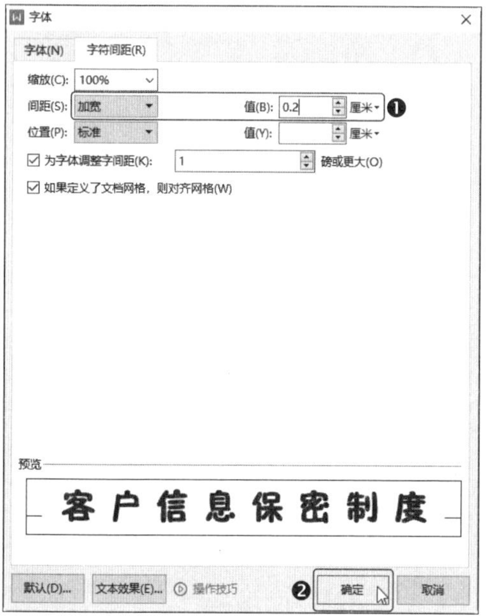

第3步 保持文字的选中状态，单击【开始】选项卡中的【段落】对话框按钮 ⌟，如下图所示。

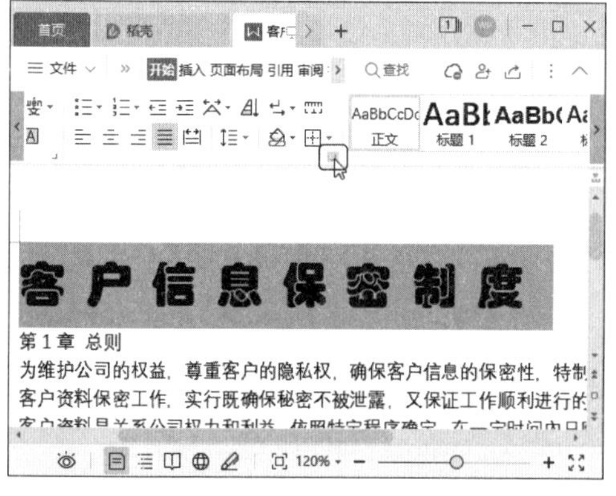

第4步 打开【段落】对话框，❶ 在【缩进和间距】选项卡的【常规】栏中设置【对齐方式】为【居中对齐】，❷ 在【间距】栏中设置【段前】为【1】行，【段后】为【1】行，❸ 然后单击【确定】按钮，如下图所示。

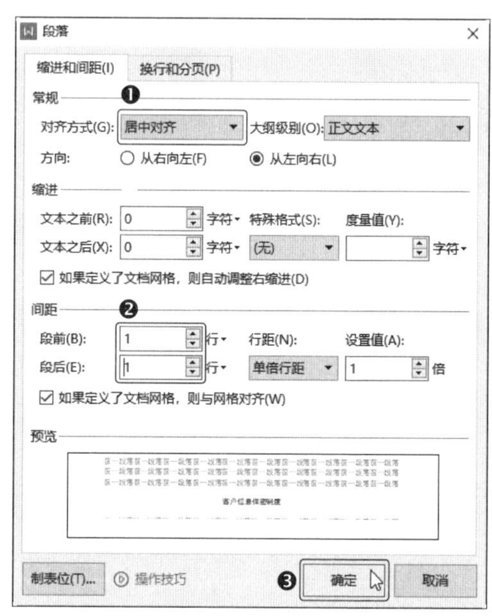

第5步 ❶ 单击【插入】选项卡中的【形状】下拉按钮，❷ 在弹出的下拉菜单中选择【矩形】□，如下图所示。

第6步 ❶ 在标题上拖动，从而绘制矩形。然后选中矩形，❷ 单击【绘图工具】选项卡中填充颜色列表右侧的 ≡ 按钮，如下图所示。

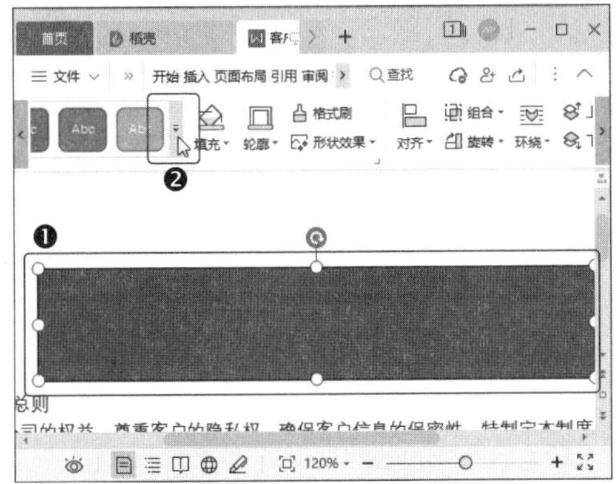

第7步 在弹出的下拉菜单中选择一种填充颜色，如下图所示。

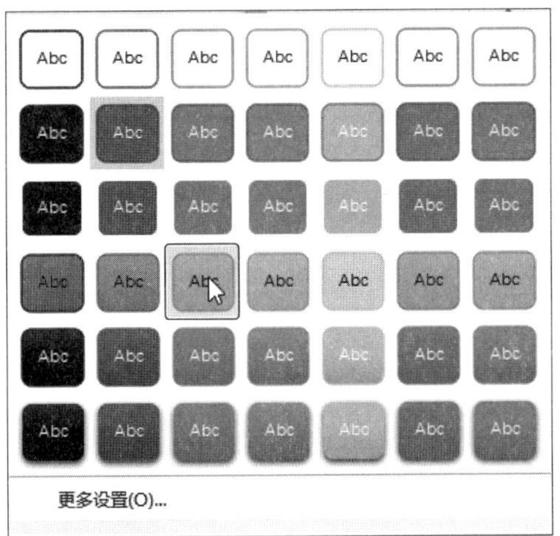

第8步 保持矩形的选中状态，❶ 单击【绘图工具】选项卡中的【下移一层】下拉按钮，❷ 在弹出的下拉菜单中选择【衬于文字下方】选项，如下图所示。

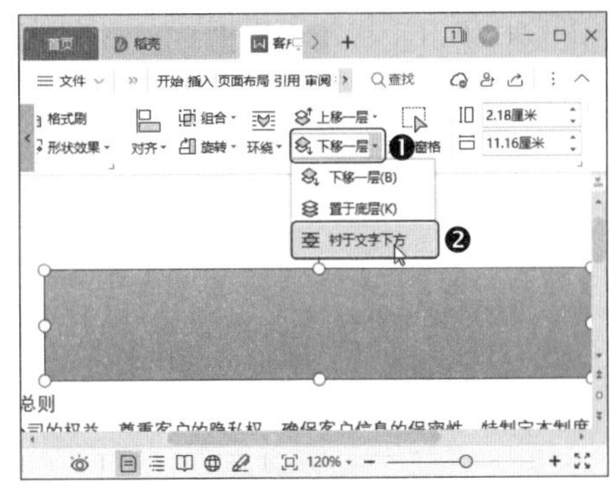

第9步 ❶ 选择“第 1 章 总则”文本，❷ 在【开始】选项卡中设置字体格式，❸ 然后单击【居中对齐】按钮 ≡，如下图所示。

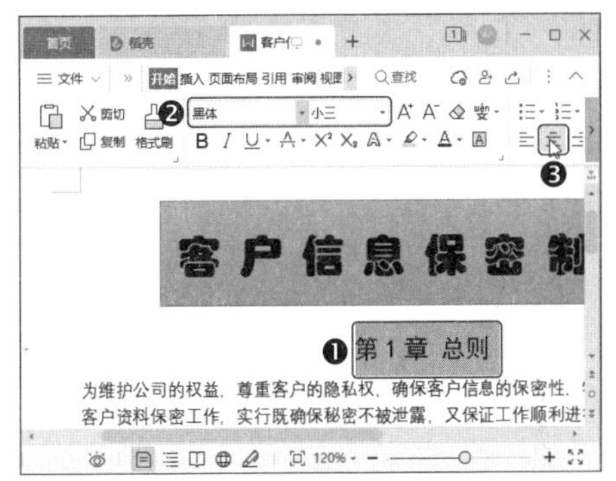

第10步 ❶ 单击【开始】选项卡中的【行距】下拉按钮，❷ 在弹出的下拉菜单中选择【3.0】选项，如下图所示。

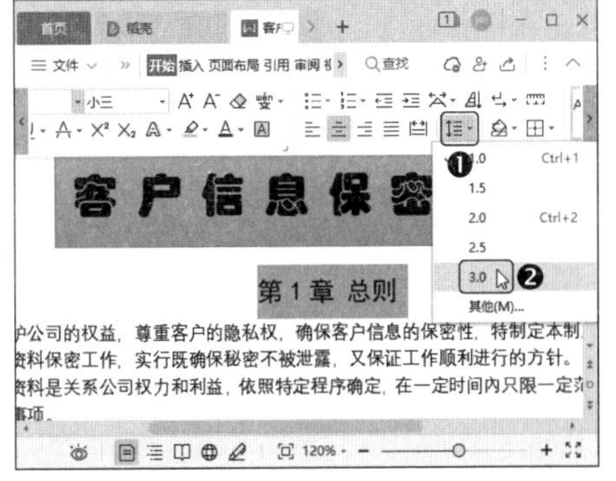

第11步 单击【视图】选项卡中的【导航窗格】按钮，如下图所示。

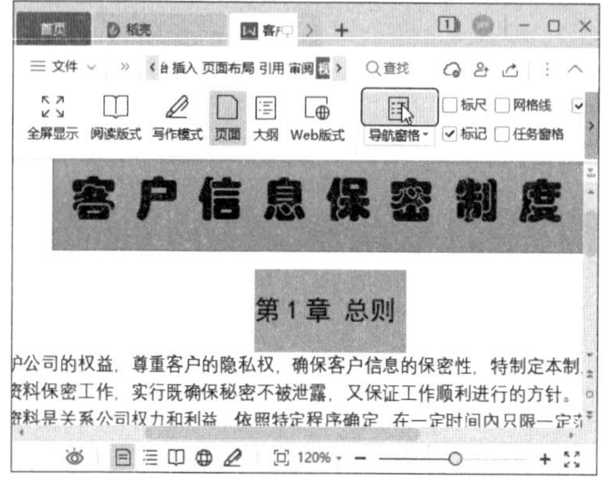

第12步 打开【目录】窗格，❶ 在目录列表中选中“第 1 章 总则”，并选中该段落，❷ 然后双击【开始】选项卡中的【格式刷】按钮，如下图所示。

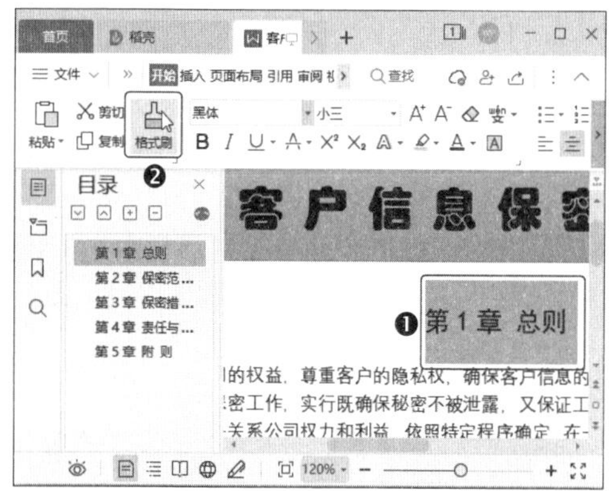

第13步 ❶ 在【目录】窗格中选择“第 2 章 保密范围和密级的确定”，光标将定位到“第 2 章”所在段落前；❷ 将鼠标指针移动到文档编辑区的第 2 章名称的左侧，当鼠标指针变为形状时单击即可复制格式，如下图所示。

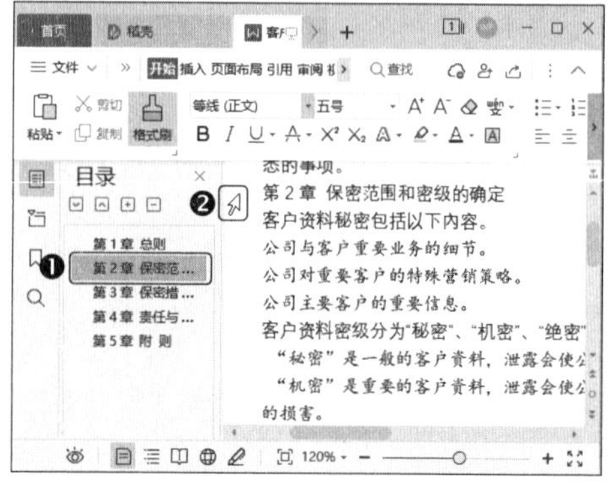

第14步 使用相同的方法将格式复制到其他章，然后按【Esc】键解除锁定格式刷，如下图所示。

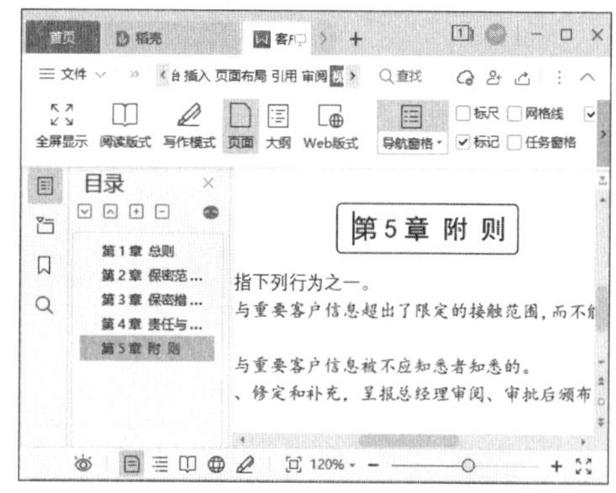

第15步 勾选【视图】选项卡中的【标尺】复选框，如下图所示。

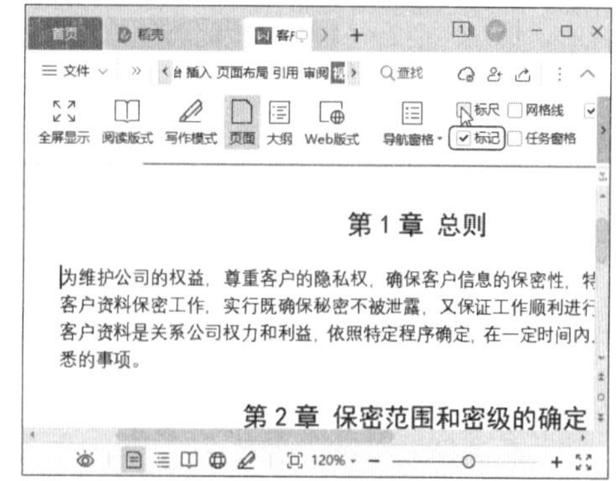

第16步 ❶ 将光标定位到第 1 章下方的正文处，❷ 然后拖动标尺上的【左缩进】滑块到字符 2 处，如下图所示。

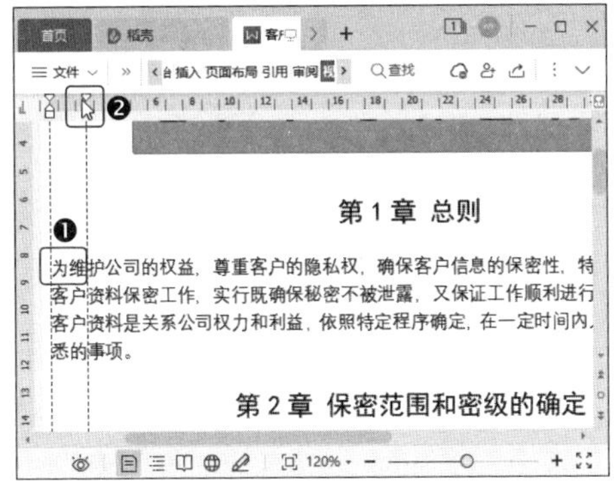

7.1.3 新建和使用编号

当文档中有多个制度条款时，我们可以添加编号让条款的结构更加清晰，操作方法如下。

第1步 ❶ 选中第 2 章中需要使用编号的段落，❷ 单击【开始】选项卡中的【编号】下拉按钮 ☰ ·，❸ 在弹出的下拉菜单中选择【自定义编号】选项，如下图所示。

第2步 打开【项目符号和编号】对话框，❶ 选择一种编号样式，❷ 然后单击【自定义】按钮，如下图所示。

第3步 打开【自定义编号列表】对话框，❶ 在【编号格式】栏的文本框中的“①”前面输入“第”，后面输入“条”和空格，并删除其他多余的符号，❷ 然后单击【高级】按钮，如下图所示。

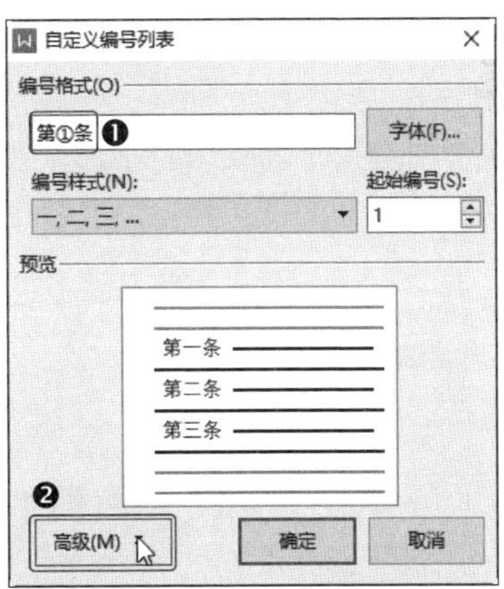

温馨提示

如果在第 2 步中没有选择编号样式，那么我们也可以在【自定义编号列表】对话框的【编号样式】下拉列表中选择编号的样式。

第4步 ❶ 将【对齐位置】微调框中设置为【0】厘米，❷ 然后单击【确定】按钮，如下图所示。

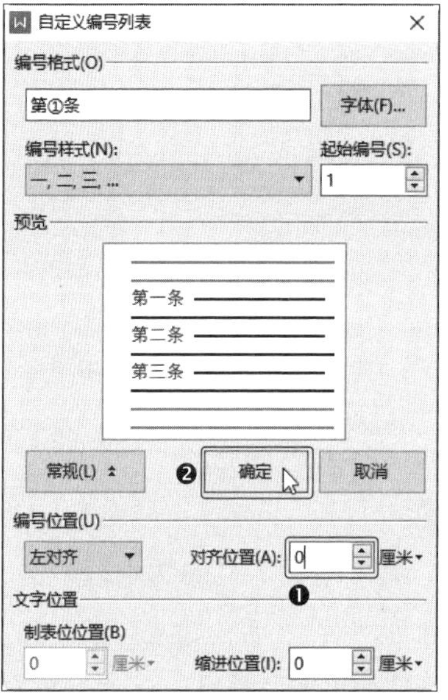

第5步 ❶ 使用相同的方法为第 3 章设置编号。因为编号是从“一”开始的，所以在第一条上单击鼠标右键，❷ 在弹出的快捷菜单中选择【继续编号】命令，如下图所示。

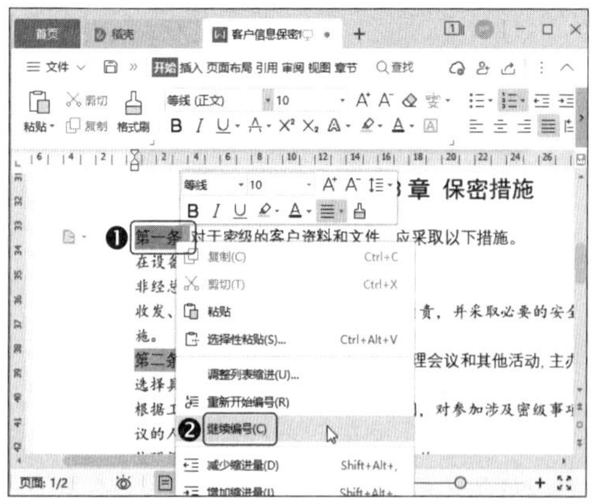

温馨提示

如果条目较少，那么可以选中所有需要添加编号的条目后，再执行自定义编号操作，这样编号会自动串连。

第6步 ❶ 选择第 2 章中第一条下方的所有段落，❷ 单击【开始】选项卡中的【编号】下拉按钮 ⁝☰ ▾，❸ 在弹出的下拉菜单中选择一种编号样式，如下图所示。

第7步 保持段落的选中状态，将标尺上的【左缩进】滑块拖动到字符 2 处，如下图所示。

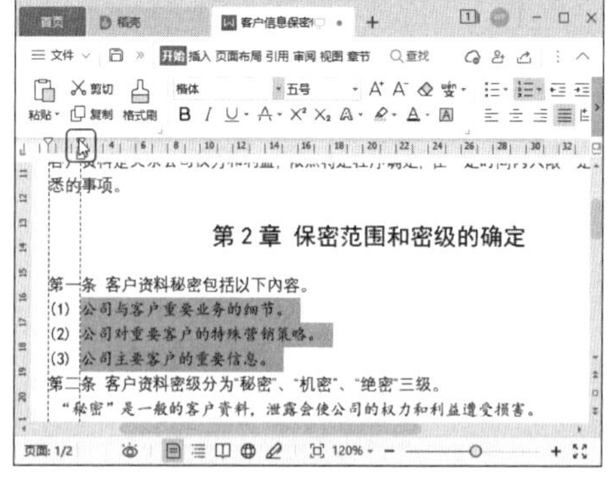

第8步 ❶ 使用相同的方法为其他段落设置编号，此处要求编号不串连。如果发

生串连，那么可以在编号上单击鼠标右键，❷ 在弹出的快捷菜单中选择【重新开始编号】命令，如下图所示。

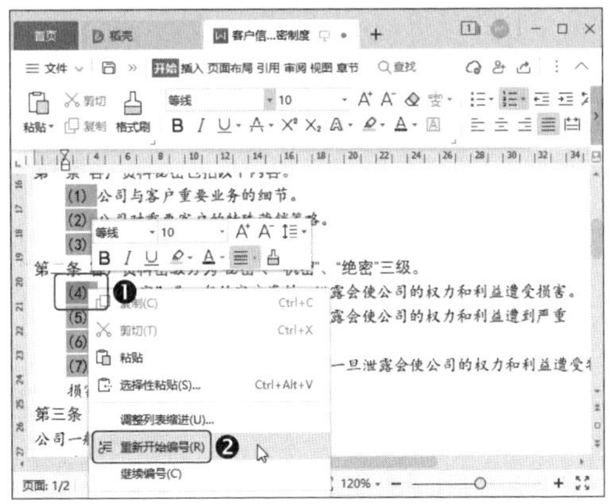

7.1.4 设置页眉和页脚

页眉和页脚用于显示文档的辅助信息。在页眉和页脚中，我们既可以简单地添加文本，也可以使用在线模板，操作方法如下。

第1步 ❶ 双击页眉位置，进入页眉和页脚编辑模式，单击【页眉页脚】选项卡中的【配套组合】下拉按钮，❷ 在弹出的下拉菜单中选择一种搭配样式，如下图所示。

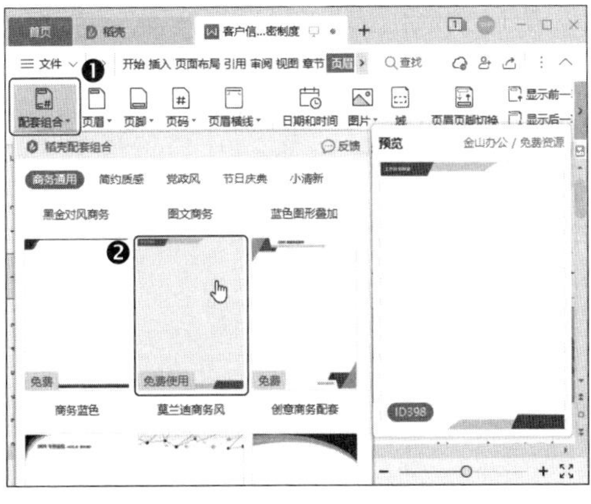

第2步 ❶ 将光标定位到页眉横线处，❷ 然后单击【开始】选项卡中的【清除格式】按钮，如下图所示。

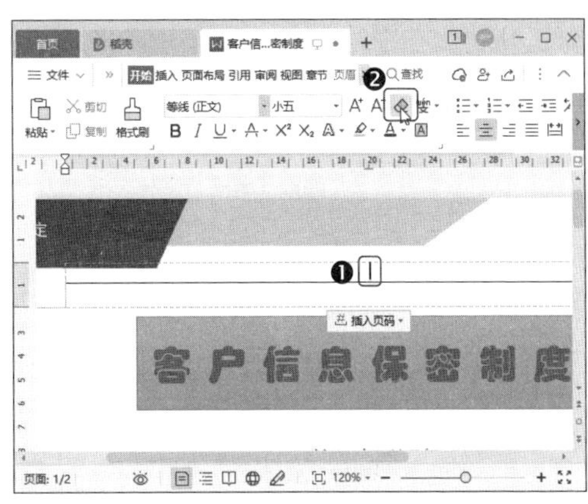

第3步 ❶ 将页眉处的文本框中的文字更改为公司名称，❷ 然后单击【页眉页脚】选项卡中的【页眉页脚切换】按钮，如下图所示。

第4步 ❶ 单击页脚处的【插入页码】下拉按钮，❷ 在弹出的下拉列表中选择页码的位置，❸ 然后单击【确定】按钮，如下图所示。

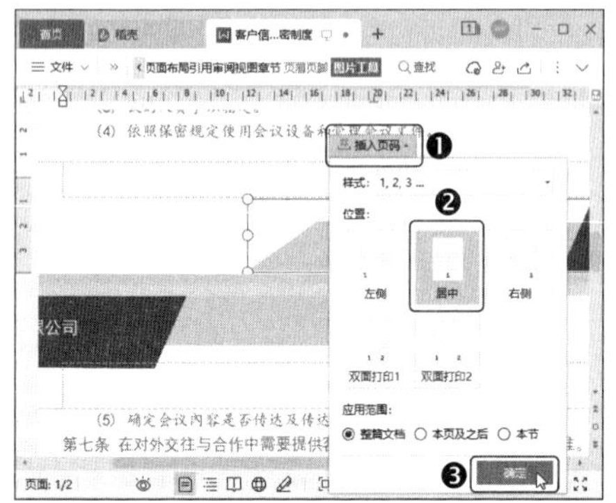

第5步 插入页码后单击【页眉页脚】选项卡中的【关闭】按钮，如下图所示。

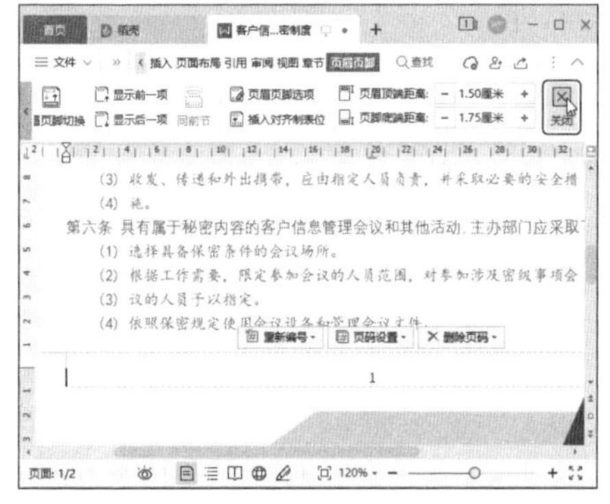

7.1.5 打印保密条例

保密条例制作完成后，我们需要将它打印出来分发到各部门。打印文档的方法如下。

第1步 ❶单击【文件】按钮，❷在弹出的下拉菜单中选择【打印】命令，❸再在弹出的子菜单中选择【打印预览】命令，如下图所示。

第2步 预览完成后单击【直接打印】按钮即可打印文档，如下图所示。

7.2 使用 WPS 表格制作客户月拜访计划表

通过拜访客户，企业可以建立起与客户沟通的便捷渠道，增强合作交流。为了更加有效地展开客户拜访工作，营销部门需要提前做好客户月拜访计划表，以保证客户拜访工作的顺利。

本例将制作客户月拜访计划表，完成后的效果如下图所示，实例最终效果见“结果文件\第 7 章\客户月拜访计划表 .docx”文件。

客户月拜访计划表

日期 2021/10/27

客户名称	周拜访频率	1	2	3	4	5	6	7	8	9	10	11	12	13	14	15	16	17	18	19	20	21	22	23	24	25	26	27	28	29	30	31	合计
华X周恒宇	0.44	★								★																							2
渝X王定用	0.44																										★					★	2
天X刘伟	0.44											★							★														2
天X陈红	1.11		★			★									★									★						★			5
天X刘行之	0.44																											★				★	2
西X李光华	1.11			★								★					★		★							★							5
西X彭之赵	0.22																								★								1
华X秦珊	0.44								★										★														2
华X朱玲	0.67			★							★																				★		3
华X包佳	0.44																★				★												2
天X王平佳	1.11				★															★			★				★		★				5
天X周天花	0.44																		★												★		2
光X李全兴	0.89					★							★											★			★						4
光X刘启华	0.22																	★															1
光X周兵	0.44																★														★		2
蓄X厉小花	0.22																										★						1
蓄X王洁	0.89				★							★						★								★							4
合计		1	1	2	2	2	0	0	1	1	1	3	1	0	1	0	3	2	4	1	1	0	1	2	1	2	4	1	1	1	3	2	

7.2.1 设置文档格式

制作客户月拜访计划表的第一步是输入基本信息，并适当设置表格格式，创建出基本框架。

月拜访计划表需要包含拜访人、日期和拜访频率。输入内容后，还需要对表格进行相应的格式设置，以美化表格。

第1步 在新建的工作表中输入基础数据，包含表格标题、客户名称、日期、合计等，如下图所示。

第2步 ❶ 选择 C1:AG21 单元格区域，❷ 单击【开始】选项卡中的【行和列】下拉按钮，❸ 在弹出的下拉菜单中选择【列宽】选项，如下图所示。

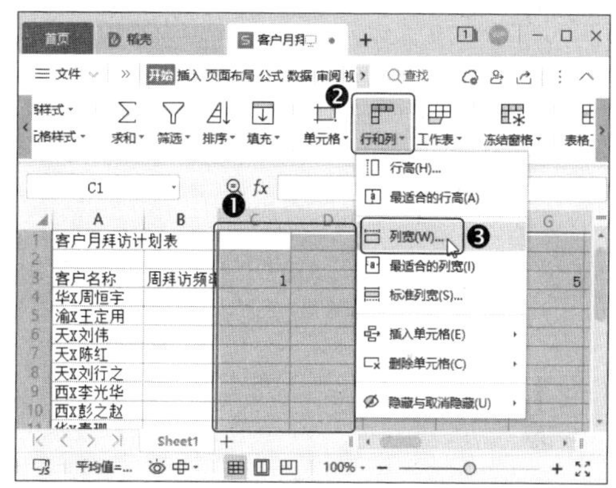

第3步 打开【列宽】对话框，❶ 设置【列宽】为【2】字符，❷ 然后单击【确定】按钮，如下图所示。

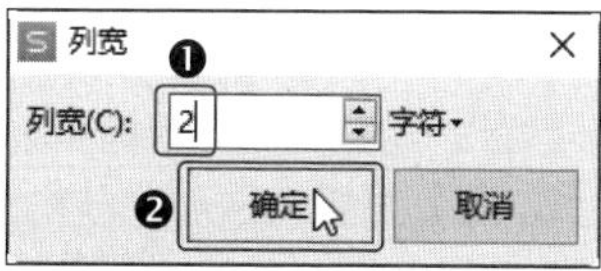

第4步 ❶ 选中 B 列，❷ 单击【开始】选项卡中的【行和列】下拉按钮，❸ 在弹出的下拉菜单中选择【最适合的列宽】选项，如下图所示。

第5步 ❶ 选择 A1:AH1 单元格区域，❷ 在【开始】选项卡中单击【合并居中】按钮，如下图所示。

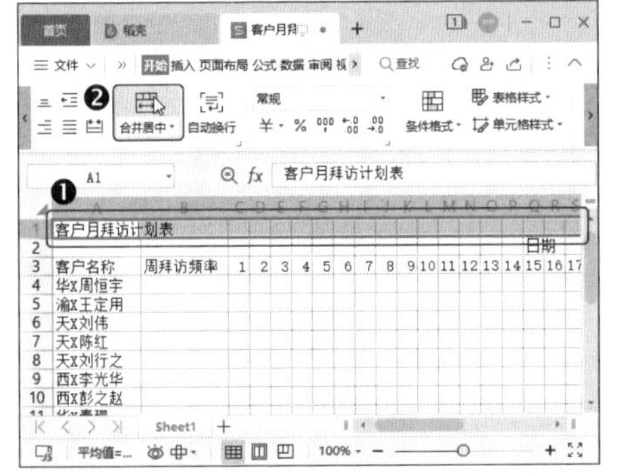

第6步 ❶ 选中合并后的 A1 单元格，❷ 在【开始】选项卡中设置字体样式，如下图所示。

第7步 ❶ 按住【Ctrl】键的同时选择 A3:AH3、A4:A21、C21:AH21、AH4:AH20 单元格区域，❷ 然后单击【开始】选项卡中的【单元格样式】下拉按钮，❸ 在弹出的下拉菜单中选择一种主题单元格样式，如下图所示。

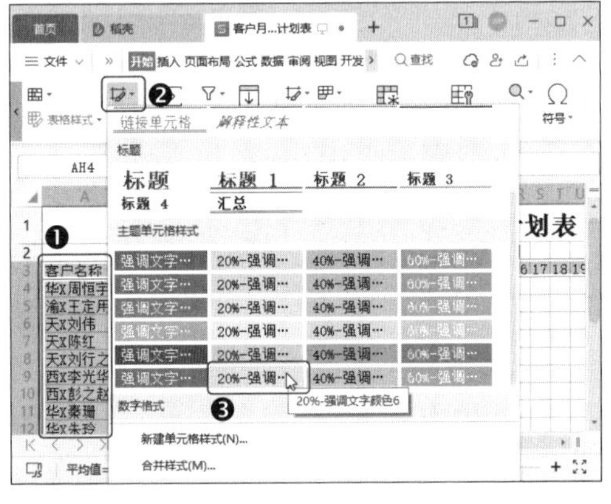

第8步 根据实际情况为属于周六和周日的日期设置另一种单元格样式，如下图所示。

第9步 合并"日期"文本后面的单元格，并输入制表日期，如下图所示。

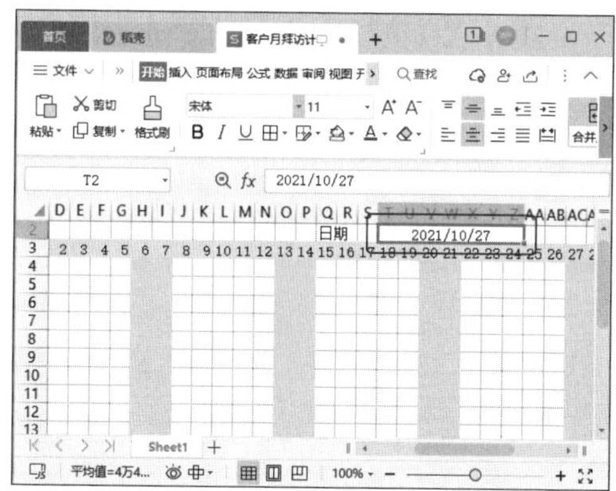

第10步 ❶ 选择A3:AH21单元格区域，❷ 单击【开始】选项卡中的边框下拉按钮田-，❸ 在弹出的下拉菜单中选择【所有框线】选项，如下图所示。

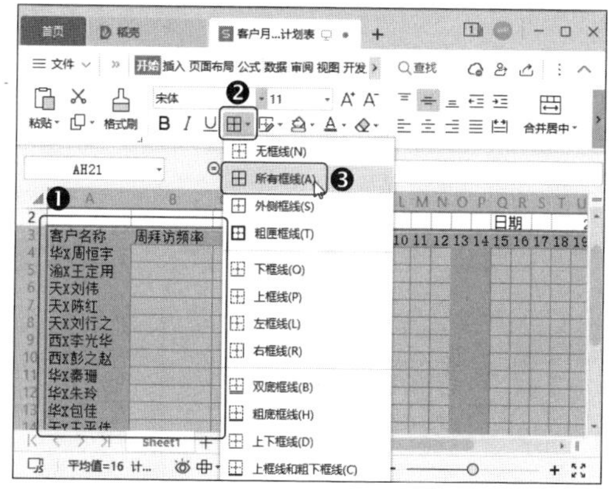

7.2.2 填写拜访计划表

表格的基本框架制作完之后，我们就可以制订拜访计划了。

1. 插入特殊符号

我们可以根据公司的实际需要，为拜访日期添加特殊符号，以明确拜访的时间和要拜访的客户，操作方法如下。

第1步 ❶ 将光标定位到需要拜访的客户行和日期列交叉处的单元格中，❷ 然后单击【插入】选项卡中的【符号】按钮，如下图所示。

第2步 打开【符号】对话框，❶ 选中要插入的符号，❷ 然后单击【插入】按钮，完成后关闭对话框，如下图所示。

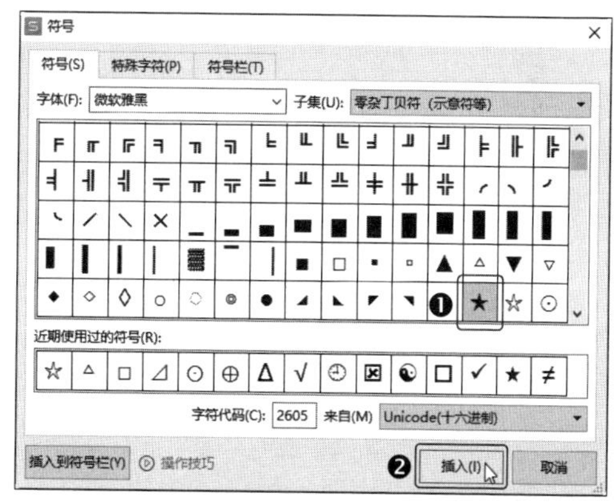

第3步 ❶ 选中符号所在的单元格，❷ 在【开始】选项卡中单击【字体颜色】下拉按钮A-，❸ 在弹出的下拉菜单中选择一种颜色，如下图所示。

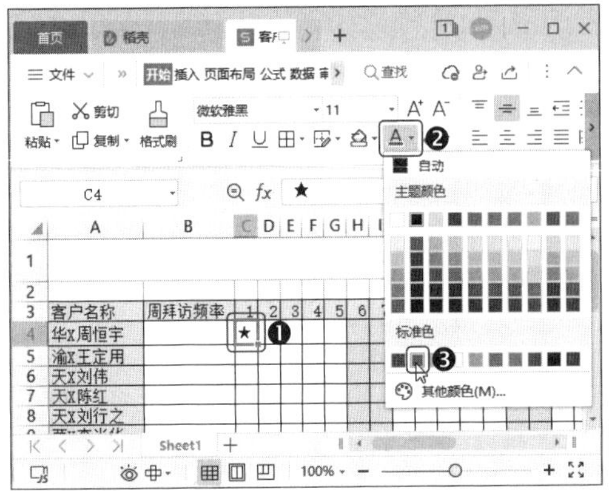

第4步 使用相同的方法添加其他符号，效果如下图所示。

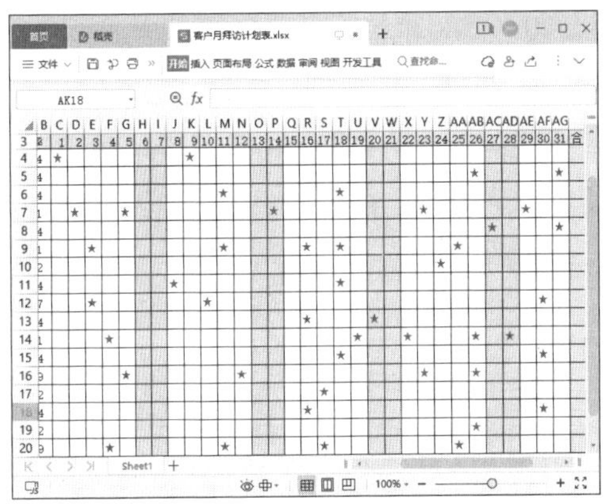

2. 使用公式计算拜访信息

插入符号之后，我们就可以通过公式计算出拜访客户的合计次数和拜访频率。计算完成后，我们还可以根据计算的结果合理地调整拜访计划，操作方法如下。

第1步 ❶ 在 AH4 单元格中输入公式“=COUNTIF(C4:AG4,"★")”，然后按【Enter】键确认。❷ 选中 AH4 单元格，将鼠标指针移至单元格右下角，当鼠标指针呈十字形状＋后按住鼠标左键拖动，到适当位置时释放鼠标左键，完成对公式的复制，如下图所示。

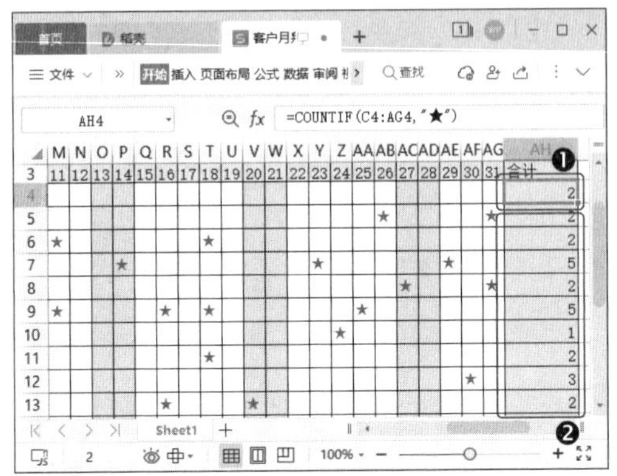

第2步 ❶ 在 C21 单元格中输入公式“=COUNTIF(C4:C20,"★")”，然后按【Enter】键确认。❷ 选中 C21 单元格，将鼠标指针指向单元格右下角，当鼠标指针呈十字形状＋后按住鼠标左键向右拖动，到适当位置释放鼠标左键，完成对公式的复制，如下图所示。

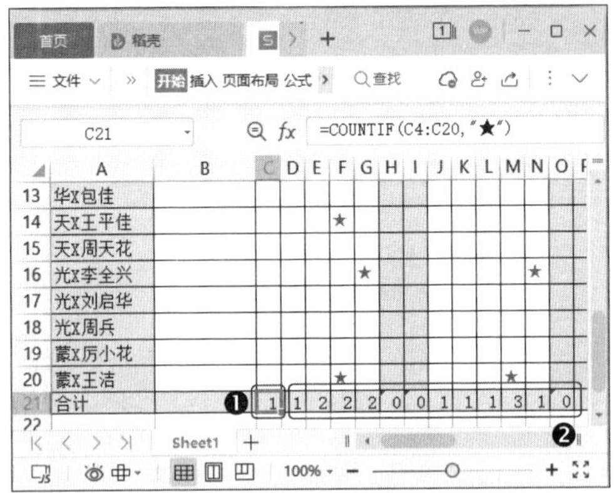

第3步 ❶ 在 B4 单元格中输入公式“=AH4/4.5”，然后按下【Enter】键确认。❷ 选中 B4 单元格，将鼠标指针指向单元

格右下角，当鼠标指针呈十字形状＋后按住鼠标左键向下拖动，到适当位置释放鼠标左键，完成对公式的复制，如下图所示。

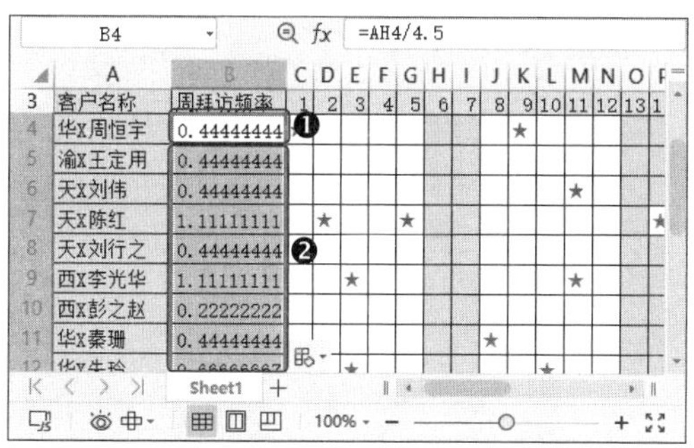

第4步 ❶ 选中 B4:B20 单元格区域，❷ 在【开始】选项卡中多次单击【减小小数位数】按钮，将小数位数保留 2 位，如下图所示。

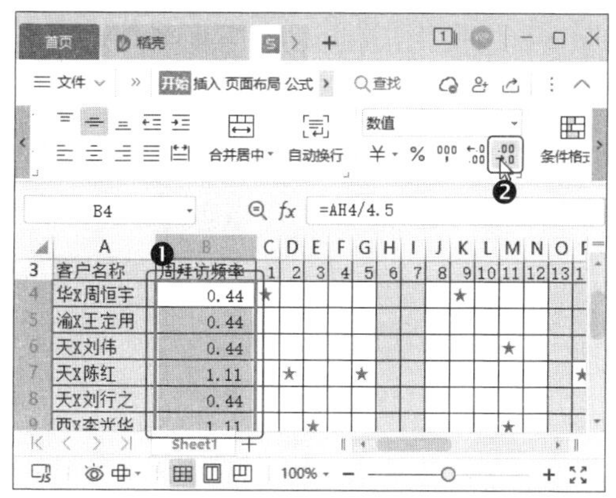

7.2.3 冻结窗格

当表格中含有大量的数据信息，窗口显示不便于用户查看时，我们可以拆分工作表或冻结窗格，操作方法如下。

第1步 ❶ 选中 B4 单元格，❷ 在【开始】选项卡中单击【冻结窗格】下拉按钮，❸ 在弹出的下拉菜单中选择【冻结至 3 行 A 列】选项，如下图所示。

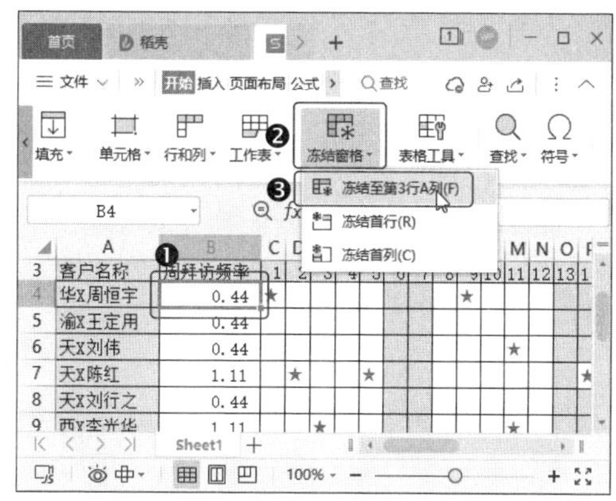

第2步 可以发现，拖动垂直滚动条，第 1 行到第 3 行保持不动；拖动水平滚动条，A 列保持不动，如下图所示。

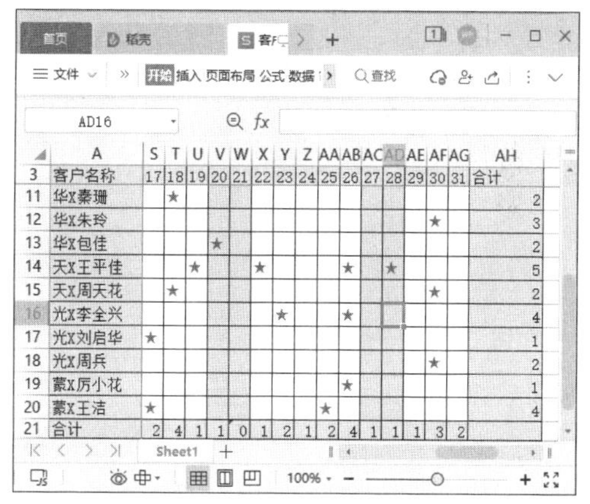

7.2.4 添加与编辑批注

批注是附加在单元格中的，它是对单元格中内容的注释，使用批注可以使工作表的内容更加清楚明了。添加与编辑批注的方法如下。

1. 添加批注

添加批注的方法如下。

第1步 ❶ 在工作表中选中要添加批注的单元格，❷ 然后单击【审阅】选项卡中的【新建批注】按钮，如下图所示。

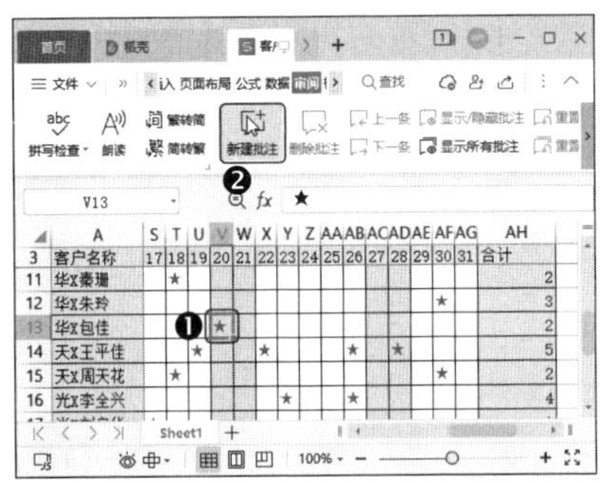

第2步 单元格中的批注框将显示出来，并处于可编辑状态，我们可根据需要输入批注内容，如下图所示。

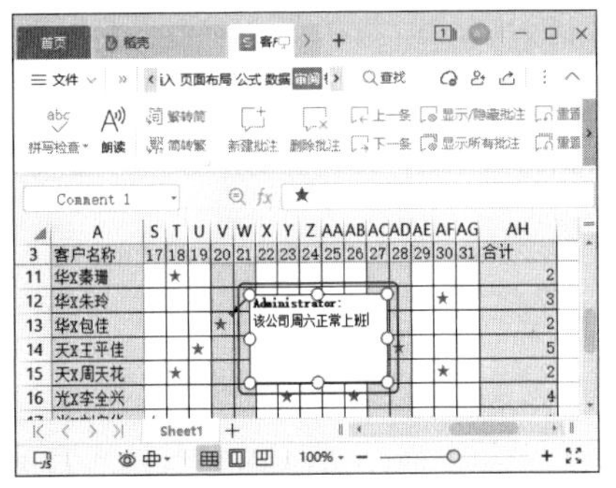

第3步 输入完毕后，单击工作表中的其他位置，即可退出批注的编辑状态。由于默认情况下批注为隐藏状态，因此添加了批注的单元格的右上角会出现一个红色的小三角，将鼠标指针指向单元格右上角的红色小三角即可查看被隐藏的批注，如下图所示。

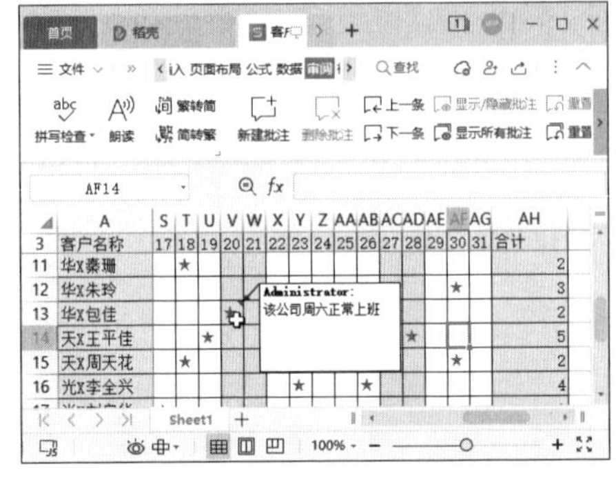

温馨提示

选中批注所在单元格，然后右键单击，在弹出的快捷菜单中选择【显示/隐藏批注】命令，即可设置始终显示被隐藏的批注。

2. 复制批注

如果其他单元格也需要相同的批注，那么可以使用复制的方法复制批注，操作方法如下。

第1步 ❶ 选中要复制的批注所在的单元格，按【Ctrl】+【C】组合键复制批注，然后选中目标单元格，❷ 单击【开始】选项卡中的【粘贴】下拉按钮，❸ 在弹出的下拉菜单中选择【选择性粘贴】选项，如下图所示。

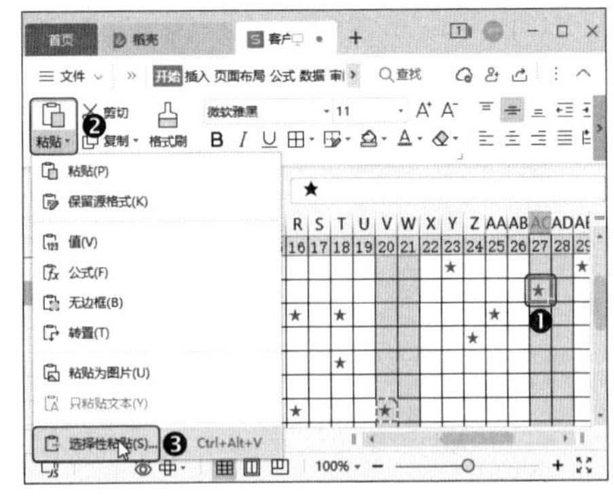

第2步 打开【选择性粘贴】对话框，❶选中【批注】单选项，❷然后单击【确定】按钮，如下图所示。

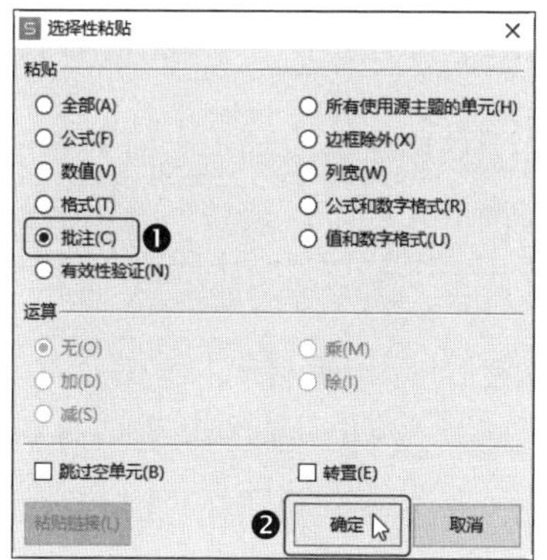

第3步 返回工作表可以看到，单元格中的批注被复制到了目标单元格中，如下图所示。

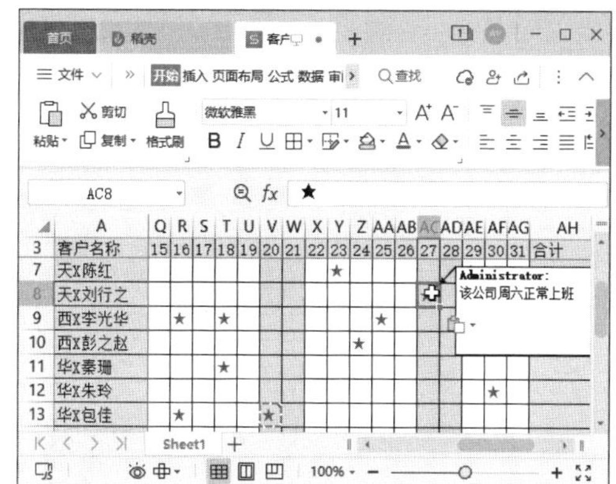

> **教您一招：隐藏批注**
>
> 设置显示批注后，选中批注所在的单元格，右键单击，在弹出的快捷菜单中单击【隐藏批注】命令即可重新隐藏始终显示的批注。

3. 编辑批注

如果对添加的批注不满意，那么可以编辑批注，操作方法如下。

第1步 ❶在工作表中右键单击需要修改批注的单元格，❷在弹出的快捷菜单中选择【编辑批注】命令，如下图所示。

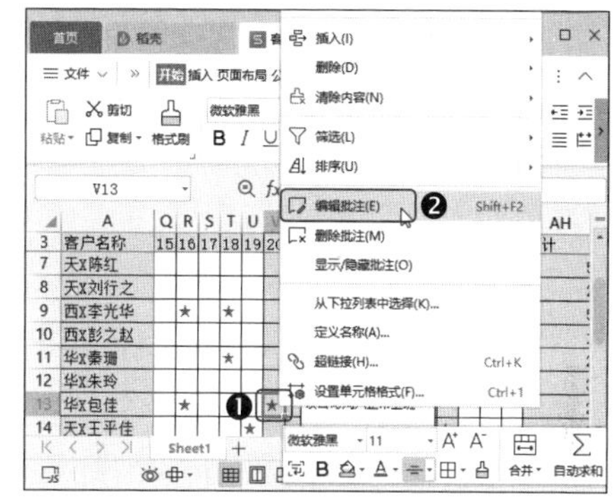

> **教您一招：删除批注**
>
> 如果需要删除批注，就右键单击需要删除批注的单元格，在弹出的快捷菜单中选择【删除批注】命令，这样即可删除单元格中的批注。

第2步 此时单元格中的批注会显示出来，并处于可编辑状态，我们可根据实际情况输入批注内容进行编辑。输入完毕后，单击工作表中的其他位置即可退出批注的编辑状态，如下图所示。

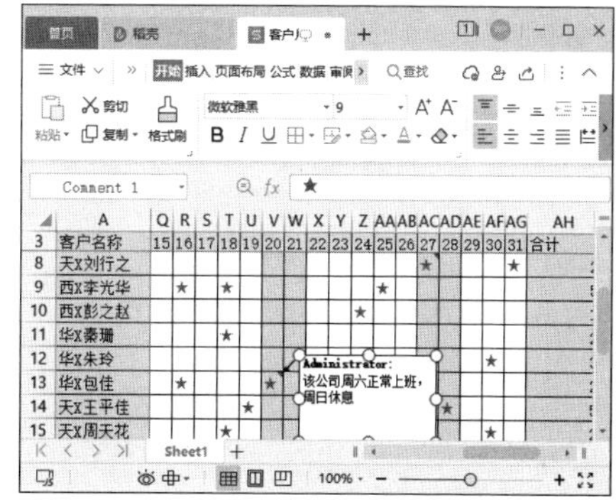

大神支招

下面结合本章内容，给读者介绍一些工作中的实用技巧。

01 如何更改主题？

在设计表格时，我们可以通过主题功能快速更改表格的外观，从而美化表格，操作方法如下。

打开“素材文件\第 7 章\客户月拜访计划表 .xlsx”文件，❶ 单击【页面布局】选项卡中的【主题】下拉按钮，❷ 在弹出的下拉菜单中选择一种主题，如下图所示。

操作完成后即可看到应用了新主题后的效果，如下图所示。

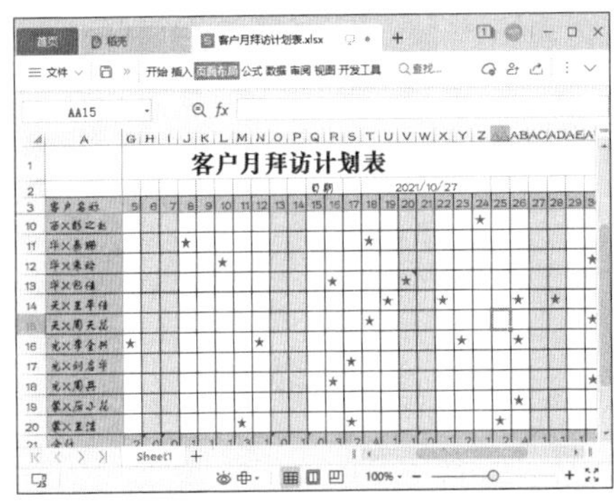

02 如何将数字按小数点对齐？

若表格中有较多的小数时，为了便于查看数据，我们可以通过设置，让数字按小数点对齐，操作方法如下。

第1步 打开“素材文件\第 7 章\销售订单 .xlsx”文件，❶ 选中要设置对齐方式的单元格区域，本例中选择 E5:E10 和 F5:F11 两个区域。❷ 然后单击【开始】选项卡中的【单元格格式：数字】对话框按钮」，如下图所示。

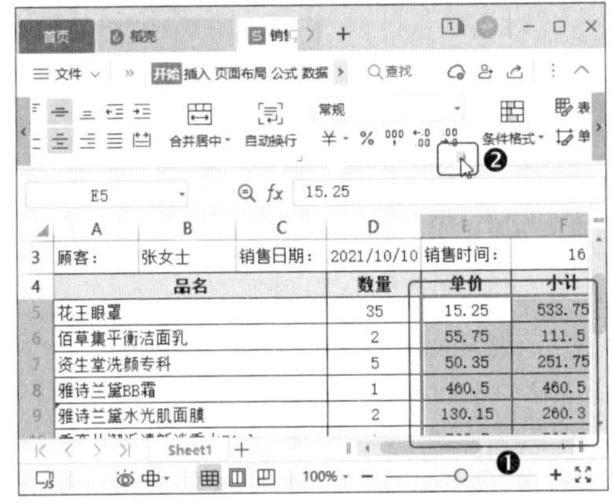

第2步 打开【单元格格式】对话框，❶ 在【数字】选项卡的【分类】列表框中选择【自定义】选项，❷ 在【类型】文本框中输入“????.??”；❸ 然后单击【确定】按钮，如下图所示。

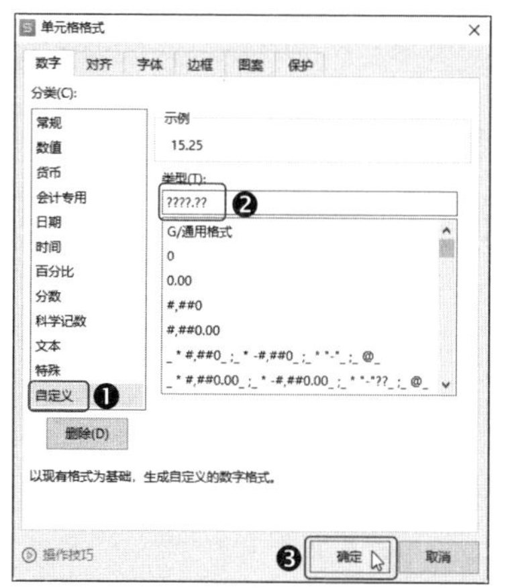

操作完成后即可看到按小数点对齐的效果，如下图所示。

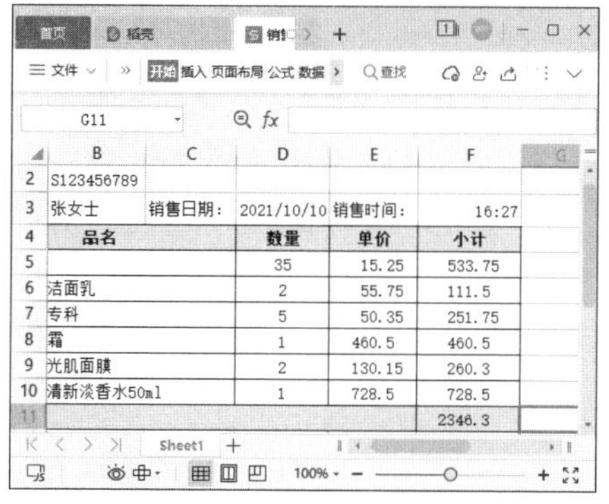

	B	C	D	E	F
2	S123456789				
3	张女士	销售日期：	2021/10/10	销售时间：	16:27
4	品名		数量	单价	小计
5			35	15.25	533.75
6	洁面乳		2	55.75	111.5
7	专科		5	50.35	251.75
8	霜		1	460.5	460.5
9	光肌面膜		2	130.15	260.3
10	清新淡香水50ml		1	728.5	728.5
11					2346.3

温馨提示

在【类型】文本框中输入的“????.??”，“?”表示数字占位符。在设置数字占位符位数时，建议以单元格中小数点前后位数最长的数值为基准。

03 如何快速为数据添加文本单位？

在工作表中输入数据时，有时还需要为数字添加文本单位。若手动输入，那么不仅浪费时间，在计算时数据还无法参与计算。要想添加可以参与计算的文本单位，就要设置数据格式。例如，为数字添加文本单位“元”，操作方法如下。

第1步 打开“素材文件\第 7 章\销售清单 .xlsx”文件，选中要添加文本单位的单元格区域，打开【单元格格式】对话框。❶ 然后在【分类】列表框中选择【自定义】选项，❷ 在【类型】文本框中输入“# 元”，❸ 完成后单击【确定】按钮，如下图所示。

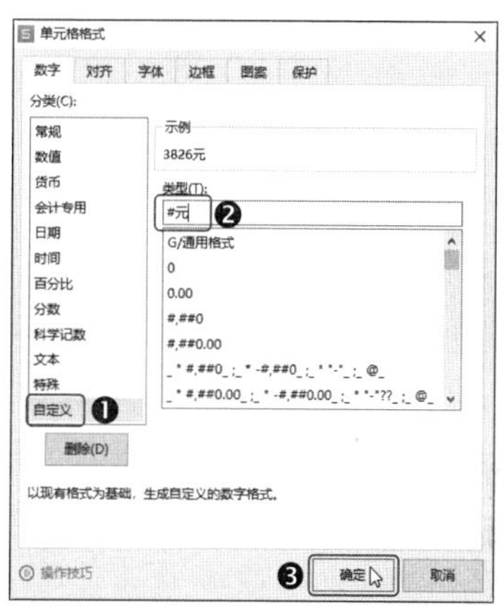

第2步 返回工作表，所选单元格区域中的数据自动添加了文本单位，如下图所示。

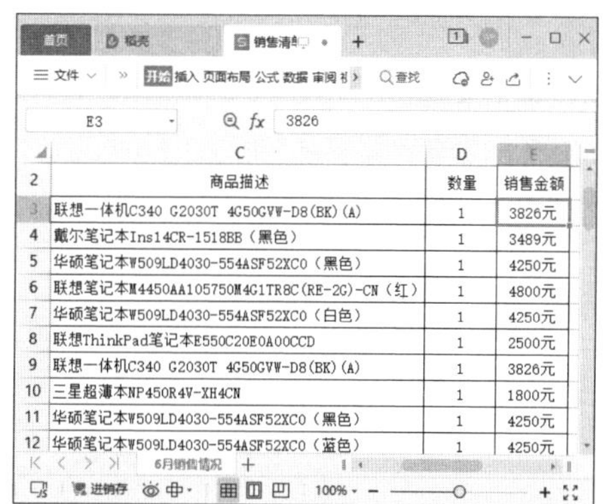

	C	D	E
2	商品描述	数量	销售金额
3	联想一体机C340 G2030T 4G50GVW-D8(BK)(A)	1	3826元
4	戴尔笔记本Ins14CR-1518BB（黑色）	1	3489元
5	华硕笔记本W509LD4030-554ASF52XC0（黑色）	1	4250元
6	联想笔记本M4450AA105750M4G1TR8C(RE-2G)-CN（红）	1	4800元
7	华硕笔记本W509LD4030-554ASF52XC0（白色）	1	4250元
8	联想ThinkPad笔记本E550C20E0A00CCD	1	2500元
9	联想一体机C340 G2030T 4G50GVW-D8(BK)(A)	1	3826元
10	三星超薄本NP450R4V-XH4CN	1	1800元
11	华硕笔记本W509LD4030-554ASF52XC0（黑色）	1	4250元
12	华硕笔记本W509LD4030-554ASF52XC0（蓝色）	1	4250元

WPS

第8章

办公室管理

本章导读

办公室管理看似简单，却因事务烦琐而常常被遗忘，导致办公室的管理杂乱，所以需要制定一些明细文档。本章将通过制作办公室行为准则、办公用品申请单和物资采购明细表等，介绍在 WPS Office 软件在办公室管理工作中的相关应用技巧。

知识要点

- 设置编号
- 添加书签和链接
- 拼写与检查文档
- 添加批注
- 定稿文档
- 创建表格模板
- 排序表格
- 新建表样式
- 汇总表格

8.1 使用 WPS 文字制作办公室行为准则

为了加强公司的管理，维护公司良好形象，营造干净、舒适、和谐的办公环境，一般公司都会制定办公室行为准则。在制定准则时，拟好初稿之后可能还需要多人的修订才能定稿。所以，在制作准则时，除了格式规范之外，还需要使用修订和批注功能进行多次订正。

本例将使用 WPS 文字制作办公室行为准则，完成后的效果如下图所示，实例最终效果见“结果文件 \ 第 8 章 \ 办公室行为规范准则 .docx”文件。

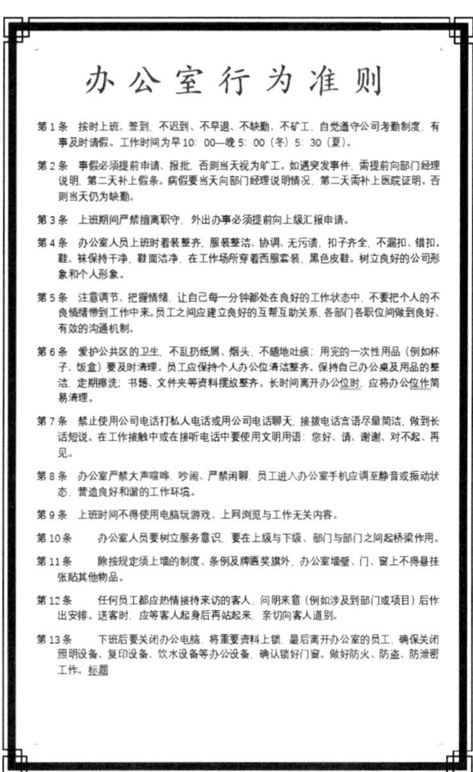

办 公 室 行 为 准 则

第 1 条　按时上班、签到、不迟到、不早退、不缺勤、不旷工、自觉遵守公司考勤制度、有事及时请假。工作时间为早 10：00—晚 5：00（冬）5：30（夏）。

第 2 条　事假必须提前申请、报批、否则当天视为旷工。如遇突发事件、需提前向部门经理说明、第二天补上假条。病假要当天向部门经理说明情况、第二天需补上医院证明。否则当天仍为缺勤。

第 3 条　上班期间严禁擅离职守、外出办事必须提前向上级汇报申请。

第 4 条　办公室人员上班时着装整齐、服装整洁、协调、无污渍、扣子齐全、不漏扣、错扣。鞋、袜保持干净、鞋面洁净、在工作场所穿着西服套装、黑色皮鞋。树立良好的公司形象和个人形象。

第 5 条　注意调节、把握情绪、让自己每一分钟都处在良好的工作状态中、不要把个人的不良情绪带到工作中来。员工之间应建立良好的互帮互助关系、各部门各职位间做到良好、有效的沟通机制。

第 6 条　爱护公共区的卫生、不乱扔纸屑、烟头、不随地吐痰；用完的一次性用品（例如杯子、饭盒）要及时清理。员工应保持个人办公位清洁整齐。保持自己办公桌及用品的整洁、定期擦洗；书籍、文件夹等资料摆放整齐。长时间离开办公位时、应将办公位作简易清理。

第 7 条　禁止使用公司电话打私人电话或用公司电话聊天、接拨电话言语尽量简洁、做到长话短说。在工作接触中或在接听电话中要使用文明用语：您好、请、谢谢、对不起、再见。

第 8 条　办公室严禁大声喧哗、吵闹、严禁闲聊、员工进入办公室手机应调至静音或振动状态、营造良好和谐的工作环境。

第 9 条　上班时间不得使用电脑玩游戏、上网浏览与工作无关内容。

第 10 条　办公室人员要树立服务意识、要在上级与下级、部门与部门之间起桥梁作用。

第 11 条　除按规定须上墙的制度、条例及牌匾奖旗外、办公室墙壁、门、窗上不得悬挂张贴其他物品。

第 12 条　任何员工都应热情接待来访的客人、问明来意（例如涉及到部门或项目）后作出安排。送客时、应等客人起身后再站起来、亲切向客人道别。

第 13 条　下班后要关闭办公电脑、将重要资料上锁、最后离开办公室的员工、确保关闭照明设备、复印设备、饮水设备等办公设备、确认锁好门窗。做好防火、防盗、防泄密工作。标题

8.1.1 设置段落格式

设置了段落格式的文档不仅方便阅读，而且可以美化文档。下面介绍美化段落格式的方法。

第1步 打开“\ 素材文件 \ 第 8 章 \ 办公室行为准则 .docx”，❶ 选中第 1 段，❷ 然后单击【开始】选项卡中的【字体】对话框按钮 ⌟，如下图所示。

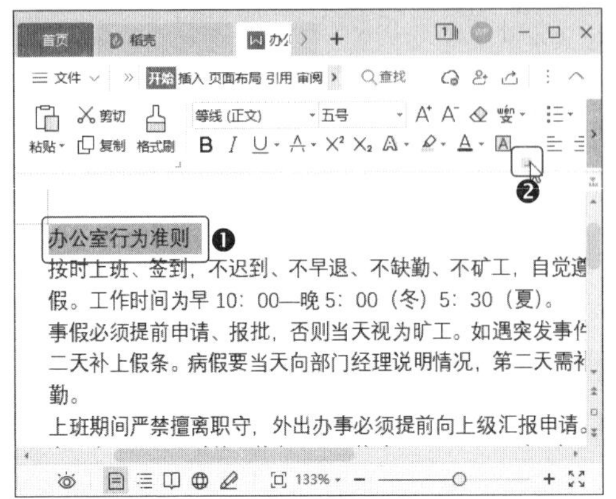

第2步 打开【字体】对话框，在【字体】选项卡中设置中文字体、字形、字号和字体颜色等，如下图所示。

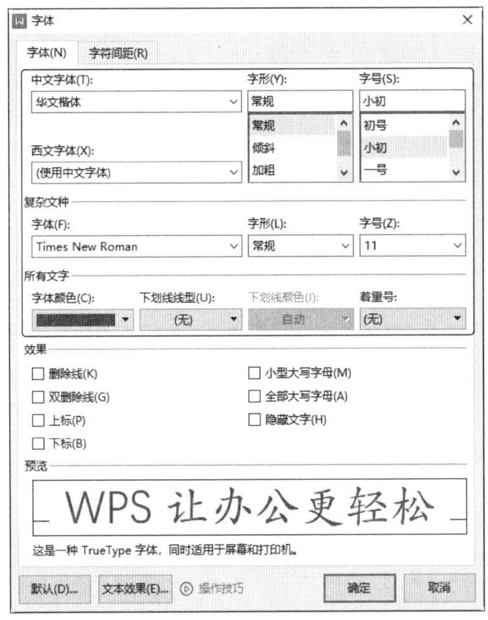

第3步 ❶ 在【字符间距】选项卡的【间距】下拉列表中选择【加宽】选项，然后设置【值（B）】为【0.18】厘米，❷ 完成后单击【确定】按钮，如下图所示。

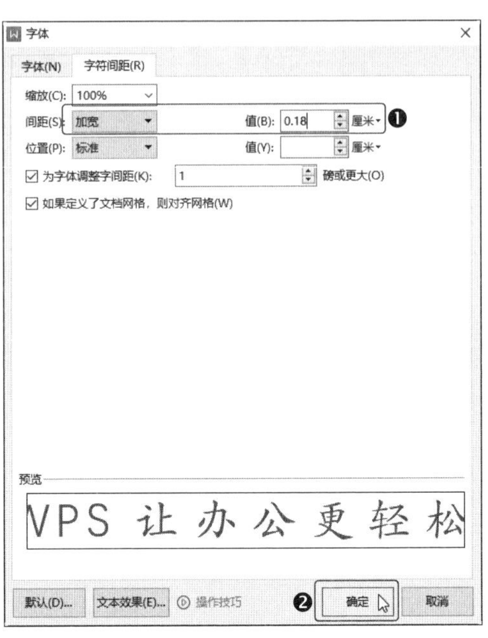

第4步 返回文档，单击【开始】选项卡中的【居中对齐】按钮，如下图所示。

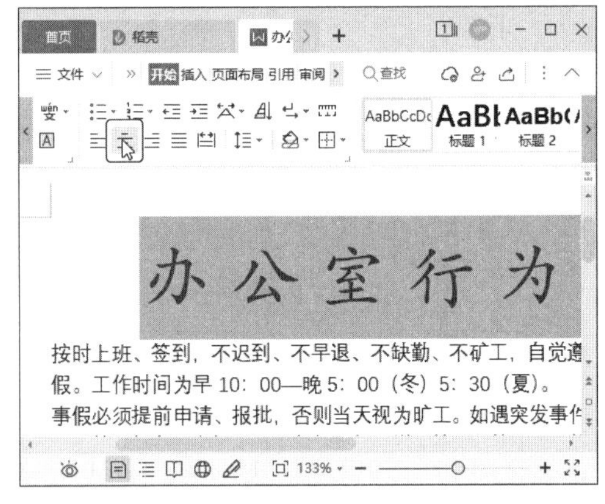

第5步 ❶ 选中除标题段落外，剩下的所有文本，❷ 单击【开始】选项卡中的【段落】对话框按钮，如下图所示。

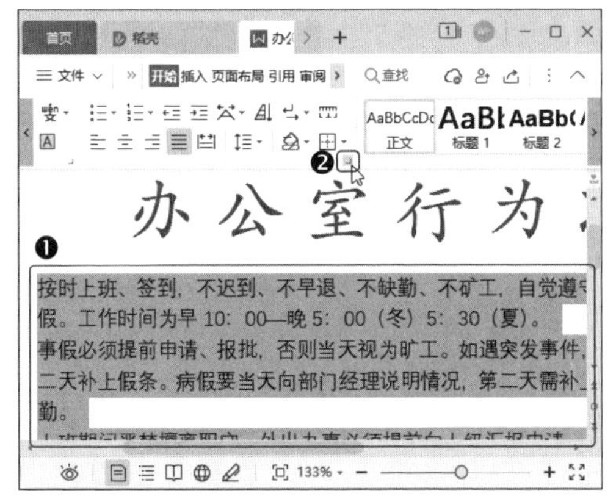

第6步 打开【段落】对话框，❶ 设置【特殊格式】为【首行缩进，2 字符】，❷ 设置【间距】为段前 0.5 行，段后 0.5 行，❸ 完成后单击【确定】按钮，如下图所示。

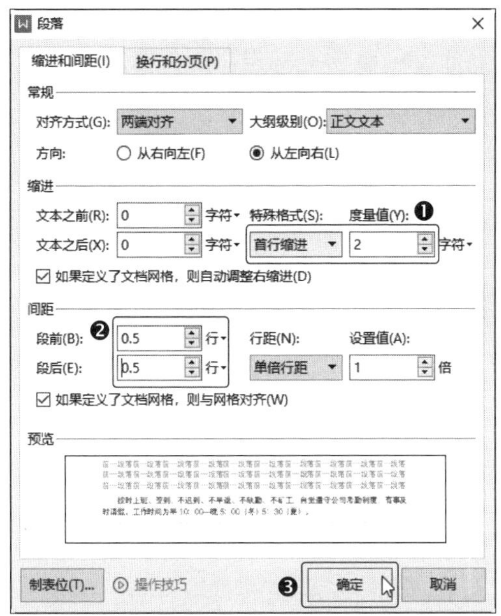

教您一招：快速设置行距

选择段落后，单击【开始】选项卡中的【行距】下拉按钮，在弹出的下拉菜单中选择预设的行距离选项，对行距进行调整。

8.1.2 插入编号

为行为准则插入编号，可以方便我们更好地查看，操作方法如下。

第1步 ❶ 选中准则内容，❷ 单击【开始】选项卡中的【编号】下拉按钮，❸ 在弹出的下拉菜单中选择【自定义编号】选项，如下图所示。

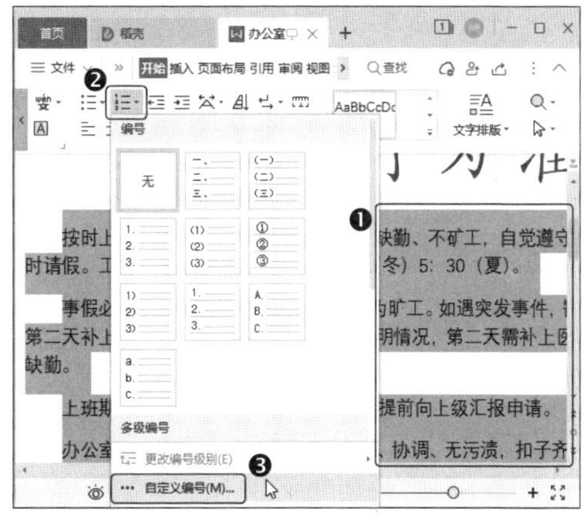

第2步 打开【项目符号和编号】对话框，❶ 选择一种编号样式，❷ 然后单击【自定义】按钮，如下图所示。

第3步 打开【自定义编号列表】对话框，❶ 在【编号格式】文本框中输入编号文本，❷ 然后单击【确定】按钮，如下图所示。操作完之后返回文档即可。

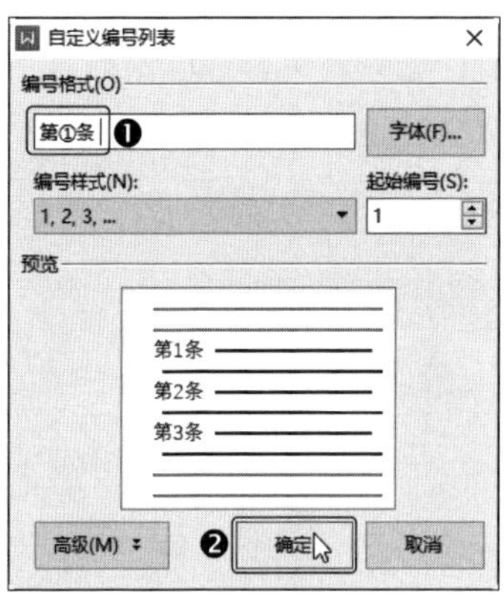

8.1.3 插入书签和链接

在文档中插入书签和超链接，可以更加方便地浏览文档和中转文档中的内容。

第1步 ❶ 将光标定位到标题文本处，❷ 然后单击【插入】选项卡中的【书签】按钮，如下图所示。

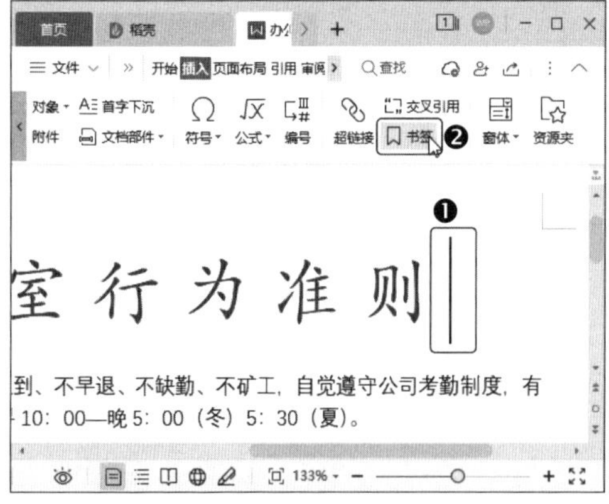

第2步 打开【书签】对话框，❶ 在【书签名】文本框中输入书签名称，❷ 然后单击【添加】按钮，如下图所示。

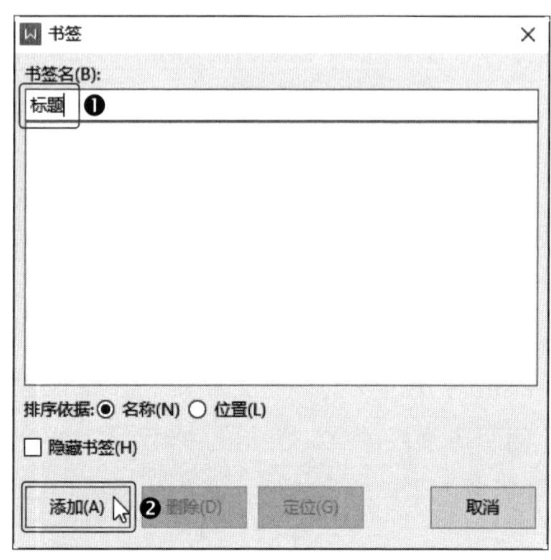

第3步 ❶ 将光标定位到文档的末尾处，❷ 然后单击【插入】选项卡中的【超链接】按钮，如下图所示。

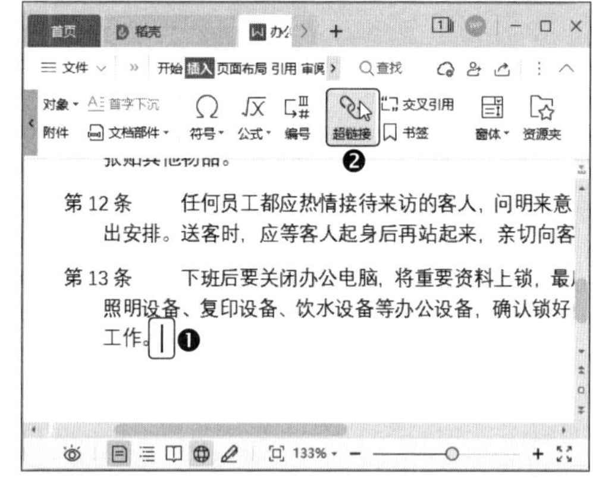

第4步 打开【插入超链接】对话框，❶ 在【链接到】列表框中选择【本文档中的位置】选项，❷ 在【请选择文档中的位置】列表框中选择刚才设置的书签名，本例为“标

题”❸ 完成后单击【确定】按钮，如下图所示。

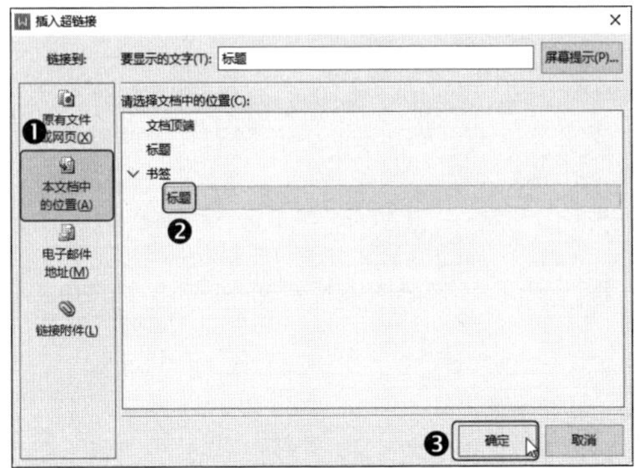

第5步 返回文档即可看到超链接已经插入，且文本下方会添加下划线，如下图所示。

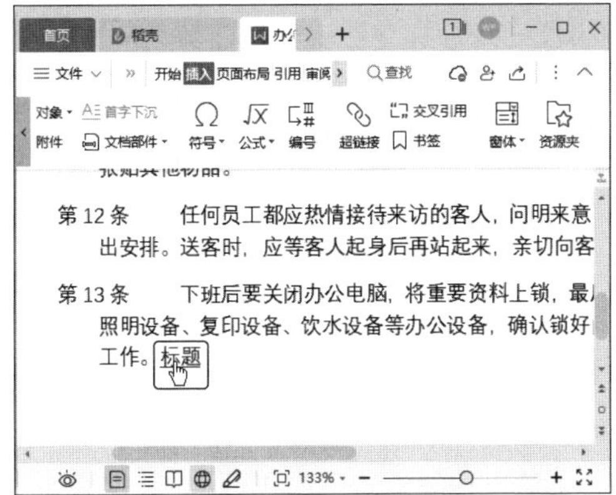

8.1.4 执行拼写检查

为了避免文档中出现错误，我们可以用拼写检查功能对文档内容进行全面检查，操作方法如下。

第1步 ❶ 将光标定位到文档的开头处，❷ 然后单击【审阅】选项卡中的【拼写检查】按钮，如下图所示。

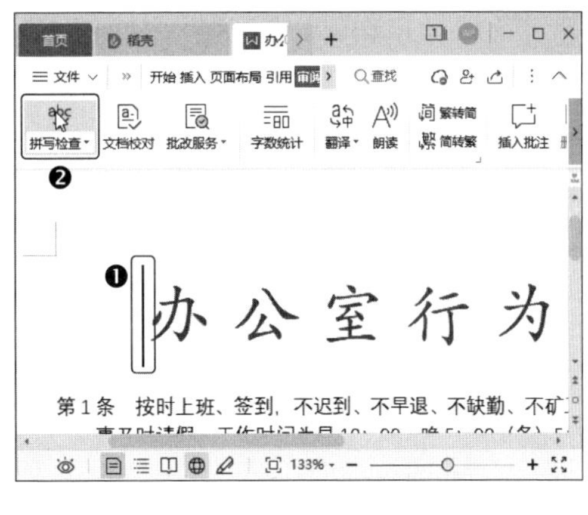

第2步 打开【拼写检查】对话框，WPS 会自动搜索第一处错误，并给出更改建议。如果此处错误不需要修改，则单击【忽略】按钮，如下图所示。

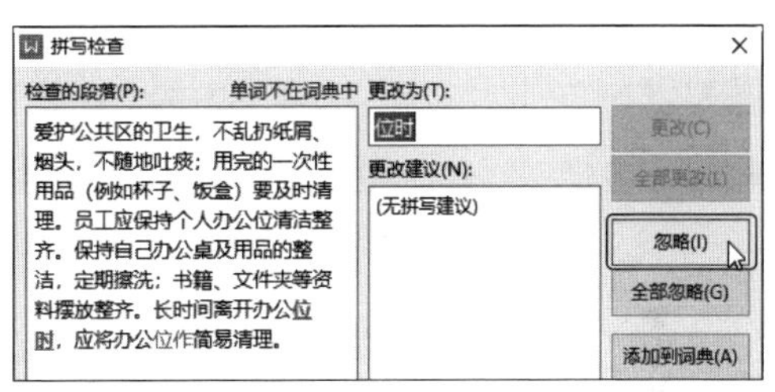

第3步 ❶WPS 将自动跳转到下一处错误，若需要更改，就在【更改为】文本框中输入要更改的内容，❷ 然后单击【更改】按钮，如下图所示。

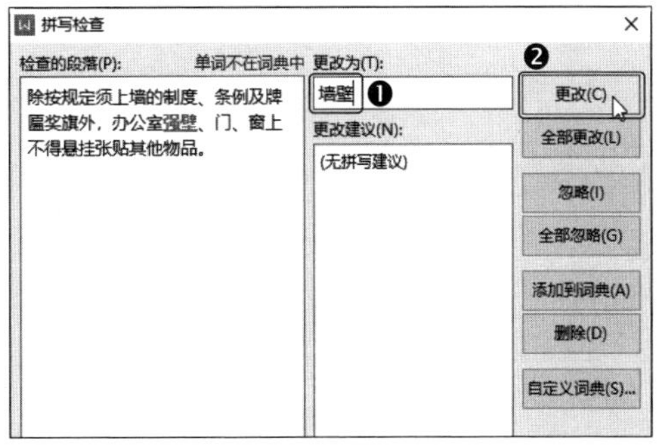

第4步 使用相同的方法检查其他内容，拼写和语法检查完成后 WPS 会弹出提示框，单击【确定】按钮即可，如下图所示。

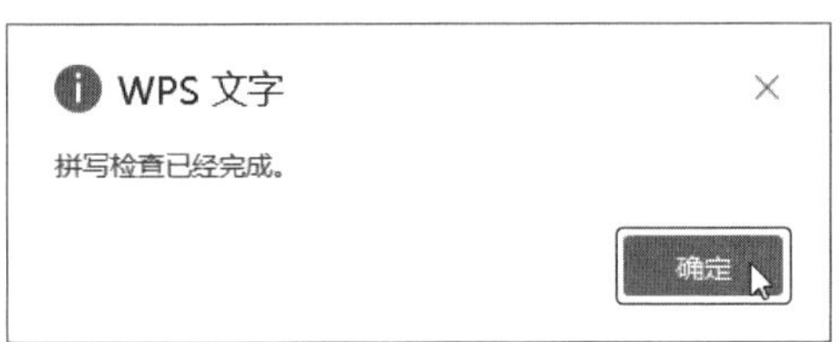

8.1.5 修订文档

对于制作好的文档，我们还可以通过修订文档的方式在文档中进行修改，并将修改情况用不同的颜色、删除线或下划线显示出来，操作方法如下。

第1步 单击【审阅】选项卡中的【修订】按钮开启修订模式，如下图所示。

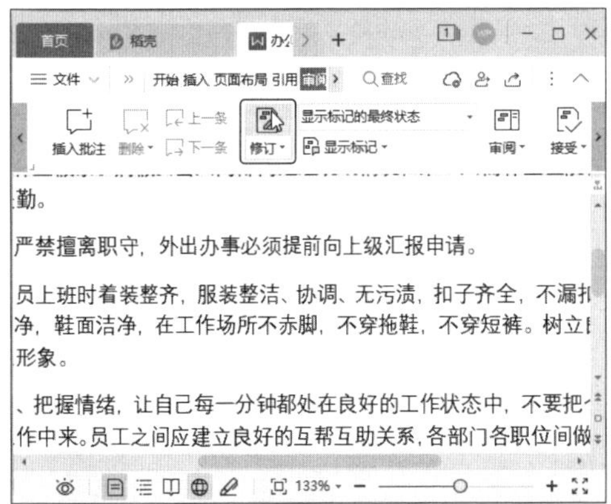

第2步 开启修订模式后，如果在文档中增加文本，那么相关文本均会以不同的颜色显示；如果是删除文本，则会在文档右侧显示删除的内容，如下图所示。

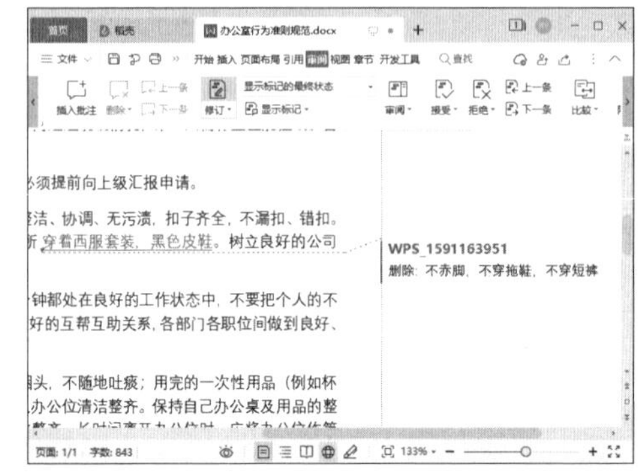

温馨提示

文档修订完成后，再次单击【审阅】选项卡中的【修订】按钮即可退出修订模式。

8.1.6 为文档添加批注

在对别人制作的文档提出意见和看法时，如果不方便直接在文档中修改，就可以在文档中添加批注，文档制作者可以通过添加的批注来更改文档。添加批注的方法如下。

第1步 ❶ 将光标定位到需要添加批注的地方，❷ 单击【审阅】选项卡中的【插入批注】按钮，如下图所示。

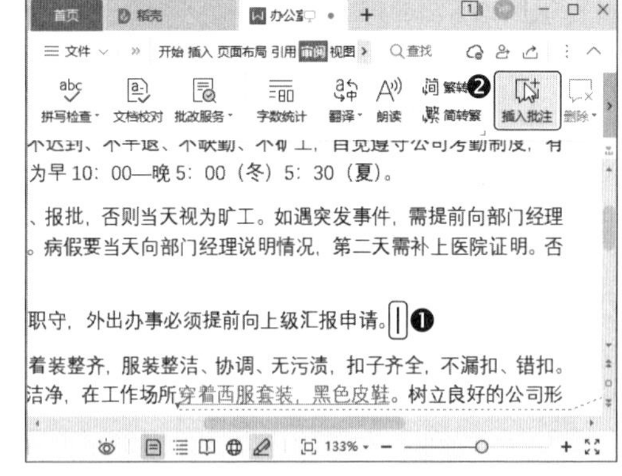

第2步 在批注文本框中直接输入批注内容即可为文档添加批注，如下图所示。

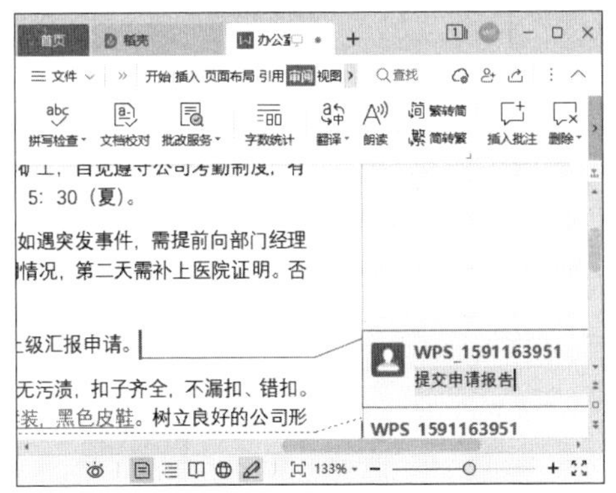

8.1.7 定稿行为准则

文档审阅完之后，就可以对文档定稿。在定稿时，需要接受或否定修订，并处理批注中的相关问题，操作方法如下。

第1步 单击【页面布局】选项卡中的【页面边框】按钮，如下图所示。

第2步 打开【边框和底纹】对话框，❶ 在【页面边框】选项卡的【设置】栏选择【方框】选项，然后分别设置【线型】【颜色】【艺术型】等参数；❷ 完成后单击【确定】按钮，如下图所示。

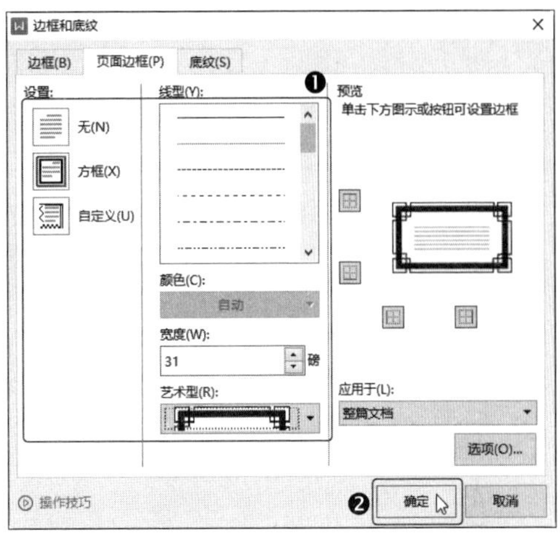

第3步 选中修订文本框，单击【接受修订】按钮✓接受修订，如下图所示。

第4步 ❶ 选择批注文本框，单击【编辑批注】按钮，❷ 在弹出的下拉列表中选择【删除】选项，如下图所示。

> **温馨提示**
>
> 在【审阅】选项卡中可以接受和拒绝修订，也可以删除批注文本。

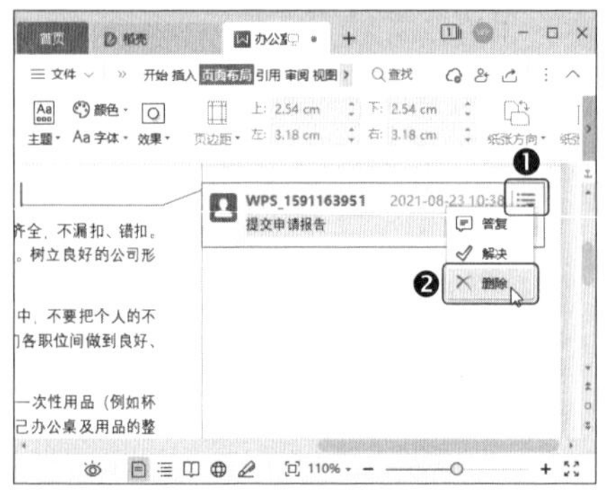

第5步 单击【审阅】选项卡中的【文档定稿】按钮，如下图所示。

第6步 在打开的【文档定稿】窗格中单击【立即定稿】按钮，如下图所示。

第7步 在打开的【保存文档】对话框中单击【保存并继续】按钮，如下图所示。

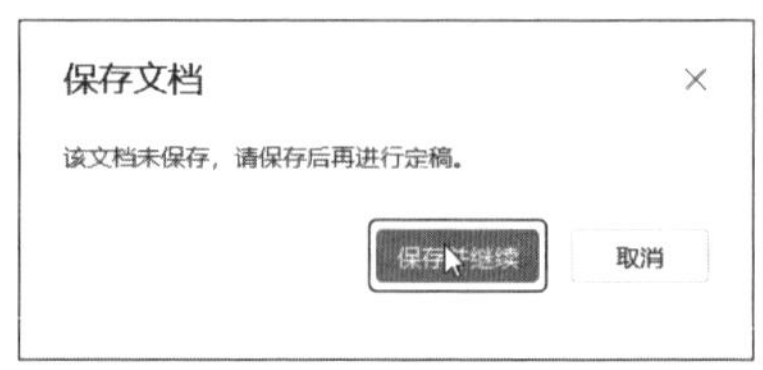

第8步 在打开的【邀请定稿】对话框中单击【关闭】按钮×关闭对话框，如下图所示。

教您一招：邀请他人定稿

如果要邀请他人定稿，就可以复制链接后，将链接发送给其他人。

第9步 操作完成后返回文档，即可看到最终效果，如下图所示。

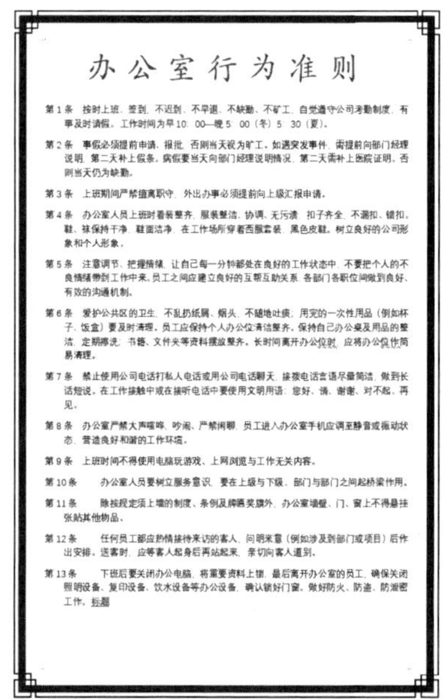

办公室行为准则

第1条 按时上班、签到，不迟到、不早退、不缺勤、不旷工，自觉遵守公司考勤制度，有事及时请假。工作时间为早10：00—晚5：00（冬）5：30（夏）。

第2条 事假必须提前申请、报批，否则当天视为旷工。如遇突发事件，需提前向部门经理说明，第二天补上假条。病假要当天向部门经理说明情况，第二天需补上医院证明，否则当天仍为缺勤。

第3条 上班期间严禁擅离职守，外出办事必须提前向上级汇报申请。

第4条 办公室人员上班时着装整齐，服装整洁、协调、无污渍，扣子齐全，不漏扣、错扣。鞋、袜保持干净，鞋面洁净，在工作场所穿着西服套装，黑色皮鞋。树立良好的公司形象和个人形象。

第5条 注意调节、把握情绪，让自己每一分钟都处在良好的工作状态中，不要把个人的不良情绪带到工作中来。员工之间应建立良好的互帮互助关系，各部门各职位间做到良好、有效的沟通机制。

第6条 爱护公共区的卫生，不乱扔纸屑、烟头，不随地吐痰；用完的一次性用品（例如杯子、饭盒）要及时清理。员工应保持个人办公位清洁整齐。保持自己办公桌及用品的整洁，定期擦洗；书籍、文件夹等资料摆放整齐。长时间离开办公位时，应将办公位作简易清理。

第7条 禁止使用公司电话打私人电话或用公司电话聊天，接拨电话言语尽量简洁，做到长话短说。在工作接触中或在接听电话中要使用文明用语：您好、请、谢谢、对不起、再见。

第8条 办公室严禁大声喧哗、吵闹、严禁闲聊，员工进入办公室手机应调至静音或振动状态，营造良好和谐的工作环境。

第9条 上班时间不得使用电脑玩游戏、上网浏览与工作无关内容。

第10条 办公室人员要树立服务意识，要在上级与下级、部门与部门之间起桥梁作用。

第11条 除按规定须上墙的制度、条例及牌匾奖旗外，办公室墙壁、门、窗上不得悬挂张贴其他物品。

第12条 任何员工都应热情接待来访的客人，问明来意（例如涉及到部门或项目）后作出安排。送客时，应等客人起身后再站起来，亲切向客人道别。

第13条 下班后要关闭办公电脑，将重要资料上锁，最后离开办公室的员工，确保关闭照明设备、复印设备、饮水设备等办公设备，确认锁好门窗。做好防火、防盗、防泄密工作。标题

8.2 使用 WPS 表格制作办公用品申请单

文秘办公的过程中经常会使用到一些必需的办公用品，如订书机、打印机、纸张等。当现有的办公物品不足时，就需要向相关部门提出申请，此时需要制作办公用品申请单。申请单的书写格式一般是固定的，包括标题、称呼、正文、结尾和落款。本例将制作一份办公用品申请单，再将其打印使用。

办公用品申请单完成后的效果如下图所示，实例最终效果见“结果文件\第 8 章\办公用品申请单 .xlsx”文件。

办公用品申请单						
部门	办公室	申请人	吴小平	日期	2016/6/1	
使用范围	办公必须品					
序号	申请物品	数量	单位	单价	价格	备注
1	得力透明缠绳档案袋	12	个	0.5	6	
2	得力简装回形针	12	筒	2.4	28.8	
3	齐心长尾夹	1	筒	2.5	2.5	
4	科迪熊桌面计算器	1	台	19	19	
5	三菱中性笔黑色	5	只	7.5	37.5	
6	三菱中性笔红色	5	只	7.5	37.5	
7	万得文具胶	6	卷	2	12	
总价格	143.3					
部门意见						
总经理意见						

8.2.1 制作申请表模板

本例将制作一个办公用品申请表模板，以方便日后申请办公用品时可以直接调用模板来填写数据，这样可以提高办公效率。操作方法如下。

1. 创建申请单的框架

办公用品申请单包含了部门、申请人、物品、数量等信息，下面介绍在申请表中创建框架的方法。

第1步 新建一个空白工作簿，然后输入申请单的相关内容，如下图所示。

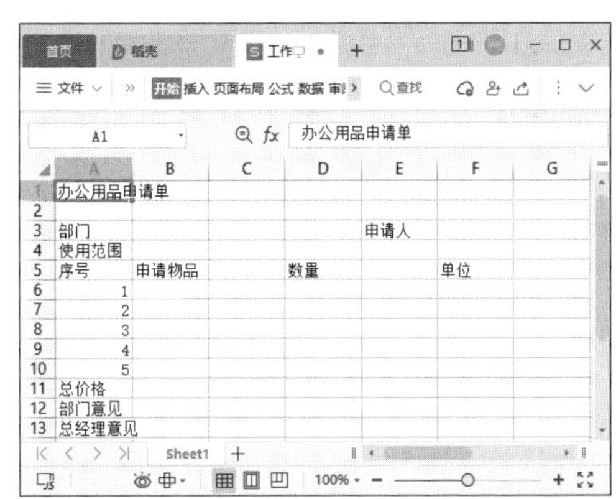

第2步 ❶ 选择 A1:L2 单元格区域，❷ 单击【开始】选项卡中的【合并居中】按钮，并使用相同的方法合并其他单元格，如下图所示。

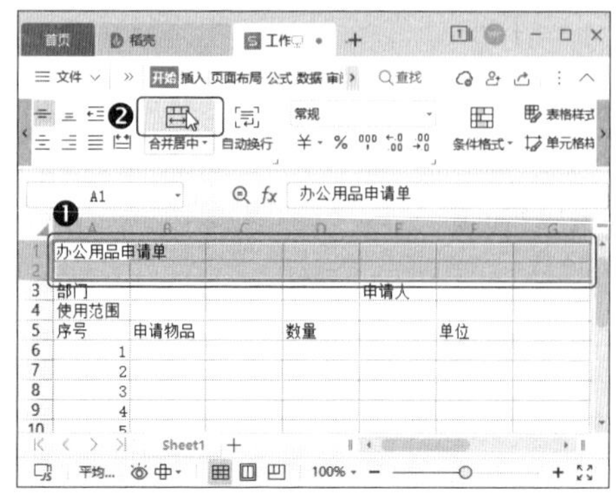

第3步 ❶ 选中 A3:B4 单元格区域，❷ 单击【开始】选项卡中的【合并居中】下拉按钮，❸ 在弹出的下拉菜单中选择【按行合并】选项，并使用相同的方法合并其他单元格，如下图所示。

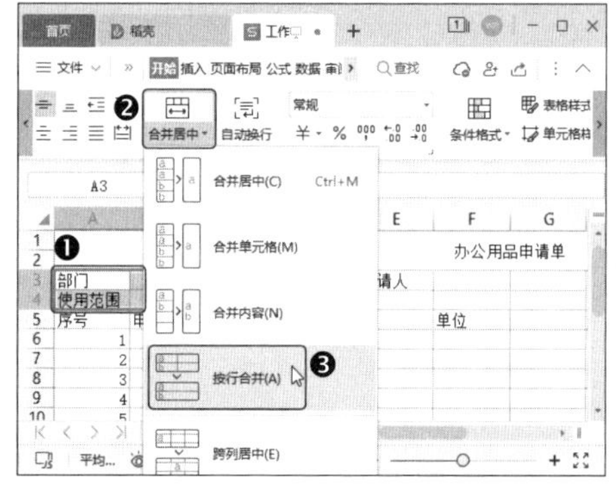

温馨提示

在需要合并大量单元格的表格中，用户可以综合利用居中合并与按行合并的功能，以提高合并效率。

第4步 ❶ 选中 A3:L15 单元格区域，❷ 单击【开始】选项卡中的边框下拉按钮田·，❸ 在弹出的下拉菜单中选择【所有框线】选项，如下图所示。

第5步 保持单元格区域的选中状态，单击【开始】选项卡中的【水平居中】按钮亖，如下图所示。

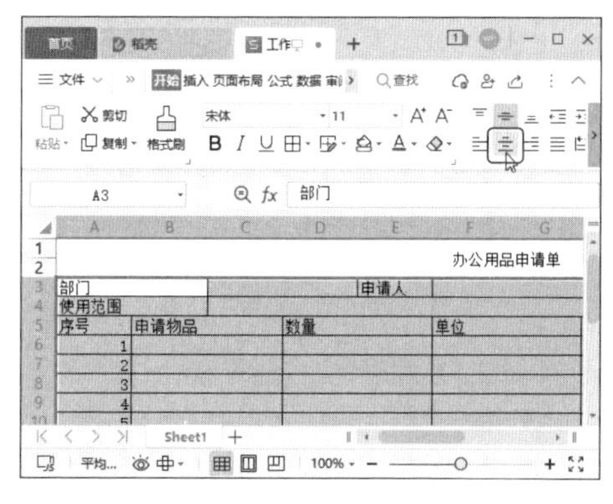

第6步 在【开始】选项卡中设置表格文本的字体、字号等，如下图所示。

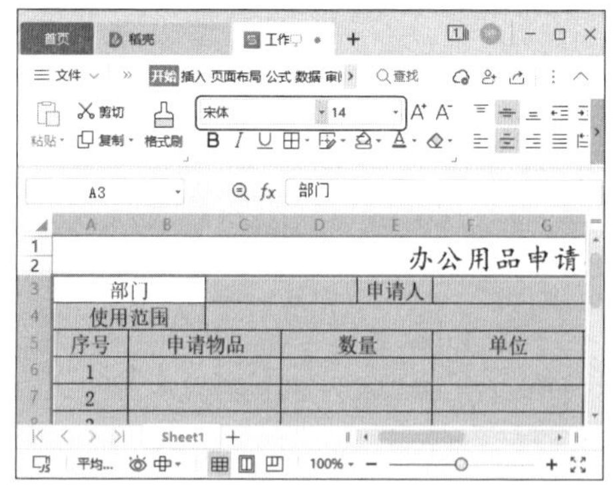

2. 将申请表保存为模板

办公用品申请表制作完成之后，将其保存为模板，日后可以快速地根据该模板创建申请表，将申请单保存为模板的操作方法如下。

第1步 ❶ 在工作簿标题上单击鼠标右键，❷ 在弹出的快捷菜单中选择【另存为】命令，如下图所示。

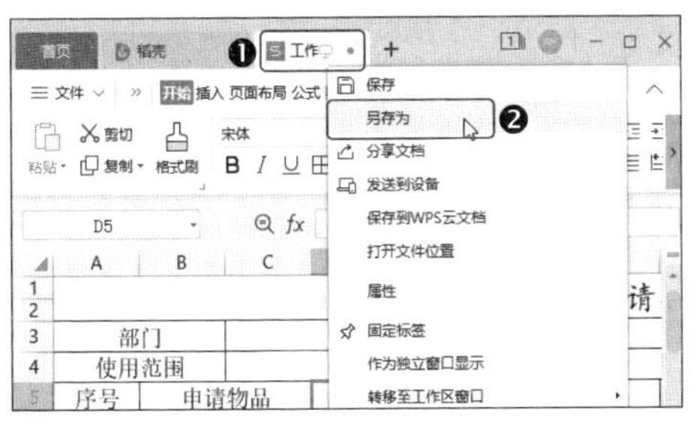

第2步 打开【另存文件】对话框，❶ 设置文件名和模板文件类型，本例在【文件类型】下拉列表中选择【WPS 表格模板文件】选项。❷ 完成后单击【保存】按钮，如下图所示。

8.2.2 根据模板创建申请单

申请单模板制作完之后，我们就可以使用申请模板创建一份办公用品申请单了。在填写申请单时，可以通过插入单元格的方式创建一份完整的申请项目，并对费用进行估算，操作方法如下。

第1步 ❶ 在模板文件上单击鼠标右键，❷ 在弹出的快捷菜单中单击【新建】命令，如下图所示。

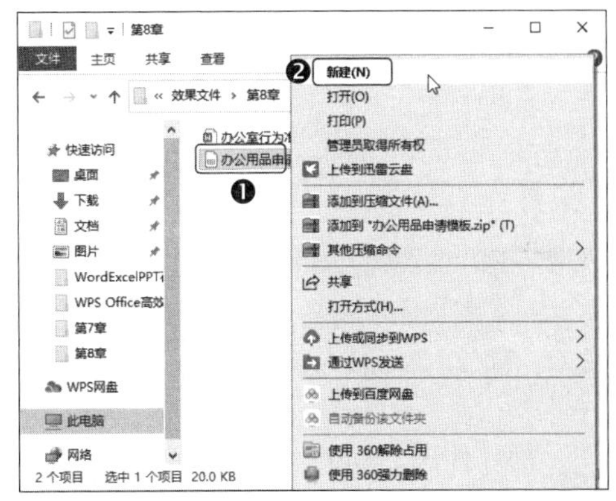

第2步 输入申请日期、部门、申请人等信息，如下图所示。

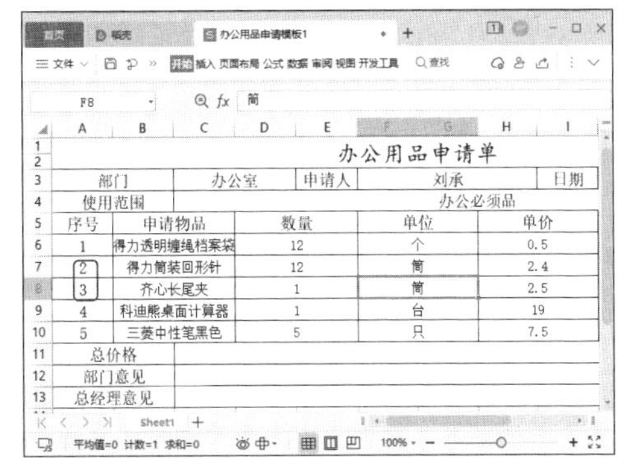

第3步 ❶ 选择 A10:L10 单元格区域，按【Ctrl】+【C】组合键复制，❷ 然后单击鼠标右键，在弹出的快捷菜单中选择【插入复制的单元格】命令，❸ 再在弹出的子菜

单中选择【活动单元格下移】命令，如下图所示。

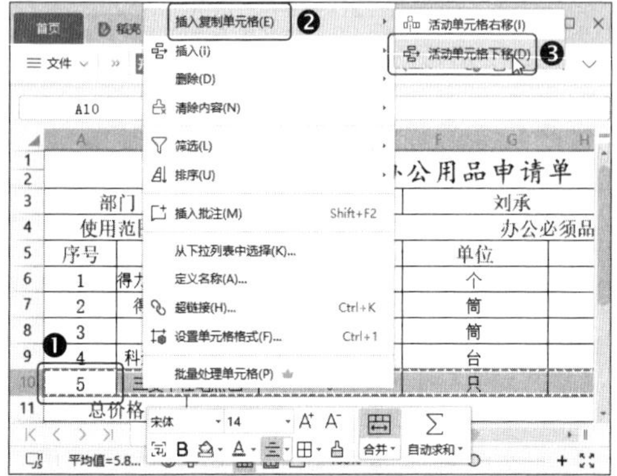

教您一招：快速插入多行

如果要快速插入多行，就可以在选择多行后，执行【插入复制的单元格】命令。

第4步 使用相同的方法，插入足够数量的要输入申请的办公用品的单元格，并输入数据，如下图所示。

	A	B	C	D	E	F	G	H
2	办公用品申请单							
3	部门	办公室		申请人	刘承			日期
4	使用范围	办公必须品						
5	序号	申请物品		数量		单位		单价
6	1	得力透明缠绳档案袋		12		个		0.5
7	2	得力简装回形针		12		筒		2.4
8	3	齐心长尾夹		1		筒		2.5
9	4	科迪熊桌面计算器		1		台		19
10	5	三菱中性笔黑色		5		只		7.5
11	6	三菱中性笔红色		5		只		7.5
12	7	得力固体胶		10		只		4
13	总价格							
14	部门意见							

第5步 ❶ 选中 J6 单元格，在单元格中输入公式“=D6*H6”，❷ 然后单击【输入】按钮 ✓ 得出计算结果，如下图所示。

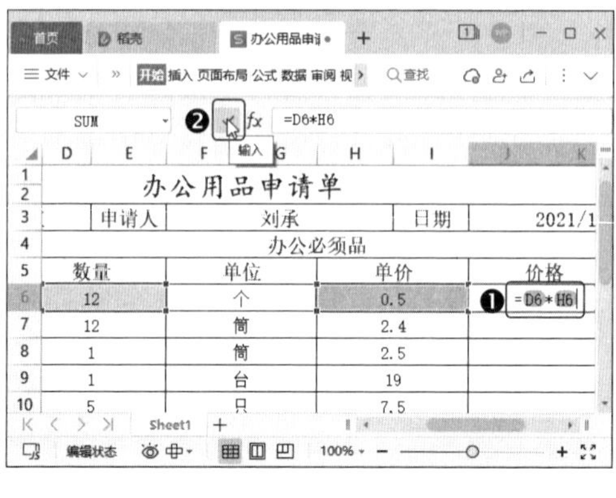

第6步 选择 J6 单元格，然后拖动填充柄向下填充公式，如下图所示。

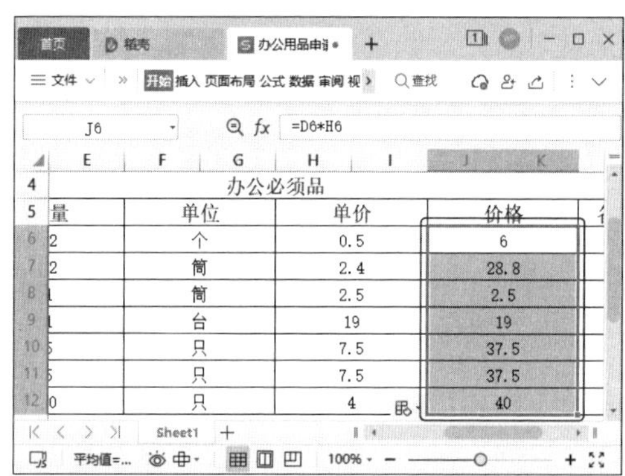

第7步 选中 C13 单元格，在单元格中输入公式“=SUM(J6:K12)”，然后按【Enter】键得出计算结果，如下图所示。

	B	C	D	E	F	G	H
6	得力透明缠绳档案袋		12		个		0.5
7	得力简装回形针		12		筒		2.4
8	齐心长尾夹		1		筒		2.5
9	科迪熊桌面计算器		1		台		19
10	三菱中性笔黑色		5		只		7.5
11	三菱中性笔红色		5		只		7.5
12	得力固体胶		10		只		4
13	价格				171.3		
14	意见						

8.2.3 打印申请单

申请单填写完之后，需要打印出来送到相关部门审批。在打印之前，我们还需要设置相应的打印格式，操作方法如下。

第1步 单击【页面布局】选项卡中的【页面设置】对话框按钮 ⌟，如下图所示。

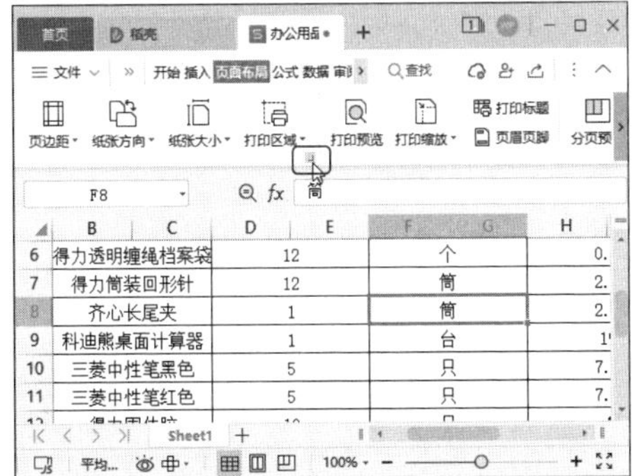

第2步 打开【页面设置】对话框，❶ 勾选【页边距】选项卡【居中方式】栏中的【水平】和【垂直】复选框，❷ 然后单击【确定】按钮，如下图所示。

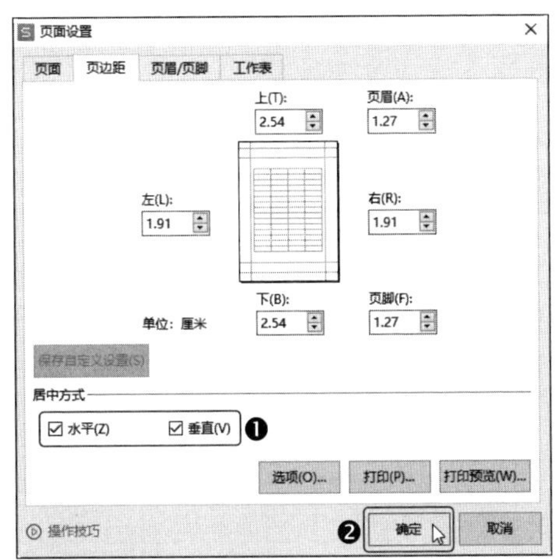

第3步 返回工作表，单击【页面布局】选项卡中的【打印预览】按钮，如下图所示。

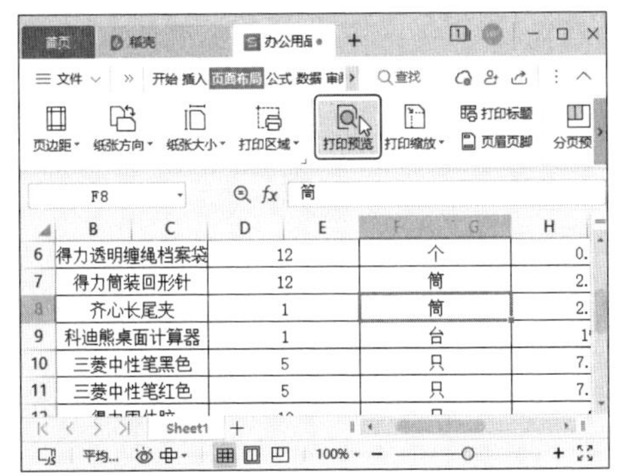

第4步 进入【打印预览】界面，单击【横向】按钮，如下图所示。

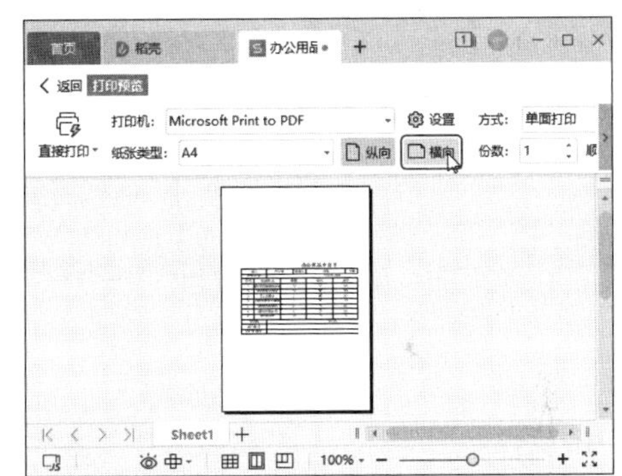

第5步 设置纸张类型、打印份数等参数后，单击【直接打印】按钮即可打印申请表，如下图所示。

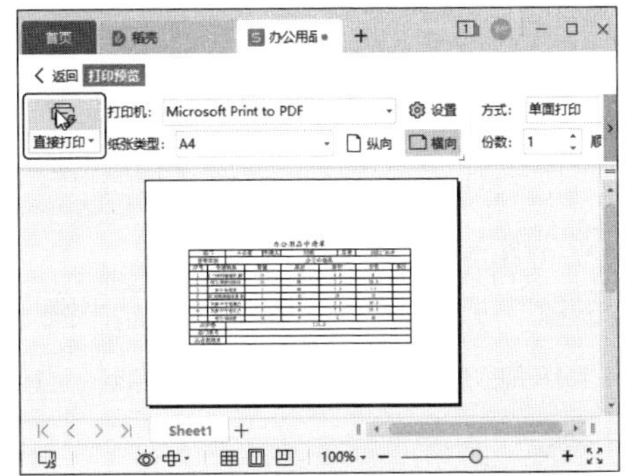

8.3 使用 WPS 表格制作物资采购明细表

当需要采购办公用品时，为了方便采购者进行准确的采购，往往需要提前制作一份办公用品采购明细表，在其中罗列出采购的物品、部门等信息。

本例将制作办公用品采购，完成后的效果如下图所示，实例最终效果见“结果文件 \ 第 8 章 \ 物资采购明细表 .xlsx”文件。

	A	B	C	D	E	F	G
1	办公用品采购表						
2	部门	名称	数量	单位	单价（元）	总价（元）	备注
3	董事长室	笔筒	1	个	¥ 12	¥ 12	
4	**董事长室**	**汇总**				¥ 12	
5	技术总监	笔筒	1	个	¥ 12	¥ 12	
6	**技术总监**	**汇总**				¥ 12	
7	董事长室	钢笔	1	支	¥ 15	¥ 15	
8	董事长室	烟灰缸	1	个	¥ 30	¥ 30	
9	**董事长室**	**汇总**				¥ 45	
10	财务	文件夹	2	个	¥ 20	¥ 40	
11	**财务 汇总**					¥ 40	
12	人力资源	文件夹	2	个	¥ 20	¥ 40	
13	**人力资源**	**汇总**				¥ 40	
14	技术总监	文件盒	1	个	¥ 45	¥ 45	
15	**技术总监**	**汇总**				¥ 45	
16	财务	A4打印纸	1	箱	¥ 78	¥ 78	
17	财务	电话机	1	部	¥ 78	¥ 78	
18	**财务 汇总**					¥ 156	
19	董事长室	电话机	1	部	¥ 78	¥ 78	
20	**董事长室**	**汇总**				¥ 78	
21	技术总监	电话机	1	个	¥ 78	¥ 78	
22	**技术总监**	**汇总**				¥ 78	
23	董事长室	文件盒	1	个	¥ 80	¥ 80	
24	董事长室	文件夹	4	个	¥ 20	¥ 80	
25	**董事长室**	**汇总**				¥ 160	
26	办公区	饮水机	1	个	¥ 130	¥ 130	
27	**办公区 汇总**					¥ 130	
28	董事长室	饮水机	1	台	¥ 130	¥ 130	
29	董事长室	办公椅	1	个	¥ 130	¥ 130	
30	**董事长室**	**汇总**				¥ 260	
31	技术总监	饮水机	1	个	¥ 130	¥ 130	
32	**技术总监**	**汇总**				¥ 130	
33	人力资源	办公椅	1	个	¥ 130	¥ 130	
34	**人力资源**	**汇总**				¥ 130	
35	研发	办公椅	1	个	¥ 130	¥ 130	
36	**研发 汇总**					¥ 130	
37	董事长室	茶几	1	个	¥ 180	¥ 180	
38	**董事长室**	**汇总**				¥ 180	
39	会客区	茶几	1	个	¥ 180	¥ 180	
40	**会客区 汇总**					¥ 180	
41	财务	办公椅	2	个	¥ 130	¥ 260	
42	**财务 汇总**					¥ 260	

8.3.1 创建办公用品采购表

办公用品采购表中包括部门、名称、数量、单位、单价等信息，在创建办公用品采购表时，需要将各类信息填写到工作表中并输入相应的数据。

第1步 新建一个名为“办公用品采购表”的工作簿，并输入标题和表头文本，如下图所示。

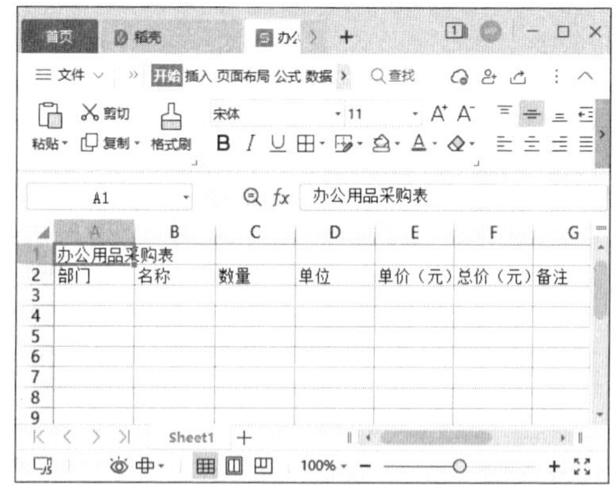

第2步 ❶ 合并 A1:G1 单元格区域，并设置文字格式。❷ 然后选中 A2:G2 单元格区域，设置文字格式，如下图所示。

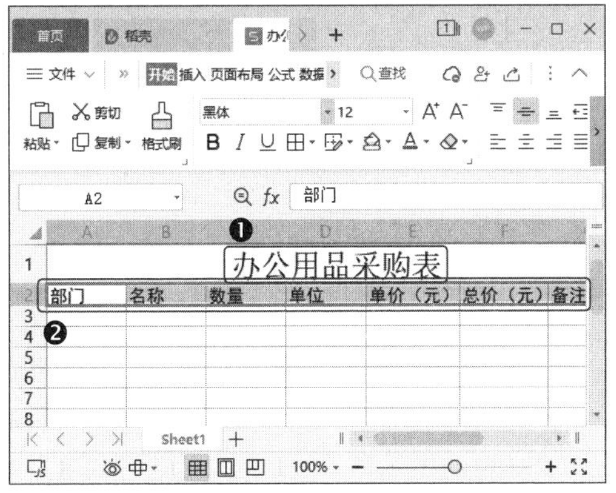

第3步 输入数据，然后选择 F3 单元格，输入公式“=E3*C3”，按【Enter】键计算出总价，并向下填充到 F4:F51 单元格区域，计算出所有物品的总价，如下图所示。

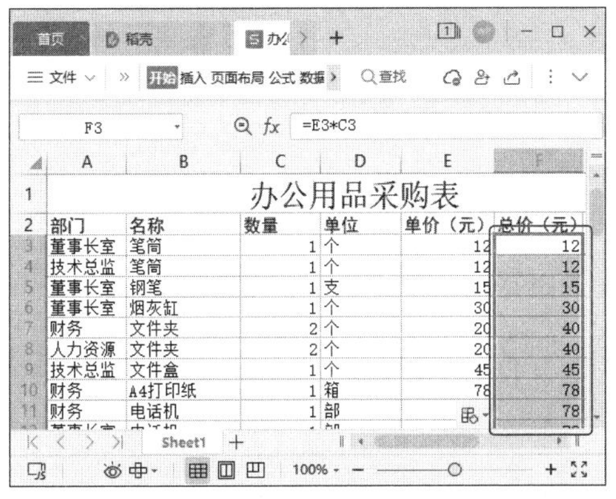

温馨提示

使用公式计算出结果后，将鼠标指针移到单元格的右下角，当鼠标指针变为十字形＋时，双击鼠标左键也可以向下填充公式。

第4步 ❶ 选择 E3:F51 单元格区域，❷ 单击【开始】选项卡中的【数字格式】下拉按钮▾，❸ 在弹出的下拉菜单中选择【会计专用】选项，如下图所示。

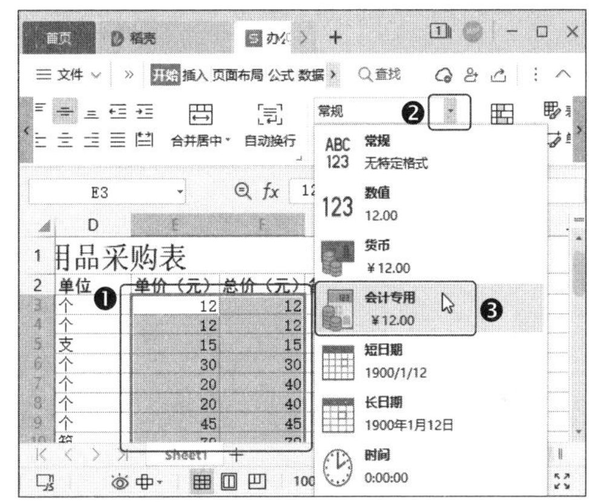

第5步 单击【开始】选项卡中的【减少小数位数】按钮，将数据设置为无小数点（默认为 2 位），如下图所示。

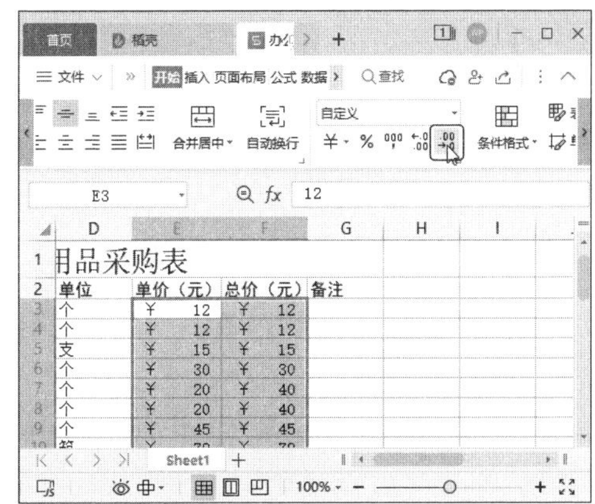

第6步 ❶ 选择 A2:G51 单元格区域，单击【开始】选项卡中的边框下拉按钮田▾，❷ 在弹出的下拉菜单中选择【所有框线】选项，如下图所示。

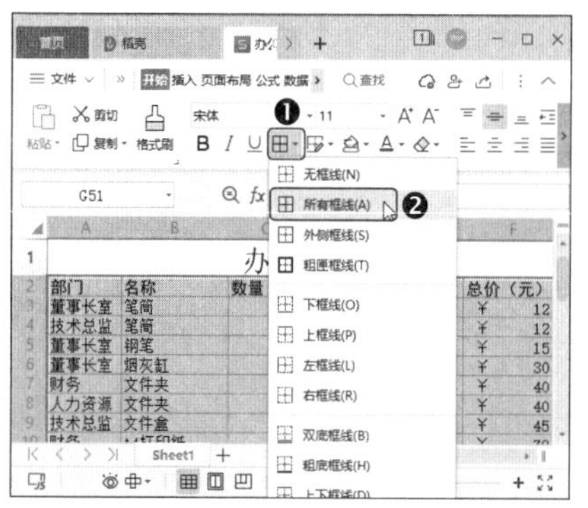

8.3.2 为数据排序

为了方便查看办公用品采购表中的数据，我们可以将工作表中的数据按照一定的规律排序。本例以按总价排序为例，介绍排序的使用方法。

第1步 ❶ 选择 A2:G51 单元格区域，❷ 单击【数据】选项卡中的【排序】下拉按钮，❸ 在弹出的下拉菜单中选择【自定义排序】选项，如下图所示。

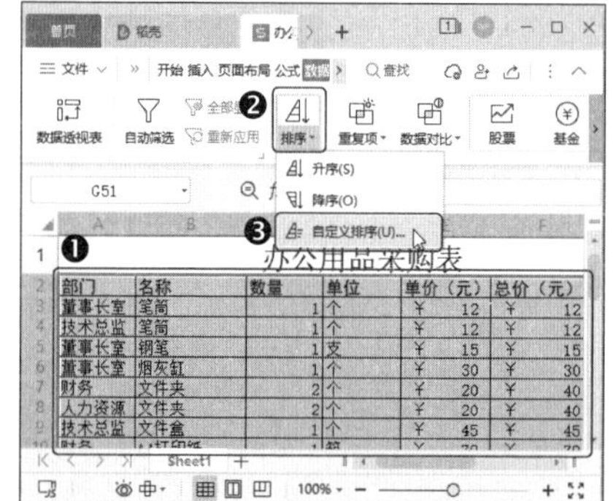

第2步 打开【排序】对话框，❶ 设置【主要关键字】为【总价（元）】，【排序依据】为【数值】，【次序】为【升序】，❷ 然后单击【确定】按钮，如下图所示。

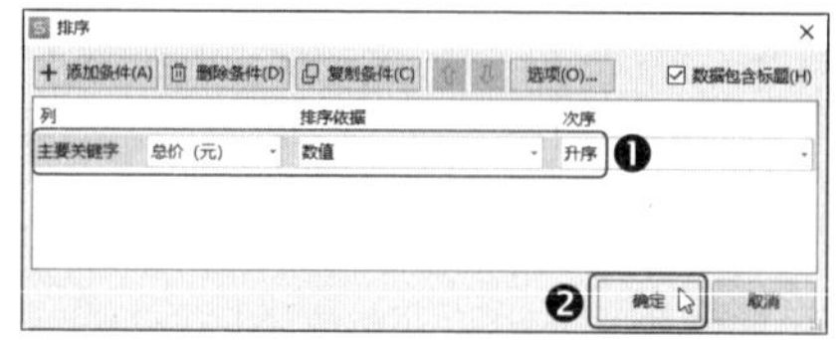

第3步 返回工作表中即可看到数据已经按总价的从小到大排列，如下图所示。

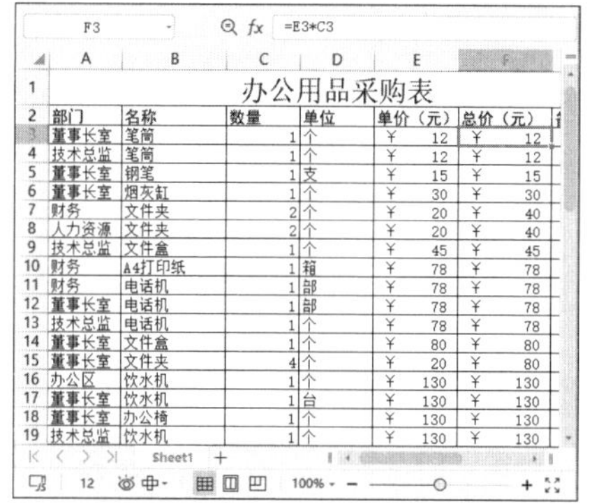

8.3.3 新建表样式

WPS 表格内置了很多表格样式，用户可以快速地为表格应用样式以美化工作表。如果对内置的表格样式不满意，用户还可以新建表样式。

第1步 ❶ 选择【开始】→【表格样式】→❷【新建表格样式】命令，如下图所示。

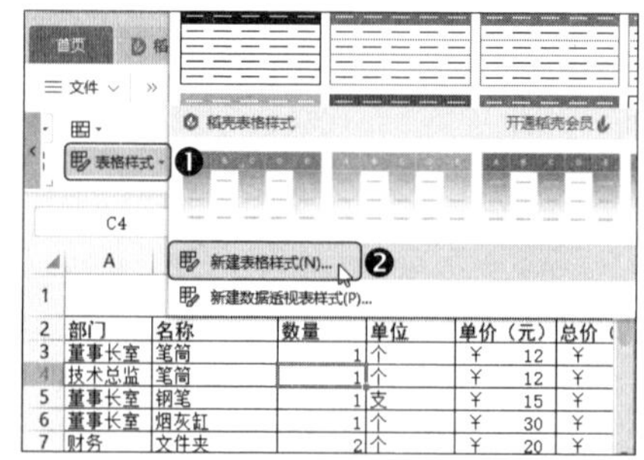

第2步 打开【新建表样式】对话框，❶ 在【名称】文本框中输入新样式的名称，❷ 在【表元素】列表框中选择【标题行】，❸ 然后单击【格式】按钮，如下图所示。

第3步 打开【单元格格式】对话框，在【字体】选项卡中设置文字的颜色，如下图所示。

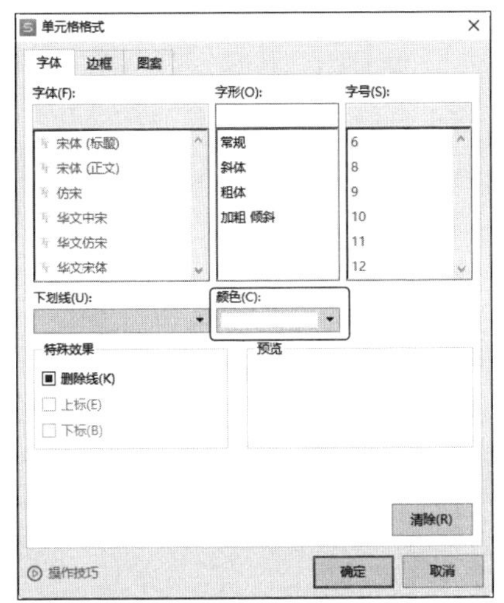

第4步 ❶ 在【图案】选项卡中的颜色列表中选择一种填充颜色，❷ 然后单击【确定】按钮，如下图所示。

第5步 返回【新建表样式】对话框，使用相同的方法设置其他表元素，完成后单击【确定】按钮，如下图所示。

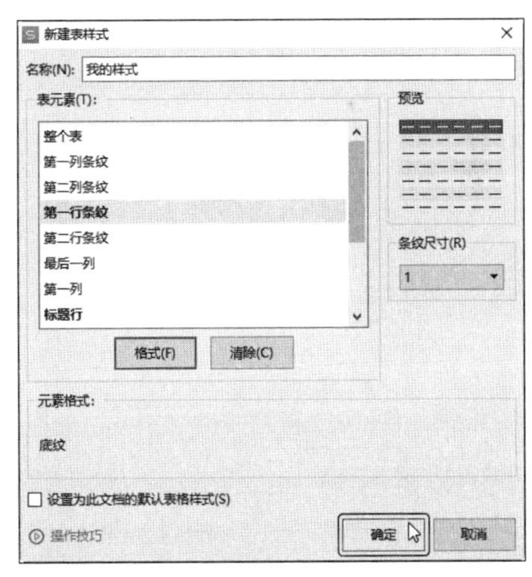

第6步 返回工作表，选择 A2:G51 单元格区域，❶ 单击【开始】选项卡中的【表格样式】下拉按钮，❷ 在弹出的下拉菜单中切换到【自定义】选项卡，❸ 选择新建的表格样式，如下图所示。

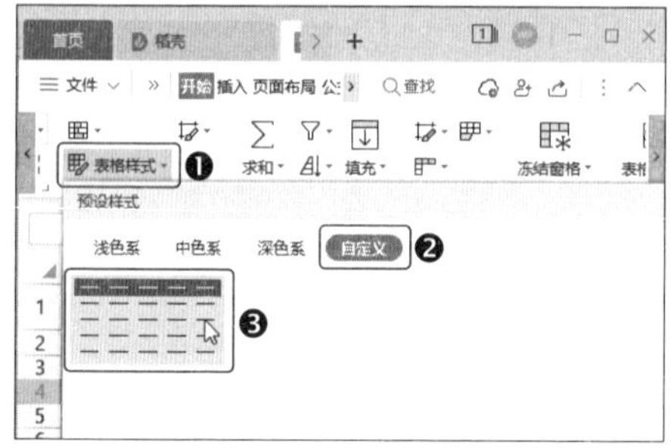

第7步 打开【套用表格样式】对话框，❶ 选中【仅套用表格样式】单选项，并设置【标题行的行数】为【1】，❷ 完成后单击【确定】按钮，如下图所示。

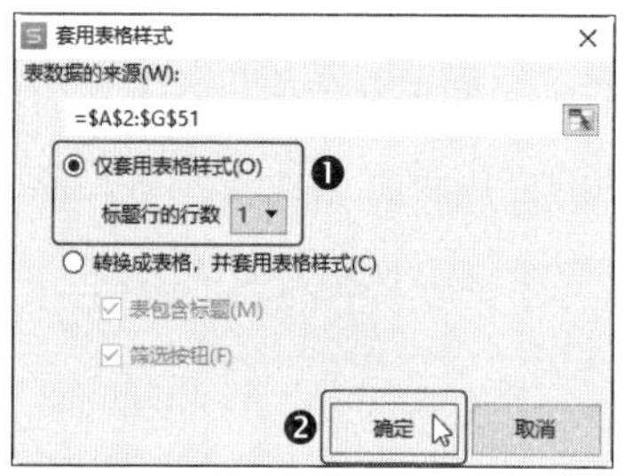

第8步 返回工作表即可看到应用了新建表样式的效果，如下图所示。

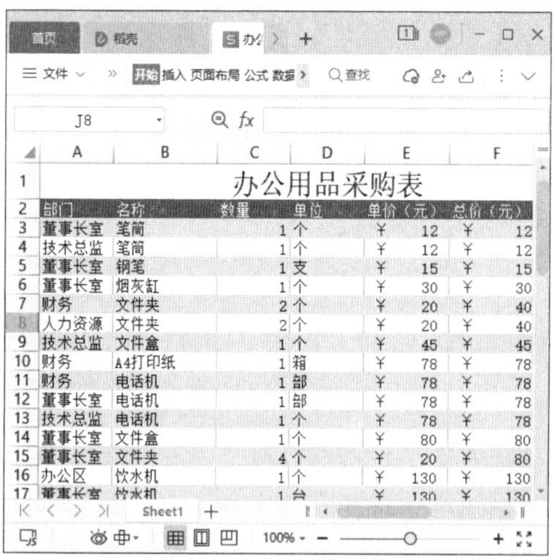

8.3.4 按类别汇总总价金额

为了方便统计数据，有时候需要按类别对表中的总计金额进行汇总统计，操作方法如下。

第1步 ❶ 选择 A2:G51 单元格区域，❷ 单击【数据】选项卡中的【分类汇总】按钮，如下图所示。

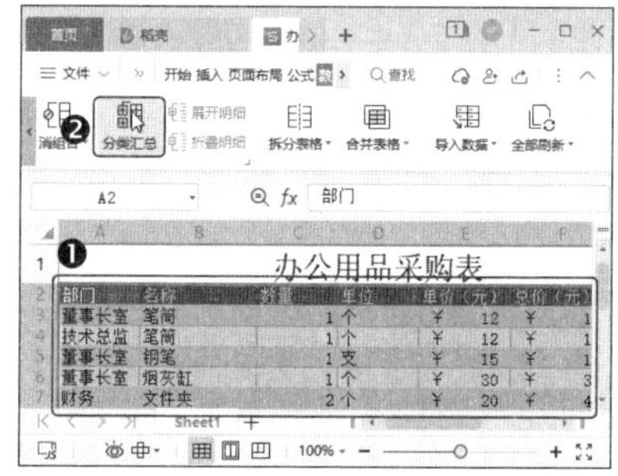

第2步 打开【分类汇总】对话框，❶ 设置【分类字段】为【部门】,【汇总方式】为【求和】，❷ 然后在【选定汇总项】列表框中勾选【总价】复选框，❸ 完成后单击【确定】按钮，如下图所示。

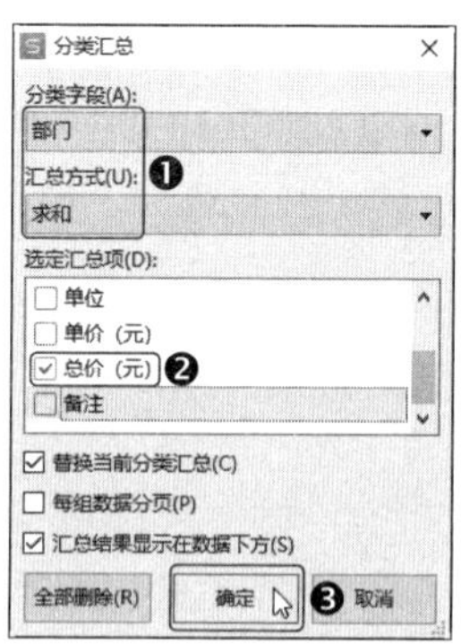

第3步 返回工作表即可看到工作表已经按总价分类汇总，效果如下图所示。

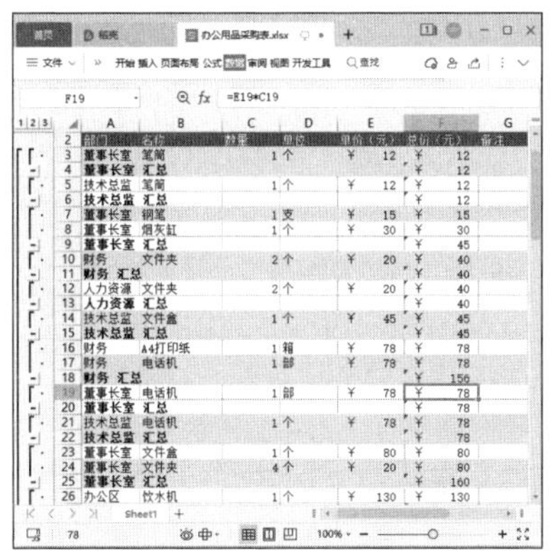

大神支招

下面结合本章内容，给读者介绍一些工作中的实用技巧。

01 隐藏拼写错误标记

WPS 文字默认开启了拼写检查，如果文档中出现拼写错误，就会以红色或蓝色的波浪线标记。如果要隐藏这些错误标记，操作方法如下。

第1步 打开“素材文件 \ 第 8 章 \ 办公室行为准则 .docx”文件，❶ 选择【文件】→ ❷【选项】命令，操作如下图所示。

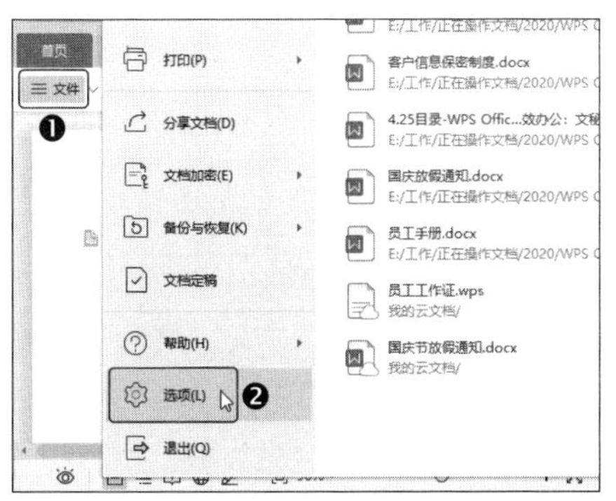

第2步 打开【选项】对话框，❶ 在【拼写检查】选项卡中取消勾选【输入时拼写检查】和【在文档中显示忽略的拼写错误】复选框，❷ 然后单击【确定】按钮，如下图所示。

02 设置指定他人编辑

文档制作完之后，如果需要限定可以编辑文档的人，就可以按下述步骤操作。

第1步 打开“素材文件\第 8 章\办公用品采购表.xlsx”文件，单击【审阅】选项卡中的【文档权限】按钮，如下图所示。

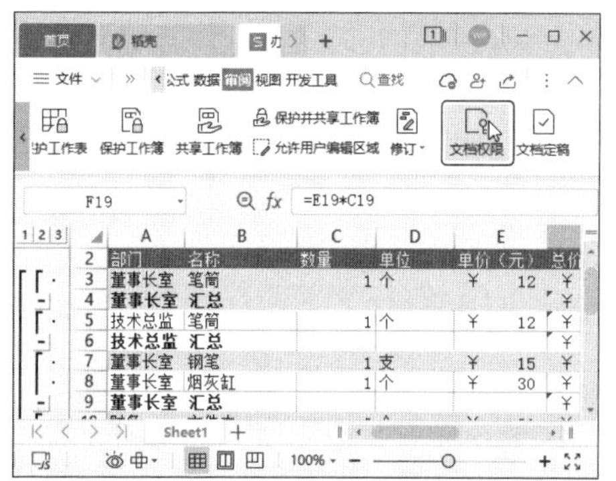

第2步 打开【文档权限】对话框，❶ 单击【私密文档保护】右侧的按钮，开启私密保护，❷ 然后单击【添加指定人】按钮，如下图所示。

第3步 打开【添加指定人】对话框，在搜索框中输入 WPS 账号，输入完成后，下方会自动显示搜索到的账号，如下图所示。

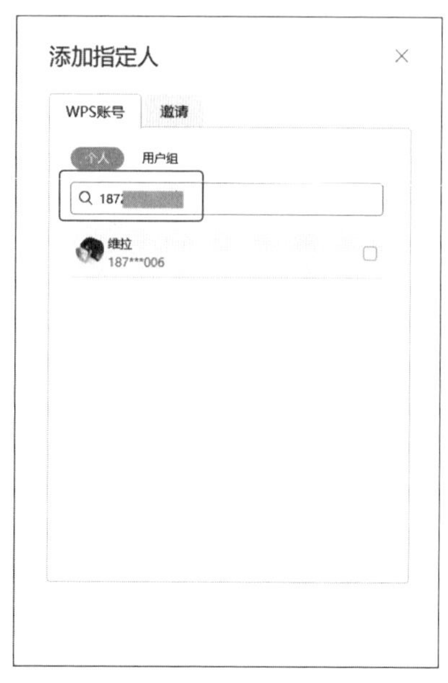

第4步 ❶ 按【Enter】键打开权限列表，勾选指定人可以编辑的权限，❷ 完成后单击【确定】按钮，如下图所示。

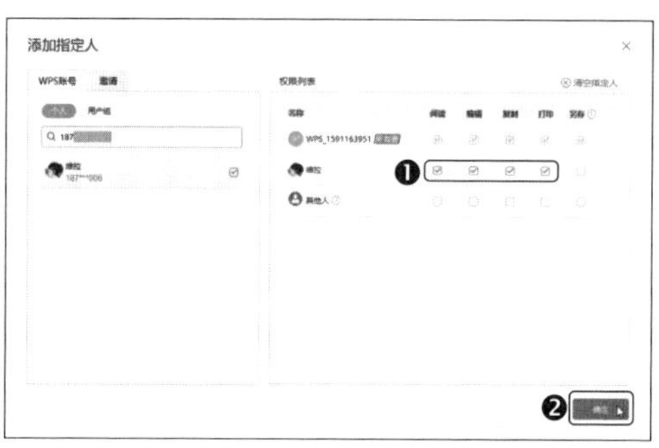

第5步 返回文档权限对话框，可以看到指定人已经成功设置，如下图所示。

> **教您一招：删除指定人**
>
> 如果要删除指定人，就可以在【文档权限】对话框中单击【修改指定人】按钮，在打开的【添加指定人】对话框中单击【清空指定人】按钮，然后单击【确定】按钮。

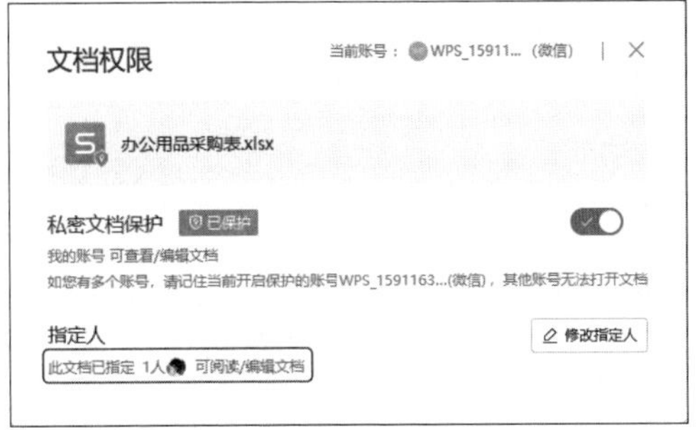

03 如何重复打印标题行?

如果表格行数较多，那么在打印工作表时，除首页外，分页默认不显示标题行，查看非常不便。如果要在打印时使每一页都显示标题，就可以重复打印标题行，设置方法如下。

第1步 打开“素材文件\第 8 章\销售清单.xlsx”文件，❶ 选中第 2 行，❷ 然后单击【页面布局】选项卡中的【打印标题】按钮，如下图所示。

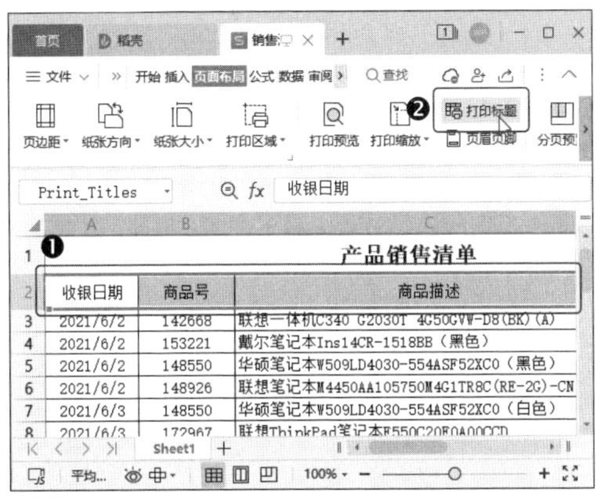

第2步 打开【页面设置】对话框，【工作表】选项卡中的【打印标题】栏已经显示了【顶端标题行】为第 2 行，单击【打印预览】按钮，如下图所示。

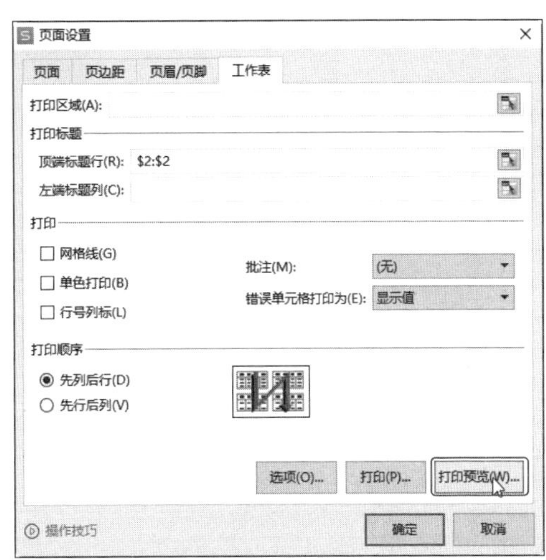

第3步 进入【打印预览】界面，翻页查看时可以发现，标题行已经重复显示，如下图所示。确认后即可打印表格。

WPS

第 9 章

市场营销管理

本章导读

在文秘与行政的日常工作中，有时需要配合市场部制作各种文档。本章将以制作产品说明书、新产品上市铺货率分析表和产品价值调查分析演示文稿等为例，介绍 WPS Office 软件在市场营销管理方面的应用技巧。

知识要点

- 更改页面设置
- 设置边框和底纹
- 插入项目符号和编号
- 插入表格
- 绘制斜线头
- 填充文本数据
- 制作幻灯片母版
- 在幻灯片中插入图表

9.1 使用 WPS 文字制作产品说明书

说明书是对工商业产品、工程、产品设计、图书报刊、旅游览胜以及各种博览、展销活动做介绍说明的一种文体。凡是工业产品，一般都需要使用说明书，好的产品说明书不仅可以充分展示产品的优势，还能向消费者提供满意的服务。在产品上市之前，企业首先需要制作产品说明书，让消费者及时、全面地了解产品的相关信息、产品优势及同类其他产品的状况，增加消费者对本企业信息的了解。

本例将通过 WPS 文字制作产品说明书，完成后的效果如下图所示，实例最终效果见“结果文件 \ 第 9 章 \ 产品说明书 .docx”文件。

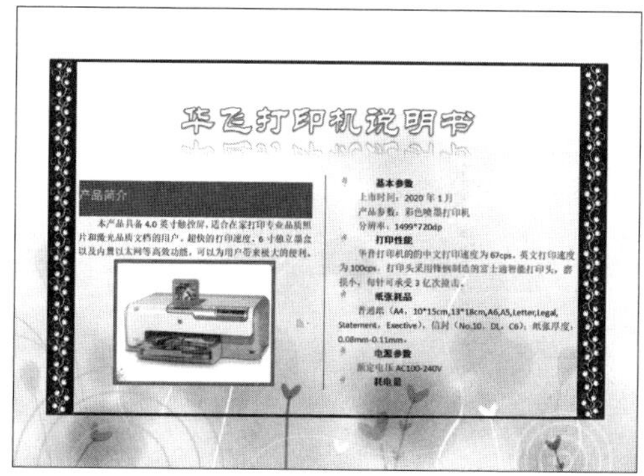

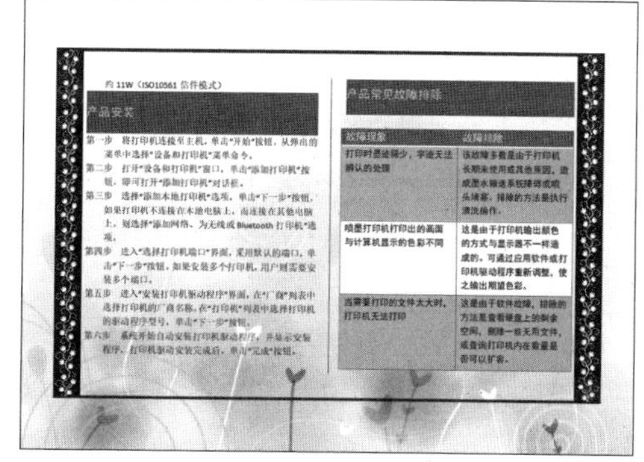

9.1.1 设计页面和标题

设计页面和标题主要是为页面设置样式和背景图片，然后在其中输入艺术文字。

1. 设置页面方向和纸张大小

WPS 文字的纸张大小默认为 A4，如果需要其他纸张大小，可以重新设置，操作方法如下。

第1步 新建一个名为“产品说明书 .docx”的空白文档，在【页面布局】选项卡中单击【页面设置】对话框按钮 ⌟，如下图所示。

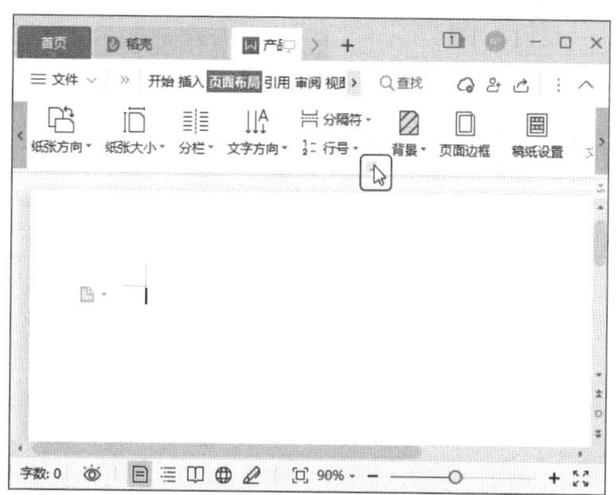

第2步 打开【页面设置】对话框，在【页边距】选项卡的【方向】栏选择【横向】，如下图所示。

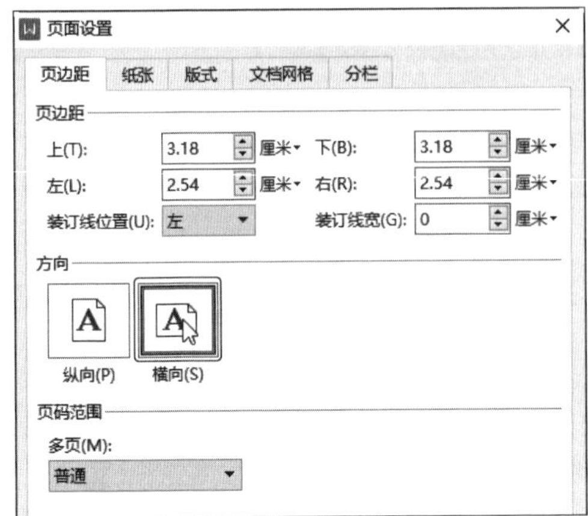

第3步 ❶ 切换到【纸张】选项卡，设置【纸张大小】为宽 25 厘米，高 18 厘米，❷ 然后单击【确定】按钮，如下图所示。

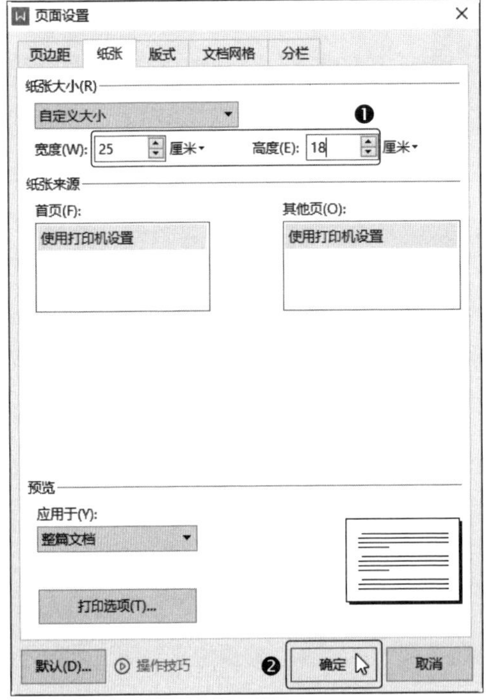

2. 设置底纹样式

为说明书添加底纹，可以美化说明书，增加可读性，操作方法如下。

第1步 双击页眉位置，进入页眉和页脚编辑模式，如下图所示。

第2步 单击【页眉页脚】选项卡中的【图片】按钮，如下图所示。

第3步 打开【插入图片】对话框，❶ 选择“素材文件 \ 第 9 章 \ 产品说明书 \ 背景 .jpg”素材图片，❷ 然后单击【打开】按钮，如下图所示。

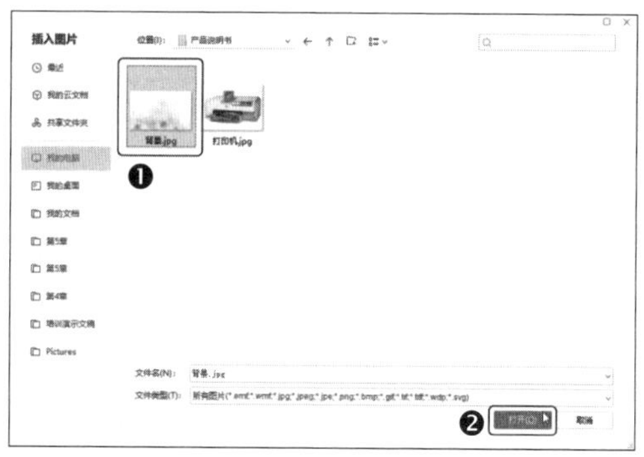

第4步 ❶ 选择图片，❷ 单击【图片工具】选项卡中的【环绕】下拉按钮，❸ 在弹出的下拉菜单中选择【衬于文字下方】选项，如下图所示。

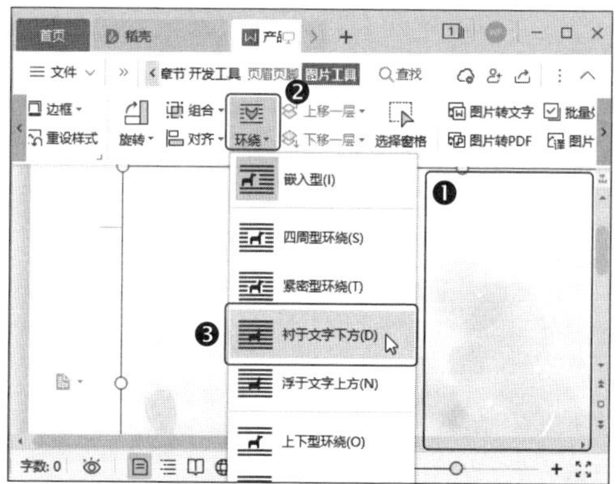

第5步 拖动图片周围的控制点，使图片覆盖整个文档区域，如下图所示。

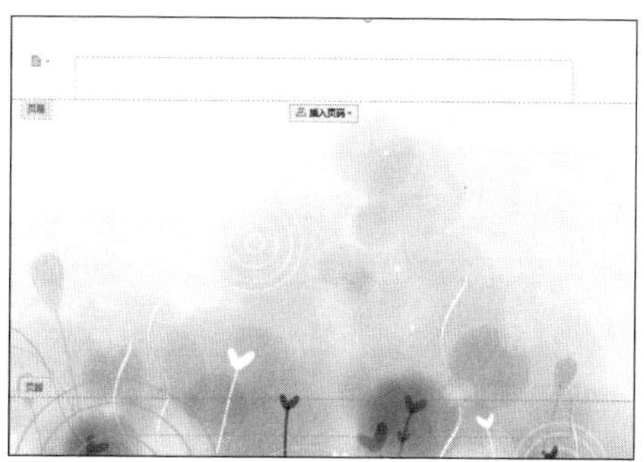

3. 设置页面边框

为了美化文档，我们还可以为页面设置边框，操作方法如下。

第1步 单击【页面布局】选项卡中的【页面边框】按钮，如下图所示。

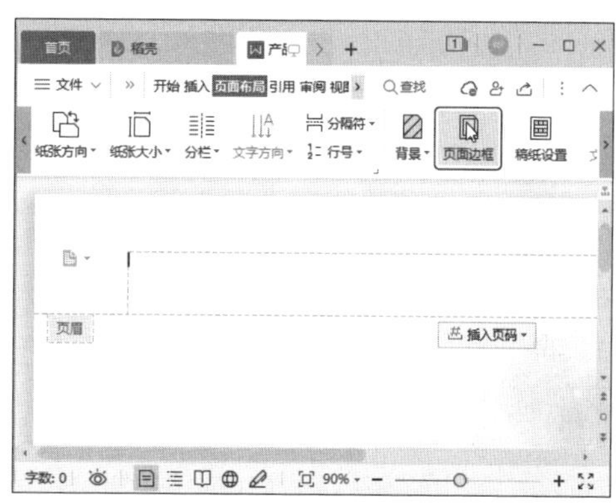

第2步 打开【边框和底纹】对话框，❶ 在【页面边框】选项卡的【设置】栏选择【方框】，❷ 在【艺术型】下拉列表中选择一种边框样式，❸ 完成后单击【确定】按钮，如下图所示。

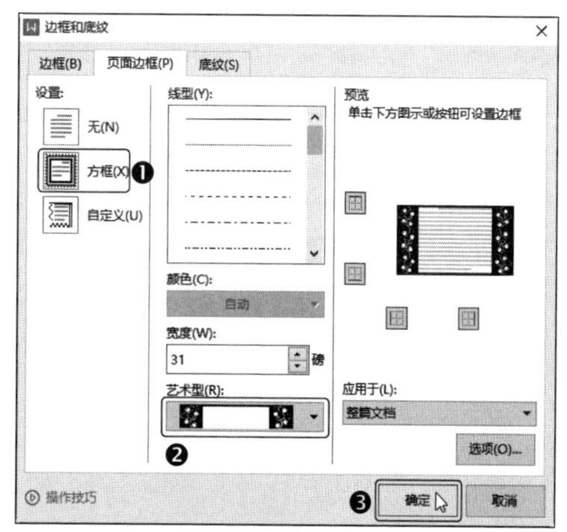

第3步 返回文档即可看到设置了边框的

效果，确认后单击【页眉页脚】选项卡中的【关闭】按钮，如下图所示。

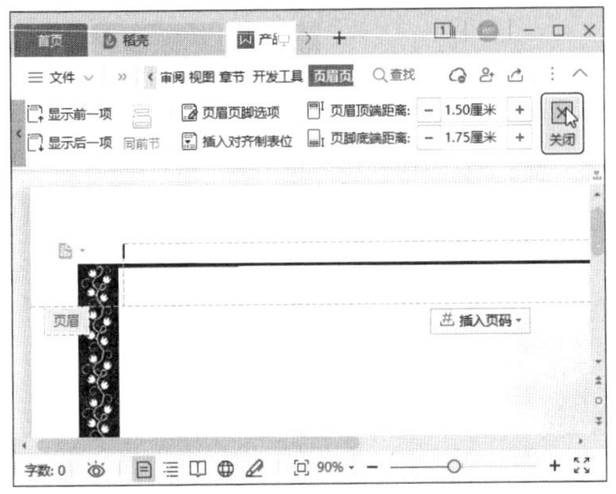

温馨提示

页眉和页脚编辑完成后，按两下【Esc】键也可以退出页眉和页脚编辑模式。

4. 使用艺术字制作标题

只有文字的标题比较单调，因此我们可以使用艺术文字来制作标题。

第1步 ❶ 单击【插入】选项卡中的【艺术字】下拉按钮，❷ 在弹出的下拉菜单中选择一种艺术字样式，如下图所示。

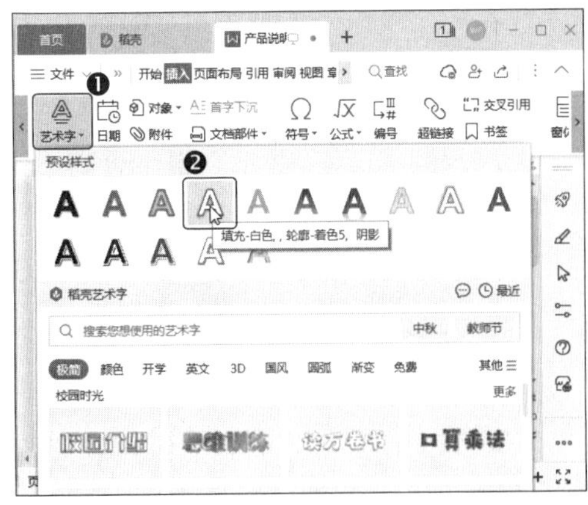

第2步 ❶ 直接输入产品说明书的标题，然后选中标题，❷ 在【文本工具】选项卡中设置文字样式，如下图所示。

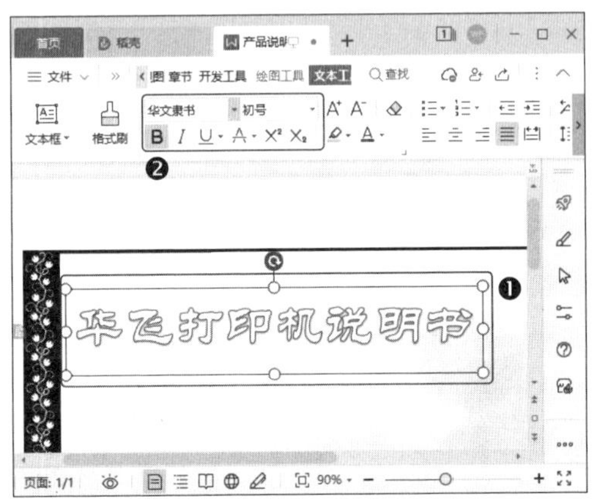

第3步 ❶ 单击【文本工具】选项卡中的【文本轮廓】下拉按钮，❷ 在弹出的下拉菜单中选择一种轮廓颜色，如下图所示。

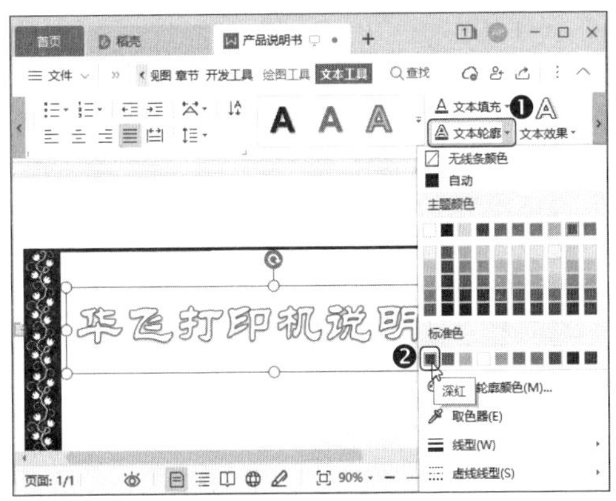

第4步 ❶ 单击【文本工具】选项卡中的【文本效果】下拉按钮，❷ 在弹出的下拉菜单中选择【倒影】选项，❸ 再在弹出的子菜单中选择一种倒影样式，如下图所示。

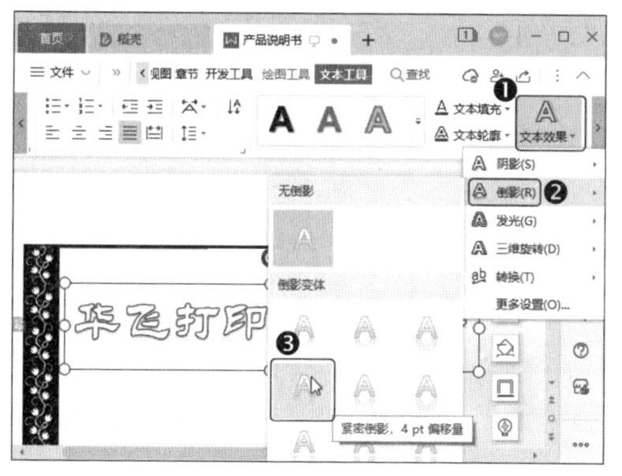

第5步 ❶ 单击【绘图工具】选项卡中的【对齐】下拉按钮，❷ 在弹出的下拉菜单中选择【水平居中】选项，如下图所示。

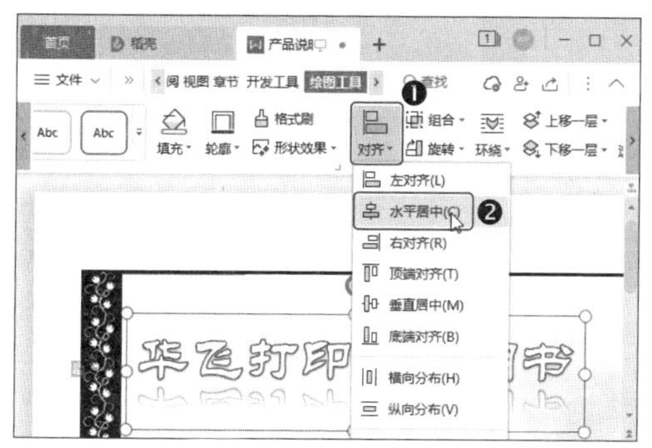

9.1.2 制作产品简介

产品说明书中的产品简介主要是利用文字和图片说明产品信息，并使用项目符号列举产品性能等信息，操作方法如下。

1. 设置段落格式

在输入产品简介之后，还需要对文档进行段落设置，操作方法如下。

第1步 ❶ 输入产品简介，然后选中所有的产品简介文本，❷ 单击【页面布局】选项卡中的【分栏】下拉按钮，❸ 在弹出的下拉菜单中选择【更多分栏】选项，如下图所示。

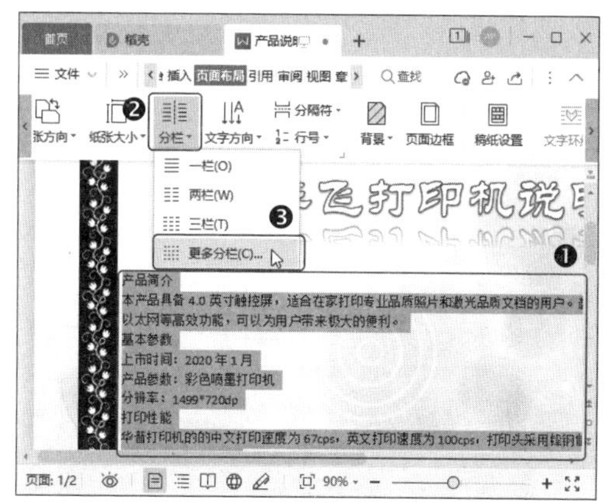

第2步 打开【分栏】对话框，❶ 在【预设】栏选择【两栏】选项，❷ 在【宽度和间距】栏设置【间距】为【3】字符，❸ 然后勾选【分隔线】复选框，❹ 完成后单击【确定】按钮，如下图所示。

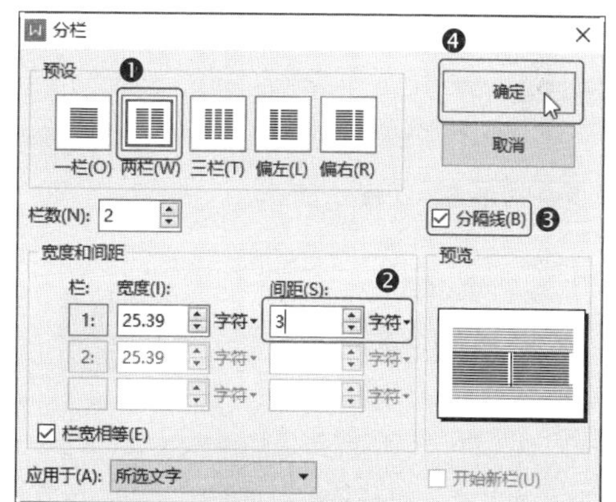

温馨提示

在【页面布局】选项卡的【分栏】下拉菜单中也可以选择分栏选项，设置默认的分栏效果。

第3步 ❶ 选择“产品简介”文本，❷ 单击【开始】选项卡中的边框下拉按钮⊞˅，❸ 在弹出的下拉菜单中选择【边框和底纹】选项，如下图所示。

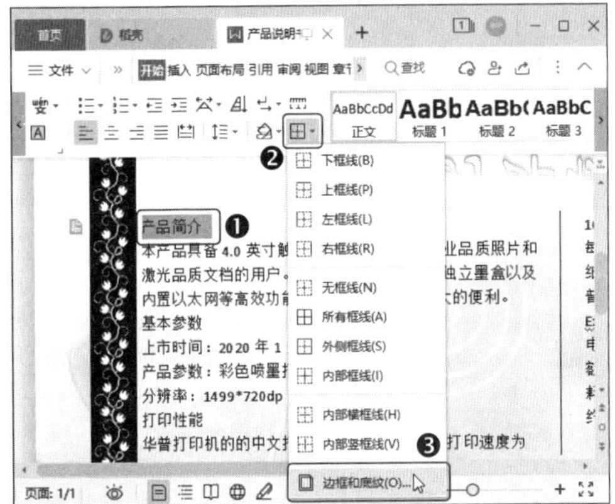

第4步 ❶ 打开【边框和底纹】对话框，在【底纹】选项卡的【填充】下拉列表中选择填充颜色，❷ 然后单击【确定】按钮，如下图所示。

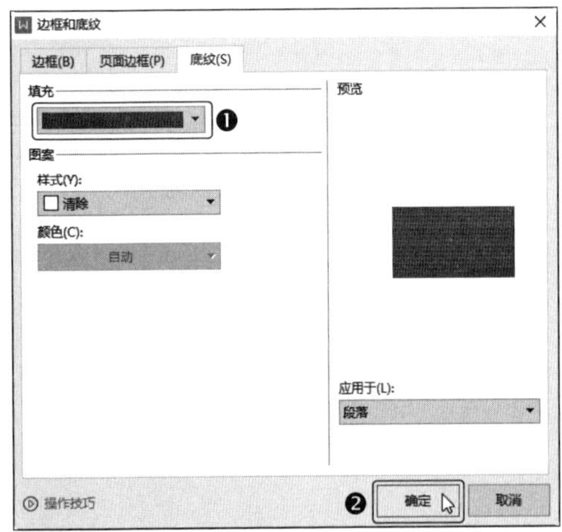

第5步 保持文本的选中状态，在【开始】选项卡中设置字体和字号，如下图所示。

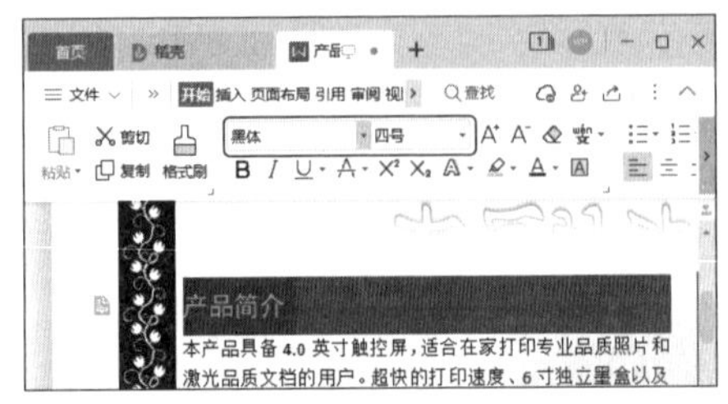

第6步 保持文本的选中状态，在【开始】选项卡中单击【段落】对话框按钮 ⌟，如下图所示。

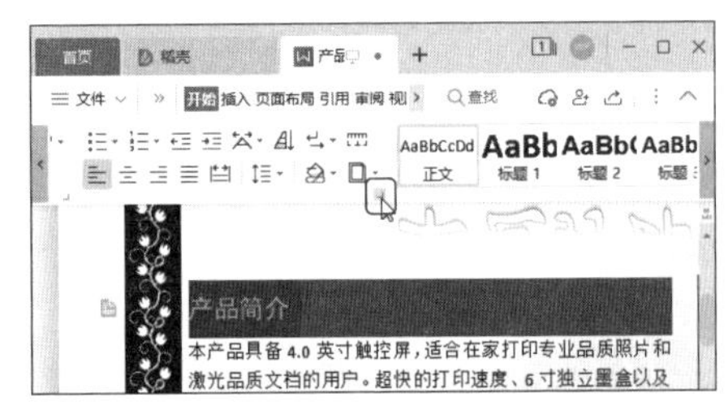

第7步 打开【段落】对话框，❶ 在【缩进和间距】选项卡的【常规】栏中设置【大纲级别】为【1 级】，❷ 在【间距】栏中设置【段前】和【段后】均为【0.5】行，❸ 完成后单击【确定】按钮，如下图所示。

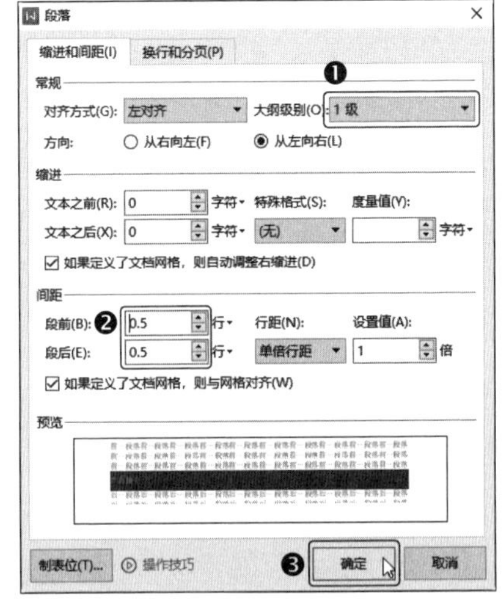

第8步 选择产品简介下方的所有文本，打开【段落】对话框，❶ 在【缩进和间距】选项卡中设置【特殊格式】为【首行缩进，2 字符】，❷ 然后单击【确定】按钮，如下图所示。

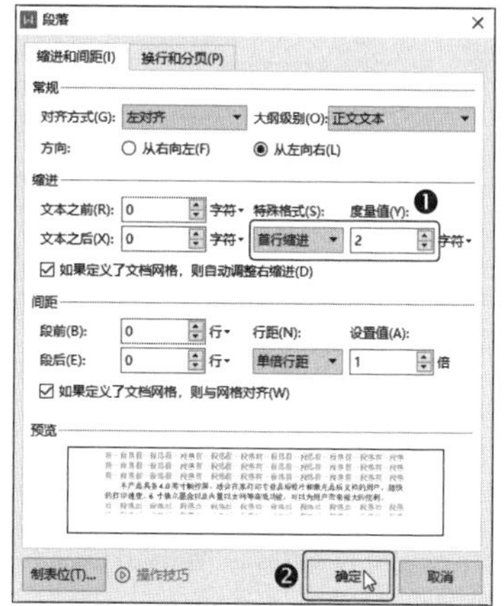

2. 设置项目符号

使用项目符号可以让产品简介的条理更加清晰，添加项目符号的方法如下。

第1步 ❶ 按住【Ctrl】键的同时选中需要设置项目符号的文本，❷ 单击【开始】选项卡中的【插入项目符号】下拉按钮☰·，❸ 在弹出的下拉菜单中选择一种项目符号样式，如下图所示。

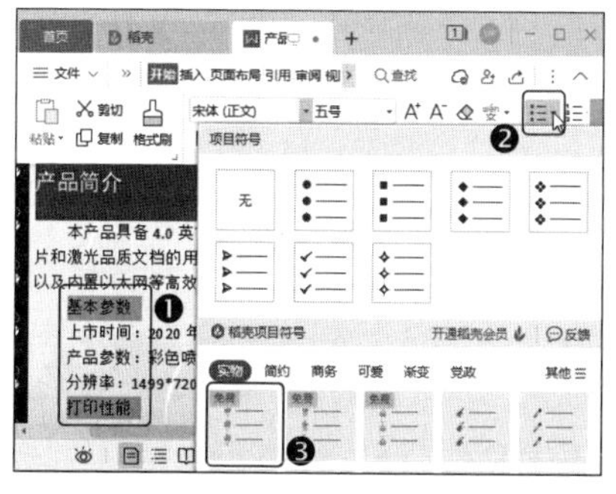

第2步 保持文本的选中状态，单击【开始】选项卡中的【加粗】按钮，如下图所示。

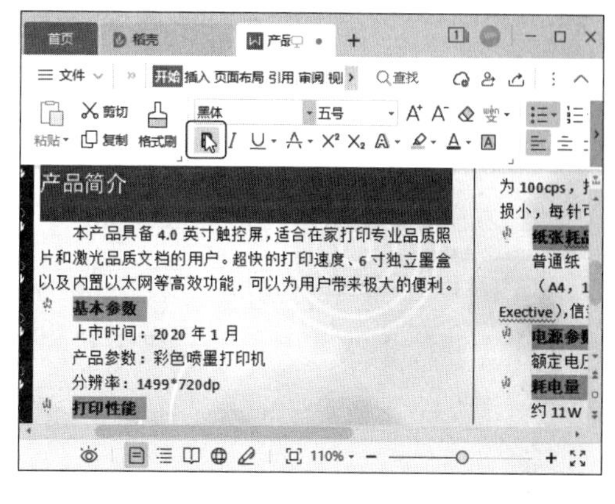

3. 插入并设置产品图片

插入图片可以让消费者更直观地了解产品信息。插入图片的方法如下。

第1步 ❶ 在第一段文本后面按【Enter】键，❷ 单击【开始】选项卡中的【清除格式】按钮◇，如下图所示。

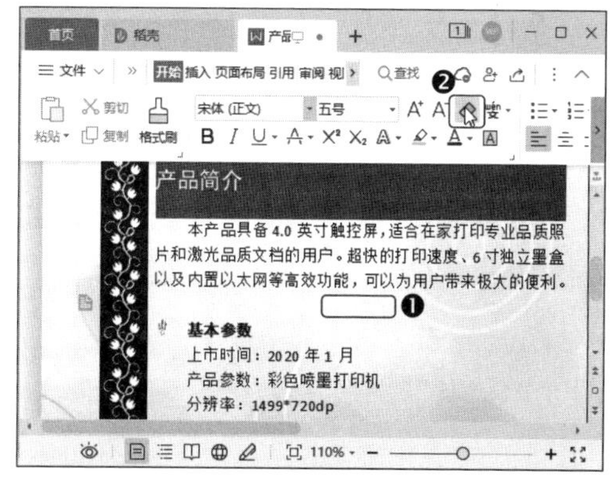

第2步 单击【插入】选项卡中的【图片】按钮，打开【插入图片】对话框，❶ 选择“素材文件\第 9 章\产品说明书\打印机.jpg”，❷ 然后单击【打开】按钮，如下图所示。

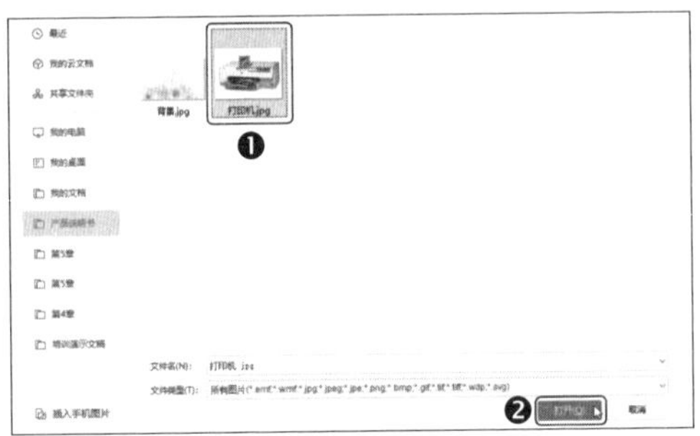

第3步 ❶ 将光标定位到图片右侧，❷ 然后单击【开始】选项卡中的【居中对齐】按钮 三，如下图所示。

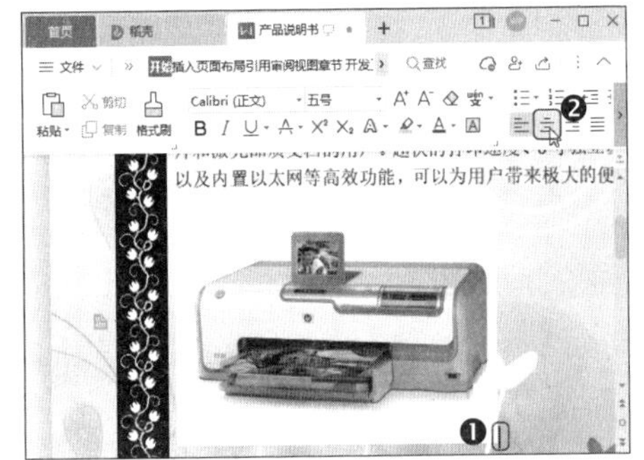

第4步 选中图片，❶ 单击【图片工具】选项卡中的【边框】下拉按钮，❷ 在弹出的下拉菜单中选择【图片边框】选项，❸ 再在弹出的子菜单中选择一种边框样式，如下图所示。

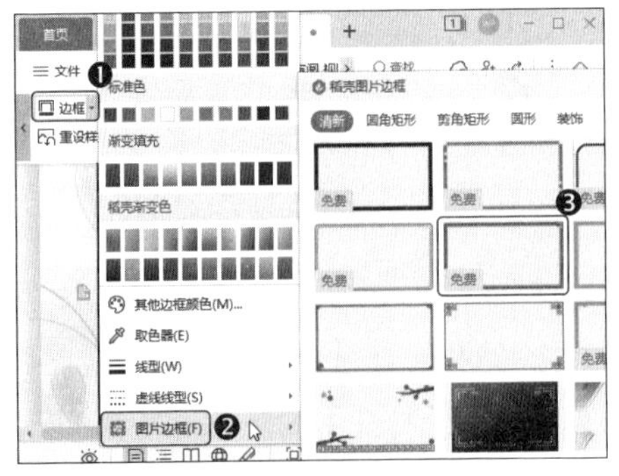

第5步 拖动图片四周的控制点，调整图片的大小，如下图所示。

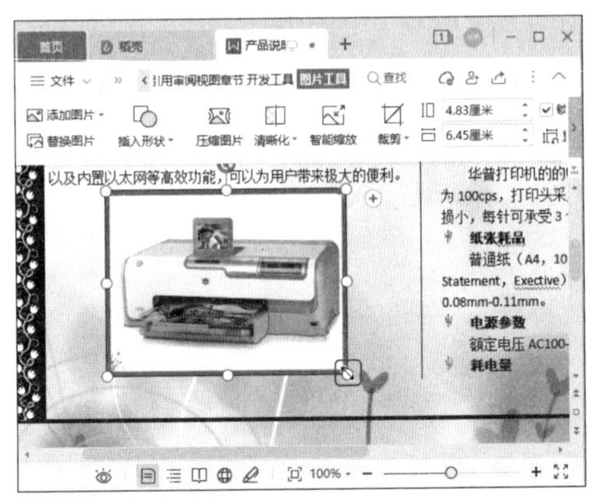

4. 设置西文换行

如果文档中有西文，WPS 文字就会根据符号自动断行显示，导致排版混乱。针对这种情况，我们可以设置西文换行，操作方法如下。

第1步 ❶ 选择需要设置换行的文本，❷ 单击【开始】选项卡中的【段落】对话框按钮 ⌟，如下图所示。

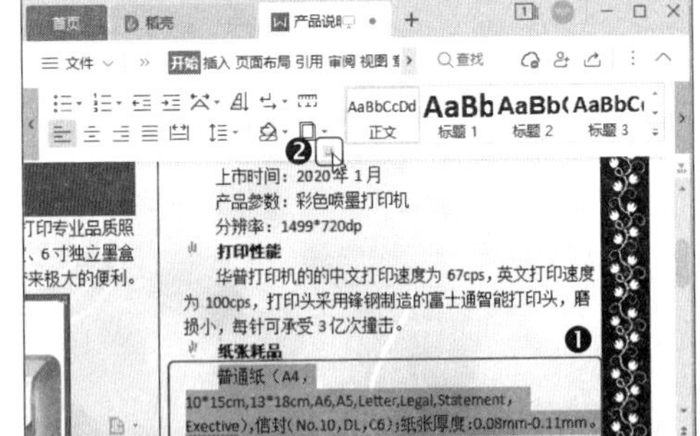

第2步 打开【段落】对话框，❶ 在【换行和分页】选项卡的【换行】栏中勾选【允

许西文在单词中间换行】复选框，❷ 然后单击【确定】按钮，如下图所示。

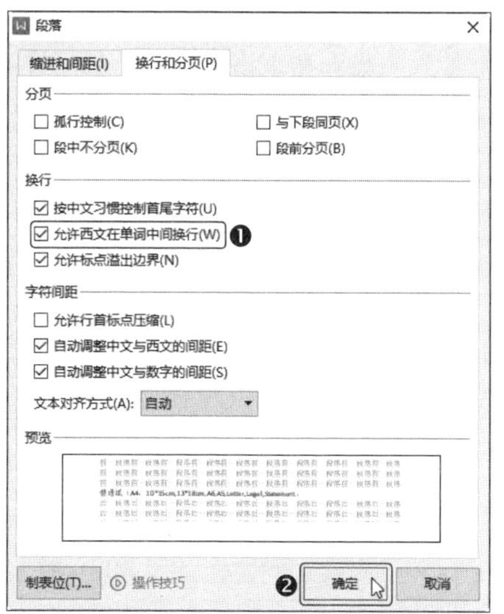

第3步 因为西文换行会在单词中间换行，阅读不便，所以需要手动调整换行的位置。将光标定位于合适的文本右侧，然后按【Enter】键，如下图所示。

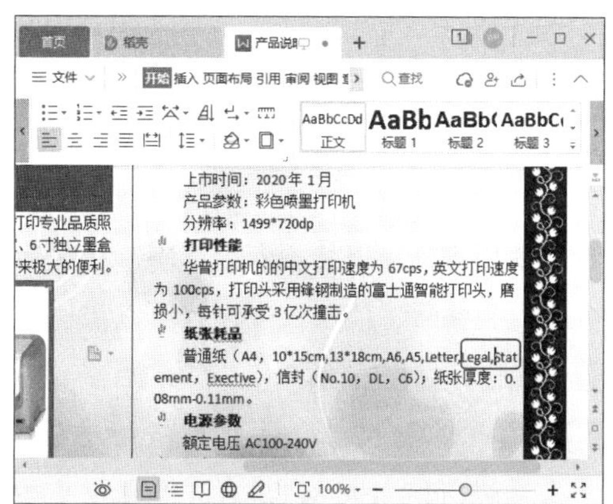

第4步 单词换行后会自动设置首行缩进，针对这种情况，将光标定位到段落的开头，按【Back Space】键删除缩进即可，如下图所示。

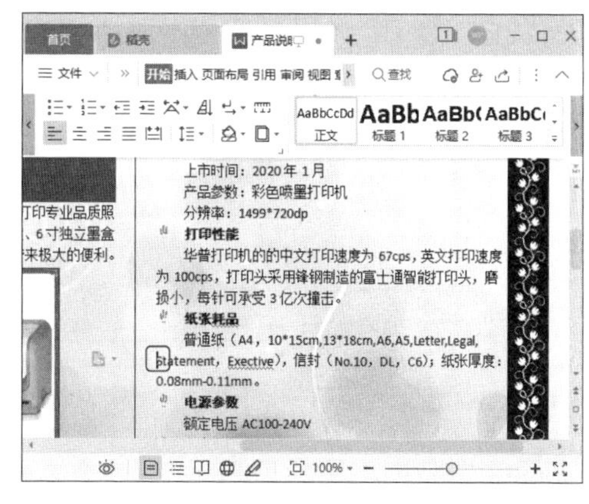

9.1.3 设置编号

对于有条理性的文字，我们可以设置编号让条理更加清晰。设置编号的操作方法如下。

第1步 在第二页输入“产品安装”，❶ 然后选择“产品简介”文本，❷ 单击【开始】选项卡中的【格式刷】按钮，如下图所示。

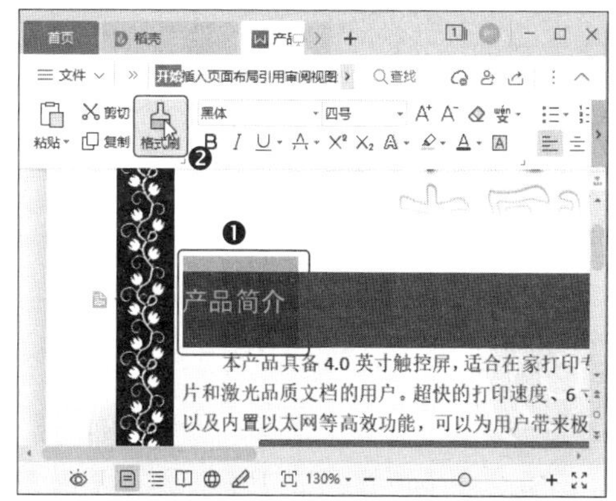

第2步 当鼠标指针变为形状后，按住鼠标左键不放，在“产品安装”文本上拖动即可复制文本格式，如下图所示。

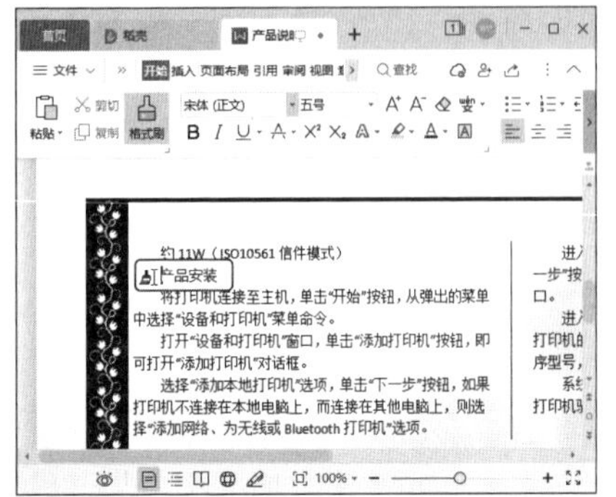

第3步 ❶ 单击【开始】选项卡中的【编号】下拉按钮，❷ 在弹出的下拉菜单中选择【自定义编号】选项，如下图所示。

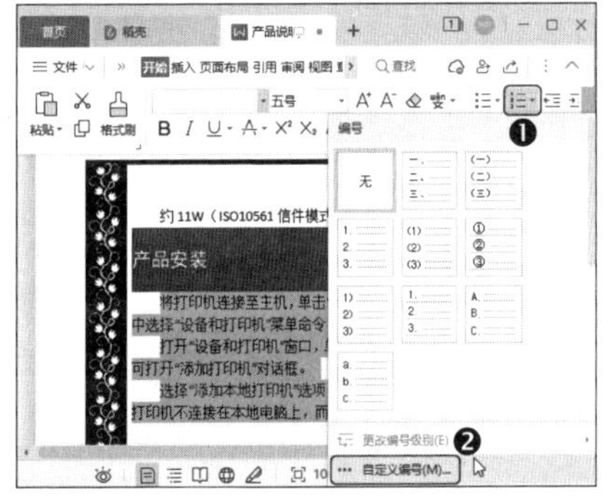

第4步 打开【项目符号和编号】对话框，❶ 选择一种编号样式，❷ 然后单击【自定义】按钮，如下图所示。

第5步 打开【自定义编号列表】对话框，❶ 在【编号格式】文本框中删除“①”右侧的“.”，并在编号的左、右侧分别输入“第”、“步”和空格，❷ 在【编号样式】下拉列表中选择一种编号样式，❸ 完成后单击【确定】按钮，如下图所示。

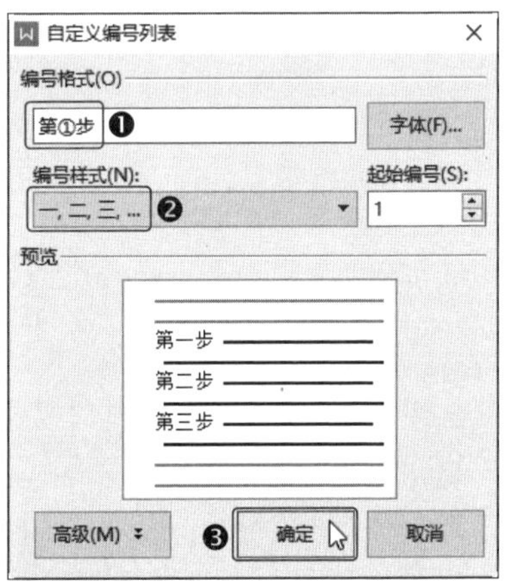

温馨提示

通过为文本设置编号，可以将文档中的文本以编号的形式顺序排列。编号主要用于步骤、论文中的主要论点以及合同条款等文本中。

9.1.4 插入产品故障排除表

使用表格可以使内容更清晰。在文档中插入表格后，使用快速样式可以快速的美化表格，操作方法如下。

第1步 ❶ 输入“产品常见故障排除”文本，并复制前文的格式，❷ 然后单击【插入】选项卡中的【表格】下拉按钮，❸ 在弹出的下拉菜单中选择 4 行 ×2 列的快速表格，如下图所示。

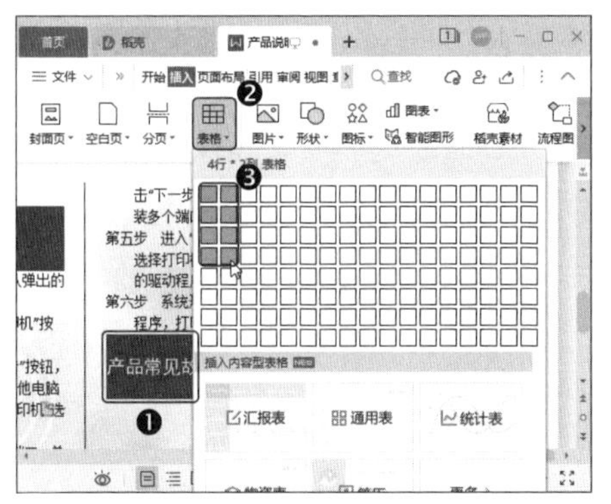

第2步 返回文档即可看到已经插入表格，将光标定位到表格中后输入需要的文本，如下图所示。

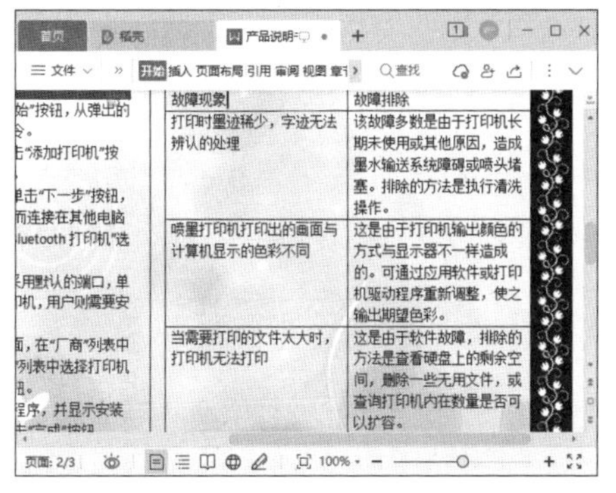

第3步 ❶ 将光标定位在表格中，❷ 在【表格样式】选项卡中选择一种表格的快速样式，如下图所示。

第4步 ❶ 全选表格，❷ 在【表格工具】选项卡中设置表格中文字的字体为【黑体】，如下图所示。

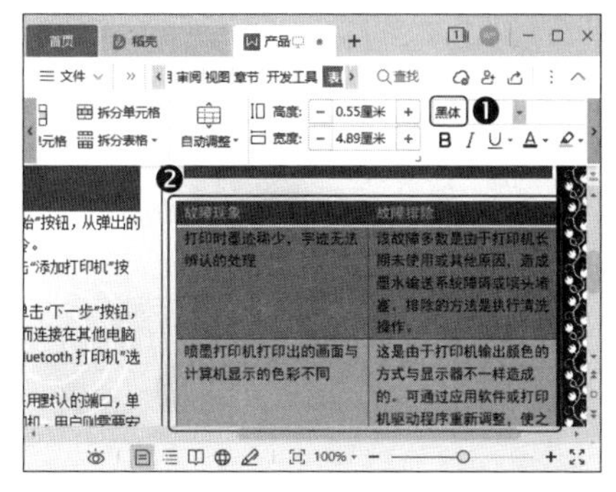

第5步 ❶ 选中表头，❷ 在【表格工具】选项卡中设置字号为【小四】，如下图所示。

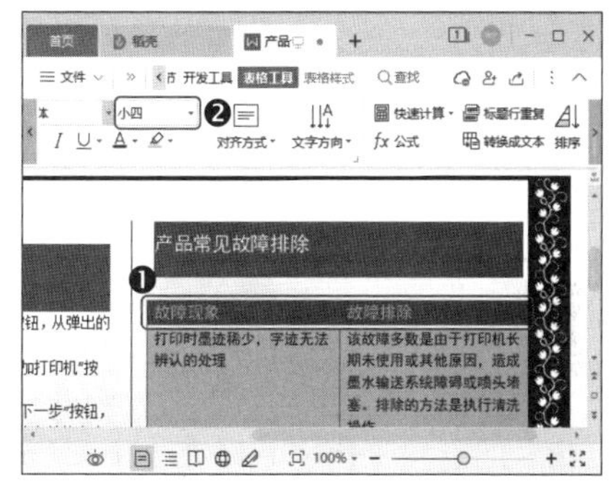

第6步 拖动表格四周的控制点，调整表格的大小，如下图所示。

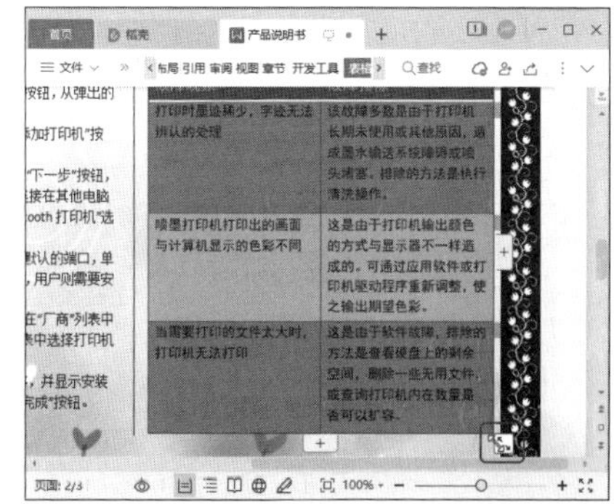

9.2 使用 WPS 表格制作新产品上市铺货率分析表

产品上市铺货率是指，在指定地区中实现的铺货总数占目标铺货总数的比例。一般情况下，在新产品上市的一段时间内都需要对铺货率进行分析。铺货率越高，表示产品接触消费者的面越广，产品被消费者接受的可能性也就越大。

本节将制作新产品上市铺货率分析表，完成后的效果如下图所示，实例最终效果见“结果文件 \ 第 9 章 \ 新产品上市铺货率分析 .xlsx”文件。

新品上市铺货率

地区：西山区　　产品编号：GB-TB3200　　制表日期：2021/9/1

项目 / 铺货地点	铺货目标	上市第一周		上市第二周		上市第三周		上市第四周		铺货点重要程度
		实际铺货	铺货率	实际铺货	铺货率	实际铺货	铺货率	实际铺货	铺货率	
本原商圈	120	80	66.67%	95	79.17%	110	91.67%	110	91.67%	重要
茗湖商圈	150	100	66.67%	120	80.00%	130	86.67%	150	100.00%	重要
文街商圈	110	50	45.45%	80	72.73%	70	63.64%	100	90.91%	重要
黎家商圈	130	60	46.15%	80	61.54%	95	73.08%	100	76.92%	一般
万峰商圈	120	40	33.33%	70	58.33%	80	66.67%	130	108.33%	重要

9.2.1 制作表格框架

在制作本例所需的表格时，需要执行合并单元格、设置字体格式、设置行高和列宽等操作，具体的操作方法如下。

第1步 新建一个名为“新产品上市铺货率分析”的空白工作簿，❶ 在【Sheet1】工作表名称标签上单击鼠标右键，❷ 在弹出的快捷菜单中选择【重命名】命令，如下图所示。

第2步 直接输入新工作表名称，然后按【Enter】键即可为工作表重命名，如下图所示。

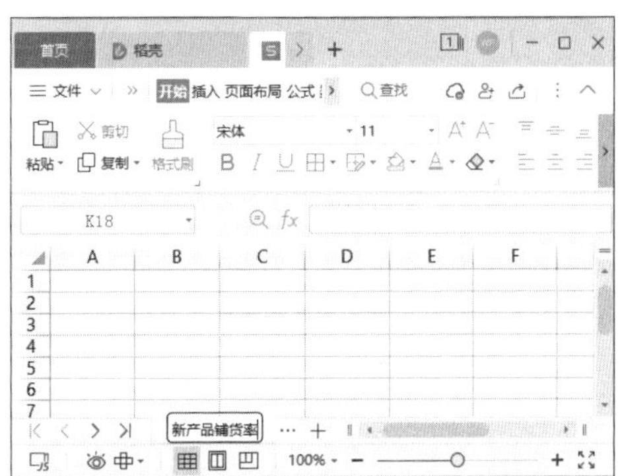

温馨提示

在工作表名称标签上双击，也可以让工作表名称呈可编辑状态，然后便可以重命名工作表。

第3步 将鼠标指针移动到第 1 行的行标下方，当鼠标指针呈✢形时，按住鼠标左键拖动，从而将行高调整到合适的尺寸，如下图所示。

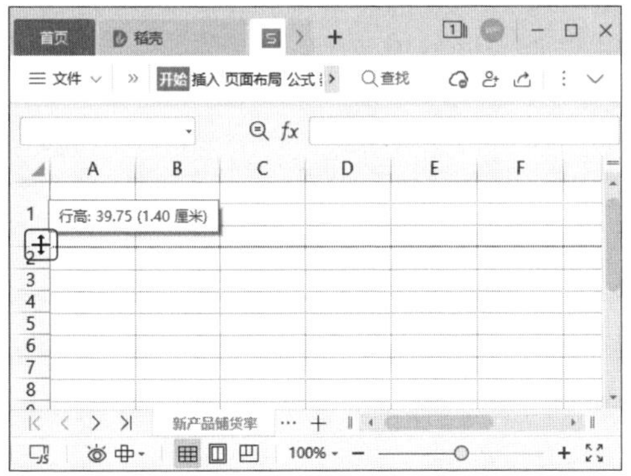

第4步 ❶ 选择第 2 行和第 4 行，❷ 单击【开始】选项卡中的【行和列】下拉按钮，❸ 在弹出的下拉菜单中选择【行高】选项，如下图所示。

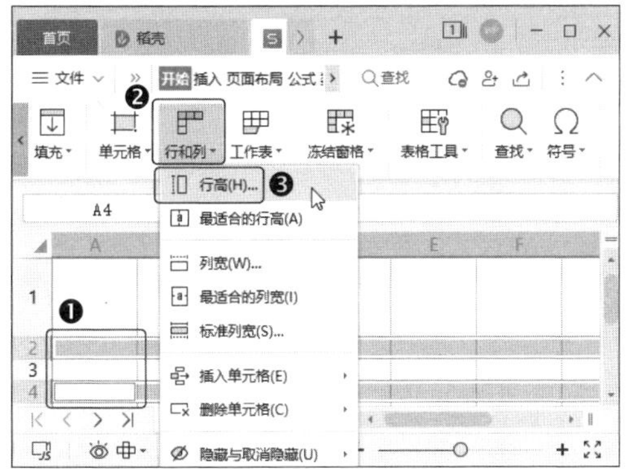

第5步 打开【行高】对话框，❶ 在【行高】文本框中输入“5”，❷ 然后单击【确定】按钮，如下图所示。

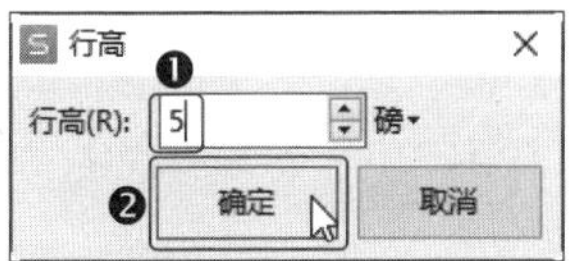

第6步 ❶ 选择 A1:L1 单元格区域，❷ 单击【开始】选项卡中的【合并居中】按钮，如下图所示。

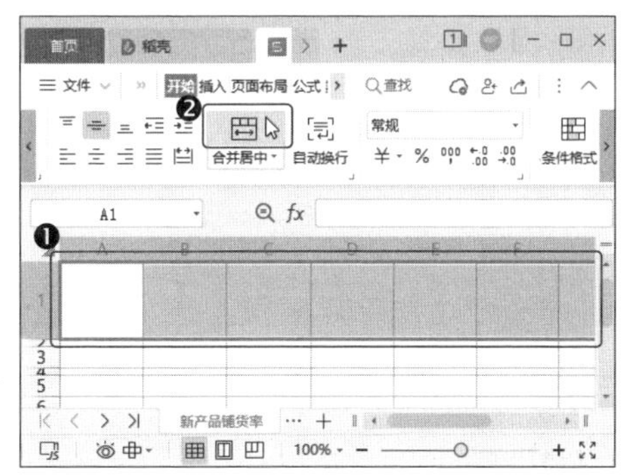

第7步 ❶ 输入表格标题，在【开始】选项卡中设置文字样式。❷ 然后按住【Ctrl】键分别选中 B3:C3、E3:F3、K3:L3 单元格区域，❸ 单击【开始】选项卡中的【合并居中】下拉按钮，❹ 在弹出的下拉菜单中选择【按行合并】选项，如下图所示。

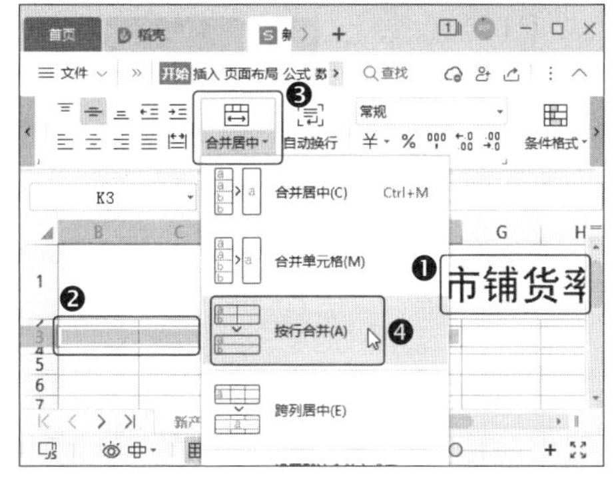

第8步 在合并后的单元格中输入需要的文本，然后选择 K3 单元格，在编辑栏输入公式“=TODAY()”，完成后按【Enter】键即可得到当前日期，如下图所示。

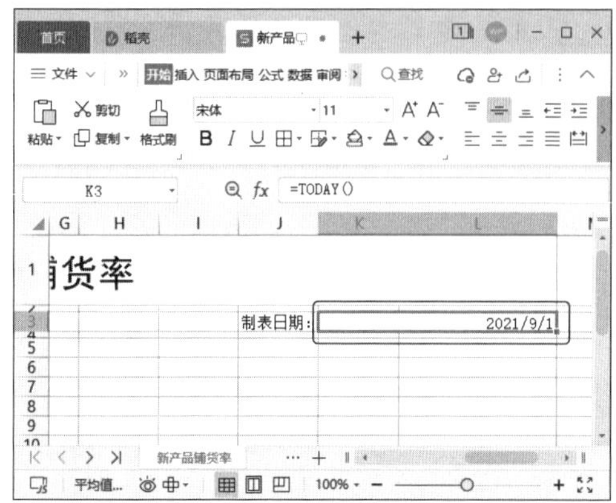

第9步 分别合并 A5:B8、C5:C8、D5:E6、D7:D8、E7:E8、F5:G6、F7:F8、G7:G8、H5:I6、H7:H8、I7:I8、J5:K6、J7:J8、K7:K8 和 L5:L8 单元格区域，如下图所示。

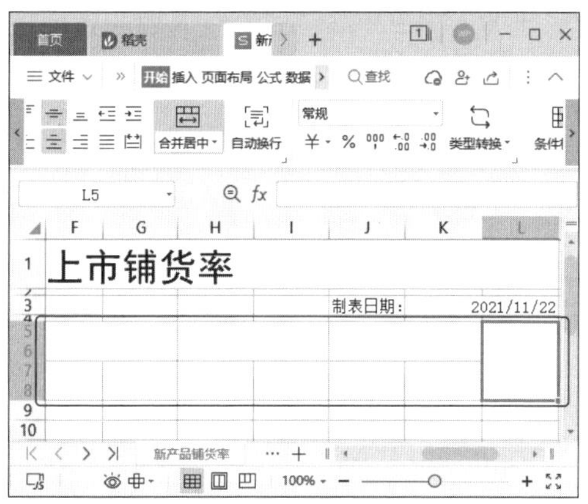

第10步 ❶ 选择 C 列，然后单击鼠标右键，❷ 在弹出的快捷菜单中选择【列宽】命令，如下图所示。

> **温馨提示**
>
> 如果选择【最适合的列宽】命令，就可以根据数据的宽度来分隔数据。

第11步 打开【列宽】对话框，❶ 在【列宽】微调框中输入“18”，❷ 然后单击【确定】按钮。使用相同的方法设置 D~K 列的列宽为 10，L 列的列宽为 18，如下图所示。

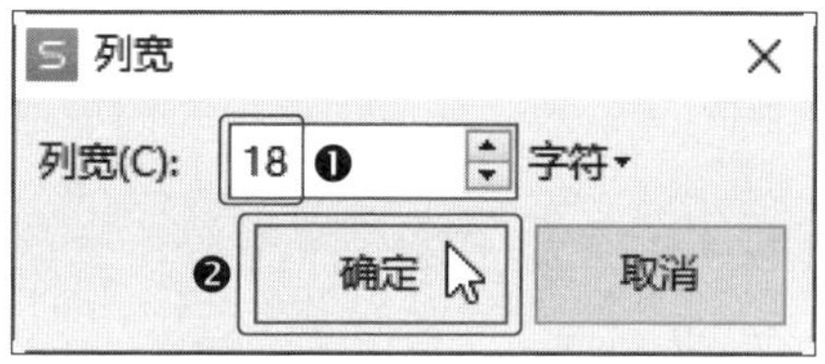

9.2.2 制作表头

表头是对数据的说明，下面介绍制作表格表头的方法。

1. 绘制斜线头

在制作表头时，经常需要绘制斜线头，绘制斜线头的方法如下。

第1步 ❶ 选中 A5 单元格，单击鼠标右键，❷ 在弹出的快捷菜单中选择【设置单元格格式】命令，如下图所示。

第2步 打开【单元格格式】对话框，❶ 在【边框】选项卡的【边框】栏单击右斜线按钮，❷ 然后单击【确定】按钮，如下图所示。

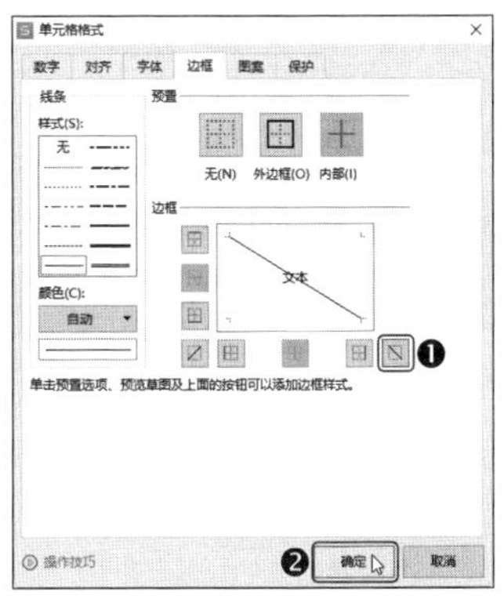

第3步 ❶ 单击【插入】选项卡中的【形状】下拉按钮，❷ 在弹出的下拉菜单中选择【文本框】，如下图所示。

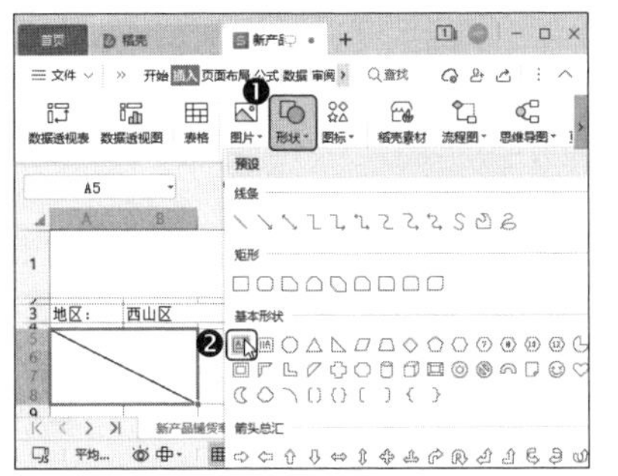

第4步 ❶ 拖动鼠标绘制文本框，❷ 在【绘图工具】选项卡中单击【填充】下拉按钮，❸ 在弹出的下拉菜单中选择【无填充颜色】选项，如下图所示。

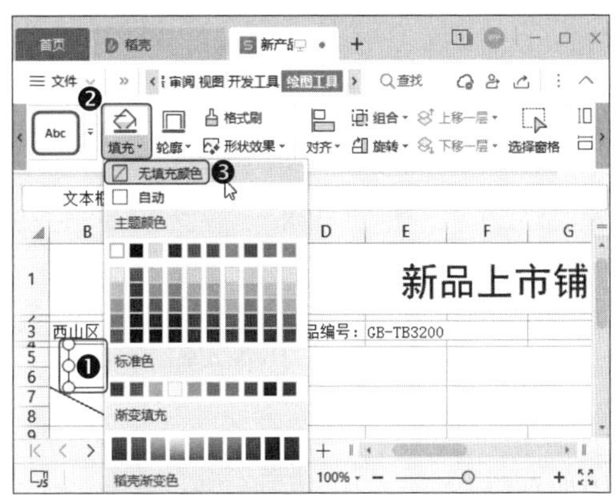

第5步 ❶ 在【绘图工具】选项卡中单击【轮廓】下拉按钮，❷ 在弹出的下拉菜单中选择【无边框颜色】选项，如下图所示。

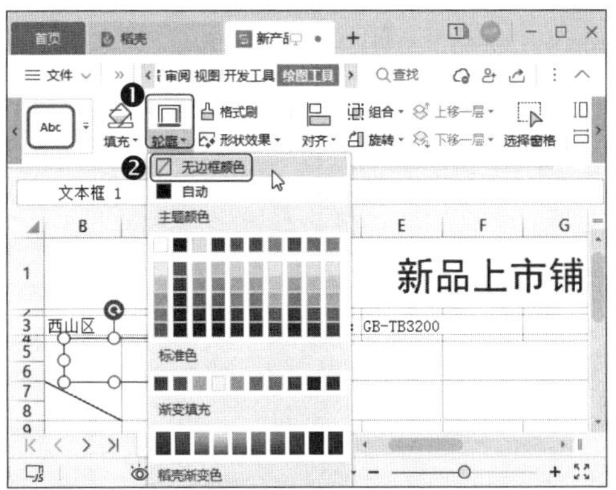

第6步 在文本框中输入需要的文本，并在【开始】选项卡中设置文字样式。然后复制出一个文本框，更改文本后，分别将两个文本框拖动到斜线两侧，如下图所示。

2. 填充文本数据

如果要在工作表中输入有规律的文本，就可以使用填充的方法快速输入，操作方法如下。

第1步 ❶ 在 D5:J5 单元格区域输入“上市第一周”~“上市第四周”文本，然后在 D7 和 E7 单元格分别输入“实际铺货”和“铺货率”。❷ 选择 D7:E7 单元格区域，将鼠标指针移动到 E7 单元格的右下角，当鼠标指针变为+形状时，向右拖动至 K7 单元格即可按规律填充单元格，如下图所示。

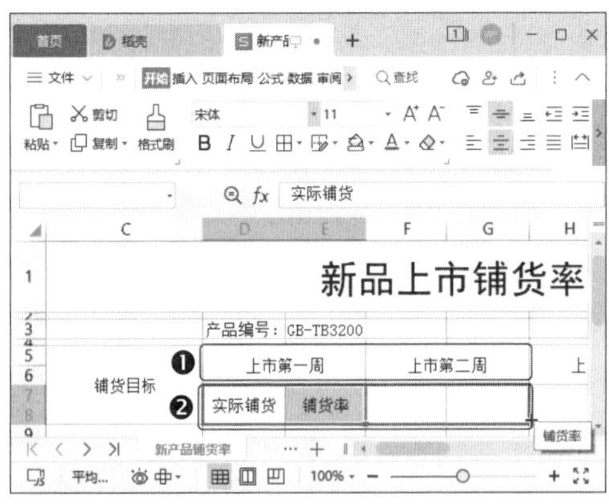

第2步 ❶ 选择 C5:K7 单元格区域，❷ 单击【开始】选项卡中的【加粗】按钮 B，如下图所示。

9.2.3 使用公式计算数据

为表格录入数据之后，可以使用公式计算出铺货率，具体的操作方法如下。

第1步 ❶ 选择 9~13 行，然后单击鼠标右键，❷ 在弹出的快捷菜单中选择【行高】命令，如下图所示。

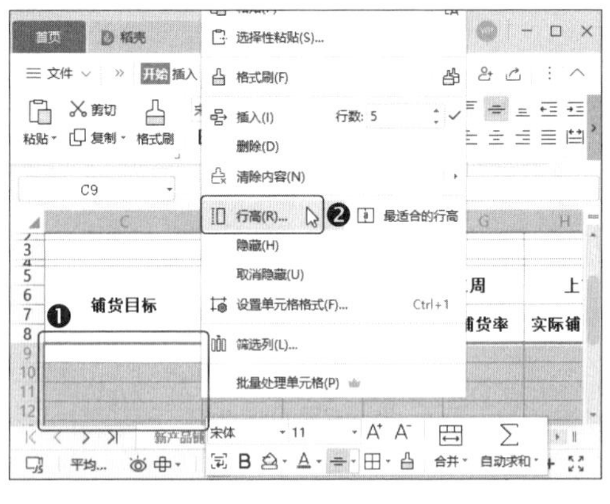

第2步 打开【行高】对话框，❶ 在【行高】微调框中输入“30”，❷ 然后单击【确定】按钮，如下图所示。

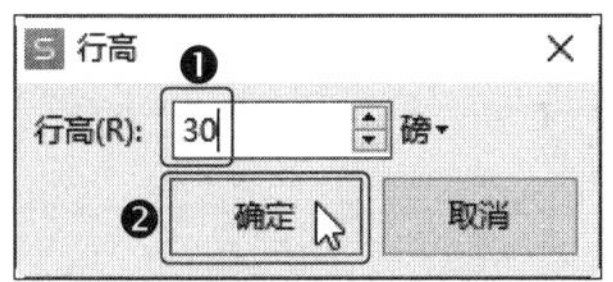

第3步 ❶ 选择 A9:B13 单元格区域，❷ 单击【开始】选项卡中的【合并居中】下拉按钮，❸ 在弹出的下拉菜单中选择【按行合并】选项，如下图所示。

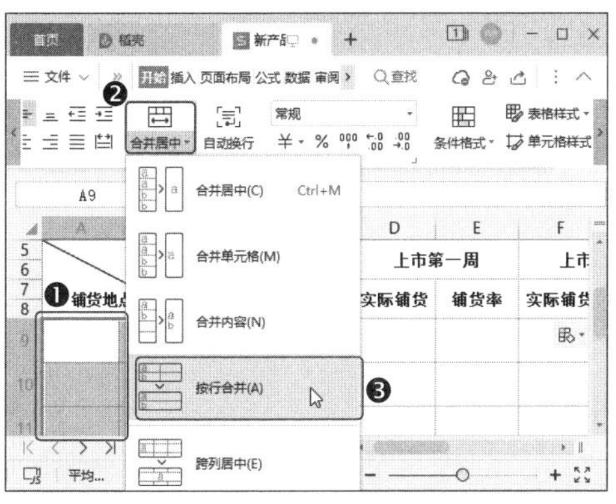

第4步 ❶ 选择 E9:E13、G9:G13、I9:I13、K9:K13 单元格区域，❷ 单击【开始】选项卡中的【数字格式】下拉按钮，❸ 在弹出的下拉菜单中选择【百分比】选项，如下图所示。

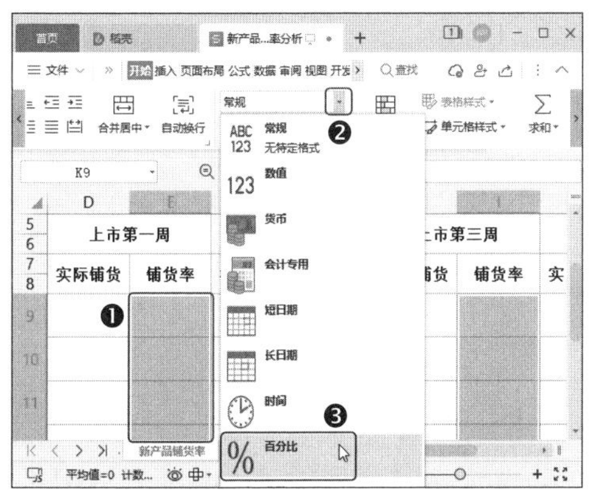

第5步 ❶ 输入铺货目标和上市第一周的实际铺货数据，❷ 然后选择 E9 单元格，在编辑栏中输入公式“=D9/C9”，按【Enter】键得到铺货率，并向下填充数据，如下图所示。

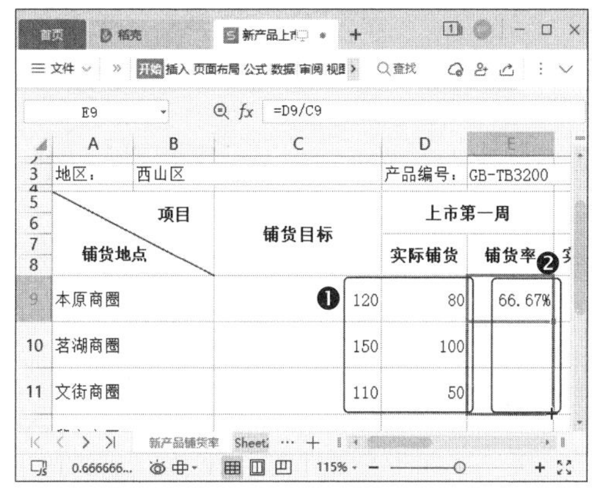

第6步 ❶ 输入上市第二周的实现铺货数据，❷ 然后选择 G9 单元格，在编辑栏中输入公式“=F9/C9”，按下【Enter】键得到铺货率，并向下填充数据，如下图所示。

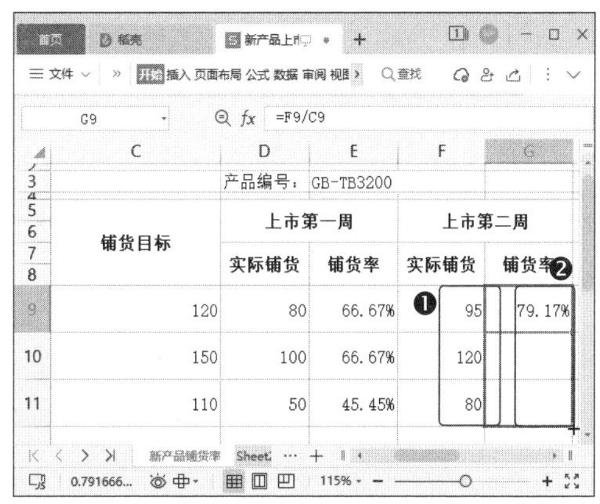

第7步 使用相同的方法计算其他时间的铺货率，❶ 然后选择 L9 单元格，❷ 单击

【插入函数】按钮 fx，如下图所示。

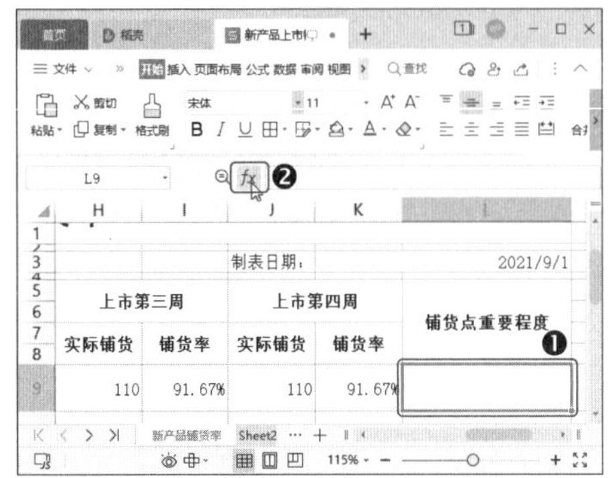

第8步 打开【插入函数】对话框，❶ 在【选择函数】列表框中选择【IF】函数，❷ 然后单击【确定】按钮，如下图所示。

第9步 ❶ 在【函数参数】对话框中设置【测试条件】为“K9>=85%”，设置【真值】为“" 重要 "”；设置【假值】为“IF(K9>=65%，" 一般 "，" 不重要 ")”；❷ 完成后单击【确定】按钮，如下图所示。

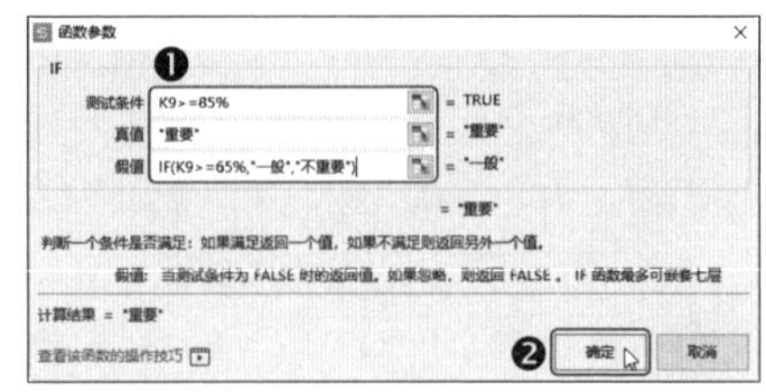

第10步 计算出铺货地点的重要程度，并向下填充公式，如下图所示。

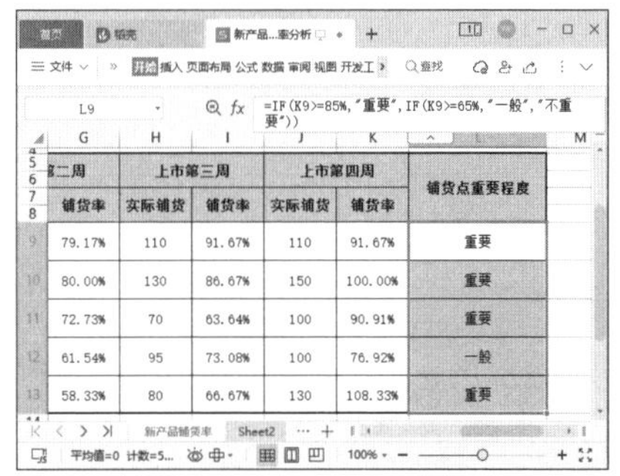

9.2.4 设置表格边框和底纹

WPS 表格默认并没有边框，如果需要为表格添加边框和底纹，就可以使用下述方法。

第1步 ❶ 选择 A9:L13 单元格区域，❷ 单击【开始】选项卡中的【水平居中】按钮 ☰，如下图所示。

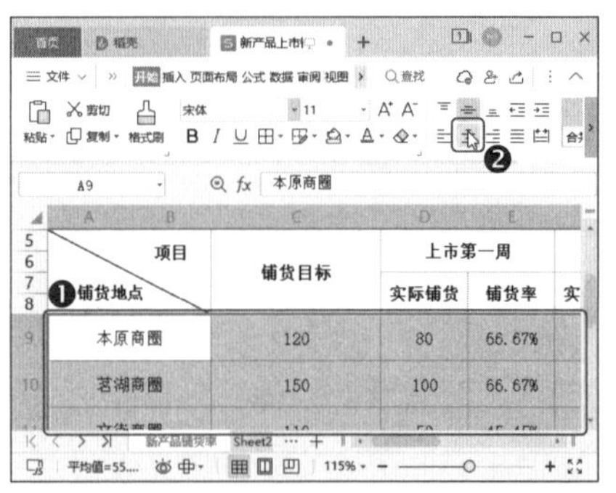

第2步 ❶ 选择 A5:L13 单元格区域，❷ 单击【开始】选项卡中的边框下拉按钮田▾，❸ 在弹出的下拉菜单中选择【所有框线】选项，如下图所示。

第3步 ❶ 保持单元格区域的选中状态，再次单击【开始】选项卡中的边框下拉按钮田▾，❷ 在弹出的下拉菜单中选择【粗匣框线】选项，如下图所示。

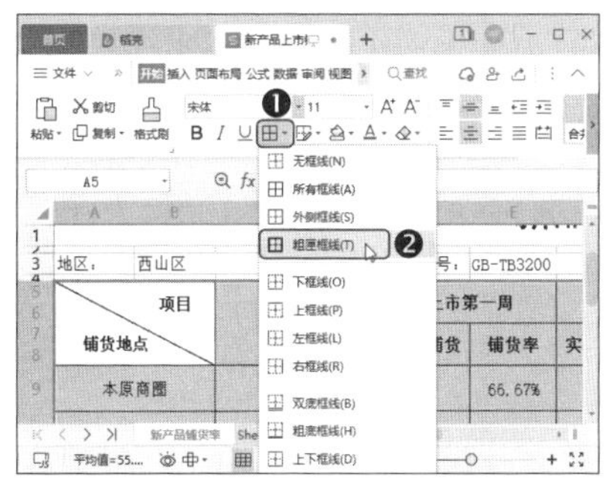

第4步 ❶ 选择 A5:L8 单元格区域，❷ 单击【开始】选项卡中的【填充颜色】下拉按钮⌂▾，❸ 在弹出的下拉菜单中选择一种填充颜色，如下图所示。

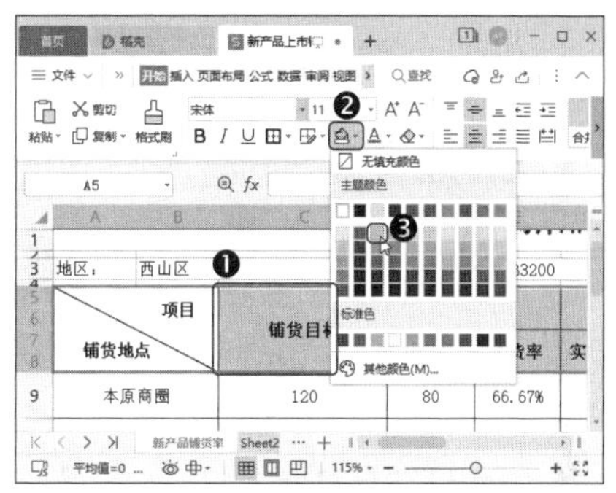

操作完成后工作表的最终效果如下图所示。

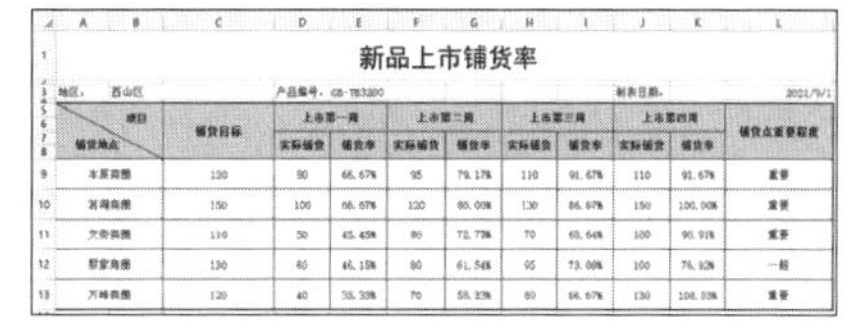

新品上市铺货率

地区：西山区　产品编号：GB-TB3200　制表日期：2021/9/1

项目 / 铺货地点	铺货目标	上市第一周		上市第二周		上市第三周		上市第四周		铺货点重要程度
		实际铺货	铺货率	实际铺货	铺货率	实际铺货	铺货率	实际铺货	铺货率	
本原商圈	120	80	66.67%	95	79.17%	110	91.67%	110	91.67%	重要
[illegible]	150	100	66.67%	120	80.00%	130	86.67%	150	100.00%	重要
[illegible]	110	50	45.45%	80	72.73%	70	63.64%	100	90.91%	重要
[illegible]	130	60	46.15%	80	61.54%	95	73.08%	100	76.92%	一般
万峰商圈	120	40	33.33%	70	58.33%	80	66.67%	130	108.33%	重要

9.3　使用 WPS 演示制作产品价值调查分析演示文稿

一个产品在市场上有何价值或优势，购买该产品对客户来说有很大帮助，都需要用真实的数据说明。真实可靠的数据源自实际的市场调查，然后通过分析得到相应的结论，并通过报告让客户或商家了解产品的价值。

本例将制作产品价值调查分析演示文稿，完成后的效果如下图所示，实例最终效果见“结果文件 \ 第 9 章 \ 产品价值调查 .pptx”文件。

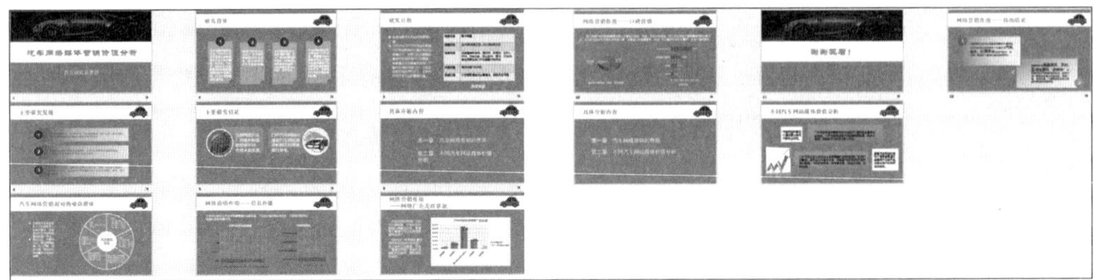

9.3.1 制作幻灯片母版

在制作演示文稿时，为了统一幻灯片的风格，我们需要在幻灯片母版中设置幻灯片的版式，具体的操作方法如下。

1. 制作封面页母版

幻灯片的封面页可以用多种元素打造吸睛样式，并辅以明显的标题，操作方法如下。

第1步 新建一个名为“产品价值调查”的演示文稿，然后单击【视图】选项卡中的【幻灯片母版】按钮进入幻灯片母版，如下图所示。

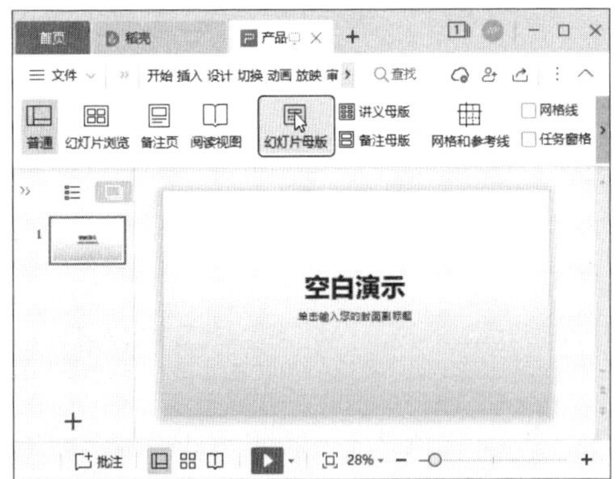

第2步 ❶ 选中【Office 主题母版】，❷ 单击【幻灯片母版】选项卡中的【背景】按钮，如下图所示。

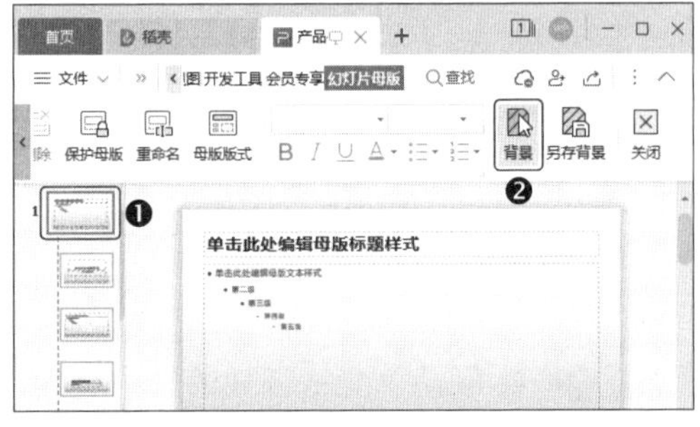

第3步 打开【对象属性】窗格，❶ 在【填充】栏中选中【纯色填充】单选项，❷ 在右侧的颜色下拉列表中选择背景色，❸ 完成后单击【关闭】按钮，如下图所示。

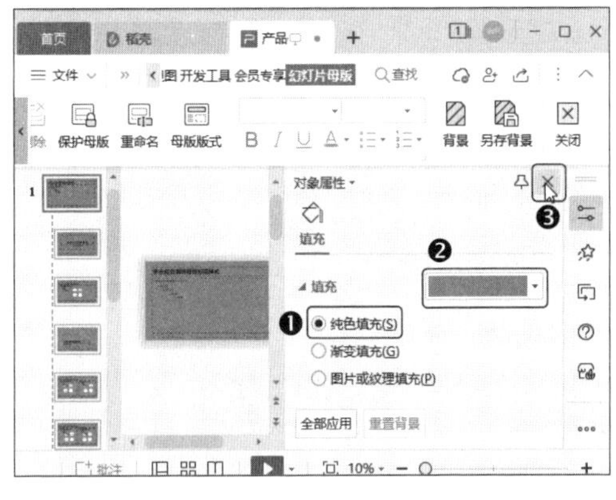

第4步 ❶ 选择【标题幻灯片版式】，❷ 单击【插入】选项卡中的【形状】下拉按钮，❸ 在弹出的下拉菜单中选择【矩形】□，如下图所示。

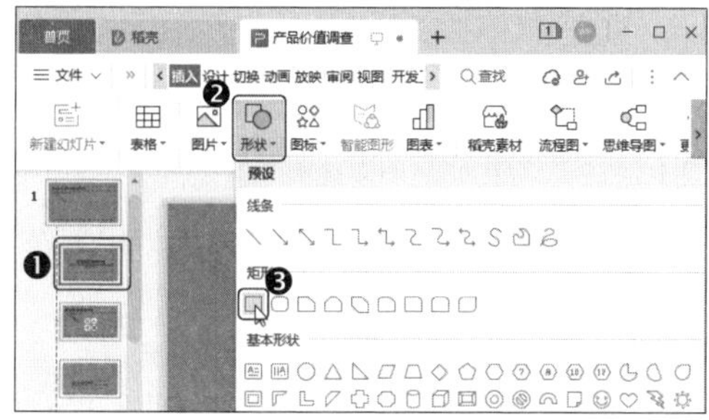

第5步 ❶绘制一个矩形，然后选中矩形，❷单击【绘图工具】选项卡中的【填充】下拉按钮，❸在弹出的下拉菜单中选择【白色】，如下图所示。

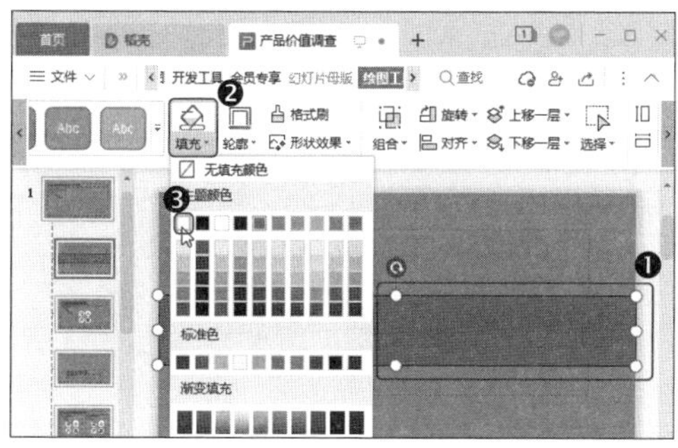

第6步 保持形状的选中状态，❶单击【绘图工具】选项卡中的【轮廓】下拉按钮，❷在弹出的下拉菜单中选择【无边框颜色】选项，如下图所示。

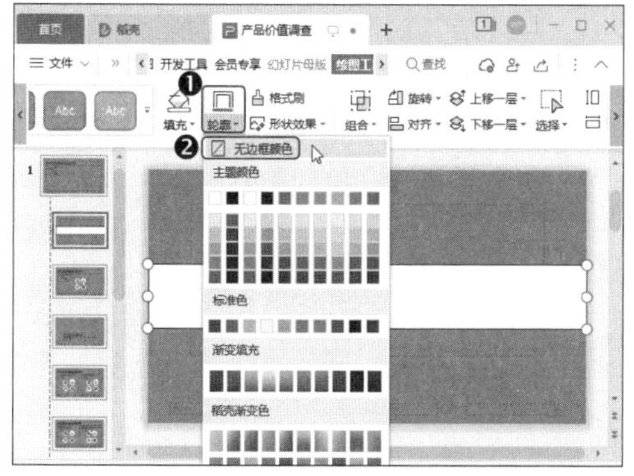

第7步 ❶单击【绘图工具】选项卡中的【下移一层】下拉按钮，❷在弹出的下拉菜单中选择【置于底层】选项，如下图所示。

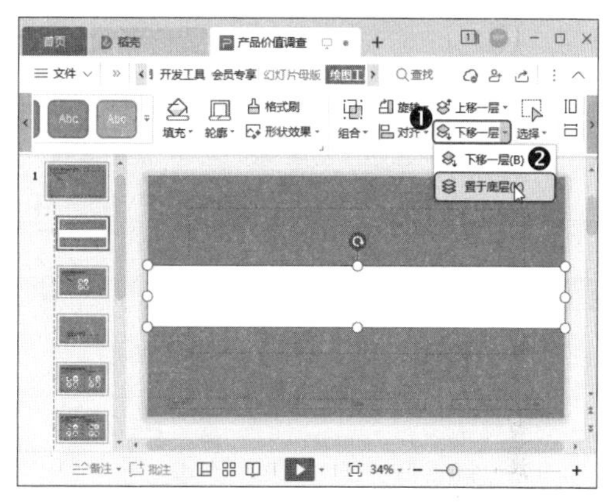

第8步 ❶分别选中标题和副标题文本框，❷在【文本工具】选项卡中设置文字样式，如下图所示。

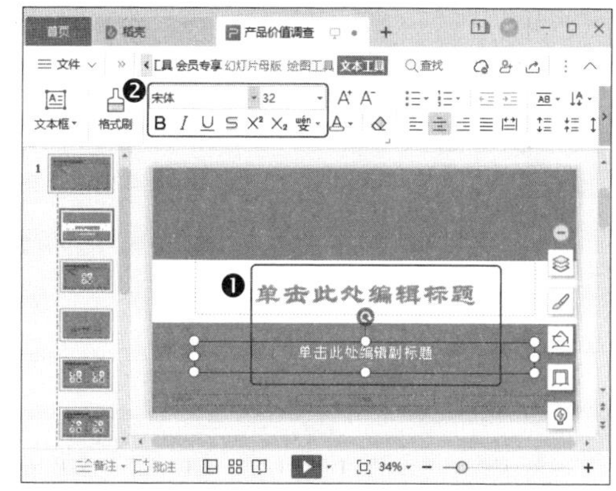

第9步 单击【插入】选项卡中的【图片】按钮，插入“素材文件\第 9 章\产品价值调查\封面 .jpg”素材图片，如下图所示。

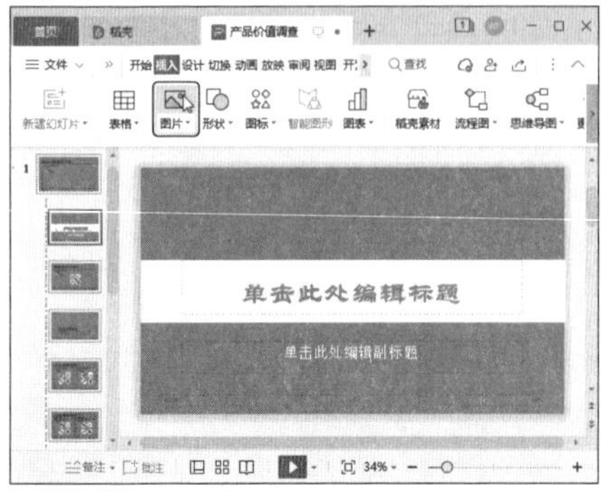

第10步 ❶ 选中图片，❷ 单击【图片工具】选项卡中的【裁剪】按钮，如下图所示。

第11步 图片四周出现八个裁剪图标，拖动裁剪图标，完成后单击空白位置即可成功裁剪图片，如下图所示。

2. 制作内容页母版

封面页的母版制作完成后，就可以制作内容页母版了。因为内容页的形式多样，我们可以选择仅标题的母版样式，以方便后期添加内容，操作方法如下。

第1步 ❶ 在左侧选择标题幻灯片版式，❷ 然后绘制一个矩形，并设置图形的填充和轮廓。然后选中矩形，❸ 单击【绘图工具】选项卡中的【下移一层】按钮，如下图所示。

第2步 ❶ 选中标题文本，❷ 在【文本工具】选项卡中设置文本样式，如下图所示。

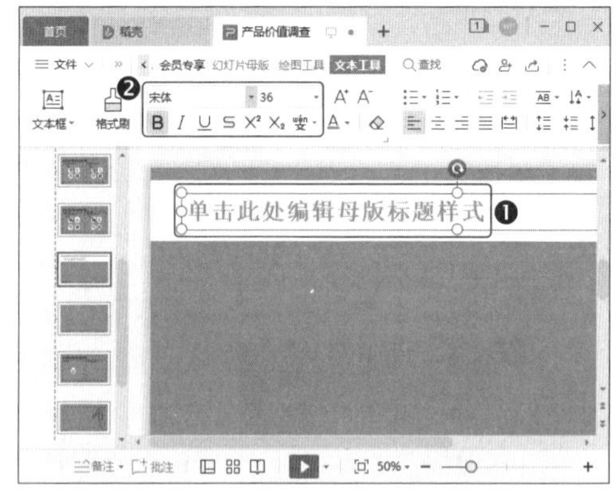

第3步 插入“素材文件 \ 第 9 章 \ 产品价值调查 \ 图标 .jpg”素材图片，并调整图片大小和位置，如下图所示。

第4步 ❶ 按住【Ctrl】键选中其他未设置的幻灯片母版，然后单击鼠标右键，❷ 在弹出的快捷菜单中选择【删除版式】命令，如下图所示。

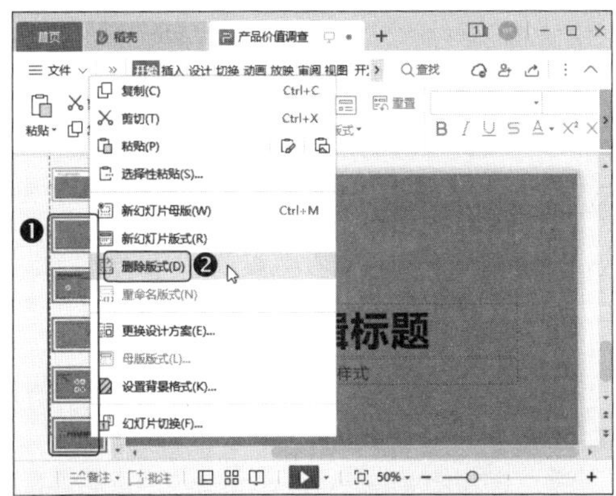

第5步 单击【幻灯片母版】选项卡中的【关闭】按钮即可完成母版的制作，如下图所示。

9.3.2 添加幻灯片的文字内容

幻灯片母版制作完成后，就可以添加幻灯片的文字内容了，具体操作方法如下。

第1步 在标题幻灯片的文本占位符处输入标题和副标题，如下图所示。

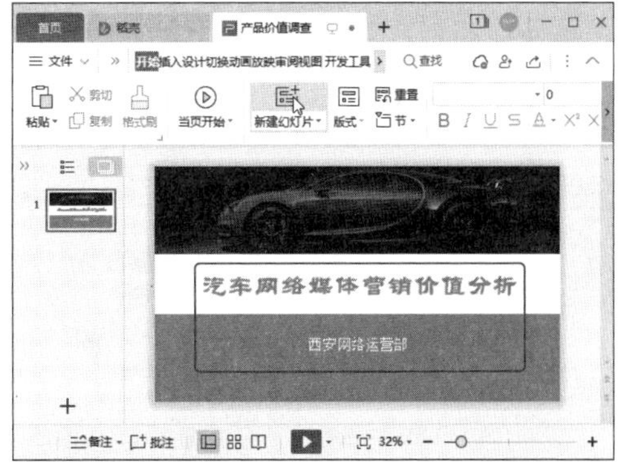

第2步 ❶ 按【Enter】键即可新建一张仅标题的幻灯片，在第 2 张幻灯片中输入标题，❷ 单击【插入】选项中的【形状】下拉按钮，❸ 在弹出的下拉菜单中选择【折角形】▢，如下图所示。

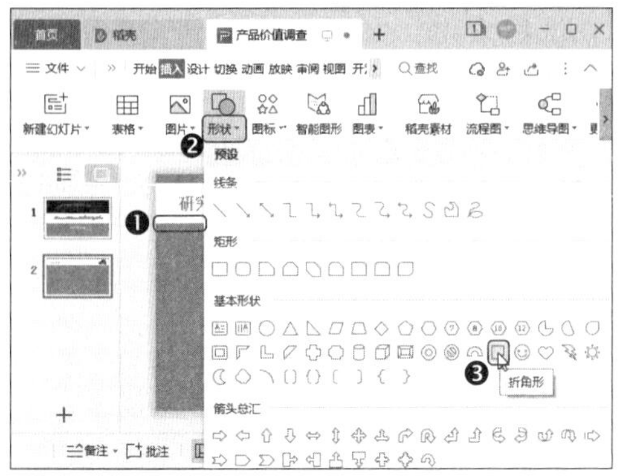

教您一招：锁定形状

如果要连续多次使用图形，就可以在图形上单击鼠标右键，在弹出的快捷菜单中选择【锁定绘图模式】命令，这样即可锁定该图形。

第3步 ❶ 在幻灯片中绘制图形，然后在【绘图工具】选项卡中单击【填充】下拉按钮，❷ 在弹出的下拉菜单中选择一种填充颜色，如下图所示。

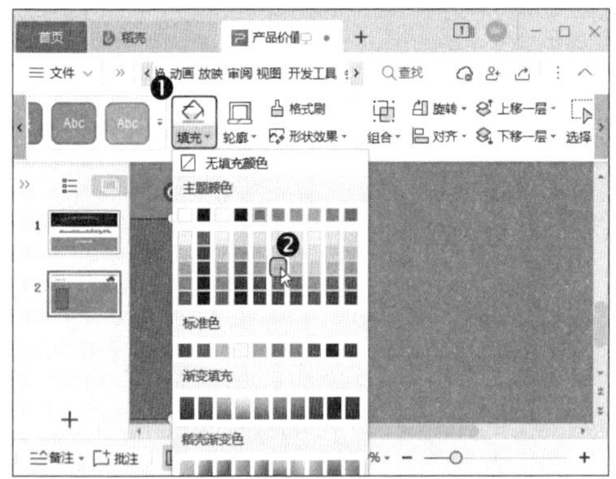

第4步 ❶ 在【绘图工具】选项卡中单击【轮廓】下拉按钮，❷ 在弹出的下拉菜单中选择【无边框颜色】选项，如下图所示。

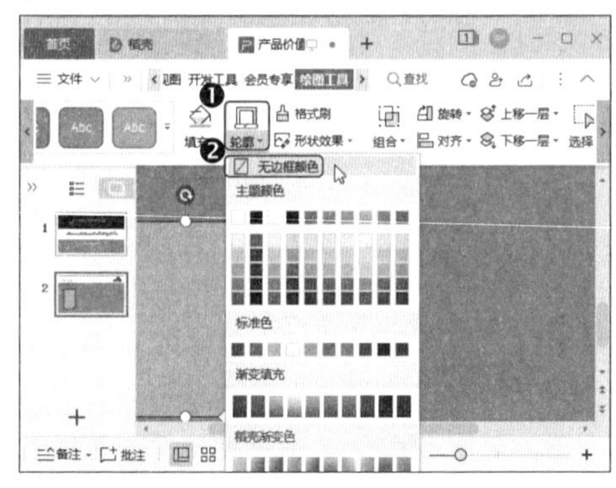

第5步 ❶ 单击【绘图工具】选项卡中的【文本框】下拉按钮，❷ 在弹出的下拉菜单中选择【横向文本框】选项，如下图所示。

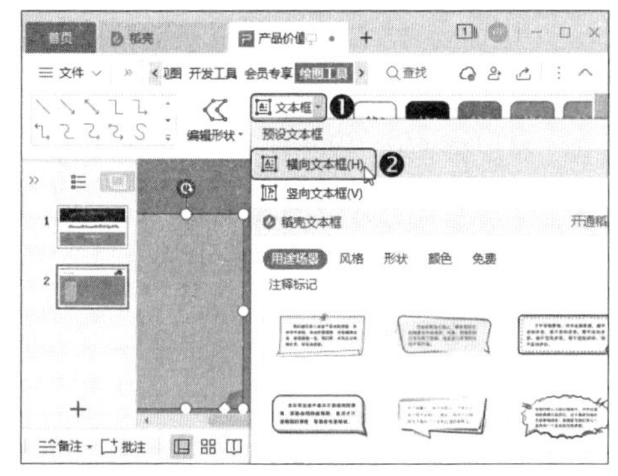

第6步 ❶ 在图形中绘制一个文本框，然后在文本框中输入文本，❷ 并在【开始】选项卡中设置文字样式，如下图所示。

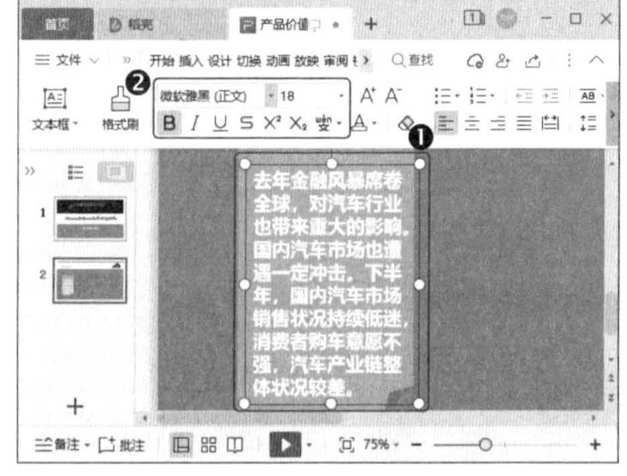

第7步 ❶ 使用圆形工具绘制一个正圆形，并设置填充颜色和填充轮廓。❷ 单击【绘图工具】选项卡中的【轮廓】下拉按钮。❸ 在弹出的下拉菜单中选择【线型】选项，❹ 再在弹出的子菜单中选择【2.25 磅】，如下图所示。

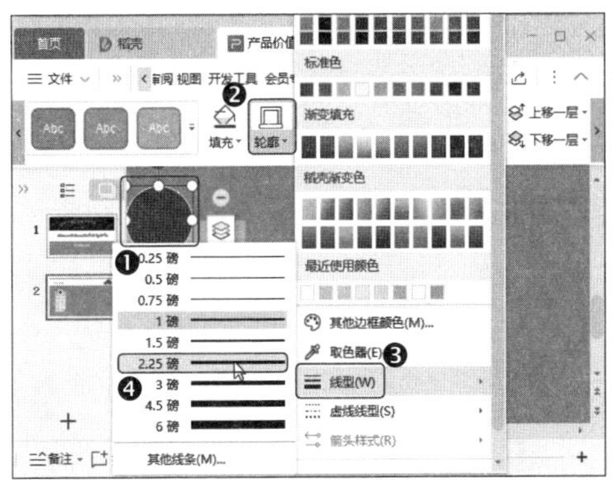

第8步 ❶ 添加文本框并输入数字“1”，然后按住【Ctrl】键先数字文本框，再选中圆形，❷ 在浮动工具栏中依次单击【水平居中】按钮和【垂直居中】按钮，如下图所示。

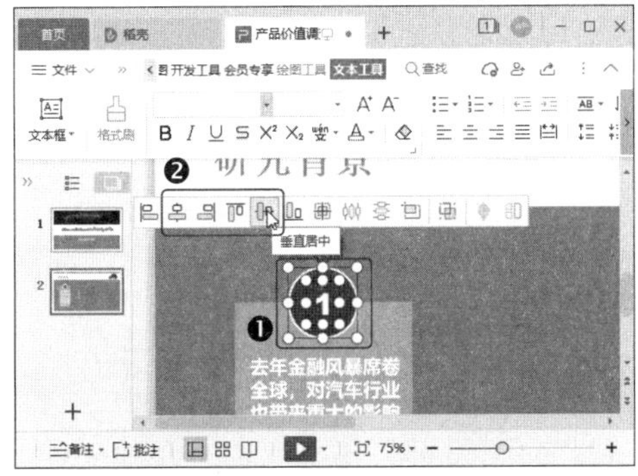

教您一招：使用选择窗格

如果要选择两个重叠的大小相差不大的图形，那么利用鼠标可能会不太方便，此时可以利用选择窗格选择。方法是单击【开始】选项卡中的【选择】下拉按钮，在弹出的下拉菜单中选择【选择窗格】选项，在打开的【选择窗格】中即可自由选择图形。

第9步 ❶ 保持数字文本框和圆形的选中状态，单击【绘图工具】选项卡中的【组合】下拉按钮，❷ 在弹出的下拉菜单中选择【组合】选项，如下图所示。

第10步 复制三个图形，然后修改其中的内容，如下图所示。

第11步 ❶ 选中所有图形，❷ 单击【绘图工具】选项卡中的【对齐】下拉按钮，

❸ 在弹出的下拉菜单中选择【智能对齐】选项，❹ 再在弹出的子菜单中选择【分组底部对齐】选项，如下图所示。

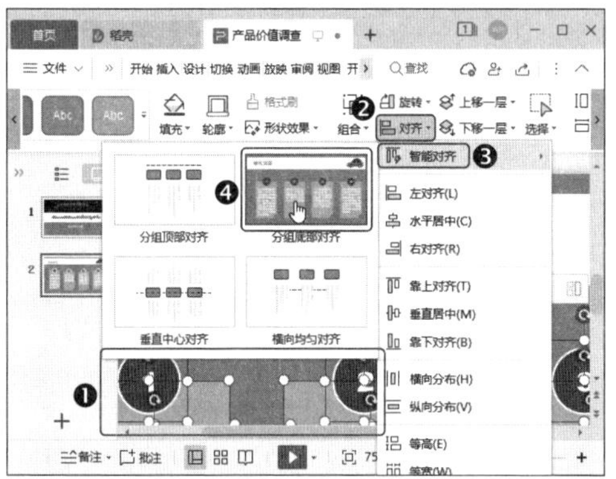

第12步 ❶ 添加一张【仅标题版式】的幻灯片，输入标题文本。❷ 使用矩形工具绘制一个矩形，然后单击【绘图工具】选项卡中的【填充】下拉按钮，❸ 在弹出的下拉菜单中选择【渐变】选项，如下图所示。

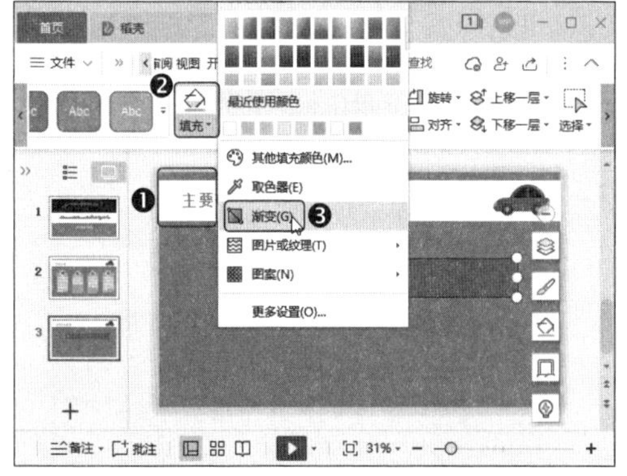

第13步 打开【对象属性】窗格，❶ 在【填充与线条】选项卡中选中【渐变填充】单选项，❷ 然后在【渐变样式】下拉列表中选择一种渐变样式，如下图所示。

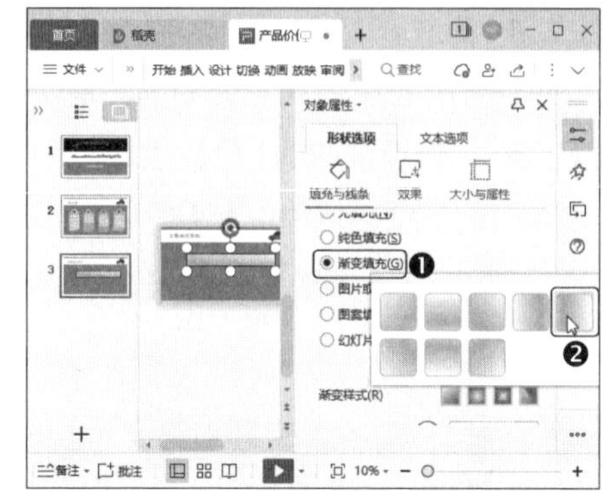

第14步 ❶ 分别设置色标的颜色，❷ 设置完成后单击【关闭】按钮×，如下图所示。

第15步 ❶ 单击【绘图工具】选项卡中的【形状效果】下拉按钮，❷ 在弹出的下拉菜单中选择【阴影】选项，❸ 再在弹出的子菜单中选择一种阴影效果，如下图所示。

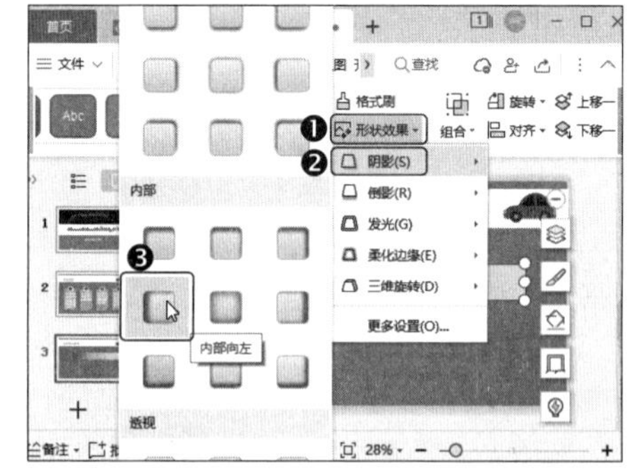

第16步 ❶ 复制第 2 张幻灯片中的圆形序号到矩形的左侧，❷ 添加文本框并输入文本，然后设置文本样式，如下图所示。

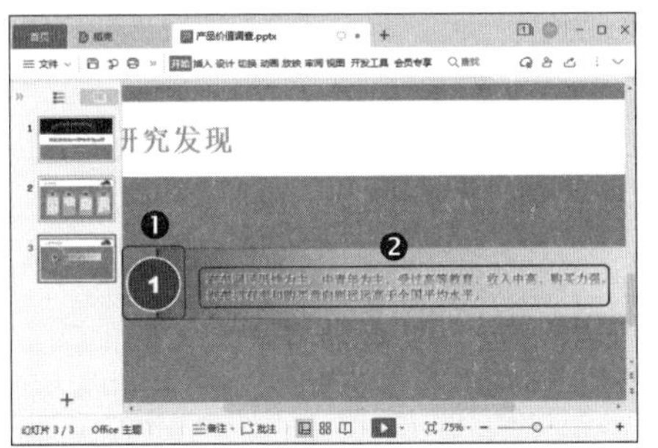

第17步 复制两个图形，然后修改其中的内容，如下图所示。

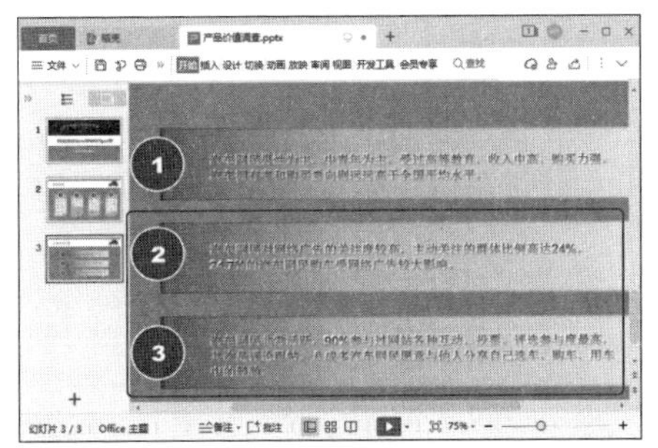

第18步 添加第 4 张幻灯片，使用前文所述的方法绘制一个圆角矩形和一个圆形，并分别为它们设置填充样式，如下图所示。

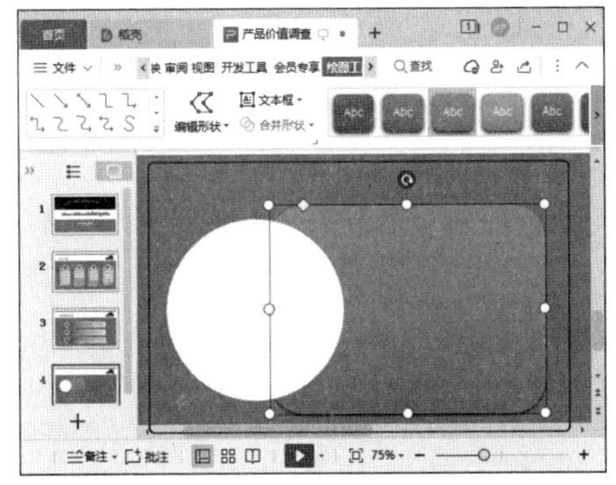

第19步 ❶ 在矩形上绘制文本框，添加文本并设置文本样式。❷ 然后单击【插入】选项卡中的【图片】按钮，如下图所示。

第20步 ❶ 插入“素材文件\第 9 章\产品价值调查\图 2.jpg”素材图片，然后选中图片，❷ 单击【图片工具】选项卡中的【裁剪】下拉按钮，❸ 在弹出的下拉菜单中选择【裁剪】选项，❹ 再在弹出的子菜单中选择【椭圆】○，如下图所示。

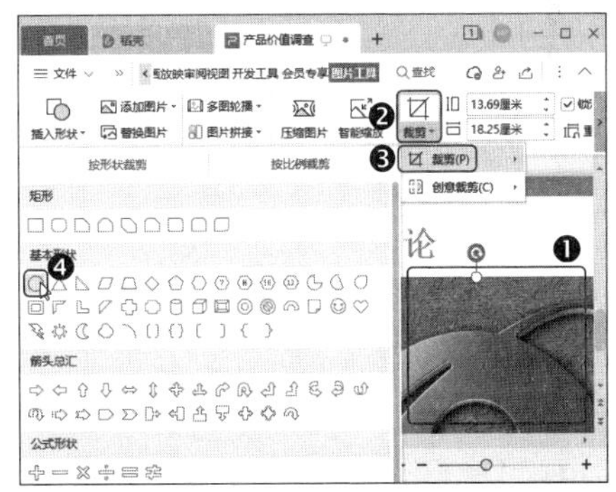

第21步 将图片裁剪为圆形，并调整圆形的大小，然后将图片移动到圆形中间，如下图所示。

第22步 使用相同的方法制作其他文字幻灯片，如下图所示。

9.3.3 在幻灯片中插入表格

在展示数据型内容时，使用表格可以使数据更加清晰。在幻灯片中插入表格的方法如下。

第1步 ❶ 在第 2 张幻灯片后面添加一张仅标题版式的幻灯片，输入标题文本。❷ 添加文本框并输入文字，然后选中文本框，❸ 单击【文本工具】选项卡中的【插入项目符号】下拉按钮，❹ 在弹出的下拉菜单中选择一种项目符号，如下图所示。

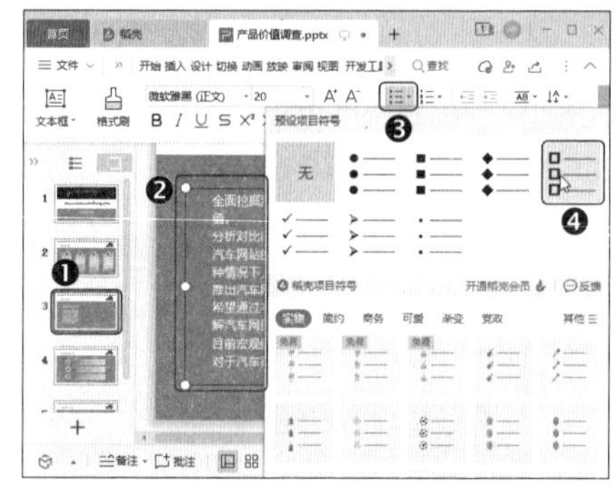

第2步 ❶ 单击【插入】选项卡中的【表格】下拉按钮，❷ 在弹出的下拉菜单中选择 5×2 的表格，如下图所示。

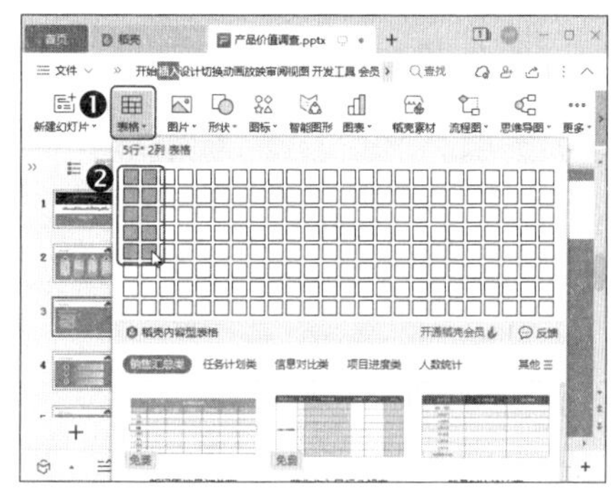

第3步 在表格中输入数据，然后将鼠标指针移动到表格的两列之间，当鼠标指针变为 ⟺ 形时，按住鼠标左键拖动，将列调整至合适的宽度，如下图所示。

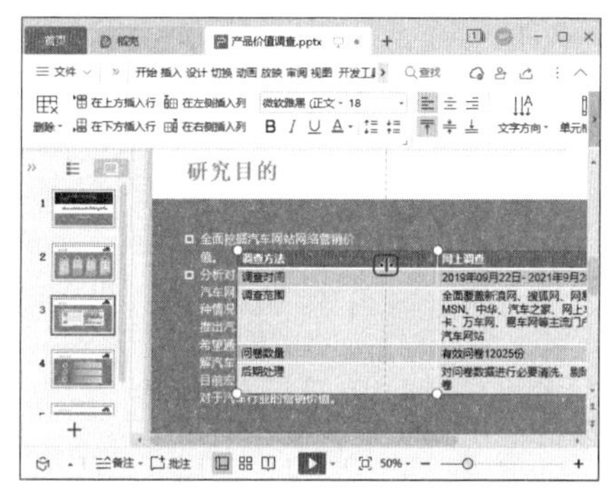

第4步 拖动表格四周的控制点，调整表格大小，并将表格移动到合适的位置，如下图所示。

第5步 ❶ 选中表格，❷ 在【表格样式】选项卡中选择一种表格样式，如下图所示。

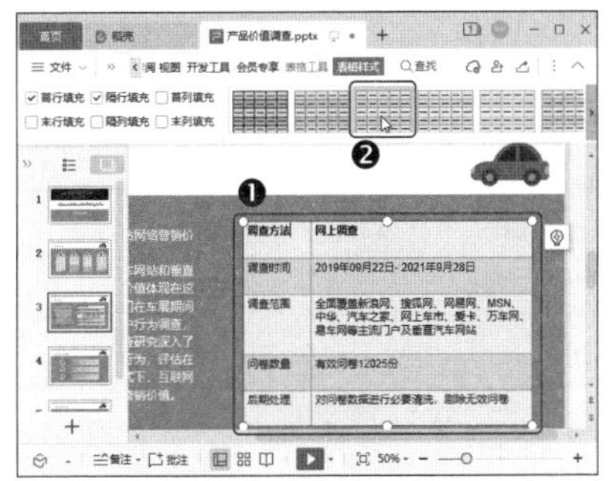

第6步 在表格下方添加文本框，输入表格标题即可，如下图所示。

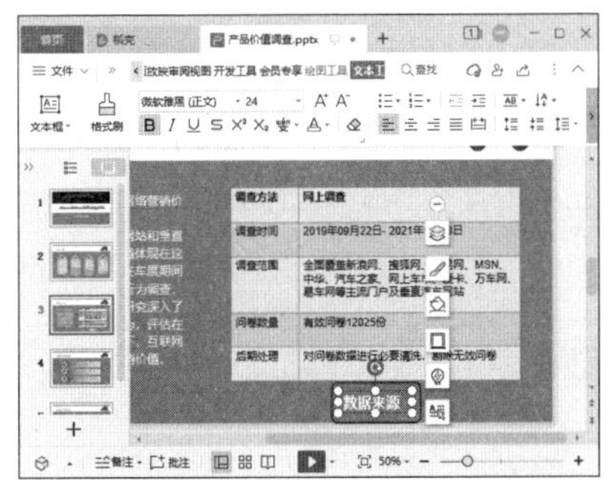

9.3.4 利用基础形状制作图形

在幻灯片中使用多个形状组合，可以制作出新的图形效果，操作方法如下。

第1步 在第 6 页后面新建一张幻灯片，输入文本并设置文本样式，如下图所示。

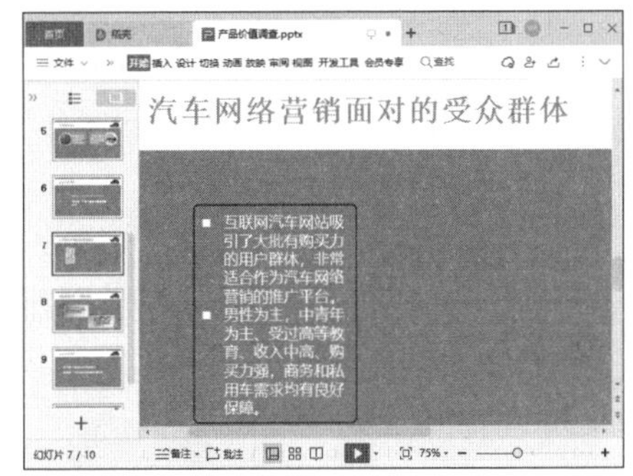

第2步 使用椭圆工具绘制一个正圆形，并设置形状样式为绿色填充，白色边框，轮廓线型为 4.5 磅，如下图所示。

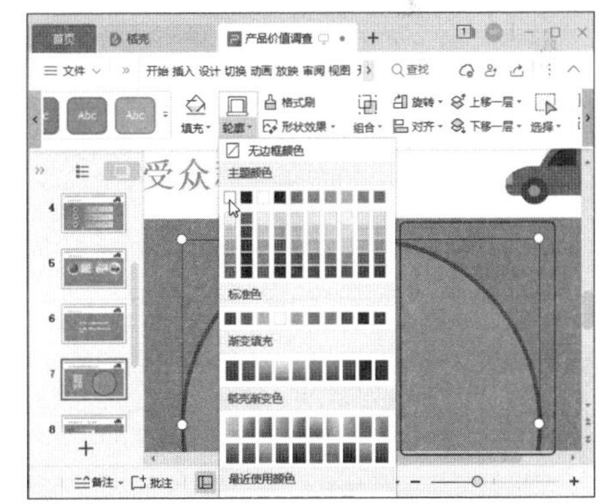

第3步 ❶ 绘制一个无边框、白色填充的正圆形，并在形状中添加文字。❷ 按住【Ctrl】键后先选中白色圆形，再选中绿色圆形，然后在【绘图工具】选项卡中设置对齐方式为【水平居中】和【垂直居中】，如下图所示。

第4步 绘制 3 条白色的直线，将大圆形分为 6 等份，如下图所示。

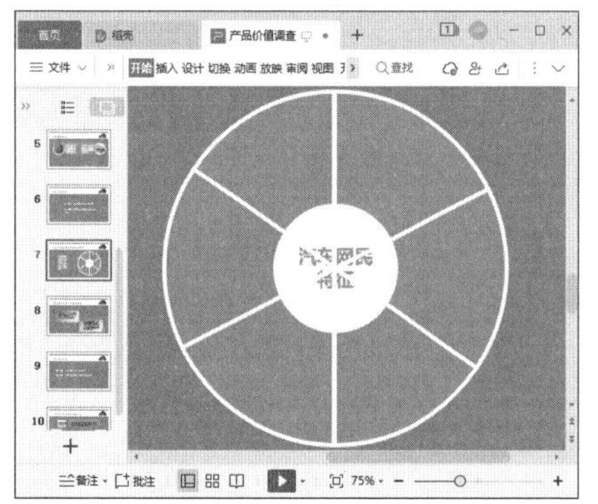

第5步 ❶ 选择中间的白色小圆形，❷ 单击【绘图工具】选项卡中的【上移一层】下拉按钮，❸ 在弹出的下拉菜单中选择【置于顶层】选项，如下图所示。

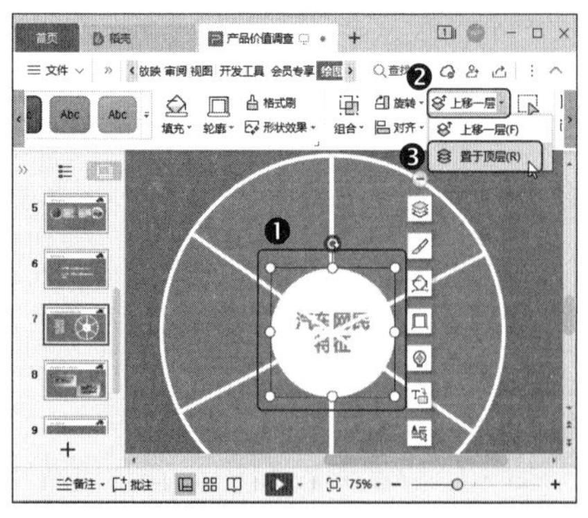

第6步 在大圆形 6 等份的每个部分都插入文本框，并输入相应的文本，如下图所示。

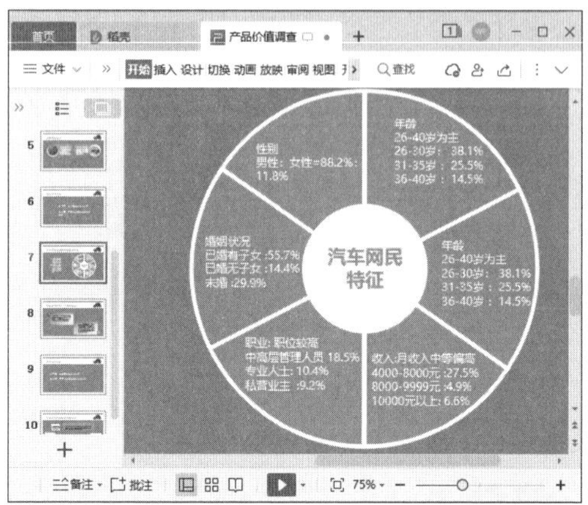

9.3.5 插入图表分析数据

在幻灯片中插入图表可以更直观地表现数据，让观看者一目了然。在幻灯片中插入图表的方法如下。

第1步 ❶ 新建第 8 张幻灯片，并输入文本数据。❷ 单击【插入】选项卡中的【图表】下拉按钮，❸ 在弹出的下拉菜单中选择【图表】选项，如下图所示。

第2步 打开【插入图表】对话框，❶ 在左侧窗格中选择图表的类型，❷ 在右侧窗格中选择图表的样式，❸ 完成后单击【插入】按钮，如下图所示。

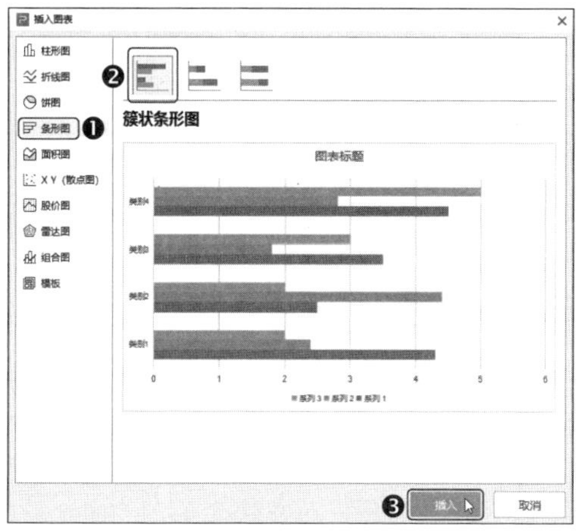

第3步 ❶ 图表被插入幻灯片中后，选中图表，❷ 单击【图表工具】选项卡中的【编辑数据】按钮，如下图所示。

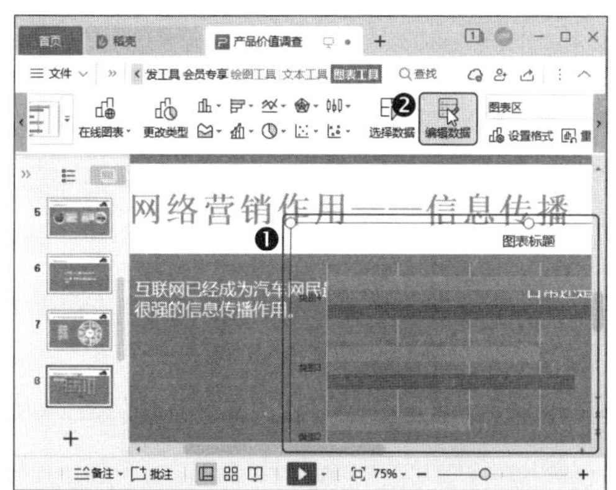

第4步 ❶ 打开 WPS 表格，选择 C 列、D 列，然后单击鼠标右键，❷ 在弹出的快捷菜单中选择【删除】命令，如下图所示。

第5步 ❶ 在 WPS 表格中输入图表需要的数据，并拖动数据区域的右下角，调整数据区域，❷ 完成后单击【关闭】按钮 × 关闭表格，如下图所示。

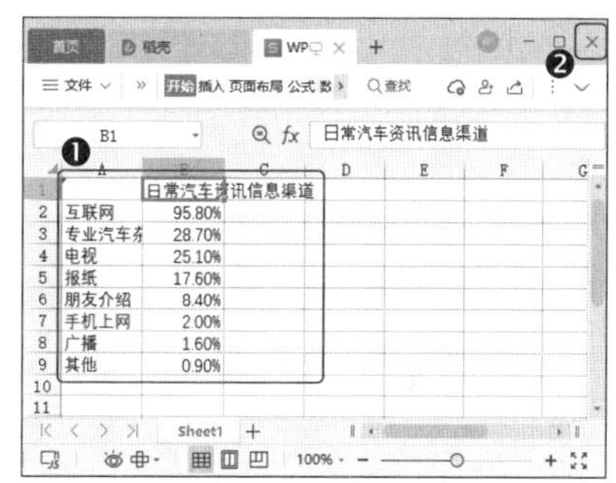

第6步 调整图表的大小，并将其拖动到合适的位置。❶ 然后在图例上单击鼠标右键，❷ 在弹出的快捷菜单中单击【删除】命令，如下图所示。

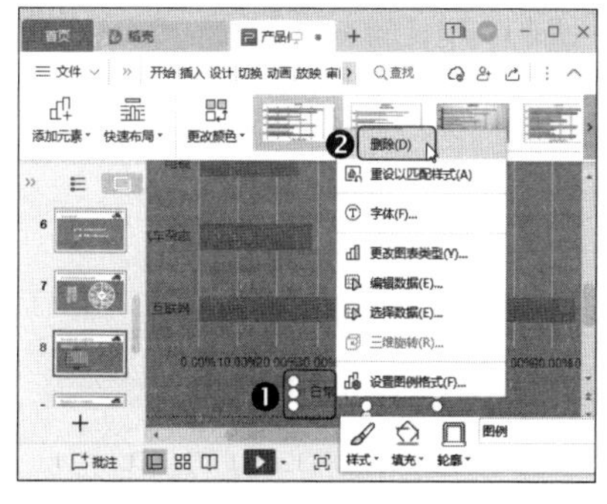

第7步 ❶ 选中图表，❷ 单击【绘图工具】选项卡中的【更改颜色】下拉按钮，❸ 在弹出的下拉菜单中选择一种颜色方案，如下图所示。

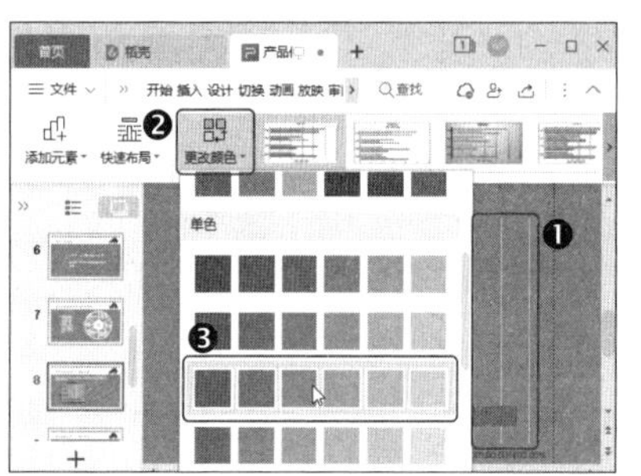

第8步 ❶ 选中最长的数据条，❷ 单击【绘图工具】选项卡中的【填充】下拉按钮，❸ 在弹出的下拉菜单中选择另一种填充颜色，如下图所示。

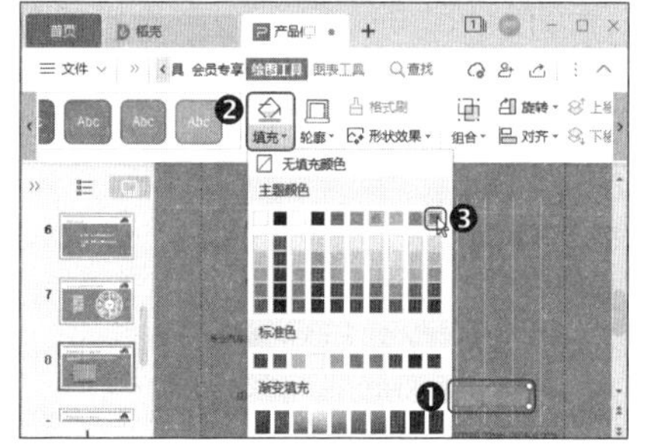

第9步 ❶ 选中图表标题，❷ 在【文本工具】选项卡中设置文本样式，如下图所示。

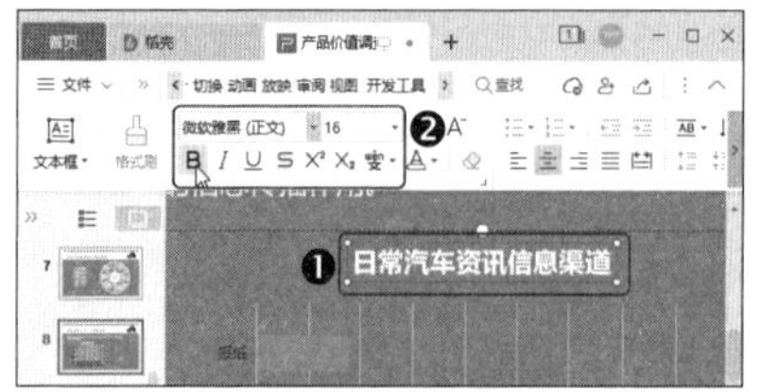

第10步 使用相同的方法制作其他图表幻灯片，如下图所示。

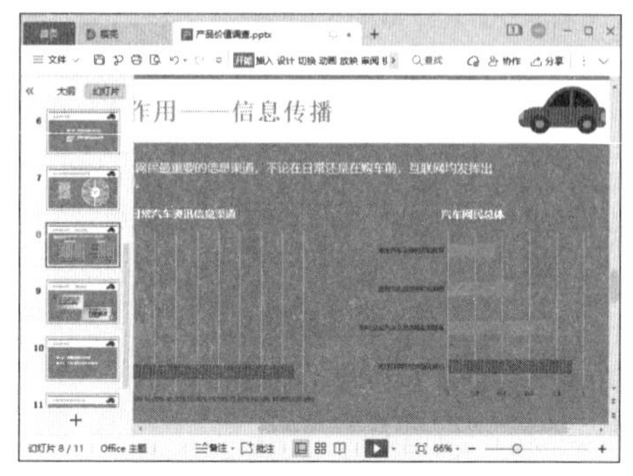

9.3.6 播放幻灯片

幻灯片制作完成后，就可以设置播放动画，并预览播放效果了，操作方法如下。

第1步 ❶ 添加一张标题幻灯片，在标题文本框中输入“谢谢观看！”。❷ 选择副标题文本框，然后按【Delete】键删除，如下图所示。

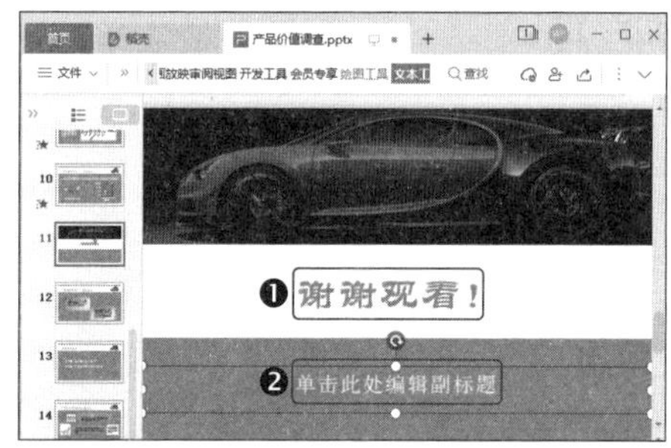

第2步 单击【切换】选项卡中切换效果右侧的 ▿ 按钮，如下图所示。

第3步 在弹出的下拉菜单中选择一种切换方式，如下图所示。

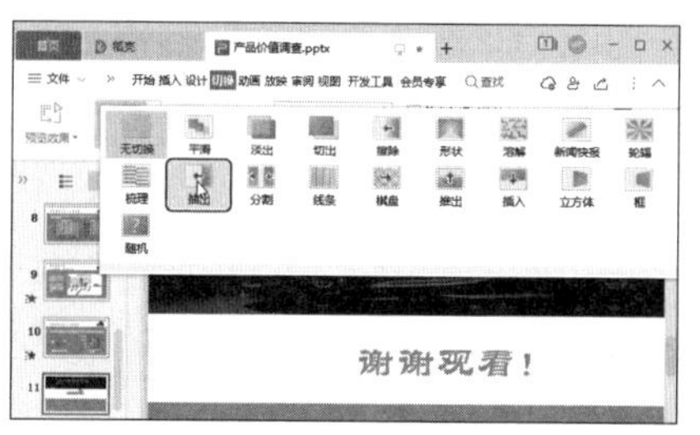

第4步 ❶ 单击【切换】选项卡中的【声音】下拉按钮 ▾，❷ 在弹出的下拉菜单中选择一种切换声音，如下图所示。

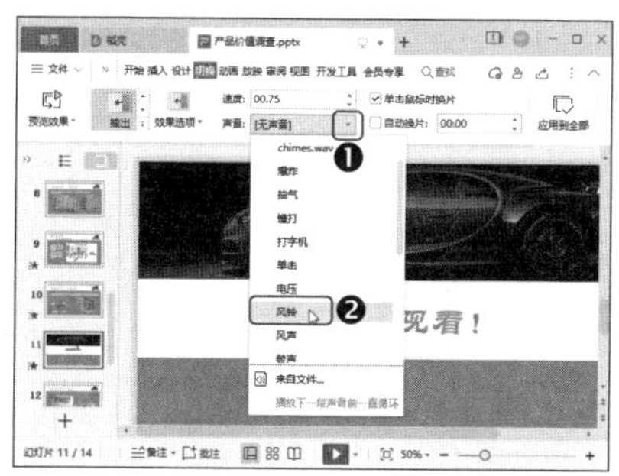

第5步 单击【切换】选项卡中的【应用到全部】按钮，将设置应用到全部幻灯片，如下图所示。

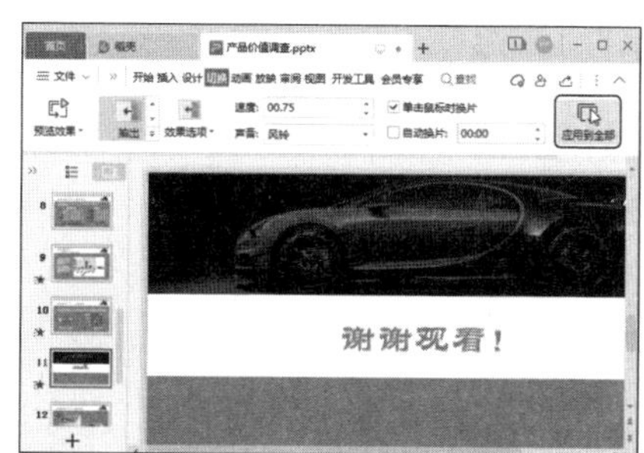

第6步 ❶ 选中第 2 页中的第 1 个图形，❷ 在【动画】选项卡中选择一种动画样式，如下图所示。

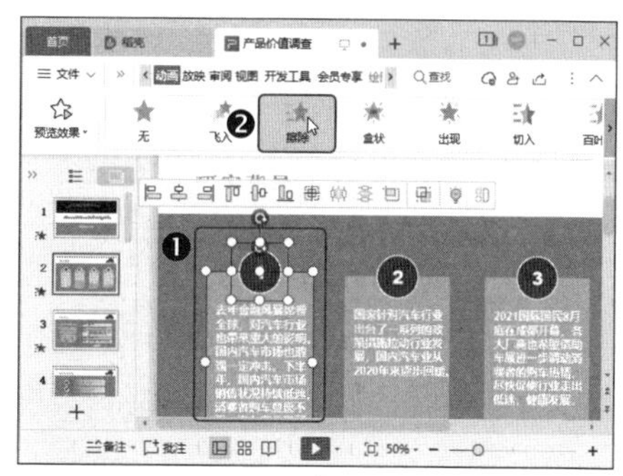

第7步 ❶ 单击【动画】选项卡中的【动画属性】下拉按钮，❷ 在弹出的下拉菜单中选择【自左侧】选项，如下图所示。

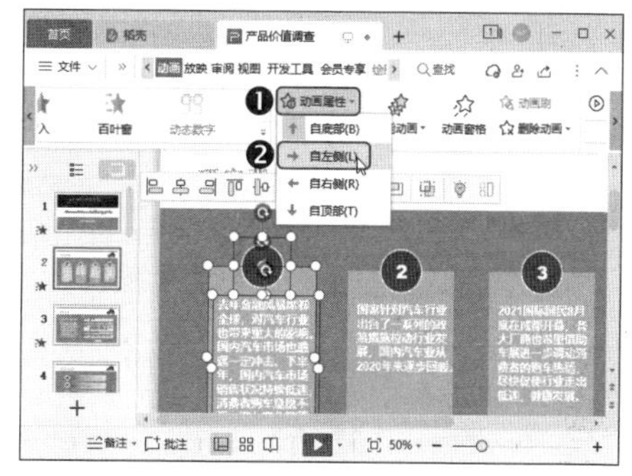

第8步 使用相同的方法为其他对象设置动画，然后单击【放映】选项卡中的【从头开始】按钮播放幻灯片，如下图所示。

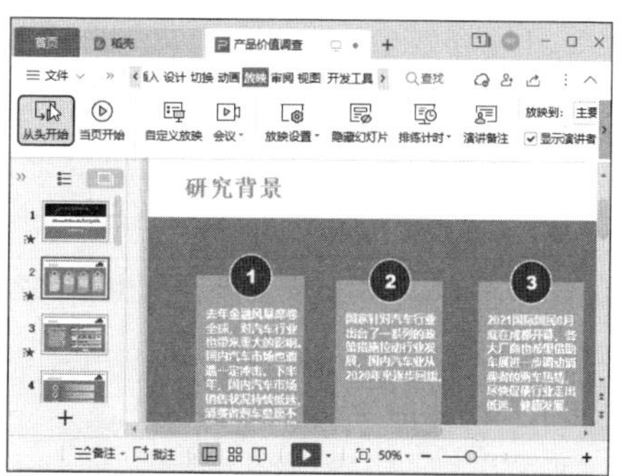

大神支招

下面结合本章内容，给读者介绍一些工作中的实用技巧。

01 快速标注文档中的关键字

在阅读文档的过程中，有些人习惯将文档中的某些关键字标注出来，方便下次阅读时快速查看关键信息。使用查找功能，就可以非常方便地突显关键字，操作方法如下。

第1步 打开“素材文件\第 9 章\毕业论文.wps”文件，❶ 单击【开始】选项卡中的【突出显示】下拉按钮，❷ 然后选择要将关键字标注成的颜色，如下图所示。

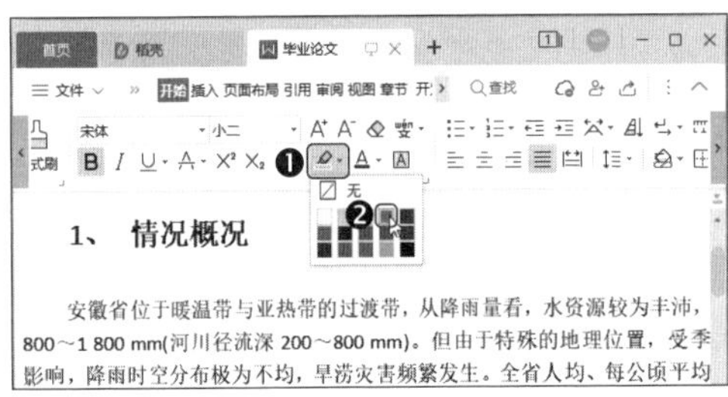

第2步 单击【开始】选项卡中的【查找替换】按钮，如下图所示。

第3步 打开【查找和替换】对话框，❶ 在【查找内容】文本框中输入要标注的关键字，如“降雨量”，❷ 然后单击【突出显示查找内容】下拉按钮，❸ 在弹出的下拉列表中选择【全部突出显示】选项，如下图所示。

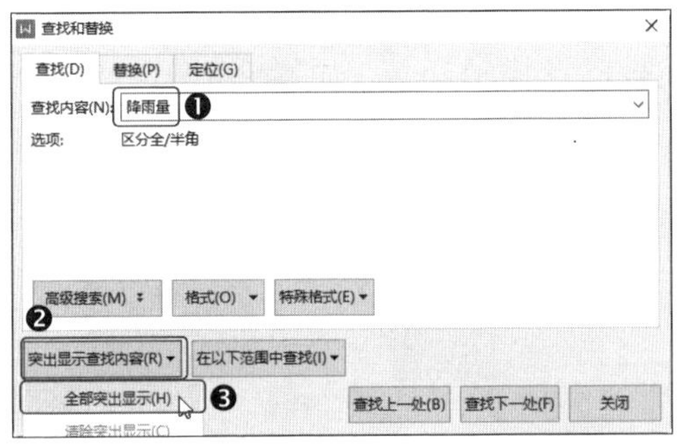

第4步 WPS 文字将自动突显查找到的所有“降雨量”文本，并在对话框中给出提示，如下图所示。

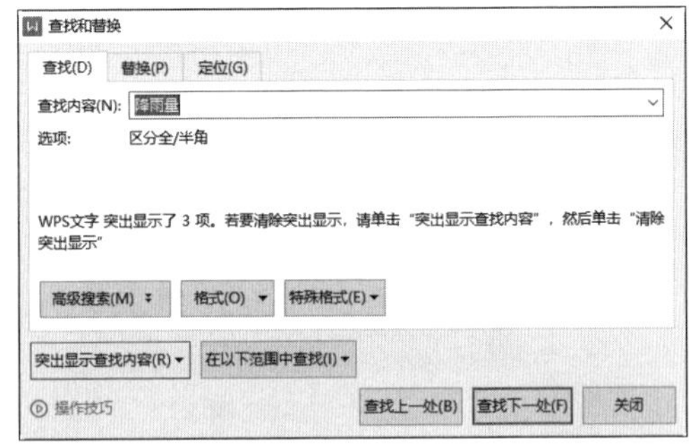

第5步 返回文档即可看到所有“降雨量”文本已经被标注出来，如下图所示。

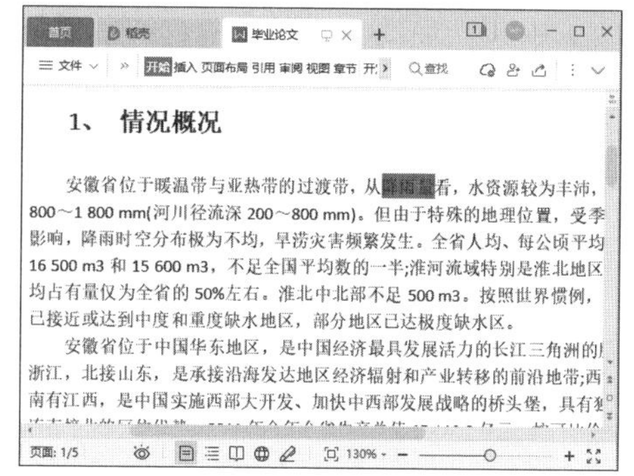

02 设置最适合的行高与列宽

默认情况下，行高与列宽都是固定的。当单元格中的内容较多时，可能无法全部显示出来。通常情况下，用户喜欢通过拖动鼠标的方式调整行高与列宽，其实可以使用自动调整功能更为简单地调整到最适合的行高或列宽，使单元格大小与单元格中内容相适应，操作方法如下。

第1步 打开“素材文件 \ 第 9 章 \ 销售清单 .xlsx”文件，❶ 选择要调整行高的行，❷ 在【开始】选项卡中单击【行和列】下拉按钮，❸ 在弹出的下拉菜单中选择【最适合的行高】选项，如下图所示。

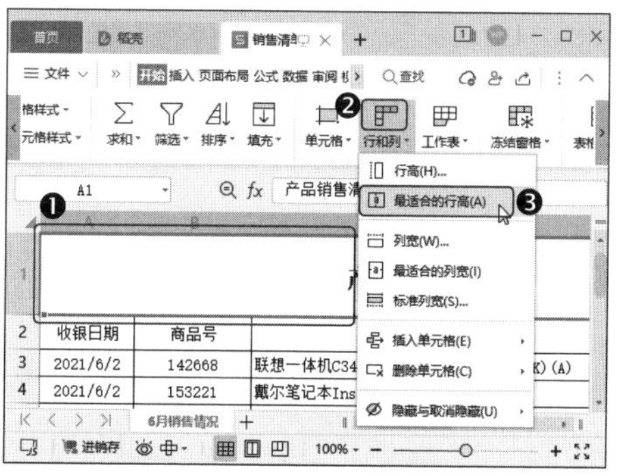

第2步 ❶ 选择要调整列宽的列，❷ 在【开始】选项卡中单击【行和列】下拉按钮，❸ 在弹出的下拉菜单中选择【最适合的列宽】选项，如下图所示。

03 如何设置智能动画效果?

WPS 演示提供了智能动画功能，用户可以轻松为对象设置炫酷的动画效果，具体操作如下。

第1步 打开“素材文件 \ 第 9 章 \ 新员工入职培训 .pptx”文件，❶ 选中要设置动画效果的对象，❷ 单击【动画】选项卡中的【智能动画】下拉按钮，如下图所示。

第2步 在打开的【智能动画】下拉列表中选择一种动画，单击【免费下载】按钮，即可为对象设置智能动画，如下图所示。

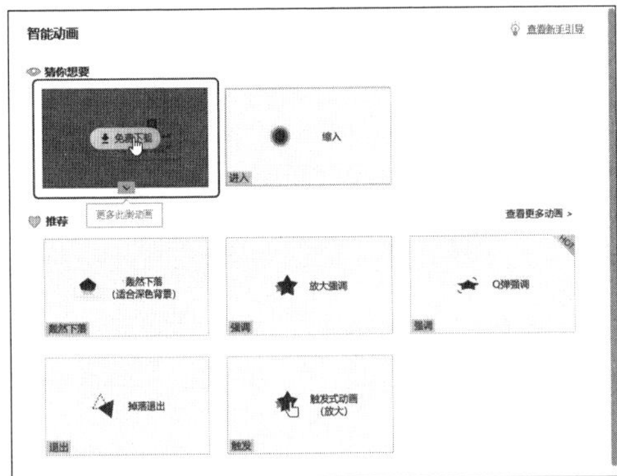

温馨提示

在【智能动画】下拉列表中单击【查看更多动画】链接，可以使用更多的智能动画效果。

WPS

第 10 章

会议管理

本章导读

在日常工作中，策划与组织会议是文秘与行政人员的重要职责，他们对支持和保证会议取得预期效果起着不可替代的作用。本章将通过制作会议邀请函、会议议程安排表和会议宣讲演示文稿等，介绍 WPS Office 软件在会议管理工作中的相关应用技巧。

知识要点

- 插入日期
- 插入艺术字
- 设置图片背景
- 使用邮件合并功能
- 更改默认主题
- 打印工作表
- 插入与编辑形状
- 插入与编辑智能图形

10.1 使用 WPS 文字制作会议邀请函

商务活动邀请函是活动主办方为了郑重邀请其合作伙伴参加其举办的商务活动而专门制作的一种书面函件，体现了主办方的盛情。下面以制作会议邀请函为例，介绍商务邀请函的制作方法。

本例将使用 WPS 文字制作会议邀请函，完成后的效果如下图所示，实例最终效果见“结果文件 \ 第 10 章 \2021 年广告作品展示会邀请函 .docx”文件。

10.1.1 制作会议邀请函正文

邀请函的正文除了常规的邀请辞令之外，还需要注明会议的时间。在输入了正文之后，还需要为正文内容设置文字格式和段落格式，让邀请函更具可读性。

1. 插入日期

邀请函的末尾处需要输入日期，除了手动输入之外，使用日期功能也可以插入当前日期，操作方法如下。

第1步 打开“素材文件 \ 第 10 章 \ 会议邀请函 .docx”文件，❶ 将光标定位到文档的末尾处，❷ 然后单击【插入】选项卡中的【日期】按钮，如下图所示。

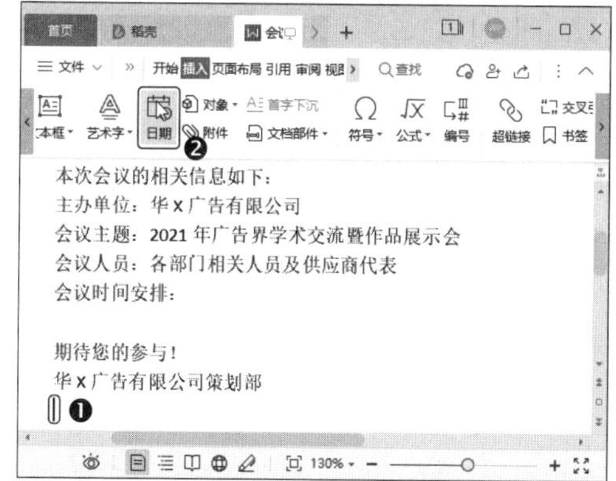

第2步 打开【日期和时间】对话框，❶ 在【可用格式】列表框中选择一种日期格式，❷ 勾选【自动更新】复选框，❸ 然后单击【确定】按钮，如下图所示。

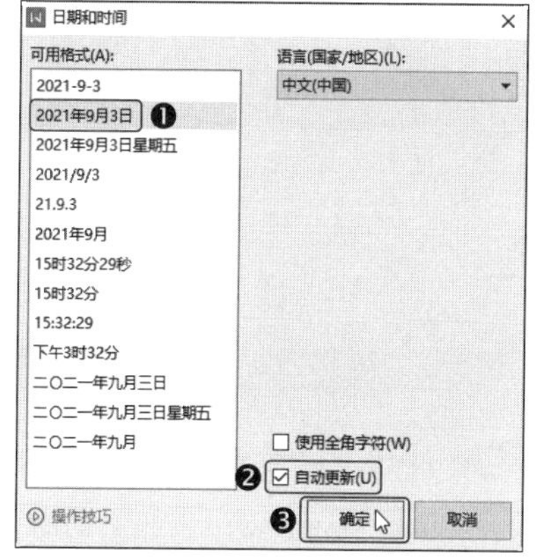

温馨提示

勾选了【自动更新】复选框之后，每次打开文档时，日期会自动更新为当前日期。如果不需要该功能，可以保持默认的不勾选状态。

2. 设置文字格式和段落格式

邀请函有着与其他信函相似的格式，因此需要进行相应的段落设置，操作方法如下。

第1步 ❶ 选择"尊敬的先生 / 女士"之后、日期之前的文本，❷ 单击【开始】选项卡中的【段落】对话框按钮 ⌟，如下图所示。

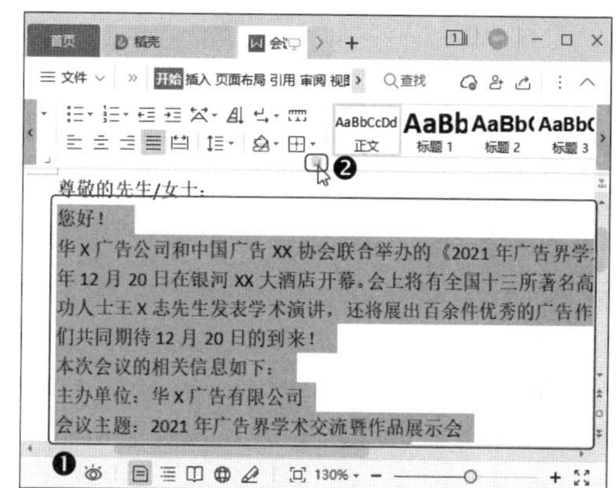

第2步 打开【段落】对话框，❶ 在【缩进和间距】选项卡中设置【特殊字符】为【首行缩进，2 字符】，❷ 在【行距】下拉列表中选择【1.5 倍行距】，❸ 完成后单击【确定】按钮，如下图所示。

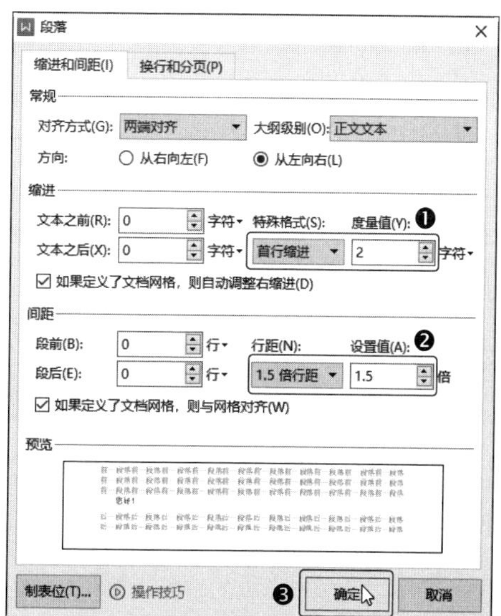

第3步 ❶ 按【Ctrl】+【A】组合键选择所有文本，❷ 在【开始】选项卡中设置文字样式，如下图所示。

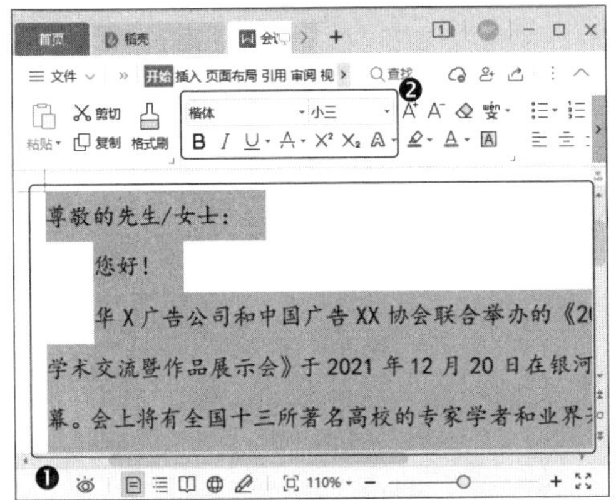

第4步 ❶ 选择公司落款和日期文本，❷ 单击【开始】选项卡中的【右对齐】按钮☰，如下图所示。

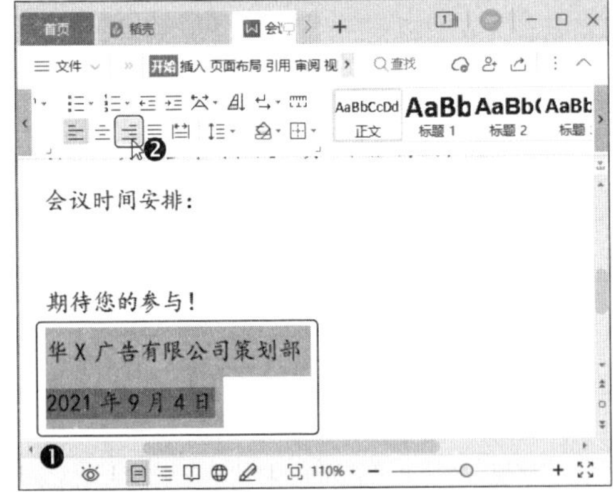

第5步 ❶ 选中需要添加项目符号的段落，❷ 单击【开始】选项卡中的【项目符号】下拉按钮☷▾，❸ 在弹出的下拉菜单中选择【自定义项目符号】选项，如下图所示。

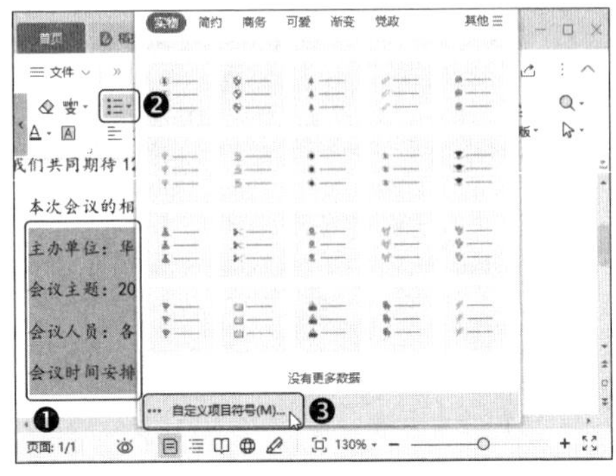

第6步 打开【项目符号和编号】对话框，❶ 选择任意一个项目符号样式，❷ 然后单击【自定义】按钮，如下图所示。

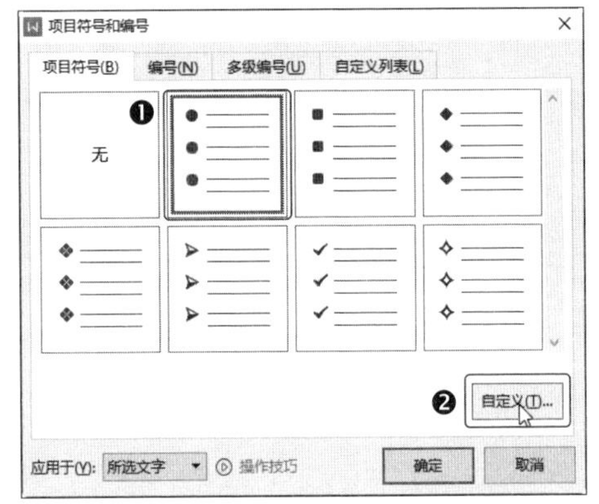

第7步 打开【自定义项目符号列表】对话框，单击【字符】按钮，如下图所示。

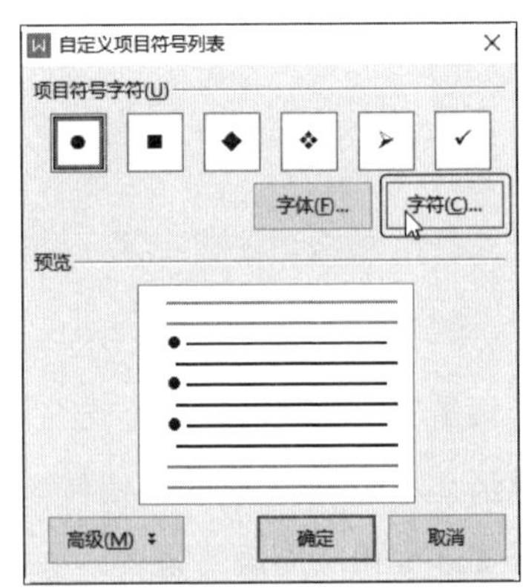

第8步 打开【符号】对话框，❶ 在列表框中选择要作为项目符号的符号样式，❷ 然后单击【插入】按钮，如下图所示。

第9步 返回【自定义项目符号列表】对话框，单击【字体】按钮，如下图所示。

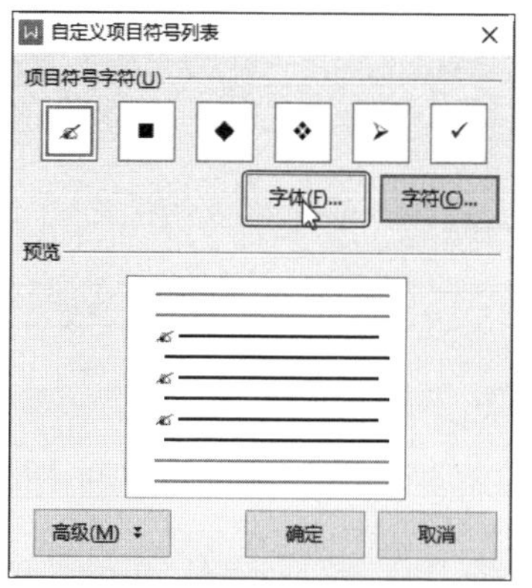

第10步 打开【字体】对话框，❶ 在【字体颜色】下拉列表中选择项目符号的颜色，❷ 然后单击【确定】按钮，如下图所示。

第11步 返回【自定义项目符号列表】对话框，单击【确定】按钮，如下图所示。

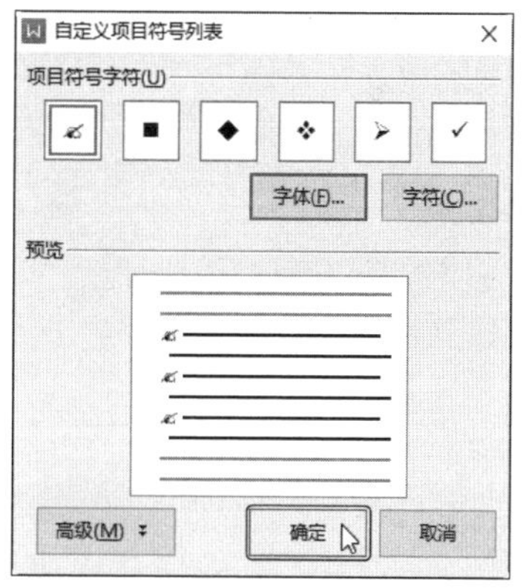

3. 插入表格

邀请函中的时间安排，用表格显示会更加清晰，在邀请函中插入表格的方法如下。

第1步 ❶ 将光标定位到需要插入表格的位置，❷ 单击【插入】选项卡中的【表格】

下拉按钮，❸ 在弹出的下拉菜单中选择【插入表格】选项，如下图所示。

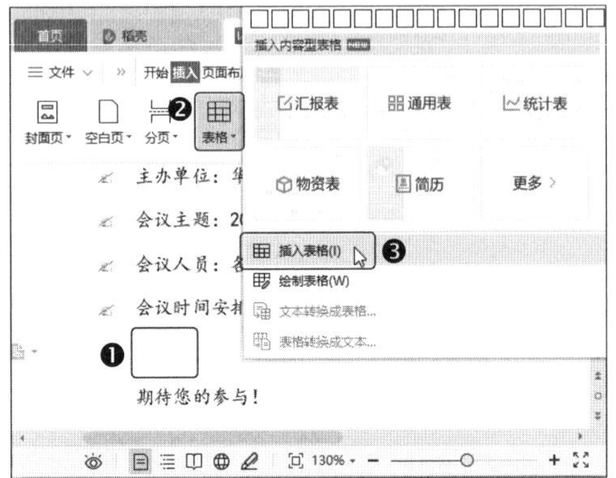

第2步 打开【插入表格】对话框，❶ 在【表格尺寸】栏中设置表格的列数和行数，❷ 然后单击【确定】按钮，如下图所示。

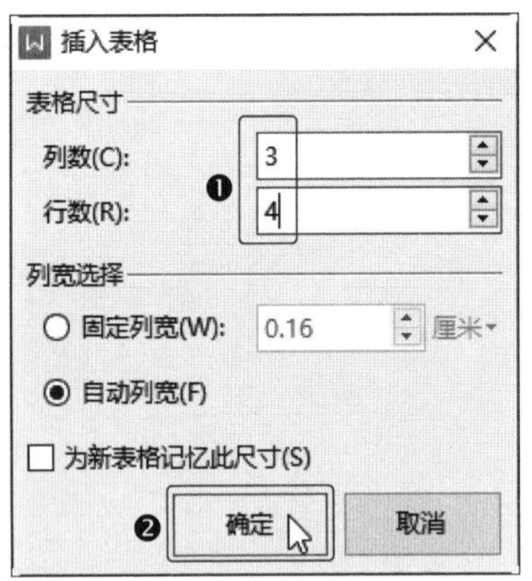

第3步 在表格中输入需要的文字，完成后将鼠标指针移动到表格的框线上，当鼠标指针变为形状时，按住鼠标左键拖动即可调整表格的列宽，如下图所示。

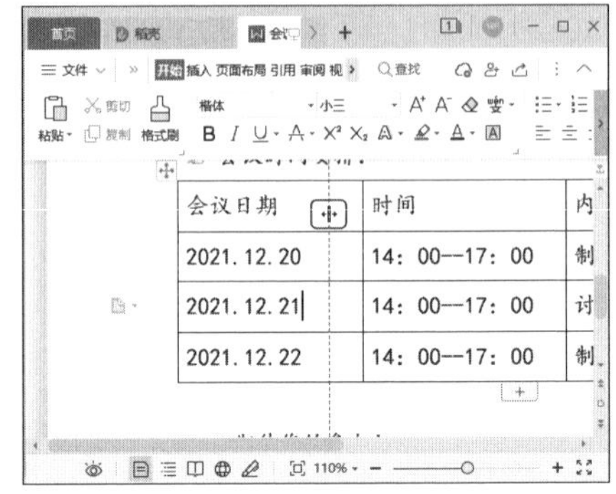

第4步 ❶ 选中整个表格，❷ 单击【表格工具】选项卡中的【对齐方式】下拉按钮，❸ 在弹出的下拉菜单中选择【水平居中】选项，如下图所示。

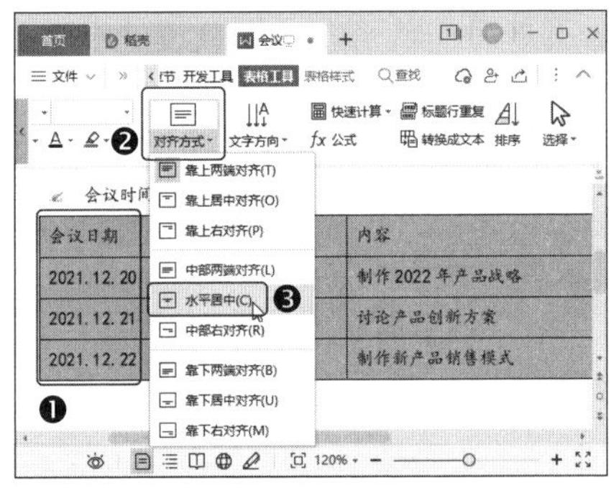

第5步 保持表格的选中状态，单击【表格样式】选项卡中的表格样式右侧的下拉按钮 ，如下图所示。

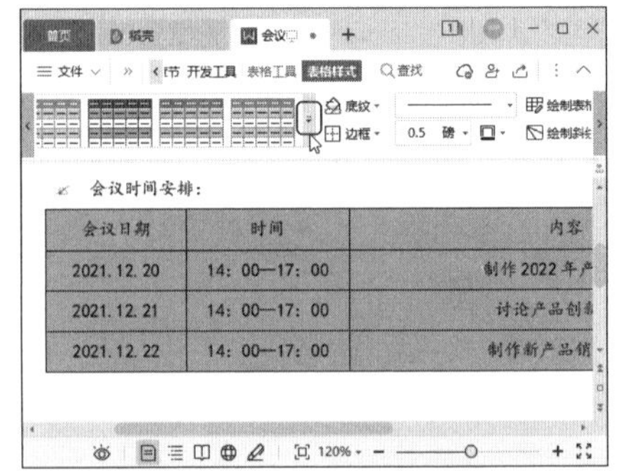

第6步 选择一种表格样式，如下图所示。

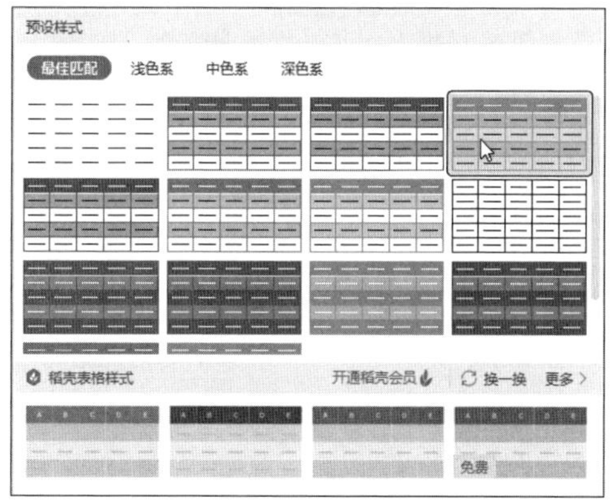

第7步 ❶ 选择表格的表头，❷ 在【开始】选项卡中设置文字样式，如下图所示。

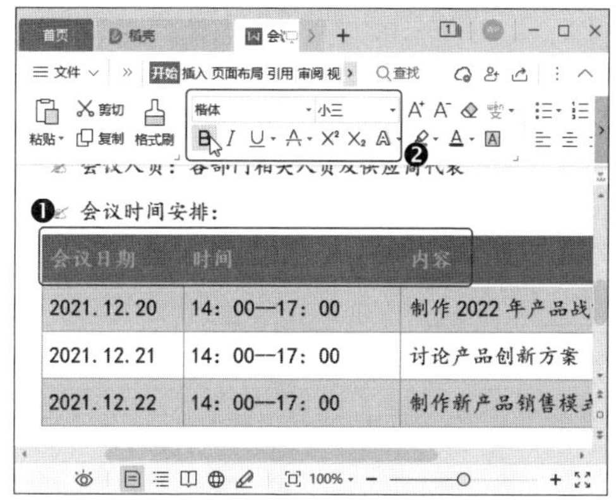

10.1.2 美化参会邀请函

输入参会邀请函的内容之后，我们可以对邀请函的文字进行美化，并插入图片，从而使邀请函更加美观。

1. 插入艺术字

使用艺术字制作标题，可以使邀请函更加美观。插入艺术字的方法如下。

第1步 ❶ 在正文的前方输入邀请函的标题，然后选中标题，❷ 单击【开始】选项卡中的【文字效果】下拉按钮 A -，❸ 在弹出的下拉菜单中选择【艺术字】选项，❹ 再在弹出的子菜单中选择一种艺术字样式，如下图所示。

第2步 保持艺术字的选中状态，在【开始】选项卡中设置文字样式，如下图所示。

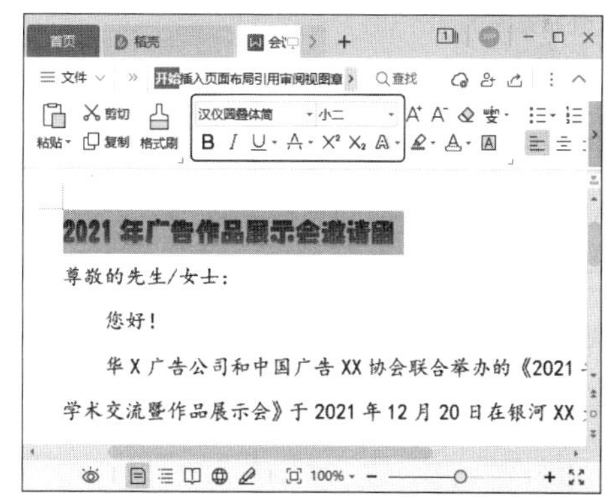

第3步 ❶ 单击【开始】选项卡中的【文字效果】下拉按钮 A -，❷ 在弹出的下拉菜单中选择【发光】选项，❸ 再在弹出的子菜单中选择一种发光变体，如下图所示。

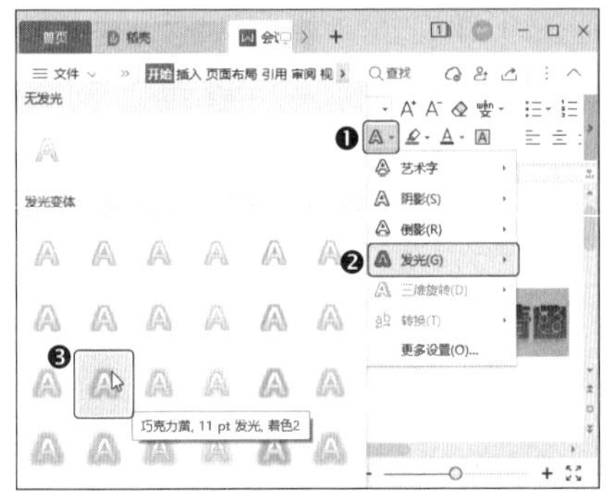

第4步 单击【开始】选项卡中的【居中对齐】按钮三，如下图所示。

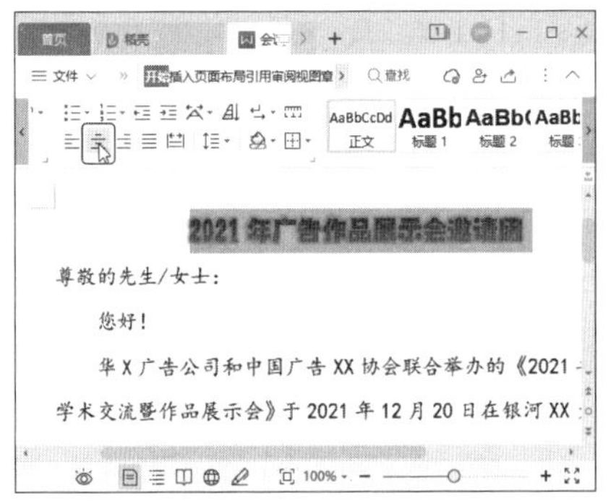

2. 插入页眉文字

在页眉中，可以插入文字，明确主题，操作方法如下。

第1步 单击【插入】选项卡中的【页眉页脚】按钮，如下图所示。

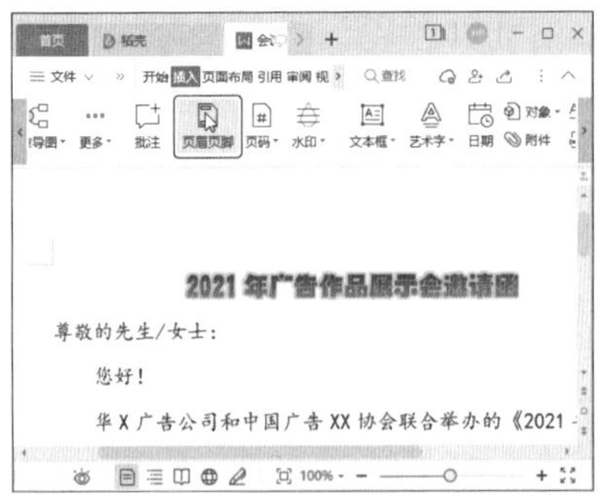

> **教您一招：快速进入页眉页脚状态**
>
> 在页眉或页脚位置双击可以快速进入页眉页脚编辑模式；页眉和页脚编辑完成后，双击文档的编辑区域即可退出页眉页脚编辑模式。

第2步 ❶输入页眉文字，然后选中文字，❷在【开始】选项卡中设置文字样式，如下图所示。

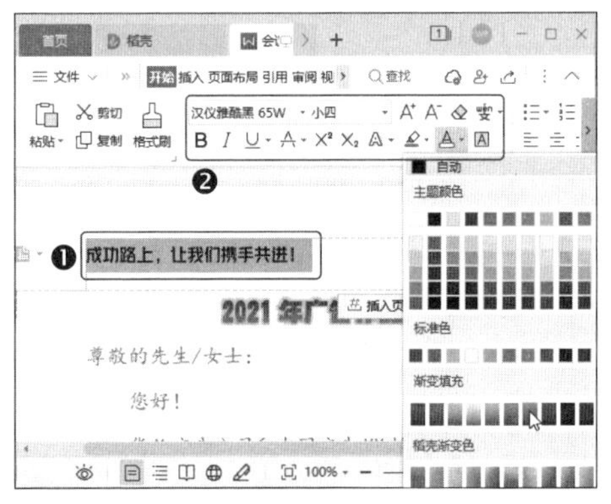

第3步 单击【开始】选项卡中的【居中对齐】按钮三，如下图所示。

3. 插入图片并将图片设置为背景

为邀请函插入图片作为背景，可以使邀请函更加美观。我们可以直接在文档中插入图片作为背景，也可以在页眉页脚中插入图片。在页眉中插入背景图片的好处是，在编辑文本时，不会因为误操作而更改图片的设置。在页眉中插入图片的方法如下。

第1步 单击【页眉页脚】选项卡中的【图片】按钮，如下图所示。

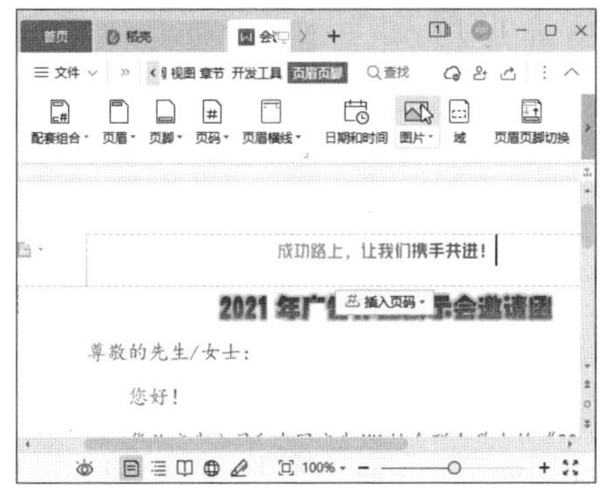

第2步 ❶ 插入“素材文件\第 10 章\背景.jpg”图片，然后选中图片，❷ 单击【图片工具】选项卡中的【环绕】下拉按钮，❸ 在弹出的下拉菜单中选择【衬于文字下方】选项，如下图所示。

第3步 拖动图片四周的控制点，调整图片的大小，使其和邀请函相契合，如下图所示。

第4步 操作完成后，单击【页眉页脚】选项卡中的【关闭】按钮即可，如下图所示。

10.1.3 使用邮件合并功能

邀请函一般需要分发给多个不同的参会人员，因此需要制作多张内容相同但接收人不同的邀请函。使用 WPS 的邮件合并功能，可以快速制作多张邀请函，操作方法如下。

第1步 单击【引用】选项卡中的【邮件】按钮，如下图所示。

第2步 单击【邮件合并】选项卡中的【打开数据源】按钮，如下图所示。

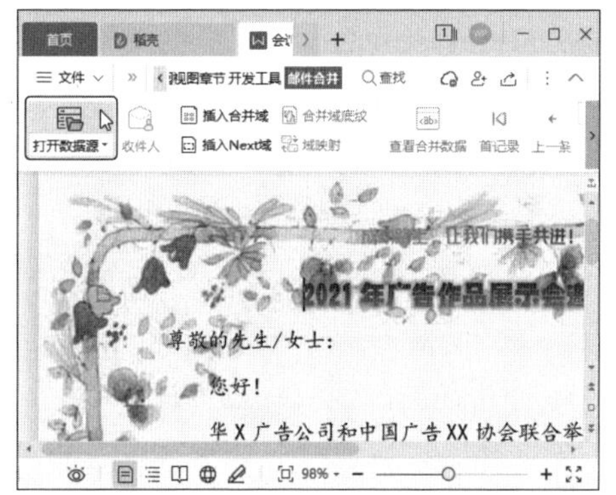

第3步 打开【选取数据源】对话框，❶ 选择“素材文件 \ 第 10 章 \ 邀请函人员.et”素材文件，❷ 单击【打开】按钮，如下图所示。

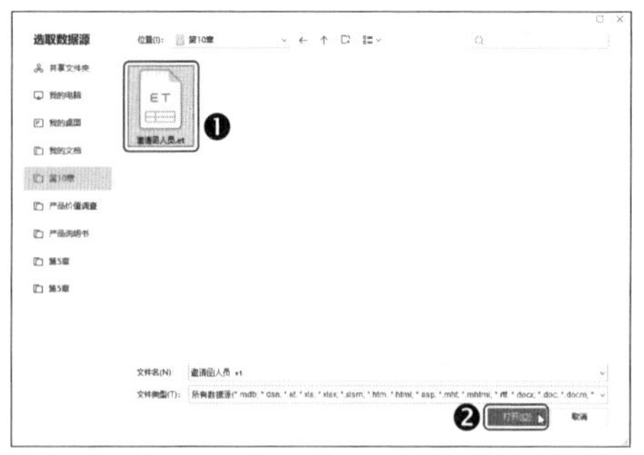

第4步 ❶ 将光标定位在要使用邮件合并功能的位置，❷ 单击【邮件合并】选项卡中的【插入合并域】按钮，如下图所示。

第5步 打开【插入域】对话框，❶ 在【域】列表框中选择【姓名】选项，❷ 然后单击【插入】按钮，如下图所示。

温馨提示

如果有多个地方需要使用邮件合并功能，那么可以重复插入合并域的操作。

第6步 返回文档后单击【邮件合并】选项卡中的【查看合并数据】按钮，如下图所示。

第7步 预览第一条记录后，单击【邮件合并】选项卡中的【下一条】或【上一条】按钮，可以浏览其他记录，如下图所示。

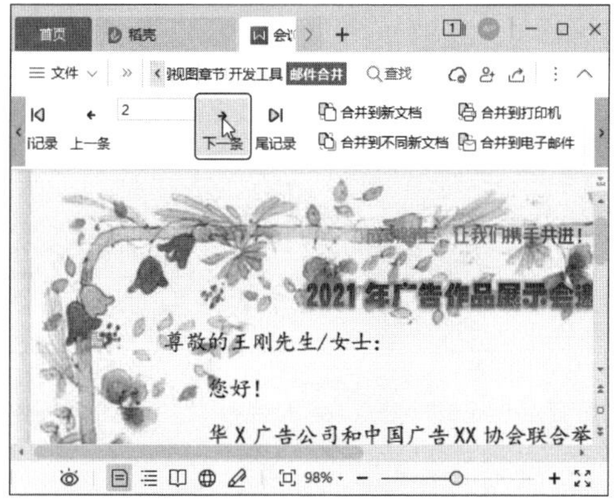

第8步 预览后如果确定不再更改，就可以单击【邮件合并】选项卡中的【合并到新文档】按钮，如下图所示。

第9步 打开【合并到新文档】对话框，❶ 选中【全部】单选项，❷ 然后单击【确定】按钮，如下图所示。

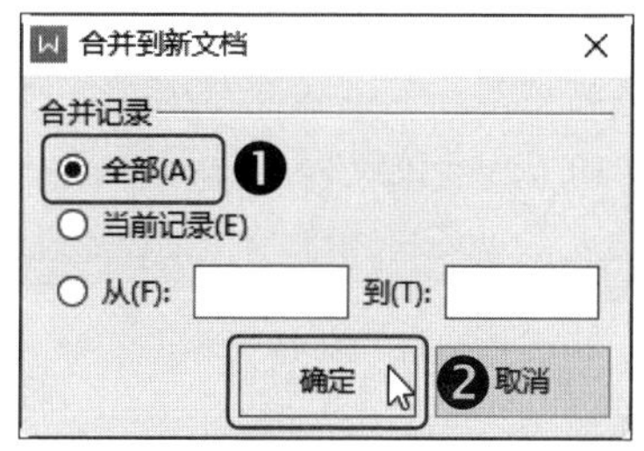

温馨提示

如果文档中含有云字体，WPS 会弹出提示对话框，提醒您将字体保存到文档中，单击【是】按钮即可保存云字体。

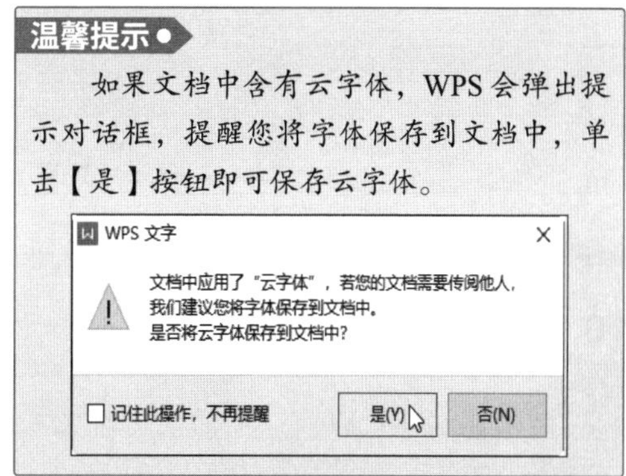

新建的文档中的所有记录如下图所示。

10.2 使用 WPS 表格制作会议议程安排表

会议议程安排表是帮助会议主持人和开会人员提前了解会议流程和内容而制作的表格，便于参会人员合理地安排会议议程，从而有助于会议有条不紊地进行。

本例将制作会议议程安排表，完成后的效果如下图所示，实例最终效果见“结果文件\第 10 章\会议议程安排 .docx”文件。

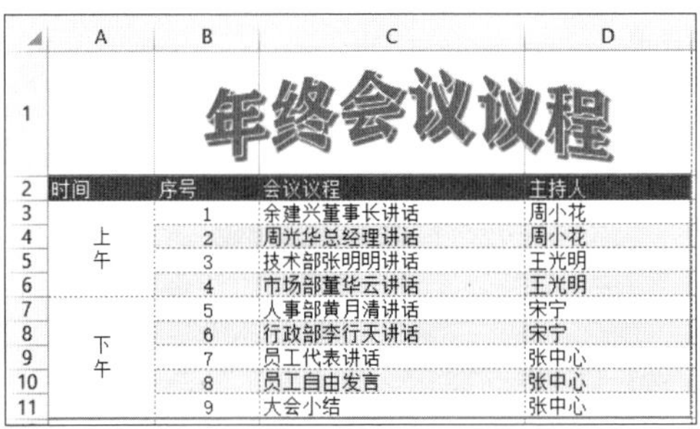

	A	B	C	D
1	年终会议议程			
2	时间	序号	会议议程	主持人
3	上午	1	余建兴董事长讲话	周小花
4		2	周光华总经理讲话	周小花
5		3	技术部张明明讲话	王光明
6		4	市场部董华云讲话	王光明
7	下午	5	人事部黄月清讲话	宋宁
8		6	行政部李行天讲话	宋宁
9		7	员工代表讲话	张中心
10		8	员工自由发言	张中心
11		9	大会小结	张中心

10.2.1 使用艺术字制作标题

使用艺术字可以快速地插入美观大方的标题，因此本例将使用艺术字作为工作表的标题。

1. 插入艺术字

在 WPS 表格中插入艺术字时，艺术字会以文本框的形式出现。

第1步 新建一个名为“会议议程安排 .xlsx”的空白工作簿，❶ 然后单击【插入】选项卡中的【艺术字】下拉按钮，❷ 在弹出的下拉菜单中选择一种艺术字样式，如下图所示。

第2步 工作表中会创建一个文本框，文本框中的“请在此处输入文字”占位符呈选中状态，如下图所示。

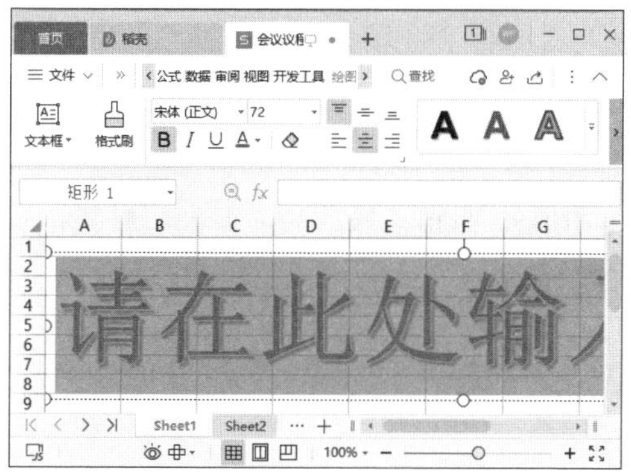

第3步 直接输入标题文本，如下图所示。

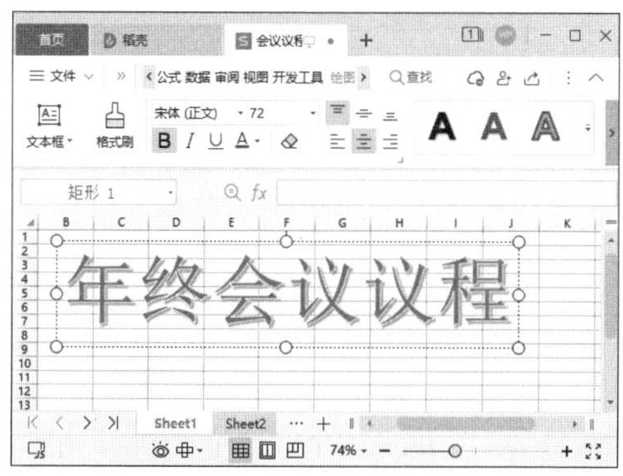

第4步 ❶ 选择艺术字文本，❷ 在【开始】选项卡中设置字体和字号，如下图所示。

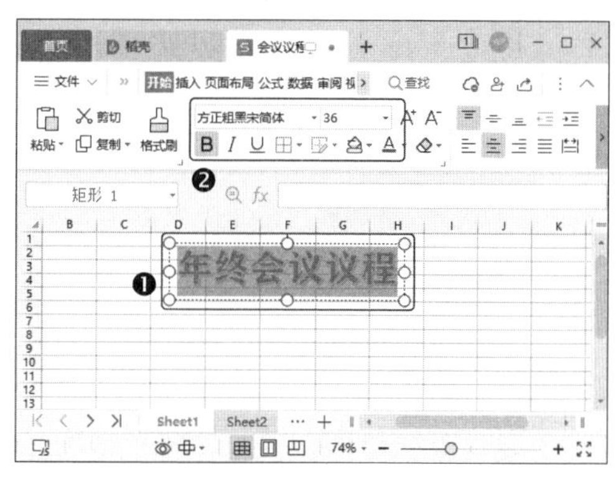

2. 使用主题美化艺术字

WPS 表格使用的是默认主题样式，如果对默认主题样式的颜色、字体等不满意，那么可以更换主题，操作方法如下。

第1步 ❶ 单击【页面布局】选项卡中的【主题】下拉按钮，❷ 在弹出的下拉菜单中选择一种主题样式，如下图所示。

第2步 ❶ 选中艺术字，❷ 单击【文本工具】选项卡中的【文本填充】下拉按钮，❸ 在弹出的下拉菜单中选择一种主题颜色，如下图所示。

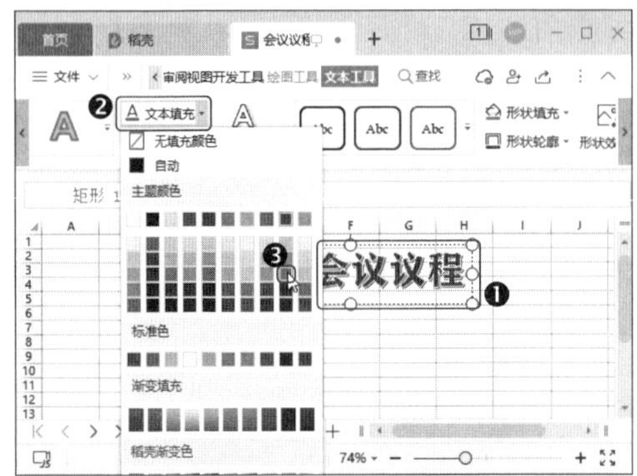

第3步 ❶ 单击【文本工具】选项卡中的【文本效果】下拉按钮，❷ 在弹出的下拉菜单中选择【转换】选项，❸ 再在弹出的子菜单中选择一种弯曲样式，如下图所示。

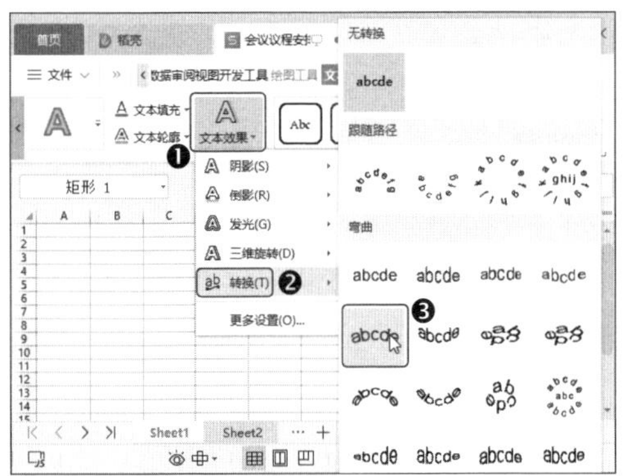

3. 移动艺术字

艺术字制作完成后，需要将其移动到需要的位置，操作方法如下。

第1步 ❶ 选中表格第一行，❷ 然后单击【开始】选项卡中的【行和列】下拉按钮，❸ 在弹出的下拉菜单中选择【行高】选项，如下图所示。

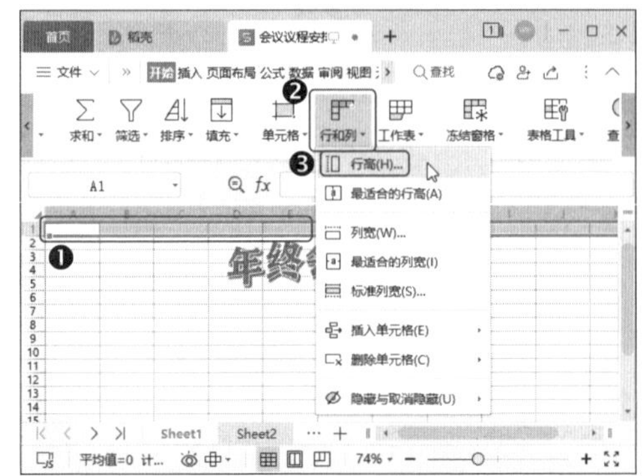

第2步 打开【行高】对话框，❶ 在【行高】文本框中输入需要的行高，❷ 然后单击【确定】按钮，如下图所示。

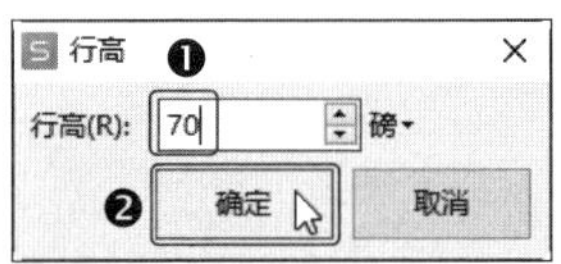

第3步 将鼠标指针移动到艺术字文本框上，当鼠标指针变为✥形状时，按住鼠标左键将艺术字拖动到适合的位置即可，如下图所示。

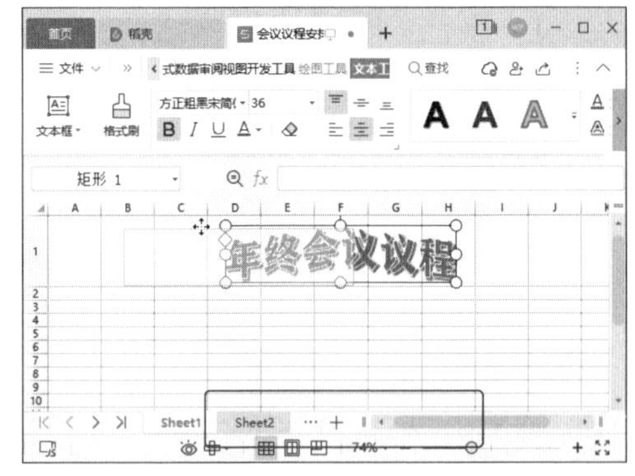

10.2.2 添加会议议程

制作好会议议程的标题之后，就可以

制作会议议程了。

1. 输入工作表内容

会议议程表一般包括会议的时间、序号、会议议程等信息，制作方法如下。

第1步 在工作表中输入如下图所示的内容。

第2步 在 B3 单元格输入“1”，然后选中该单元格，向下填充序列到 B11 单元格，如下图所示。

第3步 将鼠标指针移动到 C 列和 D 列之间，当鼠标指针变为✛形状时按住鼠标左键，然后向右拖动，调整到适合的列宽后释放鼠标左键，如下图所示。

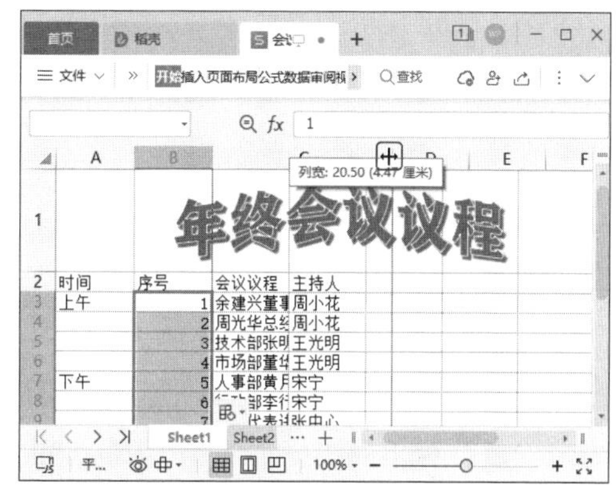

> **教您一招：快速调整列宽与行高**
>
> 将鼠标指针定位到列号与列号之间，鼠标指针变为✛形状时，双击即可自动调整列宽。使用相同的方法也可以调整行高。

第4步 ❶ 选中 A3:A11 单元格区域，❷ 单击【开始】选项卡中的【合并居中】下拉按钮，❸ 在弹出的下拉菜单中选择【合并相同单元格】选项，如下图所示。

第5步 保持合并的单元格的选中状态，单击【开始】选项卡中的【水平居中】按钮 ☰，如下图所示。

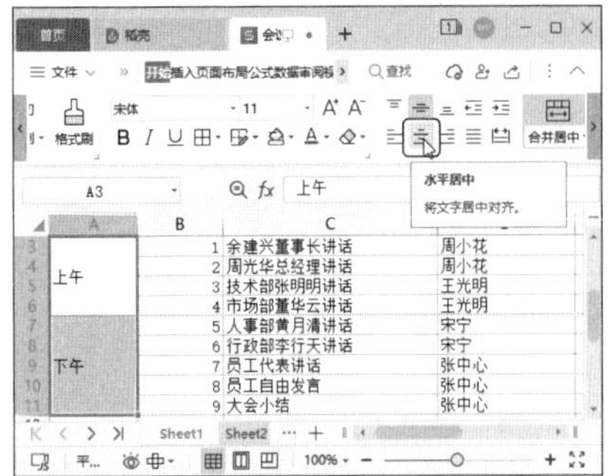

第6步 ❶ 在选中的单元格上单击鼠标右键，❷ 在弹出的快捷菜单中选择【设置单元格格式】命令，如下图所示。

第7步 打开【单元格格式】对话框，❶ 在【对齐】选项卡的【方向】栏选择竖排文本，❷ 然后单击【确定】按钮，如下图所示。

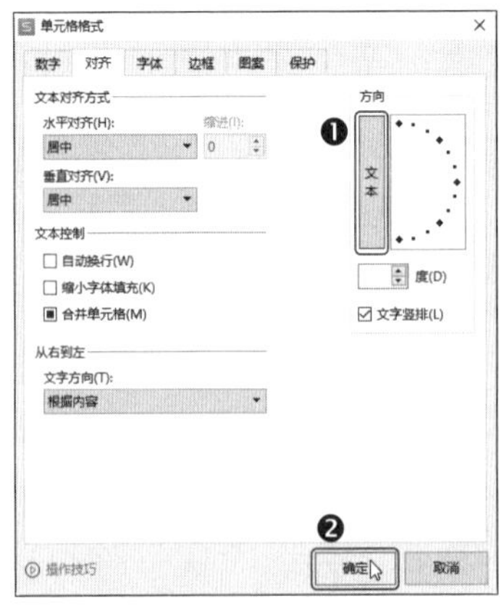

第8步 ❶ 选择 B3:B11 单元格区域，❷ 单击【开始】选项卡中的【水平居中】按钮三，如下图所示。

2. 美化工作表

为了让工作表看起来更加美观，我们可以利用单元格样式来美化工作表，操作方法如下。

第1步 ❶ 选中 A2:D2 单元格区域，❷ 单击【开始】选项卡中的【单元格样式】下拉按钮，❸ 在弹出的下拉菜单中选择一种主题单元格样式，如下图所示。

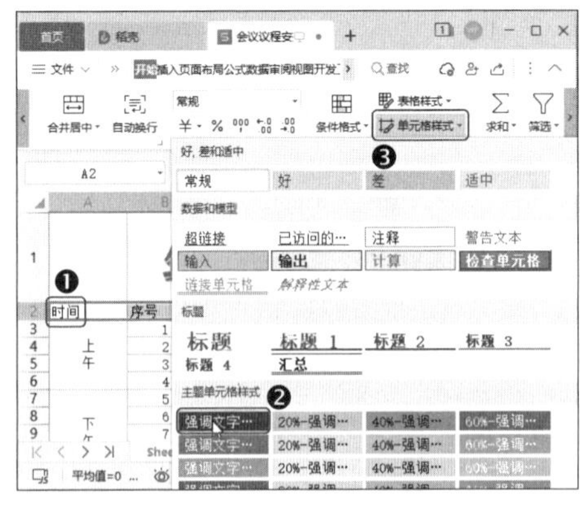

第2步 ❶ 按住【Ctrl】键后依次选中 B4:D4、B6:D6、B8:D8、B10:D10 单元格区域，

❷ 然后单击【开始】选项卡中的【单元格样式】下拉按钮，❸ 在弹出的下拉菜单中选择一种主题单元格样式，如下图所示。

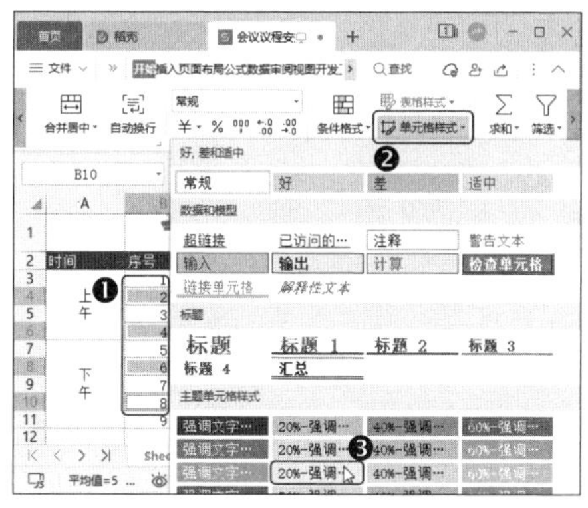

温馨提示●

使用表格样式功能虽然可以更快地美化表格，但对于有合并区域的单元格来说，套用表格样式时容易发生错误，故建议使用单元格样式功能来美化表格。

第3步● ❶ 选中 A2:D11 单元格区域，单击鼠标右键，❷ 在弹出的快捷菜单中选择【设置单元格格式】命令，如下图所示。

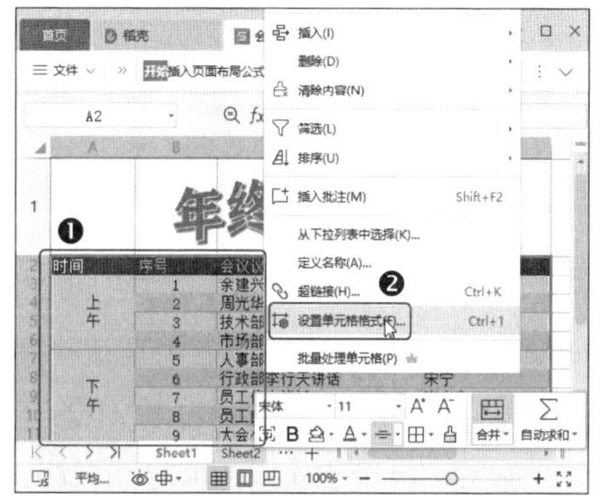

第4步● 打开【单元格格式】对话框，❶ 在【边框】选项卡的【样式】列表框中选择一种较粗的线条样式，并设置线条颜色。❷ 然后在【预置】栏中选择【外边框】选项，如下图所示。

第5步● ❶ 在【边框】选项卡的【样式】列表框中重新选择一种虚线线条样式，并设置线条颜色。❷ 然后在【预置】栏中选择【内部】选项，❸ 完成后单击【确定】按钮，如下图所示。

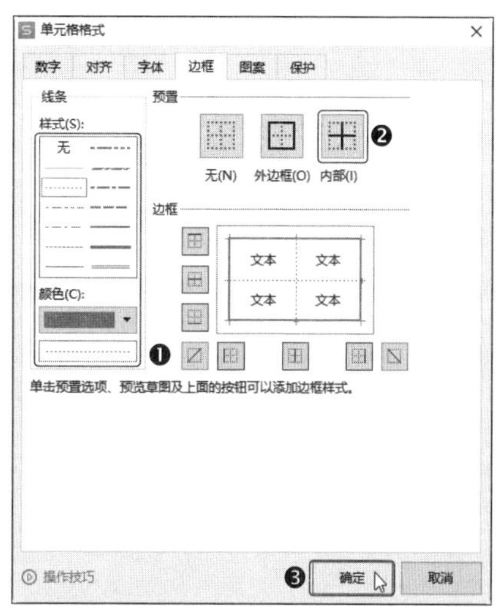

第6步 返回工作表即可看到工作表应用了边框后的效果，如下图所示。

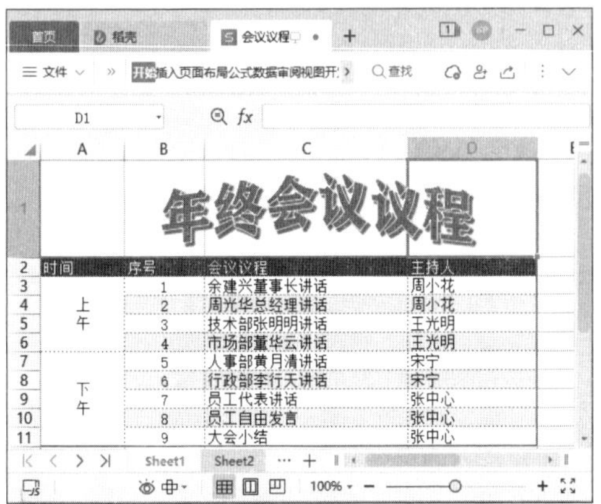

10.2.3 打印会议议程

会议议程表制作完成后，需要打印出来分发给参会人员，打印的方法如下。

第1步 单击【页面布局】选项卡中的【页面设置】对话框按钮 ⌟，如下图所示。

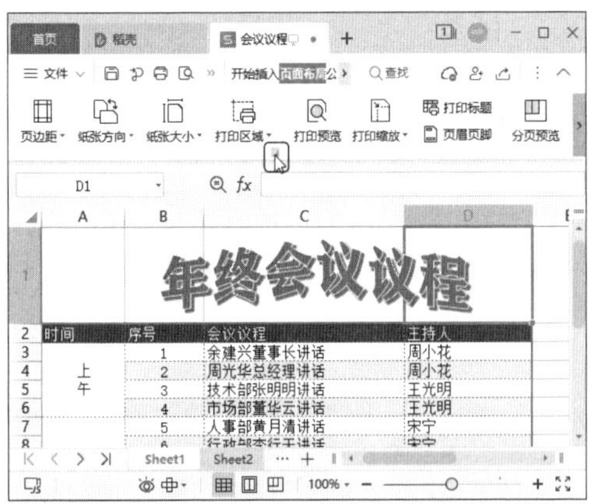

第2步 打开【页面设置】对话框，在【页面】选项卡的【方向】栏中选中【横向】单选项，如下图所示。

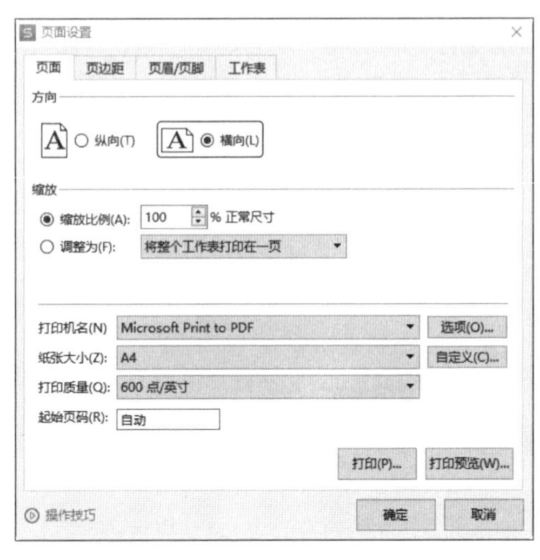

第3步 ❶ 在【页边距】选项卡的【居中方式】栏中勾选【水平】和【垂直】复选框，❷ 然后单击【打印预览】按钮，如下图所示。

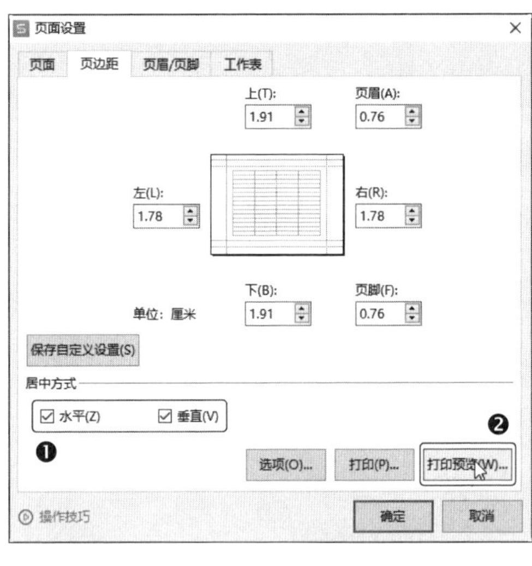

第4步 进入【打印预览】界面可以看到表格的打印效果，根据表格的预览效果，在【缩放比例】下拉列表中选择缩放的比例，本例选择【200%】，如下图所示。

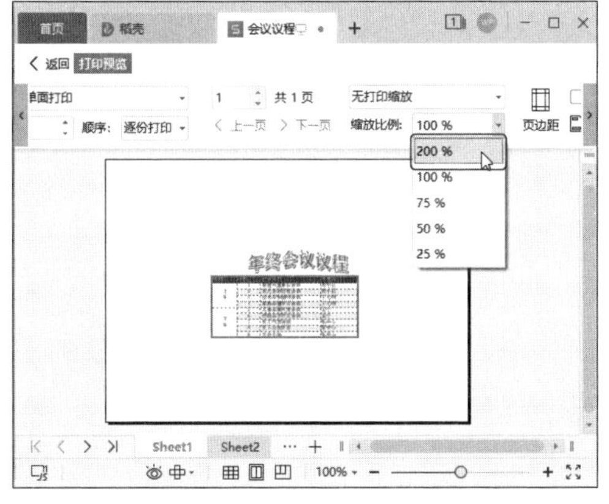

第5步 操作完成后单击【直接打印】按钮即可打印工作表，如下图所示。

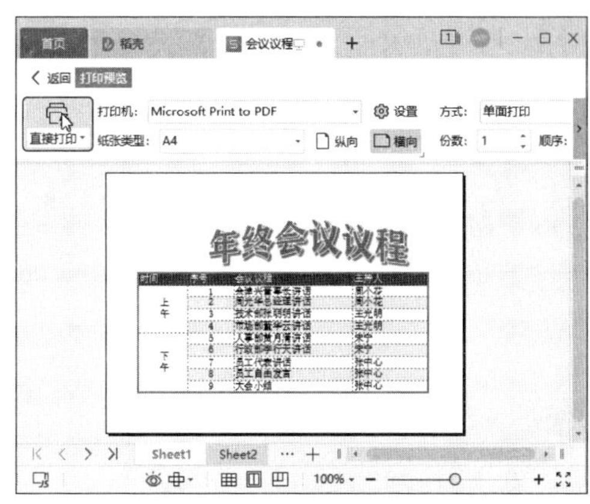

10.3 使用 WPS 表格制作会议宣讲演示文稿

在公司会议中，图文并茂的会议宣讲演示文稿会让观众更容易接受。工作分配一般是指企业在一段时间内对员工工作任务的分配情况，需要在工作会议中展示给员工的内容有工作目标、工作分配表以及相关的分解图等。合理的工作分配方案可以让接下来的工作开展得更加顺利。

本例将制作工作方案演示文稿，完成后的效果如下图所示，实例最终效果见“结果文件\第 10 章\工作分配方案 .docx”文件。

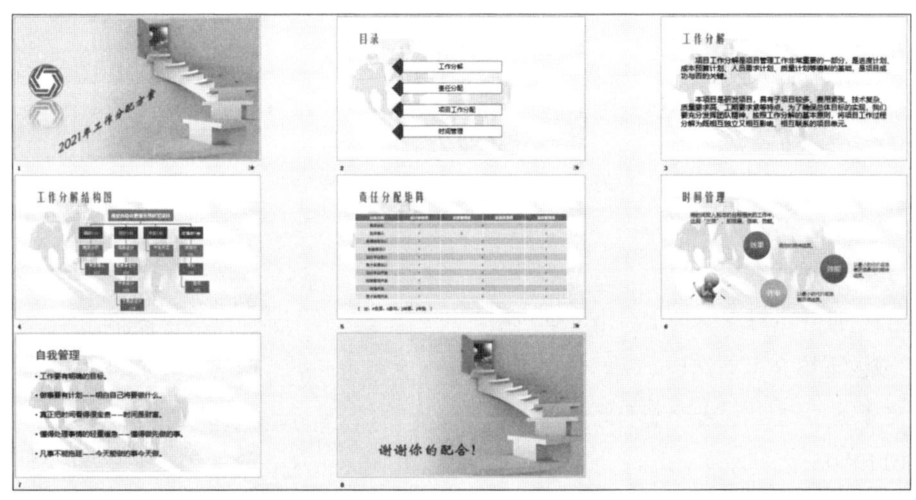

10.3.1 编辑母版幻灯片

为了统一幻灯片的页面效果，在制作幻灯片之前，需要先对幻灯片的母版进行编辑，操作方法如下。

第1步 新建一个名为“工作分配方案.pptx”的空白演示文稿，然后单击【视图】选项卡中的【幻灯片母版】按钮，如下图所示。

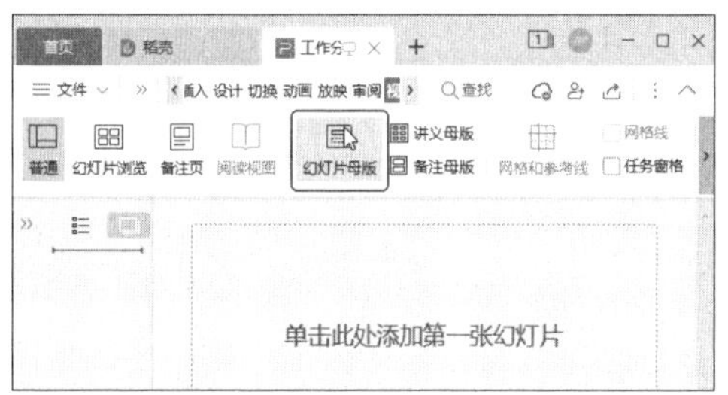

第2步 ❶ 进入幻灯片母版编辑模式，在左侧窗格中选择【标题幻灯片版式】，❷ 然后单击【幻灯片母版】选项卡中的【背景】按钮，如下图所示。

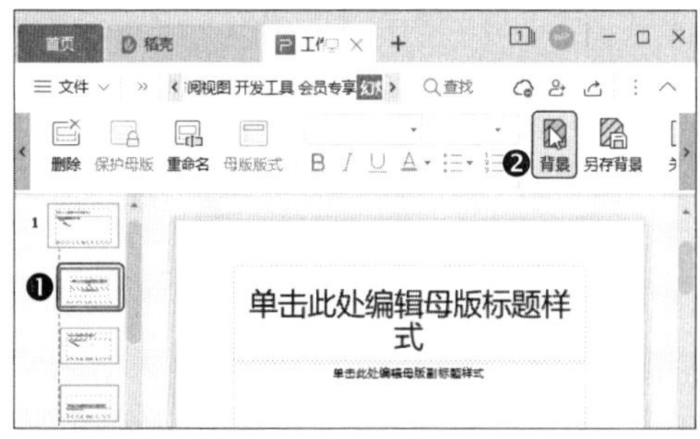

第3步 打开【对象属性】窗格，❶ 选中【图片或纹理填充】单选项，❷ 然后在【图片填充】下拉列表中选择【本地文件】选项，如下图所示。

第4步 打开【选择纹理】对话框，❶ 选择“素材文件 \ 第 10 章 \ 工作分配方案 \ 背景 .jpg” 图片，❷ 然后单击【打开】按钮，如下图所示。

第5步 ❶ 返回幻灯片母版，选择标题文本框，❷ 然后在【文本工具】选项卡中设置标题的文字样式，如下图所示。

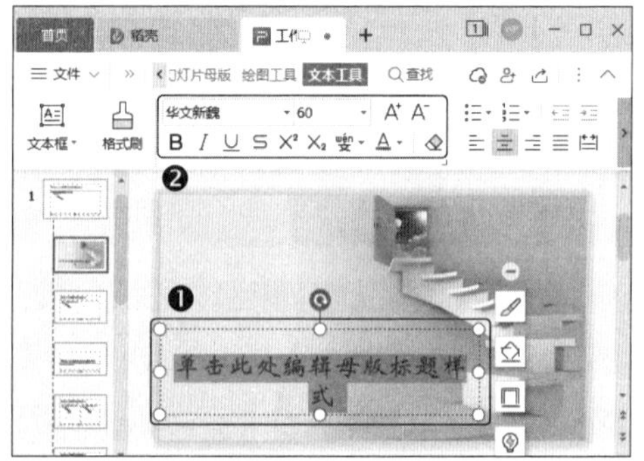

第6步 ❶ 按住【Ctrl】键选择【标题和内容版式】和【仅标题版式】，❷ 然后单击【幻灯片母版】选项卡中的【背景】按钮，如下图所示。

第7步 ❶ 使用相同的方法设置背景和标题样式，❷ 完成后单击【幻灯片母版】选项卡中的【关闭】按钮即可完成母版的制作，如下图所示。

温馨提示

幻灯片母版中有 5 种占位符，分别是标题、文本、日期、幻灯片编号和页脚占位符。标题占位符用于幻灯片的标题，文本占位符用于添加幻灯片的正文，日期占位符用于在幻灯片中显示当前日期，幻灯片编号占位符用于显示幻灯片的页码，页脚占位符用于在幻灯片底部显示页脚。

10.3.2 编辑幻灯片

在母版视图中设置好母版样式后，就可以编辑幻灯片了。

1. 制作标题页

幻灯片的第一页大多是标题页，用于向他人介绍幻灯片的主题。制作标题页的方法如下。

第1步 单击“单击此处添加第一张幻灯片”，默认将添加一张标题幻灯片，如下图所示。

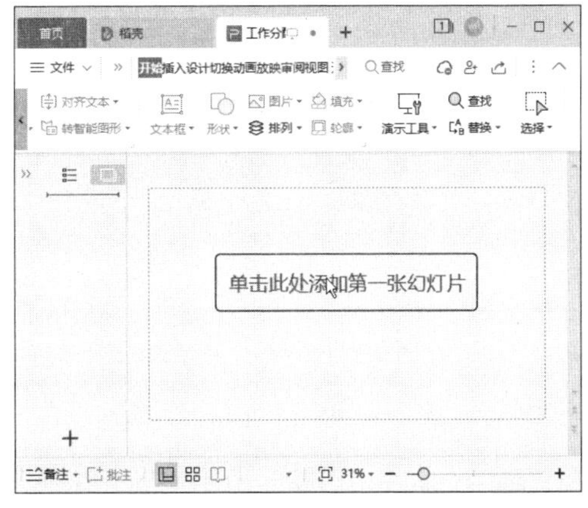

第2步 ❶ 在标题文本框中输入标题，然后选中标题，❷ 单击【文本工具】选项卡中的【文本效果】下拉按钮，❸ 在弹出的下拉菜单中选择【三维旋转】选项，❹ 再在弹出的子菜单中选择一种旋转样式，如

下图所示。

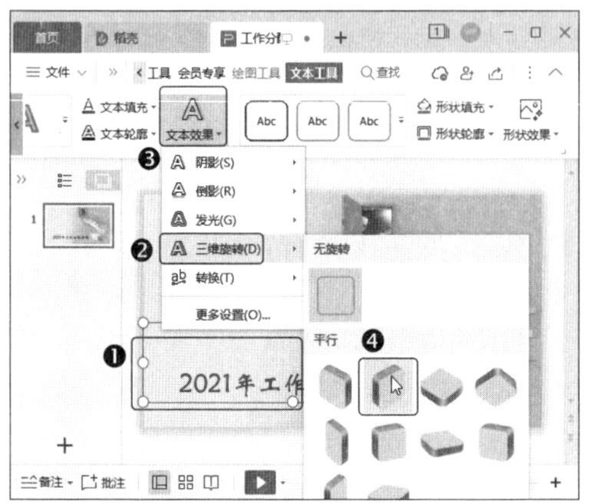

第3步 插入“素材文件\第10章\工作分配方案\公司图标.jpg”素材图片，然后拖动图片四周的控制点调整图片的大小，如下图所示。

第4步 ❶ 选中图片，单击【图片工具】选项卡中的【裁剪】下拉按钮，❷ 在弹出的下拉菜单中选择【裁剪】选项，❸ 再在弹出的子菜单中选择【椭圆】○，如下图所示。

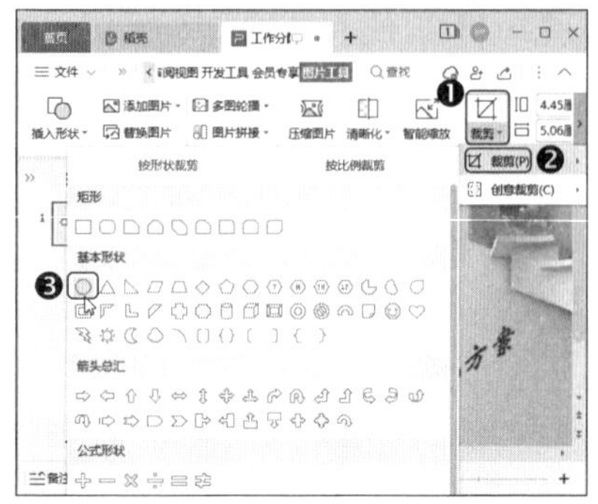

第5步 ❶ 单击【图片工具】选项卡中的【边框】下拉按钮，❷ 在弹出的下拉菜单中选择一种边框颜色，如下图所示。

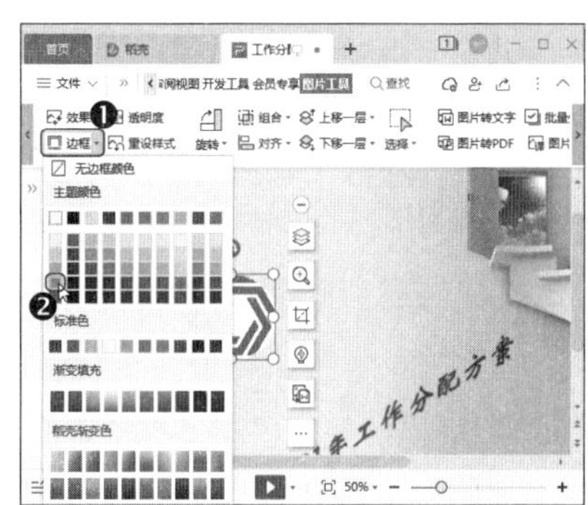

第6步 ❶ 再次单击【边框】下拉按钮，❷ 在弹出的下拉菜单中选择【线型】选项，❸ 再在弹出的子菜单中选择【4.5 磅】，如下图所示。

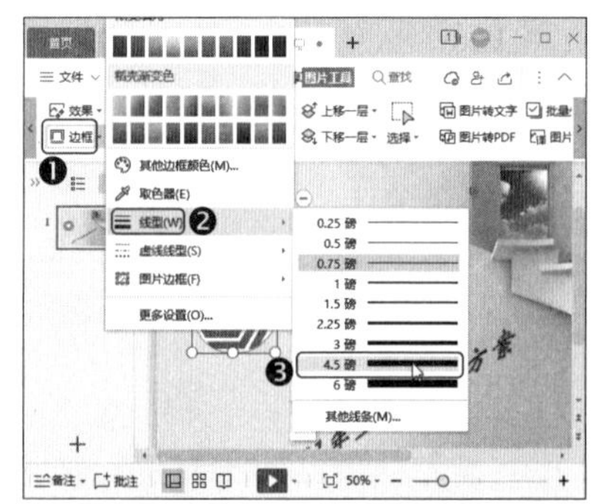

第7步 ❶ 单击【图片工具】选项卡中的【效果】下拉按钮，❷ 在弹出的下拉菜单中选择【倒影】选项，❸ 再在弹出的子菜单中选择一种倒影变体，如下图所示。

2. 使用图形制作目录

使用各种形状可以组合出各种图形，操作方法如下。

第1步 单击【开始】选项卡中的【新建幻灯片】下拉按钮，如下图所示。

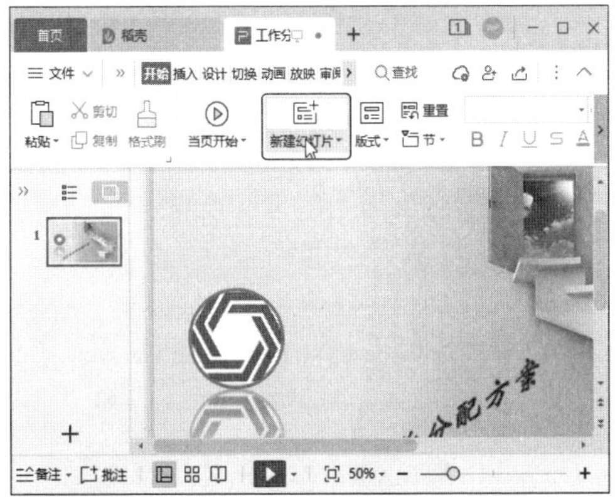

第2步 单击【母版版式】中的【更多】链接，如下图所示。

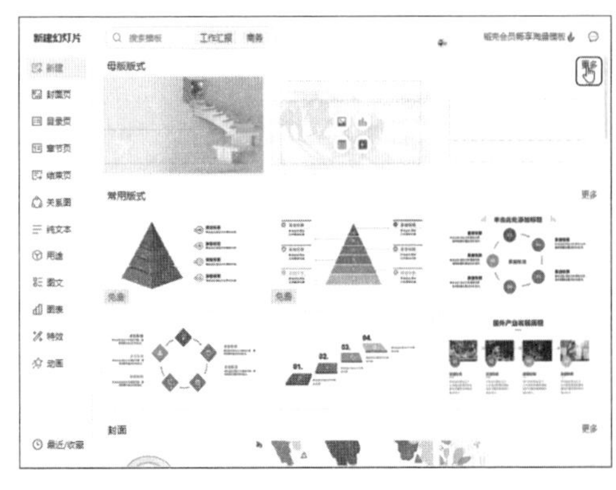

> **教您一招：更改版式**
>
> 如果需要更改幻灯片的版式，就可以在左侧窗格中右击幻灯片，在弹出的快捷菜单中选择【版式】命令，再在弹出的子菜单中选择一种版式。

第3步 在打开的【母版版式】中选择仅标题版式，如下图所示。

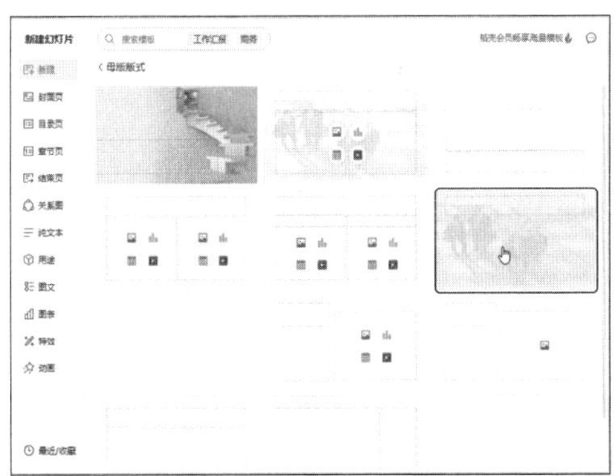

第4步 在标题占位符中输入标题文本，选择【菱形】工具 ◇，按住【Shift】键绘制一个菱形，并设置形状样式，如下图所示。

第5步 ❶ 使用相同的方法，在菱形的旁边绘制一个矩形，并使两者部分重叠，然后在矩形中添加文本框，输入文本。选中所有图形和文本框，❷ 单击【绘图工具】选项卡中的【组合】下拉按钮，❸ 在弹出的下拉菜单中选择【组合】选项，如下图所示。

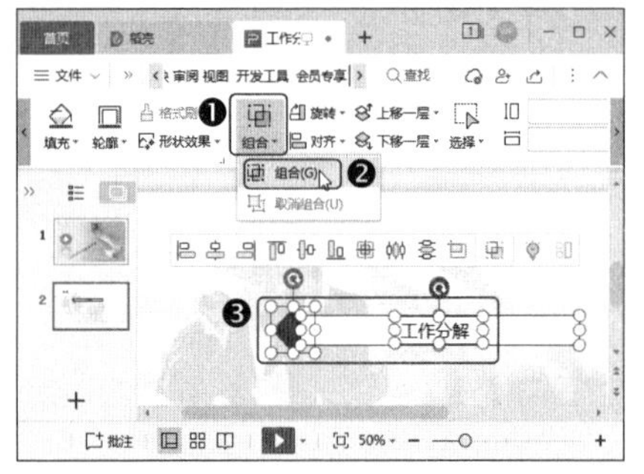

第6步 复制图形，然后更改目录内容，完成目录的制作，如下图所示。

3. 添加文本

目录制作完成后，就可以添加文本内容了，操作方法如下。

第1步 ❶ 新建一张标题和内容版式的幻灯片，在标题占位符中输入标题，并设置文字样式。❷ 将光标定位到文本框中，❸ 单击【文本工具】选项卡中的【插入项目符号】按钮☰·，如下图所示。

温馨提示

文本占位符默认添加了项目符号，如果不需要项目符号，就需要在编辑文本之前取消。

第2步 ❶ 输入文本，❷ 单击【开始】选项卡中的【段落】对话框按钮 ⌟，如下图所示。

第3步 打开【段落】对话框，❶ 在【特殊格式】下拉列表中选择【首行缩进】，设置【度量值】为【2】厘米，❷ 然后在【间距】栏设置【段前】为【10 磅】，【段后】为【50 磅】，❸ 完成后单击【确定】按钮，如下图所示。

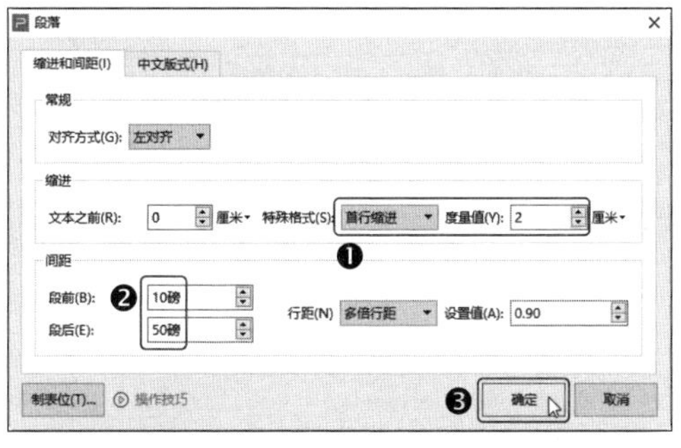

温馨提示

在 WPS 演示中，度量值的大小是根据字号的大小来决定的，用户可以根据实际情况设置。

第4步 返回演示文稿，即可看到设置了段落格式后的效果，如下图所示。

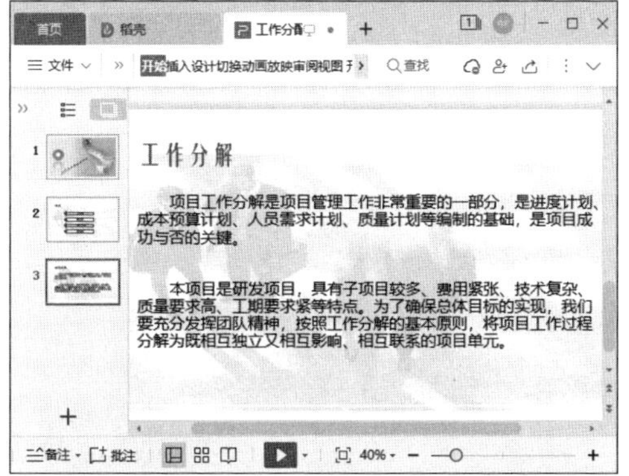

4. 使用智能图形制作分解结构图

使用智能图形可以非常方便地制作结构图形，操作方法如下。

第1步 ❶ 新建一张仅标题版式的幻灯片，输入标题文字，并设置文字格式。❷ 然后单击【插入】选项卡中的【智能图形】按钮，如下图所示。

第2步 打开【智能图形】对话框，选择一种智能图形样式，本例选择的是【组织结构图】，如下图所示。

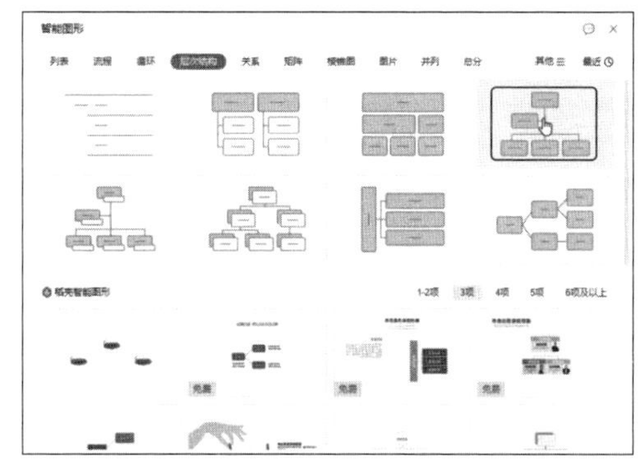

第3步 选择第二排的图形，按【Delete】键删除，如下图所示。

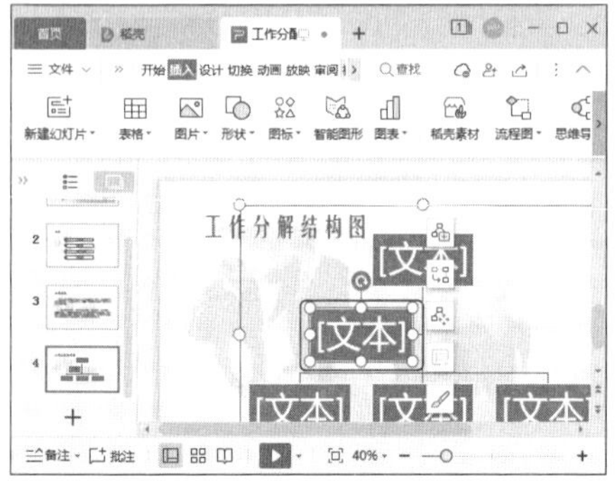

第4步 ❶ 选中图形后直接输入文本，然后选中第二排的第三个图形；❷ 单击【设计】选项卡中的【添加项目】下拉按钮，❸ 在弹出的下拉菜单中选择【在后面添加项目】选项，如下图所示。

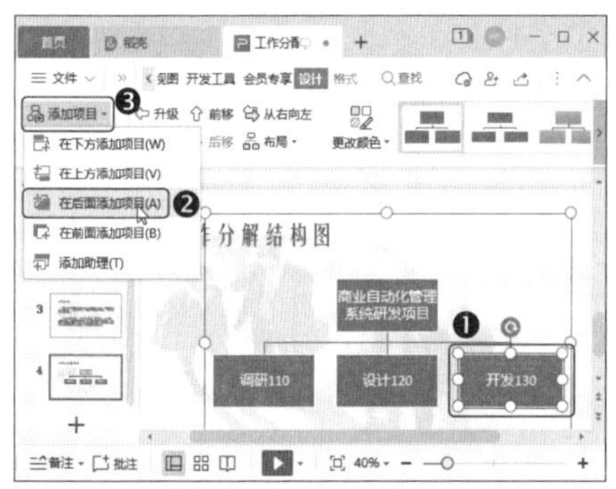

第5步 使用相同的方法添加多个形状，并在形状中输入结构图的文字，如下图所示。

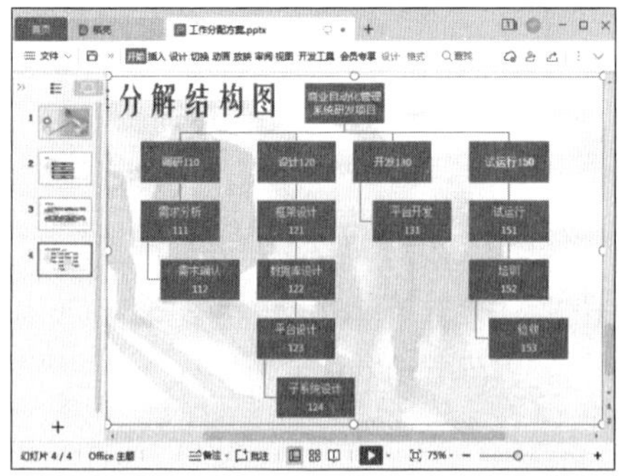

第6步 选中第一排的形状，拖动右侧的控制点调整形状的大小，如下图所示。

第7步 选中整个智能图形，拖动上方的控制点，调整图形的大小，如下图所示。

第8步 ❶ 选中智能图形，❷ 单击【设计】选项卡中的【更改颜色】下拉按钮，❸ 在弹出的下拉菜单中选择一种颜色方案，如下图所示。

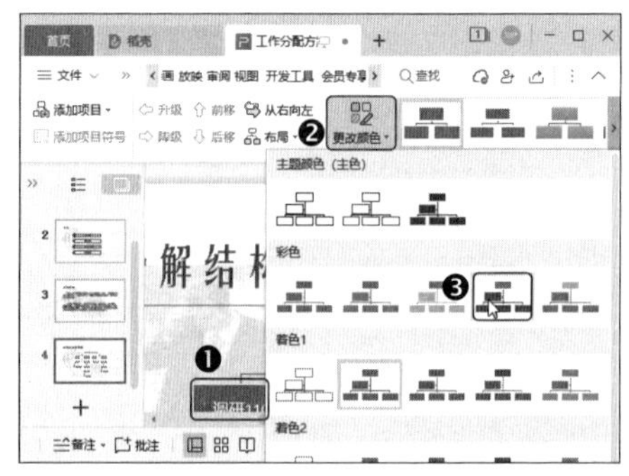

第9步 ❶ 选中第一排的形状，❷ 在【格式】选项卡中设置文本样式，如下图所示。

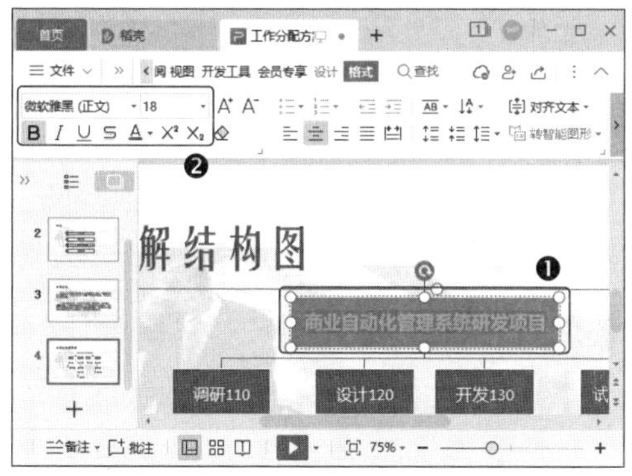

5. 插入表格

如果需要在幻灯片中展示规律的数据，就可以使用表格，插入表格的方法如下。

第1步 ❶ 新建一张标题和内容版式的幻灯片，输入标题文本，❷ 然后单击文本框中的【插入表格】按钮，如下图所示。

> **温馨提示**
>
> 在【插入】选项卡中单击【表格】下拉按钮，在弹出的下拉菜单中选择【插入表格】选项也可以打开【插入表格】对话框。

第2步 ❶ 在打开的【插入表格】对话框中设置【行数】为“11”，【列数】为“5”；❷ 然后单击【确定】按钮，如下图所示。

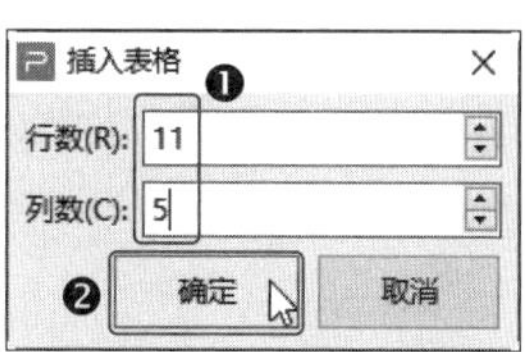

第3步 ❶ 在表格中输入数据，❷ 然后在【表格样式】选项卡中的选择一种表格样式，如下图所示。

第4步 在表格下方添加一个文本框，补充表格说明，如下图所示。

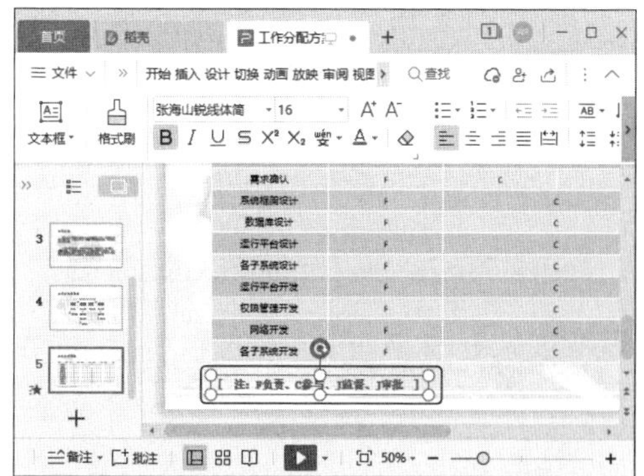

6. 制作时间管理页面

使用形状可以制作出规律的幻灯片，下面利用椭圆形制作时间管理页面。

第1步 新建一张仅标题版式的幻灯片，输入标题文字，并利用文本框输入文字信息，如下图所示。

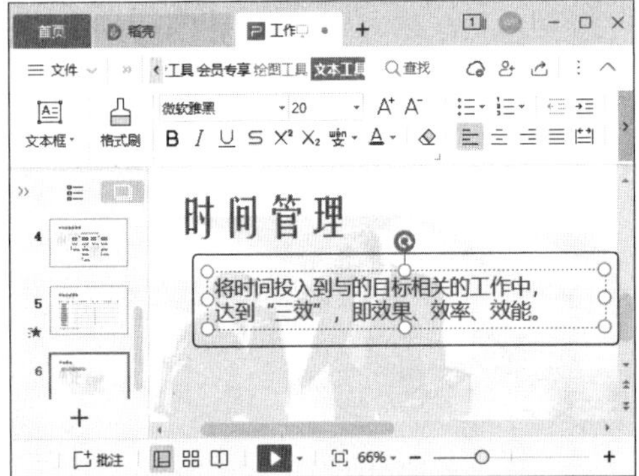

第2步 ❶ 使用【椭圆】工具绘制一个正圆形，❷ 然后在【绘图工具】选项卡中选择一种形状样式，如下图所示。

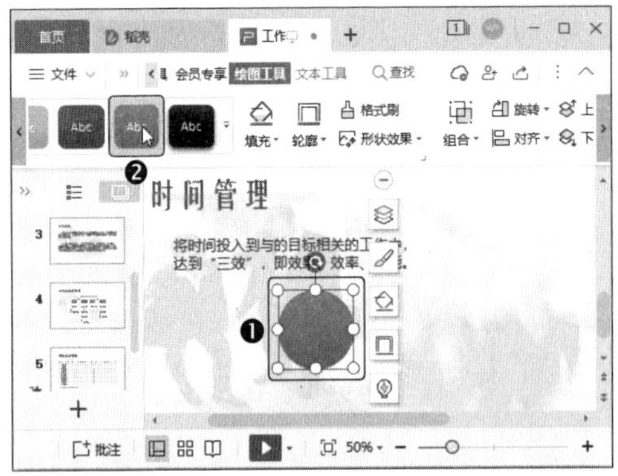

第3步 ❶ 在形状上单击鼠标右键，❷ 在弹出的快捷菜单中选择【编辑文字】命令，如下图所示。

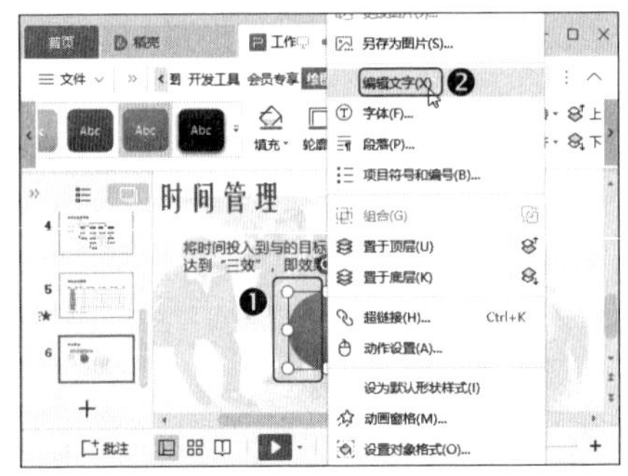

第4步 ❶ 在形状中输入文本，❷ 在【文本工具】选项卡中设置文本样式，如下图所示。

第5步 在圆形右侧添加文本框，并输入文字，然后使用相同的方法添加其他内容，如下图所示。

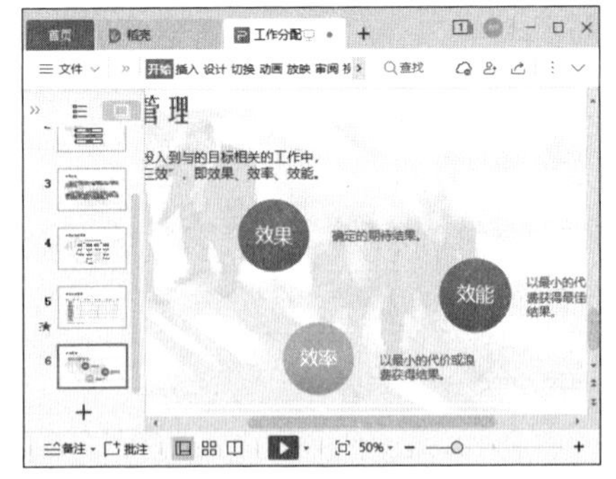

第6步 单击【插入】选项卡中的【图片】按钮，如下图所示。

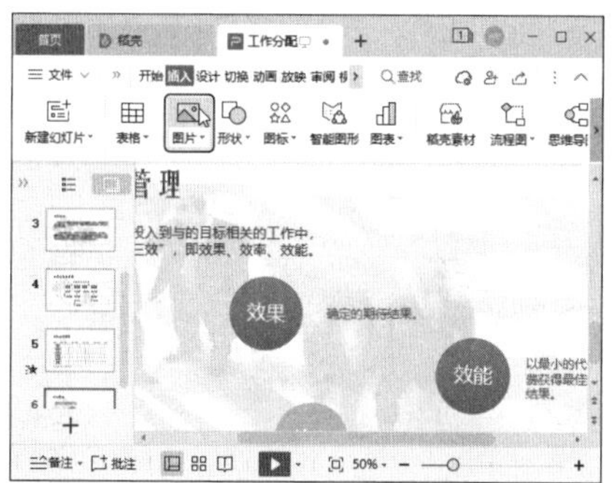

第7步 插入“素材文件\第 10 章\工作分配方案\思考 .jpg”图片，然后选中图片，❶ 单击【图片工具】选项卡中的【裁剪】下拉按钮，❷ 在弹出的下拉菜单中选择【创意裁剪】选项，❸ 再在弹出的子菜单中选择一种创意裁剪的样式，如下图所示。

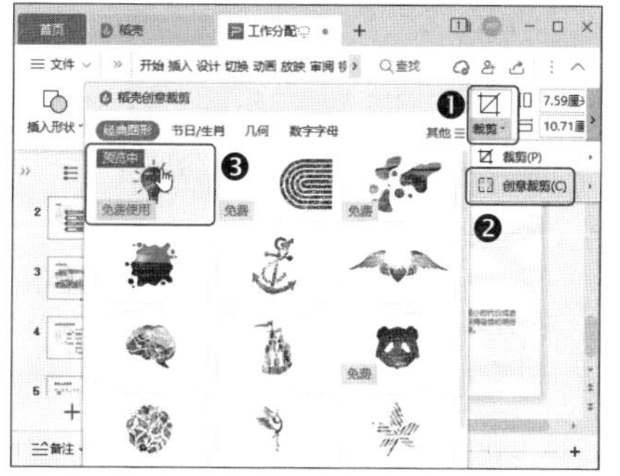

第8步 使用相同的方法制作其他幻灯片，如下图所示。

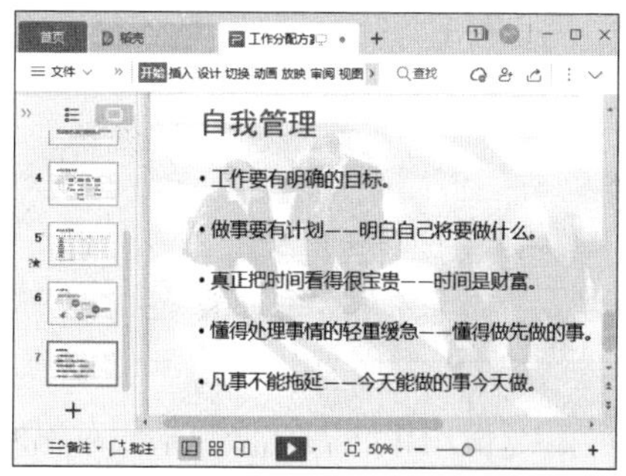

第9步 添加一张标题幻灯片，输入结束语即可完成幻灯片的制作，如下图所示。

10.3.3 放映幻灯片

幻灯片制作完成后，就可以放映幻灯片了。在放映幻灯片之前，我们需要先设置幻灯片的切换动画，操作方法如下。

第1步 在【切换】选项卡中选择一种切换样式，如下图所示。

温馨提示

幻灯片的切换动画很多，如果既不知道如何选择幻灯片，又没有特殊要求，就可以选择【随机】选项。

第2步 ❶ 单击【切换】选项卡中的【声音】下拉按钮，❷ 在弹出的下拉菜单中选择切换时的声音，如下图所示。

第3步 单击【切换】选项卡中的【应用到全部】按钮，将设置应用到所有幻灯片，如下图所示。

第4步 ❶ 选择第一张幻灯片中的图片，单击【动画】选项卡中的【智能动画】下拉按钮，❷ 在弹出的下拉菜单中选择一种智能动画样式，单击样式中的【免费下载】按钮，如下图所示。

第5步 ❶ 选择标题文本，❷ 在【动画】选项卡中选择一种动画样式，如下图所示。

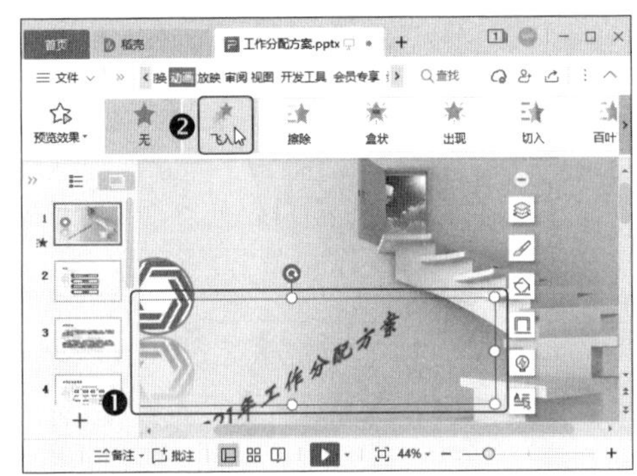

第6步 ❶ 单击【动画】选项卡中的【动画属性】下拉按钮，❷ 在弹出的下拉菜单中选择【自左侧】选项，如下图所示。

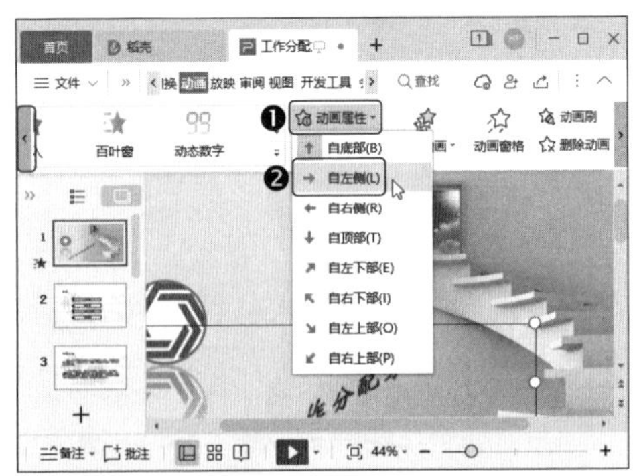

第7步 使用相同的方法为其他对象设置

动画效果，完成后单击【放映】选项卡中的【从头开始】按钮即可放映幻灯片，如下图所示。

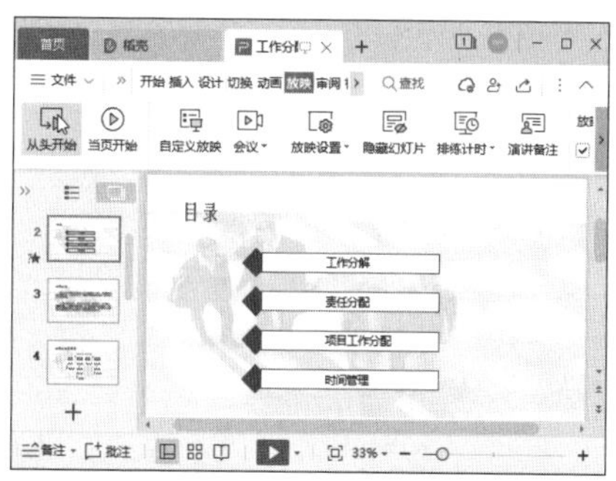

大神支招

下面结合本章内容，给读者介绍一些工作中的实用技巧。

01 编辑邮件合并收件人

在使用邮件合并功能时，如果不需要数据源中某些数据，那么可以编辑收件人，操作方法如下。

第1步 打开“素材文件\第 10 章\会议邀请函.docx”文件，单击【引用】选项卡中的【邮件】按钮，进入邮件合并模式并加载数据源，然后单击【邮件合并】选项卡中的【收件人】按钮，如下图所示。

第2步 打开【邮件合并收件人】对话框，❶ 在【收件人列表】中取消勾选不需要的收件人，❷ 然后单击【确定】按钮，如下图所示。

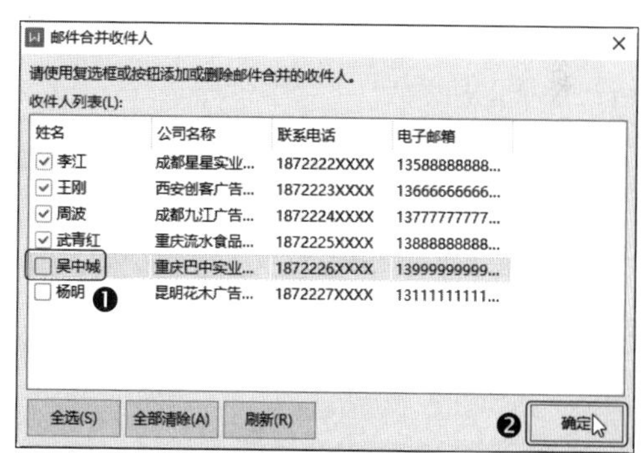

02 如何插入屏幕截图?

在制作文档时，如果需要将屏幕上的内容插入到文档中，就可以使用截屏功能，操作方法如下。

第1步 打开“素材文件\第 10 章\会议议程安排 .xlsx”文件，将需要截屏的内容显示在屏幕上。❶ 然后单击【插入】选项卡中的【更多】下拉按钮，❷ 在弹出的下拉菜单中选择【截屏】选项，❸ 再在弹出的子菜单中选择截屏形状，本例选择的是【矩形区域截图】选项，如下图所示。

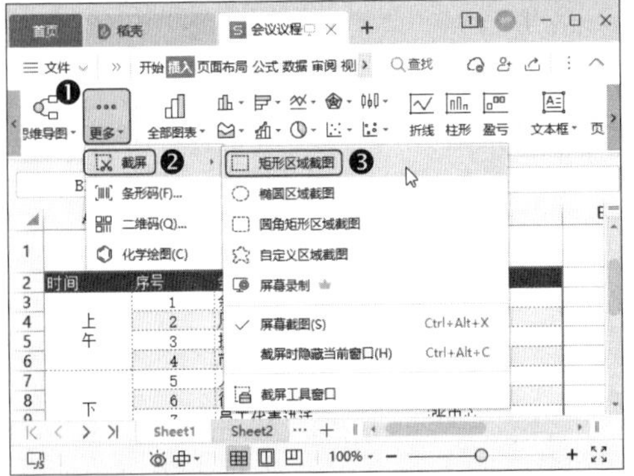

第2步 按住鼠标左键在屏幕上拖动，从而圈出截屏区域，完成后单击【完成】按钮，如下图所示。

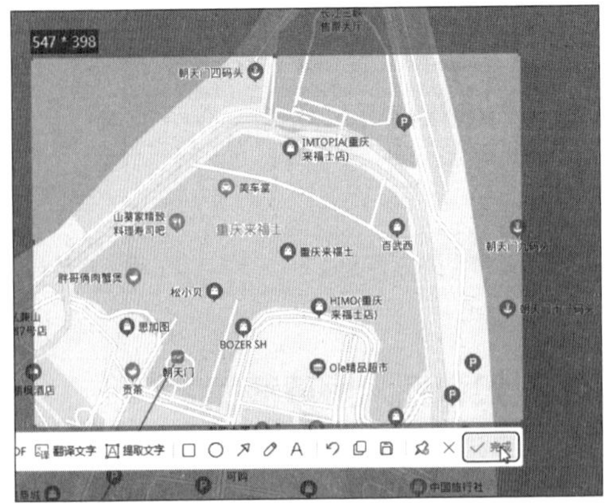

第3步 返回工作表中即可看到该区域已经被插入工作表，如下图所示。

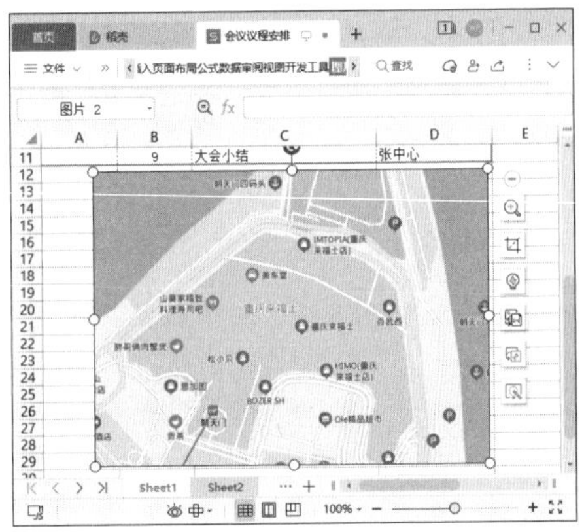

03 如何打包演示文稿？

如果制作的演示文稿中包含了链接的数据、特殊字体、视频或音频文件等，为了保证演示文稿能在其他电脑上正常播放，最好将演示文稿打包，打包演示文稿的方法如下。

第1步 打开“素材文件\第 10 章\工作分配方案 .pptx”文件，❶ 单击【文件】下拉按钮，❷ 在弹出的下拉菜单中选择【文件打包】命令，❸ 再在弹出的子菜单中选择【将演示文稿打包成文件夹】命令，如下图所示。

第2步 打开【演示文件打包】对话框，❶在【位置】文本框中设置保存路径，❷然后单击【确定】按钮，如下图所示。

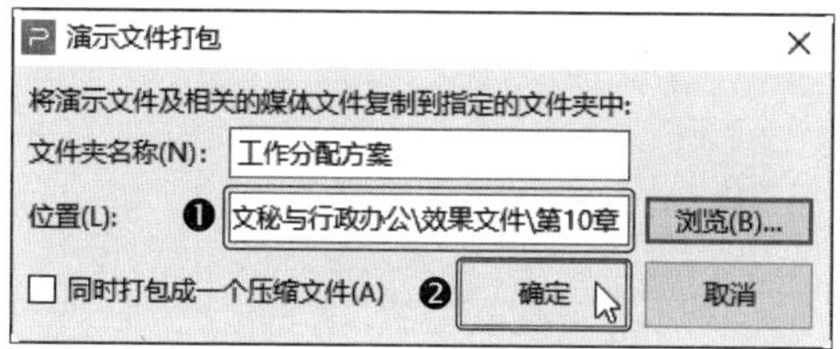

第3步 打包完成后弹出【已完成打包】对话框，单击【打开文件夹】或【关闭】按钮即可，如下图所示。

WPS

第 11 章

公司宣传与活动策划

本章导读

在文秘与行政工作中，经常需要制作公司宣传与活动策划文档。本章将通过制作公司简介、产品促销活动价目表和商品展示演示文稿等为例，介绍 WPS Office 软件在公司宣传与活动策划工作中的相关应用技巧。

知识要点

- 插入文本框
- 插入图片水印
- 应用表格样式
- 插入页眉和页脚
- 打印工作表
- 编辑母版
- 设置排练计时
- 将演示文稿另存为视频

11.1 使用 WPS 文字制作公司简介

公司简介是指宣传公司和产品的文档，大多通过文字、图片和表格等来制作。通过详细的产品信息以及公司概括，客户能够了解公司和产品，并从中获得所需的价值信息。

本例将制作一份公司简介，完成后的效果如下图所示，实例最终效果见“结果文件\第 11 章\公司简介 .docx”文件。

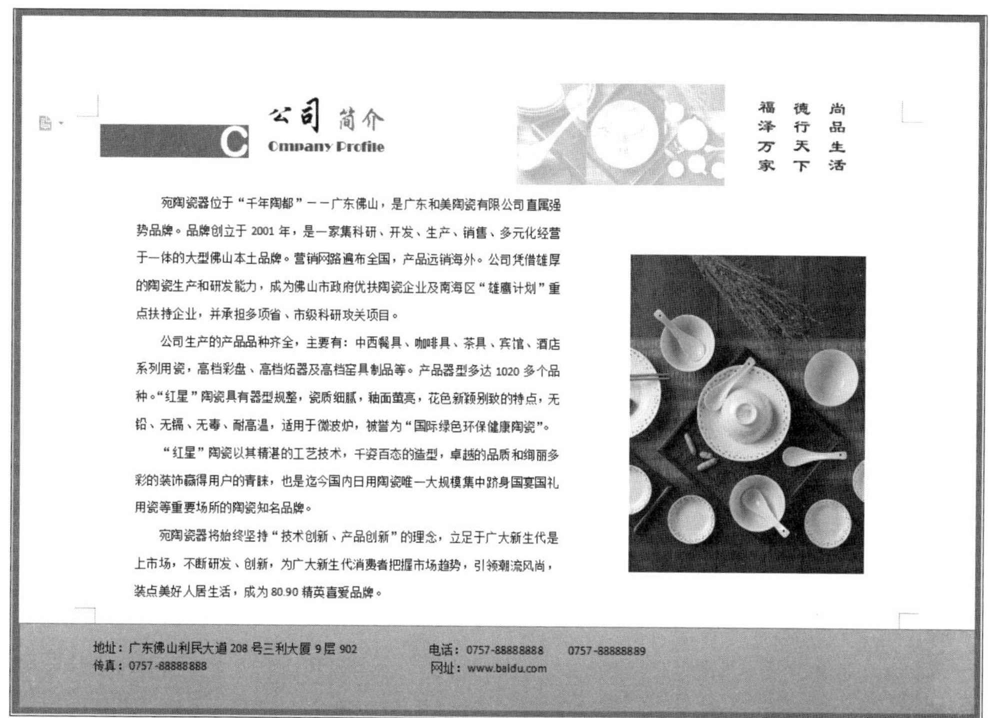

公司 简介
Company Profile

福泽万家
德行天下
尚品生活

宛陶瓷器位于“千年陶都”——广东佛山，是广东和美陶瓷有限公司直属强势品牌。品牌创立于 2001 年，是一家集科研、开发、生产、销售、多元化经营于一体的大型佛山本土品牌。营销网路遍布全国，产品远销海外。公司凭借雄厚的陶瓷生产和研发能力，成为佛山市政府优扶陶瓷企业及南海区“雄鹰计划”重点扶持企业，并承担多项省、市级科研攻关项目。

公司生产的产品品种齐全，主要有：中西餐具、咖啡具、茶具、宾馆、酒店系列用瓷，高档彩盘、高档炻器及高档窑具制品等。产品器型多达 1020 多个品种。“红星”陶瓷具有器型规整，瓷质细腻，釉面莹亮，花色新颖别致的特点，无铅、无镉、无毒、耐高温，适用于微波炉，被誉为“国际绿色环保健康陶瓷”。

“红星”陶瓷以其精湛的工艺技术，千姿百态的造型，卓越的品质和绚丽多彩的装饰赢得用户的青睐，也是迄今国内日用陶瓷唯一大规模集中跻身国宴国礼用瓷等重要场所的陶瓷知名品牌。

宛陶瓷器将始终坚持“技术创新、产品创新”的理念，立足于广大新生代是上市场，不断研发、创新，为广大新生代消费者把握市场趋势，引领潮流风尚，装点美好人居生活，成为 80.90 精英喜爱品牌。

地址：广东佛山利民大道 208 号三利大厦 9 层 902
传真：0757-88888888
电话：0757-88888888　　0757-88888889
网址：www.baidu.com

11.1.1 设置文档页面

本例将新建一个空白文档，并设置其文本方向和页面边框，操作方法如下。

第1步 新建一个名为“公司简介”的文档，❶ 单击【页面布局】选项卡中的【纸张方向】下拉按钮，❷ 在弹出的下拉菜单中选择【横向】选项，如下图所示。

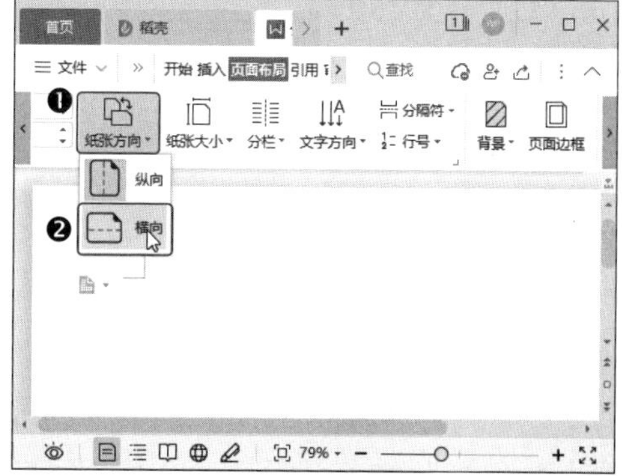

第2步 单击【页面布局】选项卡中的【页面边框】按钮，如下图所示。

第3步 打开【边框和底纹】对话框，❶ 在【页面边框】选项卡的【设置】列表中选择【方框】选项，❷ 然后分别设置边框的颜色和宽度，❸ 完成后单击【选项】按钮，如下图所示。

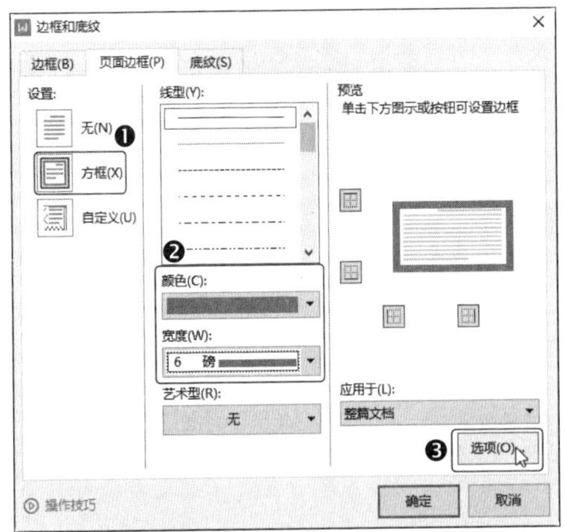

第4步 打开【边框和底纹选项】对话框，❶ 在【度量依据】下拉列表中选择【页边】选项，❷ 然后设置【上】【下】【左】【右】的边距为“0”，❸ 完成后依次单击【确定】按钮返回文档，如下图所示。

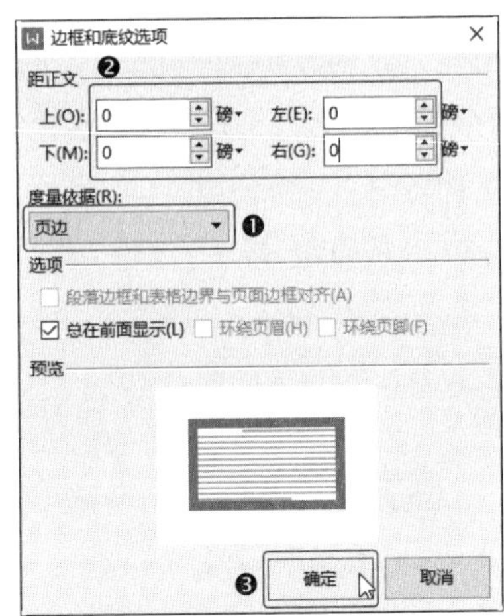

11.1.2 插入文本框并输入文本

使用文本框输入文本，可以更方便地处理文本的排版，操作方法如下。

第1步 ❶ 单击【插入】选项卡中的【形状】下拉按钮，❷ 在弹出的下拉菜单中选择【矩形】，如下图所示。

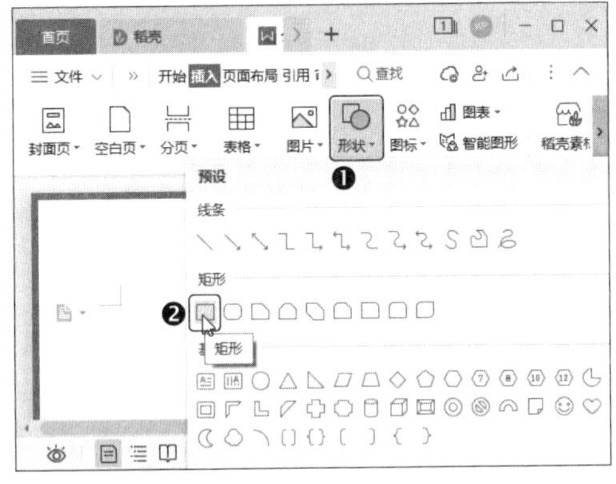

第2步 绘制一个矩形，然后在【绘图工具】选项卡中设置高度为“1 厘米”，宽度为“4.5 厘米”，如下图所示。

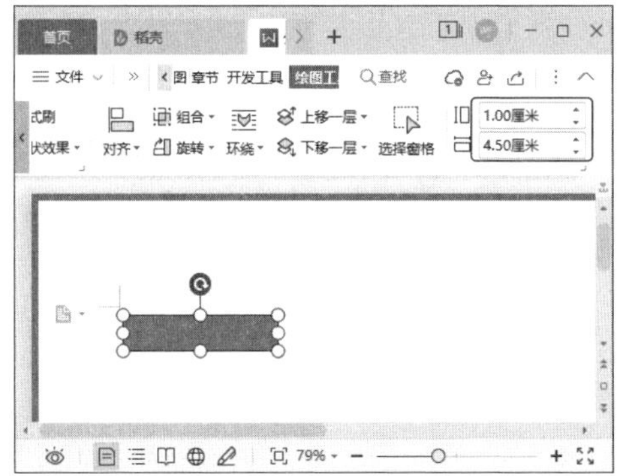

第3步 ❶ 选中矩形，❷ 在【绘图工具】选项卡中选择一种形状样式，如下图所示。

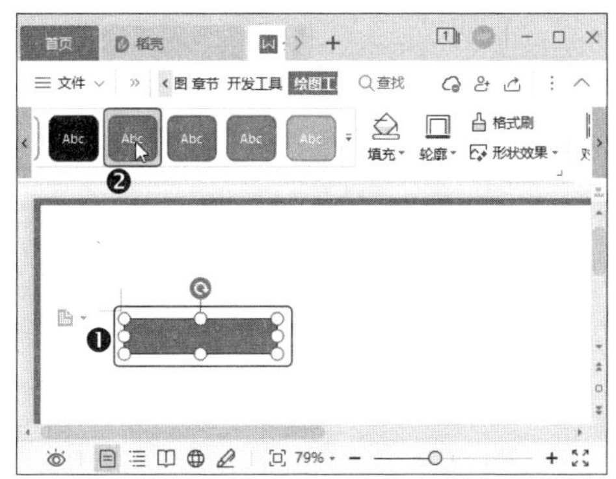

第4步 ❶ 单击【绘图工具】选项卡中的【轮廓】下拉按钮，❷ 在弹出的下拉菜单中选择【无边框颜色】选项，如下图所示。

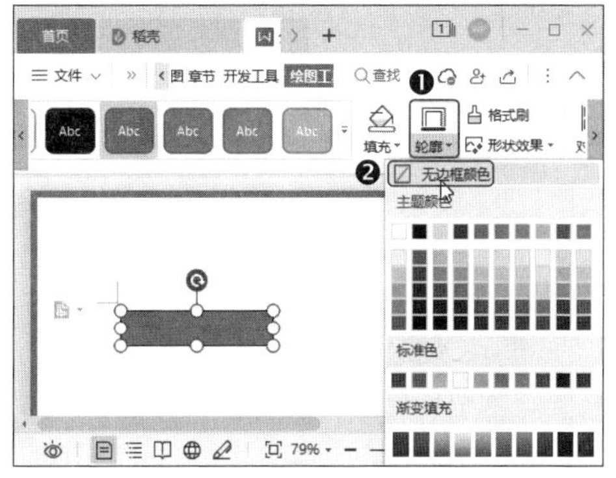

第5步 ❶ 单击【插入】选项卡中的【艺术字】下拉按钮，❷ 在弹出的下拉菜单中任意选择一种艺术字样式，如下图所示。

温馨提示

此处选择使用艺术字，是为了后续方便使用艺术字的转换功能。

第6步 ❶ 输入“公司”文本，❷ 然后单击【文本工具】选项卡中的【清除格式】按钮，如下图所示。

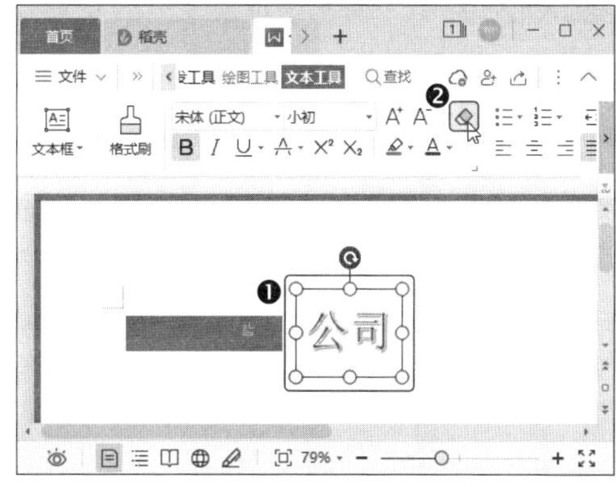

第7步 在【文本工具】选项卡中设置文本格式，如下图所示。

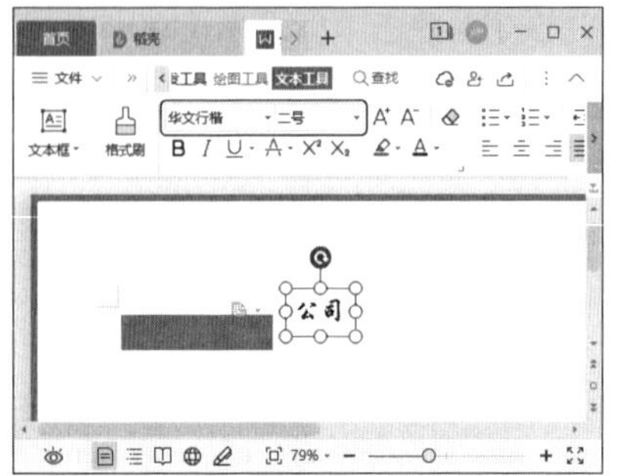

第8步 ❶ 单击【文本工具】选项卡中的【文本效果】下拉按钮，❷ 在弹出的下拉菜单中选择【转换】选项，❸ 再在弹出的子菜单中选择【左远右近】样式，如下图所示。

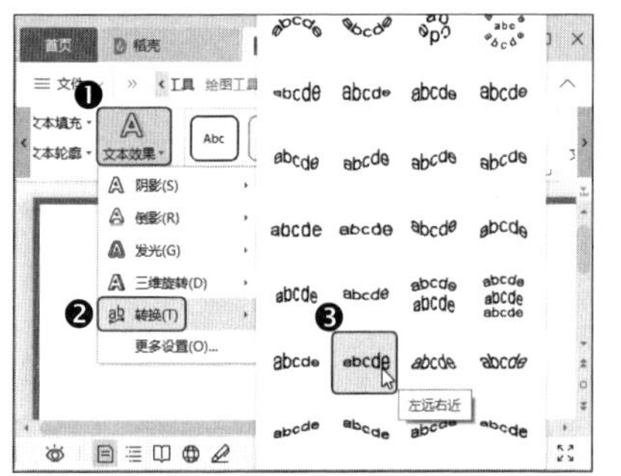

第9步 单击【插入】选项卡中的【文本框】按钮，如下图所示。

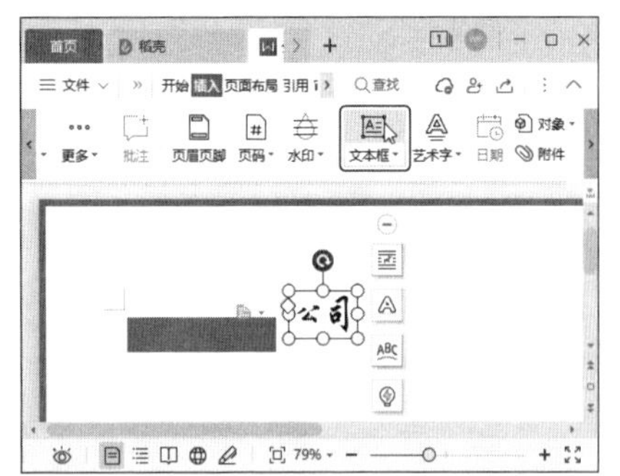

第10步 ❶ 在“公司”文本后绘制文本框，在文本框中输入“简介”，❷ 然后在【开始】选项卡中设置文字格式，如下图所示。

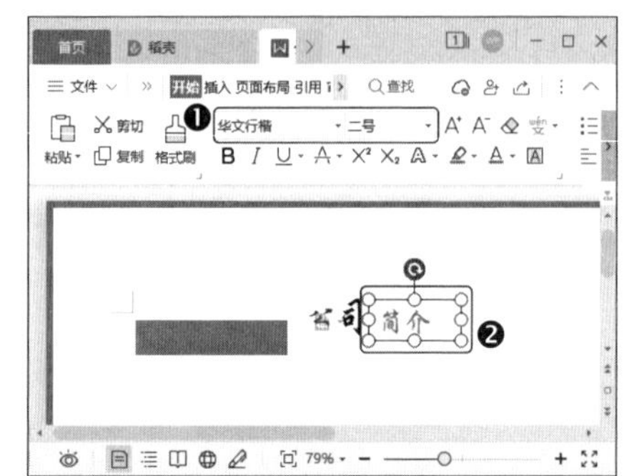

第11步 ❶ 单击【绘图工具】选项卡中的【轮廓】下拉按钮，❷ 在弹出的下拉菜单中选择【无边框颜色】选项，如下图所示。

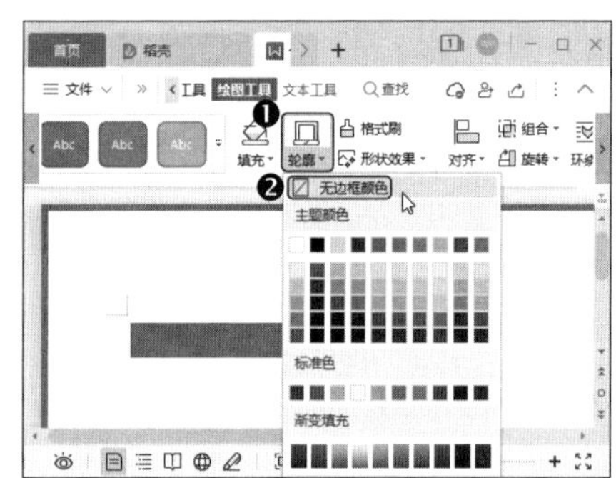

第12步 右击“简介”文本框，在弹出的快捷菜单中选择【设置对象格式】命令，如下图所示。

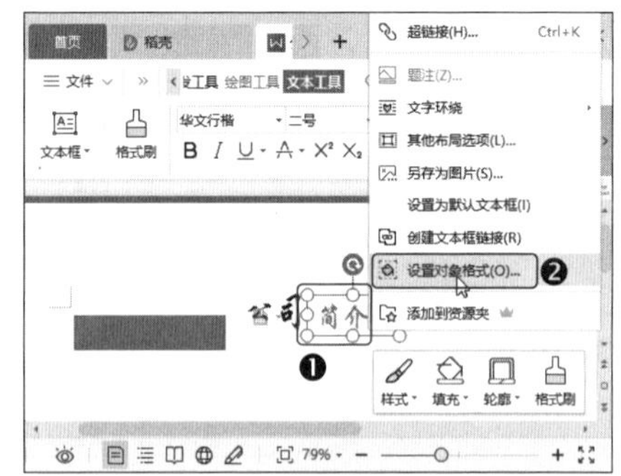

第13步 打开【属性】窗格，❶ 在【填充与线条】选项卡的【填充】栏中设置【透明度】为"100%"，❷ 然后单击【关闭】按钮 × 关闭【属性】窗格，如下图所示。

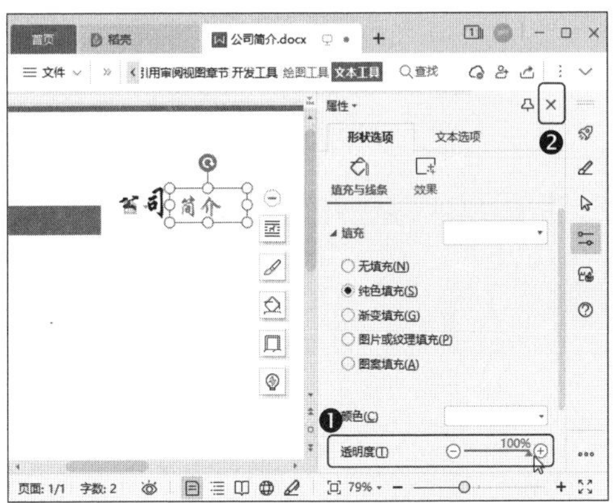

第14步 用同样的方法分别绘制两个文本框，取消其轮廓，然后在文本框中分别输入"C"和"Ompany Profile"。分别设置字体格式，调整文本框大小，再将文本框移至如图所示的位置，如下图所示。

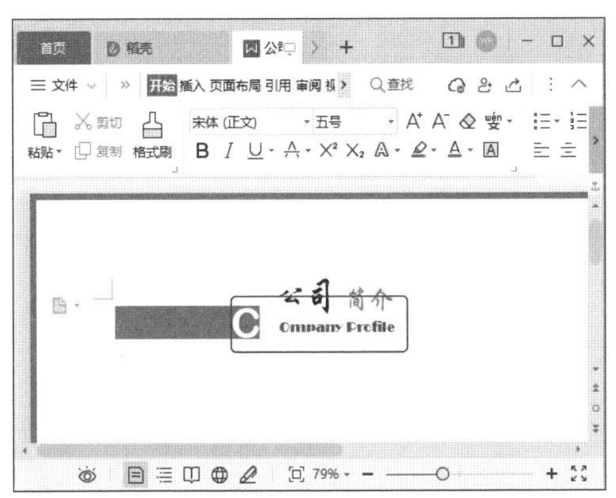

第15步 ❶ 在下方绘制文本框，取消文本框的轮廓，然后输入公司简介内容。选中文本框中的文字，❷ 单击【文本工具】选项卡中的【段落】对话框按钮 ⌟，如下图所示。

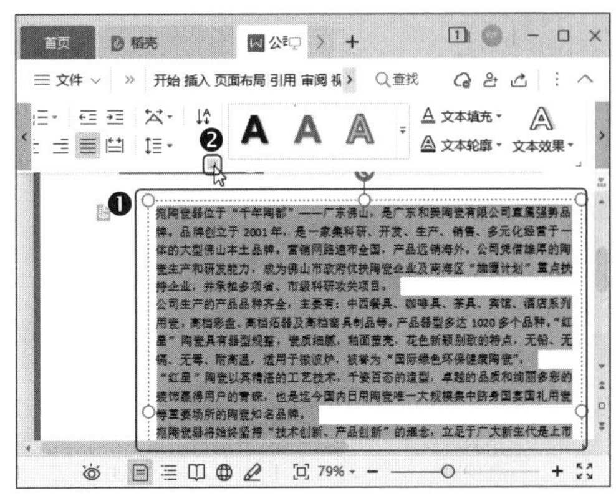

第16步 打开【段落】对话框，❶ 设置【特殊格式】为【首行缩进，2 字符】、【行距】为【1.5 倍行距】，❷ 然后单击【确定】按钮，如下图所示。

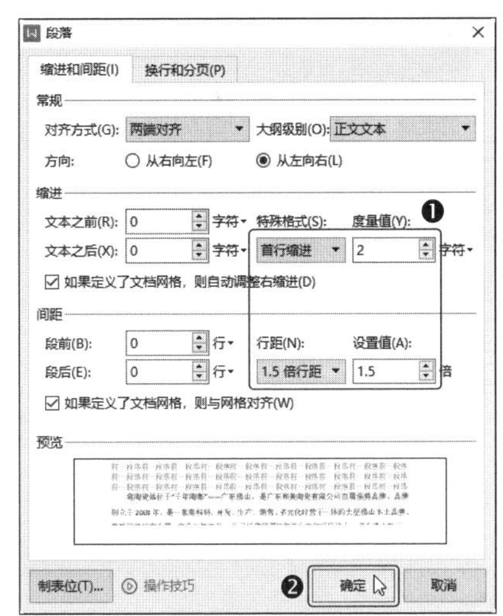

第17步 ❶ 单击【插入】选项卡中的【文本框】下拉按钮，❷ 在弹出的下拉菜单中选择【竖向】选项，如下图所示。

第18步 ❶ 在文本框中输入文本，❷ 然后在【开始】选项卡中设置文本格式，如下图所示。

第19步 ❶ 沿页面底部绘制矩形形状，并将高度设置为“2.5 厘米”，❷ 然后在【绘图工具】选项卡中设置形状样式，如下图所示。

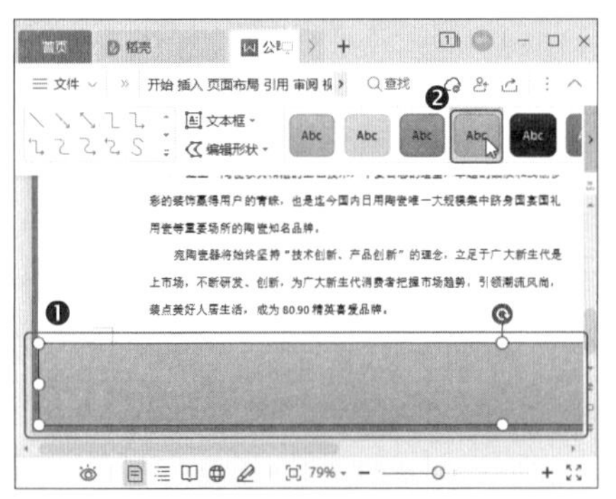

第20步 在形状中输入公司地址、电话、传真和网址等，如下图所示。

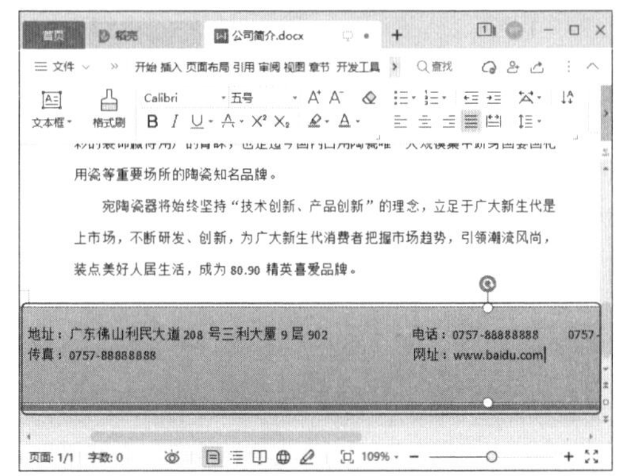

11.1.3 插入宣传图片

公司简介中的图片最好是公司产品图，这样可以起到宣传的作用，操作方法如下。

第1步 单击【插入】选项卡中的【图片】按钮，如下图所示。

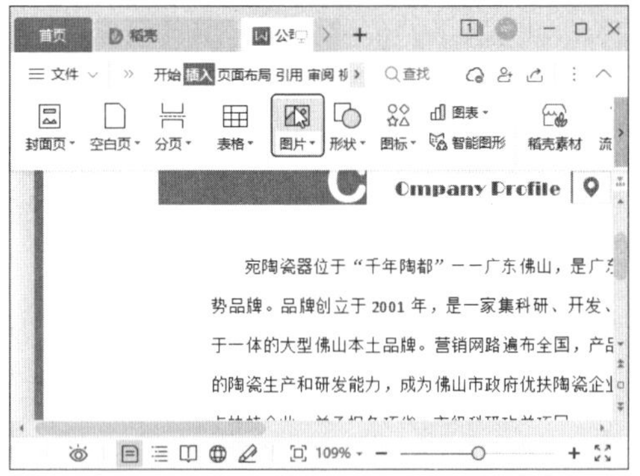

第2步 插入“素材文件\第 11 章\公司简介\图片 1.jpg”文件，❶ 然后选中图片，❷ 单击【图片工具】选项卡中的【环绕】下拉按钮，❸ 在弹出的下拉菜单中选择【浮于文字上方】选项，如下图所示。

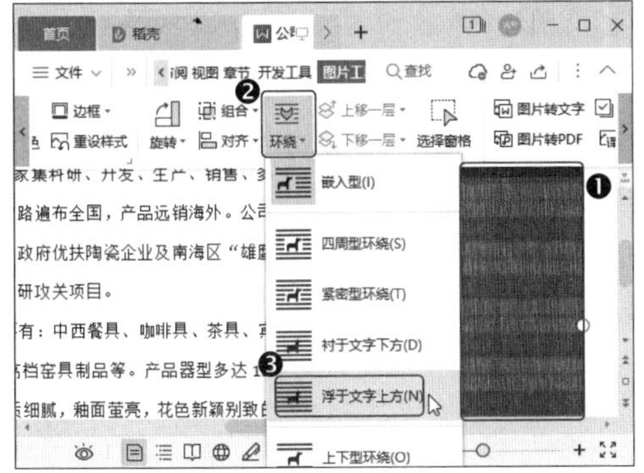

第3步 单击【图片工具】选项卡中的【裁剪】按钮，如下图所示。

第4步 裁剪图片并调整图片的大小，然后将图片移动到右下角合适的位置，如下图所示。

11.1.4 插入图片水印

在公司简介文档中插入相关的图片水印，不仅可以美化文档，还可以起到说明的作用。插入图片水印后，还需要对其进行相应的设置，使其更适合页面，操作方法如下。

第1步 ❶ 单击【插入】选项卡中的【水印】下拉按钮，❷ 在弹出的下拉菜单中选择【插入水印】选项，如下图所示。

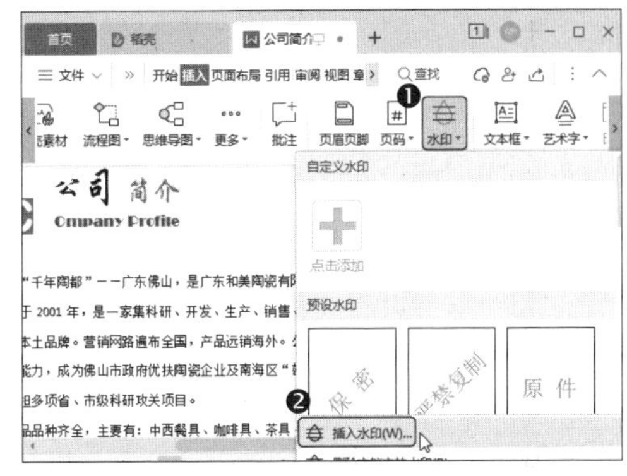

教您一招：插入内置水印

内置水印为文本水印，如果要插入内置水印，单击【插入】选项卡中的【水印】下拉按钮，在弹出的下拉菜单中选择一种预设水印即可。

第2步 打开【水印】对话框，勾选【图片水印】复选框，然后单击【选择图片】按钮，如下图所示。

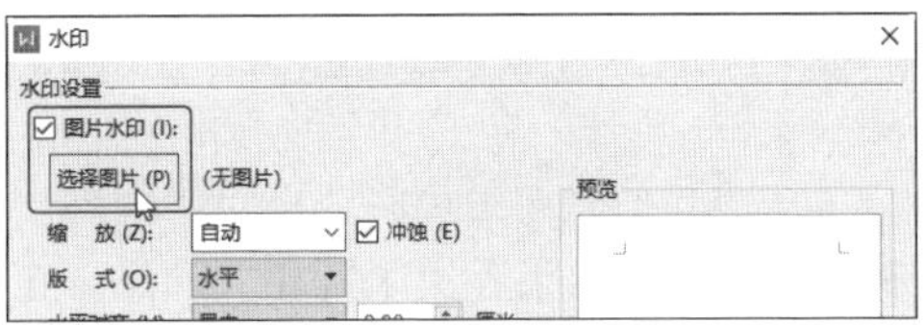

第3步 选择“素材文件\第 11 章\公司简介\图片 1.jpg”文件，返回【水印】对话框，可以查看已成功添加图片，然后单击【确定】按钮，如下图所示。

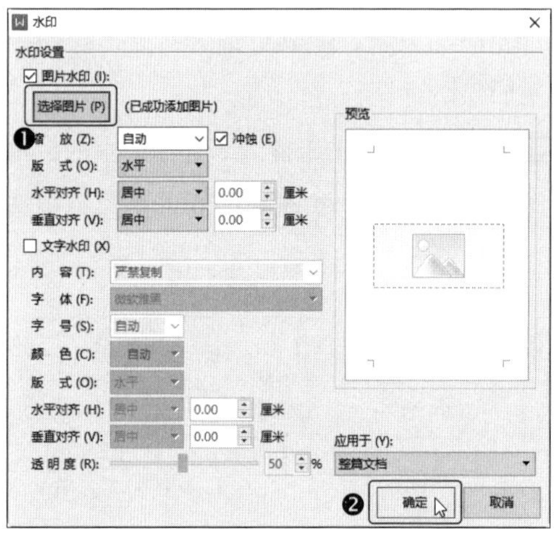

第4步 双击页眉位置，进入页眉页脚编辑模式，如下图所示。

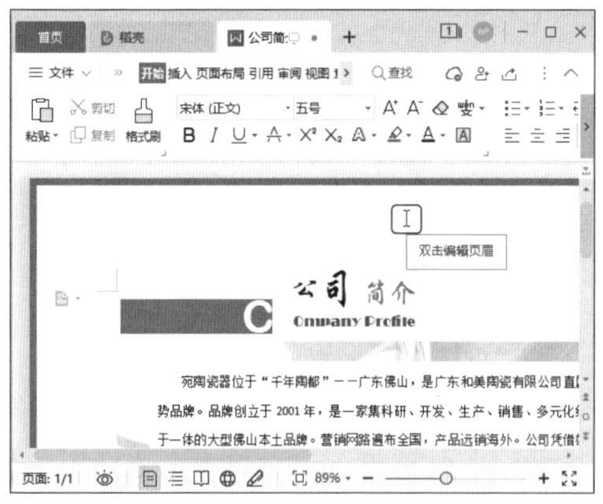

第5步 ❶ 选中水印图片，调整图片的大小，并将其移动到文档右上角。❷ 调整完之后单击【页眉页脚】选项卡中的【关闭】按钮，如下图所示。

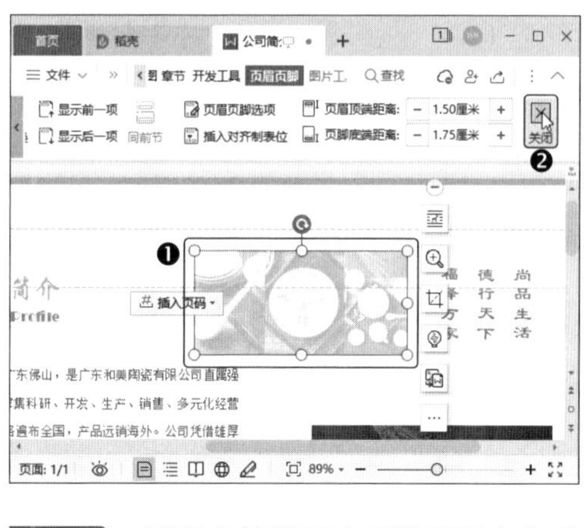

第6步 返回文档即可查看设置了水印后的效果，如下图所示。

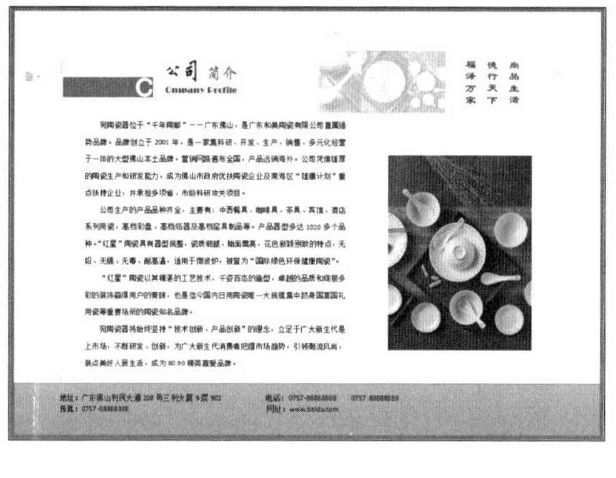

11.2 使用 WPS 表格制作产品促销活动价目表

在向外发送促销信息时，将参与促销活动的产品型号、价格、产品样式等数据一同展现，可以让购买者更了解相关产品。在制作产品促销价目表时，除了价格之外，商品图片也是增强消费者购买欲的重要因素。

本例将制作一份产品促销活动价目表，完成后的效果如下图所示，实例最终效果见“结果文件 \ 第 11 章 \ 产品促销活动价目表 .xlsx”文件。

宛陶瓷器促销活动

为了庆祝中秋节，我司将在9月月15日至25日对公司的部分产品进行折价销售，下面将列举出折价销售的各产品的促销价格：

产品型号	产品简介	价格	产品展示
WT－ST2021001	优先进口自洁釉，大小器型整齐叠放，自带收纳属性	￥498.00	
WT－ST2021002	健康釉料，瓷质厚实，选用厚实却不笨重的强化瓷，经过高温烧成，保障质量，加热无忧	￥598.00	
WT－ST2021003	哑光釉面，做工精细，高温烧制，无有害杂质，边缘圆润，温润细腻	￥498.00	
WT－ST2021004	豪华宫廷风，造型雅致美观，高含量骨粉，升级明火直烧烹饪煲	￥999.00	
WT－ST2021005	传承古法，精致陶泥经过800摄氏度的素烧，上色后再经过1210摄氏度的高温釉烧	￥1,188.00	
WT－ST2021006	手工绘釉下彩工艺，隔绝食物与涂料层，久用不褪色，造型卡通，陪伴每一个用餐时光	￥199.00	

11.2.1 制作促销表格

在制作促销表格前，首先需要对表格的行高与列宽进行设置，然后输入表格数据，再设置数据的数字格式，操作方法如下。

第1步 新建一个名为“产品促销活动价目表”的工作簿，❶ 选中 A1:D1 单元格区域，❷ 单击【开始】选项卡中的【合并居中】按钮，如下图所示。

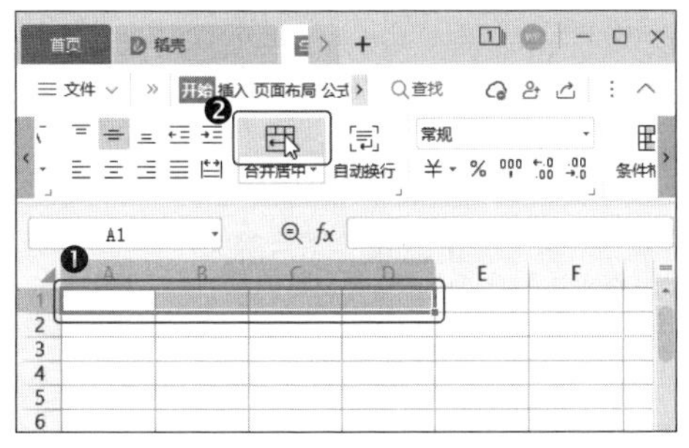

第2步 在表格中输入促销表的文本，输入产品型号后，因为列宽不够，将鼠标指针移动到 A 列与 B 列的分隔线上，当鼠标指针变为✛形状时，按住鼠标左键向右拖动到合适的位置，如下图所示。

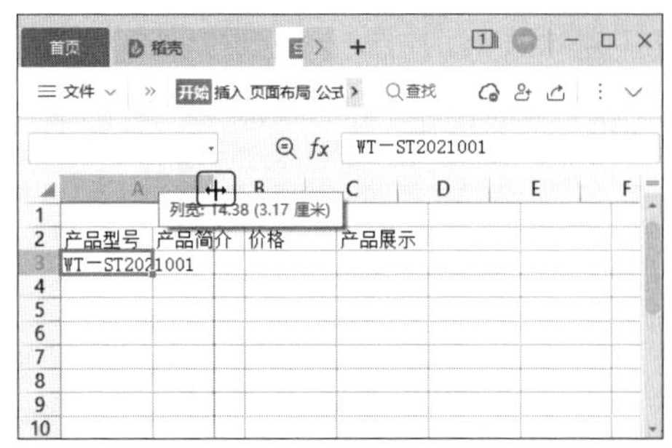

第3步 ❶ 输入产品简介，并选中该单元格，❷ 然后单击【开始】选项卡中的【自动换行】按钮，如下图所示。

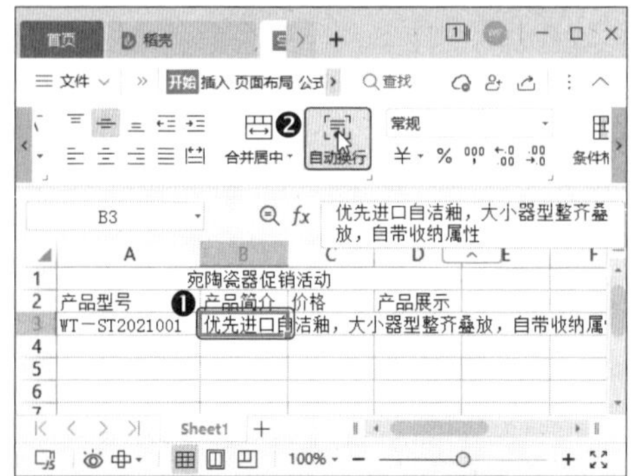

第4步 拖动 B 列和 C 列的分隔线，调整列宽，如下图所示。

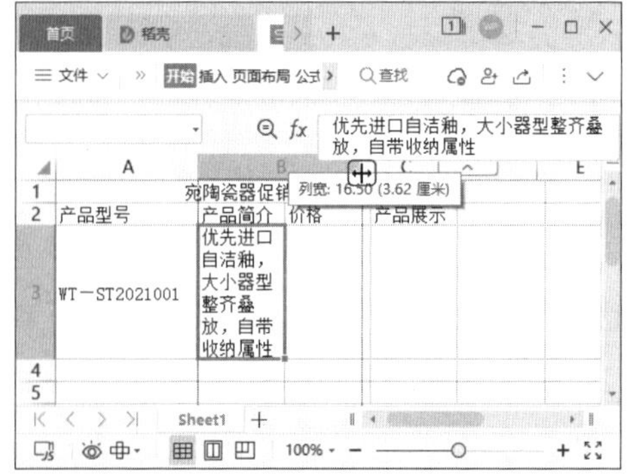

第5步 ❶ 输入商品价格，❷ 然后单击【开始】选项卡中的【中文货币符号】下拉按钮￥-，❸ 在弹出的下拉菜单中选择【货币】选项，如下图所示。

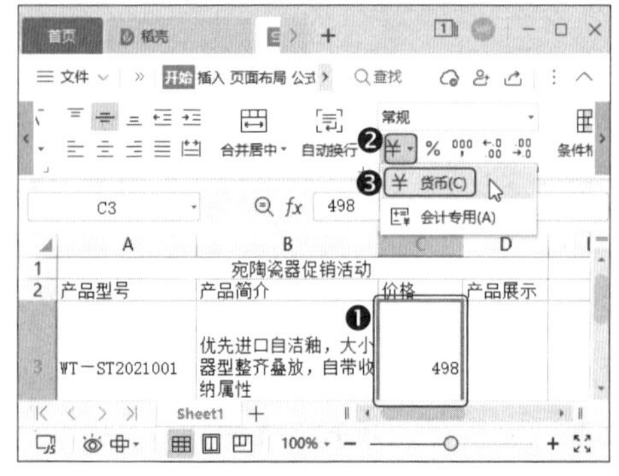

第6步 单击【插入】选项卡中的【图片】下拉按钮，如下图所示。

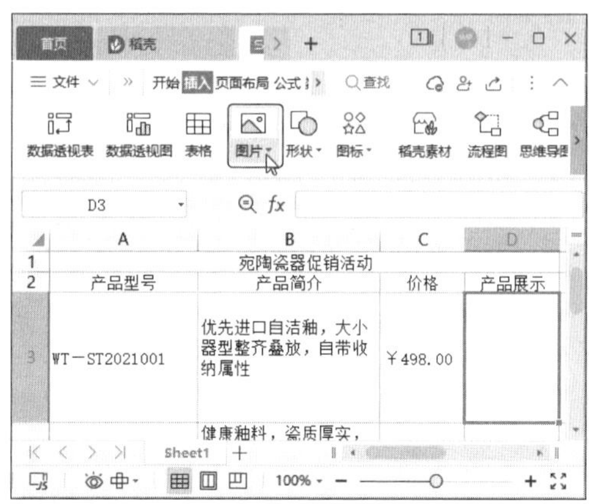

第7步 ❶ 在弹出的下拉菜单中选择【嵌入单元格】选项，❷ 然后单击【本地图片】按钮，如下图所示。

第8步 将"素材文件 \ 第 11 章 \ 促销商品 \ 现代 .jpg"图片插入工作表中，如下图所示。

> **教您一招：调整嵌入的图片的大小**
>
> 将图片嵌入单元格后，可以通过调整单元格的大小来调整图片的大小。

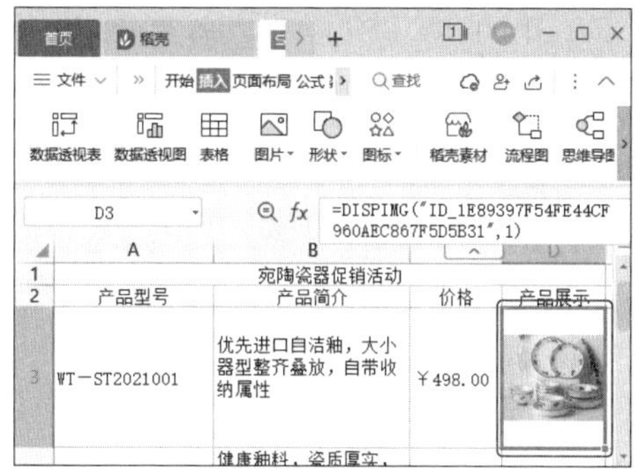

第9步 使用相同的方法添加其他商品的信息和图片，如下图所示。

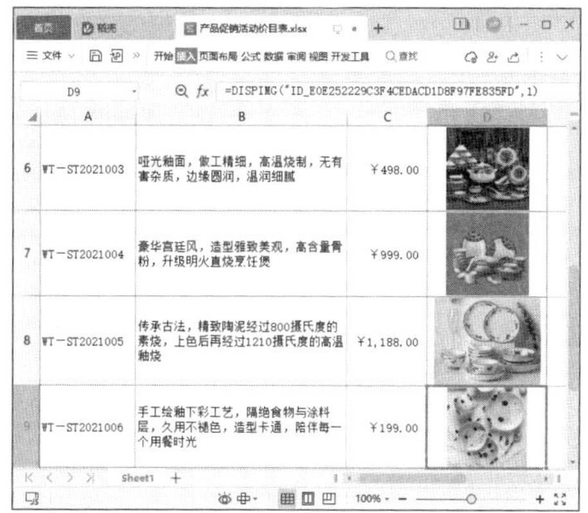

第10步 完成后根据情况再次调整单元格的宽度，如下图所示。

第11步 ❶ 选中 A2:D2 单元格区域，❷ 在【开始】选项卡中设置字体格式，如下图所示。

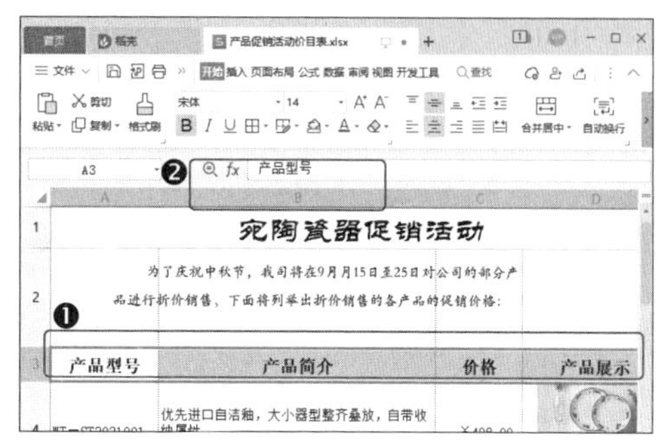

11.2.2 插入并编辑文本框

虽然在单元格中也可以输入文本，但为了更方便地编辑文本，我们可以利用文本框来输入文字，操作方法如下。

第1步 ❶ 单击第2行的行号选择第2行，❷ 单击【开始】选项卡中的【行和列】下拉按钮，❸ 在弹出的下拉菜单中选择【插入单元格】选项，❹ 再在弹出的子菜单中选择【插入行】选项，如下图所示。

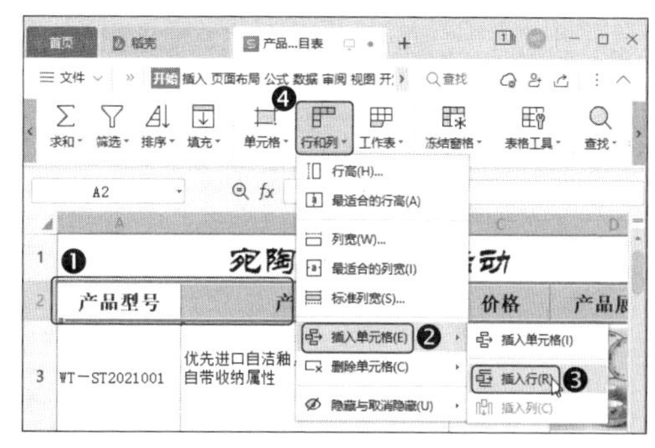

第2步 调整插入行的高度，单击【插入】选项卡中的【文本框】按钮，如下图所示。

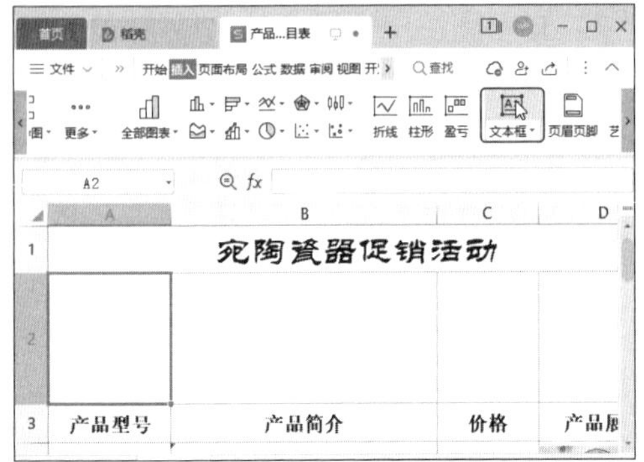

第3步 ❶ 在文本框中输入促销文本，❷ 在【开始】选项卡中设置字体格式，如下图所示。

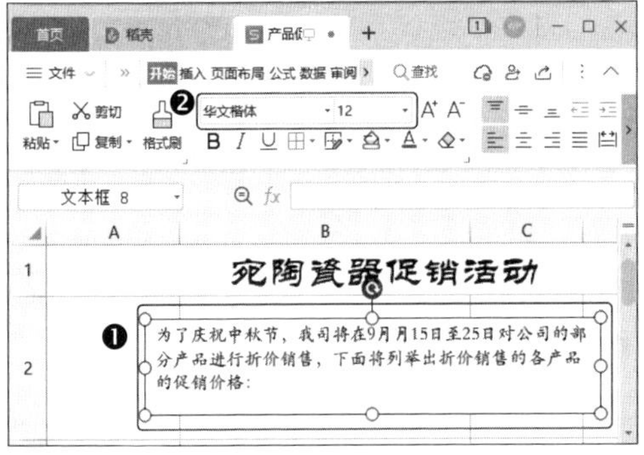

第4步 ❶ 选中文本框中的文本，单击鼠标右键，❷ 在弹出的快捷菜单中选择【段落】命令，如下图所示。

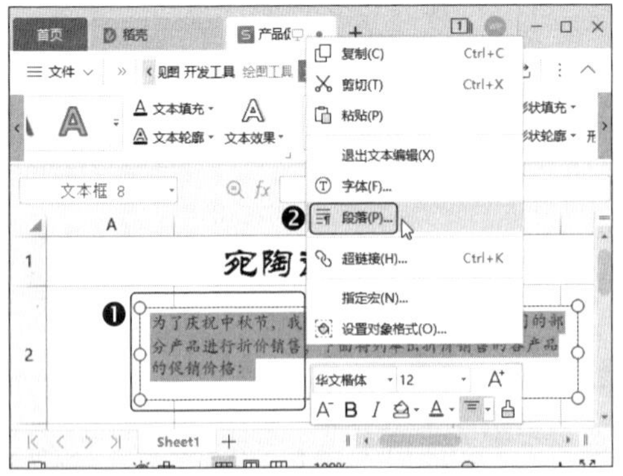

第5步 打开【段落】对话框，❶ 在【缩进】栏设置【特殊格式】为【首行缩进，1 厘米】，❷ 在【间距】栏设置【行距】为【1.5 倍行距】，❸ 然后单击【确定】按钮，如下图所示。

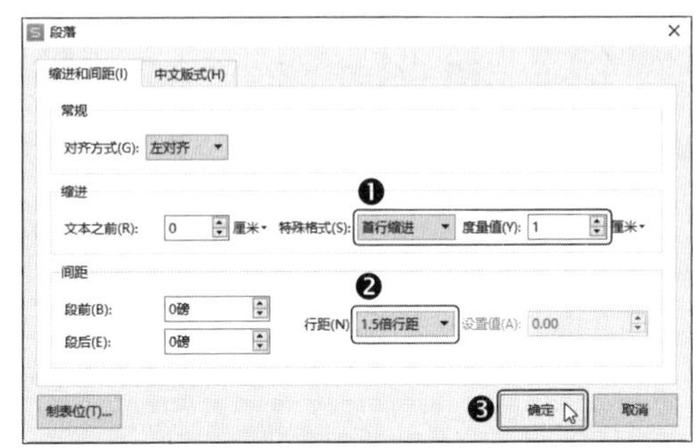

第6步 ❶ 单击【绘图工具】选项卡中的【填充】下拉按钮，❷ 在弹出的下拉菜单中选择【无填充颜色】选项，如下图所示。

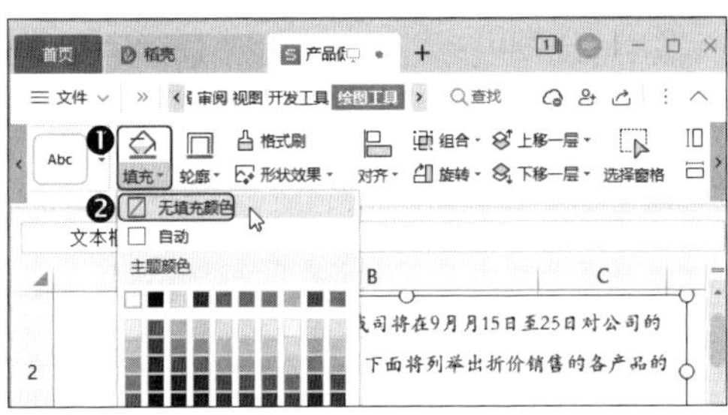

第7步 ❶ 单击【绘图工具】选项卡中的【轮廓】下拉按钮，❷ 在弹出的下拉菜单中选择【无边框颜色】选项，如下图所示。

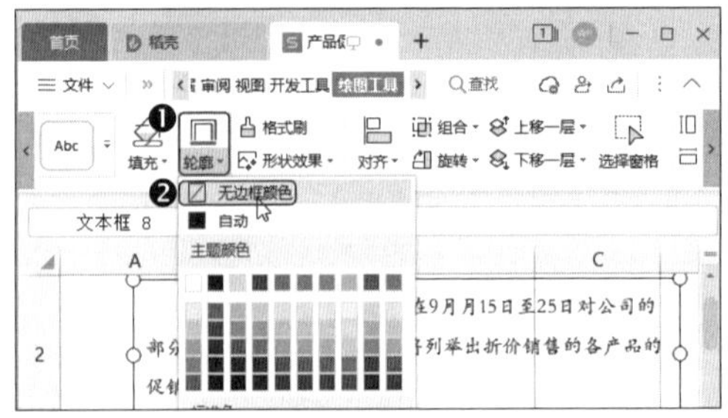

11.2.3 设置表格样式

WPS 表格中内置了多种表格样式，用户可以选择表格样式快速美化表格，操作方法如下。

第1步 ❶ 选中 A3:D9 单元格区域，❷ 单击【开始】选项卡中的【表格样式】下拉按钮，❸ 在弹出的下拉菜单中选择一种预设样式，如下图所示。

第2步 打开【套用表格样式】对话框，❶ 选中【仅套用表格样式】单选项，然后设置【标题行的行数】为【1】，❷ 完成后单击【确定】按钮，如下图所示。

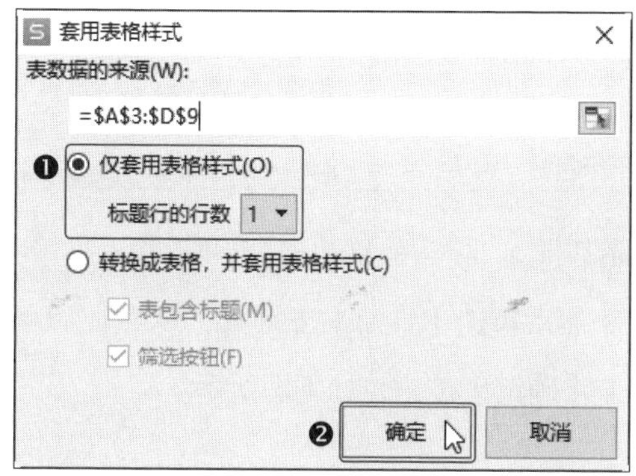

第3步 操作完成后即可为所选区域应用表格样式，如下图所示。

11.2.4 插入页眉和页脚

在工作表中的内容添加完之后，可以为工作表添加页眉和页脚，操作方法如下。

第1步 单击【页面布局】选项卡中的【页眉页脚】按钮，如下图所示。

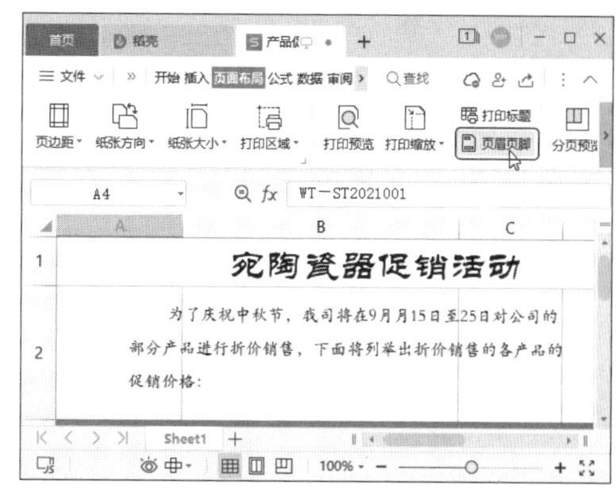

第2步 打开【页面设置】对话框，单击【自定义页眉】按钮，如下图所示。

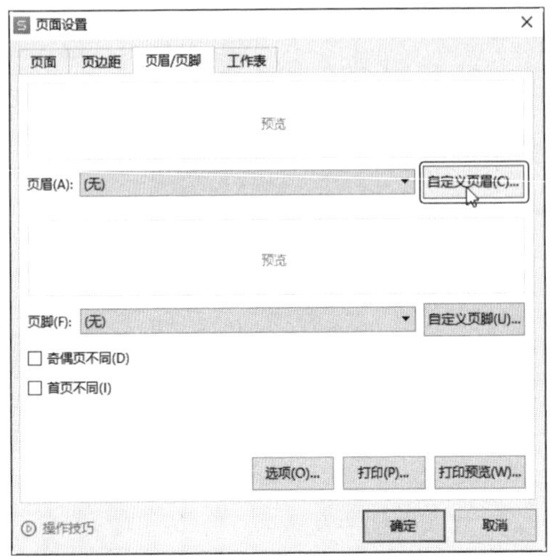

第3步 打开【页眉】对话框，❶ 在【中】文本框中输入页眉文字，然后选中文字，❷ 单击【字体】按钮A，如下图所示。

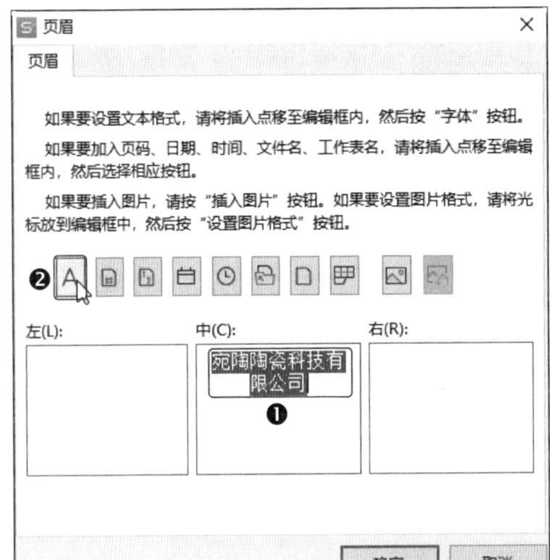

第4步 打开【字体】对话框，❶ 分别设置字体、字形、大小和颜色等参数，❷ 完成后单击【确定】按钮，如下图所示。

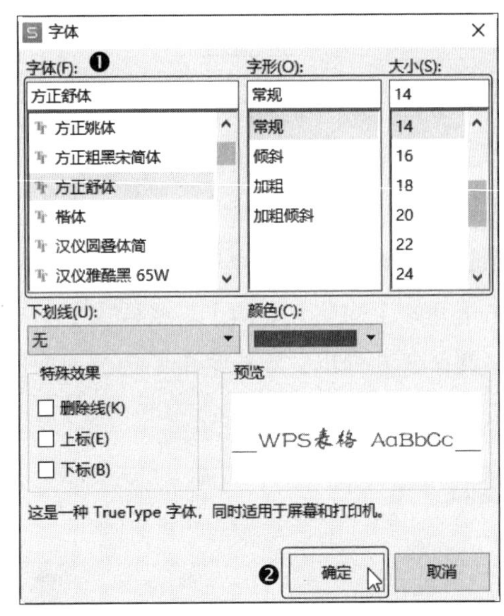

第5步 返回【页面设置】对话框，单击【自定义页脚】按钮，如下图所示。

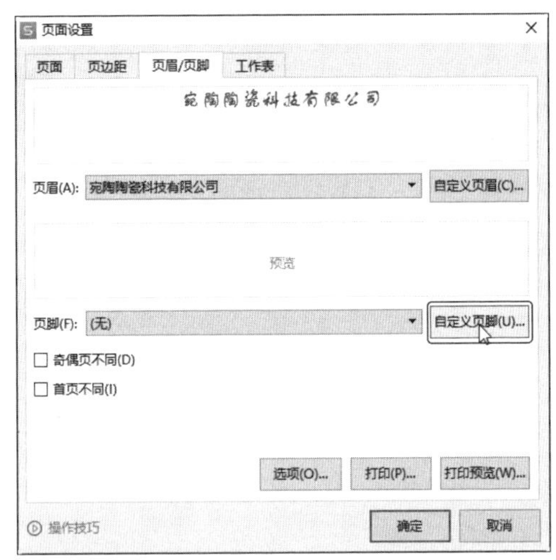

第6步 ❶ 将光标定位到【右】文本框中，❷ 然后单击【日期】按钮，❸ 完成后单击【确定】按钮，如下图所示。

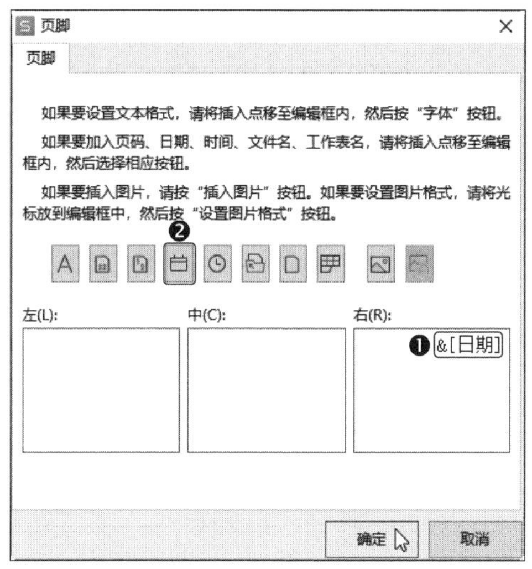

教您一招：插入自定义日期

单击【日期】按钮，会插入当前日期，如果要插入自定义的日期，就可以直接在文本框中输入。

第7步 返回【页面设置】对话框即可看到页眉和页脚的预览效果，确认后单击【确定】按钮，如下图所示。

11.2.5 打印工作表

促销活动价目表制作完成后，可以打印出来供他人阅览。打印工作表的方法如下。

第1步 单击【页面布局】选项卡中的【打印预览】按钮，如下图所示。

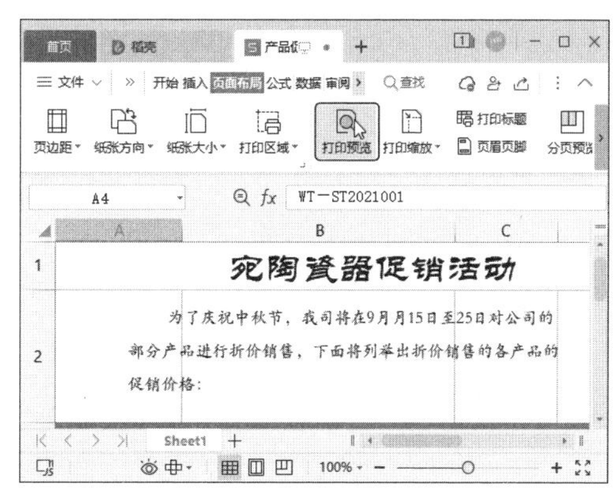

第2步 进入打印预览界面，单击【打印预览】选项卡中的【页面设置】按钮，如下图所示。

第3步 打开【页面设置】对话框，❶ 在【页边距】选项卡的【居中方式】栏勾选【水平】和【垂直】复选框，❷ 然后单击【确定】

按钮，如下图所示。

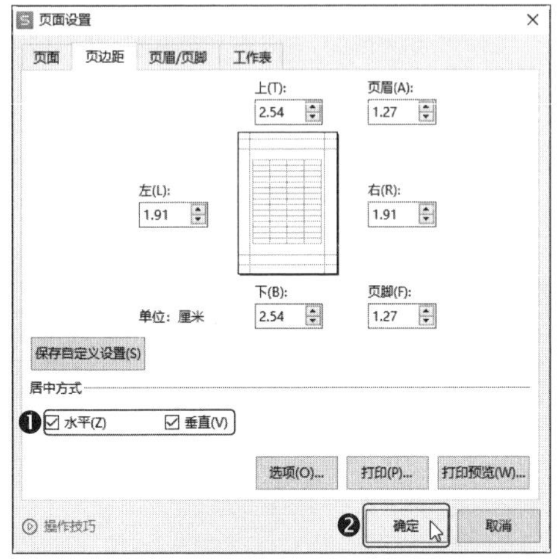

第4步 返回【打印预览】界面，❶ 在【份数】微调框中设置打印的份数，❷ 完成后单击【直接打印】按钮即可开始打印，如下图所示。

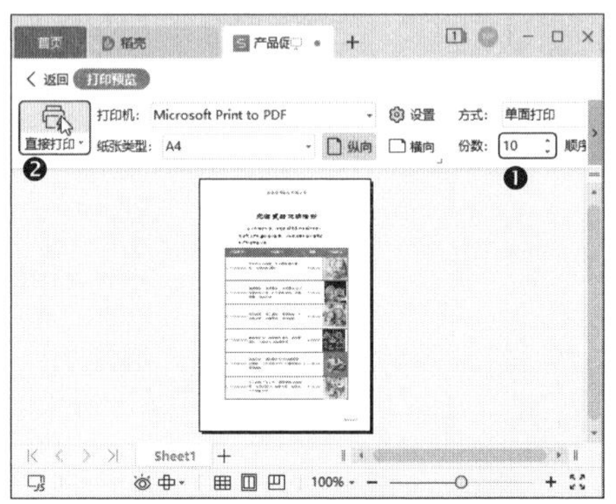

11.3 使用 WPS 演示制作商品展示演示文稿

商品介绍与展示是市场营销和销售管理中一个重要的宣传手段。借助演示文稿，公司可以将商品的相关信息、参数以及图片等很方便地展示给客户或员工，以达到介绍和宣传产品的目的。

本例将制作商品展示演示文稿，完成后的效果如下图所示，实例最终效果见“结果文件\第 11 章\商品展示 .pptx”文件。

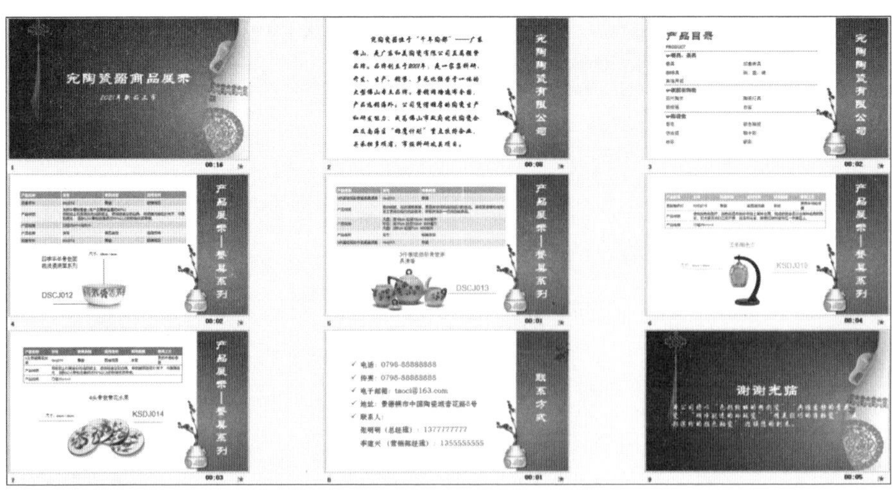

11.3.1 编辑幻灯片母版

为演示文稿设置匹配的版式是制作幻灯片的重点，对于商业类幻灯片，插入颜色统一的图片是较为方便的一种做法，操作方法如下。

第1步 新建一个名为“商品展示”的演示文稿，然后单击【视图】选项卡中的【幻灯片母版】按钮，进入幻灯片母版视图，如下图所示。

第2步 ❶ 选中【标题幻灯片版式】，❷ 单击【幻灯片母版】视图选项卡中的【背景】按钮，如下图所示。

第3步 打开【对象属性】窗格，❶ 在【填充】列表中选中【图片或纹理填充】单选项，❷ 在【图片填充】下拉列表中选择【本地文件】选项，然后选择“素材文件\第 11 章\促销商品\背景 1.jpg”图片，即可成功设置图片填充，完成后关闭【对象属性】窗格，如下图所示。

第4步 ❶ 分别选中标题和副标题占位符文本框，❷ 然后在【文本工具】选项卡中设置字体格式，如下图所示。

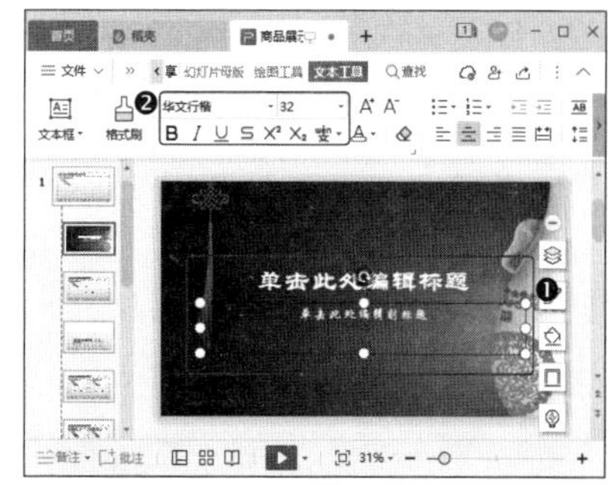

第5步 ❶ 选中【仅标题版式】，❷ 然后单击【幻灯片母版】选项卡中的【背景】按钮，使用步骤 3 的方法将“素材文件\第 11 章\商品展示\背景 2.jpg”图片设置为幻灯片背景，如下图所示。

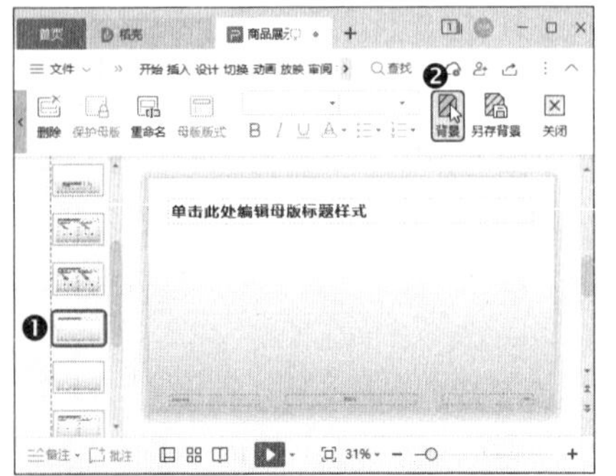

第6步 ❶ 选中标题占位符文本框，❷ 单击【开始】选项卡中的【文字方向】下拉按钮 ⇅ ▾，❸ 在弹出的下拉菜单中选择【竖排】选项，如下图所示。

第7步 在【文本工具】选项卡中设置标题的文本格式，如下图所示。

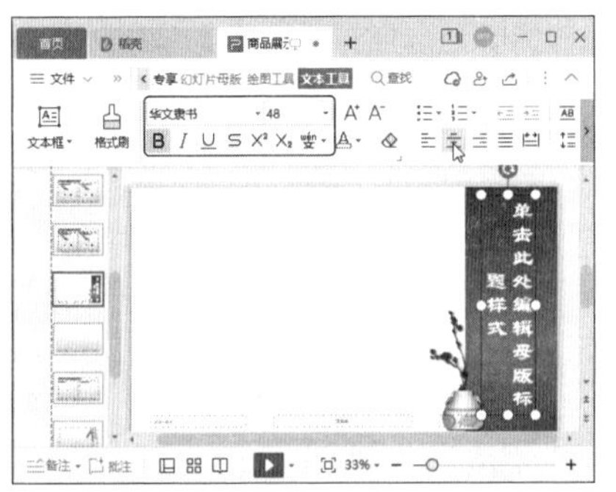

第8步 单击【幻灯片母版】选项卡中的【关闭】按钮，退出幻灯片母版视图，如下图所示。

> **教您一招：更改幻灯片母版**
>
> 设置了幻灯片母版之后，如果需要更改某个对象，那么可以再次进入幻灯片母版视图进行更改。

11.3.2 制作商品展示幻灯片

在本例中，制作商品展示幻灯片需要先添加表格来制作目录和商品介绍，再插入图片来介绍商品型号样式，操作方法如下。

1. 制作公司简介幻灯片

在展示商品之前，首先可以对公司进行一下简单的介绍，帮助观看者了解公司的理念。制作公司简介幻灯片页的方法如下。

第1步 在第一张幻灯片的标题占位符和副标题占位符中输入标题和副标题，如下图所示。

第2步 ❶ 选中第 1 张幻灯片，按【Enter】键，默认新建一张标题和内容版式的幻灯片。右击新建的幻灯片，❷ 在弹出的快捷菜单中选择【版式】命令，❸ 再在弹出的子菜单中选择【仅标题版式】母版，如下图所示。

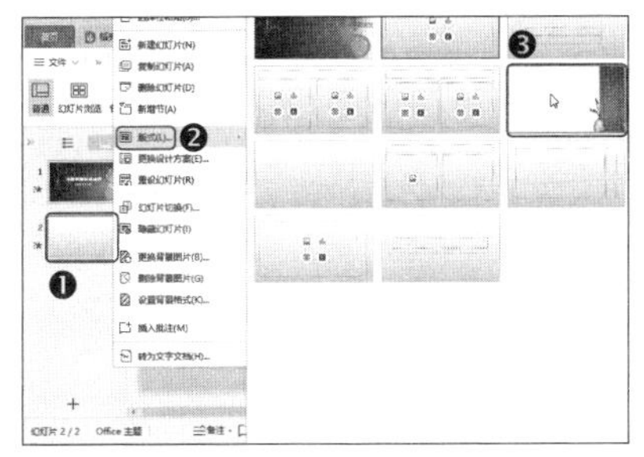

第3步 ❶ 在标题占位符中输入幻灯片标题，❷ 然后单击【插入】选项卡中的【文本框】按钮，如下图所示。

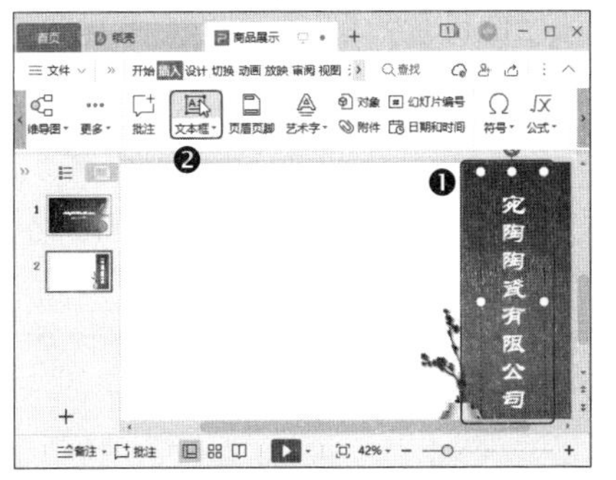

第4步 ❶ 在文本框中输入公司简介，❷ 然后在【文本工具】选项卡中设置文本格式，如下图所示。

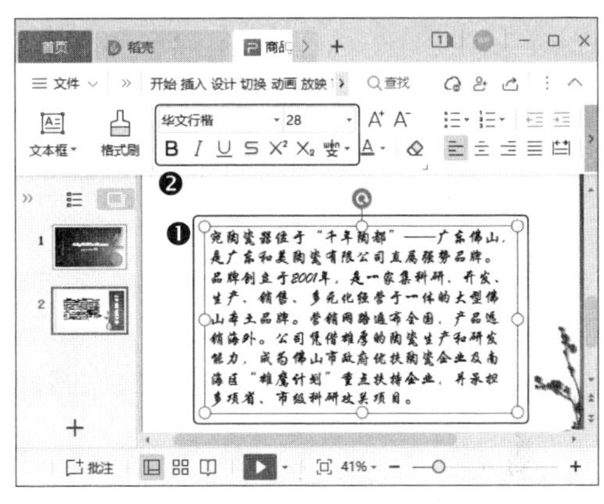

第5步 ❶ 选中文本框中的文本并右击，❷ 然后在弹出的快捷菜单中选择【段落】命令，如下图所示。

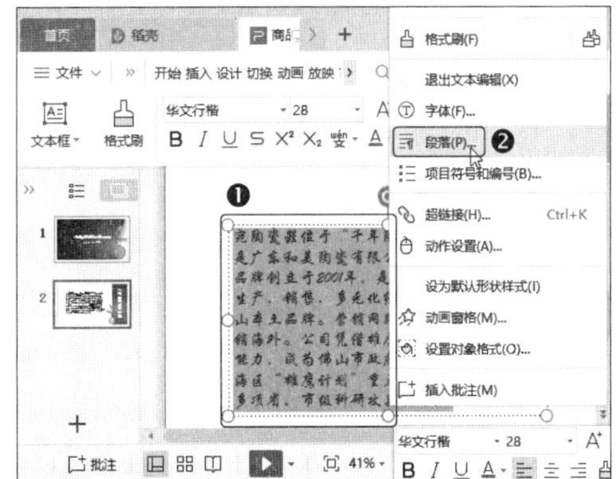

第6步 打开【段落】对话框，❶ 设置【特殊格式】为【首行缩进】，度量值为【2.54】厘米，❷ 设置【行距】为【1.5 倍行距】，❸ 完成后单击【确定】按钮，如下图所示。

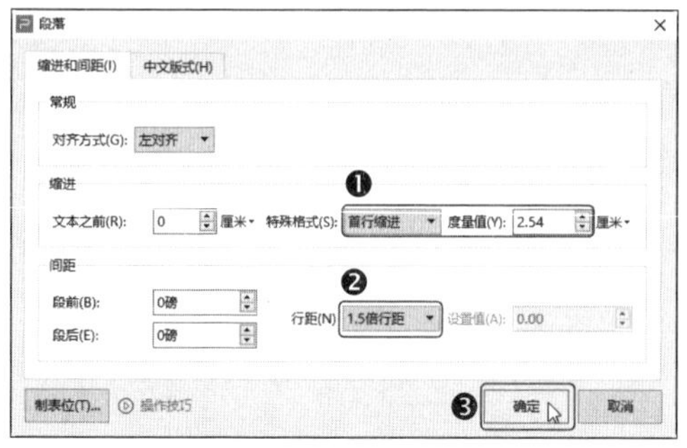

2. 制作目录幻灯片

本例需要先绘制一个表格，输入目录文本，然后取消表格的填充，最后绘制直线分隔目录，操作方法如下。

第1步 ❶ 新建一张仅标题版式的幻灯片，输入标题文本。❷ 在幻灯片中绘制文本框，输入“产品目录”和“PRODUCT”文本。❸ 在【文本工具】选项卡中分别设置中文字体格式和英文字体格式，如下图所示。

第2步 ❶ 单击【插入】选项卡中的【表格】下拉按钮，❷ 在弹出的下拉菜单中选择【插入表格】选项，❸ 打开【插入表格】对话框，设置【行数】为【11】,【列数】为【2】, ❹ 然后单击【确定】按钮，如下图所示。

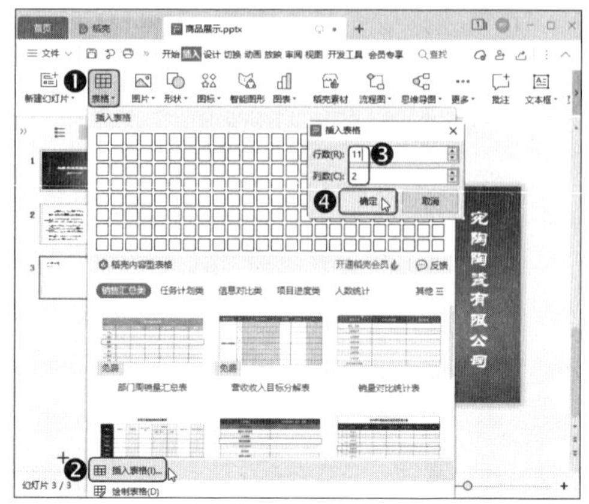

第3步 拖动表格四周的控制点调整表格的大小，然后将表格移动到合适的位置，如下图所示。

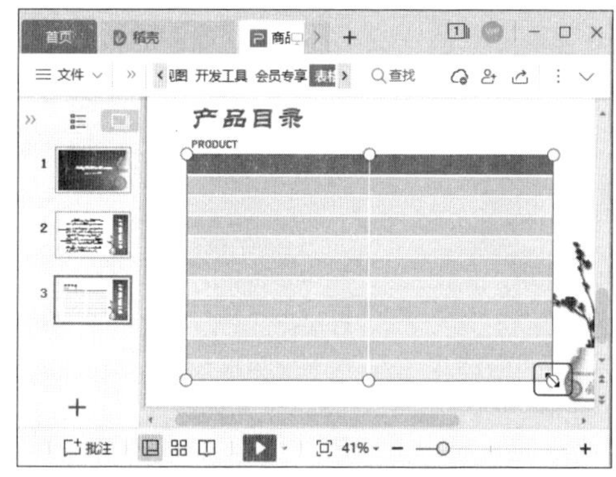

第4步 选中整个表格，然后在【表格工具】选项卡中设置字体格式，如下图所示。

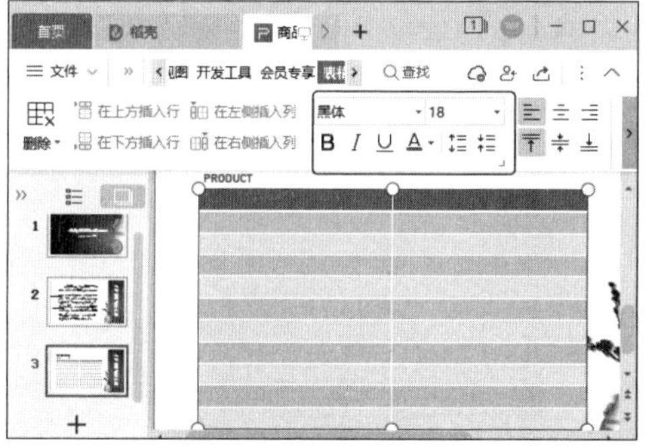

第5步 ❶ 选择第 1 行，❷ 然后单击【表格工具】选项卡中的【合并单元格】按钮，如下图所示。

第6步 ❶ 将光标定位到第一行，❷ 然后单击【插入】选项卡中的【符号】按钮，如下图所示。

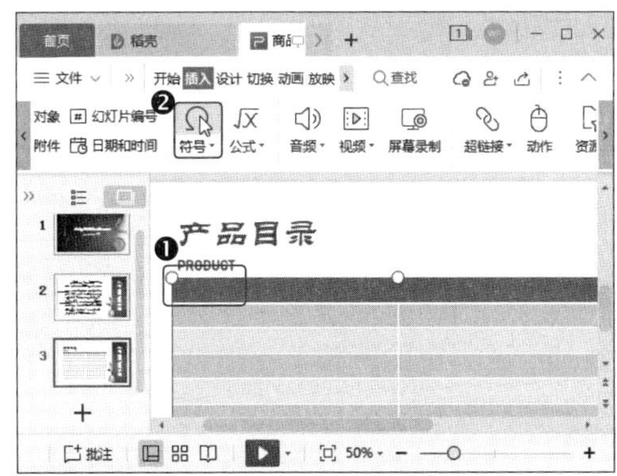

第7步 打开【符号】对话框，❶ 在列表中选择需要的符号，❷ 然后单击【插入】按钮，如下图所示。

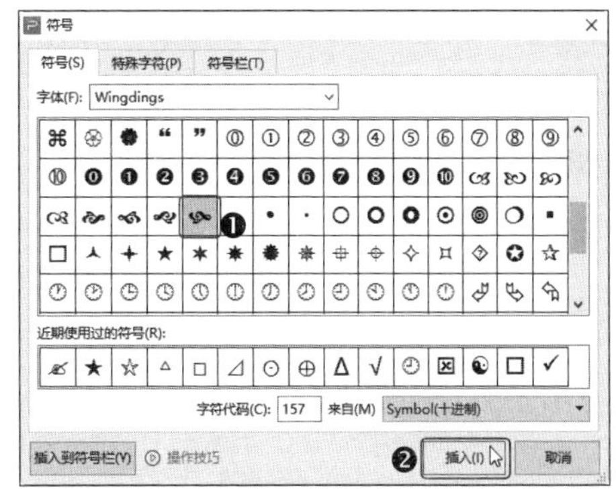

第8步 在表格中输入目录文本，如下图所示。

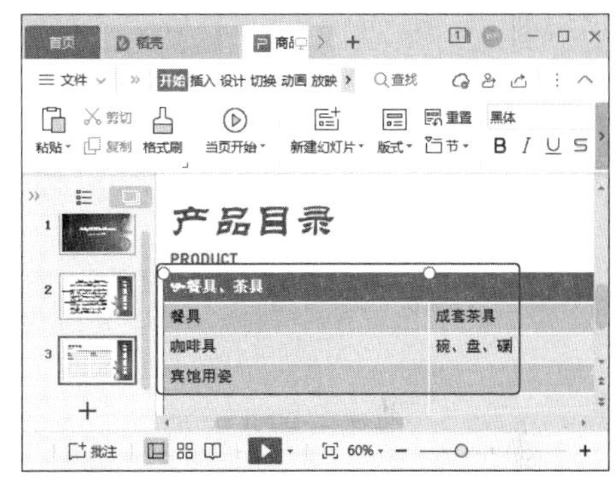

第9步 使用相同的方法合并下方的其他单元格，并输入目录文本。❶ 选择添加了符号的目录标题文本，❷ 然后在【表格工具】选项卡中设置字体格式，如下图所示。

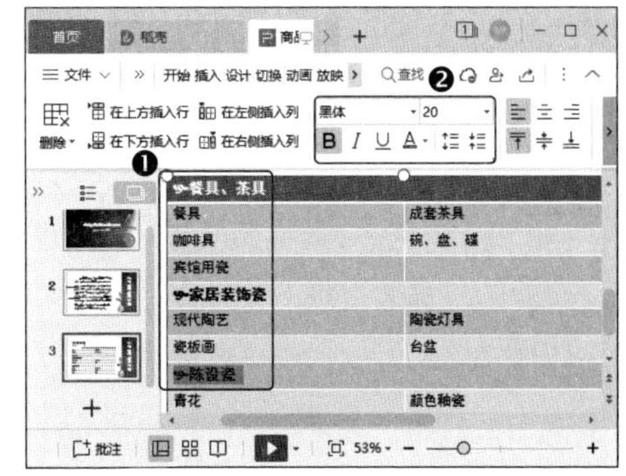

第10步 ❶ 选择整个表格，然后在【表格工具】选项卡中单击【字体颜色】下拉按钮 A -，❷ 在弹出的下拉菜单选择一种字体颜色，如下图所示。

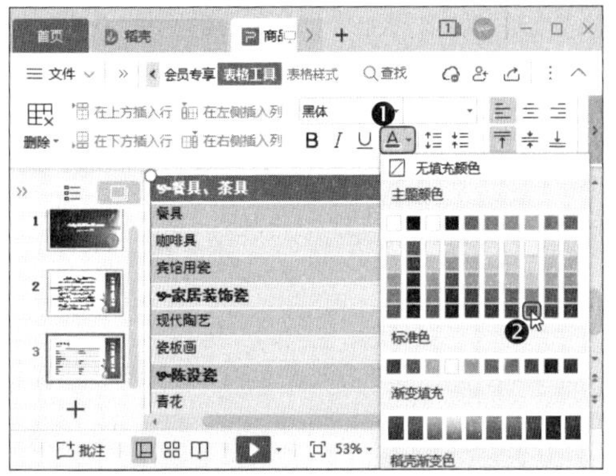

第11步 保持表格的选中状态，❶ 单击【表格样式】选项卡中的【填充】下拉按钮，❷ 在弹出的下拉菜单中选择【无填充颜色】选项，如下图所示。

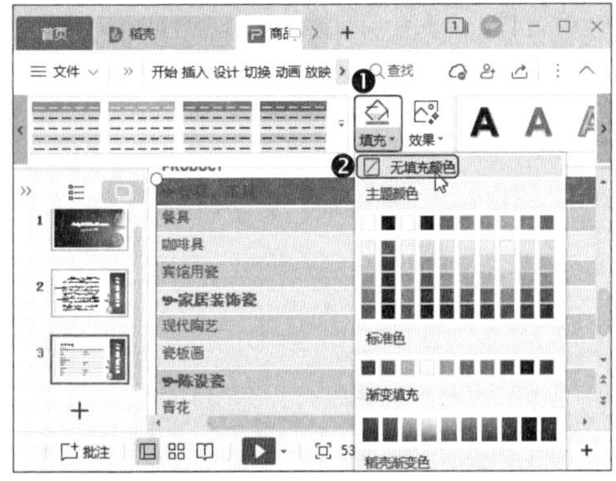

第12步 选择直线工具，然后按住【Shift】键，在产品目录文本框下方绘制一条直线，如下图所示。

第13步 ❶ 选中直线，然后单击【绘图工具】选项卡中的【轮廓】下拉按钮，❷ 在弹出的下拉菜单中选择【线型】选项，❸ 再在弹出的子菜单中选择【1 磅】，如下图所示。

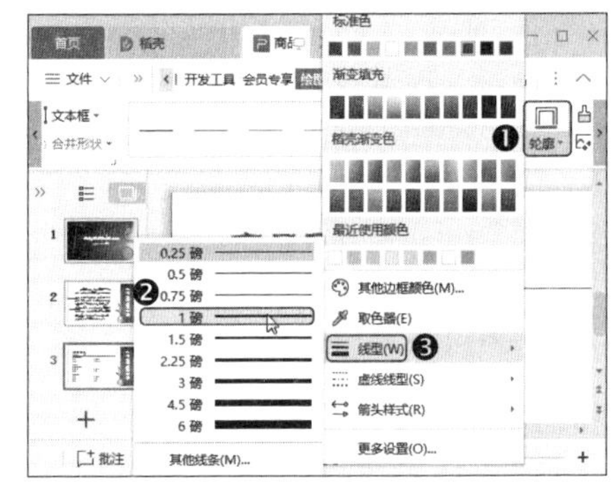

第14步 ❶ 再次单击【轮廓】下拉按钮，❷ 然后在弹出的下拉菜单中设置直线的颜色，如下图所示。

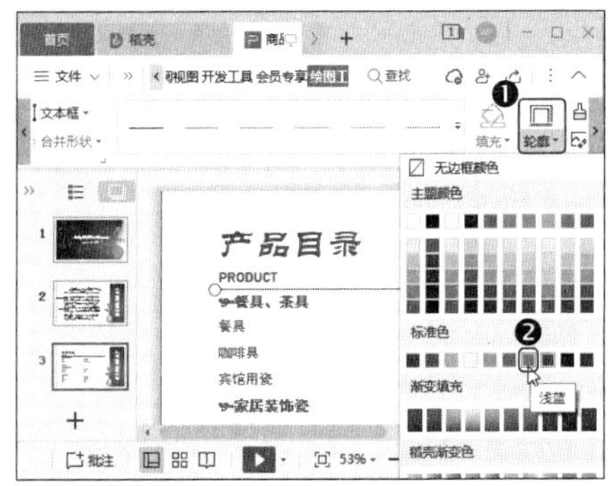

第15步 复制直线到其他位置，如下图所示。

3. 制作商品展示幻灯片

制作商品展示幻灯片不仅要输入商品的参数，还要插入展示商品的图片，操作方法如下。

第1步 新建一张仅标题版式的幻灯片，然后输入标题文本。❶ 单击【插入】选项卡中的【表格】下拉按钮，❷ 在弹出的下拉菜单中选择 6 行 ×4 列表格，如下图所示。

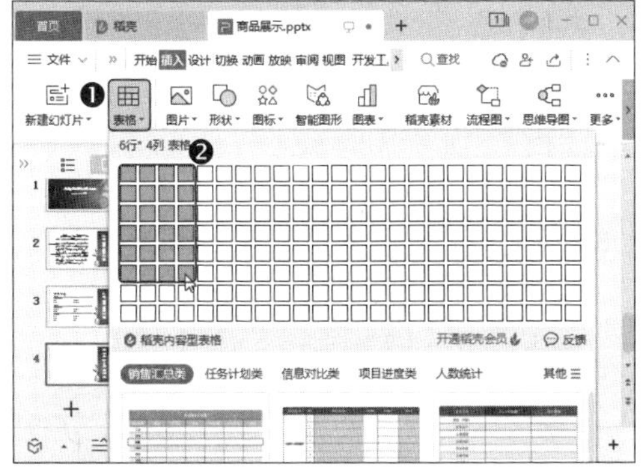

第2步 ❶ 将插入的表格移动到合适的位置，并调整表格大小，然后在表格中输入产品简介文本，❷ 并在【开始】选项卡中设置字体格式，如下图所示。

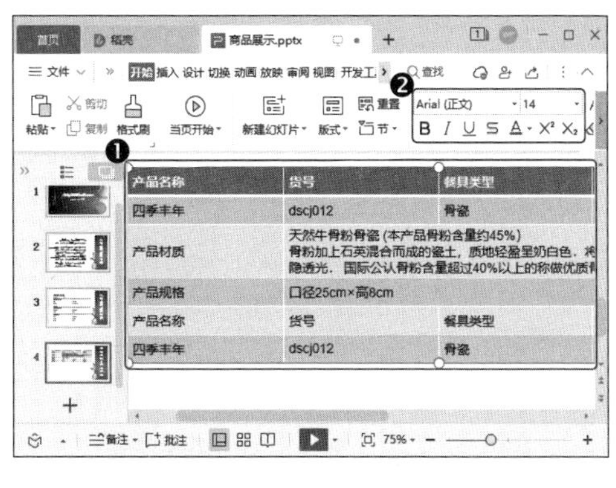

第3步 ❶ 选中表格，❷ 在【表格样式】选项卡中选择一种表格样式，如下图所示。

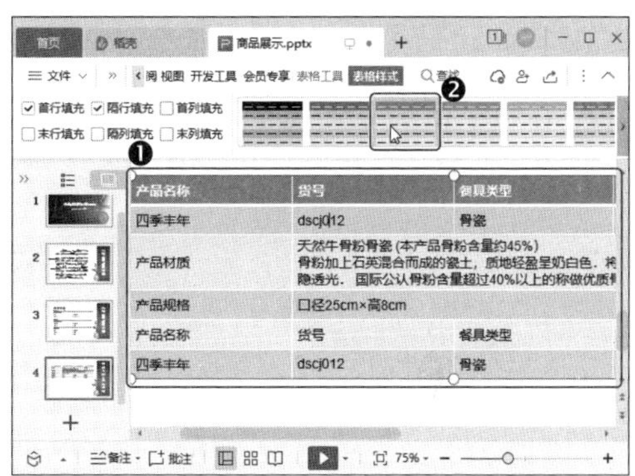

第4步 单击【插入】选项卡中的【图片】按钮，如下图所示。

第5步 将“\素材文件\第 11 章\商品展示\产品 1.jpg”图片文件插入幻灯片中，然后调整图片的大小和位置，如下图所示。

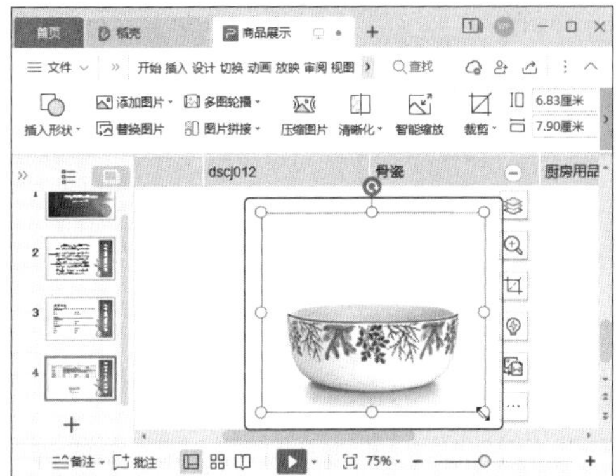

第6步 ❶ 插入文本框，并在文本框中输入产品型号信息，❷ 然后在【文本工具】选项卡中设置字体格式，如下图所示。

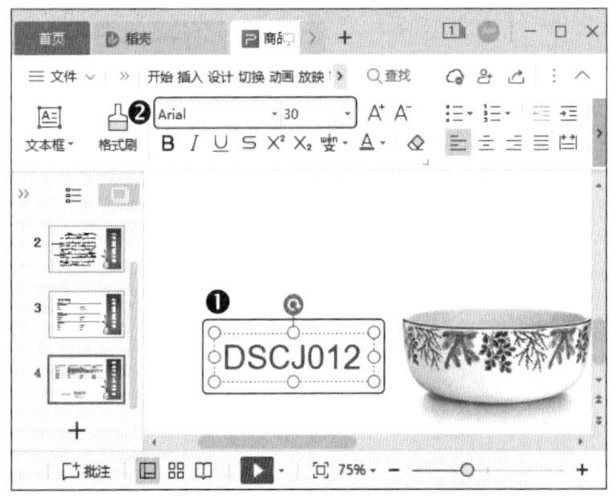

第7步 使用直线工具在文本框下方绘制一条直线，并设置直线的样式，如下图所示。

第8步 使用相同的方法添加其他文本和直线，如下图所示。

第9步 在第 4 张幻灯片上单击鼠标右键，然后在弹出的快捷菜单中选择【复制幻灯片】命令，如下图所示。

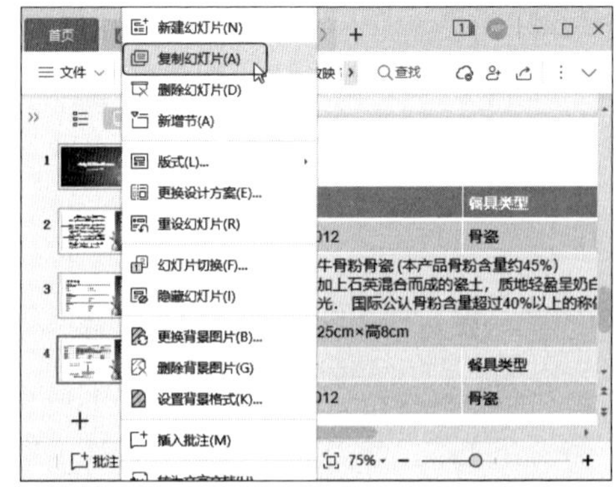

第10步 将表格中的文本替换为其他商品的参数，并更换表格样式，然后更换图片和商品介绍文本，如下图所示。

第11步 使用相同的方法制作其他商品的展示幻灯片，如下图所示。

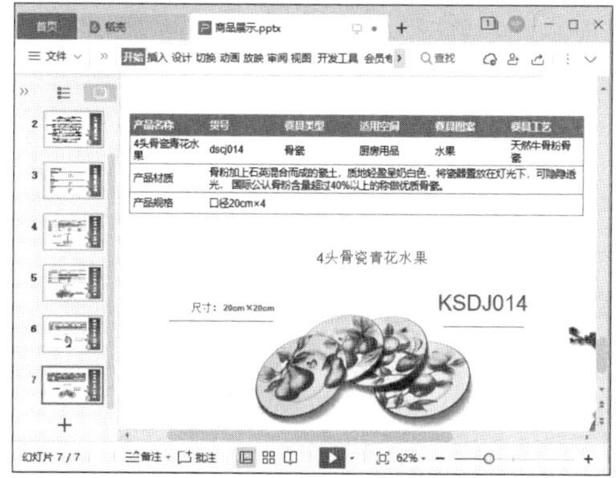

4. 制作联系方式页和结束页

在幻灯片中添加联系方式可以让客户更快地联系到厂家，制作方法如下。

第1步 新建一张仅标题版式的幻灯片，并输入标题文本。❶ 然后插入文本框，输入联系方式，❷ 在【文本工具】选项卡中设置字体格式，如下图所示。

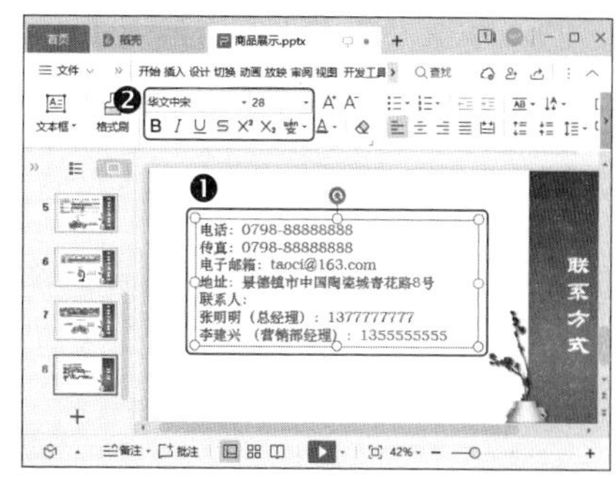

第2步 选中文本框，❶ 单击【文本工具】选项卡中的【行距】下拉按钮，❷ 在弹出的下拉菜单中选择【1.5】，如下图所示。

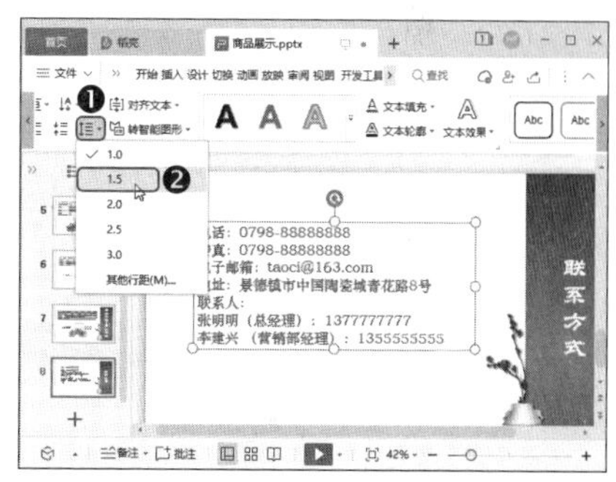

第3步 ❶ 选中要添加项目符号的文本，❷ 然后单击【文本工具】选项卡中的【插入项目符号】下拉按钮，❸ 在弹出的下拉菜单中选择一种项目符号，如下图所示。

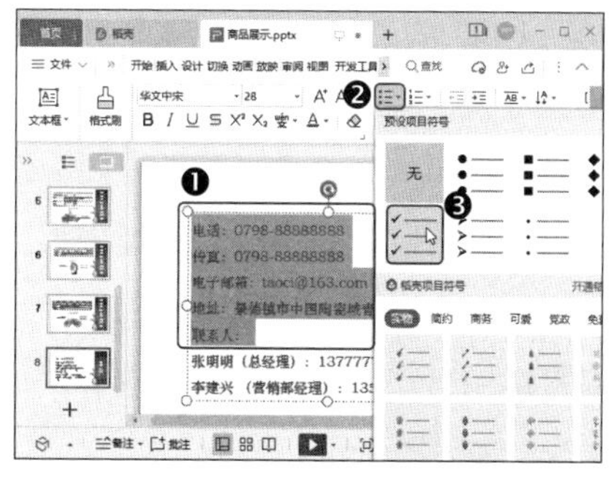

第4步 ❶ 选择联系人下方的文本，❷ 然后单击【文本工具】选项卡中的【增加缩进量】按钮 ☰，如下图所示。

第5步 新建一张标题幻灯片版式的幻灯片，然后在标题文本框和副标题文本框中输入文本，如下图所示。

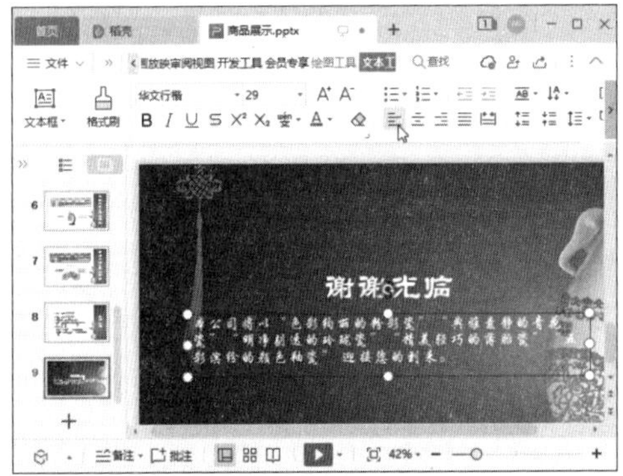

11.3.3 为幻灯片添加动画

幻灯片制作完之后，我们需要为幻灯片添加动画，以增强幻灯片的展现力，操作方法如下。

第1步 在【切换】选项卡中选择一种切换样式，如下图所示。

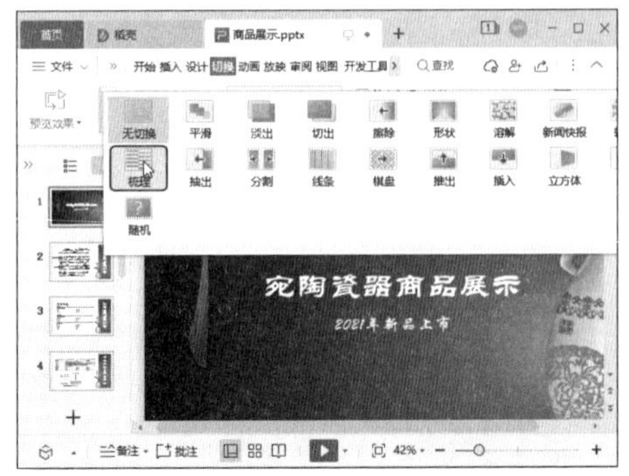

第2步 ❶ 在【切换】选项卡中的【声音】下拉列表中选择一种切换声音，❷ 然后单击【应用到全部】按钮，如下图所示。

第3步 ❶ 选择第 2 张幻灯片中的文本框，❷ 然后在【动画】选项卡中选择一种动画效果，如【飞入】，如下图所示。

第4步 保持文本框的选中状态，❶ 然后单击【动画】选项卡中的【文本属性】下拉按钮，❷ 在弹出的下拉菜单中选择【逐字播放】选项，如下图所示。

第5步 使用相同的方法为其他幻灯片中的对象设置动画效果，如下图所示。

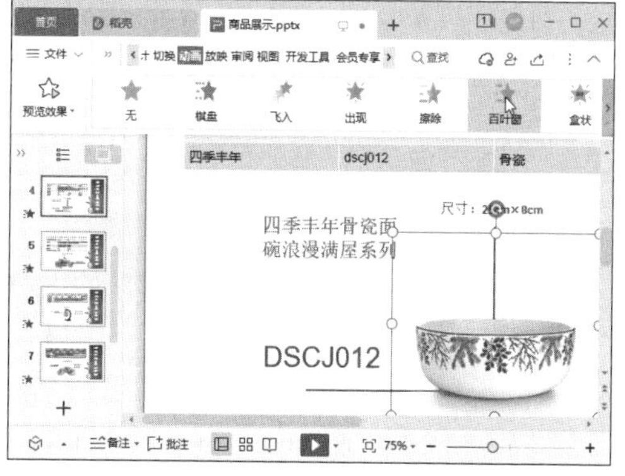

11.3.4 设置排练计时

排练计时是指在正式放映前手动换片，并把手动换片的时间记录下来，以后便可以按照这个时间自动放映幻灯片，无须人为控制。设置排练计时的方法如下。

第1步 单击【放映】选项卡中的【排练计时】按钮，如下图所示。

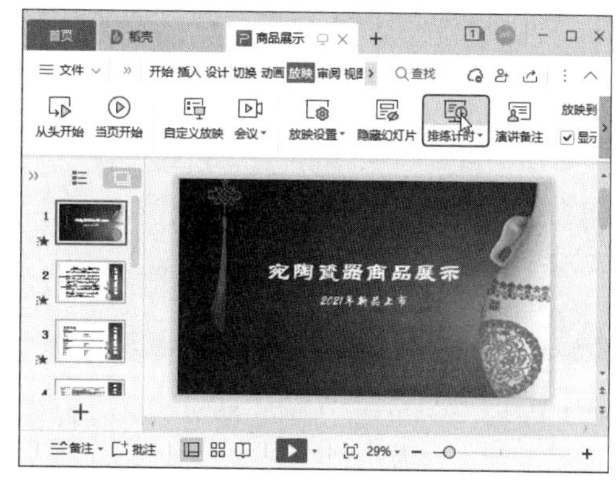

第2步 进入幻灯片放映视图，当放映时间达到需要的时间后，单击【下一项】按钮，切换到下一张幻灯片，重复此操作，如下图所示。

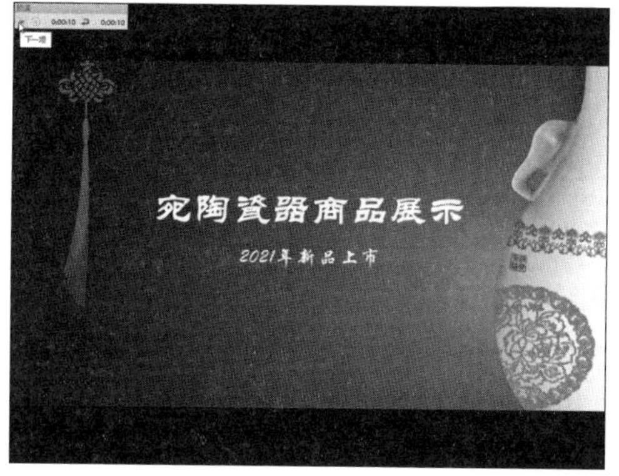

温馨提示

在排练计时的过程中，【预演】工具条中的【重复】按钮右侧会记录并显示当前演示文稿放映的总时长，但这个总时长不一定是各张幻灯片放映时间的总和，有时会有时间误差。

第3步 播到幻灯片末尾时，出现信息提示框，单击【是】按钮，以保留排练时间，下次播放时将按照记录的时间自动播放幻灯片，如下图所示。

第4步 进入幻灯片浏览视图，可以查看每张幻灯片的计时情况，如下图所示。

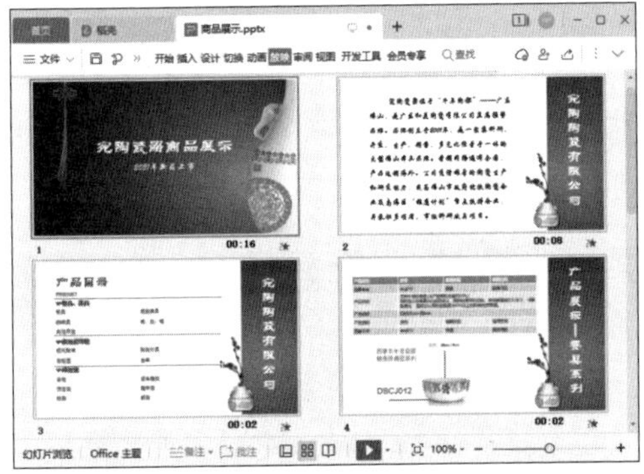

11.3.5 将演示文稿另存为视频

将演示文稿制作成视频文件后，不仅可以在常用的播放软件上播放演示文稿，而且能保留演示文稿中的动画效果、切换效果和多媒体等信息。将演示文稿另存为视频的方法如下。

第1步 ❶ 单击【文件】按钮，❷ 在弹出的下拉菜单中选择【另存为】命令，❸ 再在弹出的子菜单中选择【输出为视频】子命令，如下图所示。

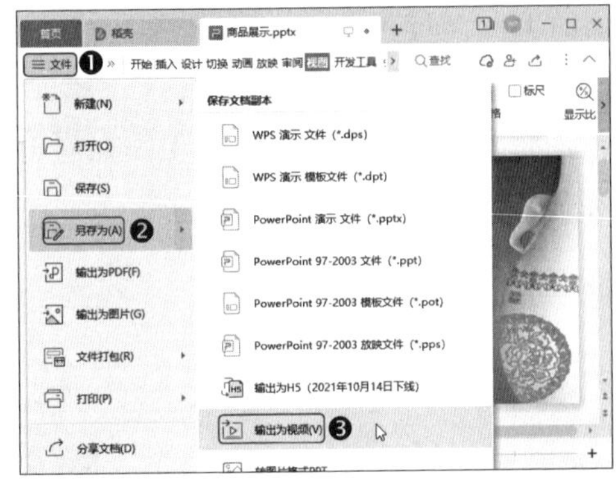

第2步 打开【另存文件】对话框，❶ 默认的文件类型为【WEBM 视频】，设置好文件名及保存路径，❷ 然后单击【保存】按钮，如下图所示。

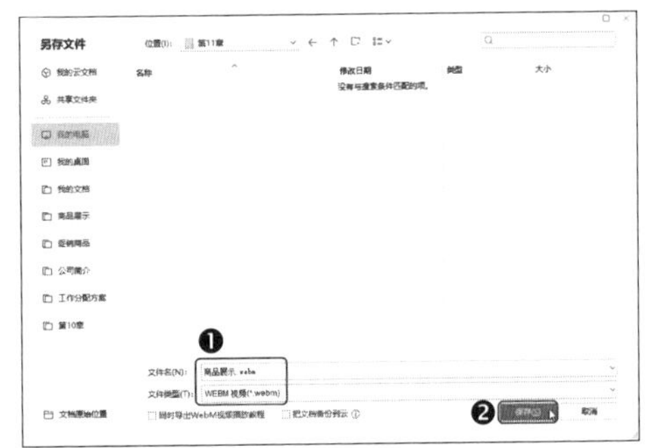

第3步 输出完成后弹出提示对话框，单击【打开视频】按钮，如下图所示。

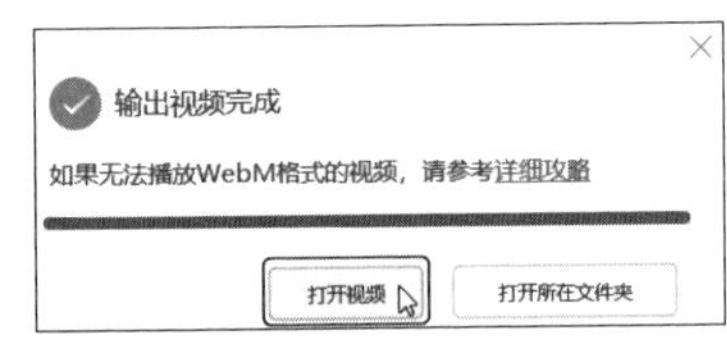

温馨提示

如果将幻灯片另存为视频之后无法播放视频，那么可以单击详细攻略链接，查看解决方案。

第4步 在打开的播放器中即可查看视频，效果如下图所示。

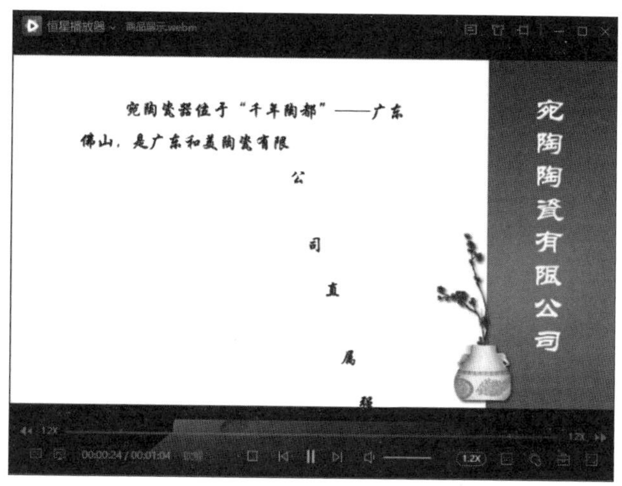

大神支招

下面结合本章内容，给读者介绍一些工作中的实用技巧。

01 如何通过改变字符间距来紧缩排版？

在对文档进行排版的过程中，大家可能遇到过某段文本内容过多，超出了预计的宽度范围，导致该内容自动换行的情况；也可能遇到过文本内容过少，不能充满预计的宽度范围的情况。为了避免文档中出现孤字的排版现象，我们可以通过改变字符间距的方式来紧缩排版。

第1步 打开“素材文件\第 11 章\员工手册.docx”文件，❶ 选择第 4 页中要紧缩排版的文本，❷ 然后单击【开始】选项卡中的【字体】对话框按钮 ⌟，如下图所示。

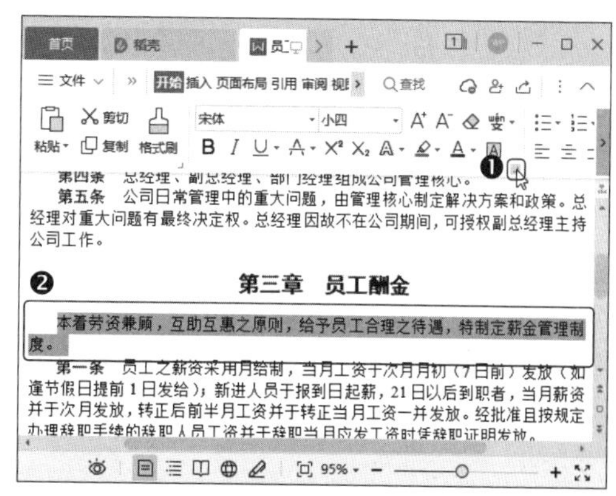

第2步 打开【字体】对话框，❶ 在【字符间距】选项卡的【间距】下拉列表中选择【紧缩】选项，在右侧的【值】微调框中输入“0.01 厘米”，❷ 然后单击【确定】按钮，操作如下图所示。

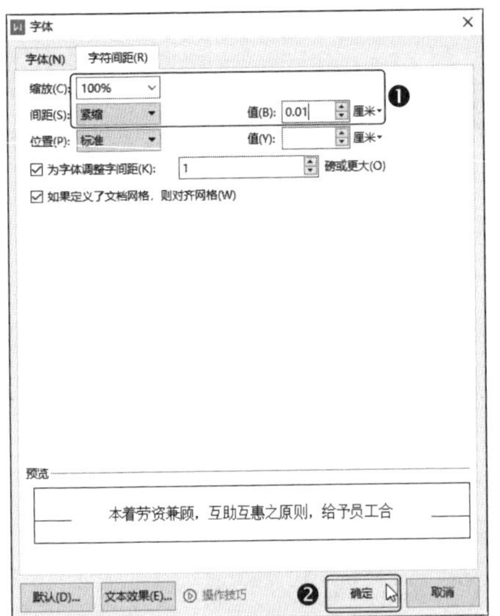

操作完成后，所选文字的字符间距将减小。实现紧缩排版后，该段文本将显示为一行，如下图所示。

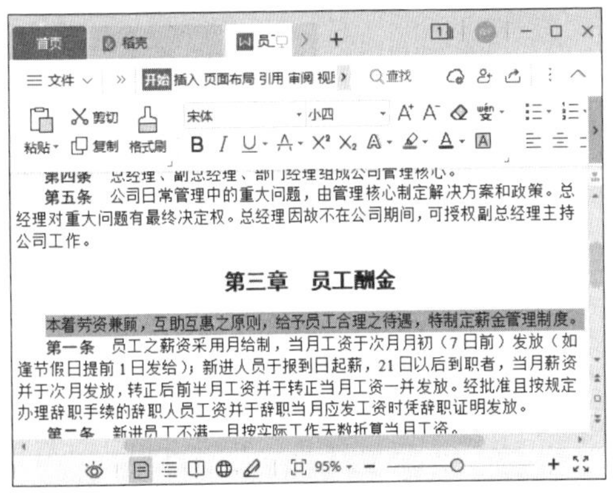

02 让图片随单元格大小而改变

一般情况下，插入表格中的图片的大小固定，不会因为某一单元格大小的改变而改变。如果要将其设置为随单元格大小改变，就可以使用下述方法。

第1步 打开“素材文件\第 11 章\产品促销活动 .xlsx”文件，选中单元格，然后插入图片，并将图片调整为与单元格大小相同。❶ 在图片上右击，❷ 然后在弹出的快捷菜单中选择【设置对象格式】命令，如下图所示。

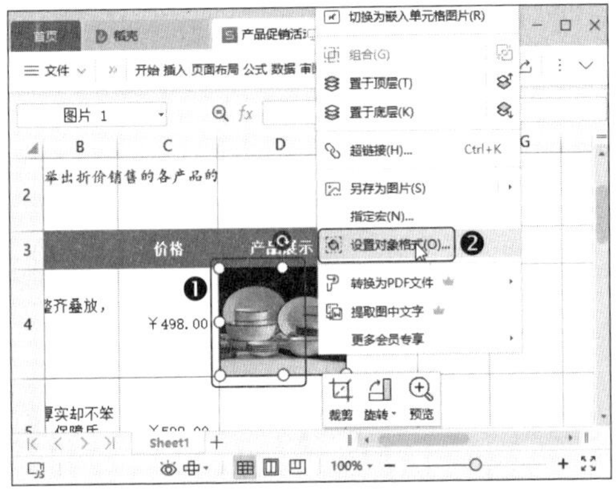

第2步 打开【属性】窗格，在【大小与属性】选项卡的【属性】栏选中【大小和位置随单元格而变】单选项，如下图所示。

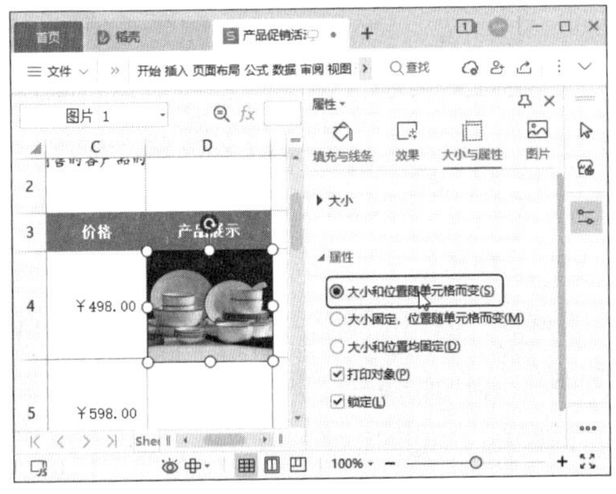

第3步 返回工作表，更改单元格的大小，即可看到图片大小会随之更改，如下图所示。

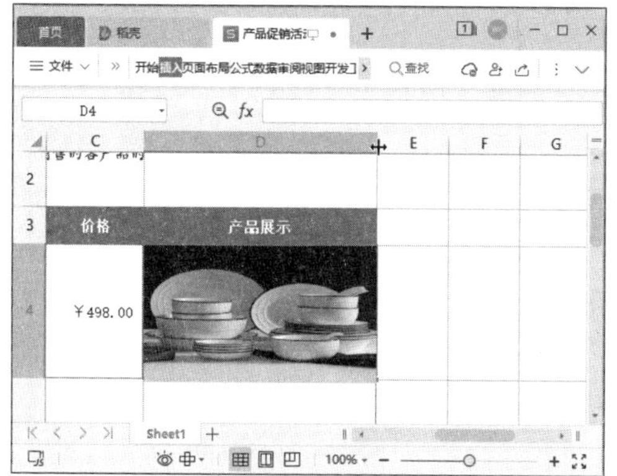

03 将演示文稿转换为 PDF 文档

为了方便查看，我们可以将演示文稿换为 PDF 格式，操作方法如下。

第1步 打开"素材文件 \ 第 11 章 \ 商品展示 .pptx"文件，❶ 然后单击【文件】下拉按钮，❷ 在弹出的下拉菜单中选择【文件】命令，❸ 再在打开的子菜单中选择【输出为 PDF 格式】子命令，如下图所示。

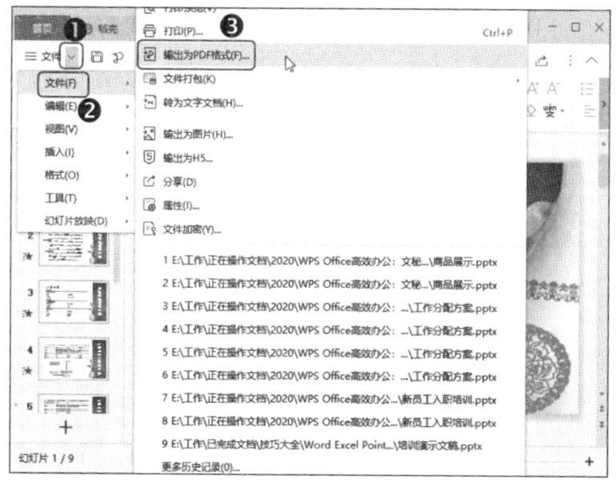

第2步 打开【输出为 PDF】对话框，❶ 设置保存位置，❷ 然后单击【开始输出】按钮，如下图所示。

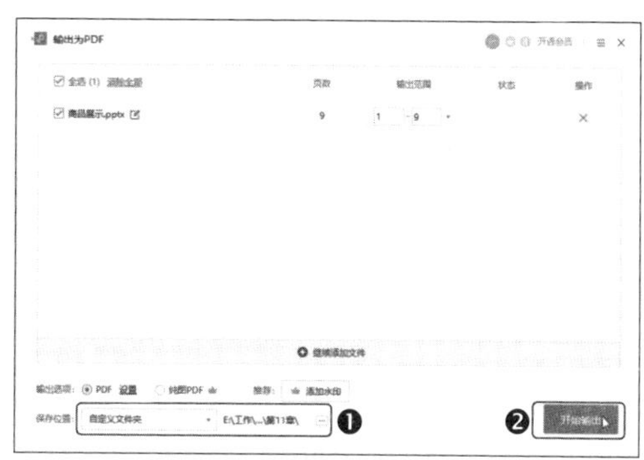

第3步 转换完成后打开 PDF 文档，即可查看将演示文稿转换为 PDF 文档后的效果，如下图所示。

WPS

第12章

工作总结与报告

本章导读

在文秘与行政工作中，制作工作总结和报告是最常见的内容。本章将通过制作市场调查报告、产品销量管理汇总表和年度工作总结报告等，介绍 WPS Office 软件在工作总结和报告工作方面的相关应用技巧。

知识要点

- 使用样式规范文档
- 在 WPS 文字中插入图表
- 插入数据透视表和数据透视图
- 插入切片器
- 在幻灯片中插入表格
- 在幻灯片中插入图表

12.1 使用 WPS 文字制作市场调查报告

市场调查报告是一种以科学的方法对市场的供求关系、购销状况以及消费情况等进行深入、细致的研究后，制作而成的为公司决策提供参考的书面报告。市场调查报告具有较强的针对性，材料必须丰富翔实，从而帮助企业了解和掌握市场的现状和趋势，提高企业在市场经济大潮中的应变能力和竞争能力，并有效地促进企业管理水平的提高。

本例将通过 WPS 文字制作市场调查报告，完成后的效果如下图所示，实例最终效果见“结果文件 \ 第 12 章 \ 市场调查报告 .docx”文件。

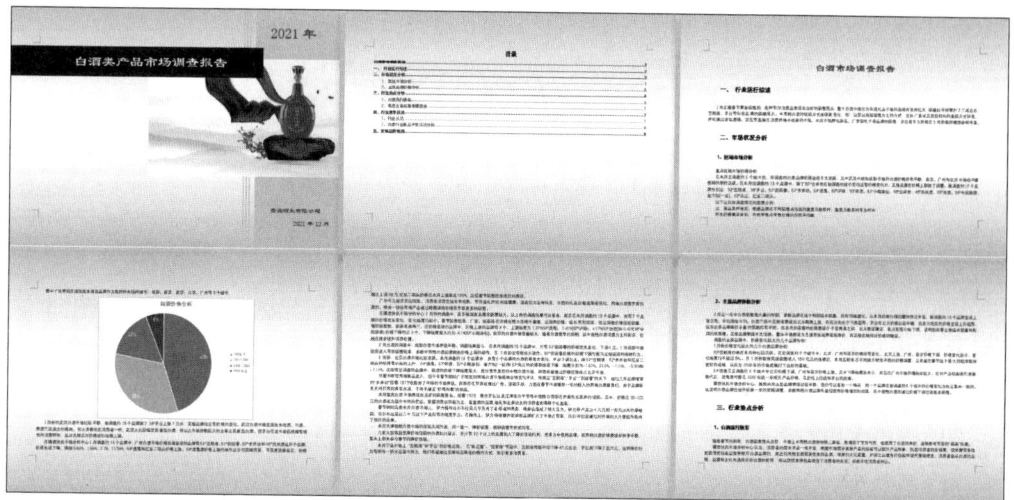

12.1.1 设置报告的页面样式

本例要为报告设置纸张方向及页面渐变填充效果，具体的操作方法如下。

1. 设置纸张方向

在制作文档之前，我们可以根据需要设置纸张方向，下面以设置横向页面为例，介绍设置纸张方向的方法。

打开“素材文件 \ 第 12 章 \ 市场调查报告 .docx”文档，❶ 然后单击【章节】选项卡中的【纸张方向】下拉按钮，❷ 在弹出的下拉菜单中选择【横向】选项，如下图所示。

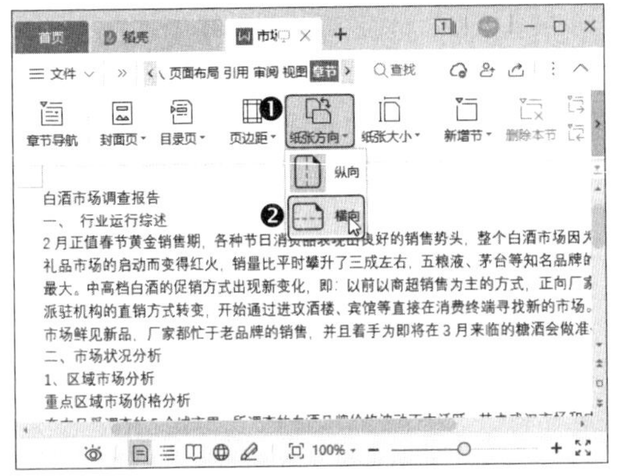

2. 设置渐变填充

根据文档的用途，用户可以为页面设置各种填充方式，如渐变、纹理、图案和图片等。下面以设置渐变填充为例，介绍设置页面填充的方法。

第1步 ❶ 单击【页面布局】选项卡中的【背景】下拉按钮，❷ 在弹出的下拉菜单中选择【其他背景】选项，❸ 再在弹出的子菜单中选择【渐变】选项，如下图所示。

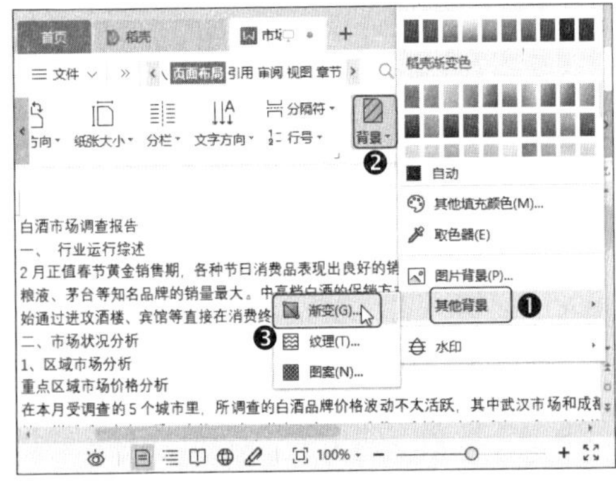

第2步 打开【填充效果】对话框，❶ 在【颜色】栏选中【双色】单选项，❷ 然后在【颜色 1】和【颜色 2】下拉列表中分别选择需要的颜色。❸ 再在【底纹样式】栏选中【水平】单选项，❹ 在【变形】栏选择一种渐变样式，❺ 完成后单击【确定】按钮，如下图所示。

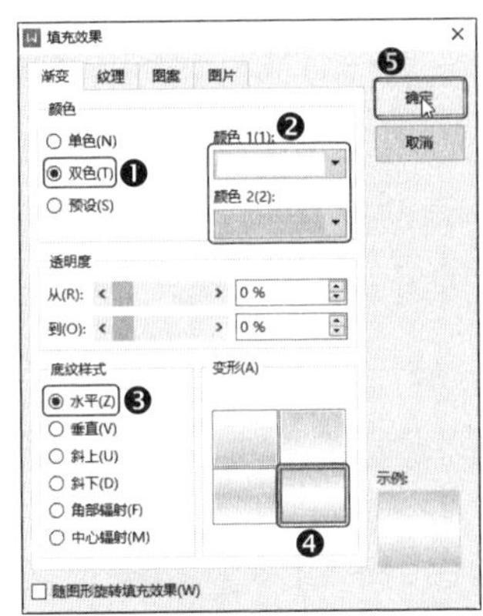

12.1.2 为调查报告设计封面

文档封面留给人的第一印象往往非常重要，美观大方的封面，会让人眼前一亮。设计封面的方法如下。

第1步 ❶ 在【插入】选项卡中单击【形状】下拉按钮，❷ 在弹出的下拉菜单中选择【矩形】，如下图所示。

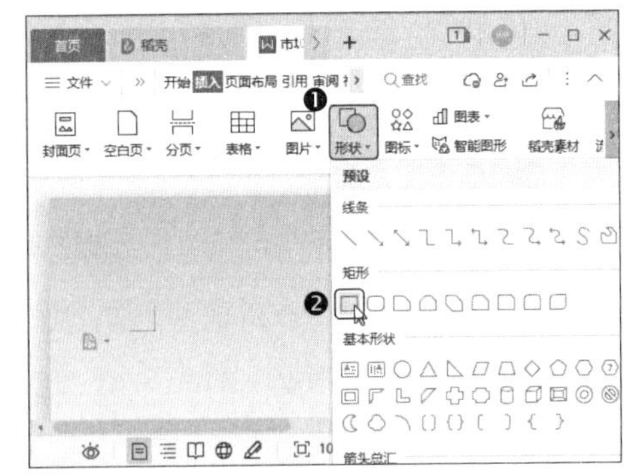

第2步 ❶ 在页面右侧绘制一个矩形，然后选中矩形，❷ 在【绘图工具】选项卡中

单击【填充】下拉按钮，❸ 在弹出的下拉菜单中选择【白色，背景 1，深色 15%】，如下图所示。

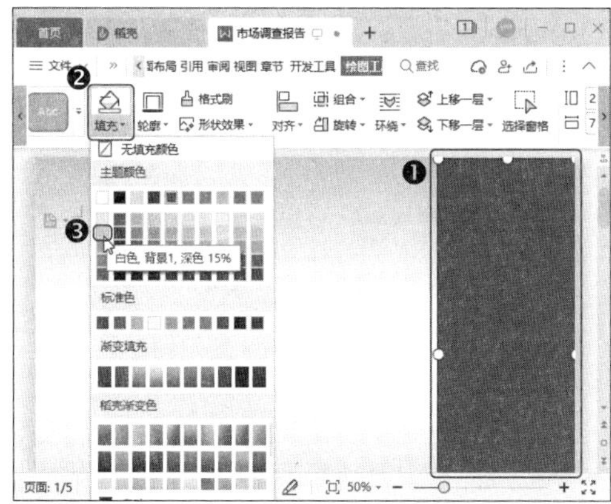

第3步 ❶ 在【绘图工具】选项卡中单击【轮廓】下拉按钮，❷ 在弹出的下拉菜单中选择【无边框颜色】选项，如下图所示。

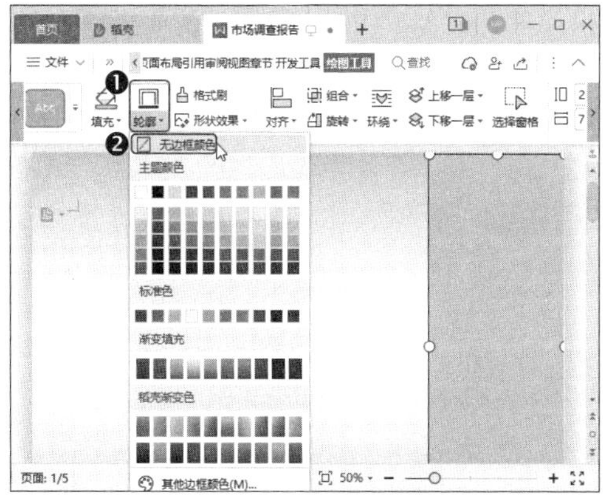

第4步 ❶ 使用【直线】工具＼在矩形旁边绘制一条直线，并选中该直线，❷ 然后单击【绘图工具】选项卡中的【轮廓】下拉按钮，❸ 在弹出的下拉菜单中选择【白色，背景 1，深色 15%】，如下图所示。

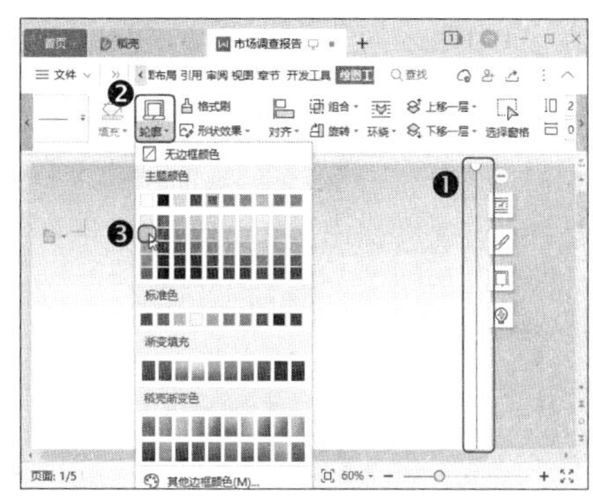

第5步 ❶ 再次单击【轮廓】下拉按钮，❷ 在弹出的下拉菜单中选择【线型】选项，❸ 再在弹出的子菜单中选择【2.25 磅】，如下图所示。

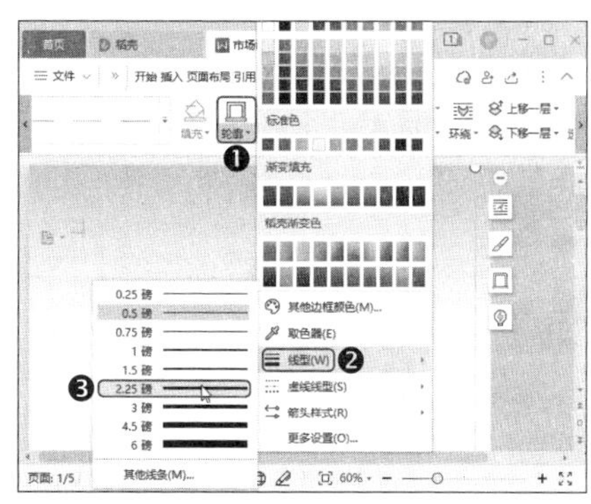

第6步 ❶ 复制直线，并调整直线的位置，❷ 然后单击【插入】选项卡中的【图片】按钮，如下图所示。

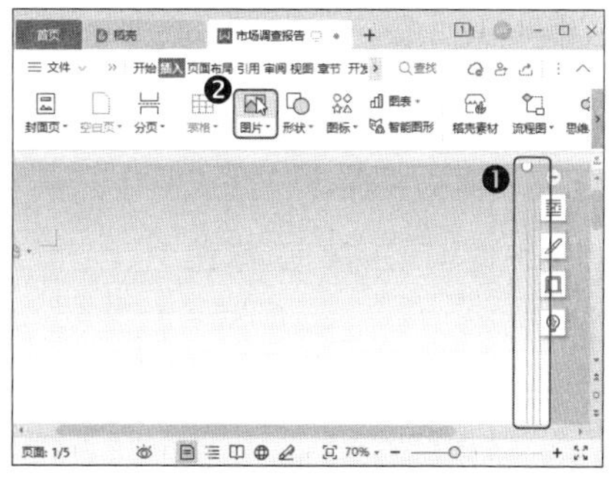

第7步 ❶ 插入“素材文件 \ 第 12 章 \ 封面图片 .jpg”图像文件并选中图片，❷ 然后单击【图片工具】选项卡中的【环绕】下拉按钮，❸ 在弹出的下拉菜单中选择【浮于文字上方】选项，如下图所示。

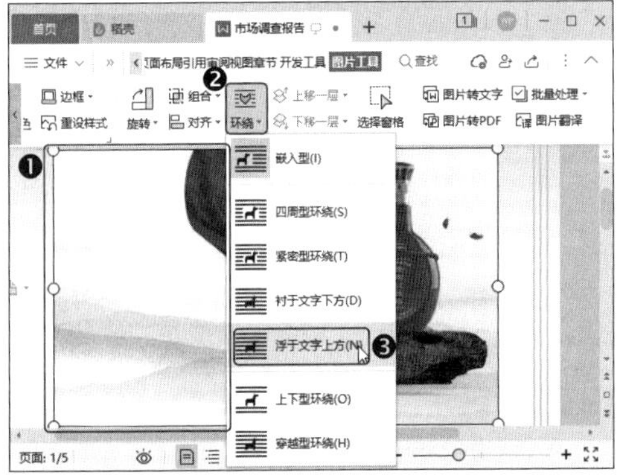

第8步 将图片拖动到页面的右侧，如下图所示。

第9步 ❶ 使用【矩形】工具□绘制一个矩形，❷ 然后在【绘图工具】选项卡中选择【纯色填充 - 黑色，深色 1】填充样式，如下图所示。

第10步 右击矩形，在弹出的快捷菜单中选择【添加文字】命令，如下图所示。

第11步 ❶ 输入文字，❷ 然后在【文本工具】选项卡中设置文本格式，如下图所示。

第12步 添加文本框，然后在其中输入封面的其他文字，并设置文本格式，如下图所示。

12.1.3 使用样式规范正文样式

封面制作完之后，就可以制作正文了。制作正文时，首先要输入正文内容，然后使用样式规范正文的样式，操作方法如下。

第1步 单击【开始】选项卡中样式右侧的 按钮，如下图所示。

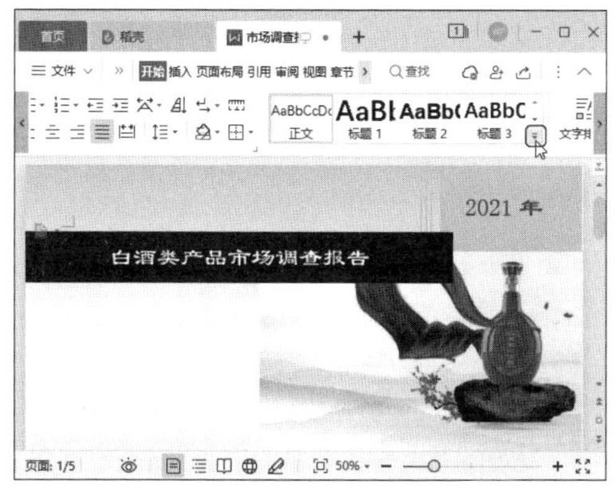

第2步 选择【显示更多样式】选项，如下图所示。

第3步 打开【样式和格式】窗格，❶ 单击【正文】右侧的下拉按钮，❷ 在弹出的下拉列表中选择【修改】选项，如下图所示。

第4步 打开【修改样式】对话框，❶ 单击【格式】下拉按钮，❷ 在弹出的下拉列表中选择【段落】选项，如下图所示。

教您一招：为样式设置快捷键

在【修改样式】对话框的【格式】下拉列表中选择【快捷键】选项，可以为样式设置快捷键。对于设置了快捷键的样式，用户在使用时只需要按快捷键即可应用，这样能够提高工作效率。

第5步 打开【段落】对话框，❶ 在【缩进和间距】选项卡中设置【特殊格式】为【首行缩进，2 字符】，❷ 然后依次单击【确定】按钮退出【修改样式】对话框，如下图所示。

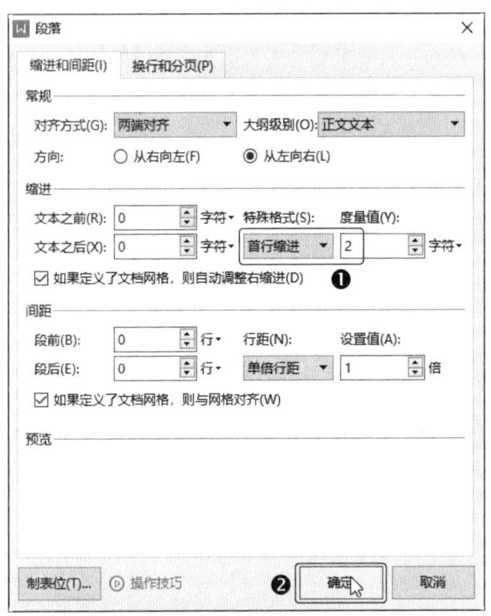

第6步 使用相同的方法打开标题 1 的【修改样式】对话框，❶ 在【格式】栏中设置字号为【小三】，❷ 然后单击【确定】按钮，如下图所示。

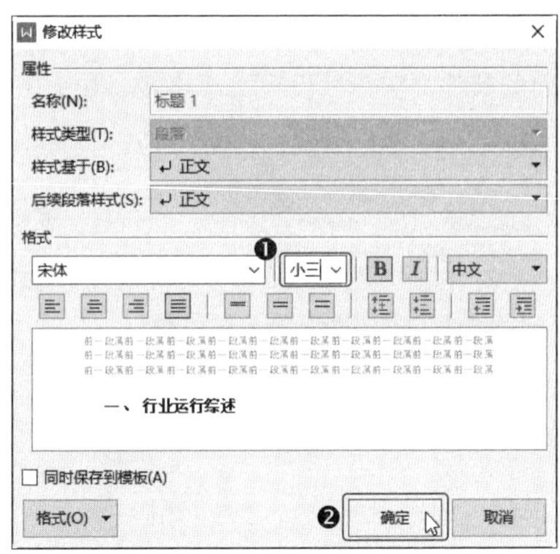

第7步 使用相同的方法打开标题 2 的【修改样式】对话框，❶ 在【格式】栏中设置字号为【小四】，❷ 然后单击【确定】按钮，如下图所示。

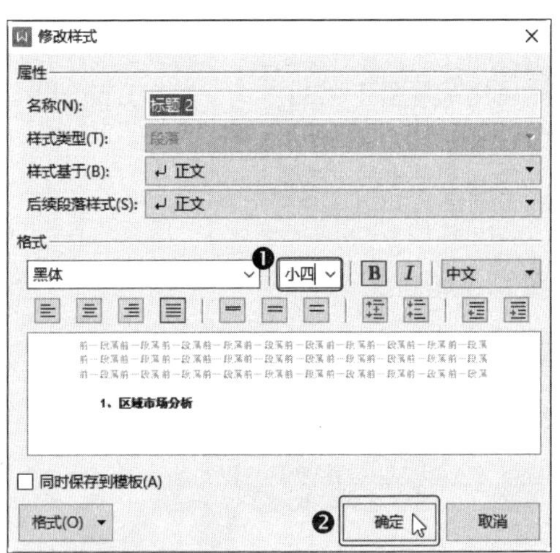

第8步 返回文档，❶ 选中标题，❷ 然后在【开始】选项卡中设置字体格式，如下图所示。

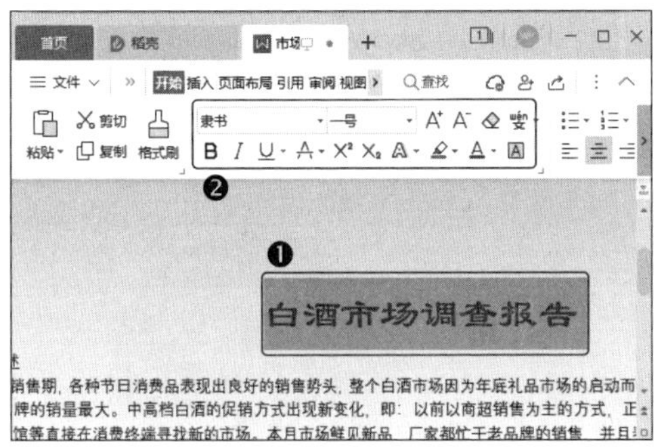

第9步 ❶ 将光标定位到“一、行业运行综述”段落，❷ 然后在【开始】选项卡中选择【标题 1】样式，并为其他相似的段落应用该样式，如下图所示。

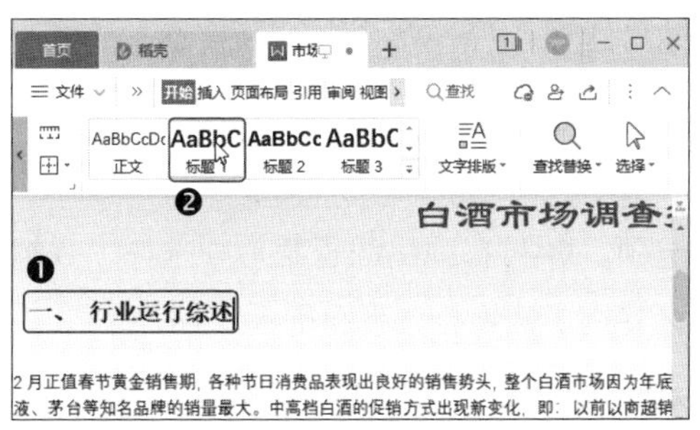

第10步 ❶ 将光标定位到“1. 区域市场分析”段落，❷ 然后在【开始】选项卡中选择【标题 2】样式，并为其他相似的段落应用该样式，如下图所示。

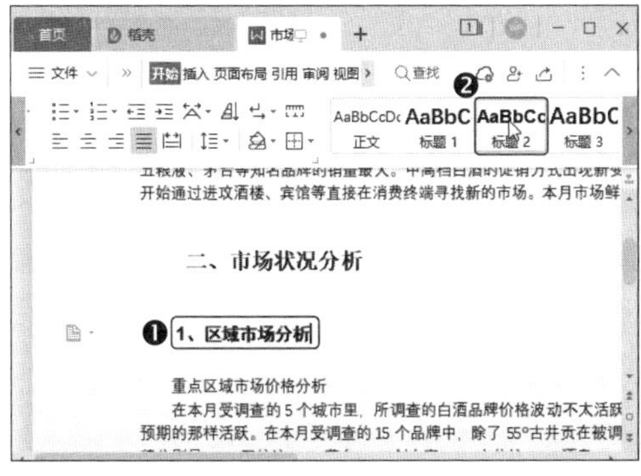

12.1.4 插入图表丰富文档

在市场调查报告中，文字描述固然重要，但插入图表可以让人更清楚地了解市场动态。

1. 插入图表

为了让数据更加直观，我们可以在 WPS 文字中插入图表，操作方法如下。

第1步 ❶ 将光标定位到要插入图表的位置，❷ 然后单击【插入】选项卡中的【图表】下拉按钮，❸ 在弹出的下拉菜单中选择【图表】选项，如下图所示。

第2步 打开【图表】对话框，❶ 选择一种图表类型，如【饼图】。❷ 然后在右侧窗格中选择要插入的饼图样式，单击出现的【插入预设图表】按钮，如下图所示。

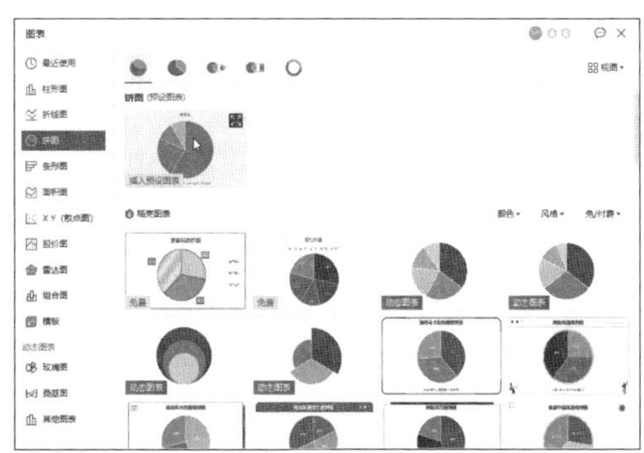

第3步 ❶ 在文档中插入图表后选中图表，❷ 然后单击【图表工具】选项卡中的【编辑数据】按钮，如下图所示。

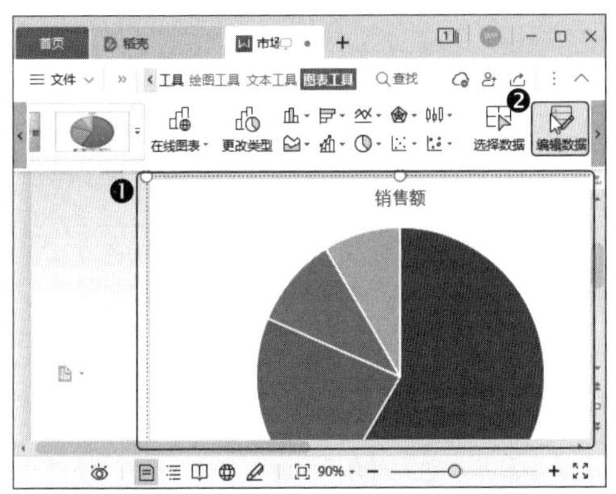

第4步 启动 WPS 表格，❶ 在单元格中输入图表需要显示的数据，❷ 完成后单击【关闭】按钮×，如下图所示。

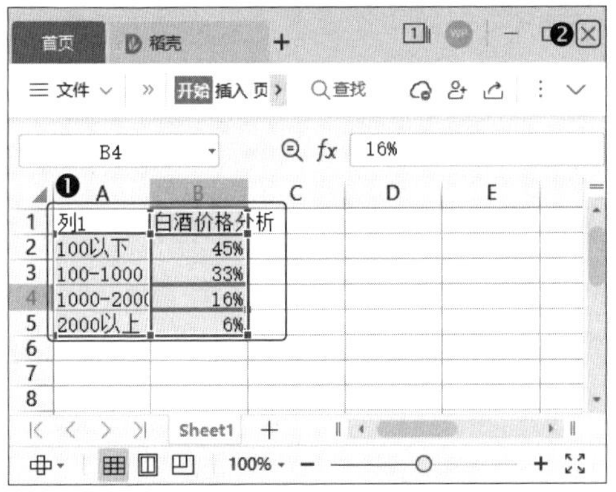

2. 美化图表

我们不仅可以在 WPS 文字中插入图表,还可以美化图表。美化图表的方法如下。

第1步 ❶ 选中图表标题，❷ 然后在【文本工具】选项卡中选择一种艺术字样式，如下图所示。

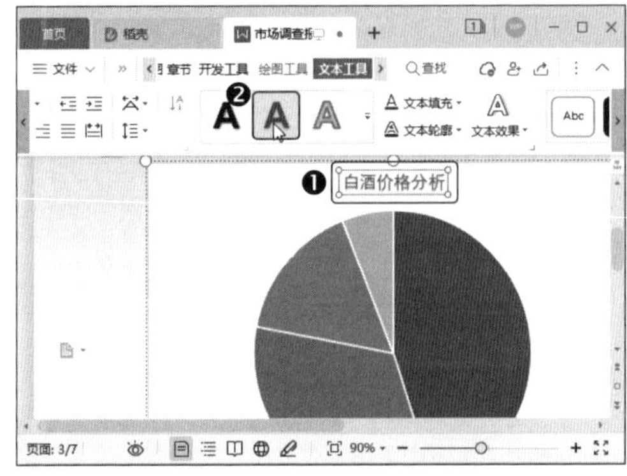

温馨提示

如果要更改图表标题，那么可以选中图表后在文本框中输入需要的标题。

第2步 ❶ 选中图表，❷ 然后单击【图表工具】选项卡中的【添加元素】下拉按钮，❸ 在弹出的下拉菜单中选择【数据标签】选项，❹ 再在弹出的子菜单中选择【数据标签内】选项，如下图所示。

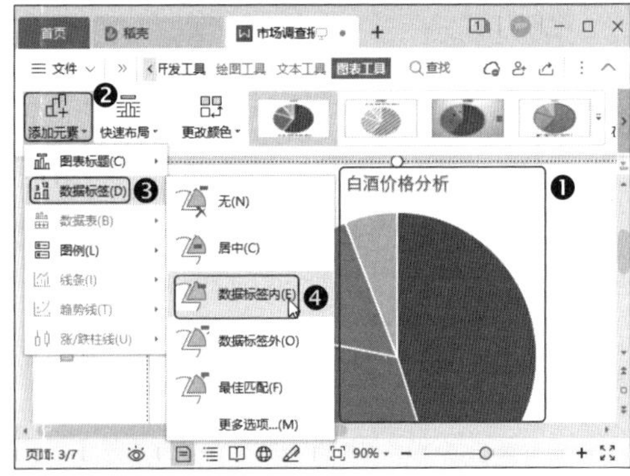

第3步 ❶ 选中数据标签，❷ 然后在【文本工具】选项卡中设置标签文本格式为【四号，白色】，如下图所示。

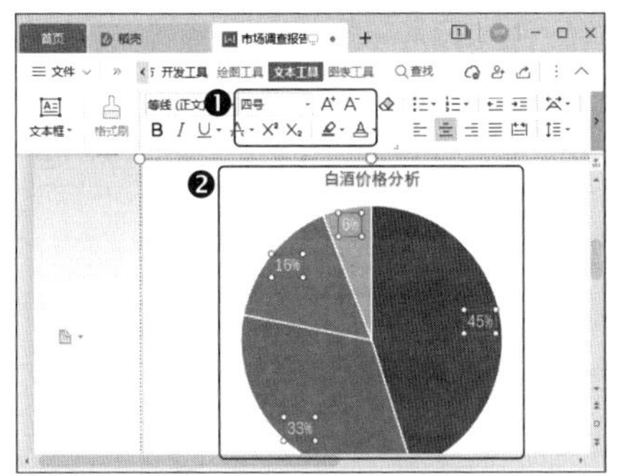

第4步 ❶ 选中图表，❷ 然后单击【图表工具】选项卡中的【添加元素】下拉按钮，❸ 在弹出的下拉菜单中选择【图例】选项，❹ 再在弹出的子菜单中选择【右侧】选项，如下图所示。

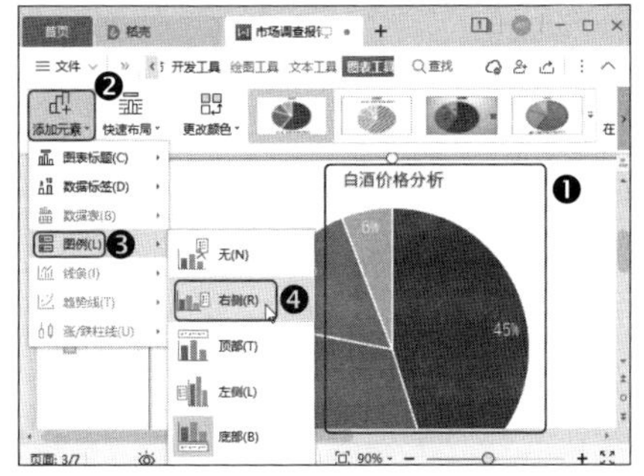

第5步 保持图表的选中状态，❶ 然后单击【图表工具】选项卡中的【更改颜色】下拉按钮，❷ 在弹出的下拉菜单中选择一种颜色，如下图所示。

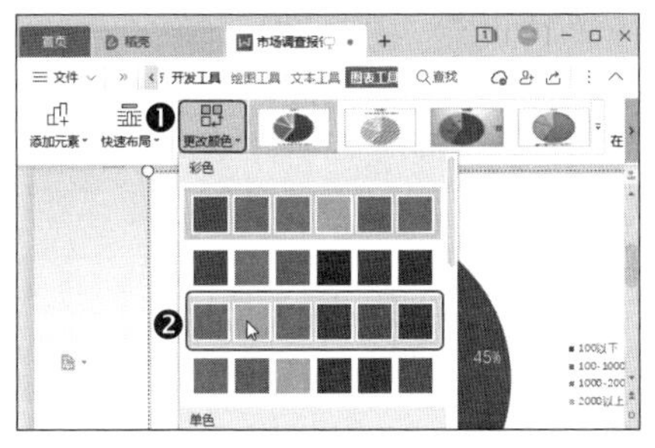

设置完成后即可看到图表的最终效果，如下图所示。

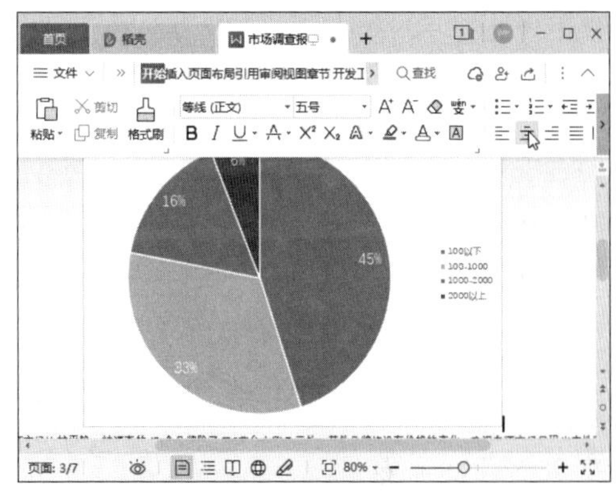

12.1.5 插入页码与目录

在市场调查报告中插入页码，并使用目录功能提取标题 1 和标题 2 作为目录，可以方便相关人员查看调查报告的内容。

1. 插入页码

首先为调查报告添加页码，操作方法如下。

第1步 ❶ 单击【插入】选项卡中的【页码】下拉按钮，❷ 在弹出的下拉菜单中选择一种页码样式，如【页脚中间】，如下图所示。

第2步 返回文档即可看到页码已经插入。确认后单击【页眉页脚】选项卡中的【关闭】按钮即可，如下图所示。

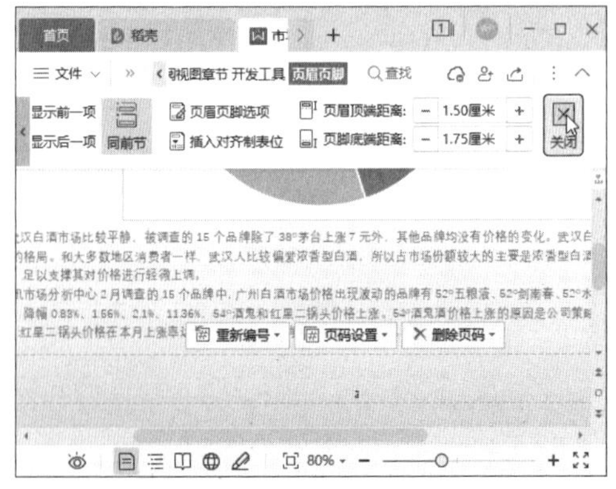

2. 插入目录

在文档中插入目录的方法如下。

第1步 将光标定位到标题的左侧，❶然后单击【章节】选项卡中的【目录页】下拉按钮，❷在弹出的下拉菜单中选择一种内置目录样式，如下图所示。

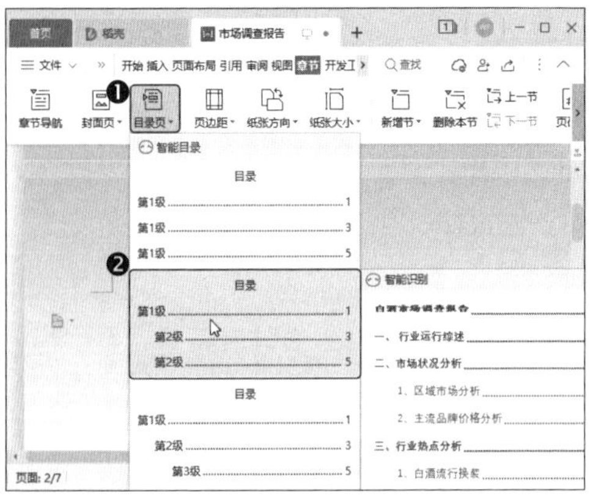

> **教您一招：插入智能目录**
>
> 如果没有设置标题样式，那么可以利用智能目录功能来自动识别正文结构，然后生成对应级别的目录。

第2步 在【提示】对话框中单击【是】按钮，如下图所示。

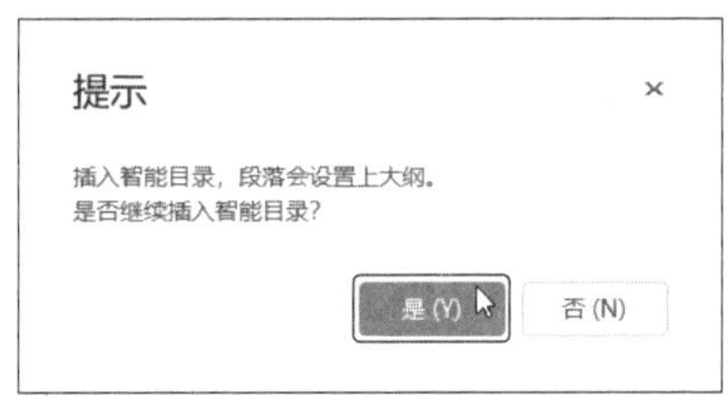

第3步 返回文档即可看到目录已经生成。❶选中目录文本，❷然后在【开始】选项卡中选择【标题 1】样式，为目录应用样式，如下图所示。

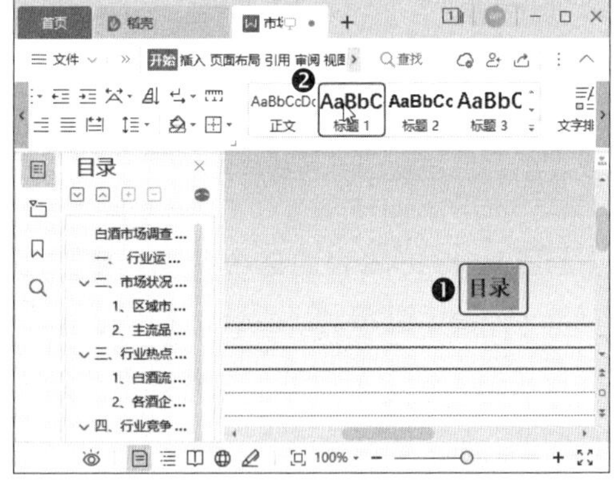

12.2 使用 WPS 表格制作产品销量管理汇总表

产品销量管理汇总是指对销售情况进行统计，统计的范围不仅包括季度总数据、年度总数据，还包括一段时间内各员工的总销售额和排名情况。通过产品销量管理汇总表，管理者可以更好地了解过去一段时间内公司的销售状况，从而凭借这些数据实现提高公司的销售水平、管理水平，节省销售人力成本等目标。

本例将制作产品销量管理汇总表，完成后的效果如下图所示，实例最终效果见“结果文件\第 12 章\产品销量管理汇总表 .xlsx”文件。

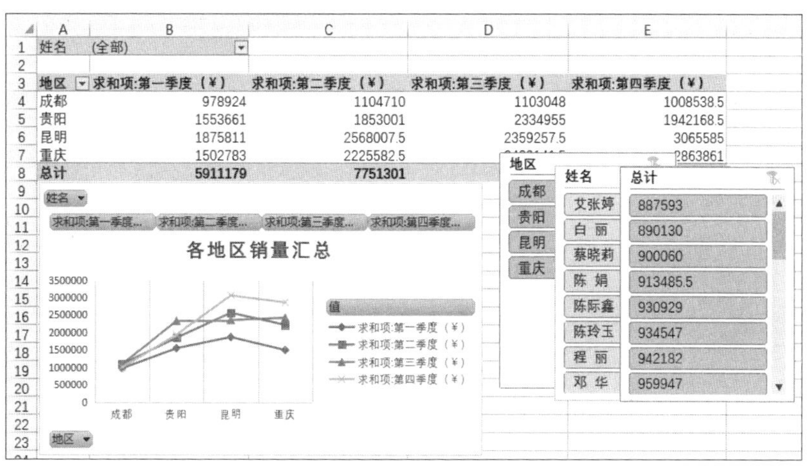

12.2.1 计算销量和排名

本例首先在销售数据统计表中计算销售总量，然后计算名次，最后对名次进行排序，操作方法如下。

第1步 打开“素材文件\第 12 章\产品销售管理表 .xlsx”工作簿，❶ 选择 C3:F3 单元格区域，❷ 然后单击【开始】选项卡中的【求和】按钮计算出第一位员工一年的总销售额，如下图所示。

第2步 选择 G3 单元格，然后向下填充公式从而计算出其他员工的总销售额，如下图所示。

第3步 选择 H3 单元格，在编辑栏中输入公式“=RANK.EQ(G3,$G$3:$G$30)”，按【Enter】键计算出结果，然后将公式填充到 H4:H30 单元格区域，计算出其他员工的排名，如下图所示。

H3　=RANK.EQ(G3,$G$3:$G$30)

	D	E	F	G	H
2	第二季度（¥）	第三季度（¥）	第四季度（¥）	总计	排名
3	310132	243432	216665	942182	22
4	334370	332789	334371	1339110.5	2
5	236800	299720	233362	1013868	19
6	223408	227107	224140.5	900060	26
7	253527	314463	218696	934547	23
8	233588	351361	257722	1059365	15
9	344085	358684	225080	1094112	14
10	222769	299396	338211	1109289	13
11	334107.5	335148.5	333674.5	1333719.5	3
12	219138.5	225271.5	220049	890130	27
13	245786	450631	348736	1262623	6
14	348443	142330	265471	100[illegible]	20

温馨提示

在按销售额排名的过程中用到了 RANK.EQ 函数，这个函数用于返回某个数值在数字列表中的排位情况。因此，公式“=RANK.EQ(G3,$G$3:$G$30)”的含义是，对 G3:G30 单元格区域的数据进行排序。其中，G3 是指需要进行排序的单元格，$G$3:$G$30 是指绝对引用 G3:G30 单元格区域的数值列表。

第4步 ❶ 选择排名列数据区域的任意单元格，❷ 然后在【数据】选项卡中单击【排序】按钮为名次排序，如下图所示。

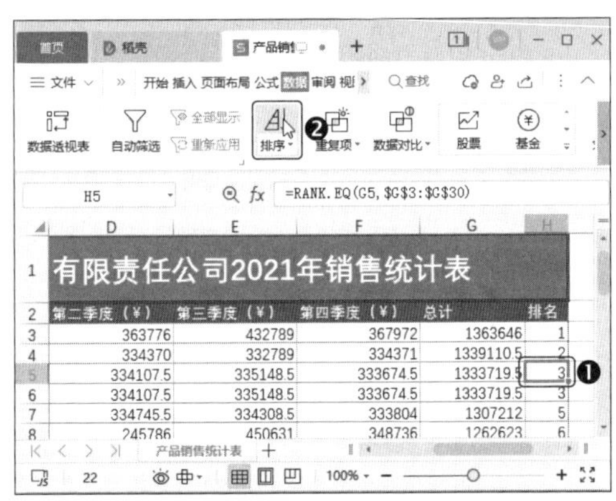

12.2.2 插入数据透视表汇总数据

创建数据透视表和数据透视图，可以方便我们对产品销量统计表进行详细的分析。插入数据透视表方法如下。

第1步 ❶ 选择数据区域中的任意单元格，❷ 然后单击【插入】选项卡中的【数据透视表】按钮，如下图所示。

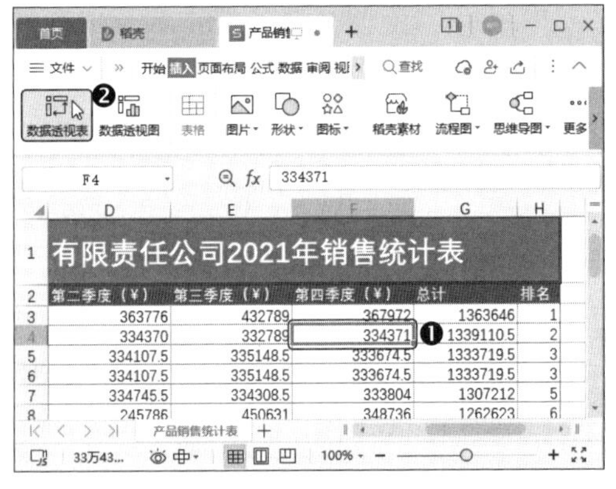

第2步 打开【创建数据透视表】对话框，

保持默认设置，然后单击【确定】按钮，如下图所示。

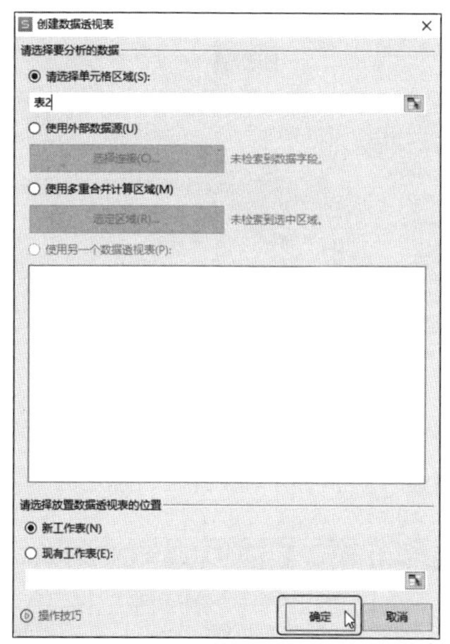

第3步 工作簿中将新建一个空白数据透视表，并打开【数据透视表】窗格。在【字段列表】中勾选要添加到数据透视表中的数据，如下图所示。

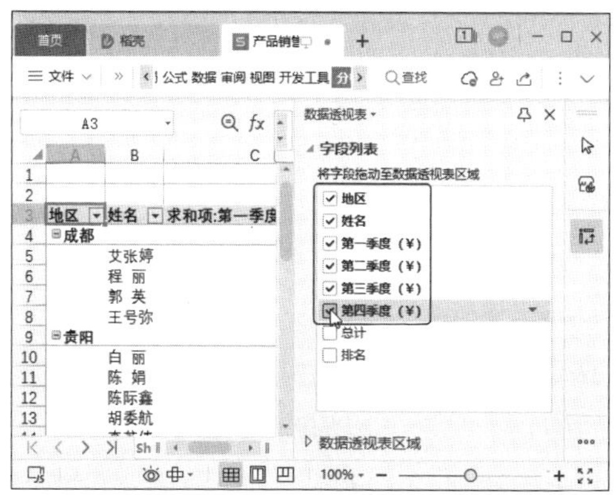

第4步 将【姓名】字段拖动到【筛选器】列表框中，如下图所示。

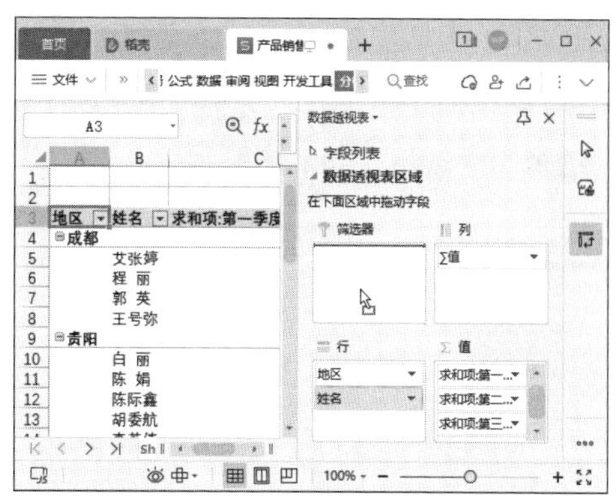

第5步 ❶ 选中视图透视表中的任意单元格，❷ 然后在【设计】选项卡中选择一种表格样式，如下图所示。

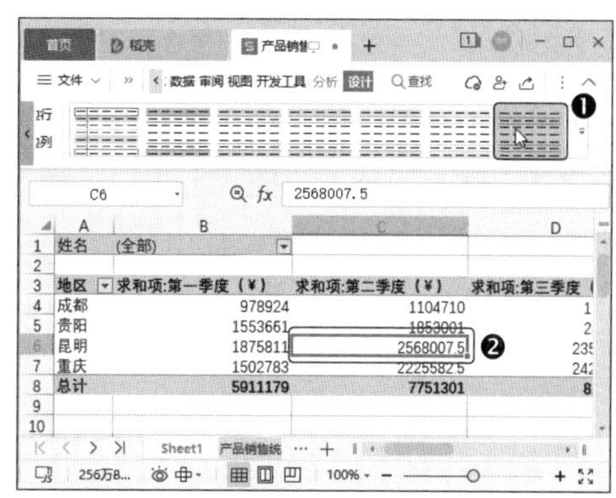

> **教您一招：查看详细信息**
>
> 如果要查看某地区的详细信息，那么可以右击该地区，然后在弹出的快捷菜单中选择【显示详细信息】命令，这样新建的工作表中即可显示该地区的详细销售数据。

12.2.3 插入数据透视图分析数据

数据透视图以图表的形式展现数据，方便我们清晰地查看数据的走势。插入数据透视图的操作方法如下。

第1步 ❶ 选中数据透视表中的任意单元格，❷ 然后单击【插入】选项卡中的【数据透视图】按钮，如下图所示。

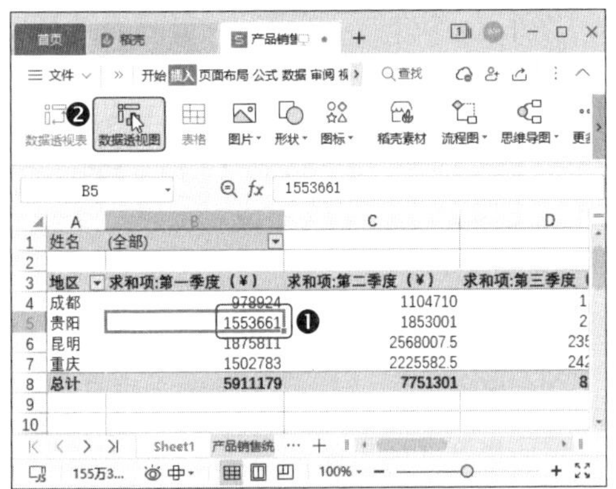

第2步 打开【插入图表】对话框，❶ 在左侧选择图表的类型，❷ 在右侧选择图表的样式，❸ 然后单击【插入】按钮，如下图所示。

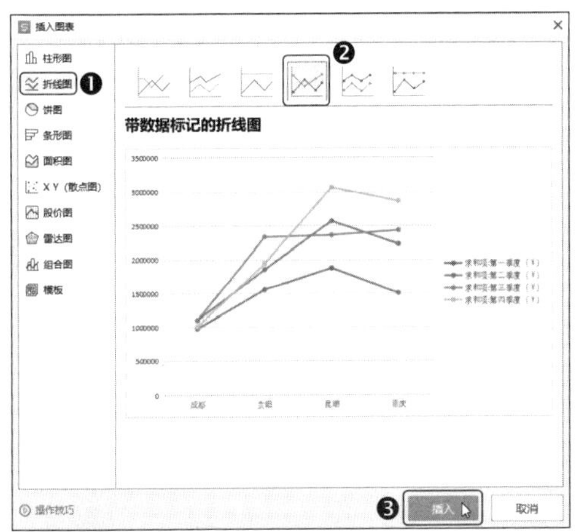

第3步 ❶ 选中图表，❷ 然后单击【图表工具】选项卡中的【添加元素】下拉按钮，❸ 在弹出的下拉菜单中选择【图表标题】选项，❹ 再在弹出的子菜单中选择【图表上方】选项，如下图所示。

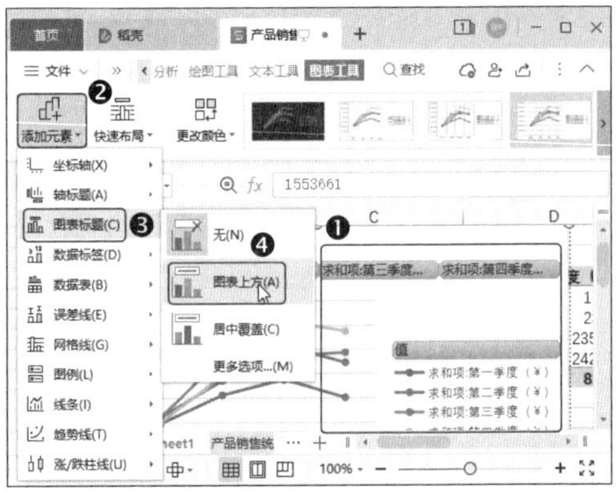

第4步 在【图表工具】选项卡中选择一种图表样式，如下图所示。

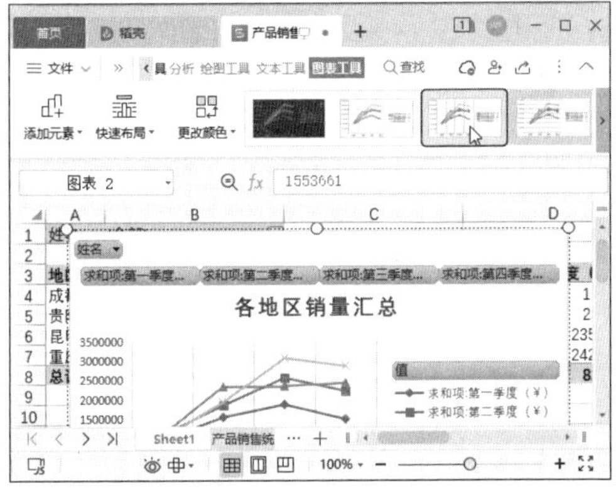

12.2.4 插入切片器

在数据透视表中使用切片器有利于我们更快速地筛选数据。切片器不仅会清晰地标记已应用的筛选器，而且会提供详细的信息，指示当前的筛选状态，从而便于其他用户轻松、准确地了解已筛选的数据透视表中所显示的内容。插入切片器的方法如下。

第1步 ❶ 选中数据透视表中的任意单元格，❷ 然后单击【插入】选项卡中的【切片器】按钮，如下图所示。

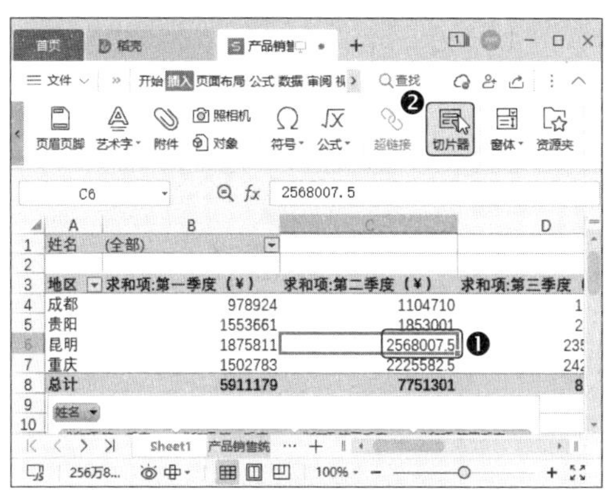

第2步 打开【插入切片器】对话框，❶ 然后勾选中【地区】【姓名】【总计】复选框，❷ 完成后单击【确定】按钮，如下图所示。

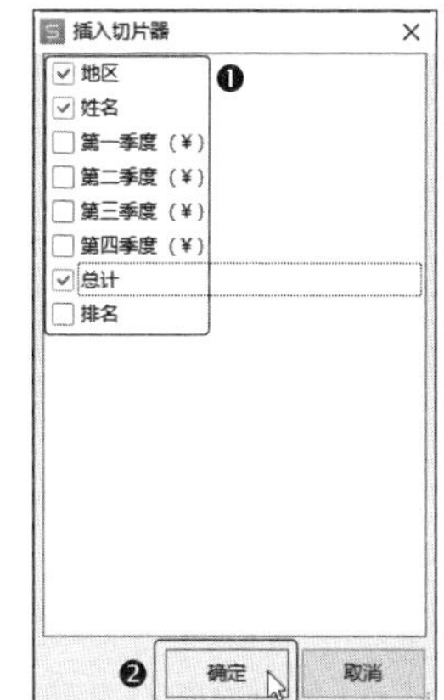

第3步 ❶ 选中切片器，❷ 然后在【选项】选项卡中设置切片器的样式，如下图所示。

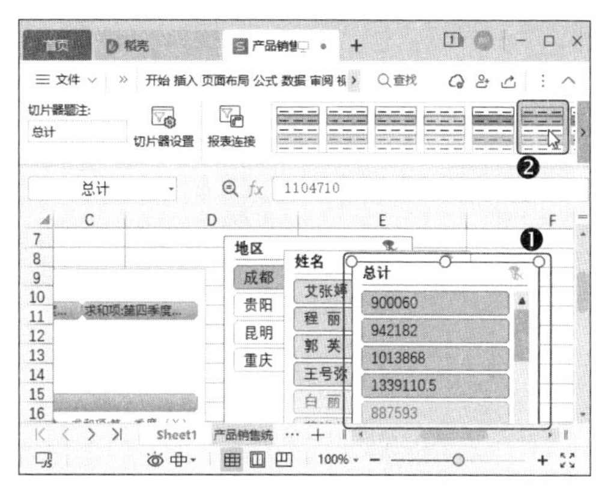

第4步 在【地区】切片器中选择相关地区，数据透视图和数据透视表中就会显示相关的数据，如下图所示。

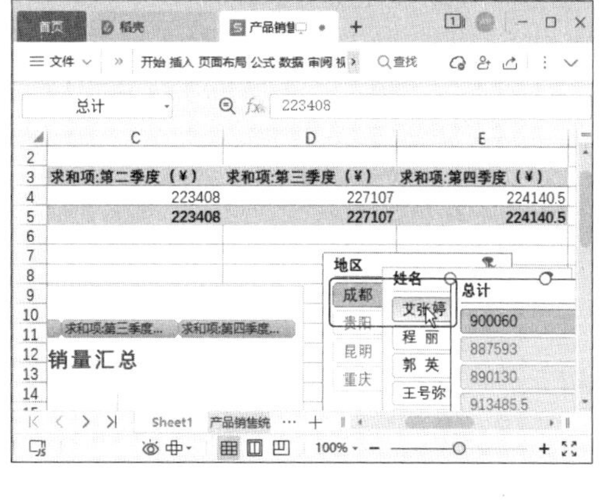

12.3 使用 WPS 演示制作年度工作总结与计划

工作总结与计划是商务行政活动中使用范围很广的一种公文。机关、团体、企事业单位的各级机构，对一定时期的工作做出安排时，都要制订工作计划。对于规模较大的企业来说，人员多、部门多，存在的问题也比较多，如沟通不及时等，此时计划的重要性就体现出来了。

本例将制作年度工作总结与计划，完成后的效果如下图所示，实例最终效果见“结果文件\第 12 章\年度工作总结与计划 .pptx”文件。

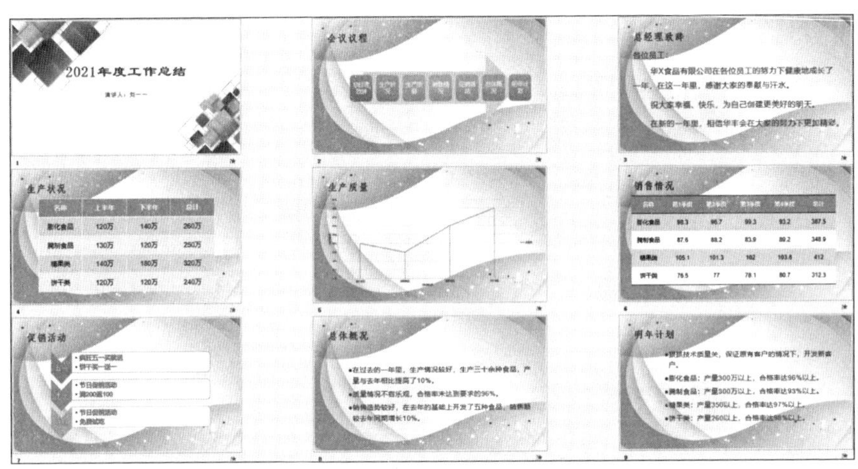

12.3.1 编辑幻灯片母版

为了统一格式，本例首先设置幻灯片母版的背景图片，然后统一标题文本的样式，操作方法如下。

第1步 新建一个名为“年度工作总结与计划”的演示文稿，然后单击【视图】选项卡中的【幻灯片母版】按钮。如下图所示。

第2步 进入幻灯片母版视图，单击【幻灯片母版】选项卡中的【背景】按钮，如下图所示。

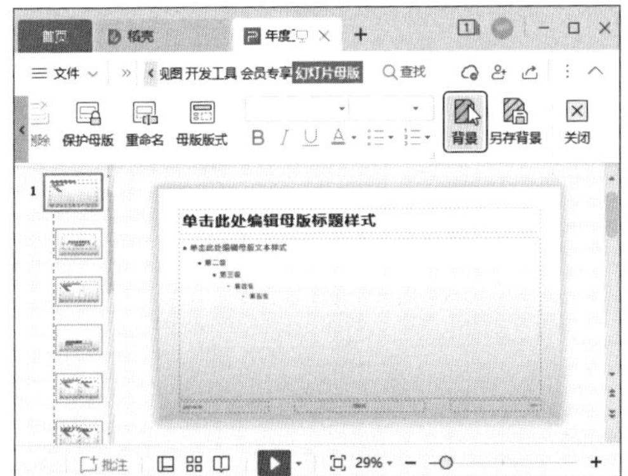

第3步 打开【对象属性】窗格，❶ 选择【标题幻灯片版式】，❷ 然后选中【填充】栏中的【图片或纹理填充】单选项，❸ 在【图片填充】下拉列表中选择【本地文件】

选项，如下图所示。

第4步 在打开的【选择纹理】对话框中选择“素材文件\第 12 章\封面背景 .jpg”图片后单击【打开】按钮，❶ 然后分别选中标题和副标题，❷ 在【文本工具】选项卡中设置字体格式，如下图所示。

第5步 ❶ 使用相同的方法为【标题和内容版式】幻灯片设置背景和标题字体格式；❷ 然后单击【幻灯片母版】选项卡中的【关闭】按钮退出幻灯片母版视图，如下图所示。

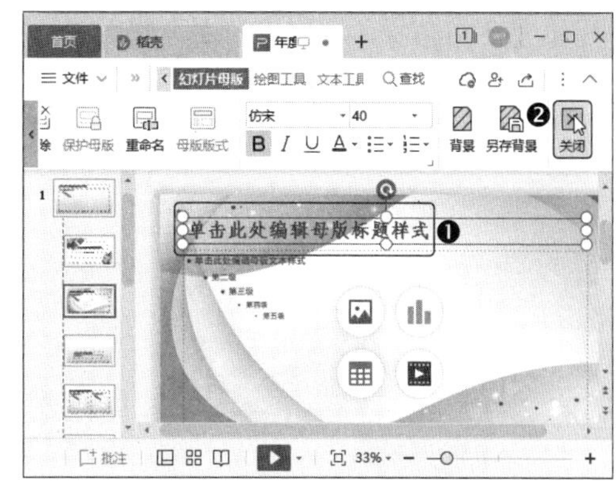

12.3.2 插入智能图形制作目录页

如果目录的结构比较简单，不能满足需求，那么我们可以使用智能图形快速制作样式精美的目录页。

1. 插入智能图形

下面介绍在幻灯片中插入智能图形并编辑文本内容的方法。

第1步 在封面页输入标题和副标题，如下图所示。

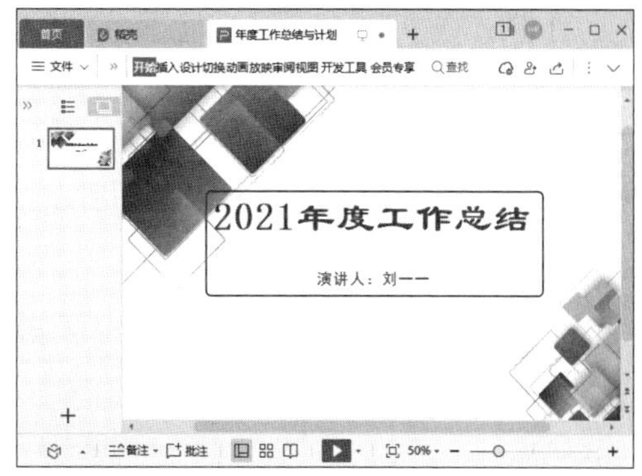

第2步 选中标题幻灯片，按【Enter】键新建一张标题和内容版幻灯片。❶ 在新建的幻灯片中输入标题文本，❷ 然后选中

内容文本占位符，按【Delete】键删除占位符。如下图所示。

第3步 单击【插入】选项卡中的【智能图形】按钮，如下图所示。

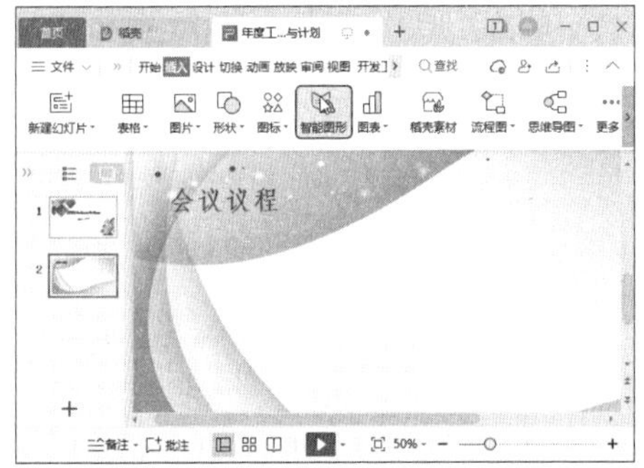

第4步 ❶ 在打开的【智能图形】对话框中选择【流程】选项卡，❷ 再在下方的列表中选择【连续块状流程】，如下图所示。

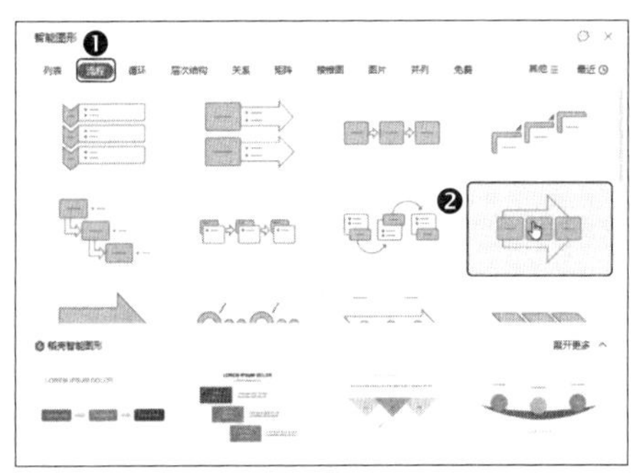

第5步 ❶ 在智能图形中添加文本，然后选中第三个图形，❷ 单击【设计】选项卡中的【添加项目】下拉按钮，❸ 在弹出的下拉菜单中选择【在后面添加项目】选项，如下图所示。

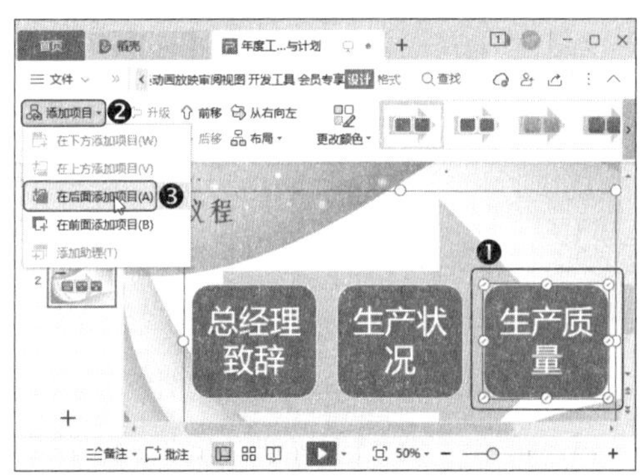

第6步 使用相同的方法添加其他形状并输入文本，如下图所示。

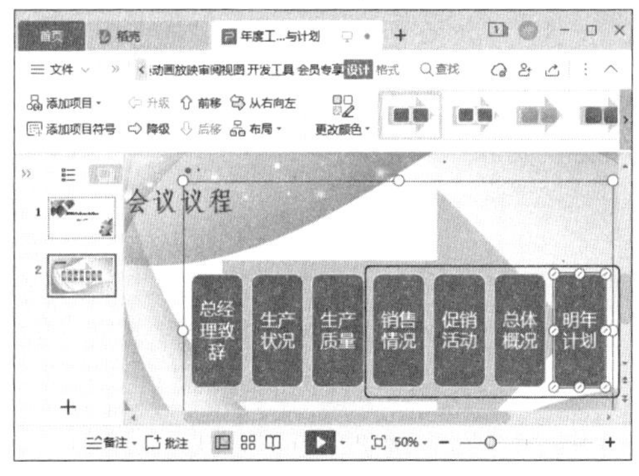

2. 美化智能图形

编辑完智能图形的文本内容后，我们可以使用快速样式美化图形，操作方法如下。

第1步 拖动智能图形四周的控制点，调整图形的大小，并将其移动到合适的位置，如下图所示。

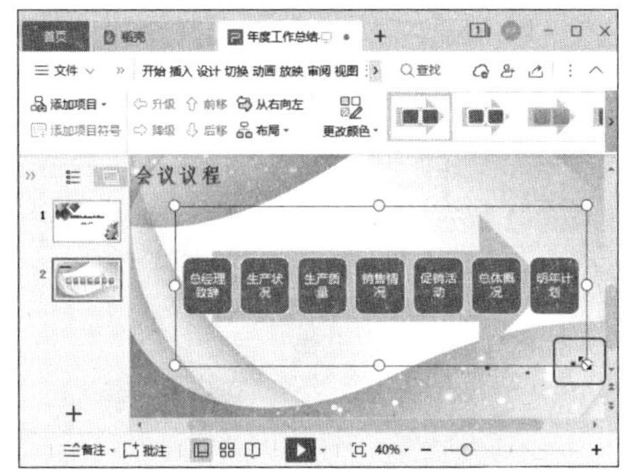

第2步 ❶选中智能图形，❷然后单击【设计】选项卡中的【更改颜色】下拉按钮，❸在弹出的下拉菜单中选择一种配色方案，如下图所示。

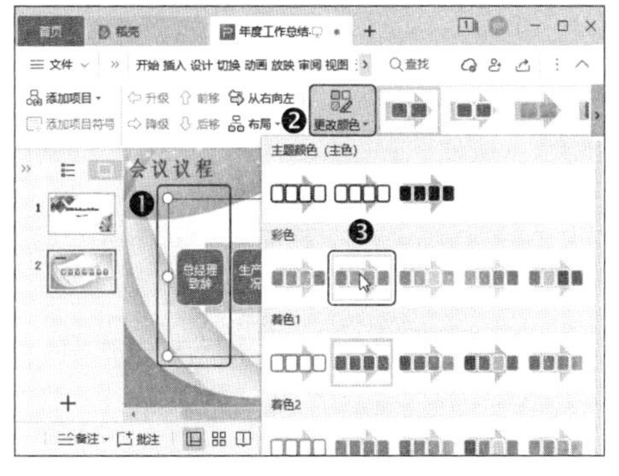

第3步 在【设计】选项卡中为智能图形选择一种样式，如下图所示。

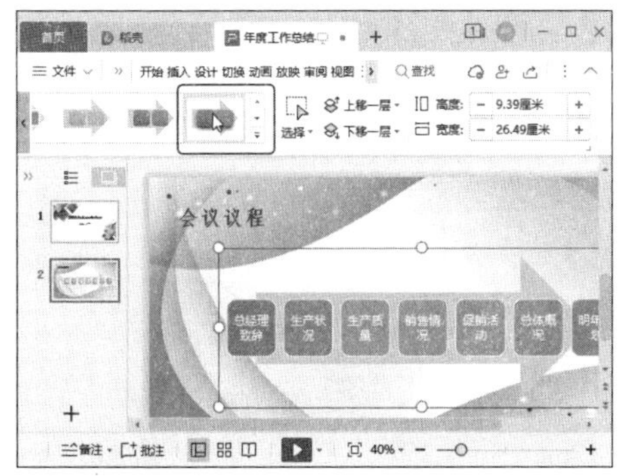

12.3.3 输入发言文本

在做工作总结之前，大多会有领导致辞的环节，为此我们还需要添加发言文本。在幻灯片中添加了发言文本之后，我们还可以通过段落设置使文本更加错落有致，有利于阅读，操作方法如下。

第1步 新建一张标题和内容版式的幻灯片，❶在占位符中输入标题，❷然后单击【文本工具】选项卡中的【插入项目符号】按钮⁝≡，取消自动添加的项目符号，如下图所示。

第2步 ❶在文本框中输入文本，并设置文本格式，然后选中除第一行外的其他文本，❷单击【开始】选项卡中的【段落】对话框按钮⌟，如下图所示。

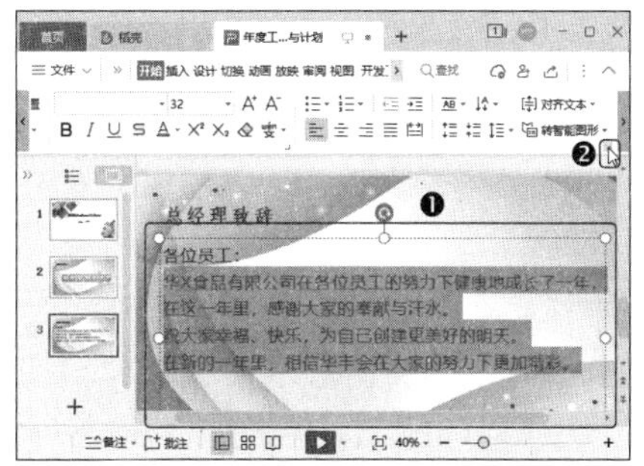

第3步 打开【段落】对话框，❶ 设置【特殊格式】为【首行缩进，2.57 厘米】，❷ 设置【段前】和【段后】的间距均为【10 磅】，❸ 设置【行距】为【1.5 倍行距】，❹ 完成后单击【确定】按钮，如下图所示。

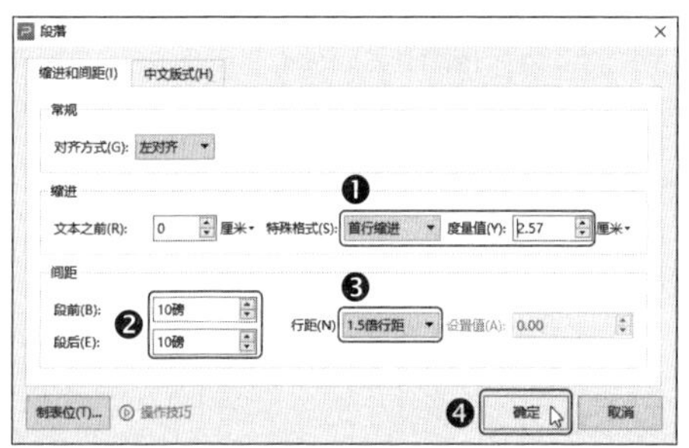

12.3.4 插入表格

将数据分门别类地填入表格中，可以使表格数据一目了然，利于观看者阅读。下面就介绍在工作总结中插入表格的方法。

第1步 新建一张标题和内容版式的幻灯片，并输入标题文本。❶ 单击占位符中的【插入表格】按钮，❷ 打开【插入表格】对话框中设置【行数】为【5】,【列数】为【4】，❸ 然后单击【确定】按钮，如下图所示。

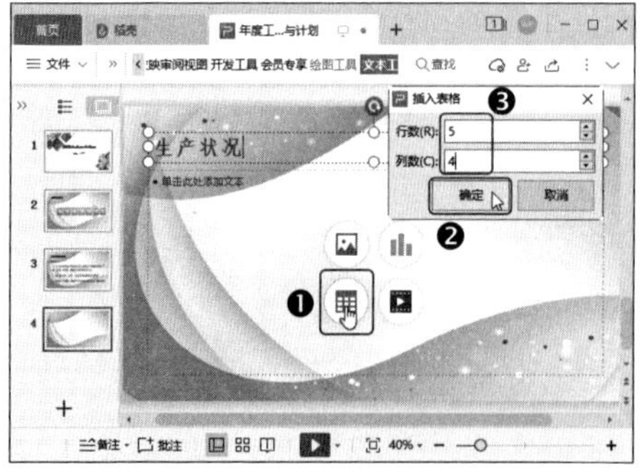

第2步 在表格中输入数据，并拖动表格四周的控制点调整表格的大小，如下图所示。

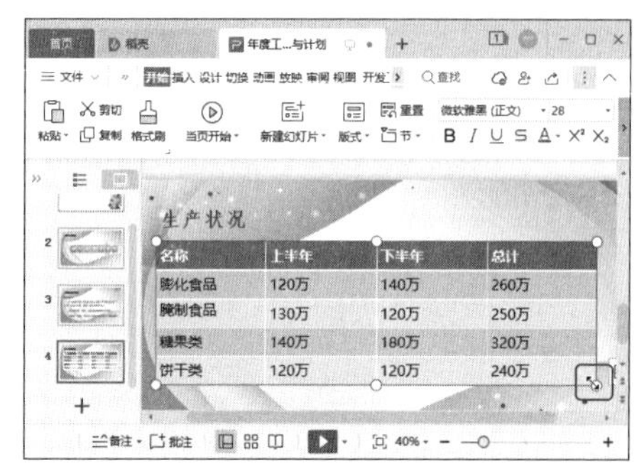

第3步 ❶ 选中表格，❷ 在【表格工具】选项卡中设置字体格式，❸ 然后单击【居中对齐】和【水平居中】按钮，如下图所示。

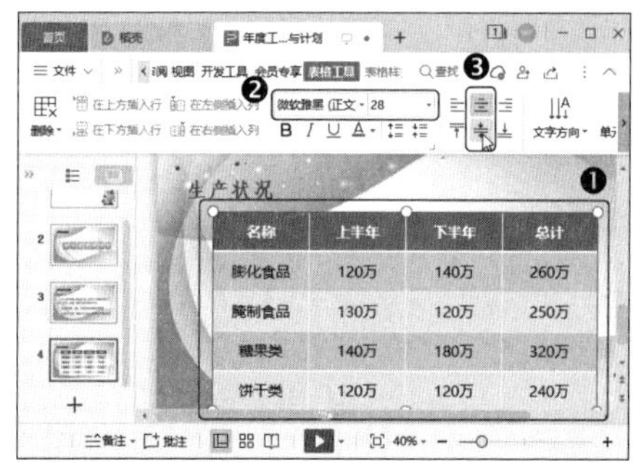

第4步 在【表格样式】选项卡中选择一种表格样式，如下图所示。

第5步 ❶ 单击【表格样式】选项卡中的【效果】下拉按钮，❷ 在弹出的下拉菜单中选择【阴影】选项，❸ 再在弹出的子菜单中选择一种阴影效果，如下图所示。

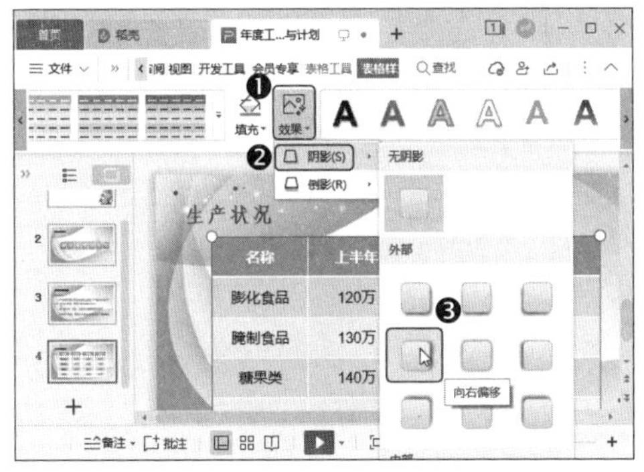

12.3.5 插入图表幻灯片

图表是以数据对比的方式显示数据的，可以很好地体现出数据之间的关系。尤其是对于抽象的表格数据来说，图表显示会更直观。插入图表的方法如下。

第1步 新建一张标题和内容版式的幻灯片，在标题文本框中输入标题文本，然后单击内容占位符中的【插入图表】按钮，如下图所示。

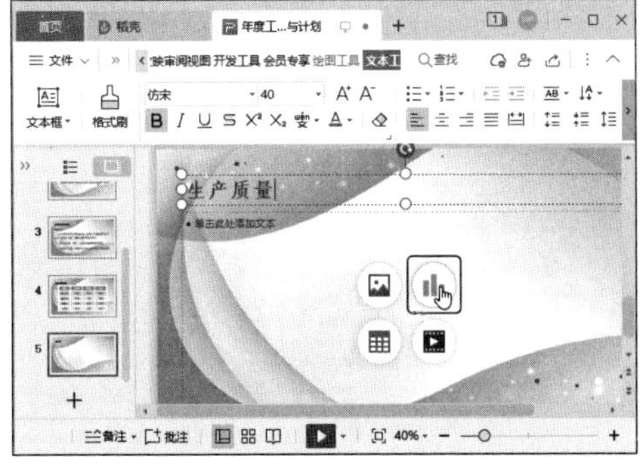

第2步 打开【插入图表】对话框，❶ 选择图表类型，❷ 然后单击【插入】按钮，如下图所示。

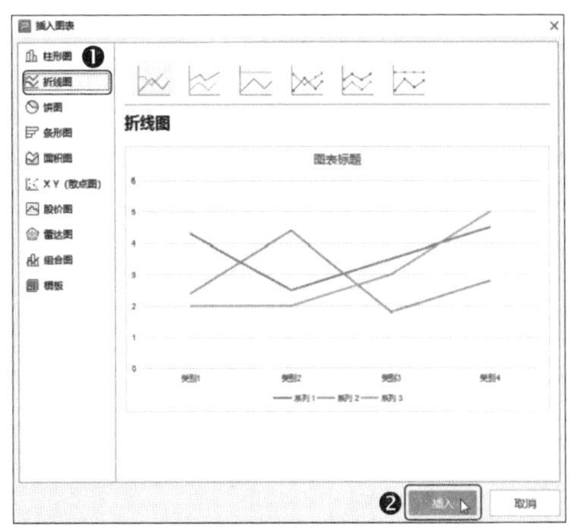

第3步 ❶ 选中插入的图表，❷ 然后单击【图表工具】选项卡中的【编辑数据】按钮，如下图所示。

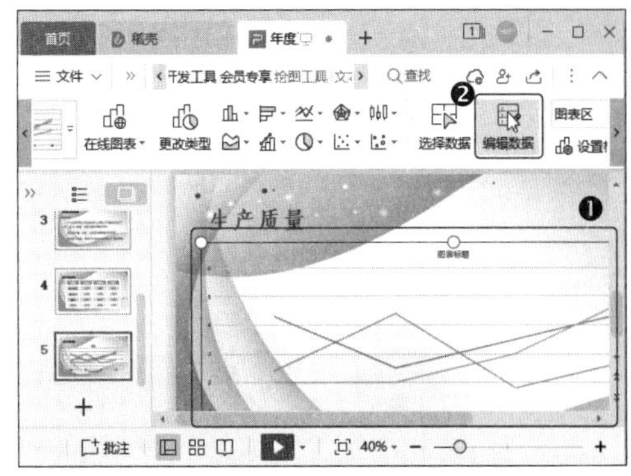

第4步 ❶ 系统自动启动 WPS 表格，在单元格中输入数据，❷ 然后选中不需要的单元格区域，单击鼠标右键，❸ 在弹出的快捷菜单选择【删除】命令。❹ 完成后单击【关闭】×按钮，如下图所示。

第5步 在【图表工具】选项卡中选择一种图表样式，如下图所示。

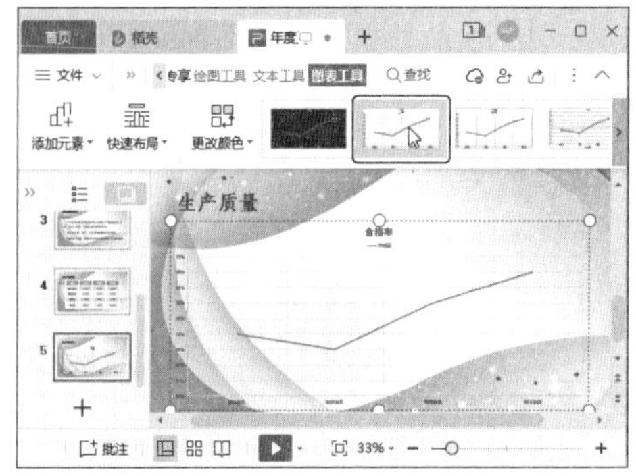

第6步 ❶ 单击【图表工具】选项卡中的【更改颜色】下拉按钮，❷ 在弹出的下拉菜单中选择一种配色方案，如下图所示。

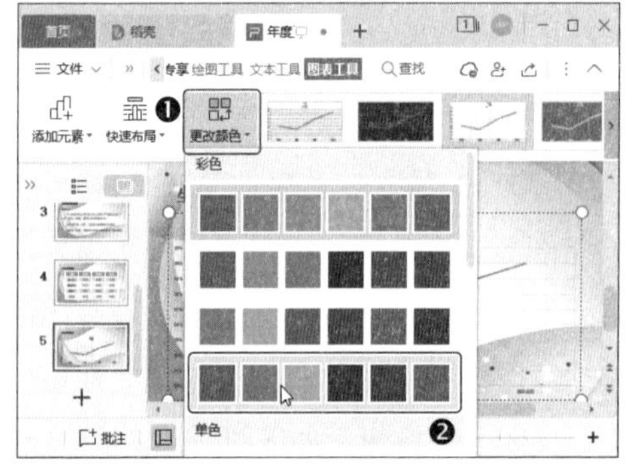

第7步 ❶ 单击【图表工具】选项卡中的【快速布局】下拉按钮，❷ 在弹出的下拉菜单中选择一种布局方案，如下图所示。

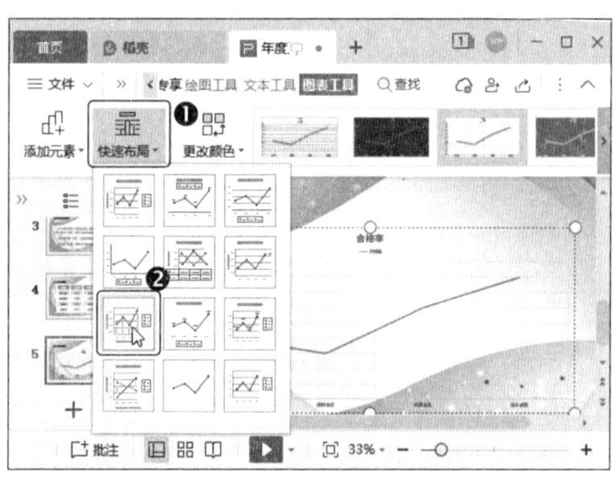

第8步 ❶ 单击【图表工具】选项卡中的【添加元素】下拉按钮，❷ 在弹出的下拉菜单中选择【数据标签】选项，❸ 再在弹出的子菜单中选择【上方】选项，如下图所示。

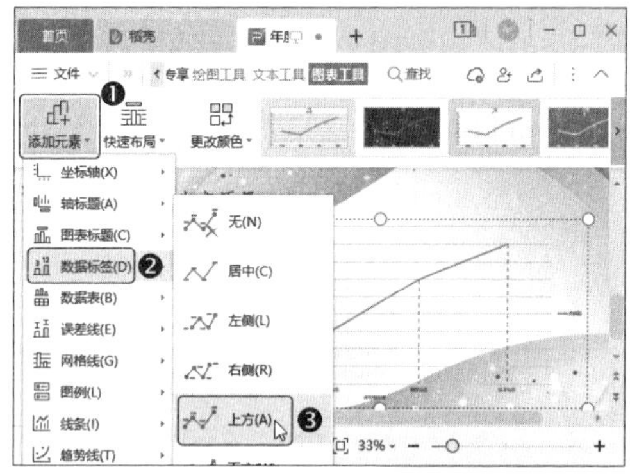

温馨提示

在美化图表时，要根据实际情况操作，设置得简洁、美观、大方就可以了，切忌过度追求完美，否则会耗费过多精力与时间。

12.3.6 制作其他幻灯片和结束页

完成幻灯片的文档内容后，还需要为文档设置封底。封底和封面的效果在设计上应该是和谐统一的，本例的封底比较简单，具体的制作方法如下。

第1步 使用前文介绍的方法新建一张幻灯片，并添加“销售情况”表格，如下图所示。

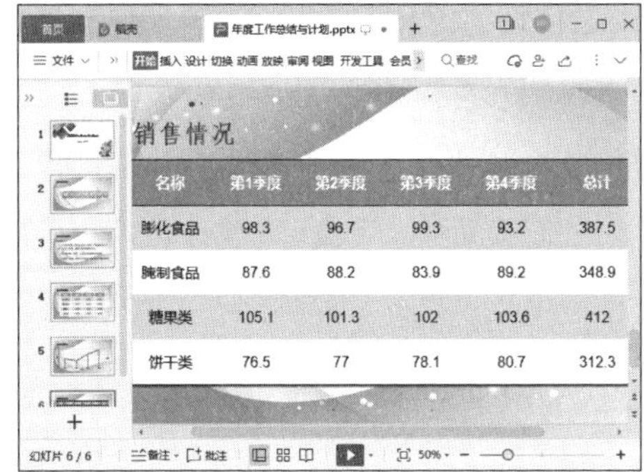

名称	第1季度	第2季度	第3季度	第4季度	总计
膨化食品	98.3	96.7	99.3	93.2	387.5
腌制食品	87.6	88.2	83.9	89.2	348.9
糖果类	105.1	101.3	102	103.6	412
饼干类	76.5	77	78.1	80.7	312.3

第2步 制作促销活动幻灯片，并插入智能图形，如下图所示。

第3步 ❶ 使用相同的方法创建其他幻灯片，❷ 新建一张标题幻灯片版式，在占位符中输入结束页的内容，如下图所示。

12.3.7 设置切换效果和播放效果

一个好的演示文稿，除了有丰富的文本内容外，还要有合理的排版设计、鲜明的色彩搭配，以及合适的动画效果。所以，在演示文稿制作完成后，我们还需要添加动画效果为演示文稿中的对象赋予更丰富的视觉效果，以便更好地吸引观看者。设置动画效果的方法如下。

第1步 ❶ 在【切换】选项卡中选择一种切换样式，❷ 在【声音】下拉列表中选择一种切换声音，❸ 然后单击【应用到全部】按钮，将设置的效果应用到所有幻灯片中，如下图所示。

第2步 ❶ 选择第二张幻灯片中的智能图形，❷ 然后在【动画】选项卡中选择一种动画样式，如下图所示。

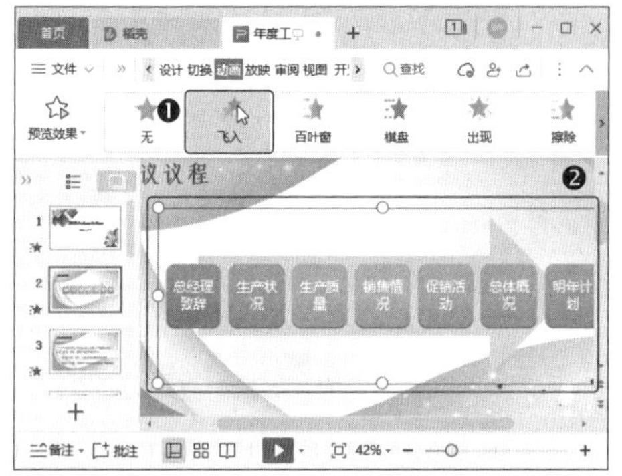

第3步 ❶ 选择第三张幻灯片中的文本框，❷ 然后在【动画】选项卡中选择一种动画效果，如下图所示。

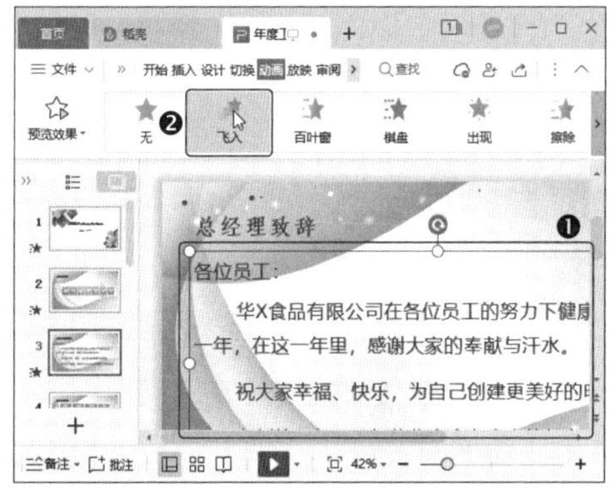

第4步 ❶ 单击【动画】选项卡中的【文本属性】下拉按钮，❷ 在弹出的下拉菜单中选择【按段落播放】选项，如下图所示。

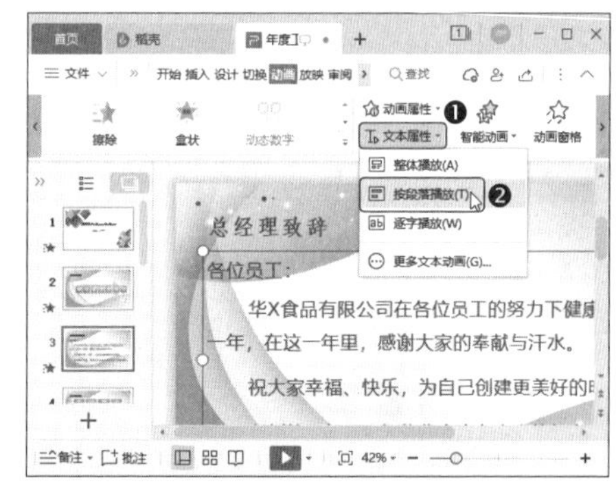

第5步 使用相同的方法为其他幻灯片中的对象设置动画，完成后单击【放映】选项卡中的【从头开始】按钮，如下图所示。

大神支招

下面结合本章内容，给读者介绍一些工作中的实用技巧。

01 如何使用内置封面

WPS 文字中提供了多种内置封面，我们可以利用内置封面快速为文档添加封面，操作方法如下。

第1步 打开“素材文件\第 12 章\公司销售管理制度.docx”文件，❶ 将光标定位到文档的开始处，❷ 然后单击【插入】选项卡中的【封面页】下拉按钮，如下图所示。

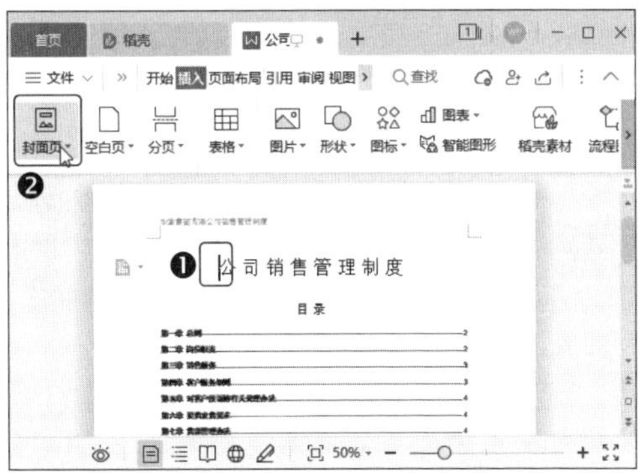

第2步 ❶ 在弹出的下拉菜单中选择【免费】选项卡，❷ 然后在下方选择合适的封面样式，如下图所示。

> **温馨提示**
>
> 如果是 WPS 的稻壳会员，那么可以选择的封面样式会更加丰富。

第3步 将封面插入文档后，更改封面文本框中的文本，如下图所示。

02 插入在线图表

使用 WPS 表格中的在线图表功能，可以快速制作出更精美的图表，操作方法如下。

第1步 打开“素材文件 \ 第 12 章 \ 化妆品销售统计表 .xlsx”文件，❶ 选中 A2:D7 单元格区域，❷ 然后单击【插入】选项卡中的【全部图表】下拉按钮，❸ 在弹出的下拉菜单中，如下图所示。

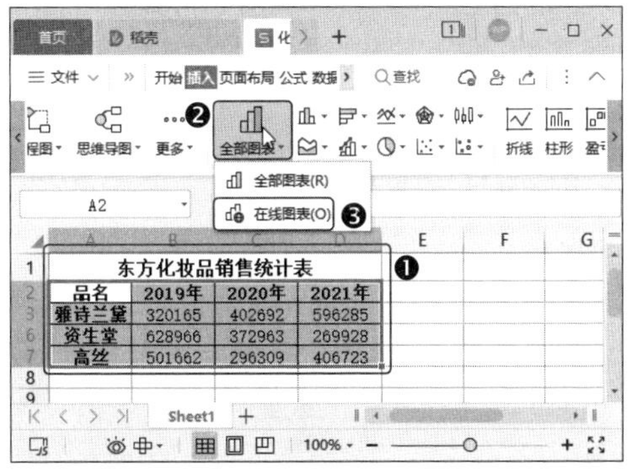

第2步 在在线图表中选择一种图表样式，如下图所示。

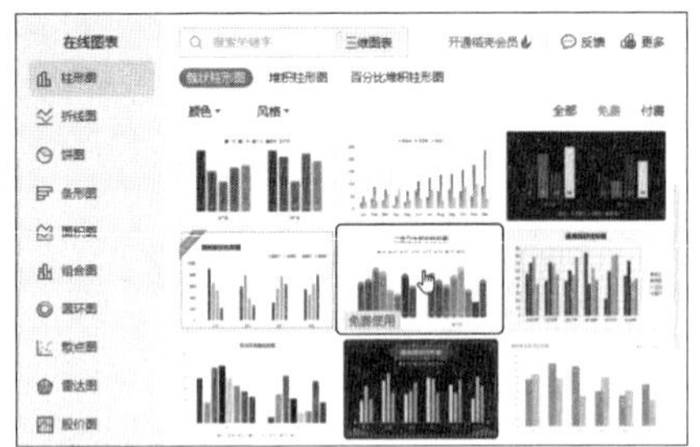

第3步 返回工作表即可看到插入的图表，如下图所示。

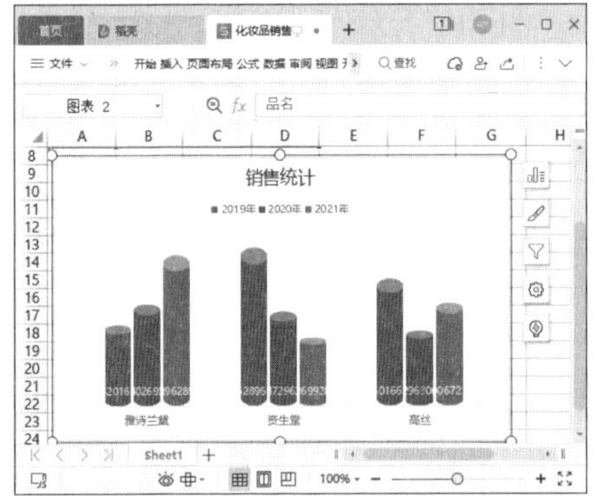

03 使用手机控制幻灯片的播放

在播放幻灯片时，我们可以使用手机来控制，操作方法如下。

第1步 打开“素材文件 \ 第 12 章 \ 年度工作总结与计划 .pptx”文件，单击【放映】选项卡中的【手机遥控】按钮，如下图所示。

第2步 使用手机 WPS Office 扫描对话框中的二维码即可开始连接，如下图所示。

第3步 连接成功后单击【点击播放开始遥控】按钮，开始播放幻灯片，如下图所示。

第4步 单击或左右滑动手机屏幕即可控制幻灯片翻页，如下图所示。